U0736616

李庆忠文集

# 寻找油气的物探理论与方法

## 第四分册 奋进篇

李庆忠 编著

中国海洋大学出版社
CHINA OCEAN UNIVERSITY PRESS

本文集汇集了李庆忠院士从事石油勘探工作以来的主要研究成果，是他60余年来经验及体会的总结。文集针对地震基础理论、各种地震信息的利用及物探方法的改进诸方面都进行了深入的探讨和详细的阐述，相信能对物探技术的发展有重要的指导意义。

本文集适合从事石油勘探的人员阅读，也可作为大专院校地质及地球物理专业师生重要的参考书。

**图书在版编目(CIP)数据**

寻找油气的物探理论与方法. 第四分册，奋进篇 / 李庆忠编著. — 青岛 ：中国海洋大学出版社，2021.8
ISBN 978-7-5670-2762-6

Ⅰ. ①寻…　Ⅱ. ①李…　Ⅲ. ①油气勘探－地球物理勘探－研究　Ⅳ. ①P618.130.8

中国版本图书馆CIP数据核字(2021)第013549号

**出版发行**　中国海洋大学出版社
**社　　址**　青岛市香港东路23号　　**邮政编码**　266071
**网　　址**　http://pub.ouc.edu.cn
**出 版 人**　杨立敏
**责任编辑**　孙宇菲　　**电　　话**　0532－85902349
**电子信箱**　1193406329@qq.com
**订购电话**　0532－82032573(传真)
**印　　制**　青岛国彩印刷股份有限公司
**版　　次**　2021年8月第1版
**印　　次**　2021年8月第1次印刷
**成品尺寸**　210 mm×285 mm
**印　　张**　26
**字　　数**　800千
**印　　数**　1—1600
**定　　价**　260.00元

**发现印装质量问题，请致电0532－58700168，由印刷厂负责调换。**

# 序

*Foreword*

从2012—2015年，我把自己多年来的工作经验和实践历程进行了梳理与总结，出版了《寻找油气的物探理论与方法》(基础篇、方法篇和争鸣篇)。我希望通过这三部书记录下地震勘探的技术进步，同时也想对地震勘探技术进步道路上的是非曲直做一下探讨。这三部书付印后，2016年分别在东方地球物理公司和中国海洋大学举行了新书发布会，引起了较大反响，很多地球物理专家在读过这三部书后，给我发来了他们对书的良好评价，我非常感谢他们。

有一篇关于发布会的综合报道，见【文章编号401】《李庆忠文集前三册出书后的反响》。文中对同行们提出的问题做出了回答。

关于宽方位角采集，还有较多的同志提出他们的保留意见，看来不是三言两语所能说清楚的。为此我在后面【文章编号413】《三论宽、窄方位角的效果》中，再次做出详尽的分析。

三部书出版后，我感觉还有一些问题需要强调。因此，我把这些问题加以整理，放到了第四分册"奋进篇"中。下面，我简单介绍一下"奋进篇"编写过程中的经历与思考。

## (一)

2016年初，国际石油价格大幅度下降，从每桶50美元下降到26美元。许多石油企业纷纷倒闭，地球物理勘探市场也开始萧条，法国的CGG公司宣布破产保护，美国WesternGeco公司也步履维艰。我们的BGP因为是国有企业，所以能够得以独存，变成世界上地球物理勘探的"一枝独秀"。但是合同工作量大量减少，只能勉强维持，常年的技术研讨会顾不上开了，美国勘探地球物理协会(SEG)年会的参会人数也少了许多。

SEG在这样的困境中，仍旧支持我于1995年著的《走向精确勘探的道路》一书的英文版的翻译出版工作，我对他们的支持深表感谢。SEG的专家们建议我增写"近年来高分辨率地震勘探的进程与展望"的有关内容，我答应了。"奋进篇"中【文章编号402】《近年来高分辨率地震勘探的进程与展望》就是这部分文章的中文稿。

直到2018年，世界石油价格升高，石油公司对地球物理勘探的兴趣才开始回升，当年7月传来好消息：阿布扎比与我国签订了一项包括陆地与海上的5.3万平方千米高水平三维地震勘探的合同，总投资金额为16亿美元，由我们BGP开展作业。

好像我们物探市场要复苏、好转。

## （二）

近年来在国内，地球物理勘探还在不断发现新的深层的油气田。

我国在青海柴达木盆地的英雄岭地区用三维地震找到英东油田，英中油田也打出了7口千吨井。在四川盆地的川中发现了寒武系-震旦系的大气田。在渤海湾盆地的渤中19-6构造发现太古界变质花岗岩里有高产天然气和凝析油，发现了大气田。

塔里木盆地地震勘探技术不断改进，深层勘探效果良好。在库车山区，继克拉2气田的发现，成为西气东输的主力气田后，又在深部用地震勘探找到17个含气构造，得到相当于3倍于克拉2气田的储量。这些新的发现，使我国天然气的生产有了清洁能源资源的保障，意义重大。

以上几方面的发现，包含了地震勘探技术的改进，值得很好地总结。

这就是第四分册“奋进篇”的主要内容。反映在以下三篇文章里：【文章编号409】《极低信噪比地区三维地震勘探的理论探讨——以青海英雄岭油田为例》、【文章编号410】《英雄岭地区的勘探形势与三维地震的进展》、【文章编号414】《来自地壳深部的油气——四论油气生成理论》。

## （三）

我国西部山区的偏移速度场的求取是一个极为困难的课题。酒泉盆地的青西窟窿山的三维地震虽然使用了施工的“极限参数”，也因为现有的方法无法求得偏移速度场而宣告失败。塔里木盆地的却勒地区和西秋地区的深井勘探也因为偏移速度场不准而打井失利。

小折射、微测井对西部山区来说是隔靴搔痒，不解决根本问题。常规的层析方法在西部山区也无法得到300 m以下的速度场信息。因为地面放炮后，射线到达不了深部就会拐回地表。

所以，要求准偏移速度场，必须要用VSP层析，我称为VSPtomo（见【文章编号408】《深井VSP层析求偏移速度场的方法》）。这篇文章独创地采用了一种“可信度矩阵”的方法，控制了迭代过程中合理的误差分配问题，并且用理论模型证明了只要有1～2口井做了VSP层析，就能求取这片地区的偏移速度场，误差可以满足偏移成像的需要。

山区地震勘探还有个难题是地震资料的信噪比极低，我国柴达木盆地的英雄岭地区就是个典型。我想，如果采用文中关于组合理论与“用横向拉开宽线+大组合”的思路来做三维地震的方法并推广，信噪比就能得到提高（见【文章编号409】《极低信噪比地区三维地震勘探的理论探讨——以青海英雄岭油田为例》）。

我国共有13个山前坳陷，如果解决了静校正和信噪比的问题，通过三维勘探，都是可能找到油气田的。就世界范围来说，美国落基山脉山前和南美洲的安第斯山脉山前的找油难题，都可能有所突破。这将是石油地球物理勘探对寻找油气领域的又一重大贡献。

## （四）

高频次生干扰的问题，是我国东部平原地区面对的主要“敌人”。高频随机干扰怎么来的，目前认识还不清楚。我在书里面具体讲到，这个叫脱耦谐振，就是检波器和大地耦合不良产生的振动。虽然施工时我们以为检波器埋得很牢靠了，但实际上只要检波器和大地有一根头发丝的缝隙，风一刮，地一动，它就震颤起来。这种自振的频率最低60 Hz，高可以达到300 Hz以上。我们从分频扫描的高频档上可以看到，高频的主要“敌人”就是高频随机干扰，这正是我们高频信息提不上去的原因。如果能从技术上把脱耦谐振加以克服，那么分辨率还可以再提高，今后找油的领域还能更宽广。

## （五）

地球物理中的不少问题都属于反演问题。反演问题的求解经常会遇到两个问题：一是反演问题经常是隐式而非显式的，如 Zoeppritz 方程；二是反演问题具有多解性。对于多解、非显式的这种方程，用普通办法很难得到一个比较准确的结果，所以要用非线性的理论来解决。

我的研究生在非线性反演理论方面做了一些探讨，对今后解决地球物理领域的多解性问题、非显式的问题可能有很好的参考价值，我一并收录到第四部书中。当然，非线性的解法并没有一个通用的做法，因为所讨论的问题本身就有多极值、多解性，是比较复杂的问题。在实际操作当中，最关键的是技巧。比如，在模拟退火算法时，退火的温度一开始可以变化大一些，然后快到极值附近的时候把退火的温度慢慢降低，这样可以兼顾计算效率和精度；在遗传算法中，可以通过动态确定变异概率，防止优良基因因变异而遭到破坏，又可在陷入局部最优解的时候引入新的基因，利于寻找全局最优解；在蚁群算法的最初的寻优过程中，可以设置较大的步长，利于蚂蚁搜索更大的范围，提高寻优效率，而在迭代的后期，设置较小的步长，提高寻优精度；在粒子群算法中，可以加入模拟退火算子，让粒子群算法在一定程度上接受坏解，以增强全局搜索能力等。总之，我认为非线性解法本身就是需要探索的一个难题，而技巧在里面发挥着重要作用。我在第四部书里提了几个方法供大家参考，见【文章编号 404】至【文章编号 407】。

## （六）

关于震源的问题，以前炸药是很好的震源，但现在由于环保和“反恐”的形势要求，炸药震源已经不太好推广了，不少场合不得不采用可控震源。可控震源的好处是覆盖次数可以达到几百、几千，资料品质可以大大改进。尤其是在潜水面较深的戈壁滩上，可以获得比井炮更好的资料。但过去可控震源的问题是低频信息没有炸药震源丰富，现在我们东方地球物理勘探公司解决了可控震源低频缺失的问题，低频可达到 2 Hz，甚至 1.5 Hz。所以低频可控震源是我们国家一个创新性的举措，在国际上也得到了认可。可控震源往低频拓宽了频带，对我们深层地震勘探也将起到很好的作用。

这些内容反映在【文章编号 411】《可控震源的技术进步与深层勘探》之中。

随着低频可控震源的推广使用，人们对它的某些功效估计过高。例如，认为它能够克服火成岩发育地区的多次波；认为低频信息能够用来直接找油。对此，我提出了不同的看法。

尤其是在人们追求可控震源低频信息获得方面取得成功的同时，却忘却了低频信息在波阻抗反演中的重要作用。积分地震道技术始终没有认真投入使用，这是十分遗憾的事。我们通过一个“复杂楔状模型”的理论分析，指出低频信息在叠前偏移剖面里基本看不到它的存在，但是经过“道积分”后，却神奇地能够产生相对波阻抗的良好反映，能够看到砂层的厚度及分布的情况，这对岩性油田的勘探将起到重要作用。2021 年通过对辽河油田青龙台地区宽频带 EV56 可控震源施工的几条剖面的 6 项试验，我们取得了具有说服力的成果。我们呼吁把“积分地震道技术”作为今后重要的勘探利器，将其发扬光大。

这些内容就是【文章编号 412】《试论可控震源的低频特点及发展展望》中的主要观点。

## （七）

关于宽方位角采集，我国还有较多的同志对我过去的文章提出他们的保留意见。为此，我在【文章编号 413】《三论宽、窄方位角的效果》中，再次做出详尽的分析。我认为在美国墨西哥湾及欧洲北海的盐丘发育的地区，那里的确需要采用宽方位技术，以利于提高盐构造的清晰成像。但是中国没有这种盐丘，不必照抄国外的宽方位做法。尤其在我国西部山区做宽方位是弊大于利的，不可取。

这篇文章对宽方位所追求的 5 种“各向异性”做出了全面的分析，并对宽方位的叠前数据的可靠性提出需要慎重考虑：叠前数据的振幅及相位，是由上、下几千米整个反射路程上、不同方位、不同地层所遭遇到的情况所决定的，并不是单纯由深层反射介面或几条断层面所引起的；并且地表低降速带变化及各种干扰波的存在，更是对叠前振幅起到很强的干扰作用。所以利用宽方位 OVT-OVG 技术，来查明准噶尔玛湖地区的三叠系百口泉组的裂缝的可靠性很值得怀疑。

## （八）

在长期从事石油勘探的研究过程中，我积累了不少有关生油理论的知识，完成了三篇有机生油理论的评论文章。最近又根据我国四川、南海及渤海发现的深部大油气田，结合地震资料，我们指出了油气来自地壳深处的直接证据——直通基底的气烟囱。这些气烟囱造成反射同相轴的“pull down”下拉，是油气现在还随着从基底里产生的气体往上逸散的直接证据。因此我写了第四篇评论文章，即【文章编号 414】《来自地壳深部的油气——四论油气生成理论》。我深信绝大部分的油气是来自地壳深处的。因此，浅层见油的地方，深层还能找到油气田。

文中介绍了塔里木盆地的成功经验，即依靠地震技术的提高，在勘探深层油气方面取得了辉煌的战果。此文总结了今后寻找深部油气田的关键和策略，并提供了一条捷径，即深部地震反射的每一个“强反射”反映着一套“储盖组合”，只要重新翻阅过去的三维地震资料，寻找现有浅油田下面的强反射，就可能发现深部的新油气田。

## （九）

2018 年，我在空闲的时间里，看了不少英国 BBC 公司录制的科教纪录片。关于月亮的生成、大陆漂移、大冰河期和地球的演化等，我写下了不少心得，具体见【文章编号 415】《大陆漂移与古气候变化》，大陆漂移学说是我们地质科学中最具革命性的成就。古气候变化是环境科学的重要研究对象。

在对古气候变化认知的基础上，我写了【文章编号 416】《关于天然气水合物的再思考——二论可燃冰》。此文对 2017 年我国南海神狐海域的天然气水合物开采进行了分析，认为这次采出的天然气主要是可燃冰下面的游离天然气而已，井中的天然气水合物还没有分解起作用。所以，天然气水合物开采技术还有很多的问题需要解决。目前海上开采天然气水合物是一种极大的赔本买卖。

## （十）

在我兼任中国海洋大学地学院名誉院长的多年教学实践中，我对我国的教育事业及科技进步过程有了一些领悟。最近我又重新整理了在中国海洋大学 2012 年崂山会议上的发言，将其改写成【文章编号 417】《“钱学森之问”和“李约瑟之谜”》，此文是我试图回答这两个问题的初步意见。文中论述了有关欧洲文艺复兴、工业革命、近代科技发展和人才辈出的几个重要启示。

最后一篇【文章编号 418】《我的人生感悟》，是我 2012 年在清华大学毕业 60 周年同学会上的书面发言。

上面这几篇文章总结了我的心得体会，希望大家读后不吝指正。

我现在已进入耄耋之年，但是托上天的眷顾，现在身心还健康。有生之年，还想为祖国做些贡献。把这部书写好，便是我最大的愿望。

2021 年 6 月

# 目 录

Contents

## 第四分册 奋进篇

（山地地震、深层勘探、生油理论、评论与感悟）

文章编号 401

# 李庆忠文集前三册出书后的反响

童思友　梁云辉　张　进

**我们的老师李庆忠院士，从2010年起，对自己60余年来的工作经验、实践历程和学术思想进行了梳理与总结，历时五年时间，编著了文集——《寻找油气的物探理论与方法》（基础篇、方法篇和争鸣篇）。在这三部书中，他一方面记录了物探理论的进步，如在地震采集仪器方面，从24道51型光点模拟地震仪发展到8 000～10 000道数字遥控地震仪，从单次覆盖发展到几十次、几百次的多次覆盖；地震资料从手工解释发展到完全用计算机进行数字化处理；计算机能力从单芯片的CPU发展到大型并行计算机，到现在使用的每秒计算230万亿次的计算机机群……另一方面，李庆忠院士也对物探技术进步道路上的一些是非曲直试图做一些探讨，提出了不少独到的见解，例如，“分频扫描是判断地震资料好坏的唯一标准”，数字检波器只是“插在牛粪上的一朵鲜花”，单点接收是“跟着外国人的忽悠”，“多波勘探的效果不佳”，“全数字，三分量——‘数字革命’是好听，花钱多，但不实用”，“吸收系数是求不准的，想用它直接寻找油气缺乏依据”，“三高处理有时会造假，拓频处理有讲究”，“多参数油气识别要讲道理，不应主观随意加以使用”……文集出版之后，受到广大物探人员的热烈欢迎。**

**中国石油集团东方地理勘探有限责任公司（以下简称“东方地球物理公司”）和中国海洋大学对李庆忠院士文集的出版发行十分重视，分别召开了隆重的出版发布会。**

## 一、《寻找油气的物探理论与方法》的出版发布会在东方地球物理公司隆重举行

2016年5月12日，李庆忠院士文集《寻找油气的物探理论与方法》（基础篇、方法篇和争鸣篇）的出版发布会在河北省涿州市东方地球物理公司外宾宾馆二楼多功能厅举行。

在发布会上，东方地球物理公司党委书记、总经理苟量评价说：“此次发布的李庆忠院士文集，是院士总结毕生科研创新成果，为中国石油物探发展奉献的心血力作，对于推动中国物探技术进步具有重要的意义。”（图1）

图 1　东方地球物理公司党委书记苟量(右)
向李庆忠院士表示祝贺

该文集对我国油气勘探具有重要的指导性。李庆忠院士是国内外知名的石油勘探专家、我国现代石油物探学科带头人之一、物探地震学的奠基人。文集涵盖了李庆忠院士 60 余年勘探经验和理论研究的全部成果,其研究成果在油气勘探中的应用有效提高了地震勘探精度,为解决我国油气勘探难题、推动油气发现发挥了重要作用,对于进一步提高我国油气勘探技术水平、指导当前油气勘探开发具有重要意义。因此李庆忠院士文集既是石油勘探工作者的“百宝书”,也是石油专业院校师生的参考书(图 2)。

图 2　已出版的《寻找油气的物探理论与方法》

该文集对推动物探技术进步具有较强的引领性。文集中新发表和修改补充后发表的文章占全部文集的半数以上,页数达到 2/3,全面展示了李庆忠院士最新的研究成果,明确了物探技术发展的十大重点方向,是物探技术进步新的理论创新，为物探技术创新发展指明了方向，对推动物探技术进步具有重要的意义。

该文集观点体现了较强的开放性。李庆忠院士身为“专家”，却不以“专家”自居，文集中特设“争鸣篇”，鼓励其他学者对文集中的新观点、新认识开展讨论争鸣，体现了科研工作的开放性和包容性，这是做好科研工作的前提和基本要求。

东方地球物理公司副总经理张玮评价说：“李庆忠院士文集，这一宏伟专著汇集了李庆忠院士从事石油勘探工作60余载的主要研究成果，共收集88篇文章，其中44篇为首次发表。我们有理由相信，李庆忠院士文集出版后，将同他的高分辨率勘探专著一样引起物探技术界的轰动，为推动我国物探技术进步和石油勘探事业发展发挥重要作用。”

编辑委员会成员之一、地球物理学家钱荣钧认为：“文集中的文章贯彻着理论与实践的高度结合，所有理论论述都通过模型计算加以证明，从这里看到了李庆忠院士的严谨认真的研究学风；从他的创新理论如李氏子波、信噪比与分辨率的定义、纵横波速度规律研究、石油地质生油理论、圈闭认识方面及TRAP-3D的创新等，都看到了李庆忠院士几十年来的独创精神。”钱荣钧引用明末顾炎武的诗“苍龙日暮还行雨，老树春深更著花”高度评价李庆忠院士耄耋之年仍坚持学习、坚持创新的科研态度。

东方地球物理公司副总工程师詹仕凡从读者角度畅谈了阅读这套文集的整体感受：“一是该文集编得非常好，为油气地球物理科学知识库增添了新的财富。文集汇集了李庆忠院士从事石油勘探工作的主要研究成果，有很多是在别的书中找不到的宝贵财富，是一套实用价值很高的书籍，是从事油气地球物理勘探工作者的重要参考书；二是李庆忠院士的文章写得通俗易懂，公式、图片与文字并茂，既有理论、方法和应用的结合，又有采集、处理和解释的结合，还有地球物理与地质的结合，系统深入剖析了油气地球物理技术应用中的关键问题和应用方法，对物探技术的发展和应用有重要的指导意义。”(图3)

图3　李庆忠院士(中)向参会嘉宾赠送文集(涿州)

## 二、《寻找油气的物探理论与方法》在青岛中国海洋大学隆重发布

2016 年 7 月 3 日，李庆忠院士文集《寻找油气的物探理论与方法》（基础篇、方法篇和争鸣篇）发布仪式在青岛中国海洋大学图书馆第一会议室举行。

发布会上，中国海洋大学副校长李华军对李庆忠院士文集的出版表示祝贺。他说，李庆忠院士是我国著名的石油勘探专家、物探地震学的奠基人，为中国石油物探事业做出了重要贡献（图 4）。2001 年，李庆忠院士受聘中国海洋大学以来，坚守教学、科研一线，指导完成了科研项目数十项，极大地推动了学校海洋地球学科的发展。中国海洋大学把握国家建设海洋强国的契机，积极推进“十三五”发展规划，在李庆忠院士等专家学者的指导下，地球物理学科作为重点建设学科之一，定会取得长足发展，助推学校一流学科建设。

图 4 中国海洋大学副校长李华军（右一）向李庆忠院士表示祝贺

编委会代表、中国海洋大学海洋地球科学学院刘怀山教授在致辞中对文集进行推荐，表示该文集的出版不仅有利于推动中国物探技术的进步，也有利于推动海洋地球科学领域的人才培养和科研创新。出版方代表、中国海洋大学出版社社长杨立敏就文集的出版过程做了简要介绍。

会上，李庆忠院士向中国海洋大学图书馆、校外参会代表赠送文集，鼓励读者对文集中的新观点、新认识开展讨论争鸣（图 5）。李庆忠院士还做了《再论生油理论》的学术报告。

图 5　李庆忠院士（左 5）向参会嘉宾赠送文集（青岛）

中国石油大学（华东）地球物理系主任李振春、中石化物探技术研究院副院长杨勤勇、同济大学海洋与地球科学学院党委书记耿建华、中石化胜利油田分公司物探研究院副院长王兴谋、中石化地球物理公司胜利分公司总工程师张光德、青岛海洋地质研究所研究员吴志强、美国休斯顿大学地球与大气科学系主任周华伟等在会上分别做了发言。

## 三、油气地球物理界对《寻找油气的物探理论与方法》出版的反响

还有很多地球物理专家纷纷来信对李庆忠院士文集的出版表示祝贺。著名地球物理学家、李庆忠院士在胜利油田的老队友刘雯林教授级工程师在阅读了这套著作后，对李庆忠院士在无机生油理论和圈闭分析技术方面的新观点、新思路表示赞同，并对他始终如一勤奋、务实、创新的科学研究精神表示赞赏（图 6）。

南京物探研究院曲寿利院长来信表示："该文集汇集了李庆忠院士从事石油勘探工作的主要研究成果，是他 60 年来的宝贵经验和体会的总结，有很多是在别的书中找不到的宝贵财富，是一套实用价值很高的书籍，是从事油气地球物理勘探工作者的重要参考书。文集从理论到方法、再到应用，深入浅出，通俗易读。既有理论、方法和应用的结合，又有采集、处理和解释的结合，还有地球物理与地质的结合，系统深入剖析了油气地球物理技术应用中的关键问题和应用方法，很多问题的分析，既有理论依据、又有方法试验，还有应用案例，对物探技术的发展和应用有重要的指导意义。文集展示了李庆忠院士从事科研工作严谨认真和百家争鸣的科研态度，以及坚持真理、实事求是、独立自主的创新精神，值得我们尊敬和学习。"

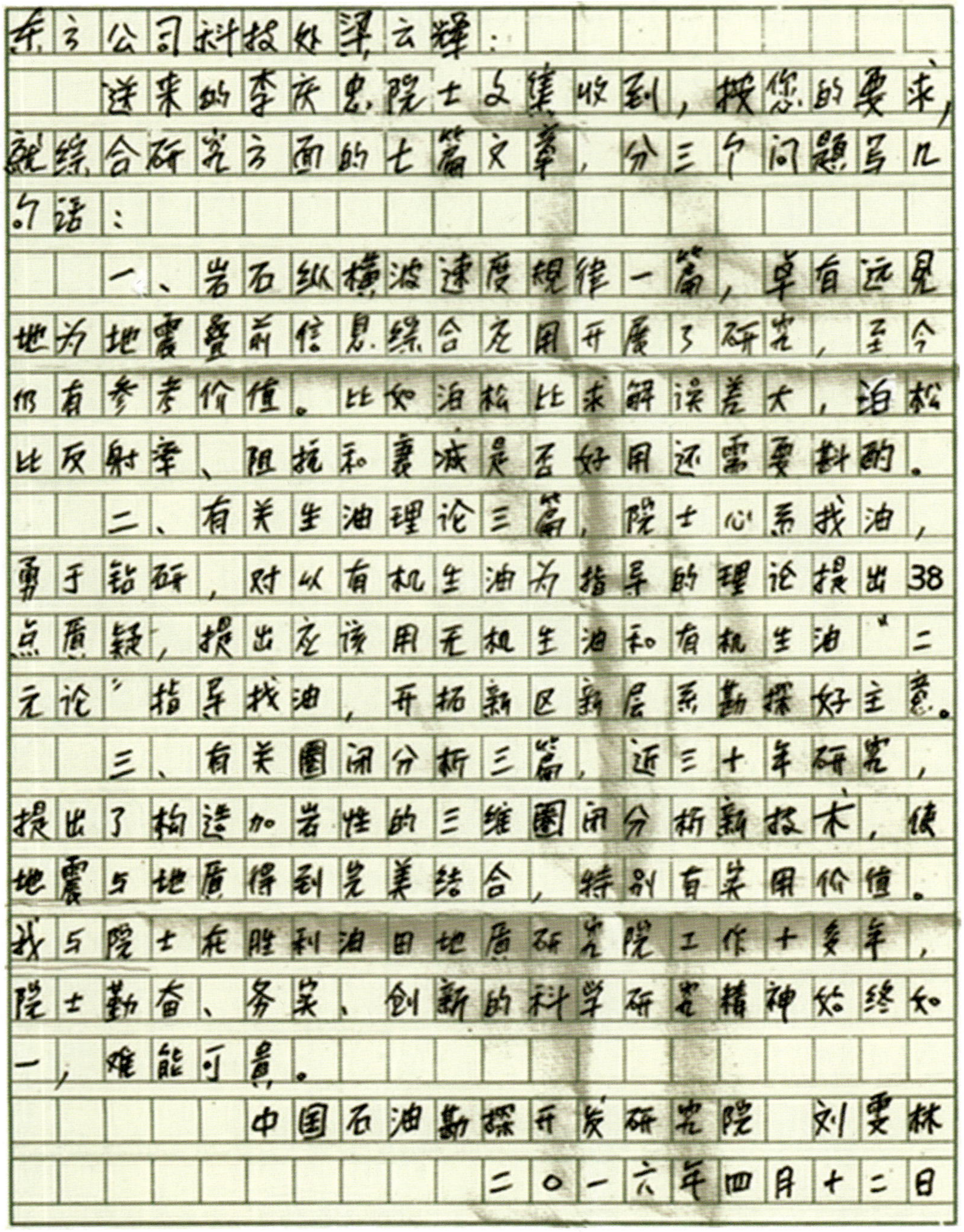

东方公司科技处梁云辉：

送来的李庆忠院士文集收到，按您的要求，就综合研究方面的七篇文章，分三个问题写几句话：

一、岩石纵横波速度规律一篇，卓有远见地为地震叠前信息综合应用开展了研究，至今仍有参考价值。比如泊松比求解误差大，泊松比反射率、阻抗和衰减是否好用还需要斟酌。

二、有关生油理论三篇，院士心系找油，勇于钻研，对以有机生油为指导的理论提出38点质疑，提出应该用无机生油和有机生油“二元论”指导找油，开拓新区新层系勘探好主意。

三、有关圈闭分析三篇，近三十年研究，提出了构造加岩性的三维圈闭分析新技术，使地震与地质得到完美结合，特别有实用价值。我与院士在胜利油田地质研究院工作十多年，院士勤奋、务实、创新的科学研究精神始终如一，难能可贵。

中国石油勘探开发研究院 刘雯林

二〇一六年四月十二日

图 6 地球物理学家刘雯林对李庆忠文集的评价

## 四、对《寻找油气的物探理论与方法》的争鸣与讨论

同时，也有地球物理学家对李庆忠院士文集中的某些文章提出了不同看法。

(1) 易碧金、罗福龙两位同志仔细阅读了李庆忠院士书中【文章编号 215-1】至【文章编号 215-6】六篇文章后，与李庆忠院士通话交流。他们表示完全支持文章中的有关野外施工和地震仪器的有效瞬时动态范围，可记录性及信噪态势图，信噪比谱等新的概念，也同意对今后地震仪器改进方向的意见。

同时，他们指出了一处错误：在第二分册“方法篇”中的第 406 页，几种数字地震仪器的技术性能比较表中，**第三列 A/D 模数转换中的所有 14+1 s 应改为 15+1 s。**

李庆忠院士回应:这是书中的疏漏,感谢他们两位的指正。

(2) 周兴元同志是李庆忠院士的好友,他是学数学的。关于最小相位子波的问题,他提出,“书中对李氏子波为最小相位的证明不够严谨。因为李氏子波零时刻幅值为零,所以 $Z=0$ 是其 $Z$ 变换的一个根。当然,将第一个样点的时间作为零时刻,对实际应用无实质影响,但李氏子波是无限长的,截取多长才是最小相位? 书中用脉冲反褶积的实际结果作为判据不够充分;用“‘$Z$ 变换的根全在单位圆外’作为判据,理论上是对的,但高次方程无法求得全部精确的根,单位圆附近的根尤其需要足够高的精度;而文中对此未给出说明”。

李庆忠院士回答说,现在有关地震的教科书上还没有一个公式能够表达一个最小相位的子波。因此,大家还没有办法在理论上模拟试算反褶积的效果和波阻抗反演的效果。当然我们也无法保证李氏子波公式所得到的子波必然是最小相位的。所以,我们的办法只能是计算几百个子波,然后拿我们自己编写的程序来求它们的根,看哪个数据是最小相位的。于是就把最典型的几个写在书上了,果真通过反褶积可以压缩成一个脉冲,也可以讨论反褶积的效果了。至于波形截取效应是免不了的。根据井旁曲线求子波也是求不准的,也要做截断。有的子波数据长了点,可以用短的,不用再做截断,因为这些数据是与采样率无关的。

此外,俞寿朋同志也早就指出过,最小相位子波的第一相位的振幅可以小于第二相位。而且根据Futterman公式,经过地层吸收效应,反射回来的最小相位子波的起跳会有一定的延迟,第一个数值也可能很小。

李庆忠院士用 Quick Basic 自编程序做的单精度运算求根,他的学生张海燕老师用 Matlab 双精度运算把书上的数据又重新算了一遍。

**张海燕答李庆忠院士:**

① 同意不可能用一个子波公式,论证它在数学上是最小相位的。

② 书上这些子波是最小相位的,是经过验证过的,问题不大。

③ 以下图 7 是李氏子波 LWC20A 的波形图,1 ms 采样,共 251 个数据。图 8 是李氏子波 LWC20A 对应的 $Z$ 变换多项式的全部 250 个根的分布情况,它们全部在单位圆外,因此是严格最小相位的。

其中最靠近单位圆的一对共轭根是:

A 点:0.999120852587329+0.0543968397592499i

B 点:0.999120852587329−0.0543968397592499i

A、B 两点都在单位圆外,它们到圆心的距离是 1.0006005667851。

(数据的存储和计算都是采用双精度进行的)

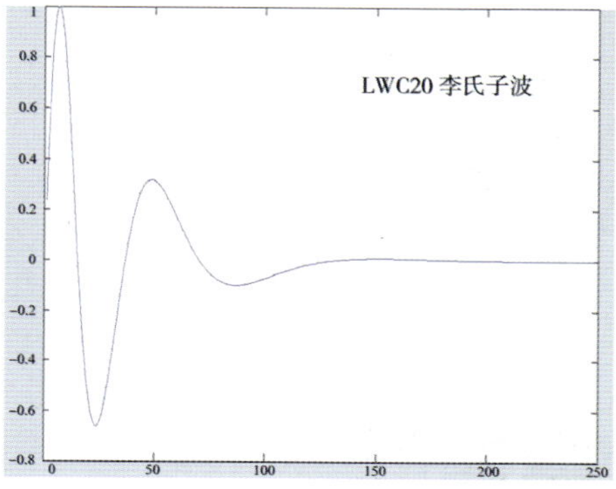


图 7 李氏子波 LWC20A 的波形

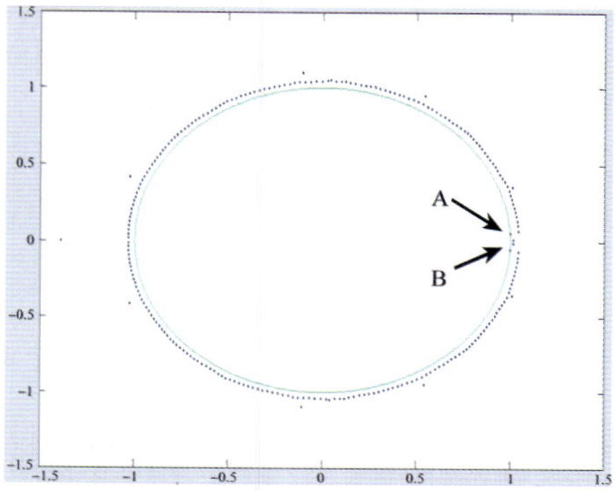


图 8 李氏子波 LWC20A 的根的分布(不含第一个采样点 0)

④ 至于第一个样点在零的位置没有实际意义,我们可以把子波的零位定义在任何位置。在计算中它不起作用,只是移动了一个采样点而已。

文章编号 402

# 近年来高分辨率地震勘探的进程与展望

**美国勘探地球物理协会(SEG)于 2010 年准备翻译并出版我写的书《走向精确勘探的道路》英文版。在中国，此书已颇受地球物理界的欢迎，有极高的引用率。但这本书出版于 1993 年，已经过去快 20 年了，虽然它的基本内容仍旧正确，然而，毕竟近年来高分辨率地震有了不少新的进展。因此，SEG 的专家们对我提出建议，让我补充一段高分辨率勘探的新进展，于是我就补充了这篇文章。**

**本篇文章分为三小节，分别从海上高分辨率地震勘探的进展、陆上高分辨率地震勘探的困难、陆上地震勘探提高分辨率的出路方面展开论述。**

分节内容



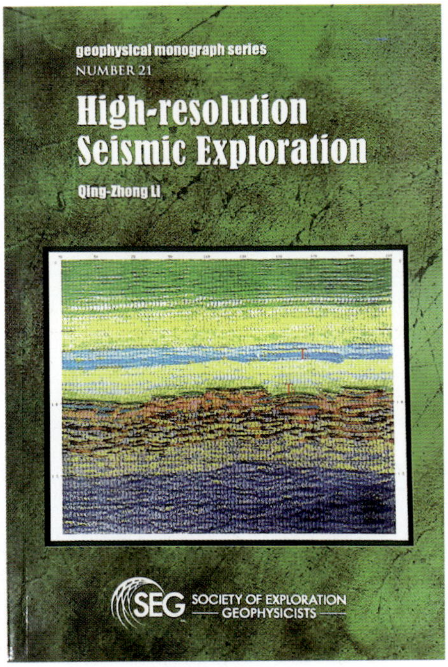


图 1　英文版封面

文章编号 402-1

# 海上地震高分辨率技术取得了显著的成就

**近年来，海上地震高分辨率技术不断发展，各物探公司都有自己的创新技术。**

**WesternGeco 公司发展了 Q 技术，CGG 公司发展了 Eye-D 技术，PGS 公司发展了 HD3D 技术。尽管各家表述有所不同，但其方法都是通过加密空间采样，提高地震资料品质。高效激发、单点接收成为海上地震采集的主要发展方向。**

**WesternGeco 公司的 Q-Marine 技术特点：**

（1）具有先进的光纤通信系统，Q-Marine 系统可配置 20 条拖缆，每缆 4000 道；

（2）拥有实时的船载处理系统、质量分析系统；

（3）采用密集纵向采样，点距 6.25 m 或 3.125 m，由其专利技术 Q-Fin 拖缆操纵装置，可精确将缆间距控制在 25 m。

**CGG Veritas 公司的 Eye-D 技术：**

Eye-D 技术是 CGG 70 年来解决每一个独特项目的经验积累，是陆地、海洋地震资料采集、处理与解释相结合的油气藏解决方案，是基于油藏的采集、处理、分析的工具和方法的集合。该技术于 2004 年 6 月正式投放市场。Eye-D 技术在野外采集中，可采用小道距、小炮点距、宽方位等手段获取地下高质量数据。

**PGS 公司的 HD3D 技术特点：**

（1）电缆间距缩小，由 100 m 缩小到 50 m；

（2）采用重叠放炮或多方位角放炮；

（3）实现地质目标的一致性照明、高密度地震波场采集和精确的处理成像。

**PGS 公司的 GeoStreamer® 技术：**

采用压力和速度两种传感器，有效消除接收鬼波，增强最终成像的分辨率，更好地解释更深层的目标（图 1）。

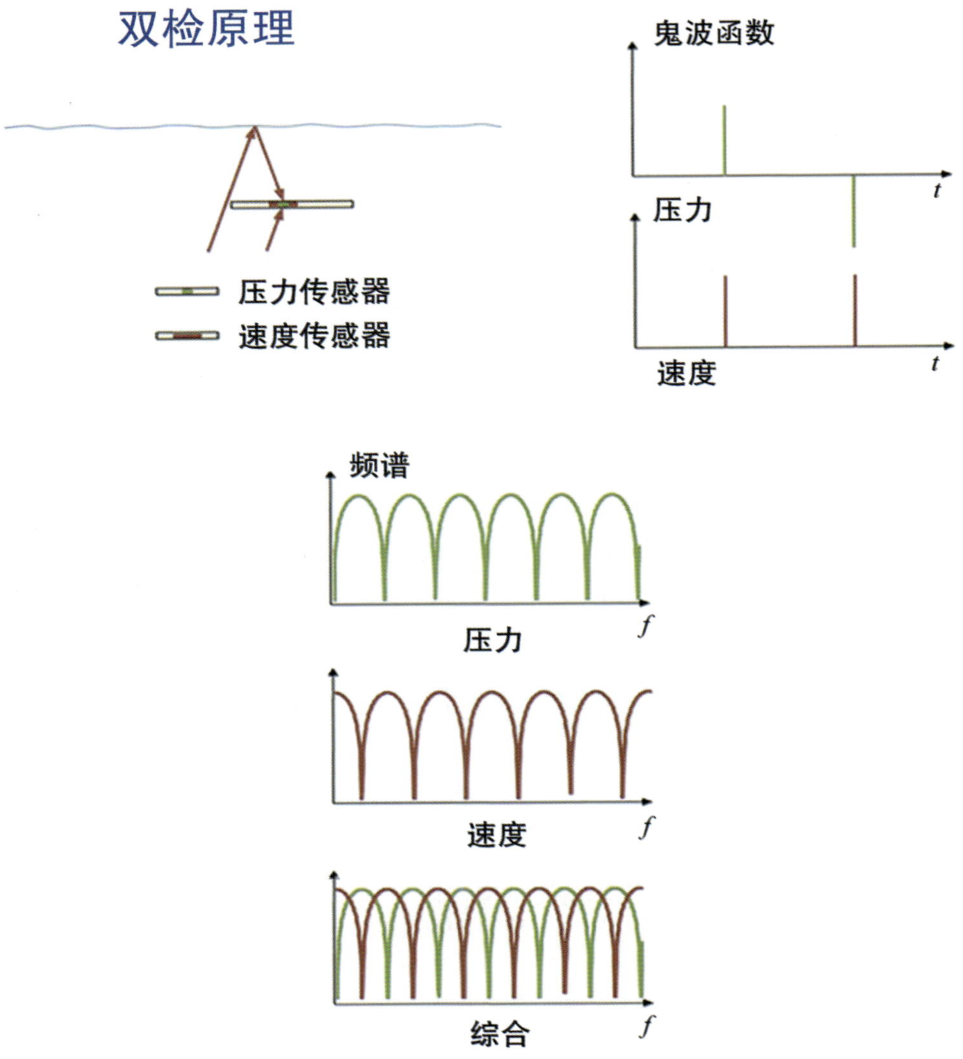


图 1 GeoStreamer 压制鬼波原理(据 PGS 公司)

此外,还有上下缆的做法。将成对电缆沉放在两个不同的深度,并且在同一个垂直平面内。

通过设计两个拖缆沉放在比较深的深度,如 20～30 m,垂直距离间隔 5～10 m 以分离地震波场中的上行波场和下行波场,来克服虚反射。但这种方法有时很难保持上下缆在垂直面内,会影响其效果。

有一种变深缆的工作方式比较实用,即使用定深器,使拖缆行进途中,近炮检距处的电缆保持在 5～6 m的沉放深度,远处逐渐降低到 40～50 m 深度,这样也便于克服虚反射。

宽方位地震勘探(WATS)使用现存的拖缆装备,在侧向增加几条放炮船,用不同的炮点非纵距实现不同方位角的接收,不过目前还没有很成功的例子,勘探成本增加很多。

通过以上的各种努力,近年来,在墨西哥湾、非洲西海岸及南美洲巴西东海岸的广阔海域,海上地震勘探(尤其是深海地区)取得了高分辨率采集与处理技术的极高成就。

尤其是最近几年出现的海上极高分辨率的剖面,令人叹为观止。这里我列举国内外的 4 个突出的例子。

## 一、CGGVeritas 公司的 BroadSeis 技术

CGGVeritas 公司在海上采集中使用了弯曲的拖缆。将检波器置于 5～50 m 的深度上,于是海面虚反

射的陷波频率互相错开，拓展了频谱。为了克服由气枪深度所引起的震源虚反射，他们使用了震源偏移与“镜像震源偏移”互相抵消虚反射的方法，进一步压制了虚反射。图 2 及图 3 是 BroadSeis 与常规剖面的对比。

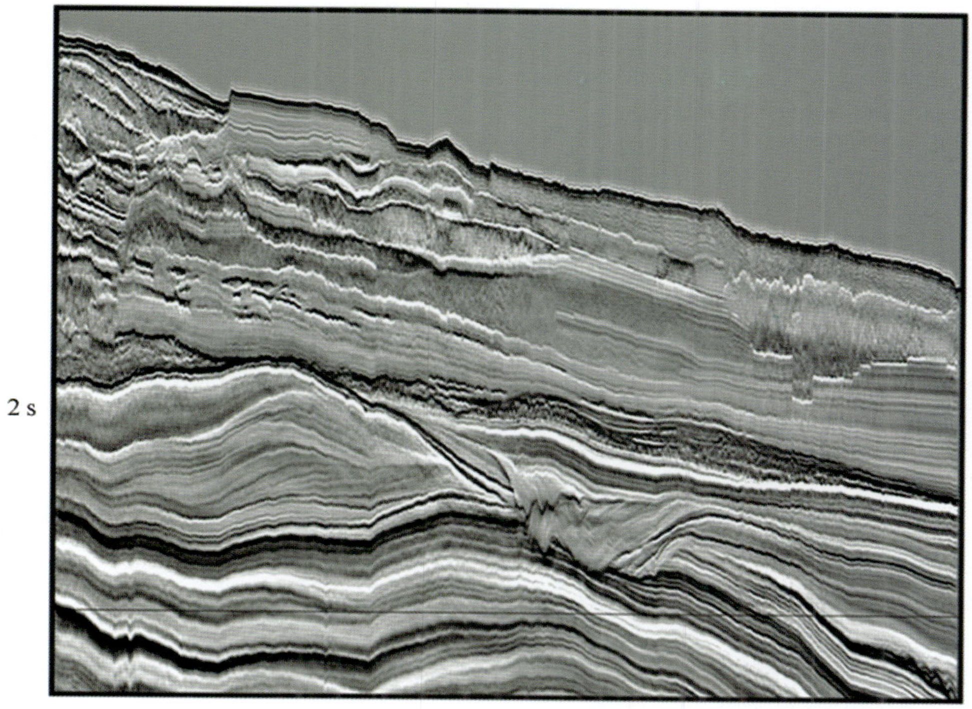


图 2 澳大利亚 BroadSeis 剖面(据 CGG 公司)

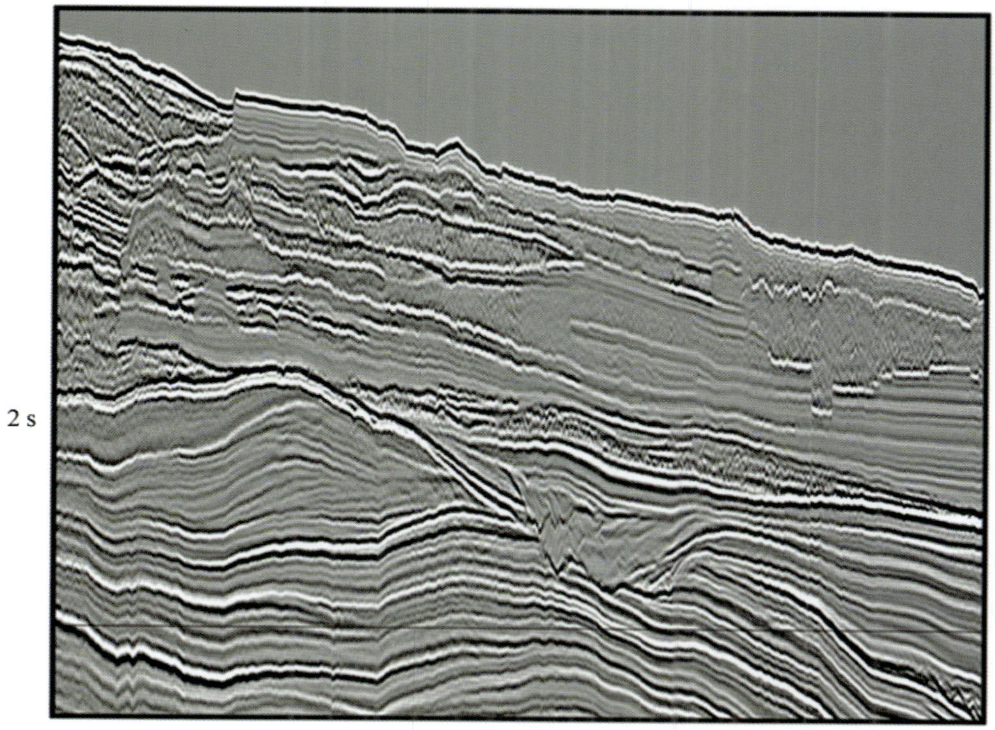


图 3 澳大利亚某常规剖面(据 CGG 公司)

CGG 公司在海上采集中使用了 Sentinel 固体电缆，它具有低噪声的优越性，在 5 Hz 处比常规电缆噪声低 12 dB，扩展了低频信号。更有利的是在 100 Hz 处其可降低噪声 28 dB，扩展了高频信号，如图 4、图 5 所示。

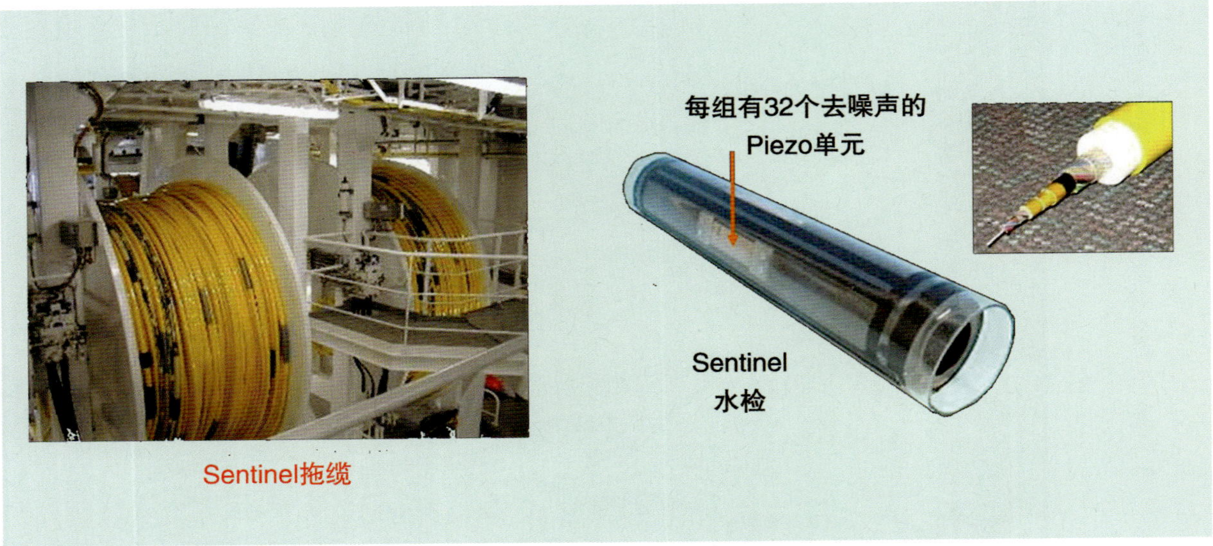


图 4 Sentinel 固体电缆（据 CGG 公司）

**从图 5 可以看到海上低噪声固体电缆的优越性。**Sentinel 电缆的噪音水平在 5 Hz 的频率上要低 12 dB；可轻易变成各种形状，如扇形、斜缆等。

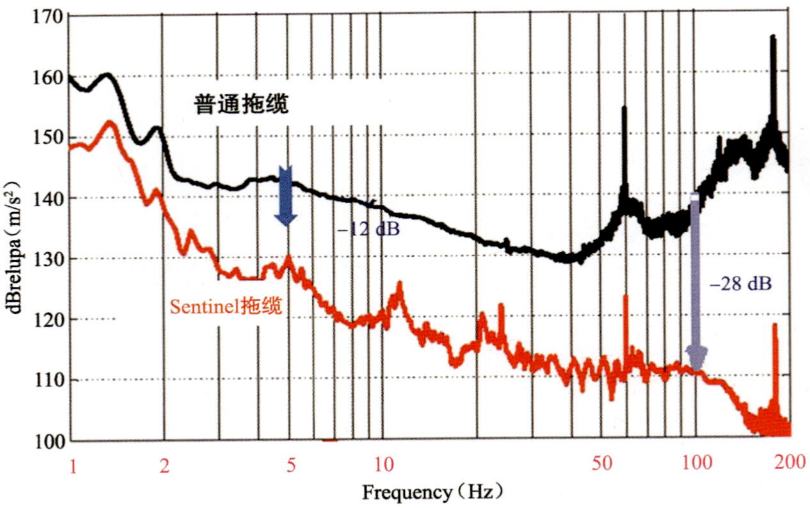

图 5 Sentinel 固体电缆的频率特性（据 CGG 公司）

**注意：高频端的噪声在陆上是随频率的增长而增长的，但是在海上高频噪声是随频率的增加而降低的。这是海上容易得到高分辨率剖面的客观原因。**

在电缆呈弯曲状拖到 50 m 深度时，接收点虚反射的陷波频率互相错开，频谱得到补偿，见图 6。

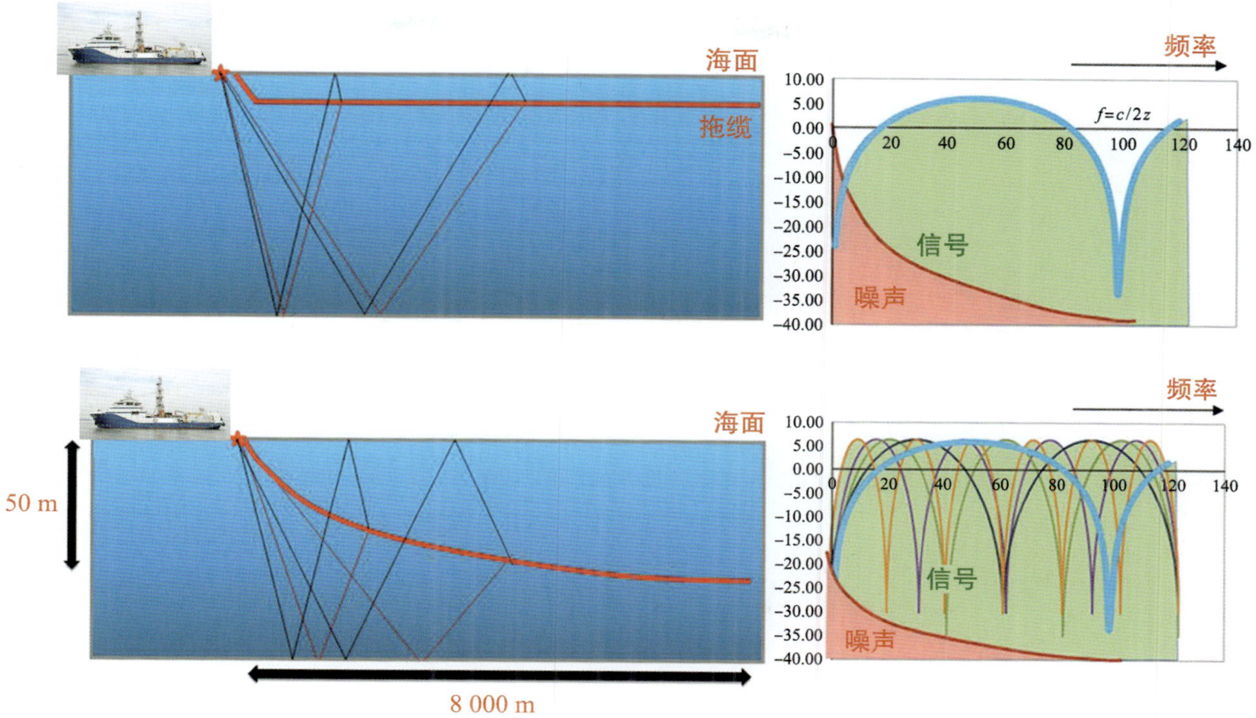


图 6　BroadSeis 弯曲电缆工作原理(据 CGG 公司)

仅仅使用 BroadSeis 弯曲电缆压制接收点虚反射的初步叠加剖面与常规剖面的对比，如图 7 所示。

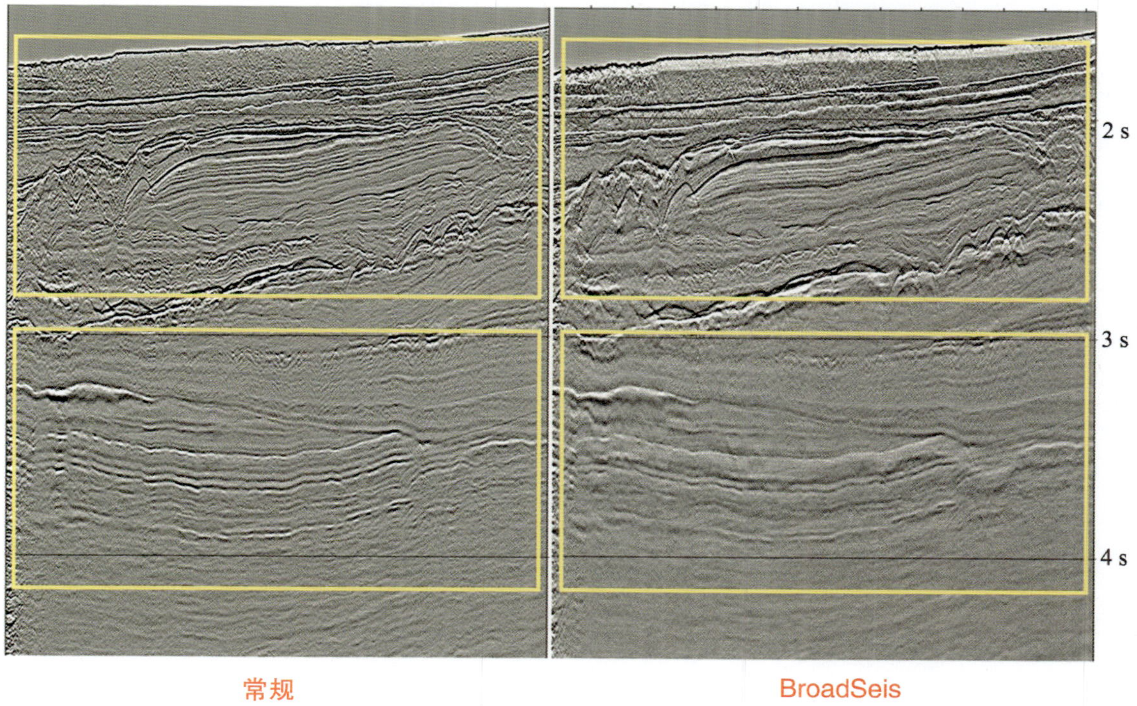


图 7　BroadSeis 叠加剖面与常规剖面的对比(据 CGG 公司)

为了压制虚反射，CGG 公司使用了镜像偏移方法，如图 8 所示。

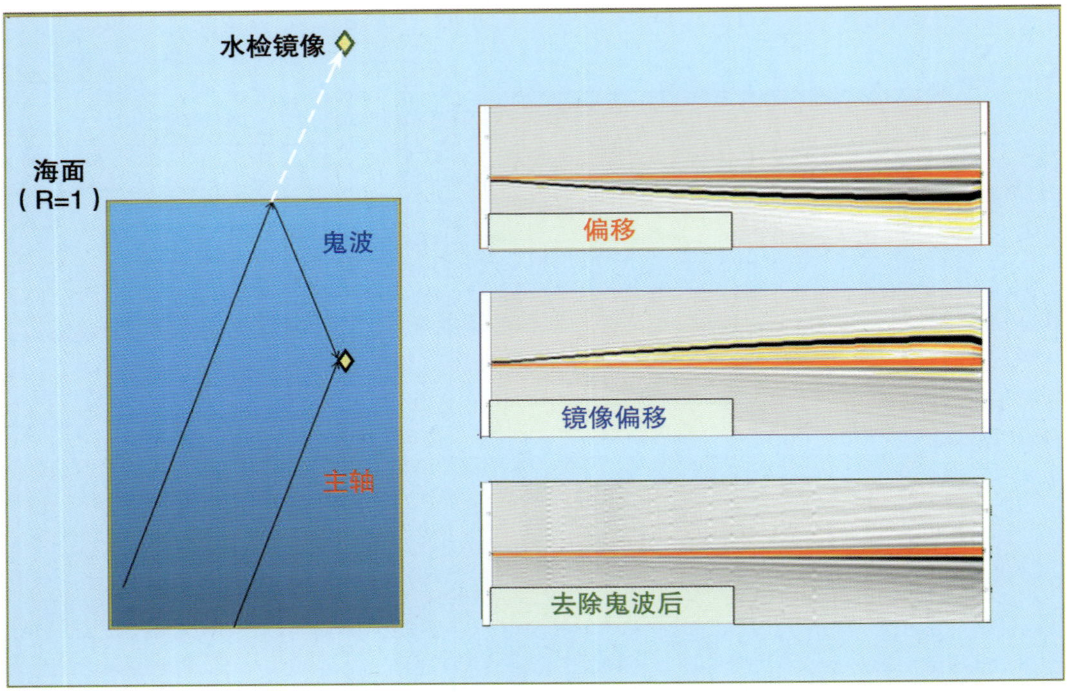


图 8　BroadSeis 采用镜像偏移压制虚反射(据 CGG 公司)

BroadSeis 弯线采集再加室内镜像偏移压制震源虚反射后的最终结果与常规剖面的比较，见图 9、图 10。

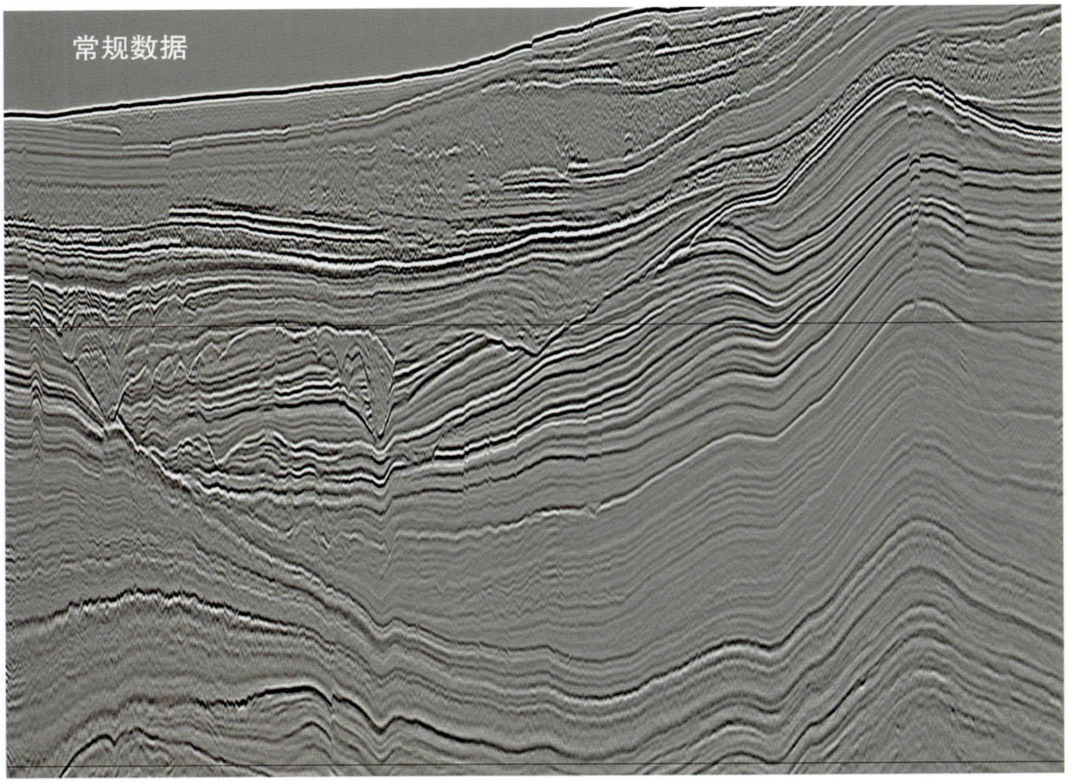


图 9　常规数据偏移剖面

图 10 BroadSeis 数据经过镜像偏移的剖面

如图 11 所示，由频谱分析资料可见：以－12 dB 为例，地震反射频率由常规剖面的 17～62 Hz（蓝线）扩展到 2～85 Hz（绿线及红线）。以－20 dB 为例，地震反射频率由常规剖面的 5～84 Hz（蓝线）扩展到 1～198 Hz（红线），这是很不错的宽频带。

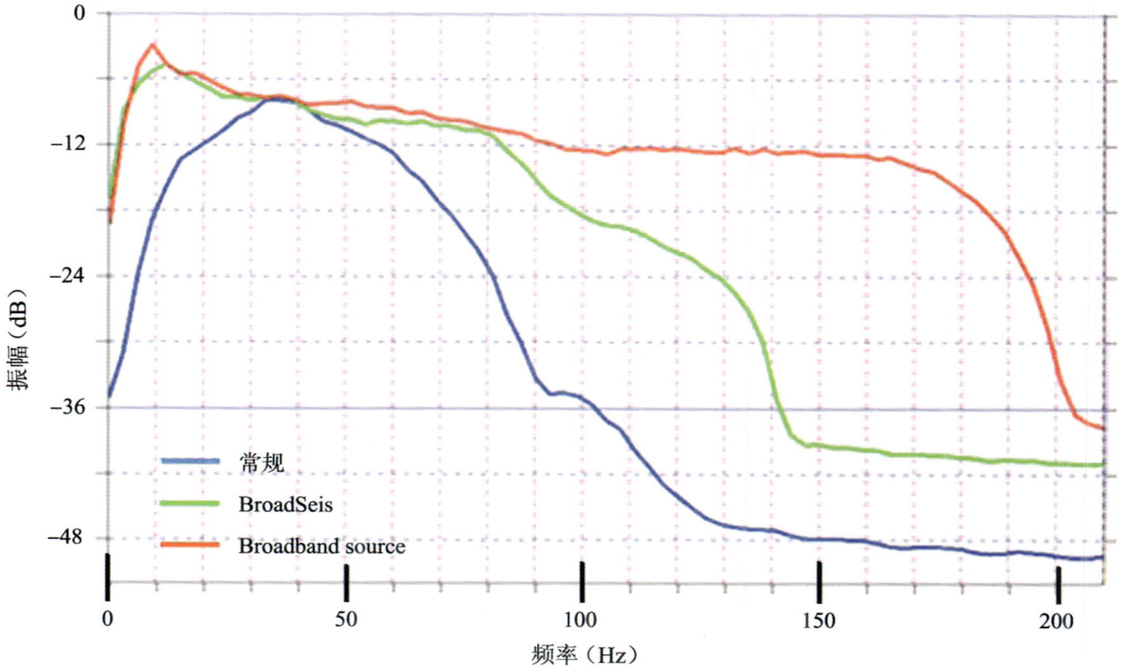


图 11 BroadSeis 资料的频率特性（据 CGG 公司）

图 12、图 13 是两张切片图的效果比较。

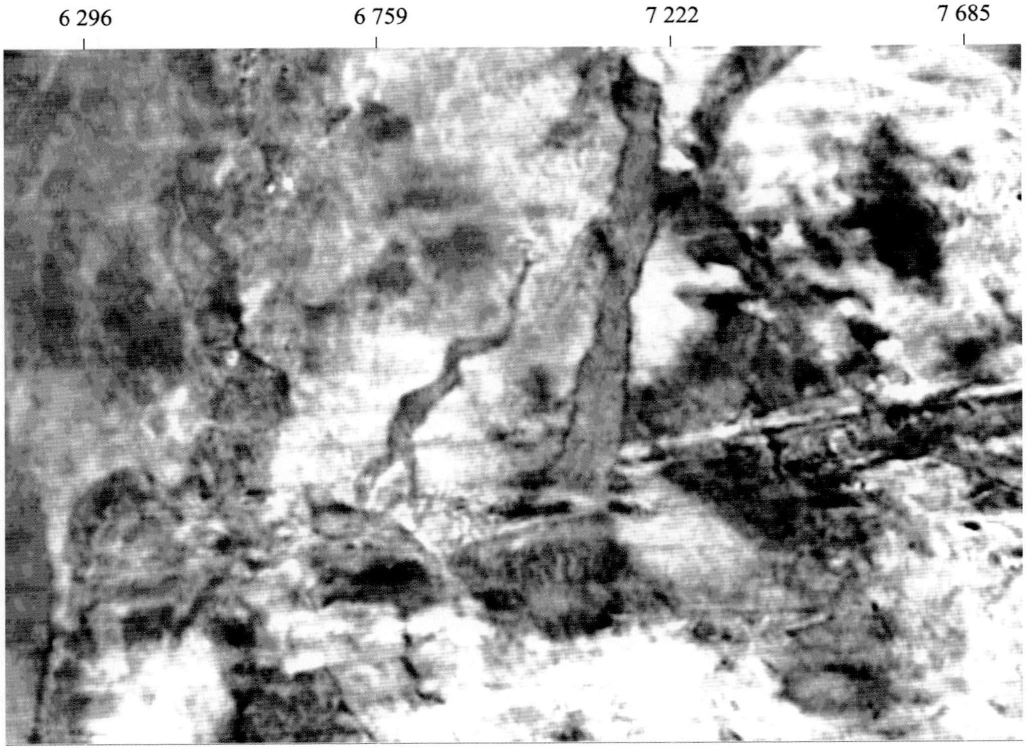


图 12 常规数据的水平切片(据 CGG 公司)

图 13 BroadSeis 数据的水平切片(据 CGG 公司)

## 二、WesternGeco/Schlumberger公司的IsoMetrix技术

另一个突出的例子是WesternGeco/Schlumberger公司的IsoMetrix技术，首先它打破了海洋地震勘探的Crossline横向空间采样的局限（当前海上采集在Inline方向已经加密到6.25 m，但缆间距往往只停留在50～75 m，因此，严格地说，目前的海上采集方法只是2.5维的）。IsoMetrix技术可以提供一个密集的、均匀的6.25 m×6.25 m网格采样，是一个真三维全频带的波场。

IsoMetrix基于Nessie-6固体电缆平台

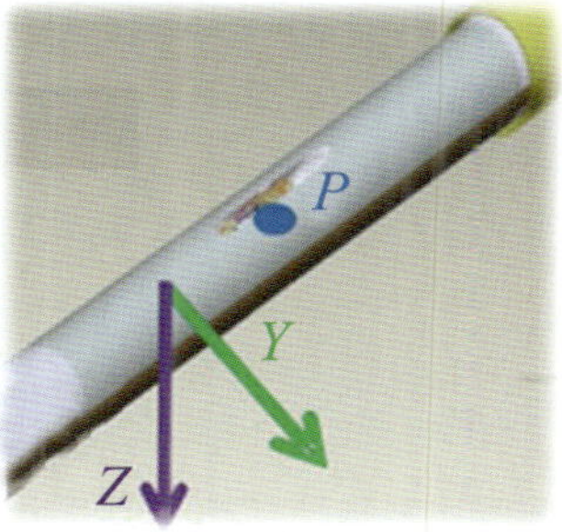


- 三分量（The Nessie–6 streamer is a Three Component measurement）
- 压力检波器及MEMS加速检波器［single sensor pressure（$P$）and MEMS-based measurements of acceleration due to water particle motion from returning seismic energy（$A_Y$ and $A_Z$）in one streamer］
  - 压力分量$P$结合垂向加速度$A_Z$可以实现去虚反射［$P+A_Z$ enables a 2D wavefield separation into up going（deghosted $P$）and downgoing（ghost）］
  - 横向加速度体现了压力波场$P$的横向梯度，结合$P$及$A_Z$，可以实现电缆间全三维波场重建（$A_Y$ provides a direct measurement of the crossline gradient of the pressure wavewhich, combined with $P$ and $A_Z$, enables a full 3D wavefield recostruction between streamers）
- 测量漂浮缆上地震波引起的小加速度，在工程实现和噪音衰减方面都是难题（Big engineering and noise attenuation challenge to measure small acceler ations of seismic wave on a floating/moving cable）

图14 IsoMetrix技术使用的固体电缆

IsoMetrix技术使用了基于Nessie-6的固体电缆，每个接收点安装了三个分量：一个检测水压的（$P$波）水听器以及两个MEMS加速度检波器（$A_Y$及$A_Z$），它们用来检测水介质运动的加速度。

压力分量$P$结合垂向加速度$A_Z$可以实现去除虚反射，而横向加速度$A_Y$体现了压力波场$P$的横向梯度，结合$P$和$A_Z$分量，可以实现电缆间的全三维波场重建。

在图15的上方，蓝色曲线代表一个高频振动，在采样不足的条件下，会被误认为是一个低频信号，如红色线条。这看起来无法分辨到底哪个是对的。

但是在图15的下方，如果我们知道了稀疏采样点上的运动梯度，就可以真实地确定该高频信号，并实现波形内插。IsoMetrix技术用这个方法实现了横向缆间数据的5倍道内插。

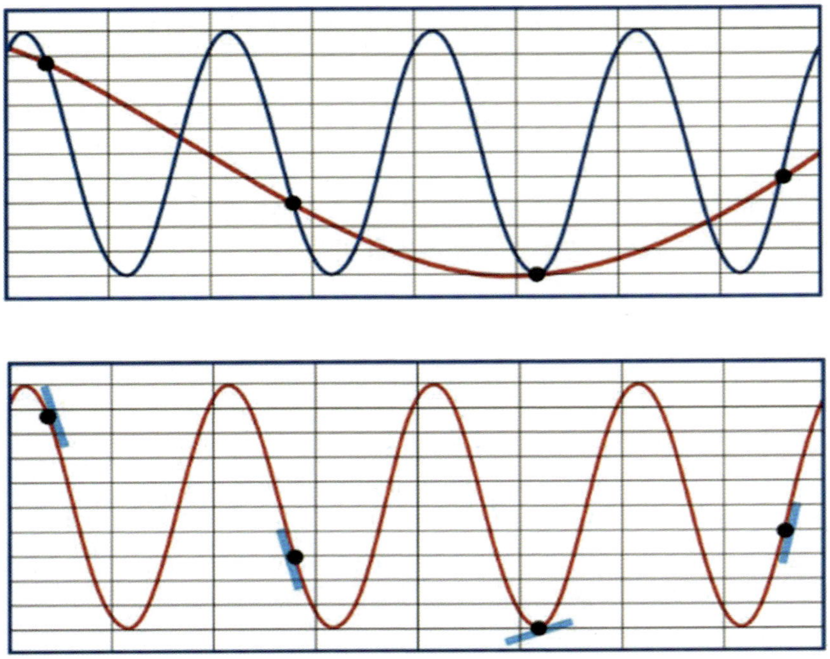

图 15 采样不足导致的假频以及根据运动梯度恢复的真实信号

关于克服虚反射方面，由于有了 Crossline 的虚反射隐含的上行波横向信息，就可以帮助实现联合压制虚反射和数据的联合内插（图 16）。为此，ISOMetrix 技术采用了广义匹配追踪算法（GMP）。

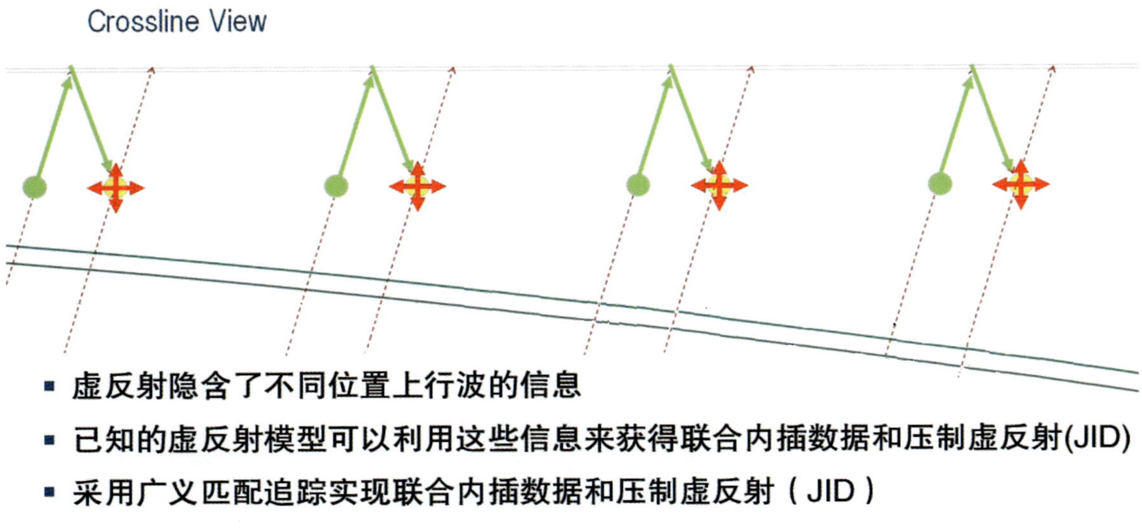

Crossline View
虚反射隐含了不同位置上行波的信息
已知的虚反射模型可以利用这些信息来获得联合内插数据和压制虚反射(JID)
采用广义匹配追踪实现联合内插数据和压制虚反射（JID）


图 16 利用虚反射隐含的上行波横向信息重建 VYZ 波场

2009 年冬 IsoMetrix 技术通过了二维的去虚反射测试以及横向加密 5 倍的数据重建试验，如图 17 所示。

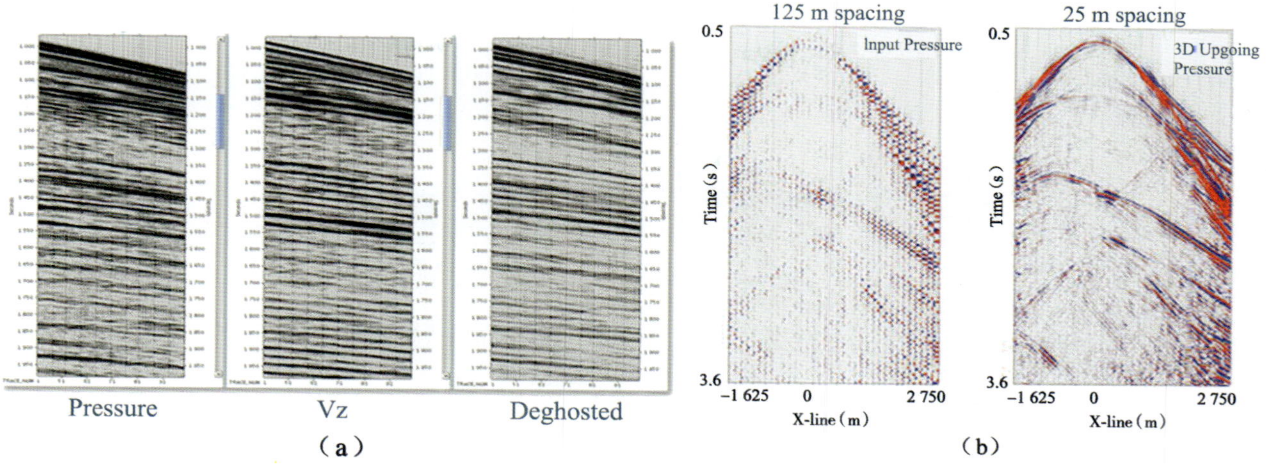


图 17　利用 JID 方法实现的二维数据虚反射压制(a)和波场重建测试结果(b)

2010 年 IsoMetrix 技术又实现了全频带消去虚反射及准确的三维波场重建，如图 18 所示。消去虚反射后，频谱中的陷波效应被有效消除，如图 18(a)中 ODG 方法绿线所示。经三维波场重建，绕射和倾斜反射层都得到了有效恢复，如图 18(b)所示。

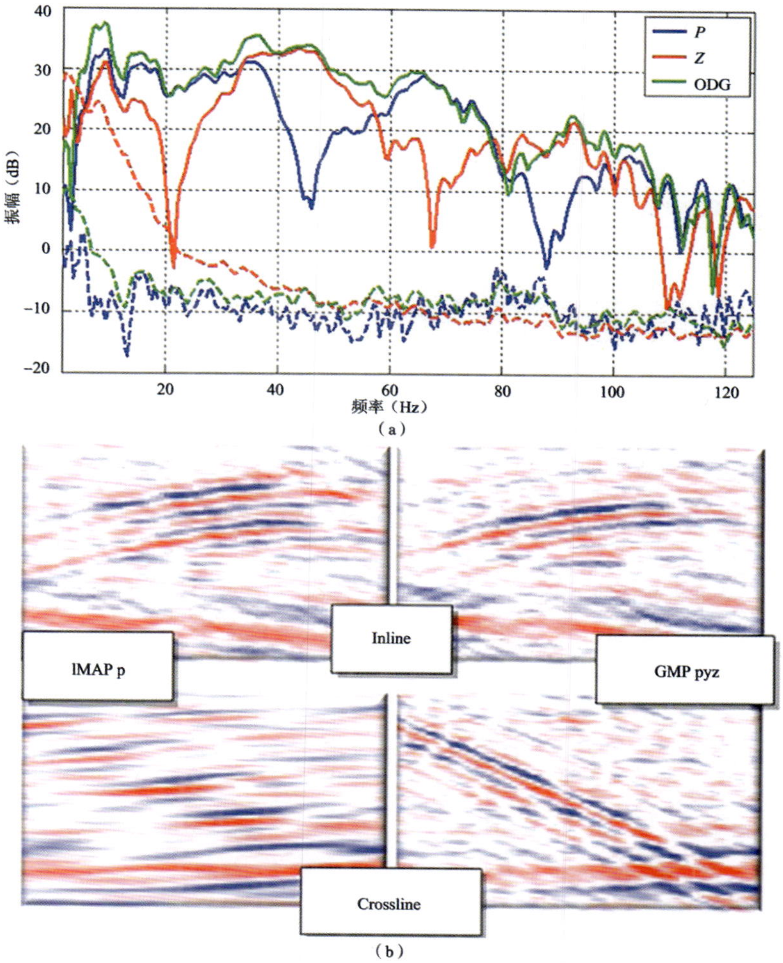


图 18　利用 JID 方法实现的三维数据虚反射压制和波场重建测试结果

如图 19 所示，Crossline 的缆间距 75 m 稀疏数据被内插成 6.25 m×6.25 m 的数据，并且完成了上行波和下行波的分离，消除了虚反射。

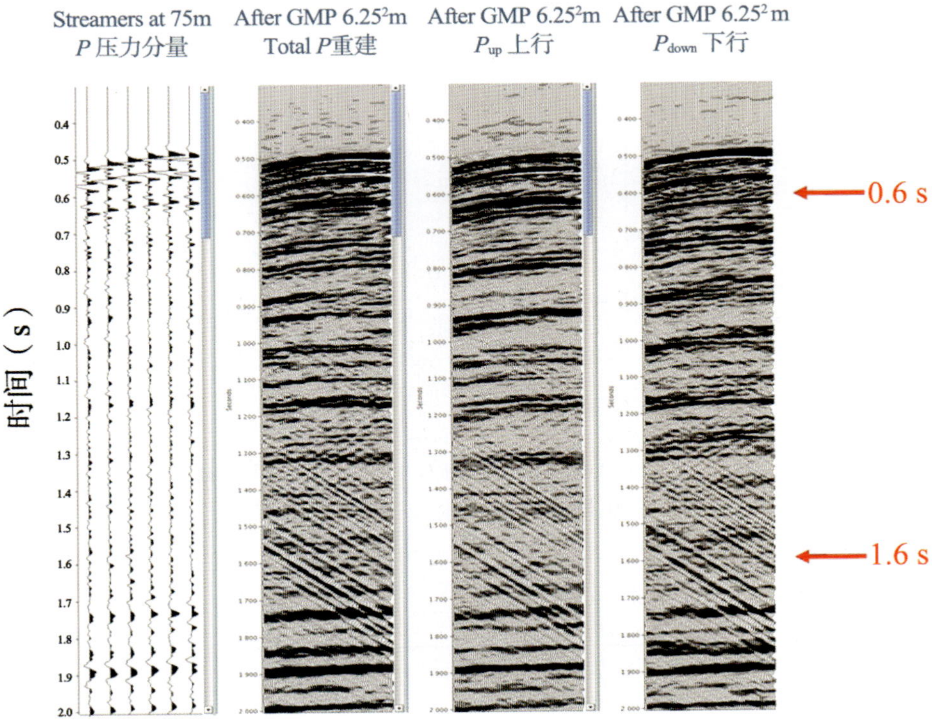


图 19　经过内插和虚反射压制的波场重建数据

图 20 是 0.6 s 及 1.6 s 处的切片显示，内插由稀疏变得精细，并且消除了虚反射。

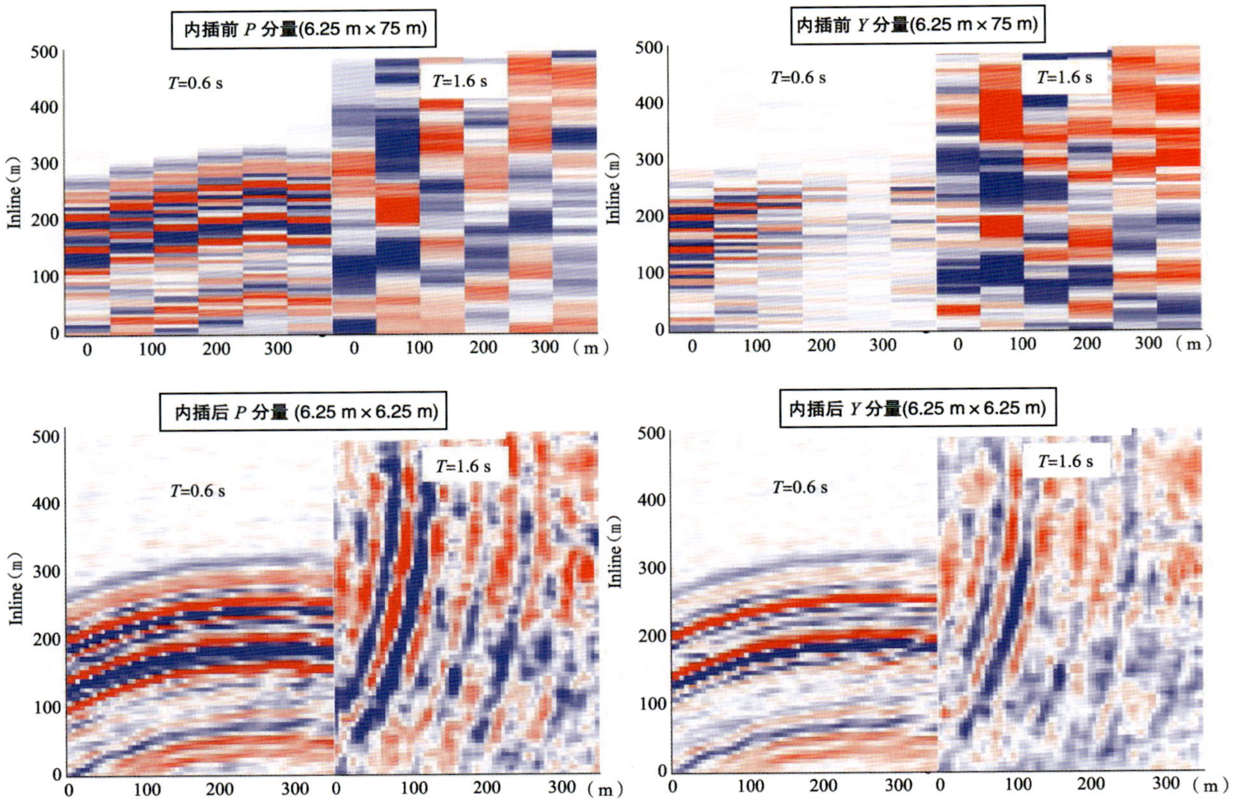


图 20　经过内插和虚反射压制的水平切片数据

于是 IsoMetrix 技术使海上采集由 2.5 维变成加密的均匀的真三维，如图 21 所示。

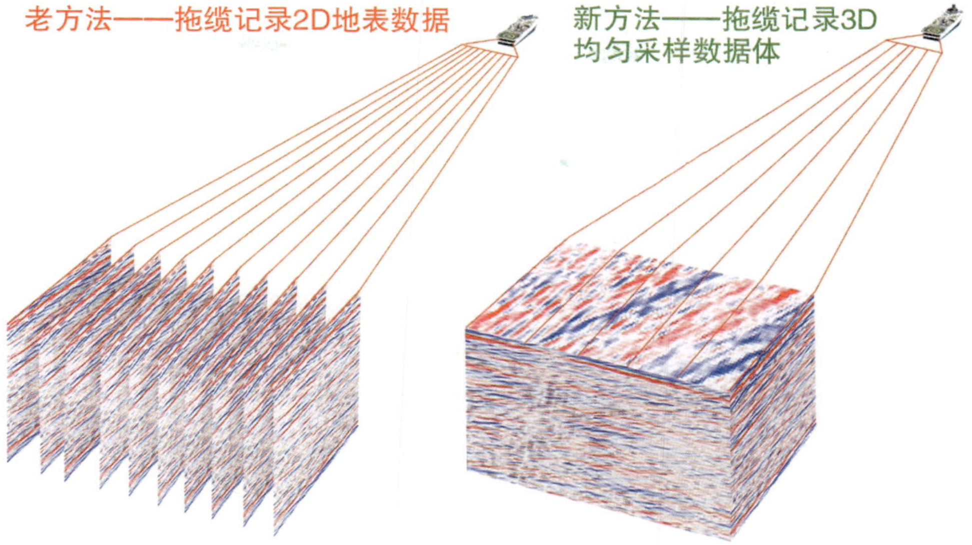


图 21 经过数据内插实现真三维采集

对于由于海流造成拖缆羽角和弯曲的情况，IsoMetrix 技术采用 3.125 m 网格将 $P$、$A_Y$、$A_Z$ 记录存带，可以在室内处理时保持 6.25 m 网格的均匀性，并把它称作 Iso-拟四维数据（因为此时数据是随着拖缆向前移动中不同时间拼接而成的）（图 22）。

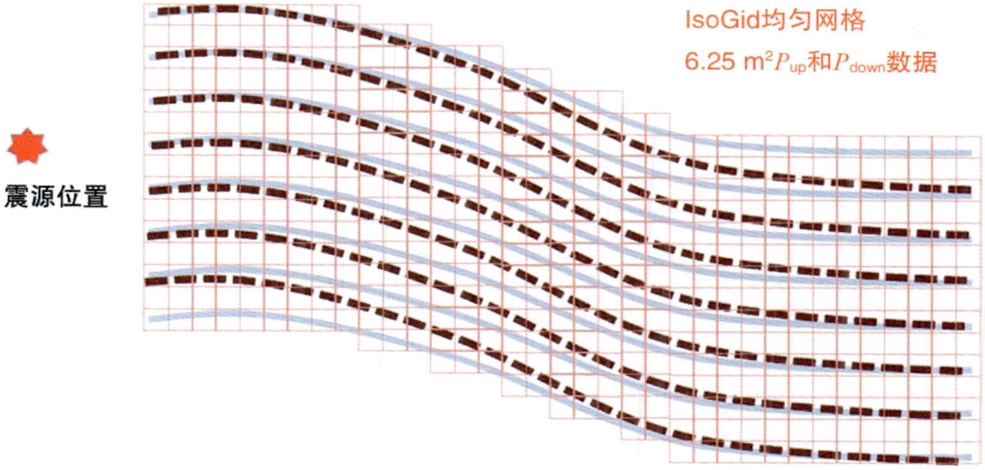


图 22 IsoMetrix 技术实现 Iso-拟四维数据

IsoMetrix 技术已经提供了海上高密集三维采样的具体方法，这是很宝贵的经验。

**探 讨**

海洋地震资料容易获得高分辨率的原因如下。

（1）海水对地震波是基本没有吸收衰减的介质。所以例如图 7 中，在海水深 1.6 s 的情况，第一时窗 2～3 s 处的反射实际只相当于通常 0.4～1.4 s 的大地吸收衰减量。并且由于海水的存在，还可避免通常由于切除所造成浅层覆盖次数的降低。

（2）海上不存在低降速带的强烈吸收。陆上 15 m 的低降速带的吸收量对 160 Hz 的信号衰减就可以到达－20 dB，所以海上高分辨率比陆地至少容易 10～100 倍。

（3）海上施工的地震波激发及接收条件比陆上良好。气枪的激发稳定性良好，子波一致性好，水听器与海水的耦合良好。这也是陆上地震不可比拟的。

(4) 海上的干扰波比陆地要弱，因而资料信噪比高，有利于实现高分辨率。其低频面波不强，电缆沉放深度稍大就可削弱海浪引起的高频干扰。固体电缆的出现，大大降低了高低频的噪声水平。

我国在海上也取得高分辨率地震勘探的很好效果。

## 三、中海油南海西部公司通过高分辨率勘探发现东方 1-1 气田

中海油南海西部公司 1994 年在莺歌海自营区通过技术攻关，获得了高分辨率的地震剖面，如图 23 所示。偏移剖面上 1.5 s 处，主频达 100 Hz，并发现了东方 1-1 气田。

1991 年中海油南海西部公司曾在东方 1-1 构造上钻过一口探井，仅发现 7 m 的薄含气砂层。当时认为该构造没有工业价值，后来利用高分辨率的新资料，搞清了Ⅱ砂组主力产气层的分布，并用积分地震道计算其厚度为 18～20 ms，Ⅱ砂组厚 35～38 ms。这些都被后来的 DF1-1-4 井及 5 井所证实，分别获得天然气产量 1.32×$10^6$ $m^3$/d 及 0.774×$10^6$ $m^3$/d，确定含气面积 230 $km^2$，成为我国海上第二大气田。

图 24 是中海油南海西部公司在高分辨率的基础上所做的积分地震道剖面，此剖面上可以直接看到含气储集层的厚薄变化的形态。并且可以看到含气砂岩底界的气水分界面的“平点反射”(反映气水分界面的“平点”由于含气多的中央部分地震速度变低，反射时间稍有下拉，如红线所示)。

我们常常把地震勘探对储集层的研究称作“储层描述”，而东方 1-1 的积分地震道剖面，是对含气储集层的一次“照相”。

根据全区的“平点”显示及高分辨剖面，可以精确地计算储量。

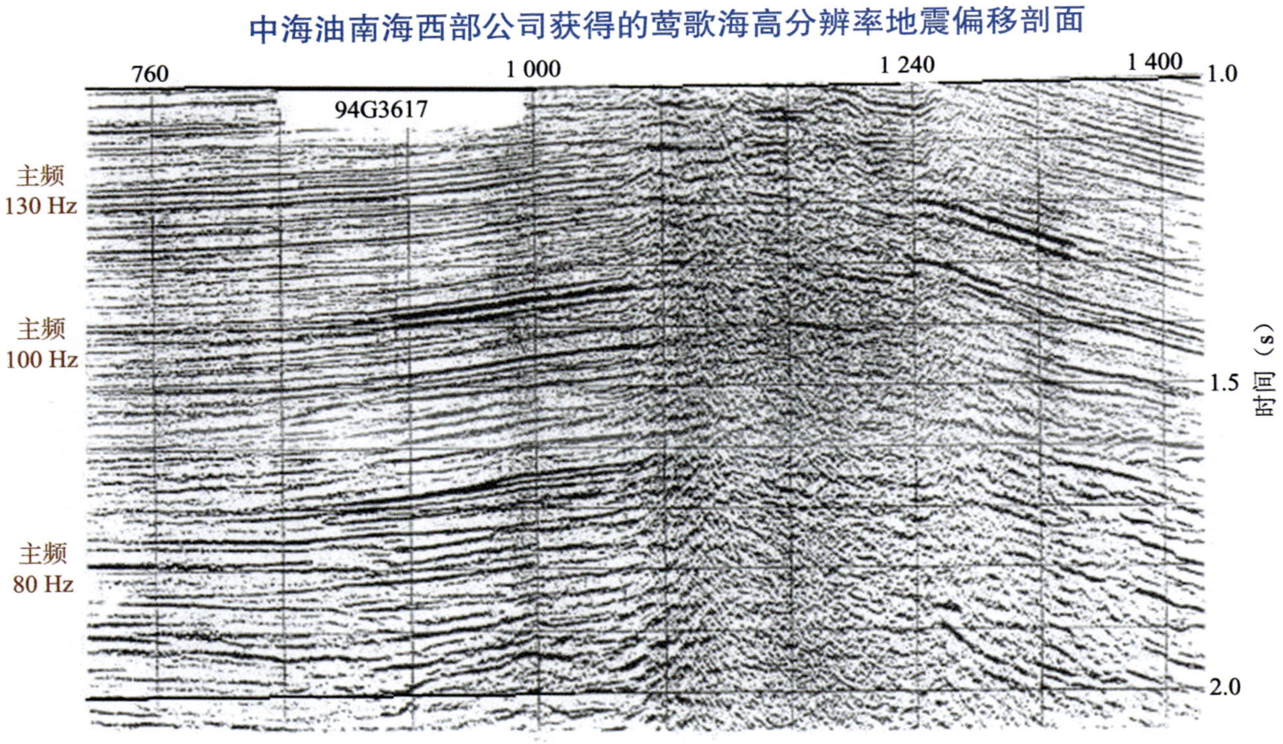


图 23　中海油南海西部公司获得的莺歌海高分辨率地震偏移剖面

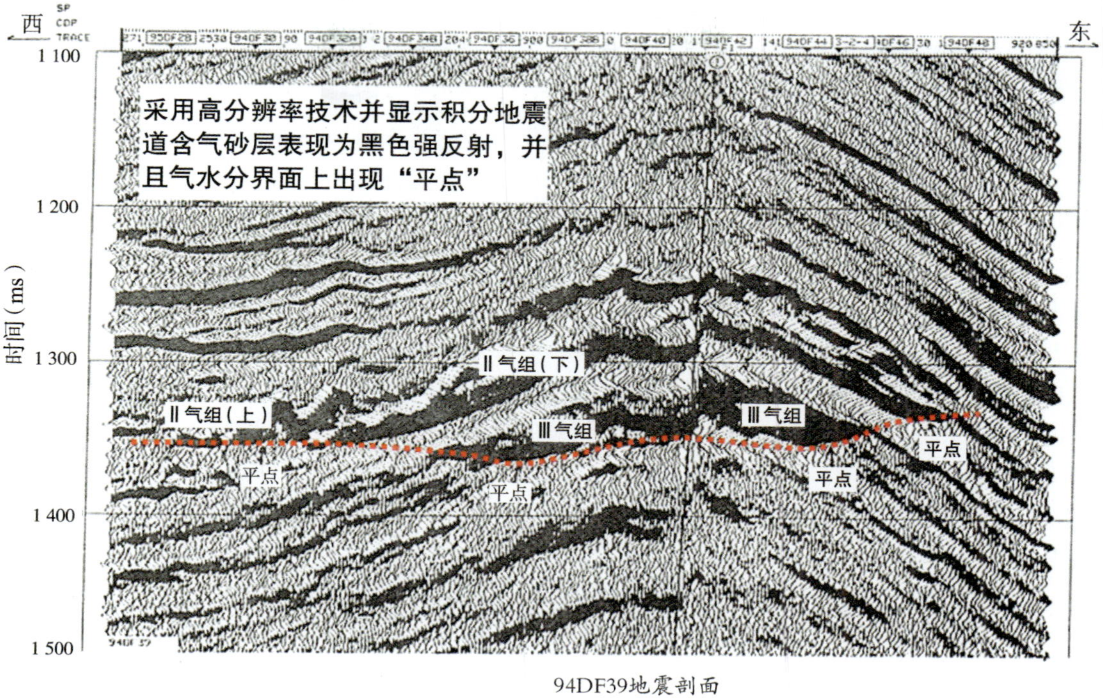


图 24　东方 1-1 气田的典型地震反射剖面

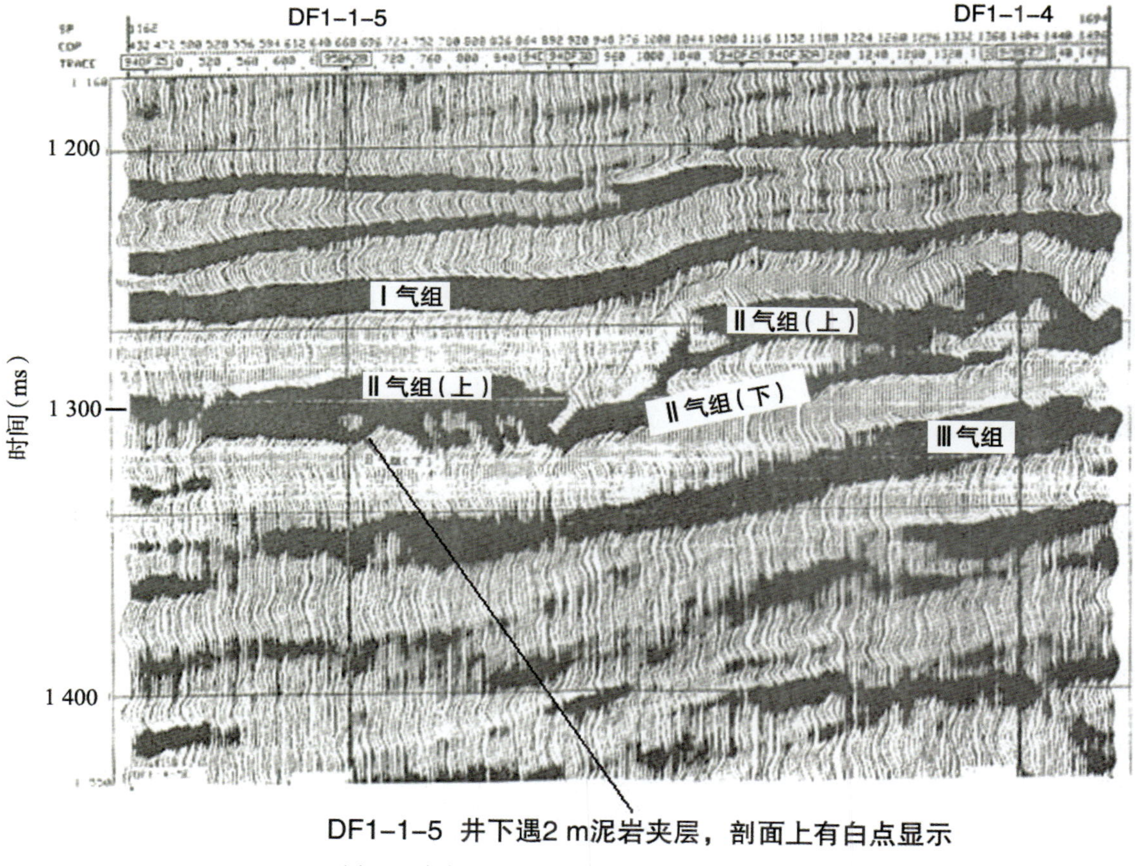


图 25　东方 1-1 气田的典型积分地震道剖面

图 25 中 DF1-1-5 井井下含气砂层中遇到 2 m 泥岩夹层，在积分道剖面上有白点显示。

## 四、中海油南海东部公司在流花 11-1 油田的高分辨率勘探

另一个例子是中海油南海东部公司合作区在 1995 年发现的位于中国香港东南部 130 km 的流花 11-1 油田。它是一个中新世礁灰岩的隆起构造，闭合幅度约 75 m，为地震勘探所发现。生产层为礁灰岩，平均孔隙度在 20%～30%，埋深 1 170 m，石油储量约 12 亿桶(1.7 亿吨)，但含油高度仅 75 m，为了防止底水上窜，打了 25 口放射状的水平井进行生产。

流花 11-1 油田于 1996 年将 25 口井投入生产，初期产量达到 65 000 桶/日，不久就遇底水上窜，产量锐减为 25 000 桶/日，大大影响了其开产价值。显然储集层是有着强烈的不均一性，这点是原先没有预料到的。

为了搞清底水上窜的原因，1997 年 7 月流花油田实施了高分辨率的三维地震。在平静的海况下，用短拖缆(1 500 m)较浅的沉放深度(3.5 m)施工，取得了很好的效果。

野外采集记录的高频有效频率已达到 180 Hz(1.25 s 处的目的层)，经室内处理后，最高有效频率达到 240 Hz(主频约 120 Hz)，可以分辨 4 m 左右的储集体(可识别的厚度约 2 m)，三维数据体顺利地反演转换为孔隙率数据体。

图 26、图 27 展示的是流花 11-1 油田高分辨率勘探的效果图片。

从图 26 所示的流花 11-1 油田东西向高分辨率地震剖面上，可以清楚地看到有明显的“气烟囱现象”，说明气体从基底向上运移扩散。从图 27 所示的流花油田 11-1 南北向高分辨率地震剖面上可看到在 1.25 s 目的层(主要生产层，为礁灰岩)的主频已达120 Hz。

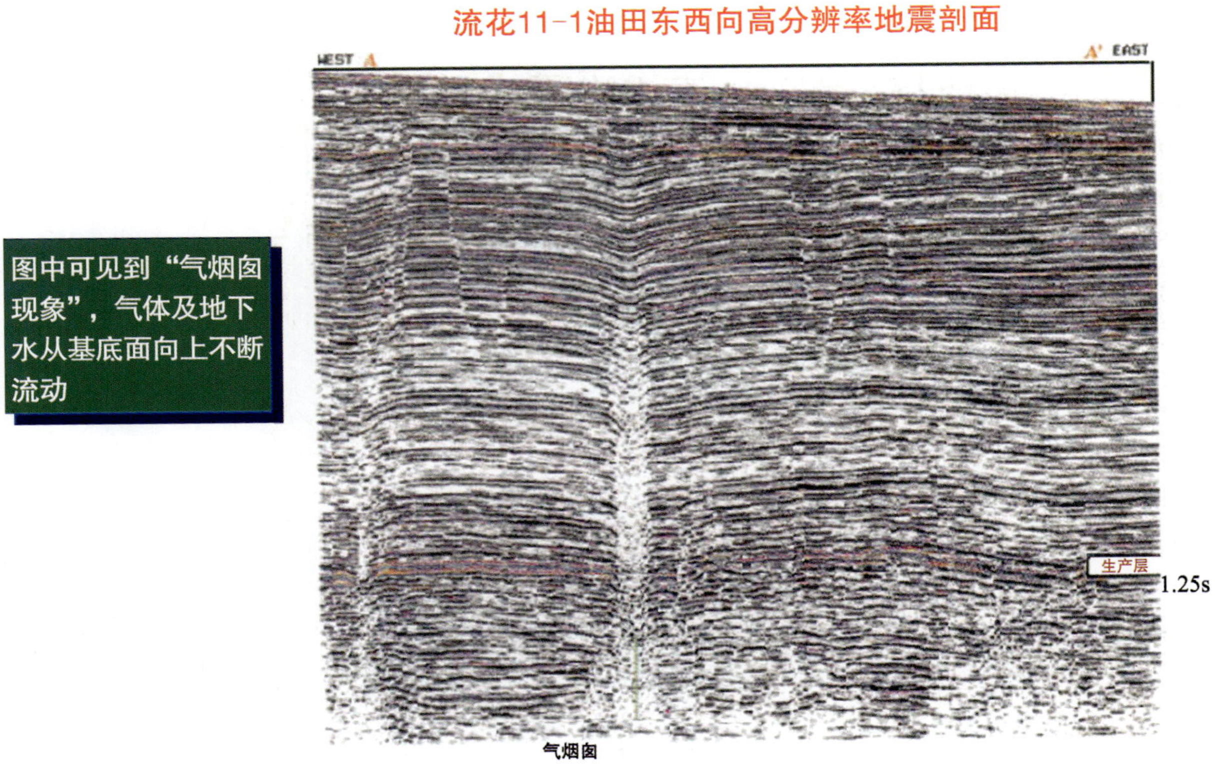
流花11-1油田东西向高分辨率地震剖面
WEST A
A' EAST
图中可见到“气烟囱现象”，气体及地下水从基底面向上不断流动
生产层
1.25s
气烟囱

图 26 流花 11-1 油田东西向高分辨率地震剖面

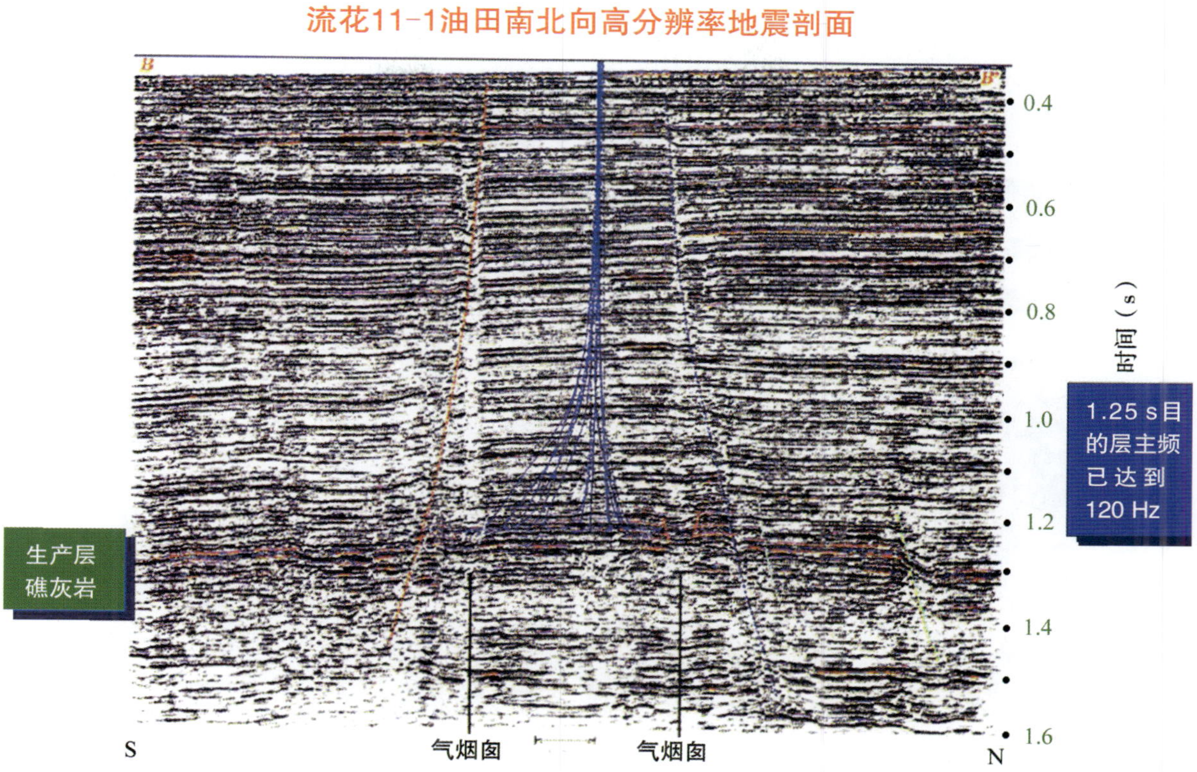


图 27　流花 11-1 油田南北向高分辨率地震剖面

如图 28 所示，能够清楚地看到构造南北两条夹持断层，部分放大图上可以清晰地看到地腹存在着古岩溶落水洞。

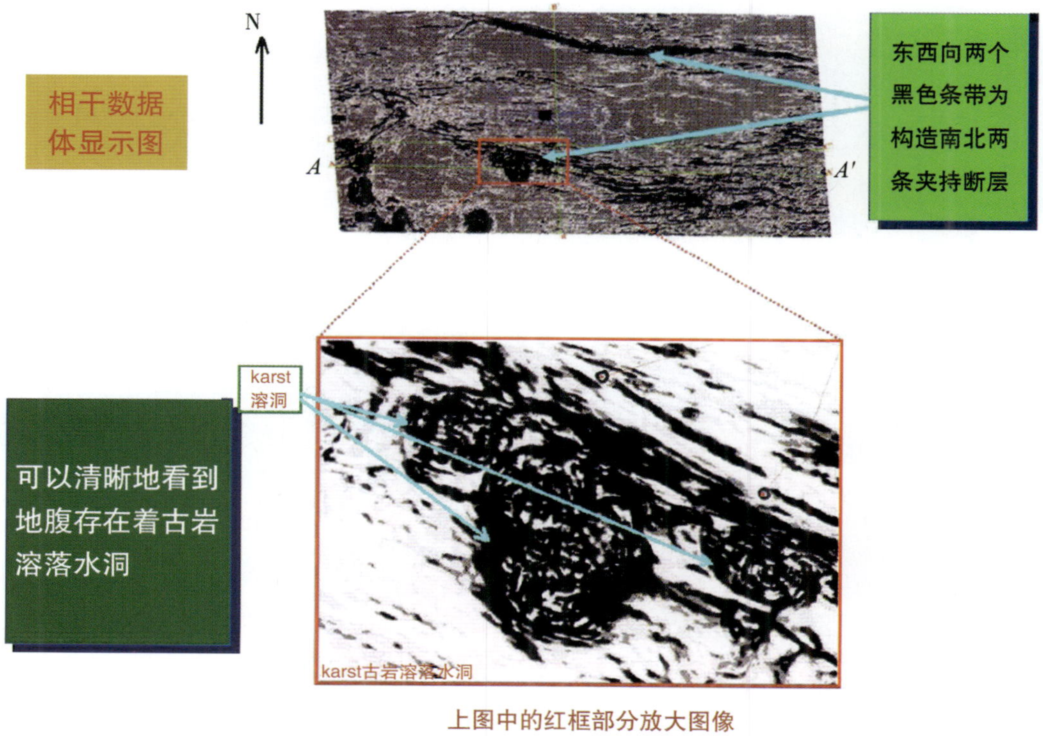


图 28　流花 11-1 油田相干数据体显示

图 29 所示的 56 Hz 谐振谱分解属性图上红色黄色区域与油田的高产区相符合，而绿色白色区域与出水井域相符合，与油田的实际采油情况吻合得很好。通过图 30 所示的孔隙度剖面，解释了有些水平井没有获得高产的原因是其大部分穿过的是低孔隙度地层。

与采油情况相符,红色黄色区域高产,绿色白色区出水

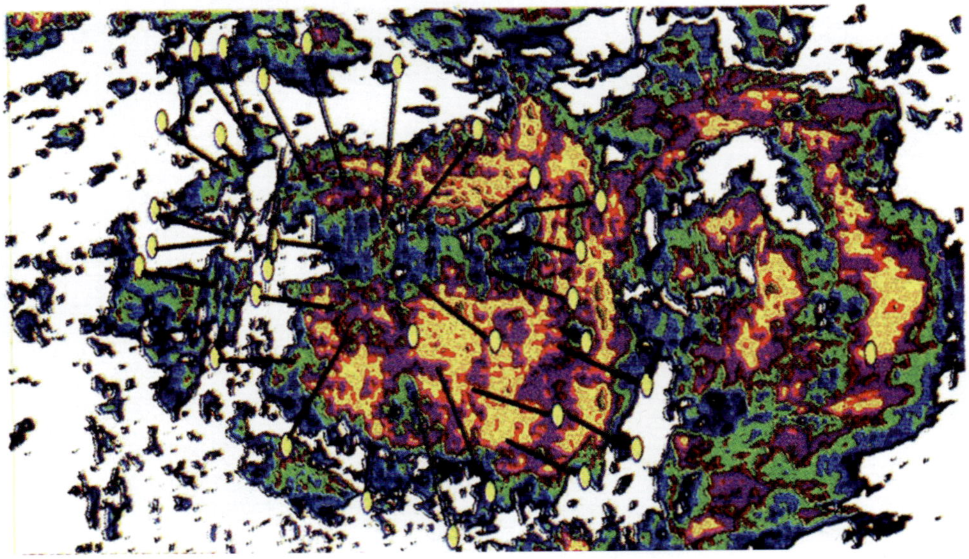

图 29　流花 11-1 油田高分辨率资料 56 Hz 谐振谱分解属性

图中红、黄色区域孔隙度较好，蓝、绿色区域孔隙度较差

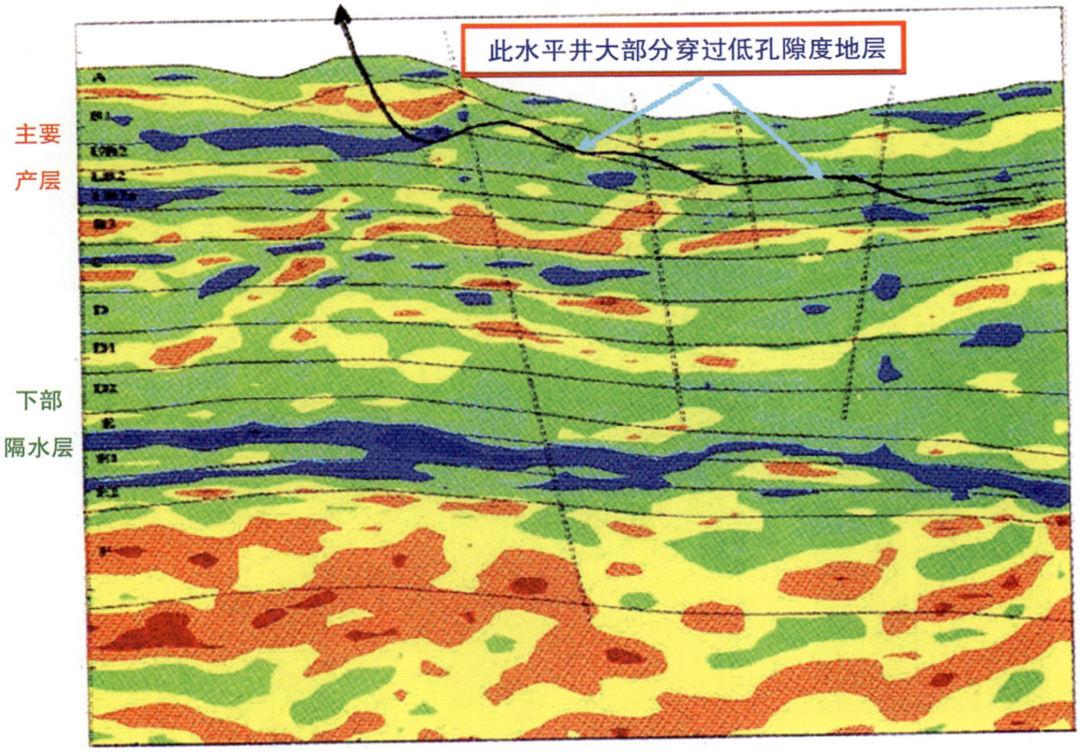
此水平井大部分穿过低孔隙度地层
主要
产层
下部
隔水层

图 30　流花 11-1 油田孔隙度剖面

流花 11-1 油田的实例表明，高分辨率三维地震为油田开发提供了重要的资料，可以进一步研究开发井调整方案以及查明尚未动用的剩余油区，这将是十分重要的地质效果。

注：经过多年调整，这个底水活跃、难以开采的流花 11-1 油田已经产油 16 余年，至今仍在生产原油。该油田总共有 25 口井，目前有 19 口井生产，3 口井待修，3 口待侧钻；日产原油 8 000 桶左右，仍然具有良好的经济价值。

# 陆上的高分辨率地震勘探不应照搬海上的经验

**与海上地震勘探相比,陆上地震勘探的分辨率就没有海上的那么容易获得,困难程度往往会增加 10 倍至几百倍。**

按照得到高分辨率的难易程度排序如下。

(1) 最容易获得高分辨率的工种是"工程地震",用最简单的单道单次覆盖,在海底以下 50 m 范围可以获得主频达 2 500 Hz 的剖面,可以看清淤泥中沼气的生成。

(2) 其次是深海里,海底以下 1 s 范围内,如墨西哥湾的深海油气田。

(3) 再是浅海陆棚地区,如珠江口坳陷。

(4) 陆上最容易的地方是平原里的水网区和沼泽区,如江苏及江汉盆地、塔里木河下游。

(5) 其次是潜水面很浅的平原地区,如大庆油田、胜利油田及大港油田,资料也比较好。

(6) 再是常年多雨的丘陵地区,如四川盆地。这里的地下潜水面基本上与地形线一致,有"山高水也高"的说法,甚至在山区也能得到好的地震资料。

(7) 最困难的地方是我国西部的干旱戈壁和大沙漠。尤其困难的地方是青海及昆仑山前干旱高山区,那里低降速带厚度可达 700～1 000 m。目前主要的任务还不是提高分辨率,而是要努力获得可用于构造解释的地震剖面。

若以地层年代来划分的话,新生界地层吸收最强,中生界地层次之,古生界地层吸收最弱。此外,反射系数较强的特殊岩性段也可以部分抵消大地吸收作用的负面影响,而取到较好的效果。

纵观以上事实,不难看出:起决定性的因素是大地吸收,这是不可回避的自然界规律。所以,获得高分辨率的成功例子主要是靠"大自然的恩赐"。

那么人们的努力能起什么作用呢? 我想:人们的努力只能在大地吸收的条件下,去发掘还能补救的那部分分辨率。例如上节所讲在海洋勘探中如何设法制造低噪声的固体电缆,以及如何避免海上虚反射的陷波现象等。

下面我将叙述在陆地上如何提高分辨率。

现在不少人把海上行之有效的一套办法,原封不动地搬到陆上来。我不赞成。

许多人在陆上勘探中盲目地提倡使用"单点接收",使用 MEMS 数字检波器,"高密度、高覆盖采集",甚至在山区也采用"宽方位施工"。这种生硬的照搬海上经验的做法,实际上是花了极大的代价,获得很少的收益。

2011年2月，我在上海"石油物探技术发展高层论坛"上发表了"石油物探领域的创新意识与求实精神"的讲稿(已发表于《石油地球物理勘探》，2011年第6期)。这是为庆祝我国物探事业光辉的六十年的有感而发，归纳了我国石油物探六十年来取得的成就，提出了七个方面的不足与遗憾，并针对我国西部特有的低信噪比地区提出十个改进方向。现将有关的主要内容简介如下。

## 一、不要盲目推广数字检波器

目前大多数人都对MEMS数字检波器说好！说它的频谱宽、畸变小、噪声小。但通过我们这几年试验对比的答案是：客观效果上"数字检波器"与"模拟检波器"接收的数据其地震剖面效果是一样的。

我很早就提出：检波器插在地上，谐波畸变大得惊人。追求0.003%指标没有实际意义。

仪器制造商说：数字化的瓶颈在检波器。**我说：真正的瓶颈在地表。**地表土壤是一个最糟糕的弹性介质，非线性畸变最大。陆上施工又无法回避它，于是陆上数字检波器不能发挥应有的作用。

在大家一片对"全数字"地震勘探的赞扬声中，我要负责任地声明："MEMS数字检波器的优点插到地里就没有了。"它是鲜花，但是"一朵鲜花插在牛粪上"。比普通检波器贵50倍的MEMS数字检波器VectorSeis，"它好听，但效果和普通检波器基本一样"。

所以我认为：不同的检波器接收的剖面效果基本是一样的。

2008年SEG LasVegas年会上Glenn Hauer发表的加拿大试验报告也证实了我们的判断。他们的结论是：数字检波器与模拟检波器不相上下。

MEMS数字检波器的其他缺点是：① 它不能搞组合；② 它的尾锥结构与地耦合不良时，高频微震增强，不利于高分辨率勘探。对于这些问题有我们所做的分频扫描作证。

此外，对于陆上施工，我们不能忘记以下两个事实。

(1) 野外井炮作业时，相邻炮的反射能量往往会差2～10倍，主频胖瘦可以差1倍，相位谱更弄不清；

(2) 插在棉花地里的记录和水稻田里的地震接收子波的频谱各道也不尽相同。

那么，过度地追求检波器的灵敏度一致及相位特性的高指标有没有实际意义？

有人要问了：我们最终的地震资料为什么不错呢？

我的回答是：资料处理中各种反褶积帮了我们的忙。

我们反射资料的改进，多半要归功于处理模块的强大功能。

脉冲反褶积、预测反褶积、气枪反褶积、仪器反褶积基本上解决了野外资料的缺陷。地表一致性反褶积(或两步法反褶积)可以纠正不同激发、接收中的能量差别以及频谱差别，包括相位差别。

所以我强调：**反褶积功不可没。**

不要迷信数字检波器，不同检波器所得的地震记录，其效果是一样的。

由于我们地震仪器(包括检波器)的技术指标已经大大高过了施工环境的要求指标。所以，当前记录的好坏并不决定于仪器及检波器的技术指标的高低，而是决定于：① 工区的地震地质困难程度；② 施工者是否正确操作；③ 施工设计的方法是否对路。

再好的仪器，放到困难的工区去施工，照样得到坏记录。再好的检波器，如果埋置不好，也不会得到高频有效反射记录。

## 二、单点接收要看实际效果

数字检波器不能搞组合，于是掀起了一股"单点接收"的浪潮，我国有人以为它是个新技术，用大量增加覆盖次数来弥补不组合的缺陷。搞得采集成本成倍增加，野外记录品质却明显下降。在国外，他们是采用加强可控震源的组合来弥补检波器不组合的缺陷，情况稍好。但是我认为：陆上现在还不是取消组合效应的时候，10 m 左右跨距的检波器组合对石油勘探来说总有好处，它可以压制高频随机干扰近 10 dB。

对陆上石油勘探的 1 s 左右的反射，我们不能指望它获得 200 Hz 的高频信号。不少人夸大了组合的缺点，其实 25 m 左右的组合跨距并不会压制掉 150 Hz 的信号。

不要一味反对组合，不要忘了组合还有提高信噪比的作用。

例如，用 24 个检波器组合能压制高频随机噪声约 5 倍。组合作用即使把某个高频信号压制到 0.5 倍，信噪比还是增加了 2.5 倍！

**所以对组合的功与过要从高频端信噪比谱的改善来全面衡量。**

组合效应的确是压制了部分高频信号，但对于 1 s 到达的 100 Hz 高频有效波，大地对高频的吸收量比组合的衰减量强 500 倍！而这两种效应是联合起作用的，综合考虑时，组合起的作用是极有限的，具体可参见我 2007 年的文章《高密度采集中组合效应对高频截止频率的影响》。

(1) 通过理论计算，如果在华北平原地区把常规的组合基距从 30 m 缩小到 5 m，甚至不组合，可以记录到的 1 s 目的层最高频率最多只能增加 11 Hz；

(2) 同样，如果在塔里木盆地沙漠地区，采用单点接收，最高频率只能增加 1 Hz，但信噪比大大下降，得不偿失。

相反，如果海上采用单点接收，仅仅由于不组合的因素，1 s 目的层可记录的最高频率就会从 130 Hz提高到 154 Hz，可以提高 24 Hz。所以海上采用单点接收是很合理的。尤其是因为过去海上电缆中每米就有一个水听器，只是由于过去地震仪器没有那么多道，所以在电缆中采用了 10～20 m 组合后再接收。现在仪器的带道能力大大加强了，当然“水到渠成”“顺理成章”地采用了单点接收。这样，基本不增加施工成本，而且会见到成效，所以在海上勘探应该大力提倡。但是陆上勘探不应该简单地仿效。

我们在鄂尔多斯盆地和准噶尔盆地用了单点接收技术，造成了信噪比的明显降低，这样的教训值得总结。

目前陆上采用“单点接收”提高分辨率的呼声是数字检波器不能搞组合的缺点所兴起的一种“概念炒作”。**未来如果数字检波器的价格能够降到和模拟检波器基本相等时，我们才能用它来做小面积的组合接收。**

在我国西部山区的低信噪比地区，那里的主要任务还是要获得可用于构造解释的地震剖面，更不该使用单点接收，如果信噪比都不存在了，还谈什么分辨率？

关于“要不要组合”的讨论：

**在五六年前，随着叠前偏移技术的推广，人们开始认识到，从成像的角度看问题，组合对叠前偏移往往不起好作用，组合用过头了还会起到坏作用。于是人们反过来，极力反对采用组合。甚至有人认为过去我们的一整套资料处理流程只是为了得到一条好看的水平叠加剖面，再做叠后偏移，认为这是一条错误的路线。于是大多数人认为不需要考虑组合了。采集工作只要“单点接收”“高密度”“高覆盖”“均匀性”“宽方位”就行了。这种从国外来的思潮统治了我们地球物理的采集工程界。**

我们认为：当前野外采集做小面积组合还是有益的，而室内组合是不需要的。因为叠前偏移是 CRP 叠加，它已经起到了大组合的作用。而在极低信噪比地区，在做室内处理时，当速度场与静校正问题基本解决了，就要把组合的“拐棍”扔掉，用未经室内组合的资料直接去做叠前偏移。

## 三、高密度采集找错了斗争对象

当前我们陆上平原地区改进地震记录品质的方向是什么？主要矛盾是什么？

**其实面波不是主要敌人——高密度采集找错了斗争对象。**

大地高频吸收衰减是主要矛盾，高频噪声是主要障碍。

但是我们不少人却盲目跟着外国人搞“高密度采集”。陆上搞高密度采集需要成倍地增加检波器及施工工作量，并且它对高频扩展的潜力是极有限的。

高密度采集我不反对，但是要考虑经济代价。

原先对高密度采集的宣传着眼于防止面波产生的假频上，其实避免面波假频不是很重要，因为地震资料处理中与点距假频有关系的计算模块只有去噪与偏移归位两个。

压制面波该用什么方法？“3D-FKK 子集圆锥形去噪”被有些人吹得“神乎其神”，其实它不是什么好方法。压制面波为什么非要用 FKK 去噪？——用我的 DEGROR 程序压面波就很好，它是与假频无关的。

高频随机噪声才是我们得到高分辨率资料的主要“敌人”。只要看看分频扫描结果就可以知道：高频信号之所以上不去，显然是高频随机干扰占到了上风，淹没了已经被大地吸收到很微弱的高频反射信号。

随机噪声的视波长只有 1～2 m，传播速度只有 120～200 m/s——许多人还不知道。

20 世纪 70 年代，我在 6 m 的小排列实验上发现，低速次生干扰波是普遍存在的，道距 0.5 m 的小排列上随机噪声并不随机，传播速度只有 110 m/s，视波长只有 1～2m，见图 1(最近克拉玛依 3-D 地震勘探也证实了这种干扰是普遍存在的)。如图 2 所示，高频随机噪声才是我们得到高分辨率资料的主要“敌人”。

克服高频随机噪声才是我们陆上提高记录品质的主要方向。高频的随机噪声的视波长还不到 1 m，真要防止对高频噪声产生假频，点距应该是 0.2 m！显然这不能依靠提高采集密度来解决问题。

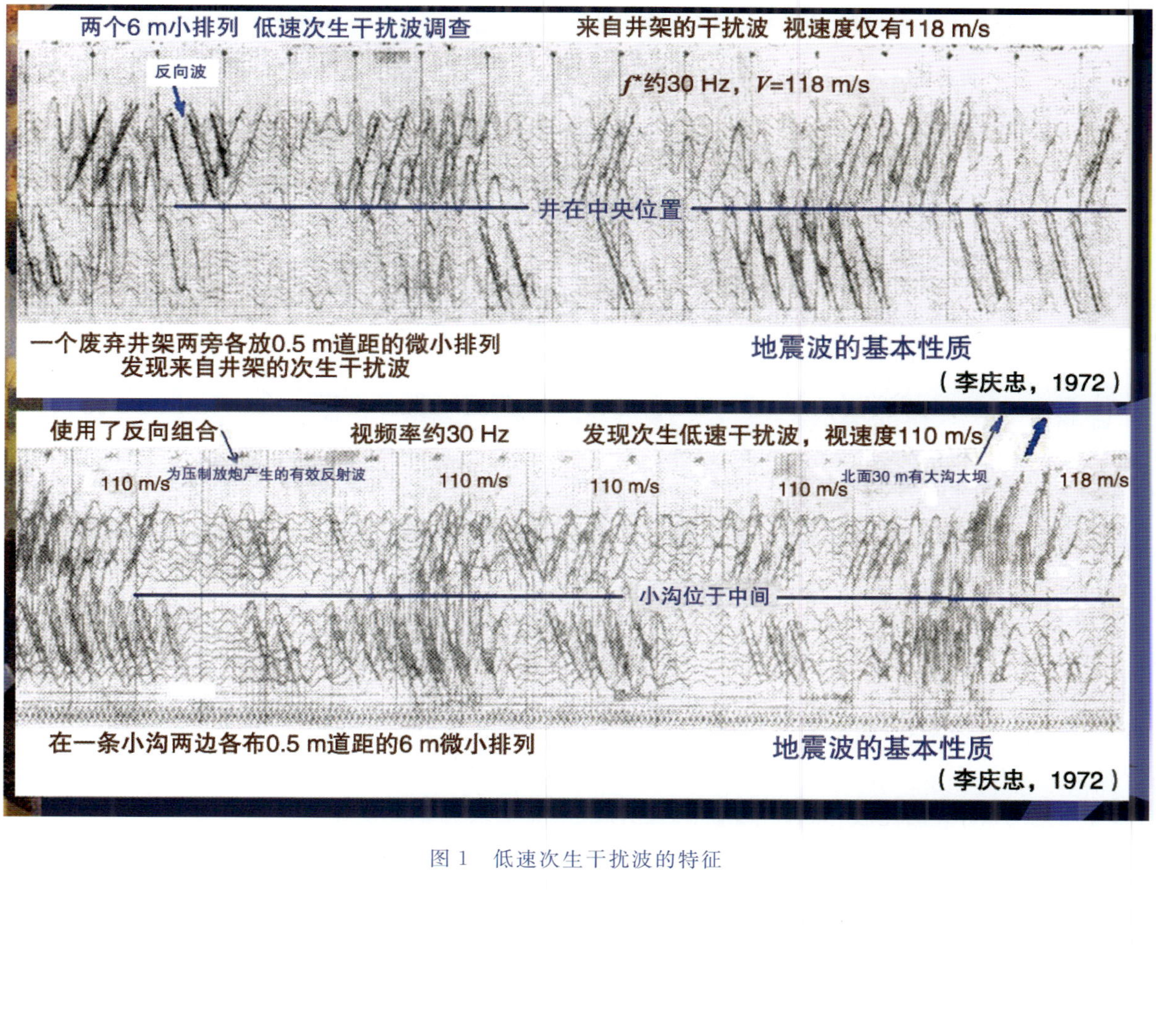


图 1　低速次生干扰波的特征

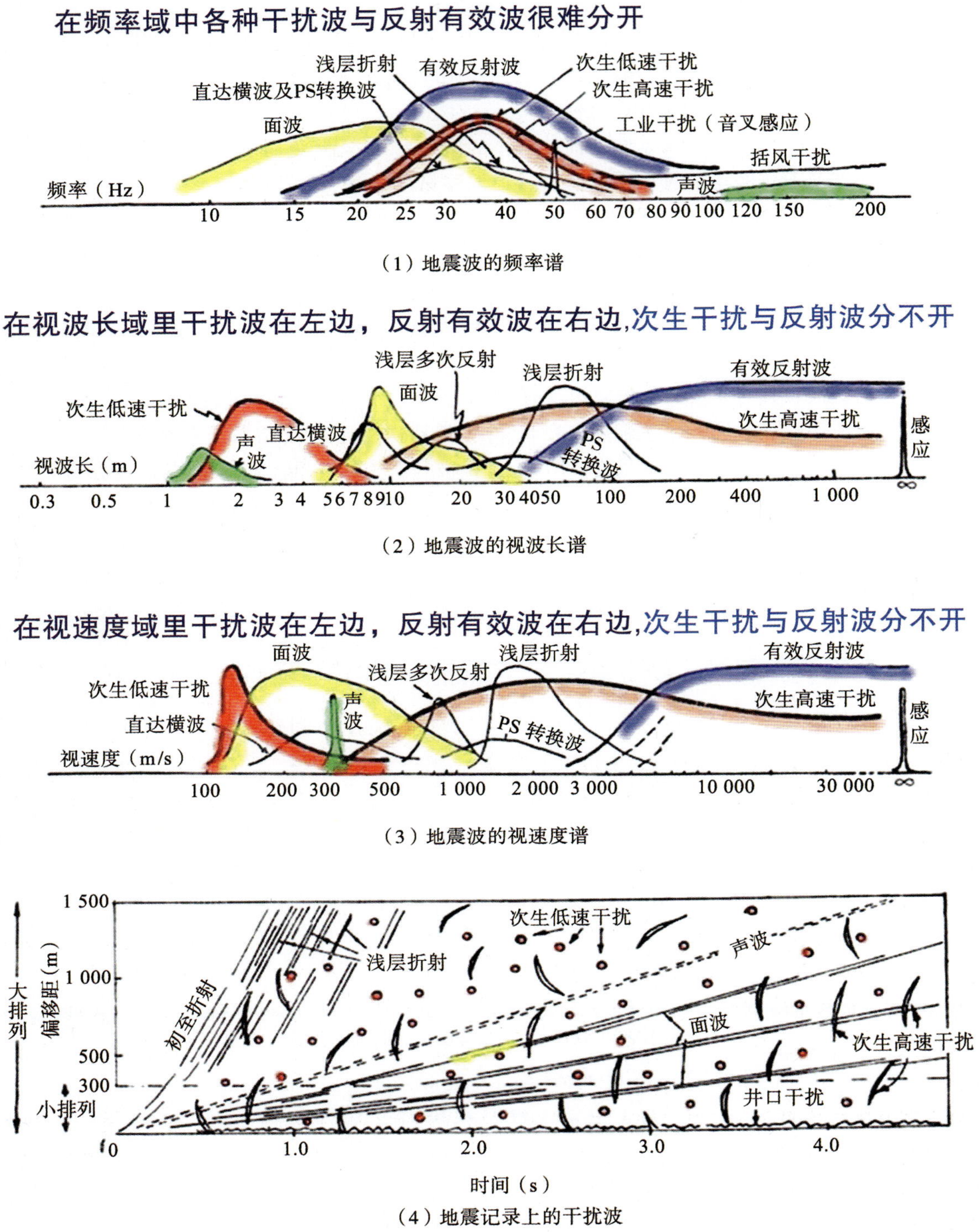


图 2 各种干扰波在四个域里的特点

从成像质量方面来看，陆上资料高密度采集的效果也并非像宣传的那样。图 3 是严格地从同一个数据体，抽成 5 m 及 25 m CDP 点距，用同一个处理流程所获得的叠前时间偏移的对比。由图 3 可见，5 m 网格的成像质量与 25 m 的比较，只有浅层资料有所改进，其他没有多大变化。目前许多宣传高密度的采集的图幅，他们所做的偏移对比，大多是采用点距 30～50 m，成像当然不会好。

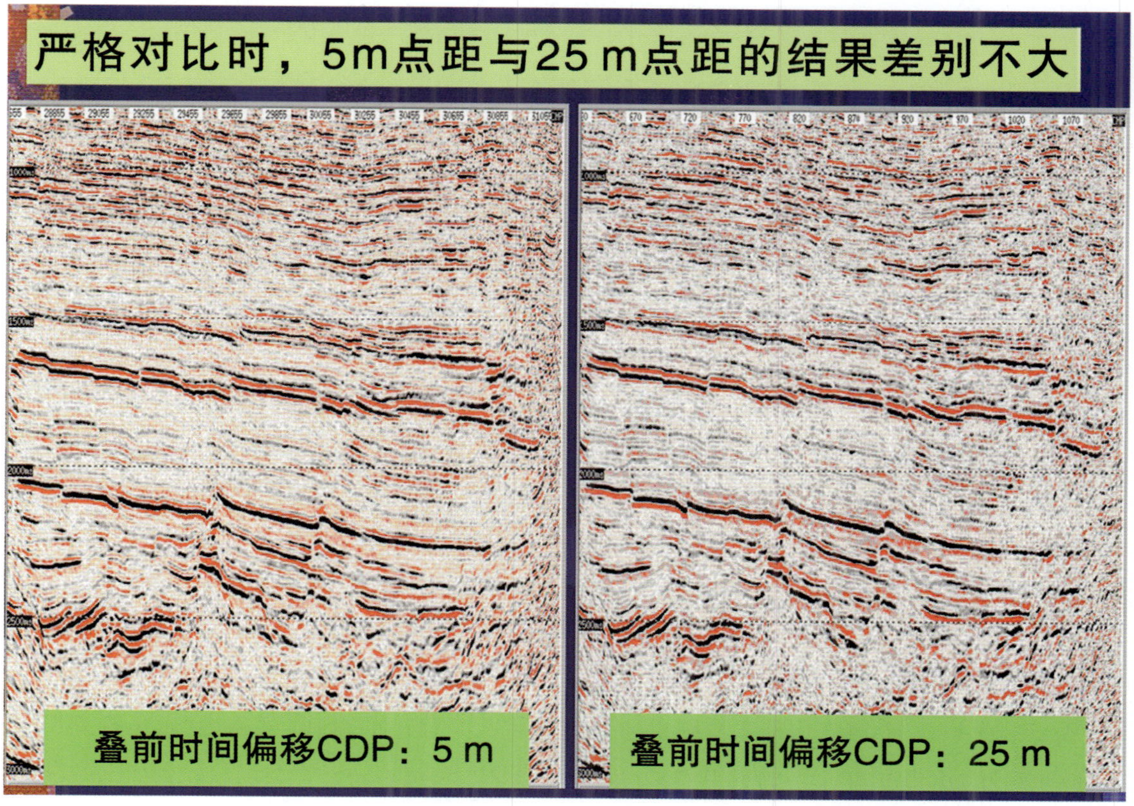


图 3　东部某地区不同道密度叠前时间偏移剖面对比

再强调一下：所有地震资料处理的模块中，其实只有 FK 滤波及偏移这两个模块是与点距假频有关的，而去面波完全可以不用 FK 滤波程序。而就偏移而言，点距小到 20 m 以下，再密的点距，对石油勘探的成像质量来说是没有什么改进的。只是点距密 1 倍，覆盖次数增加了 1 倍，对速度谱质量及剖面信噪比得到了改进。

所以，高密度的正确掌握是要从经济的角度去分析决定的。

高密度采集要适度，弄不好就浪费了工作量。例如 2003 年，柴达木盆地油泉子地区攻关剖面 10 m 道距的高密度采集资料，当时资料有所改进，归功于高密度采集。我们把同一资料抽稀成 20 m，丢掉 1 倍的数据量，结果发现剖面质量效果和 10 m 的没有差别。这才发现主要是因为道距小到 10 m 后，检波器小线只能横向拉开，$Ly=110$ m 所产生的好效果，并非高密度采集的功劳。反倒证明了横向拉开组合的重要性。

**为了证明高密度采集和数字检波器单点接收技术的效果，现在有关物探的杂志上广告式的“效果对比剖面”比比皆是**——例如覆盖次数差好多倍，处理技术上差十来年，测线位置不相同，效果坏的不提，等等。这种现象值得我们担心。陕甘宁盆地苏里格气田报道中甚至宣传他们在单炮记录对比中，得出结论：24 个模拟检波器小基距组合反而不如单个数字检波器接收的情况，我不相信这是真的。

**我认为：既然认识到高频随机噪声是我们得到高分辨率资料的主要“敌人”，那么克服高频随机噪声应是我们提高记录品质的主要方向。因此今后的出路是：首先应从研究改进检波器的埋置条件（埋置好坏可以使高频随机噪声大小差一个数量级），以及加强小面积组合来解决（跨距 10 m 左右）。而当今物探主流思潮却是与此背道而驰了。**

文章编号 402-3

# 陆上地震勘探提高分辨率的改进方向*

## 一、高频随机噪声的特点

为了搞清高频干扰波的性质，我们在 1996 年 11 月做了一次三分量检波器的噪声测定。使用了 8 个 MARK-6 型三分量检波器，在物探局六号院空地上布置了一个极小的排列（可称为“超小排列”）：用 8 个检波器东西向排好，各相距 20 cm，排列总长仅 1.4 m。采用 StrataView-R 型地震仪器，记录 24 道，其中 1～8 道为 $X$ 分量（南北向振动）；9～16 道为 $Y$ 分量（东西向振动）；17～24 道为 $Z$ 分量（垂直振动）。当天是晴天，有阵风 3～4 级，风向主要是从西向东刮。场地周围 50 m 无干扰源，地表为干土壤，有一些草，埋检波器处没有草。

仪器记录因素是：采样率 0.5 ms，记录长 4096 点（2 s），仪器前放固定增益 36 dB（128 倍），低截滤波 15 Hz，高截 500 Hz，用固定增益回放显示。不设炮点，只观测环境噪声。

按一般的方法把检波器埋好，在地表插紧。下午 15 点 45 分记录第 1 张记录（环境噪声）。用 63 dB 的固定增益回放显示如图 1 所示（注：用 63 dB 增益显示，记录上振幅为 1 mm 时相当于入口处电压为 40 μV），**此时风很小**。该记录由于排列总长只有 1.4 m，所以环境噪声也变成了一系列的同相轴，不过它们以低频的 15～30 Hz 为主，不便于我们分析高频噪声。所以，我们用 70Hz 的高通滤波重新回放这张记录，得到图 2 的记录。此记录显示增益也是 63 dB，但振幅就小了许多，说明高频能量比低频弱许多。此图的振动主频（见红色框内）变动在 110～180 Hz，只有第 2 道的 $Y$ 分量为 70 Hz。此外可以看出，$X$ 分量及 $Y$ 分量微震较强，而 $Z$ 分量的振幅普遍较小（5 倍左右），说明高频微震主要是水平方向的。图中每张记录头上 50 ms 处的高频振动是由爆炸触发器产生的感应脉冲。

* 本文参见《高频随机噪声的三分量测定》，《石油物探》1998，37(1)：1～13。

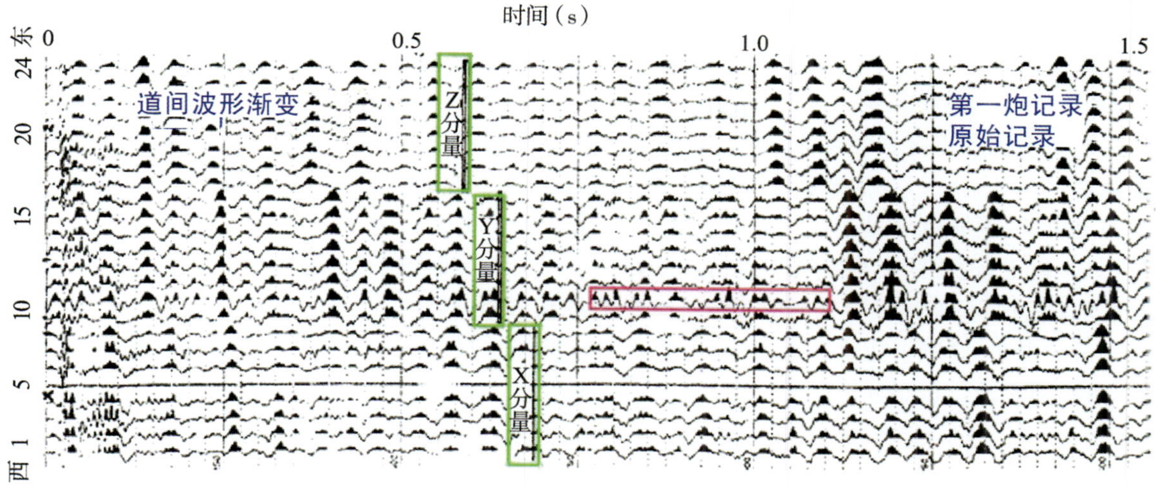


图 1　小排列接收到的第 1 炮记录

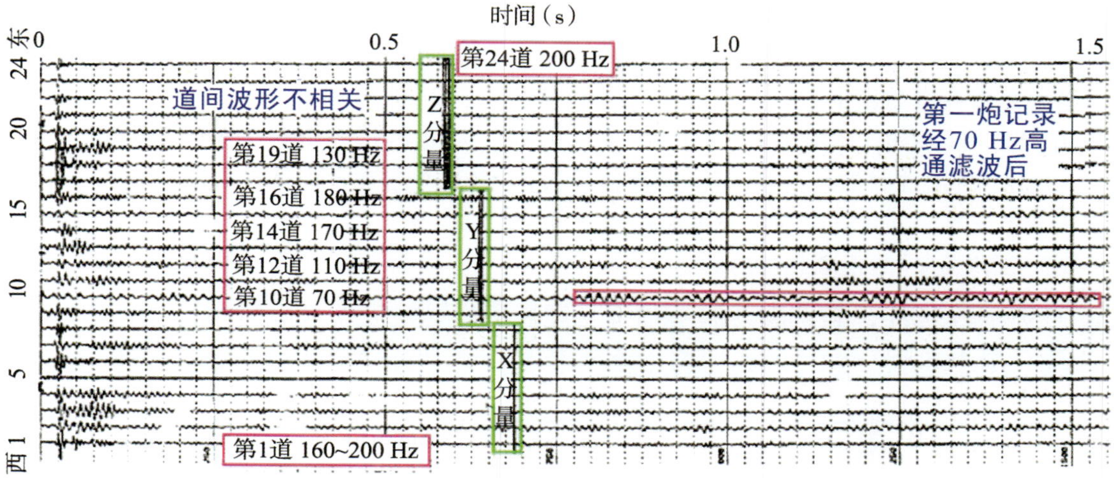


图 2　第 1 炮记录经过 70 Hz 高通滤波后的结果

如图 3 所示，保持排列完全不动，15 点 46 分记录第 2 炮。虽然前后相隔仅 1 分钟，但两张记录相差很大。第 2 炮记录时，刚好一阵风刮过来，所以 500 ms 以后振幅明显加大。图 3 采用显示增益为 57 dB，北图 2 小了 6 dB，即显示振幅已经压小了 1 倍，但是第 2 道的振幅大跳，达到 15 mm，与图 168 的第 2 道（1 mm）相比，同一道的**实际振幅已经大了 30 倍（2×15）。可见当检波器没有埋好时，一刮风微震就会特别严重。**

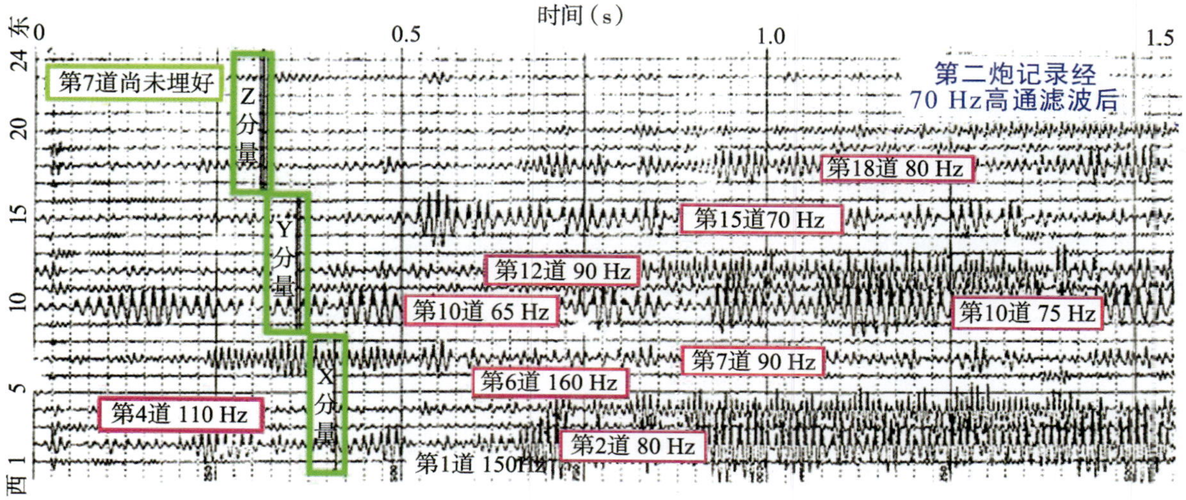


图 3　第 2 炮记录经过 70 Hz 高通滤波后的结果

仔细地分析图 3,可以发现这些高频干扰是道间不相干的,**这说明振动不是沿地表传过来的,而是发生在每个检波器的自身。**因为在这样小的道距(20 cm)下,任何沿地表传播的振动必定会具有一定的道间相干性,且主频也应该差不多。

这些高频干扰各道有着各自的振动主频。例如第 2 检波器的 $X$、$Y$、$Z$ 三个分量(第 2、10、18 道波形)的频率偏低,为 70～90 Hz,但振幅最大,据此判断它埋得最不好。第 7 个检波器振幅也较大(第 7、15、23 道),频率也较低,说明也埋得不好。而第 8 检波器(第 8、16、24 道)振幅最小,小于 0.5 mm,放大显示后主频在 180 Hz 以上,说明第 8 检波器埋置情况最好。第 6 检波器也很不错,而且凡是图 3 中大跳的道,在图 2 中也都有所表现,只是风没有来时它没有充分地表现出来而已。

这次试验说明:高频干扰之所以产生,主要不是有赖于检波器的好坏,而是由人们的埋置条件好坏所决定的,而风的吹动仅仅是外因,它是通过检波器与地耦合不良的内因而起作用的。

在接收完第 2 炮之后,我们将检波器进一步插紧(整个排列没有动,检波器也不曾拔出,只是把每个检波器用大拇指向下压了一下)。在 16 点 19 分再记录第 3 炮,如图 4 所示。**这一炮很巧妙,正好在 1.5 s 附近记录到一阵单独的风刮过来,$Z$ 分量表现得最清楚。根据其斜率计算得到:风速为每秒 3 m 左右。一阵风造成的微震延续时间长达 1 s 左右。振动波形还是道间不相干的,再次说明振动不是沿地表传播的,而是在每个检波器本身单独发生的。**

这次由于进一步插紧了检波器,图 4 比图 3 具有较高的振动主频,一般为 150 Hz,只有第 7 检波器频率偏低(90 Hz)。**需要注意的是,这次第 2 检波器表现良好,说明它在重新插紧之后,耦合良好了,但第 7 检波器仍旧没有起色。而第 6 检波器在这次插紧的过程中反而退步了(相对图 3 而言),它更加容易发生谐振了,可见所谓"插紧"是很难掌握的。**

**一阵风吹过来,连续震动约一秒钟。埋置不好的检波器大跳得厉害。我称它"脱耦乱振",每个检波器的主频不同,波道相邻道的波形也不一样。**

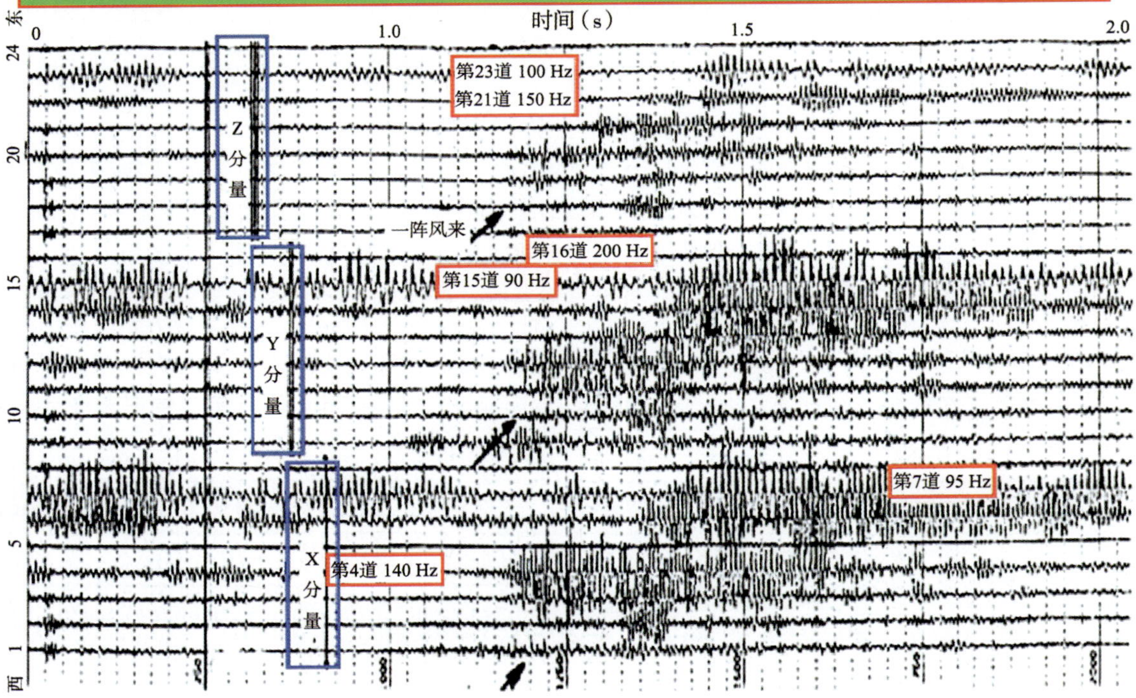


图 4　第 3 炮原始记录

16 点 20 分又记录第 4 炮,它与图 4 相隔的也是 1 分钟,排列上一点没有改变,就是风平静了一阵。第 4 炮的记录是用 66 dB 增益显示的,比图 4 多了 9 dB,即振幅已放大 2.8 倍,但记录的背景平静了许多。此图中还是第 7 检波器最不好，第 8 道最好，第 2 道也很不错。

此后，我们又按三分量检波器埋置的操作规程要求，将每个检波器顶上的水泡严格调整至正中央。为了使水泡走向中央，只能轻敲检波器的一个边角，或使劲压这个边角。其中第 8 检波器还需要重重地用拳头敲打一下，才能使水泡停到中央。谁知这一敲却无意之中使检波器的尾锥向一边压紧，而另一边反而松动了，造成了第 6 炮(16 点 31 分)上第 8 道变坏，而第 7 道却变好了，还变得特别好。第 1 及第 2 检波器的 $Y$ 分量(第 9、10 道)也变坏了，可是 $X$ 分量是好的，说明这两个检波器在 $Y$ 方向有些松动而容易谐振。

在这一试验点上，我们在排列东头用跺脚的办法测得直达波的传播速度为 127 m/s，我判断它是横波直达。波动从地表传播通过这 1.4 m 的排列，时差为 11 ms。

**总结以上几张图，可以看到：所谓高频随机干扰，主要是由于检波器埋置不好，与地耦合不良所发生的不规则振动，我称其为“脱耦乱振”的现象。**

这种谐振由刮风而引起振动，它们在 20 cm 的小道距上相邻道并没有明显的波形相关性，并且振幅和主频与埋置条件有关，而埋置条件的好坏往往不能依靠人的肉眼做出判断，只能通过仪器检查微震时才能发现。

在这次试验里，我得到如下新认识：

记录中的低频部分(70 Hz 以下)的波形在超小排列上始终具有道间的相似性，它们是沿着地表传播的。而 70 Hz 以上的微震波形就不具备道间相似性。图 4 中的红框里可以看到相邻道不只是波形没有相似性，而且主频也相去甚远。它们不是沿着地表传播的，只是检波器自身在颤动。

**在这次试验中，本人体验了检波器埋置好坏的重要性，拿大拇指按一下，高频噪声就小许多，再拿大拇指按一下，噪声就又变得很大，这是很难掌握的。所以，我曾开玩笑地指出：“高分辨率勘探的好坏就在你的大拇指下！”**

**可恨的是这些高频随机噪声的频率范围是 70～250 Hz，刚好是我们陆上地震勘探想努力拓展分辨率的频段。也正是通常频率扫描高频信噪比上不去，见不到轴的主要“敌人”。**

**注：这次试验中测得的高频噪声在 4 级风的情况下强度达到仪器入口处的 40～80 μV。我通过调查得到，这样强度的高频噪声，在通常的野外地震记录中，对来自 1 s 以下的反射，其 100 Hz 以上的高频有效信息，将完全淹没在此噪声中(按新生界盆地的大地吸收量计算)。**

## 二、结论及建议

(1) 高频微震的主要根源是检波器与地耦合不良后所产生的不规则谐振，我称其为“脱耦乱振”。激励它的是风，但风是外因，内因是人的操作不当。在地震勘探生产条件中，**激励它的除了风以外，还有放炮后的振动**(包括折射初至、面波等振动)，每次激励产生较长一段时间的不规则的脱耦乱振。它的频率范围是 70～250 Hz，加上大地吸收对高频信号的强烈衰减，使高频端的信噪比迅速下降，这才是陆上地震勘探想获得高分辨率的主要“敌人”。

(2) 当前许多人都热衷于在追求性能良好的“数字检波器”“超级检波器”“智能检波器”和各种高频、涡流检波器等。其实对陆上高分辨率石油勘探的最重要因素已经不是检波器本身的性能如何，而是检波器的埋置方法是否得当。

(3) 通常的检波器的埋置方法还需要改进。例如，目前大家都是先插下一个检波器，之后用脚往下踩一下，就算埋完了。这最后的一脚是决定性的！踩正了很好，稍微有一点偏斜，就会造成尾锥的一边松动，产生脱耦谐振。

(4) 通过本人的体验，这种检波器的松动凭肉眼是看不出来的，即使是手感也不能发现，唯一的办法是通过地震仪来监视。放炮前如发现某道微震很大，超过入口处电压 2～3 μV 以上(视检波器串联的个数及灵敏度而定)，就说明有脱耦谐振，需要检查这一道，重新埋置。所谓重新埋置往往不需要将检波器拔出来，只要用大拇指把它再压压紧，一般就可以了。如果有不得已的情况则需要拔出重新埋置。

(5) 最好今后能够设计一种"微震检查仪"，就是单道的一个低噪声放大器，放大 48 dB，并有一个高通滤波级，只监视 70 Hz 以上 200 Hz 以下的高频噪声，其输出端接一个电表，发给放线班，由埋检波器的人员在每次埋完一个道或一串检波器后，对其做一次噪声测定，表头上进入红线范围就说明需要检查、重埋。把"敌人"消灭在"摇篮"里。

(6) 过去有人设想利用放炮前的微震记录，这在处理过程中加以消减的思路大概是行不通的，因为时间域里微震的波形及振幅是不稳定的。在频率域中，脱耦谐振的干扰范围一大片，也无法通过滤波加以削减。

(7) 有同志建议：是否可以考虑把检波器的尾锥前端改成具有锥度的麻花螺丝扣，像钉木头的螺丝钉那样，插到地里快到位时，用手拧着转一两圈，这样就能保证耦合良好了。这是一个好的想法，值得一试。

(8) 通过此次试验的三分量的空间振动轨迹分析，发现高频微震的极化平面基本上就是水平面($X-Y$)，所以常规垂直检波器已经是最佳选择。此外，在横波及转换波勘探中，脱耦乱振问题要比纵波严重得多，因为 $X$ 及 $Y$ 分量脱耦谐振干扰十分强烈。

(9) 三分量检波器的水泡调正方法值得研究，目前的设计是不合理的，容易产生脱耦乱振。

过去我曾设想通过三分量测量搞清高频微震的振动轨迹，看是否可以采用某种极化滤波器，像智能检波器(Omniphone)那样，模仿它用极化滤波的方法来压制高频微震。现在通过这次试验，我的回答是：不可能，也不需要。

## 三、效果

按照以上的思路，1993—1998 年我们在内蒙古所做的陆上高分辨率剖面已经取得良好的效果，那里以中生界地层为主。图 5 是在内蒙古地区获得的高分辨率积分地震道剖面，反射剖面上 1 s 左右能获得主频 90～100 Hz。

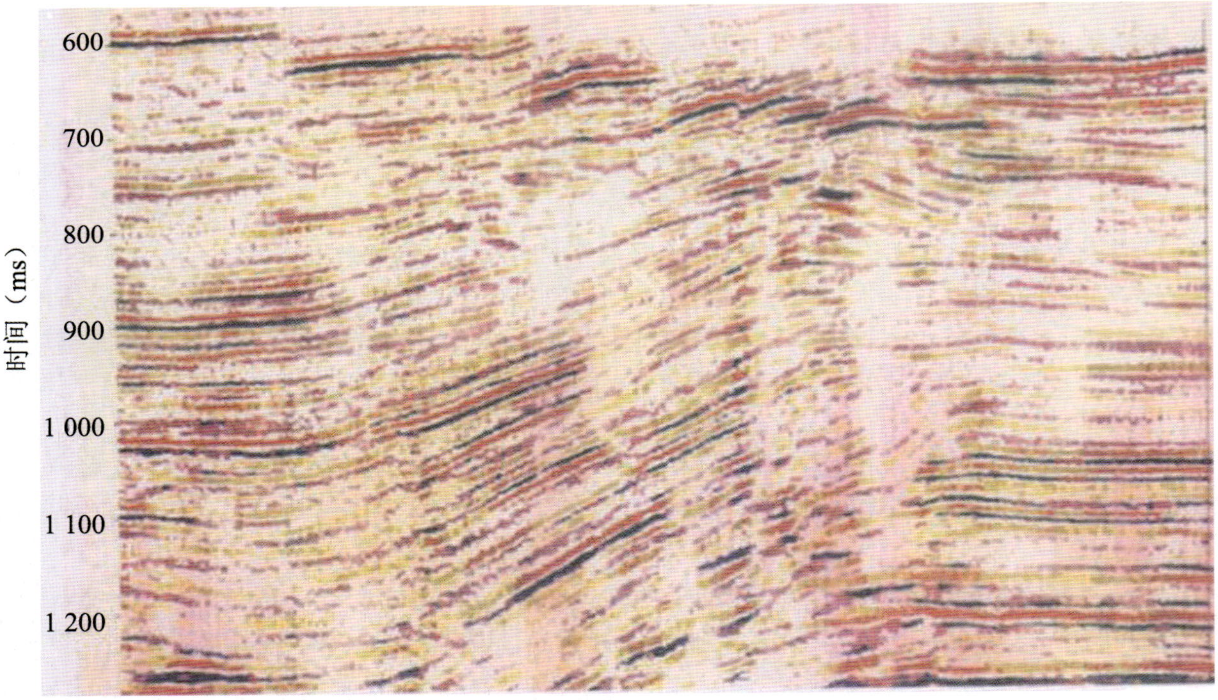


图 5 内蒙古地区获得的高分辨率积分地震道剖面

陕北地区是中生界及上古生界地层，在沟中的弯线剖面得到了很好的分辨率。江汉盆地的第三系地层在水网区陆上高分辨率也取得较好成绩。

图 6 是江汉油田某高分辨率地震剖面。0.5 s 前主频达到 150 Hz，0.5 s 处主频为 130 Hz，1.0 s 处主频为 110 Hz，1.5 s 处主频为 100 Hz，2 s 附近主频为 80 Hz。野外接收仪器采用前放低截滤波 $F1=124$ Hz(18 dB/Oct.)，去假频滤波 $F2=350$ Hz，药量 12 kg(双井激发)。

**注意：① 低截 $F1=124$ Hz 并没有坏处，反倒有利于高分辨率勘探，我们在内蒙古地区也采用它，不过我们主张采用陡度为 12 dB/Hz 的滤波器。② 大药量对高分辨率勘探也不一定是坏事。**

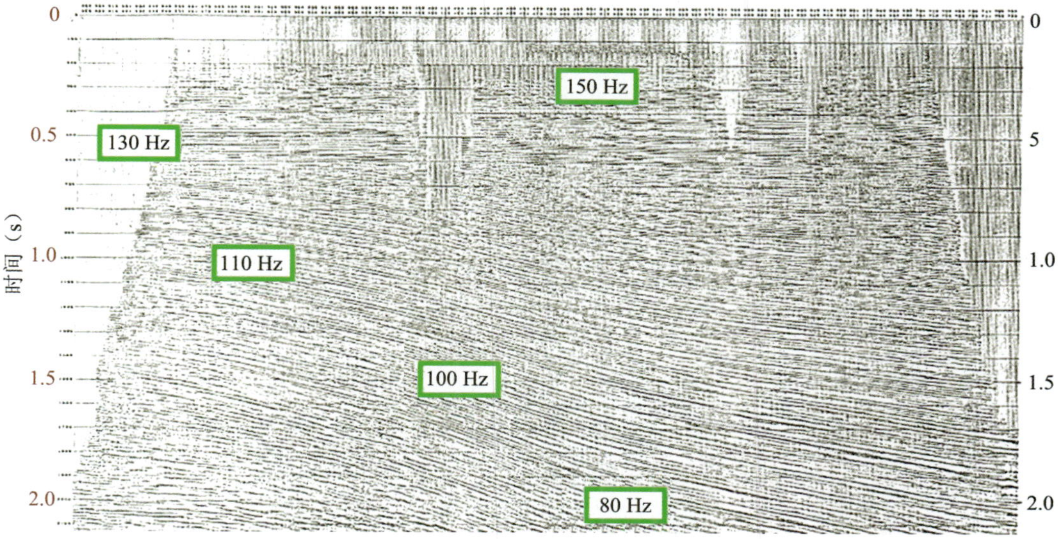


图 6　江汉油田某高分辨率地震剖面

图 7 为江汉油田某单炮记录的分频扫描结果。可在 80～160 Hz 频档上于 2.5 s 前见到可靠的同相轴，在 100～200 Hz 频档上于 2 s 前也见到了同相轴的影子，这对陆上记录已经是很不简单的了。

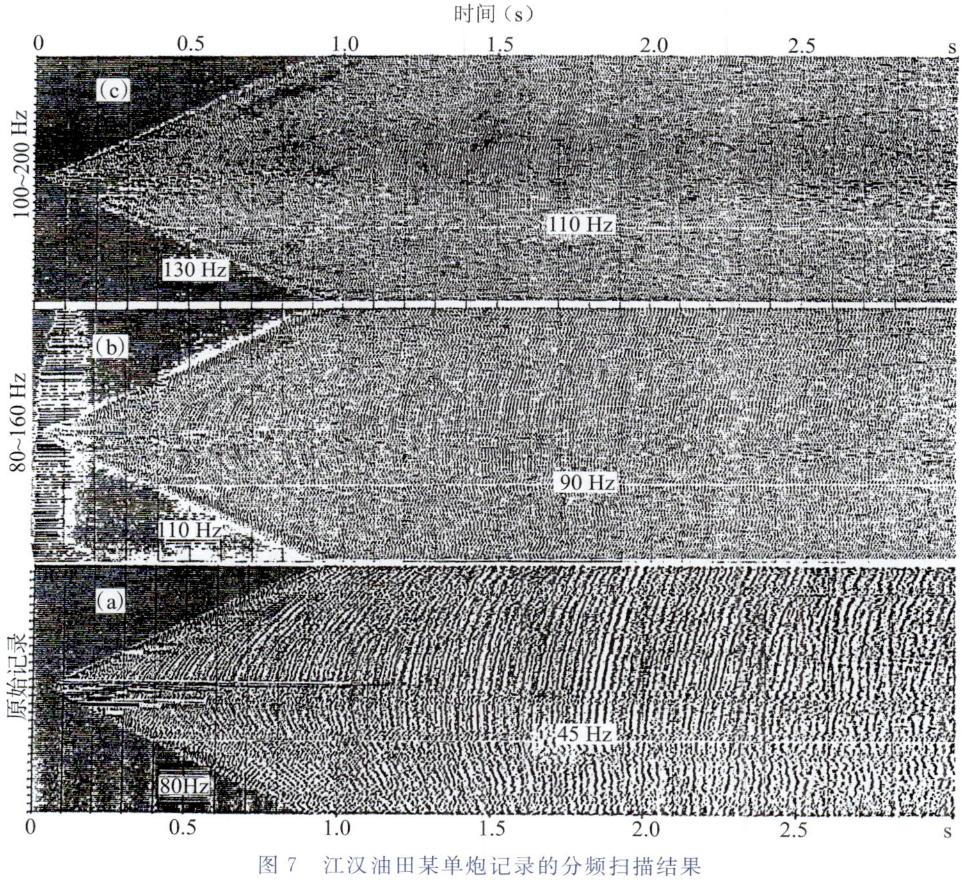


图 7　江汉油田某单炮记录的分频扫描结果

图 8 为江汉油田高分辨率地震的测井约束反演波阻抗剖面，它对划分盐膏层及砂泥岩的分布起到了很好的作用。红色厚层是盐岩，红色薄层为含膏泥岩，深黄色为砂岩，浅黄色及绿色为泥岩。

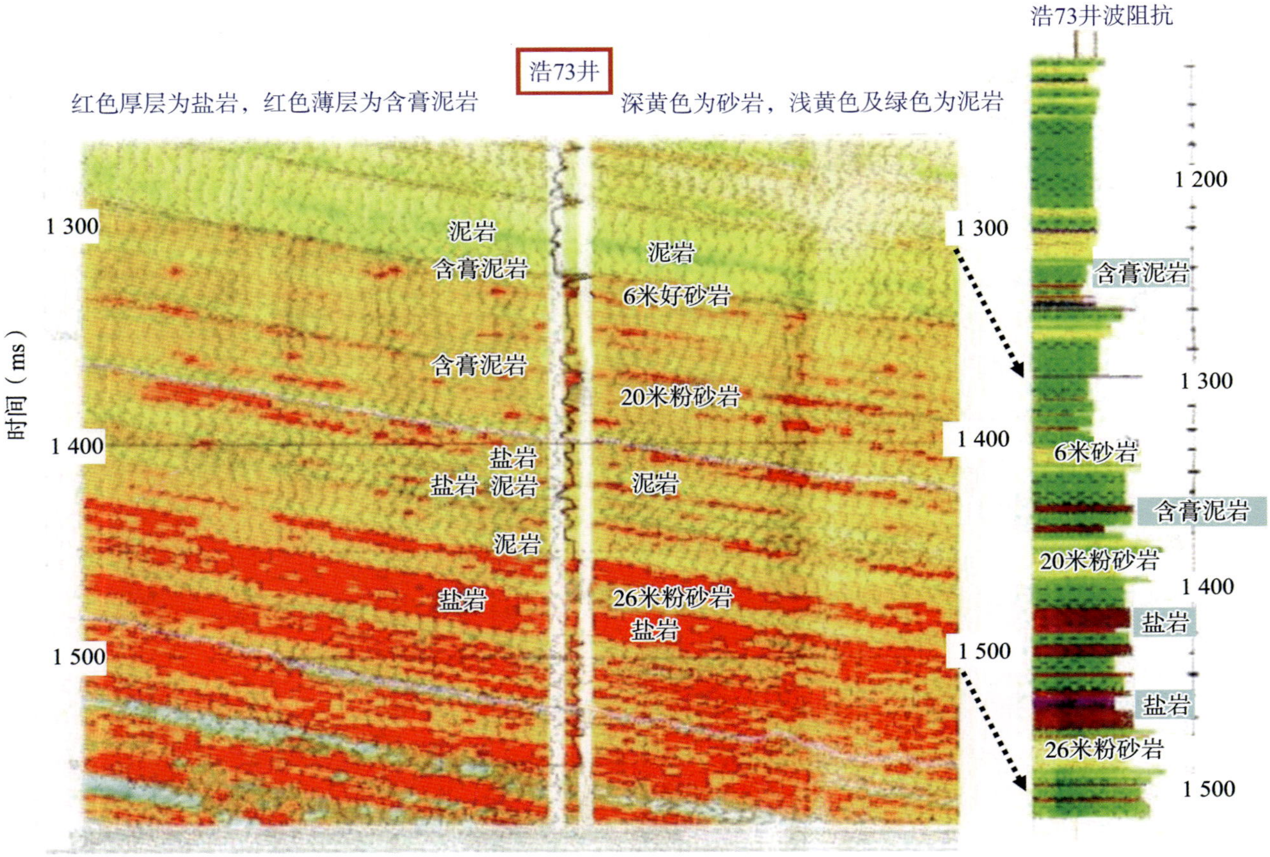


图 8　江汉油田高分辨率地震的测井约束反演波阻抗剖面

20 世纪 90 年代我们做高分辨率勘探时，采用的主要措施是：重视检波器的埋置好坏，(在内蒙古地区)还采用了 10 m×10 m 的小面积组合，当刮 4 级风时便停止施工，注意激发点一定要位于低处(沟中)。还有一招，就是记录的好坏评价，采用分频扫描的高频档上见到目的层反射影子为准(信噪比接近为 1)。

这样做的确取得了较好的效果。不过，我认为今后最好能够制造一种发给放线班的“微震检查仪”，这并不难，这才是比较彻底的解决办法。

其他有关陆上高分辨率地震勘探的改进意见我已发表在《地震高分辨率勘探中的误区与对策》一文中。

最后，我要遗憾地指出，进入 21 世纪以来，我们使用了“先进”的几千道接收的地震仪器和数字检波器，推广了三维勘探，在高密度、高覆盖、宽方位采集的思想指导下，采用了叠前偏移等新技术。而事实上我们的地震剖面的浅层反射主频大多停留在 50～60 Hz，中深层反射主频一般只有 30～40 Hz，信噪比确实有所提高，但分辨率却在不断下降。具体原因留待大家思考。

我国大部分油田的储集层是厚度小于 10 m 的薄互层，所以，争取得到 100 Hz 左右的信号至关重要。

高频随机干扰是我们陆上得到高分辨率剖面的主要“敌人”，这是毋庸置疑的。

以上关于高频随机干扰的特点问题，通过我所做的试验有了一些新认识。但是我还没有就不同软硬的土壤，不同的含水程度等做更深入的调查；尤其是对在放炮后所产生的随机干扰与刮风引起的干扰是否有同样的机理，还缺乏深入的认识；在检波器的埋置方法方面也还不清楚深埋、压土等方法是否一定有效；对检波器尾锥的改进也值得进一步讨论。

总之，关于陆上如何做好高分辨率地震勘探还有不少领域没有被人们所认识，还有不少需要深入研究的问题。一味地照搬海上勘探的成功经验大概不能取得应有的效果。我愿与大家共同学习与讨论。

最后，对美国勘探地球物理协会(SEG)的同仁翻译并出版我的书的英文版所做的努力表示感谢。

文章编号 403

# 节点地震仪的研制及仪器改进方向

易碧金　李庆忠

**地震勘探进入地形恶劣的山区和黄土沟壑时，常规的沉重的地震大线很难跨过深沟；每根规定长度的电缆很难拉到等距离接收道距的位置；地震仪器车也找不到合适的停车的位置。针对这些困难，我们早就希望制造出一种“随地安置接收点”的无大线、无电台、无主机的“三无”地震仪。**

**2001 年初，在物探局技术研讨会上，原物探局特勘处易碧金及罗福龙两人提出制造 GPS 授时（遥测）地震仪的研制建议。我当即非常支持他们的建议。将有关想法报请徐文荣局长后，于 2001 年 6 月正式启动仪器试制工作。在罗维炳、夏祥瑞、易碧金、党晓春等同志的努力下，只花了不到 1 年时间，就试制出一套样机。该仪器的特点是：① 采用 GPS 标准时钟同步脉冲准确授时；② 专用的爆炸机在接收到起爆信号后，不立即爆炸，而是于每分钟（或整半分钟）准时引爆炸药；③ 每放一炮，自动生成与该爆整时相应的文件名及接收站名；④ 专用的数据回收仪器，根据有效炮的文件号，把有用的地震记录从采集站中自动快速拷贝出来，并对采集站清零。这种设计思想在当时是相当先进的。**

**我们于 2002 年 1 月在吉林乾安地区，2003 年 12 月在河北辛集地区分别做了野外试验。**

**根据野外试验施工情况，从采集站工作状况和采集资料的对比分析，初步认定 GPS 授时地震仪的采集单元工作稳定、性能良好、GPS 校时精确、各项指标达到了设计目标，能够满足野外施工需求。**

**这是我国继美国 Chevron 公司委托 GUS-BUS 公司研制的 SGR-II 地震仪，及 I/O 公司推出的 RSR 地震仪之后，第三套随意布设的独立接收仪器。**

**后来外国公司相继制造出类似的仪器，大家把这类仪器统称为节点“nodal”地震仪器。**

**我们在 21 世纪初就已经制造出了 GPS 授时地震仪，但是很遗憾，这样的仪器因为不能实时得到野外数据，只能实时监视几个道，因而被拒之门外，不了了之。**

**其实，不仅是这个仪器，我国的地震仪器制造始终处于夭折的过程。人们宁愿去买外国仪器。**

分节内容

## 一、节点地震仪器的起源与原理

节点地震仪器（节点式地震数据采集系统）是各检波器点独立自主控制地震数据采集，激发点和检波器数据采集点通过卫星（GPS）授时同步、采集的地震数据本地存储的自主式地震数据采集系统。

早在 20 世纪 60 年代末，由美国 Chevron 公司委托 GUS-BUS 公司研制的 SGR-II 记录仪是一个简单的磁带模拟自动纪录仪，精度差，并未推广使用。

1996 年，I/O 公司推出的 RSR 地震仪，是 24 位模数转换的先进仪器，用无线电发出起爆指令，使记录仪启动。数据是不能实时传送的，但可以知道它已经工作。生产 3000 套，在 Louisana 沼泽地工作，但不适合山地地震工作。

2000 年以前，原物探局（现东方地球物理公司）仪器厂罗维炳总工程师已研制出可供天然地震长期自动记录的 24 位模数转换的 GPS 地震仪，并已生产出 150 个站，供国家地震局及中科院使用，为以后 GPS 地震仪进一步攻关研究奠定了基础。

2001 年初，原物探局特勘处易碧金、罗福龙等人正式提出授时地震仪的研制设想，内容还包括文件命名和回收方法，当即受到原物探局李庆忠院士的支持。在专家和技术人员广泛调研、论证和试验的基础上，总结和研究了当今世界各种遥测地震仪的先进性和不足之处，2001 年原物探局开始进行“GPS 授时遥测地震仪研制”工作，用以解决地震勘探中现有的有线/无线采集仪器中的种种不足，适应复杂地区、山地大面积三维勘探对采集装备的技术要求；并且由特勘处具体负责开展了 GPS 授时地震仪（节点地震仪器）的研制工作。

同年 6 月启动 GPS 授时（遥测）地震仪研究。首先推出的第一套节点式地震数据采集系统为 3S-1（3S-Supper Simple System，当时称为 GPS 授时遥测地震仪）。它的特点是数据采集站不管放炮不放炮，每分钟都独立地定时记录放一炮后地面的震动情况，写下一个文件（长 6～8 s）。一台专用的爆炸机在按下电钮时，不是立刻起爆，而是按事先约定的整分时（也可以约定整 10 s 时），点火爆炸。

当时设定了一种“有效炮”的文件名命名方法为：前 8 位前缀代表爆炸的时刻（月日时分，例如 04251351 代表 4 月 25 日 13 点 51 分的有效炮），后 3 位后缀代表爆炸机的编号。采集站的这 3 位数则代表采集站的编号。

过几天施工停止后，要回收采集站里的资料数据时，采用专用的数据回收器（排列助手）根据 04251351 在所有采集站里寻找同文件名的记录。收集完成后，对内存清零。

GPS 卫星每秒有一个精确的时间同步脉冲，可以把爆炸机和采集站时间精确地同步到微秒级精度。每个采集站也记录了它的地理位置，即 GPS 定位的 XYZ，并写在文件道头字里。

这样设计的放炮效率，可以每小时放 30～60 炮。每个采集站带 6 组接收道，每炮记录长 6～8 s。最多可以带 6000 道。如果需要再增加道数，可以修改文件的命名方式。

由于参与地震数据采集作业的设备（地震仪器、激发源）各自独立工作而无须进行实时的通信联系，仪器不仅简单，并且适合于复杂的勘探环境，能够大大提高数据采集作业的效率。

节点仪器推出的主要原因有两个：一是解决由于有线传输地震仪器和无线传输仪器的传输带宽问题，

限制了地震仪器采集的总道数问题，以及长距离观测系统施工（二维大道数采集）问题；二是主要解决有线仪器布线困难（例如山地）、无线仪器通信困难（距离和盲区）等特别复杂地区的地震数据采集。

我们的GPS授时遥测地震仪器对一些关键技术以山地仪器的名义在美国申请了相关专利。

该类仪器当时推广不利或不受用户关注的原因也可以归纳为两个方面：一方面来自物探需求不迫切，当时恶劣地形的山区及黄土塬沟壑中的三维地震还没有提到日程上。没有监视记录也是当时甲方所不能接受的（这是老习惯作怪）。其实当采集仪器达到上千道时，是没有充足时间在野外看监视记录的。几千道施工时，即使有50道不工作也无伤大雅。

另一方面是受当时电子技术等相关技术（存储器、数据下载、嵌入式以及GPS等技术的成熟度）的限制，例如存储容量小、数据下载速度慢、嵌入式器件功耗高、电池容量小、GPS信号及芯片授时可靠性低等，节点地震仪的价格等优势并不大。

后来，日本的JGI公司推出MS2000（当时称为独立系统，用于解决长距离二维地震勘探超大炮检距观测问题）。随后，美国Fairfield公司推出一体化的单点"nodal"系统Z-LAND（此后大家把这类仪器称为节点地震仪器）。接着Geospace公司推出外接电池和检波器串的GSR系统，节点系统正式向物探采集作业推进，逐步被大家关注并得到实质的发展和应用。

## 二、BGP对GPS授时遥测地震仪的研制

### （一）背景

早在2000年，我们在燕郊物探装备研讨会上，就已经提出研制时间同步的数字地震仪概念。2001年初，原物探局特勘处易碧金、罗福龙等人正式提出授时地震仪的研制设想，内容还包括文件命名和回收方法。同年6月启动GPS授时遥测地震仪研制。

### （二）研制历程

（1）2001年6月，正式启动"GPS授时遥测地震仪研究"项目（第一年攻关项目启动），提出了无大线电缆、无电台、无主机的"三无"地震仪概念。

（2）2001年12月，采集站试制成功，共完成样机20台、60道。室内加电测试、硬件记录系统等工作稳定。

（3）2002年1月，在吉林乾安地区进行GPS授时地震仪的野外采集试验（定时放炮）。

（4）2002年4月，李庆忠完成"恶劣地形区不规则三维地震施工的实施要点"报告。

（5）2002年5月31日，"GPS授时遥测地震仪研究"项目通过了以原物探局钱荣钧总工程师为组长的验收委员会的验收（第一年攻关项目结束）。验收委员会认为"在设计上具有创新性，技术上具有先进性，以GPS卫星授时做高精度同步地震仪是可行的"，是今后物探局拥有专利的具有发展前途的新仪器。希望"使其尽快成为工业化样机，完善配套软件和操作系统的开发，为生产和科研服务"。

（6）2002年6月，由中国石油集团立项、原物探局承担的"GPS授时遥测地震仪采集系统开发研究"课题（第二年攻关项目）正式启动。主要内容有：① 进行采集站、爆炸机、回收仪器及回收软件的研发与改进，正式定型，以便今后批量生产；② 将原来试制的道仪器到野外做"随钻地震测井"等测试与试验。

（7）2002年9～10月，在新疆塔中地区配合随钻VSP进行了GPS授时地震仪的野外采集试验（连续记录）。

（8）2003年9月18日，中国石油集团科技管理部对东方地球物理公司（原物探局）承担的"GPS授时遥测地震仪采集系统开发研究"课题进行了年度检查，认为GPS授时遥测地震仪在理论上具有创新性、技术上具有先进性。

（9）2003年12月，在河北辛集进行GPS授时地震仪的野外采集试验（连续记录）。

（10）2004年3月27日，"GPS授时遥测地震仪采集系统开发研究"课题通过了中国石油集团科技发展部组织的专家验收。以北京勘探开发研究院卢尔丰教授级高工为组长的验收委员会认为，课题完成了80个采集站的研制，系统"技术先进，设计合理，操作简便"，"初步具备了在复杂地区工作的能力"，"具有

良好应用前景”,“建议组织力量进一步研究大道数配置下的应用和地面电子设备的微化问题”。

(11) 2004 年 3 月,东方地球物理公司设立“GPS 授时地震仪应用考核与完善”项目(第三年攻关项目启动),进一步完善所研制的 240 道 GPS 授时地震仪的技术指标。

(12) 2004 年 12 月,在华北固安地区 2150 队用 GPS 授时地震仪与 SYSTEM FOUR 仪器同时进行野外采集对比试验。经改进后的采集单元工作稳定可靠,性能良好,GPS 校时精确,各项指标达到了设计要求。

(13) 2005 年 4～5 月,在河南登封煤矿进行 GPS 授时地震仪的野外施工试验。此次试验是将仪器所具有的功能进行了全部试验,所有采集站性能稳定,资料采集正常。

(14) 2005 年 11 月 2 日,“GPS 授时地震仪应用考核与完善”项目通过了东方地球物理公司验收委员会的验收(第三年攻关项目结束)。验收委员会认为“对仪器系统暴露的各种问题和隐患进行了硬件和软件方面的改进,使系统稳定可靠、性能良好、GPS 授时准确,各项指标达到设计要求,可以满足野外施工需要”,“建议该仪器继续开展一定规模的生产应用考核,并加快工程化文档的编写工作,为该仪器的产业化提供技术基础”。

## (三) 3S-1 型 GPS 授时遥测地震仪的性能

GPS 授时地震仪器是利用 GPS 高精度时钟作为同步信号,控制起爆、记录系统。整个系统由 GPS 授时采集站、GPS 同步爆炸机、智能回收器(排列助手)和相应的数据后处理软件组成。当给授时仪加电以后,安装在授时仪外壳上的 GPS 天线进入信息接收状态,当接收到 GPS 卫星信号后,授时仪启动采集校时对钟程序,对钟后授时仪内部时钟与 GPS 卫星信号达到同步状态,授时仪自动启动采集程序,每个采集站内装有独立的计算机系统和存储硬盘,采集数据存储在硬盘里,采集结束后按照 GPS 同步爆炸机的放炮班报,采用智能回收器(排列助手)对存储的数据进行后期的回收整理。

3S-1 型 GPS 授时仪采集站采用 24 位 A/D 转换器,使动态范围达到 120 dB 以上,最高 0.25 ms 采样,连续采集根据存储容量可达上千小时;采用高精度的温补晶体振荡器,稳定度高达 $2\times10^{-7}$,使采集器与 GPS 时钟对准精度达 1 μs。系统控制核心采用嵌入式 DSP520 芯片,体积更小、功能更强,提高了其自动化和智能化程度。3S-1 型 GPS 授时仪采集站电路板及实物如图 1 所示。

(a) 双板电路板　　(b) 单板电路板　　(c) 采集站与电池

图 1　3S-1 型 GPS 授时仪采集站电路板及实物

3S-1 型 GPS 授时仪爆炸机采用嵌入式计算机技术,除同步激发炸药外,还通过 GPS 授时确保时间满足高精度要求,能够自动记录放炮的相关信息形成采集站数据回收班报,3S-1 型 GPS 授时仪爆炸机及数据回收器(排列助手)实物如图 2、图 3 所示。

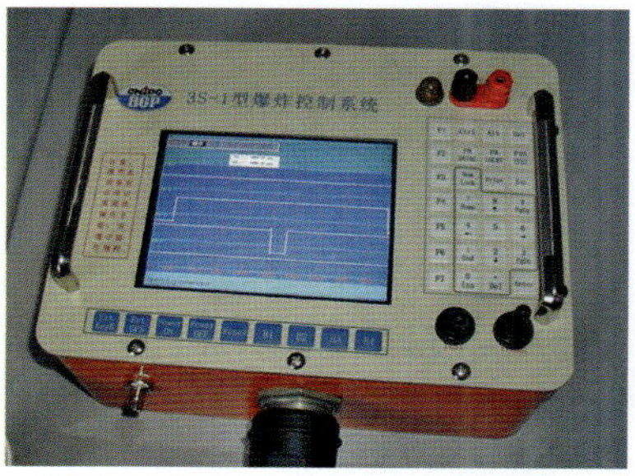

图 2　3S-1 型 GPS 授时仪爆炸机

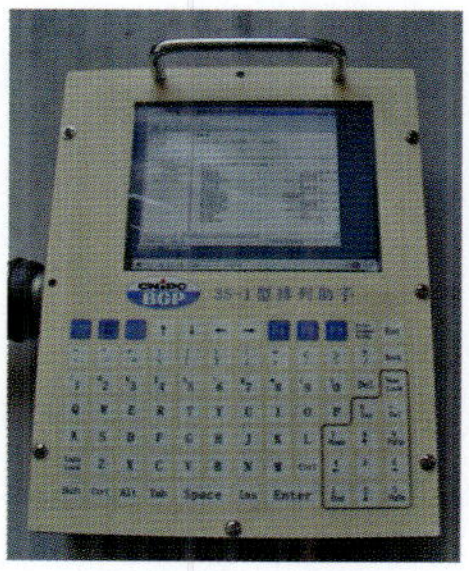

图 3　3S-1 型数据回收器(排列助手)

3S-1 型 GPS 授时仪系统软件包括数据回收与整理系统软件、遥爆操作系统软件。各软件系统的典型界面如图 4～图 6 所示。

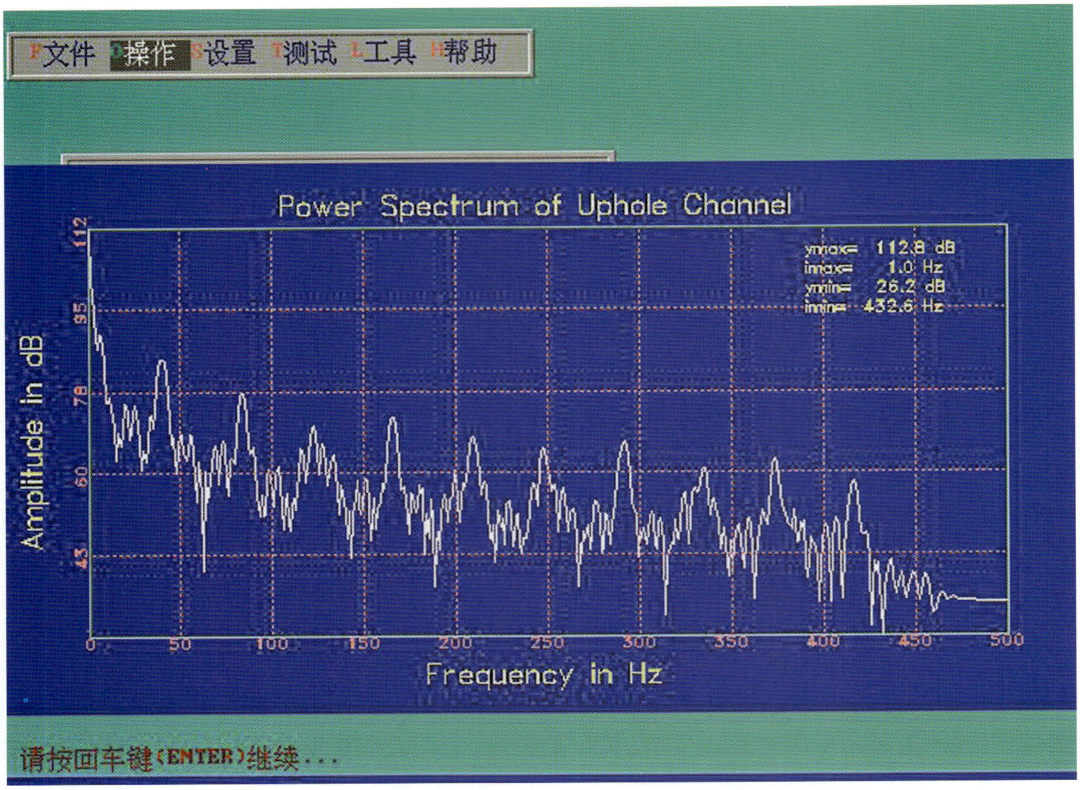


图 4 GPS 爆炸机环境噪音分析界面

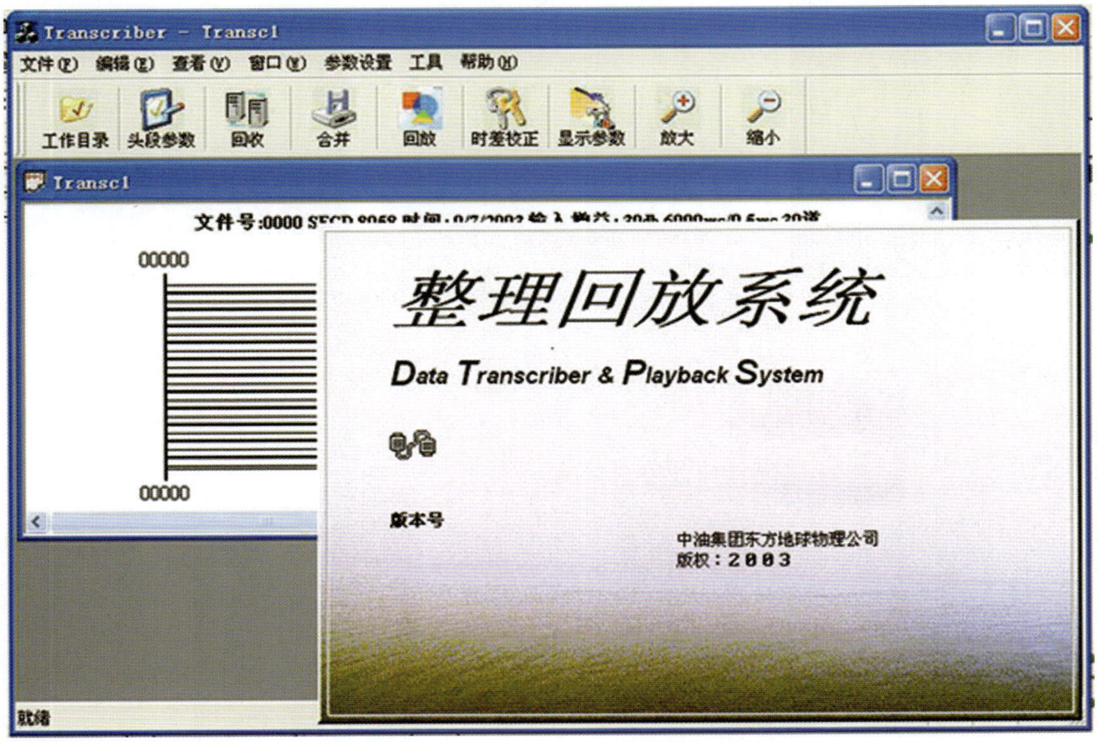


图 5 数据回收系统软件初始界面

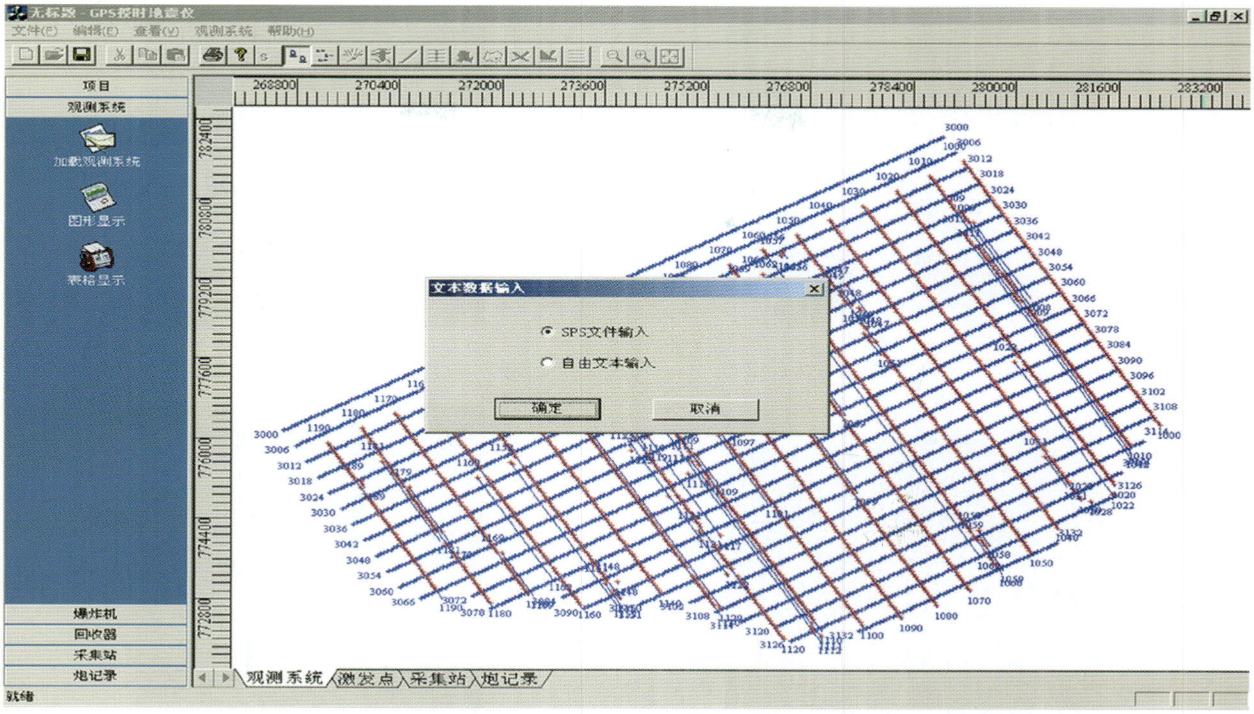

图 6　数据整理系统观测系统管理界面

2002 年 1 月 23—24 日、2003 年 12 月 28—30 日和 2004 年 12 月 10—12 日我们分别在吉林乾安地区、河北辛集地区、华北固安地区和河南登封煤矿进行 GPS 授时地震仪的野外采集试验（定时放炮）、野外采集试验（连续记录）和野外施工采集。单炮合成记录及施工图片如图 7～图 10 所示。

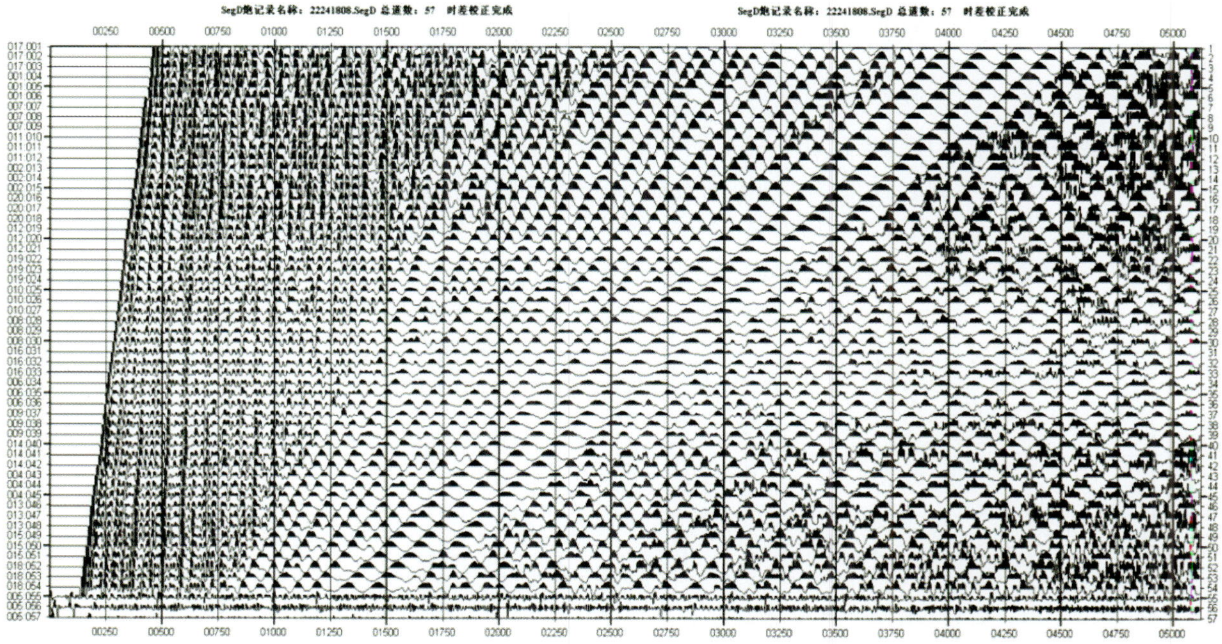

图 7　2002 年吉林乾安的单炮记录

图 8　2002 年涿州野三坡 GPS 接收试验

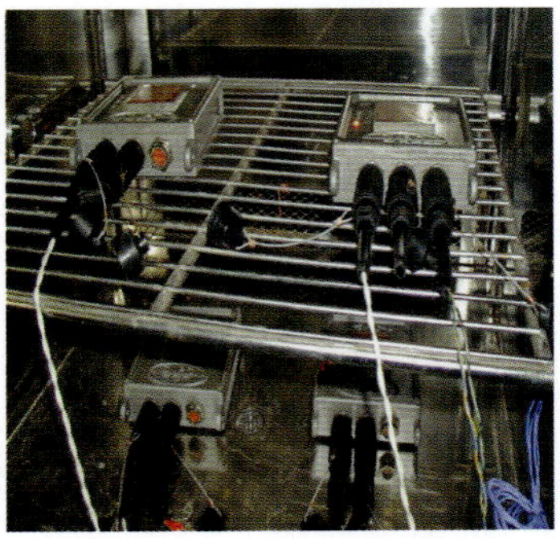

图 9　2003 年北京市电子产品质量检测中心环境测试

图 10　2005 年河南登封煤矿施工现场

## （四）产品特点与存在的问题

自 2001 年以来，GPS 授时地震仪先后完成了 GPS 授时采集站、爆炸机、回收器以及回收数据处理操作系统软件，并历多次野外综合试验与测试和不断的完善，至 2004 年底，3S-1 型 GPS 授时地震仪已经能够满足野外地震勘探的需求，有着良好的应用前景和巨大的市场潜力，特别是在复杂山地勘探方面具有独特的优势。

3S-1 授时地震仪被称为“三无”（无大线、无电台、无主机）地震仪（表 1），更适应山地及复杂地区地震勘探对采集装备的需求。该仪器已获得 4 个发明专利授权，其中 1 个发明专利被国外授权。该系统既可以单独使用（定时放炮方式），也可以和现有的有线、无线地震仪混用（连续记录方式），弥补了现有的有线、无线采集仪器系统的不足。该系统同时还具有定时同步采集、无须人工值守、理论道数无限、傻瓜式回收数据、综合经济效益好等特点，但也有实时监视困难的弊端。

**表 1　GPS 授时地震仪与常规地震仪性能对比**

| 仪器类型 | 采集站 | 主机 | 大线电缆 | 电台 | 仪器车 | 道数 | 施工 |
|---|---|---|---|---|---|---|---|
| GPS 授时地震仪 | 有 | 无 | 无 | 无 | 无 | 无限 | 易 |
| 有线遥测地震仪 | 有 | 有 | 有 | 有 | 有 | 有限 | 难 |
| 无线遥测地震仪 | 有 | 有 | 有 | 有 | 有 | 有限 | 难 |
| 有线/无线混合遥测地震仪 | 有 | 有 | 有 | 有 | 有 | 有限 | 难 |

前期的 GPS 授时地震仪还有许多改进的地方，如太阳能板供电的问题、定时记录工效问题、野外连续记录存储问题、智能回收数据软件问题、仪器外壳问题等，在今后的研发和试验过程中还要不断地改进与完善。

另外，要加强装备队伍和研制经费的投入。要组建一个 10 人左右的实体队伍，长期而稳定地进行研究与试验。

要多开专家研讨会。要定期或不定期、务实或务虚地开专家研讨会，不拘一格地讨论地震仪的新技术、新器件、新材料，以思想火花碰撞，引发新思路，创造新产品。

### （五）对 GPS 授时地震仪试制的认识

第一年（2001—2002 年），成果突出，制造出了仪器，获得了记录，证实了设想的可行性。

第二年（2002—2003 年），推出了（第Ⅱ型）GPS 授时地震仪，但总体进展缓慢。研制方向有点偏，朝无线甚至有线的功能方向发展，缺乏对提高产品可靠性和工艺方面的重视。

第三年（2003—2004 年），主要进行了系统可靠的野外测试与试验，改进了 GPS 的稳定性，推出了（第Ⅲ、Ⅳ型）GPS 授时地震仪，基本满足了野外生产的要求。

早在 2002 年，我们已经同意日本 JGI 的看法，目前常规地震仪器的性能已经相当好了，山区地震仪会成为今后 10～20 年的特需，将会引领世界的技术装备市场，GPS 授时地震仪是未来唯一能适应山区工作的地震仪器。

我国的 GPS 授时地震仪是继 Chevron 公司推出 SGR-II 地震仪之后国际上的第二家产品，是国际先进、国内首创的 GPS 授时地震仪，有其独特的设计思路和超前的技术路线，系统的综合性能有诸多方面的优势，是未来唯一能适应山区工作的地震仪器。之所以没有能够持续性地进行研发，关键在于人们对非实时记录方式的认可、认识不到位，政策不落实。

### （六）今后节点地震仪器的改进方向

（1）增加呼叫与答应功能，便于在回收时寻找。

（2）有大震动时，仪器能够发出大叫声警示。

（3）设备管理（节点采集站）自动化：采用无线电子识别（例如 RFID）的方式对大量的采集站进行自动识别管理，包括仓储、运输、数据的下载、充电、性能指标测试等。

（4）配套设备操作更为简单：节点采集站地震数据自动高速无线下载控制，电源管理将全部采用智能无线充电方式进行自动化操作，采集站的部署和回收有专用的自动化工具等。

### （七）我们研制地震仪器的决心还不够坚定

**我国国产地震仪器制造的道路可谓"一波三折"，研发出来的仪器也往往"生不逢时"，不久就会夭折。这反映了许多深层次的问题。**

2008 年前后，BGP 在国际物探市场上的声誉逐步上升，成为世界物探市场上的第三位。于是，Western 公司宣布他们的物探处理软件 Omega 系统不准 BGP 在国际市场中使用。当时出于对这种国际限制的回应，物探局也考虑到应进一步发展我国自主的地震软件，于是从 GRISYS 升级为 GeoEast。

在地震仪器方面，我国唯一的地球物理仪器生产厂家是 20 世纪 70 年代在西安成立的。一厂生产国产地震仪器，二厂生产组合测井仪器。这两个厂过去为地球物理仪器的国产化建立了不可磨灭的功勋。

从 21 世纪开始，这两个厂遭遇了外国仪器进口的冲击。国产仪器找不到用户，日子就不好过了。一厂开始走与法国 CGG 合作的道路，生产法国的仪器。但实际上只是沦为 CGG 公司的中国装配车间，最后西安的仪器厂维持不下去了。

**后来，东方地球物理公司装备部大型地震仪器研制组 2006 年正式启动，真的只花了三年时间，就制造出了 ES109 万道数字遥测地震仪，它在大数据传输方面还处于国际水平。**

但不知道领导层是怎么考虑的，最后还是于 2010 年与美国 ION 公司合资成立了 INOVA 公司，开始走合资生产地震仪器的路。

## 三、节点地震仪器技术分析与现状

### (一) 节点地震仪器与其他类型仪器的对比

节点式地震仪器由于独立采集,因此节点地震仪器与现有其他类型(有线或无线)地震仪器相比,在应用和研发等许多方面显示了其优越性。

第一,由于节点地震仪器省去了通信电路、同步等功耗最大的电路,使电源波动减少而降低了仪器本身的噪声,从而提升了地震仪器系统的动态范围,扩展了地震数据的采集频带,提高了地震数据的采集质量。另外由于节点仪器采用自主控制,缩短了与传感器的连线长度,减少了检波器信号的干扰路径,能够提升地震数据信号的采集质量。

第二,节点地震仪器有效地降低了仪器电路的复杂性,不仅降低仪器的功耗使电池工作时间更长,而且使系统更简单、电路工作更稳定可靠、重量更轻、成本更低。并且提高了仪器的稳定性,减少野外作业人员,更好地适应低成本与可持续勘探。

第三,节点地震仪器能够实现无限道数的连续采集,不仅能够解决目前高密度、高精度勘探开发中大道数、高效采集施工作业的主要问题,而且由于其轻便灵活性,可以部署于各种地表环境,获得更加丰富的地质信息,实现无缝勘探的数据采集需求。

第四,海洋(底)勘探中,节点地震仪器也由于相互之间不需要连接,不仅可以解决常规拖缆及海底电缆无法在复杂海域施工,以及道距及电缆长度的限制等问题,而且采用节点采集技术可以使传感器耦合更好,获得多分量、宽方位的地震数据,提高四维地震勘探的可重复性。

第五,激发源激发与仪器数据采集相互独立,无仪器故障等待时间使作业效率更高。

第六,节点地震仪器具有统一时间的高精度时间控制系统,可以作为其他仪器在复杂地区的补充采集,使地质数据更完整;另外,相类似的节点系统可以混合使用以提高设备利用率。

另外采集站可以参考、移植甚至直接利用社会上较为通用的最先进技术(例如监控、预警、物联网等数据采集和管理技术),这样能够快速引用先进技术,缩短开发周期,降低制造和研发成本。

当然与其他仪器相比节点地震仪器的劣势也较为明显,一是没有统一的控制或监控中心(例如仪器主机)来实时监控设备的工作状态,采集设备故障或丢失不能及时处理而导致部分采集数据丢失;二是节点地震仪器基于高精度的时间系统,需要依赖卫星或其他设备进行时间校准,在卫星信号覆盖不太完善的地区,需要额外提高本地时钟的精度(例如采用芯片级原子钟代替普通时钟芯片)。

### (二) 物探行业内节点地震仪器的技术状况

继我们的 GPS 授时遥测地震仪后,国外的节点地震仪器纷纷出笼。最为典型的包括 MS2000(JGI)、ZLand 系列(FairField)、GSR/GSX(GeoSpace)、UNIT(Sercel)。

2010 年东方地球物理公司和 ION 合资成立 INOVA 公司,随后在无线地震仪器 Firefly 的基础上改造推出 Hawk 节点地震仪器。初期的 Hawk 由于稳定性低(故障率高)、体积笨重、功耗大等原因受到用户抵触,目前一直在完善之中。

目前国内外开展节点地震仪器研究的单位及推出的产品很多,许多新的制造商家陆续进入节点地震仪器市场,全球节点地震仪器研制厂商一度超过 10 家。就目前节点地震仪器产品而言,其整体技术水平相当。虽然有的仪器采用了 32 位的 ADC(定点 32 位没有用,无效位),但都是基于 $\Delta$-$\Sigma$ 技术原理,实际的应用效果取决于其仪器内部参考源的设计、应用的具体目标和环境。由于节点地震仪器没有形成统一的标准,各厂商推出的节点仪器除具有授时、独立自主采集并存储的基本需求外,都增加了各自认为重要的功能(当然也包括是否集成电源和传感器)。但是新增加的功能和特色点自然也会在实际的操作过程中给用户带来这样或那样的麻烦,甚至影响到数据采集的质量。

目前市场份额比较大、最具有代表性的节点地震仪器主要有 FairField 公司的 ZLand 系列、GeoSpace 公司的 GSR/GSX 仪器、INOVA 公司的 Hawk 仪器等,但只有 Hawk 和 UNITE 仪器支持数字检波器(图 11)。海洋节点仪器也以 FAIRFIELD 公司的 Z 系列为主(图 12)。当前典型陆用节点地震仪器主要性能指标及特点见表 2。

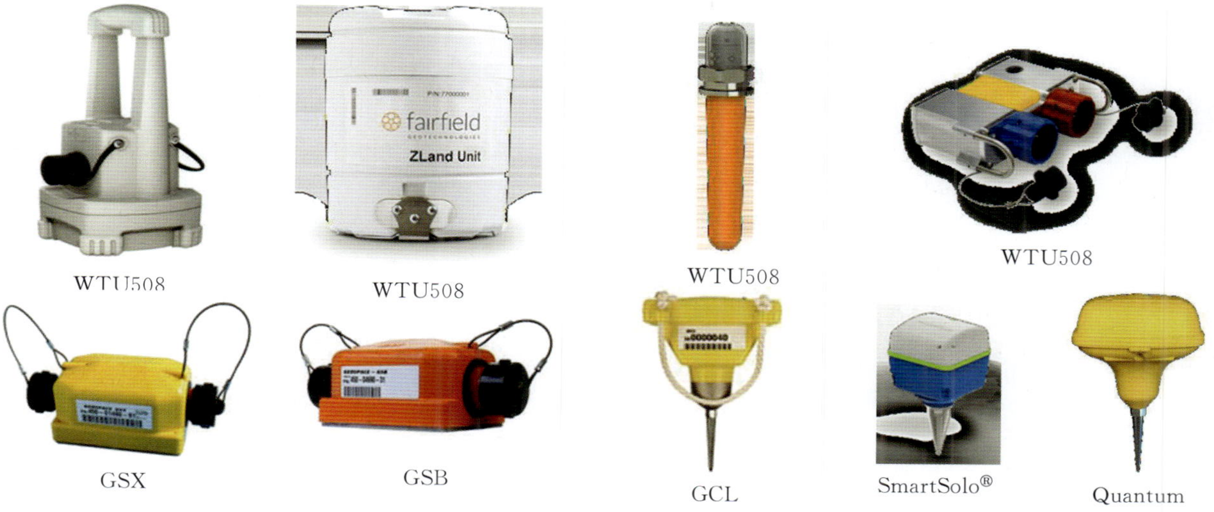


图 11　几种陆上节点地震仪器采集站实物参考

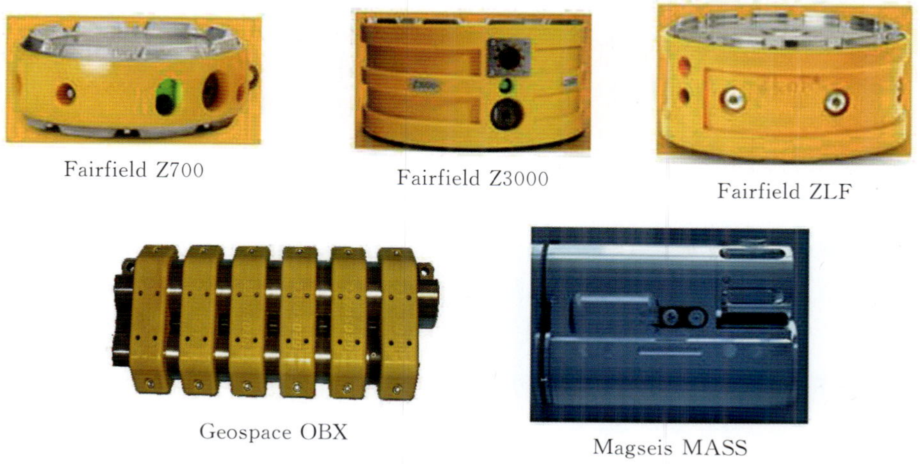


图 12　几种海底勘探节点地震仪器采集站实物参考

**表 2　当前典型陆用节点地震仪器主要性能指标及特点**

| 仪器型号 | Hawk | ZLAND | GSX、GSB、GCL | Nuseis™ | SmartSolo™ | Quantum |
|---|---|---|---|---|---|---|
| 生产厂商 | INOVA | Fairfield | Geospace | GTI | DTCC | INNOSEIS |
| 道数 | 1、3 | 1C、3C | 1、2、3、4 | 1C | 1 | 1 |
| ADC | 32 位 | 24 位 | 24 位 | 24 位 | 24 位 | 32 位 |
| 定时精度 | ±25 μs | ±10 μs GPS | <1 μs GPS | ±12.5 μs | ±10 μs | <20 μs |
| 存储容量 | 16GB 或 32GB | 2GB | 每道至少 4GB;GCL:16GB 或 32GB | 8GB～64GB | 8GB～32GB | 8GB 或 16GB |

续表

| | | | | | | |
|---|---|---|---|---|---|---|
| 传感器 | 模拟 1～3C<br>数字 1～3C | 1C:10 Hz,78.7 V/m·$s^{-1}$或 5 Hz,76.7 V/m·$s^{-1}$外接可选<br>3C:3 只正交,10 Hz,78.7 V/m·$s^{-1}$或 5 Hz,76.7 V/m·$s^{-1}$ | GCL:GS-ONE-LF(5 Hz)或 GS-ONE(10 Hz)垂直检波器 | 10 Hz±3.5%,85.8 V/m·$s^{-1}$±3.5%<br>其他 | DT-SOLO 高灵敏度检波器,10 Hz 和 5 Hz 可选 | 内置 5 Hz 或 10 Hz 高灵敏度检波器 |
| 集成电池 | 外接可充电锂电池 | 可充电锂电池 | 可充电锂电池,或外接电池 | 可充电锂电池 10 Ah | 可充电锂电池 | 可充电锂电池 |
| 连续记录时间 | 90 天 | 1C:40 天(960 小时)<br>3C:35 天(840 小时) | GSX:30 天以上<br>GCL:60 天 | 360 小时<br>15 天 | 50 天(12 小时开/12 小时关) | 50 天 |
| 采集站功耗 | <450 mW | <135 mW | <200 mW | <80 mW | <50 mW | |
| 重量 | 1.72 kg | 1C:1.8 kg<br>3C:2.8 kg<br>(含尾锥) | | 862 g | 1.1 kg(含电池、尾锥) | 0.65 kg(含电池和检波器) |
| 动态范围(0 dB 增益) | 150 dB | 127 dB | 124 dB | 140 dB | | 127～134 dB |
| 传感器测试 | 传感器电阻 | 仪器噪声、谐波失真、增益精度、共模抑制比、脉冲响应,传感器阻抗、阶跃响应、直流电阻 | 测试畸变、增益精度等全部指标 | 仪器噪声、谐波失真、增益精度、脉冲响应,传感器阻抗、脉冲、电阻、灵敏度、固有频率、阻尼 | 通道指标和检波器芯体指标灵活组合进行测试 | 单元温度、传感器倾斜、传感器的响应、传感器的阻抗、系统噪声 |
| 连接 | WiFi | 电缆 | WiFi | 低能耗蓝牙 | | 低能耗蓝牙 |
| GPS | 内置 GPS | 内置 GPS | 内置 GPS | 内置 GPS | 内置 GPS | 北斗、Galileo GPS/QZSS、GLONASS |
| 其他主要特点 | 支持多种类型检波器;<br>兼容所有类型震源;<br>WiFi 自动回收 QC 数据;<br>LED 状态指示;<br>铝合金外壳;<br>网络数据并行下载;<br>定制测试 | 可连接外部传感器或阵列;<br>无电缆 3C 选项可以安全地掩埋在视线之外;<br>连续记录,无故障排除,可靠性高;<br>最小化环境足迹,更容易许可;<br>兼容任何源和源技术 | 标准模拟传感器输入;<br>兼容所有类型震源;<br>LED 指示状态/部署情况;<br>WiFi 回收 QC 数据;<br>内置全分辨率测试信号发生器;<br>内置或外接锂聚合电池;<br>GCL 没有连接器 | 节点轻,成本低;<br>TransferJet 高速下载;<br>自动部署系统;<br>LED 状态指示;<br>GNSS-GPS、Glonass、Galileo;<br>部件/传感器通过 BLE 态监控;<br>内置高灵敏度检波器或可选外部连接器 | 节点轻,成本低;<br>移动应用程序部署和技术支持;<br>地震行业道价格最低;<br>野外没有裸露的连接器;<br>可选外置电池和传感器;<br>自动传感器测试与 GPS 定位 | 节点轻,成本低;<br>自动传感器测试;<br>低功耗蓝牙现场质量控制和配置;<br>节点无电缆或外部电池;<br>充电和数据回收不须拆卸;<br>安全、环保;<br>高数据下载速率 |

从表 2 可以得出，目前节点地震仪器的采集道数可以达到 50 000 道以上，理论上可以无道数限制，连续采集的工作模式可以满足大道数采集的任何施工方法、任何地表环境条件的要求；动态范围一般大于 120 dB；采用高性能锂电池使采集站连续采集时间在 30 天以上，电池有的集成有的外接，充电时间一般在 4 h 以下；传感器有集成的（支持单点 1C 或 3C 采集的高灵敏度检波器），也有外接用于兼容组合采集；采用高速数据传输技术（高速无线下载或有线网络数据下载）对地震数据集中下载（回收），下载时间不大于 10 min；为了弥补质量控制、降低数据采集过程中的数据缺失风险，大部分的仪器都增加了（或可以选择）用无线技术对现场监控或定期回收采集站工作状态信息的功能。为了满足不同勘探作业的需求，电池和传感器有集成或外部连接。

另外，由于未来需求（例如单检波器采集和多检波器组合采集）的不确定性，从表中也可以看出节点地震仪器目前基本可以分为两种类型：一是以 Z 系列为代表的采集节点单元集成了传感器和电源，这样系统会变得更为简单、轻巧，但不能针对不同的勘探目的快速更换传感器类型或进行组合检波，也不能根据预定的采集计划合理配置理想的电源以便满足不同采集项目时间的作业。另外一种是以 GSR 为代表的采集节点单元一律采用外部电源和外部传感器，这样就能够根据不同的数据采集作业需求配备相应的检波器及进行组合检波，也能够随时配置不同的电源来满足作业周期的供电需求，但缺点也很明显（额外的连线及部件、带来额外的故障或麻烦）。然而，这两家公司都提供了一体（指集成传感器与电源）或分体的两种选择。

## 四、新型高分辨率地震仪的发展方向

2006 年 4 月 20 日，在河北涿州东方地球物理公司外宾宾馆召开的“新型地震仪器研制讨论会”上，我们提出以下几个基本概念。

### （一）什么是好的地震记录

监视记录只是某一频档下的记录面貌，不能全面代表记录的好坏。好的高分辨率的原始记录的监视记录可能也是面波干扰很强的！

高频与低频成分是互相独立的，要对全频谱每个频率成分信号与噪音的比例进行全面分析，才能判断好坏。“分频率扫描”是搞清地震记录品质好坏最有效的方法。信噪比大于 1 的称为“有效频宽”。“有效频宽”宽的才是好记录。“有效频宽”不够 1 个倍频程的记录是废品记录；“有效频宽”够 1 个倍频程的记录能解决构造研究；“有效频宽”够 3～4 个倍频程的记录才是高分辨率记录。

### （二）什么是好的接收仪器

目前的数字地震仪器基本上都是足够好的仪器。

地震仪器（包括检波器）只是“忠实”地记录下大地的震动波形，但是仪器本身是不知道这个波形是信号还是噪声的。所以，**信噪比谱的低劣不能归咎于仪器的好坏，而主要是施工设计者和施工者的功过。**

当前一般的地震仪采用的 24 位模数转换器，已经是比较好的仪器了。因为 24 位的总体电压范围已经是相当宽了，能达到 800 万倍的量程，能记录从 8 V 到 0.5 μV 的信号。当仪器在没有信号输入时（入口处短路），仪器的“热噪声”是 0.2 μV，这是“信号的绝对死亡线”。

图 13 是我们对通常施工中，信号与噪声分布在模数转换器中的态势图分析。由图 13 可见，2 s 到达的反射，其高频信号的 80 Hz 成分已经位于死亡线以下。而 1 s 到达的反射，其高频信号高于 120 Hz 的成分经常受到刮风等高频干扰波的淹没。

这就是陆上华北、大庆的地震记录，经分频扫描往往扫到 80 Hz，反射就不能成轴的道理。

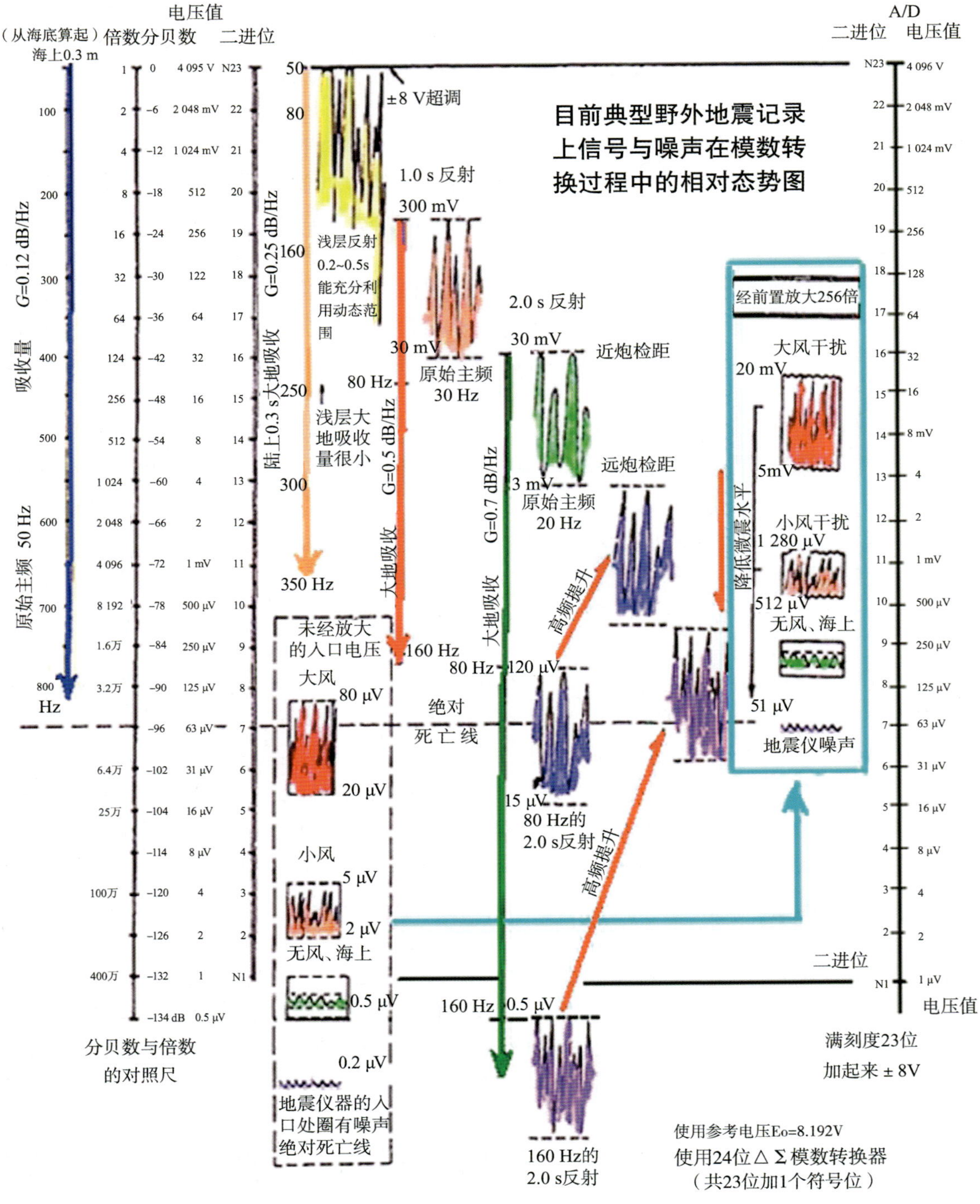


图 13 模数转换过程中的信号与噪声的相对态势图

### (三) 陆上使用现有数字地震仪器时，要改进记录质量的六条措施

我们根据信号与噪声分布在模数转换器中的态势图分析，提出了陆上使用现有数字地震仪器时，要改进记录质量的六条措施。

(1) 降低高频微震干扰水平：包括降低刮风干扰与次生干扰的强度。最好在每天开工放炮前，在高频微震强的道，重新把检波器埋置一次(监视 70 Hz 以上的噪声)。

(2) 在潜水面下放炮，改进激发条件：使反射能量增强，相对提高了信噪比，并减少干扰的强度。

以上两条是得到好的野外记录的最关键的措施。

(3) 高频提升永远是必要的，尤其对 2 s 以下的目的层。

(4) 组合是必要的。为克服微震，尤其是为克服次生低速干扰，小跨距的面积组合总有好处。

(5) 提高前置放大倍数：不改变相对位置，但大的放大倍数可以略微降低仪器入口的噪音。

(6) 检波器串联(或增加灵敏度)：可以提高入口处电压，也不改变相对位置。但可以相对克服由大线上来的感应噪声(如 50 周感应及天电干扰等)。

只要目的层不超调，上面(5)(6)两条是有好处的，但不是太关键的措施。关键是前面四条措施。

### (四) 新型高分辨率地震仪的改进方向

对常规的地震勘探施工来说，因为我们还没有很好地解决克服高频干扰的办法，目前的数字地震仪器已经是足够好了。但是它们还有一个缺点，就是“定点”的 24 位模数转换，不是“浮点”的。这会造成深层反射的弱信号，不能以足够的有效位把它记录下来。

今后我们开发新型高分辨率地震仪的出路如下。

(1) 对高低频反射信号进行分频录制。分频录制的办法是每个道经前放之后“兵分两路”，用高通滤波将 70 Hz 以上高频段分开记录在另外一个通道上。此通道上增加一节 40 dB 的“后置放大”，起到“高频提升”作用。放大后进行瞬时浮点增益的模数转换，仍用 15 位二进数加浮点增益记在第二盘带上。低频部分就不再放大，直接进行瞬时浮点增益的模数转换(IFPA/D)记在第一盘带上。两盘带分别进行处理，并且可以用低频剖面作为处理的引导，最终将高低频反射信号进行相加(这个改进方案也容易实现，关键是高频要提升 40 dB)。

(2) 采用时变高频提升线路的办法。所谓时变高频提升线路就是高频的抬升增益随反射波到达时间的增大而增加，特性曲线像 51 型地震仪的“压制器”一样。它通过爆炸信号触发器启动，然后用电压控制一个晶体管的内阻随时间而改变，从而控制了 RC 滤波器的滤波性能改变，达到时变增益的目的。同时增益的改变用数字化的增益码实时地记在记忆线路中。最后录到磁带上，就像过去的公控曲线那样。(这个改进方案实现起来比较复杂)

这是我们对今后高精度地震仪器改进性能的两点意见。

以上的仪器性能改进，必须在今后地震高频随机噪声得到很大程度避免或压制的情况，才有实际价值。否则意义不是很大。因为信噪比小于 1 时，“可记录性”已经不是主要矛盾了。“瞬时有效记录位数”已经没有意义了。

## 五、节点地震仪器在西秋里塔格山山地地震勘探中发挥了重要作用

秋里塔格山位于塔里木盆地库车坳陷南缘，在库车及拜城县城附近。东西长 150 千米，南北宽 3～13 千米，山脉分东中西三段，出露新生界库车组地层。山势十分险峻，人迹罕至(图 14)。

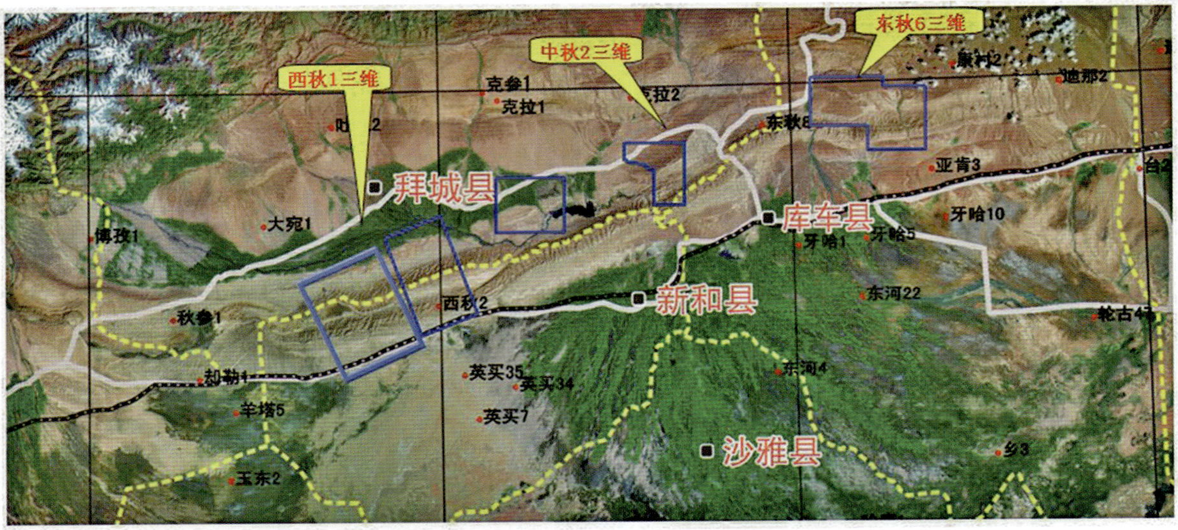


图 14　秋里塔格山的地形

本区北面库车坳陷里已经有克拉 2 井、克深、博孜 9-大北等含气区，形成“西气东输”的主力大气区。

2018 年塔里木勘探指挥部在中秋里塔格山上，根据地震资料布探井，打了中秋 1 井。10 月，该井日产气 33 万立方米，凝析油 21.4 立方米，揭开了本山区找油找气的大场面。

东秋及中秋两山已经做过地震工作约 500 $km^2$。东秋打井，东秋 6 井也产出了气。产气层位是古近系下部盐膏层及其下面的白垩系优质砂岩。据塔里木勘探指挥部估计东秋、中秋两山具有天然气资源量5 000 亿方，整个秋里塔格山有天然气资源量约 10 000 亿方。

2019 年初，塔里木勘探指挥部接着部署西秋山区的三维地震工作。但在黄羊都上不去的秋里塔格山进行地震勘探谈何容易。西秋 1 三维地震工区的山势陡峭，大多呈“刀片山”形状，见图 15。

图 15　西秋里塔格山遍布的“刀片山”，使施工十分困难

工区地形异常险峻，断崖林立，超过 50 米的断崖 11 917 处，超过 200 米的断崖 4 048 处，最大落差超过 600 米(图 16)。工区山顶只能修建 8 个直升飞机停机点，2 个住宿点。8 824 个放炮激发点分布在断崖上。山脊狭窄，最窄处不足半米，只能容纳下一只脚(图 17)。工区气候异常多变，雷雨频繁，洪水频发，塌方不断。整个工期施工天数 179 天，降雨多达 9 天，遭遇山洪64 次。

图 16　经过强烈风雨侵蚀的秋里塔格山

图 17　物探队员在“刀片山”顶上

2019 年由中石油东方地球物理公司 247 队负责西秋三维地震施工。该队职工 2 000 多人，由直升飞机负责接送。采用 8 万个 Smartsolo 节点地震仪器(图 18)及 G3i 遥测地震仪器混合施工。Smartsolo 节点地震仪器(单道，可记录 20 天)，资料回收及充电有专用机柜，插进后，屏幕上显示回收进程，效率较高(图 19)。

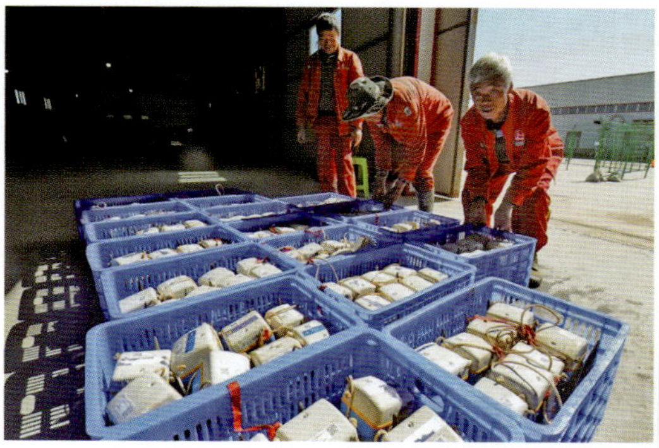

图 18　Smartsolo 节点地震仪器

图 19　物探队员在山上埋 Smartsolo

图 20　物探队员的施工作业全靠绳索行进

图 21　物探队员在高山脊梁上

2019 年 2 月开工初期，BGP 组织了精干的 18 个探险队员探路西秋，饿了啃干馕，渴了喝凉水，4 天徒步跋涉 38 km，翻越 16 道断崖，打通了运输的“生命线”。

在山上搬运沉重的钻机得靠人抬肩扛绳索拉。为了啃下最难的高峰上的钻炮井任务，4 个钻井机组登上西秋最高峰，用 105 天的坚守，组织完成了最难山体区 545 口井的施工任务(图 20～图 22)。

此次西秋三维施工面积约 240 $km^2$，共有 22 000 个炮点，20 万个检波点(图 23)；42 条炮线，109 条检波接收线。

工区近地表结构复杂，低降速层厚度、速度横向变化大、非均匀性强，如图 24 所示。

图 22　在山上搬运沉重的钻机

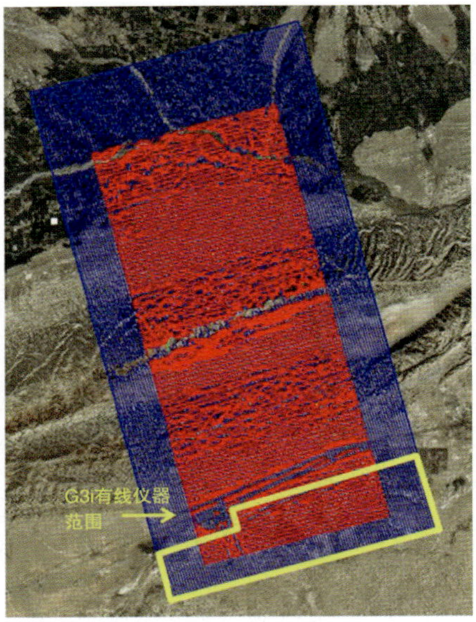


图 23　西秋 1 三维工区的炮点及检波点分布

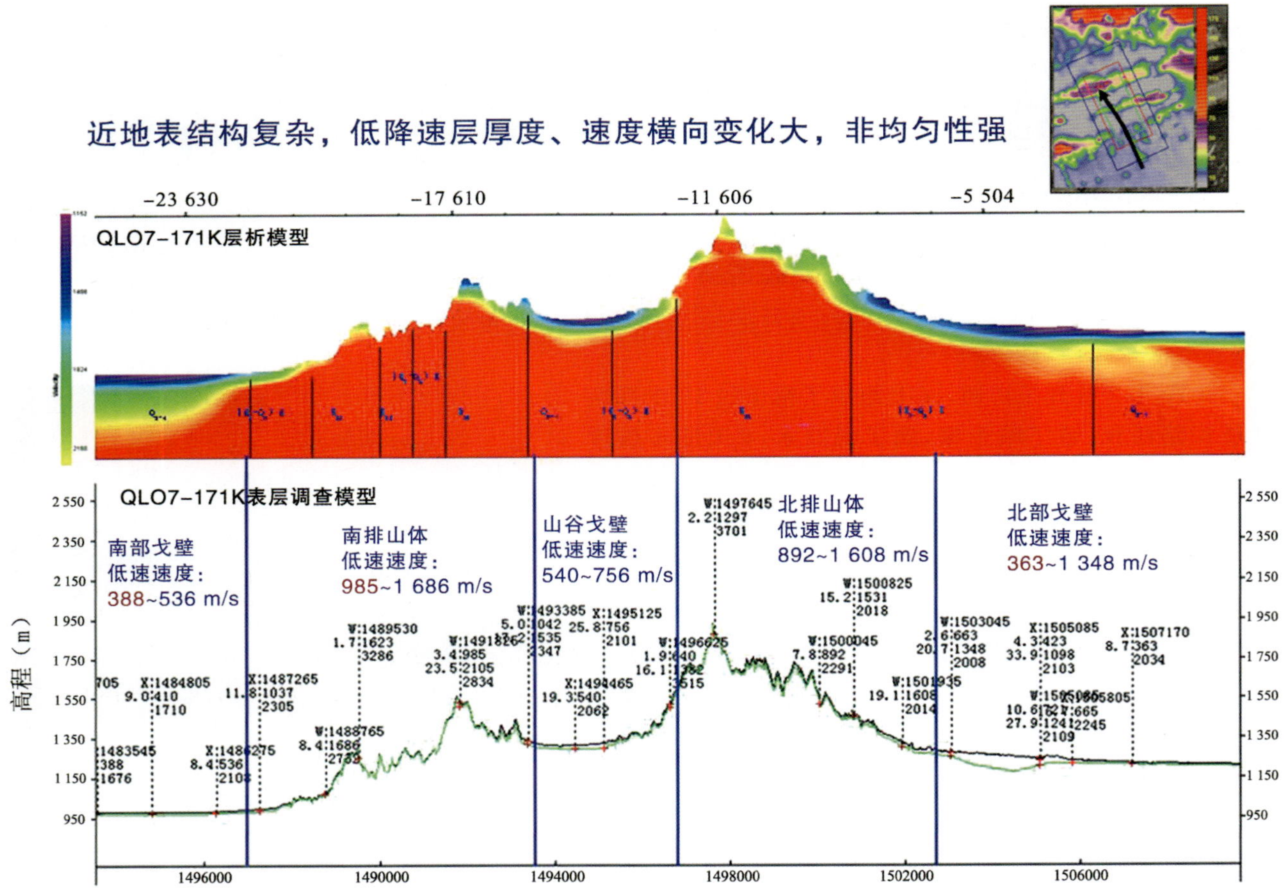


图 24　西秋里塔格山区的地形及浅表速度分布

经过 6 个多月的测量、修路、钻炮井、布设检波器，8 月 29 日，东方物探 247 队打响了西秋三维物探采集攻坚战。员工们不分昼夜，在“刀片山”上经过 31 天的艰苦奋战，提前 12 天顺利完成了240 km$^2$的三维地震采集任务。平均生产日效 821 炮，最高生产日效 1385 炮，再一次刷新复杂山地物探生产的新记录。

此次西秋三维地震工区几乎囊括了所有的困难地形。它是 BGP 史上难度最大、风险最高、最具挑战性的三维地震项目。

大量新技术、新成果被应用于生产施工中。投入 SmartSolo 节点仪器 8 万多个，在地势平坦区，配合了 G3i 有线的数字遥测地震仪器，进行混合接收。这是首次采用有线＋节点，常规激发＋独立激发的混合采集，实现了物探采集技术的新跨越，开启了复杂山地施工作业的新模式。

采集技术中心针对秋里塔格三维的质量监控难的特点，日夜奋战在岗位和生产一线，积极开展复杂山地优化选点、检波器摆放自证合格的手机 APP 监控方法，以及微地震记录采集与数据切分等山地三维采集配套技术研发，解决了复杂地区质量监控问题，提高了施工效率。

面对秋里塔格地区地表复杂，资料信噪比低，静校正精度直接影响成像质量的难题，采集技术中心组织专家开展初至快速拾取技术研究，在 KLSeisⅡ软件平台上研发初至波自动拾取软件，并取得突破性进展。初至拾取的准确性、稳定性、自动化程度和抗干扰能力显著提高，自动拾取精准度、效率等核心功能超越国际同类竞争软件，井炮和可控震源采集拾取精准度分别达到 95％和 75％以上，判别异常初至波准确率达 40％以上，推动地震资料处理周期缩短 10％，实现了对国外商业软件的国产化替代，有效满足了勘探开发快节奏的需求。

前塔里木油田总地质师、中科院院士贾承造视察了西秋项目后，回顾了 20 年来塔里木探区石油勘探事业发生的巨大变化，充分肯定了东方地球物理公司在塔里木勘探开发进程中做出的重大贡献。贾承造说："秋里塔格勘探是世界级难题，外国专家曾断言这里是勘探'禁区'。东方地球物理公司勇挑重担，展开攻坚，寻找隐藏在大山下的宝藏。我为此倍感骄傲和自豪，期待西秋取得更大的突破。物探是整个石油勘探过程中最关键的技术。当前物探技术发展迅速，对石油勘探的作用越来越大，而随着深层勘探、非常规勘探的发展，对物探技术的需求也越来越高。东方物探要加强技术攻关，保持物探技术持续发展。"

这次西秋三维地震采用了 8 万个节点地震仪器，在最恶劣的山区地形上完成了勘探任务，显示了节点地震仪器在山区施工的明显优势。但加拿大生产的单体 SmartSolo 售价每个约 250 美元，并且不能做检波器组合。

东方地球物理公司如今正在研制自己生产的节点地震仪 Eseis，2019 年 10 月，第一批 1 万道 Eseis 已经投入试生产。不过我希望我们的节点地震仪器是能搞组合的，单点接收不利于提高原始信噪比。

我们相信在今后山区地震勘探领域，节点地震仪器会越来越显示它的优越性。

## 参考文献

[1] 陈联青，贾艳芳，顾欣莉. GPS 授时(网络)地震仪[J]. 物探装备，2006(SI)：1—7.
[2] 李庆忠. 寻找油气的物探理论与方法(第一分册)[M]. 青岛：中国海洋大学出版社，2015.
[3] 李庆忠. 寻找油气的物探理论与方法(第二分册)[M]. 青岛：中国海洋大学出版社，2015.
[4] 李庆忠. 走向精确勘探的道路：高分辨率地震勘探系统工程剖析[M]. 北京：石油工业出版社，1994.

文章编号 404

# 基于"三明治"模型的薄层 AVO 分析

## ——考虑吸收衰减情形下的含气薄层

王建花　李庆忠

**当前地震勘探在计算 AVO 参数时，普遍使用佐布里兹 Zeoppritz 公式。这个公式的模型很简单：它假定平面波入射，并且介质必须是半无穷大空间，这很不合理。它不能计算两个或两个以上反射界面的反射、透射的情况。尤其不能适应薄层含油气层的振幅计算。**

**在《层状介质中的波》一书中，布列霍夫斯基赫(Brekhovskikh)推算了水平产状的任意 n 层的 AVO 计算公式。该公式比较完整，但是模型太复杂，公式也太繁杂，计算工作量太大。**

**于是我们推导了三层模型，称为三明治(Sandwish)模型。它是简化了的 Brekhovskikh 模型，有较大的实用性，适宜于解释一个单独含油气层的反射，及折射、透射的规律，并且适应于厚层及薄层。**

**最近王建花在相关文章中又增加了考虑含气层的吸收衰减作用的含气薄层 AVO 分析方法，更增加了该方法的实用性。**

**摘　要**

目前 AVO 技术的理论基础主要是 Zoeppritz 方程及其各种简化形式，应用时存在诸多假设条件。生产中大多数地区的勘探目的层厚度较薄，应用 Zoeppritz 方程或其简化形式进行 AVO 分析时往往不能满足其假设条件。基于弹性波在层状介质中的反射、透射方程，简化并推导了薄层模型的反射、透射系数公式，该公式中除了包含三层介质的弹性参数外，还包含入射波频率和层厚等参数，通过引入吸收系数，可以分析介质吸收对反射系数的影响。以海上某地区含气层模型为例，利用该薄层公式讨论了入射波频率、层厚和地层吸收对 AVO 曲线的影响，并与基于 Zoeppritz 方程的 AVO 曲线进行了对比分析。通过研究认为，相对于 Zoeppritz 方程，利用薄层模型公式可以根据地震资料主频、层厚和地层吸收等因素对薄砂层进行更精确的 AVO 分析，同时也为面向薄储层、薄互层和中深层宽频地震勘探的精确 AVO 弹性参数反演提供了更准确的理论依据。

**关键词**　薄砂岩储层　三明治模型　薄层 AVO 分析　反射系数

## 一、引言

AVO 技术是利用叠前 CDP 道集资料分析反射波振幅随炮检距(或入射角)的变化规律，估算界面弹性参数，分析地层的岩性、物性和含油气特征，其理论基础主要是 Zoeppritz 方程及其各种简化形式。常用的简化形式有 Aki and Richards 近似式[1]，Shuey 近似式[2]，Smith and Gidlow 近似式[3]，Fatti 近似式[4]等。近年来，国内外许多学者在各向异性 AVO、裂缝 AVO 等方面都开展了较深入的研究。

Zoeppritz 方程是用来表达平面、简谐纵波入射到两种半无限弹性介质分界面上的反射和透射[5]，基于两层介质模型，如图 1(a)所示。应用 Zoeppritz 方程及其各种简化形式进行 AVO 分析时存在诸多假设条件。对于目前野外常见的含油气储层来说，基于 Zoeppritz 方程的 AVO 分析存在许多问题，尤其是对于薄储层的 AVO 分析存在的问题主要有：① 通常将野外地层近似看作层状介质，许多含油气目的层厚度很薄，不满足半无限弹性介质的假设条件；② 只能反映层间界面的信息，不能反映层内属性；③ Zoeppritz 方程的近似公式大多数都是在界面两侧介质的波阻抗差较小的假设条件下简化得到的，而野外大多数含油气砂岩储层与围岩的波阻抗差都比较大，不满足该假设条件；④ 近似公式大都要求入射角较小，通常线性近似公式小于 30°，非线性近似公式小于 50°；⑤ 有些近似公式要求纵横波速度比约等于 2；⑥ 常规 AVO 属性分析中对纵波速度变化率 $\Delta V_P/V_P$，横波速度变化率 $\Delta V_S/V_S$，纵横波速度比 $V_P/V_S$，密度变化率 $\Delta\rho/\rho$ 以及泊松比变化率 $\Delta\sigma/\sigma$ 等弹性参数及其各种组合进行交会分析，往往正交程度较差，很难区分不同岩性或不同流体。由于 Zoeppritz 方程及其简化形式存在诸多假设条件，而目前多数砂岩薄储层往往不能满足这些假设，因此，基于 Zoeppritz 方程的 AVO 分析技术用于薄层勘探时误差较大。

随着油气勘探的发展，找到大套厚砂岩储层的概率越来越小，尤其是陆上勘探，大多数目的层都是薄砂层或者砂泥薄互层。近年来，对于薄层的研究也越来越受到重视，如刘伟等[6]对薄层 AVO 的调谐效应方面进行了研究。目前对于薄层的 AVO 分析通常是分别计算薄层顶、底界面上的反射波，然后叠加作为整个薄层的反射，是基于波动的叠加和干涉原理，严格来说并不是基于波动理论的真正动力学方法。因此，笔者从层状介质中弹性波理论出发，简化并推导了薄层模型中弹性波的反射、透射公式，该公式符合波动理论，能够对薄砂层进行更精确的 AVO 分析。

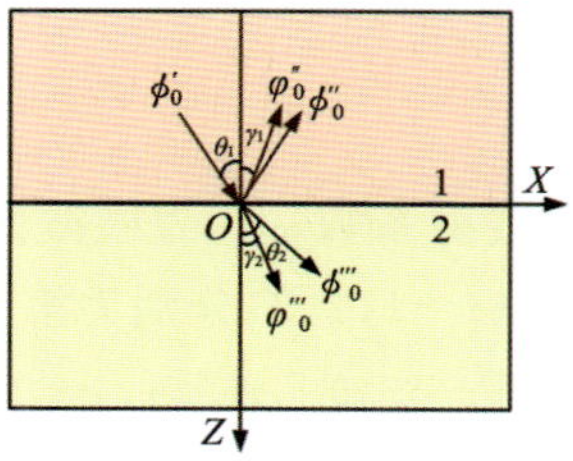

(a) Zoeppritz 模型(两层)

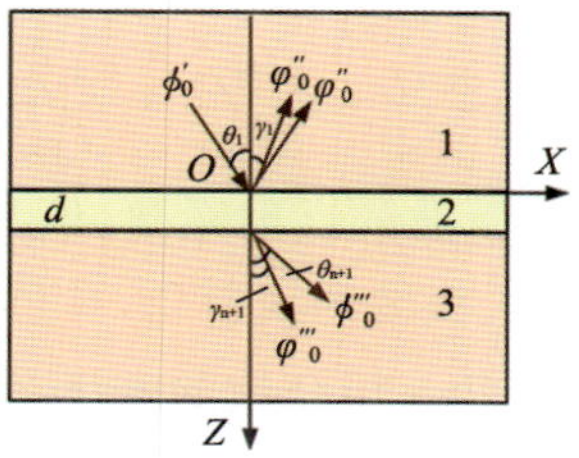

(b) 薄层模型(三层)

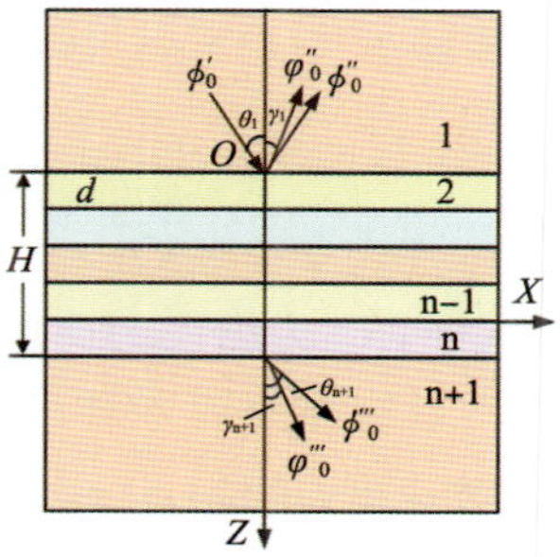

(c) Brekhovskikh 层状模型(多层)

图 1　弹性波的反射和透射的三种模型

## 二、薄层模型 AVO 公式

目前野外地震勘探中，尤其是陆上勘探，许多勘探目的层都是薄砂层，薄砂层的上覆和下伏地层往往是大套泥岩。该次研究中笔者将这种薄砂层及其上覆和下伏地层模型称为薄层模型[5]（或三层介质模型），如图 1b 所示。笔者从 Brekhovskikh[7]建立的弹性波在层状介质(图 1c)中的反射、透射方程[7]出发，简化并推导了薄层模型(图 1b)中平面简谐纵波入射时的反射、透射系数公式：

$$R_{PP}=\frac{\Delta_1}{|M|}\quad R_{PS}=\frac{\Delta_2}{|M|}\quad T_{PP}=\frac{\Delta_3}{|M|}\quad T_{PS}=\frac{\Delta_4}{|M|} \tag{1}$$

式中，矩阵 $M=\begin{bmatrix} m_{11} & m_{12} & m_{13} & m_{14} \\ m_{21} & m_{22} & m_{23} & m_{24} \\ m_{31} & m_{32} & m_{33} & m_{34} \\ m_{41} & m_{42} & m_{43} & m_{44} \end{bmatrix}$；

$$\Delta_1=\begin{bmatrix} n_1 & m_{12} & m_{13} & m_{14} \\ n_2 & m_{22} & m_{23} & m_{24} \\ n_3 & m_{32} & m_{33} & m_{34} \\ n_4 & m_{42} & m_{43} & m_{44} \end{bmatrix};\Delta_2=\begin{vmatrix} m_{11} & n_1 & m_{13} & m_{14} \\ m_{21} & n_2 & m_{23} & m_{24} \\ m_{31} & n_3 & m_{33} & m_{34} \\ m_{41} & n_4 & m_{43} & m_{44} \end{vmatrix};\Delta_3=\begin{vmatrix} m_{11} & m_{12} & n_1 & m_{14} \\ m_{21} & m_{22} & n_2 & m_{24} \\ m_{31} & m_{32} & n_3 & m_{34} \\ m_{41} & m_{42} & n_4 & m_{44} \end{vmatrix};\Delta_4=\begin{vmatrix} m_{11} & m_{12} & m_{13} & n_1 \\ m_{21} & m_{22} & m_{23} & n_2 \\ m_{31} & m_{32} & m_{33} & n_3 \\ m_{41} & m_{42} & m_{43} & n_4 \end{vmatrix}$$

$$\begin{bmatrix} m_{11} \\ m_{21} \\ m_{31} \\ m_{41} \end{bmatrix}=\begin{bmatrix} a_{11} & a_{12} & a_{13} & a_{14} \\ a_{21} & a_{22} & a_{23} & a_{24} \\ a_{31} & a_{32} & a_{33} & a_{34} \\ a_{41} & a_{42} & a_{43} & a_{44} \end{bmatrix}\begin{bmatrix} \sin\theta_1 \\ \cos\theta_1 \\ -\rho_1 V_{P1}(1-2\frac{V_{S1}^2}{V_{P1}^2}\sin^2\theta_1) \\ -\frac{\rho_1 V_{S1}^2}{2\rho_2 V_{S2}^2 V_{P1}}\sin2\theta_1 \end{bmatrix};\begin{bmatrix} m_{12} \\ m_{22} \\ m_{32} \\ m_{42} \end{bmatrix}=\begin{bmatrix} a_{11} & a_{12} & a_{13} & a_{14} \\ a_{21} & a_{22} & a_{23} & a_{24} \\ a_{31} & a_{32} & a_{33} & a_{34} \\ a_{41} & a_{42} & a_{43} & a_{44} \end{bmatrix}\begin{bmatrix} -\frac{V_{P1}}{V_{S1}}\cos\gamma_1 \\ \sin\theta_1 \\ -\rho_1 V_{P1}\sin2\gamma_1 \\ \frac{\rho_1 V_{P1}}{2\rho_2 V_{S2}^2}\cos2\gamma_1 \end{bmatrix};$$

$$\begin{bmatrix} m_{13} \\ m_{23} \\ m_{33} \\ m_{43} \end{bmatrix}=\begin{bmatrix} -\sin\theta_1 \\ \frac{V_{P1}}{V_{P3}}\cos\theta_3 \\ \rho_3 V_{P1}(1-2\frac{V_{S3}^2}{V_{P3}^2}\sin^2\theta_3) \\ -\frac{\rho_3 V_{S3}^2 V_{P1}}{2\rho_2 V_{S2}^2 V_{P3}^2}\sin2\theta_3 \end{bmatrix};\begin{bmatrix} m_{14} \\ m_{24} \\ m_{34} \\ m_{44} \end{bmatrix}=\begin{bmatrix} -\frac{V_{P1}}{V_{S3}}\cos\gamma_3 \\ -\sin\theta_1 \\ -\rho_3 V_{P1}\sin2\gamma_3 \\ -\frac{\rho_3 V_{P1}}{2\rho_2 V_{S2}^2}\cos2\gamma_3 \end{bmatrix};$$

$$\begin{bmatrix} n_1 \\ n_2 \\ n_3 \\ n_4 \end{bmatrix}=\begin{bmatrix} a_{11} & a_{12} & a_{13} & a_{14} \\ a_{21} & a_{22} & a_{23} & a_{24} \\ a_{31} & a_{32} & a_{33} & a_{34} \\ a_{41} & a_{42} & a_{43} & a_{44} \end{bmatrix}\begin{bmatrix} -\sin\theta_1 \\ \cos\theta_1 \\ \rho_1 V_{P1}(1-2\frac{V_{S1}^2}{V_{P1}^2}\sin^2\theta_1) \\ -\frac{\rho_1 V_{S1}^2}{2\rho_2 V_{S2}^2 V_{P1}}\sin2\theta_1 \end{bmatrix}$$

根据 Snell 定律，有$\frac{\sin\theta_1}{V_{P1}}=\frac{\sin\theta_2}{V_{P2}}=\frac{\sin\theta_3}{V_{P3}}=\frac{\sin\gamma_1}{V_{S1}}=\frac{\sin\gamma_2}{V_{S2}}=\frac{\sin\gamma_3}{V_{S3}}$

在上式中，$R_{pp}$为纵波的反射系数；$R_{ps}$为横波的反射系数；$T_{pp}$为纵波的透射系数；$T_{ps}$为横波的透射系数；$\theta_i$、$\gamma_i(i=1,2,3)$分别为第 $i$ 层介质中纵波、横波的入射角，单位：°；$V_{Pi}$、$V_{Si}(i=1,2,3)$分别为第 $i$ 层介质的纵波、横波速度，单位：$m/s$；$\rho_i(i=1,2,3)$为第 $i$ 层介质的密度，单位：$kg/m^3$。矩阵$[a_{ij}](i,j=1,2,3,4)$中各参数均为第 2 层的弹性参数，具体如下：

$a_{11}=2\sin^2\gamma\cos E+\cos2\gamma\cos F$；$a_{12}=i(\tan\theta\cos2\gamma\sin E-\sin2\gamma\sin F)$；

$a_{13}=\frac{\sin\theta}{\rho V_P}(\cos F-\cos E)$；$a_{14}=-2iV_S(\tan\theta\sin\gamma\sin E+\cos\gamma\sin F)$；$a_{21}=i(\frac{V_S\cos\theta}{V_P\cos\gamma}\sin2\gamma\sin E-\tan\gamma\cos2\gamma\sin F)$；$a_{22}=\cos2\gamma\cos E+2\sin^2\gamma\cos F$；

$a_{23}=-\frac{i}{\rho V_P}(\cos\theta\sin E+\tan\gamma\sin\theta\sin F)$；$a_{24}=2V_S\sin\gamma(\cos F-\cos E)$；$a_{31}=2\rho V_S\sin\gamma\cos2\gamma(\cos F-\cos E)$；$a_{32}=-i\rho(\frac{V_P\cos^2 2\gamma}{\cos\theta}\sin E+4V_S\cos\gamma\sin^2\gamma\sin F)$；

$a_{33}=\cos2\gamma\cos E+2\sin^2\gamma\cos F$；$a_{34}=2i\rho V_S^2(\cos2\gamma\tan\theta\sin E-\sin2\gamma\sin F)$；

$a_{41}=-i(\frac{2}{V_P}\cos\theta\sin^2\gamma\sin E+\frac{\cos^2 2\gamma}{2V_S\cos\gamma}\sin F)$；$a_{42}=\frac{\sin\theta\cos2\gamma}{V_P}(\cos F-\cos E)$；

$a_{43}=\frac{i}{2\rho}(\frac{\sin2\theta}{V_P{}^2}\sin E-\frac{\cos2\gamma}{V_S{}^2}\tan\gamma\sin F)$；$a_{44}=2\sin^2\gamma\cos E+\cos2\gamma\cos F$；

$E=\alpha d=\frac{\omega d}{V_P}\cos\theta=\frac{2\pi fd}{V_P}\cos\theta$，$F=\beta d=\frac{\omega d}{V_S}\cos\gamma=\frac{2\pi fd}{V_S}\cos\gamma$；$V_P=\sqrt{\frac{\lambda+2\mu}{\rho}}$；$V_S=\sqrt{\frac{\mu}{\rho}}$

其中，$\theta$、$\gamma$ 分别为第 2 层介质中纵波的入射角和横波的入射角，单位：°；$E$、$F$、$\alpha$、$\beta$ 为数学参数，无单位；$f$ 为入射波频率，单位：Hz；$\omega$ 为纵波的角频率，单位：rad/s；$d$ 为第 2 层介质厚度，单位：m；$i$ 为复数的虚数单位；$V_P$、$V_S$ 分别为第 2 层介质的纵波、横波速度，单位：m/s；$\rho$ 为密度，单位：kg/m$^3$；$\lambda$ 为体积模量，$\mu$ 为剪切模量，单位：N/m$^2$。

当给定模型参数：入射纵波的频率 $f$，初始入射角 $\theta$，第 2 层介质厚度 $d$，各层介质的弹性参数 $V_{P1}$、$V_{S1}$、$\rho_1$、$V_{P2}$、$V_{S2}$、$\rho_2$、$V_{P3}$、$V_{S3}$、$\rho_3$，即可根据式(1)求得薄层的反射、透射系数。当第 2 层介质厚度 $d=0$ m 时，即变成半无限弹性介质的情况，公式等价于 Zoeppritz 方程。

本文推导的薄层反射、透射公式[式(1)]不仅能够反应弹性波在薄层顶、底界面的反射和透射，还包含了弹性波在薄层内部的层间反射，符合波动理论。在假设条件上，Zoeppritz 方程有诸多假设条件，而薄层公式没有介质厚度无穷大或者波阻抗差较小等假设条件。下面利用该公式分析含气层 AVO 模型的反射系数曲线特征。

**说明：**图 1 中，$\varphi_0'$、$\varphi_0''$、$\varphi_0''$ 分别为第 1 层介质中入射纵波、反射纵波和反射横波的位函数，$\theta_1$、$\gamma_1$ 分别为入射纵波的入射角和反射横波的反射角，单位：°；$\varphi_0'''$、$\varphi_0''$ 分别为第 2 层(图 1a)或第 3 层(图 1b)或第 n+1层(图 1c)介质中透射纵波和透射横波的位函数，$\theta_{n+1}$ 和 $\gamma_{n+1}$ 为该层中透射纵波的透射角和透射横波的透射角，单位：°；$d$ 为第 2 层(图 1b)或第 2，3，…，$n$ 层(图 1c)介质的厚度，单位：m，$H$ 为第 2－$n$ 层(图 1c)介质的总厚度，单位：m。

## 三、薄层模型 AVO 曲线特征分析

图 2 是某地区基于 Zoeppritz 方程的单井 AVO 模型。图中阴影部分为含气薄层，厚度约 26 m，从全波列测井曲线上提取该含气薄层的模型参数(取平均值)，见表 1。从测井曲线分析，该气层段相对于水层和泥岩段具有低泊松比异常的特点。根据 Zoeppritz 方程进行常规 AVO 分析，得到模型含气薄层的顶、底界面的反射系数曲线，如图 3 所示。图中含气薄层顶界面的反射系数绝对值随着入射角度的增大先减小后增大，而薄层底界面的反射系数随入射角度增大而增大。根据 Zoeppritz 方程的假设条件，隐含了薄层厚度为无穷大的假设条件，这与实际情况不符。

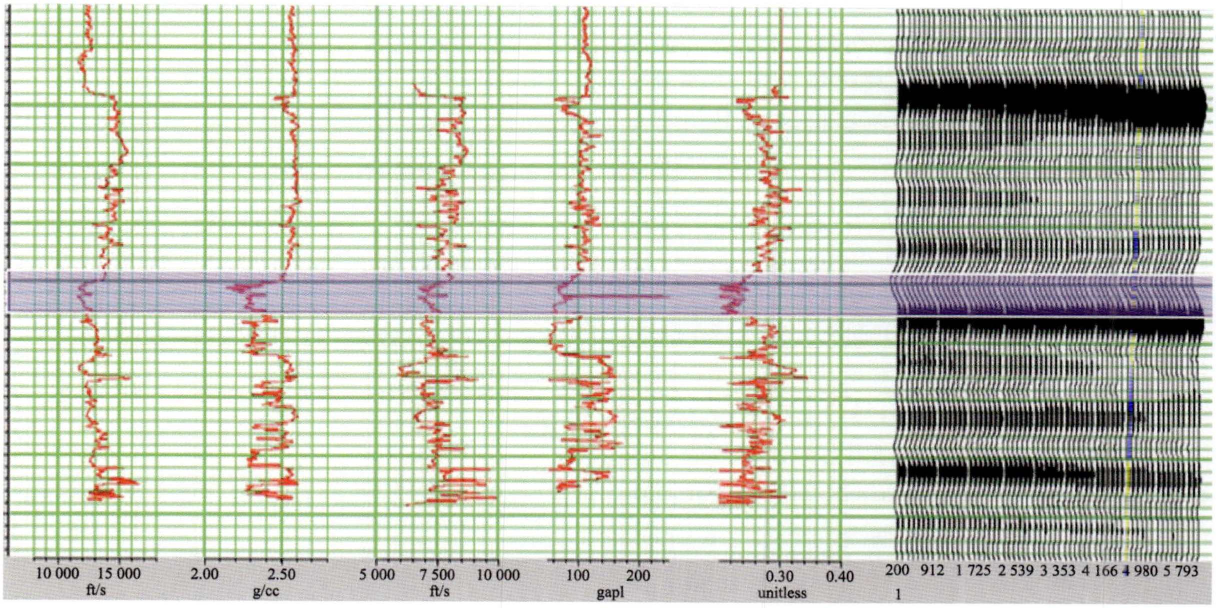


图 2　某地区的单井 AVO 模型(气层厚度约 26 m)

表 1 全波列测井曲线上提取的含气薄层的弹性参数

| 地层参数 | $V_P$(ft/s) | $V_S$(ft/s) | σ | ρ(g/cm³) |
|---|---|---|---|---|
| 气层上覆地层(第 1 层) | 13 800 | 7 800 | 0.265 | 2.56 |
| 含气层(第 2 层) | 12 000 | 7 000 | 0.242 | 2.28 |
| 气层下伏地层(第 3 层) | 13 200 | 7 200 | 0.288 | 2.33 |

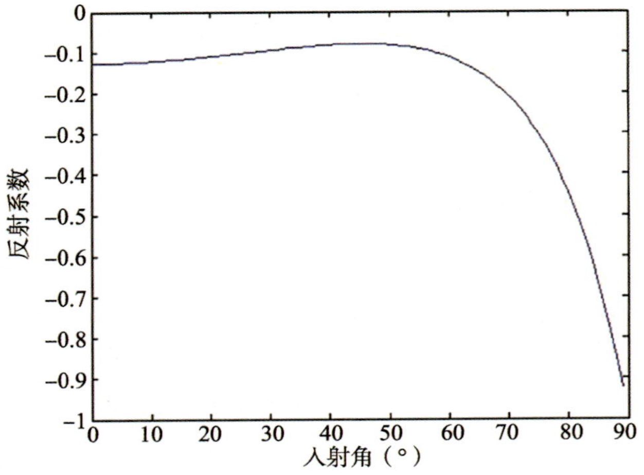

(a) 顶界面的反射系数

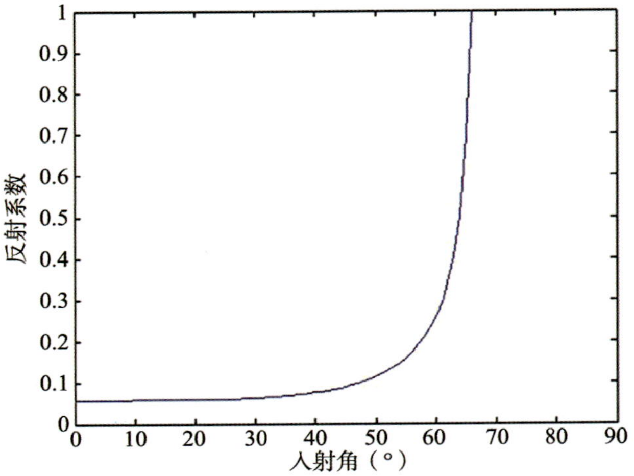

(b) 底界面的反射系数

图 3 利用 Zoeppritz 方程计算模型中含气薄层的顶、底界面的反射系数

下面利用笔者推导的薄层(三层介质)模型中弹性波的反射、透射系数公式[式(1)]对图 2 模型中的含气薄层进行 AVO 分析，分别讨论入射波频率 $f$、薄层厚度 $d$ 以及吸收系数(品质因子 $Q$)对 AVO 反射系数曲线的影响。

## 四、薄层厚度 $d$ 对 AVO 反射系数的影响

对于图 2 中的含气薄层模型，假设介质没有吸收，当入射波频率为 35 Hz 时，薄层厚度 $d$ 时，根据薄层模型公式[式(1)]计算的反射系数曲线见图 4。图中，不同厚度薄层的反射系数曲线形态相似，但是相同入射角对应的反射系数值差异很大。当薄层厚度 $d$ 从 7 m 增大到 75 m 时，0°入射角对应的反射系数由 −0.7 变化至 −1.8，绝对值增大为 2.6 倍。由此可见，薄层厚度对反射系数的影响较大，既影响反射系数的数值，也影响反射系数随入射角的 AVO 曲线形态。

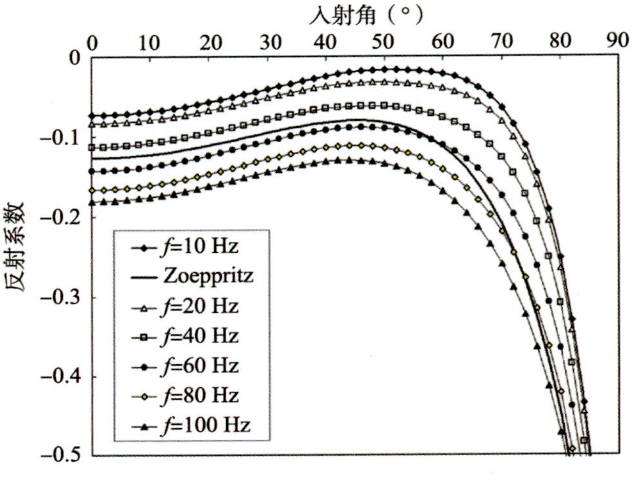

图 4 频率为 35 Hz 时薄层模型公式计算的不同厚度薄层的反射系数及 Zoeppritz 方程计算的薄层顶界面反射系数

由于薄层模型公式[式(1)]中，薄层厚度 $d$ 和入射波频率 $f$ 是以乘积形式出现的，只要薄层厚度 $d$ 和入射波频率 $f$ 乘积不变，图 4 中的反射系数曲线仍然可以表示其他频率下相应厚度模型的反射系数曲线。表 2 中分别列举了入射波频率 $f$ 分别为 20、25、30、35 Hz时图 4 中 7 条反射系数曲线对应的薄层厚度 $d$。对于同一条反射系数曲线，当频率较高时，对应的薄层厚度较小，频率较低时，对应的薄层厚度较大。

表 2　7 条反射系数曲线对应的不同频率时的薄层厚度

| 曲线 | 频率 | | | |
|---|---|---|---|---|
| | 20 Hz | 25 Hz | 30 Hz | 35 Hz |
| —◆— | 13 m | 10 m | 9 m | 7 m |
| —— | Zoeppritz | Zoeppritz | Zoeppritz | Zoeppritz |
| —△— | 26 m | 21 m | 17 m | 15 m |
| —□— | 52 m | 42 m | 35 m | 30 m |
| —●— | 78 m | 62 m | 52 m | 45 m |
| —◇— | 104 m | 83 m | 69 m | 60 m |
| —△— | 130 m | 104 m | 87 m | 75 m |

另外值得注意的是，根据式(1)计算的薄层反射系数曲线与常规 Zoeppritz 方程计算的薄层顶界面反射系数曲线形态相似。入射角小于 50°、频率为 35 Hz 时，Zoeppritz 方程反射系数曲线位于薄层厚度为 30 m和 45 m 的反射系数曲线之间，如图 4 所示；当频率为 30 Hz 时，Zoeppritz 方程反射系数曲线位于薄层厚度为 35 m 和 52 m 的曲线之间；当频率为 20 Hz 时，Zoeppritz 方程反射系数曲线位于薄层厚度为 52 m 和 78 m 的曲线之间。由此可见，随着入射波频率的降低，Zoeppritz 方程反射系数越来越接近厚层的反射系数，这与 Zoeppritz 方程基于单界面、平面波假设条件是一致的，当地层厚度较薄时 Zoeppritz 方程计算的反射系数误差较大，并且地层越薄、频率越低，误差越大。

因此，对于薄层、中深层宽频地震资料(主频较低)叠前 AVO 分析和叠前反演时，传统基于 Zoeppritz 方程的理论技术必然带来较大误差，应基于本文推导的薄层公式进行更为精确的叠前 AVO 分析和叠前反演。

## 五、不同入射波频率 $f$ 对 AVO 反射系数的影响

在薄层模型的反射系数公式[式(1)]中，薄层厚度 $d$ 和入射波频率 $f$ 只与数学参数 $E$ 和 $F$ 有关，而参数 $E$ 和 $F$ 是由薄层厚度 $d$ 和频率 $f$ 的乘积决定的，即反射系数只受 $f\times d$ 的影响。因此，薄层厚度和入射波频率对反射系数的影响规律相同，即减小薄层厚度和降低入射波频率，对反射系数的影响是相同的。在此不再详细分析。

## 六、不同吸收系数时的 AVO 反射系数

当考虑介质的吸收作用时，Frayer[8] 推导了波的传播速度和介质吸收(品质因子 $Q$)的关系式。假设波速 $V$ 等弹性参数为复数($V_R$、$V_I$ 分别为波速的实部和虚部)，速度与频率无关，吸收介质低损耗，并且 $V_R>>V_I$，得到：

$$V_I=\frac{V_R}{2Q} \tag{2}$$

当已知某一层的品质因子 $Q_i$ 和波速的实部 $V_{Ri}$ 时，可以得到该层的复波速：

$$V_i=V_{Ri}+i\left(\frac{V_{Ri}}{2Q_i}\right) \tag{3}$$

将式(1)中的波速替换为复波速[式(3)]，得到考虑吸收的薄层反射系数公式。

通常情况下，地表的吸收很强，品质因子 $Q$ 为 2～3，随着深度增加，吸收逐渐减弱，品质因子增大。通常埋深大于 100 m 时，砂岩和泥岩的品质因子为 100～500。但是当砂岩地层含油气后，吸收作用大大增强，品质因子降低到 10～50，此时应考虑地层吸收造成的影响。

对于图 2 模型中的含气薄层，利用考虑吸收的薄层反射系数公式进行 AVO 分析，分别讨论了入射波频率为 20 Hz 和 40 Hz 时不同吸收强度对反射系数的影响，如图 5 所示。入射角较小时，不同吸收强度(品质因子)计算的反射系数相差较大，垂直入射时介质吸收对反射系数的影响最大，随着入射角度增大，薄层吸收的影响逐渐减小。品质因子越小，薄层的吸收越强，反射系数的绝对值越大，越靠近根据 Zoeppritz 方程计算的薄层顶界面反射系数曲线，此时薄层底界面的反射作用越小；品质因子越大，地层吸收影响越小，反射系数曲线越靠近没有吸收时的反射系数曲线。另外，对比入射波频率为 20 Hz 和 40 Hz 时的反射系数曲线，入射波频率为 20 Hz 时 Zoeppritz 方程反射系数曲线与薄层模型反射系数曲线相差更大，此时应用 Zoeppritz 方程进行 AVO 分析的误差越大。

为了进一步讨论地层吸收对反射和透射的影响，我们分别计算了不同品质因子时的反射、透射能量和，如图 6 所示。当不考虑地层的吸收作用时，不同入射角时的反射和透射能量之和恒等于 1，遵循能量守恒定律；考虑地层吸收时，品质因子越小，地层吸收越强，反射和透射能量之和越小；反射和透射能量之和随入射角(<80°)增大而减小，并且吸收越强，减小趋势越强。

由此可见，地层吸收对 AVO 分析有一定影响。对于常规砂岩或泥岩地层，其品质因子较大，吸收较弱，对 AVO 分析影响较小；而当砂岩地层含油气后，吸收增强，对 AVO 的影响增大。

图 5 及图 6 列出了不同入射波频率和薄层厚度及不同地层吸收系数对 AVO 分析的影响。

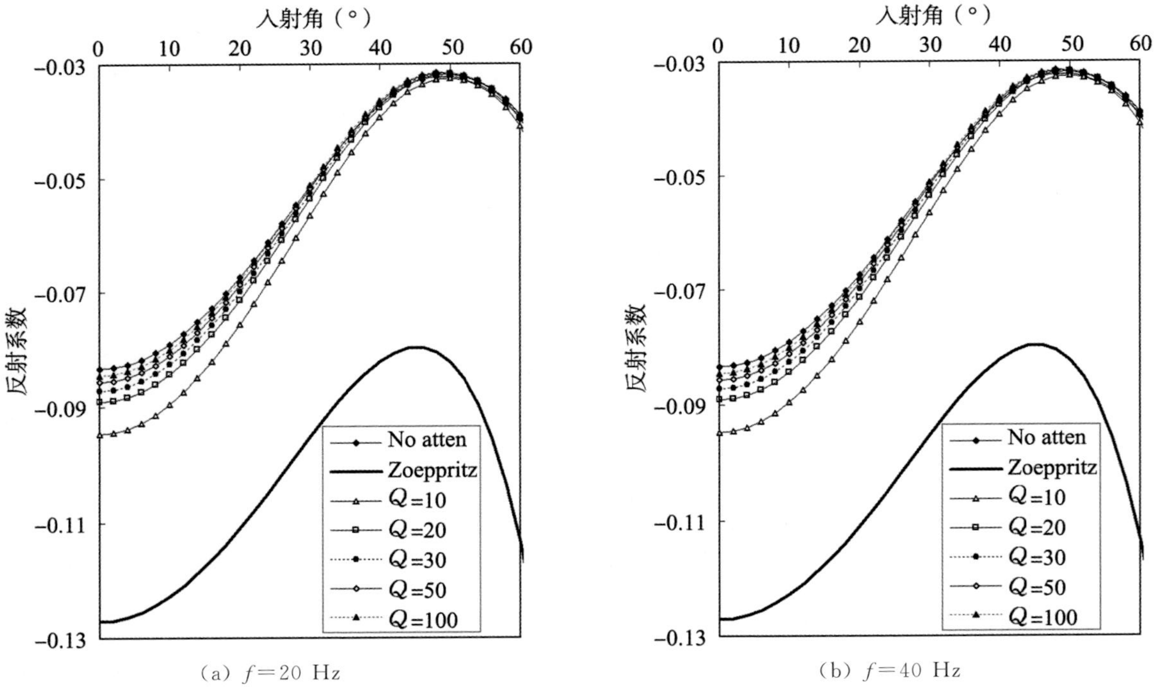


图 5　频率分别为 20 Hz、40 Hz 时，不同品质因子的曲线族与普通 Zoeppritz 方程计算结果的比较

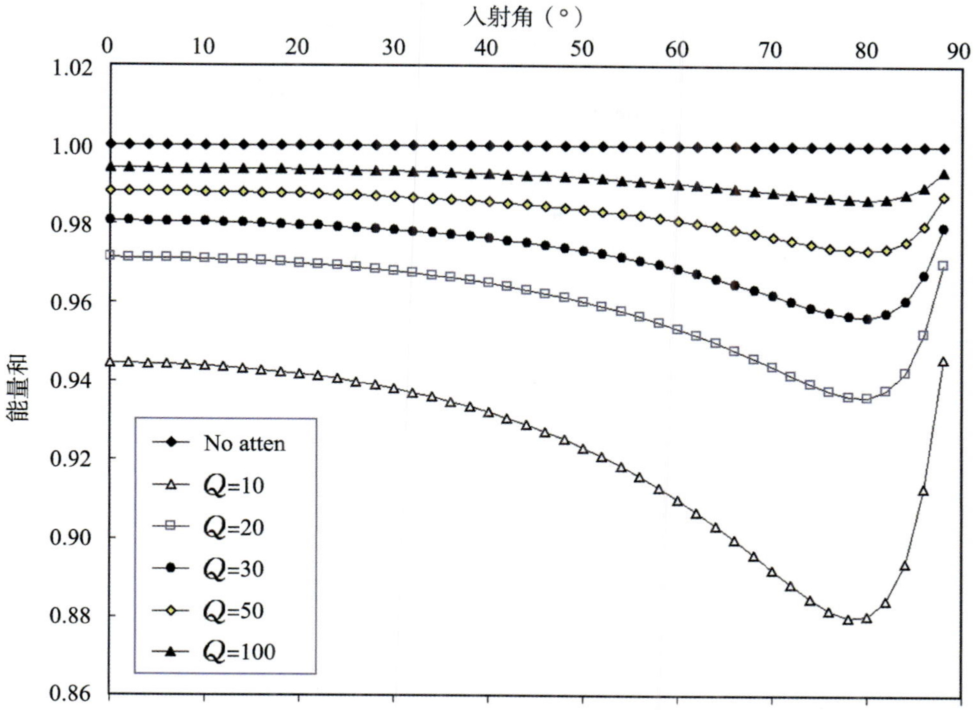


图 6　$f=40$ Hz，$Q=100$、50、30、20、10 以及没有吸收时式(1)计算的反射、透射能量之和

从图 5 可见，当气层存在吸收作用时，不同系数 $Q$ 的 AVO 曲线与常规的 Zoeppritz 方程计算结果的差别是很大的。

从图 6 我们可以知道，在没有吸收作用时，反射加透射的能量和恒为 1.0，而当存在吸收作用时，反射加透射的能量和小于 1。

## 七、结论

针对 Zoeppritz 方程在 AVO 分析中的诸多问题，笔者对层状介质中弹性波方程进行了简化，推导了薄层模型的反射、透射系数公式，以某地区含气层模型为例，分析了入射波频率、层厚和介质吸收对 AVO 曲线的影响，通过分析得出以下结论。

(1) 由于 Zoeppritz 方程及其简化形式（如 Shuey 公式）存在诸多假设条件，对目前含油气薄层的 AVO 分析误差较大。

(2) 我们推导的"三明治"薄层模型公式中包含了多种参数，除了各层介质的纵、横波速度和密度等弹性参数外，还包含入射波频率、层厚以及地层吸收等参数；相对于 Zoeppritz 方程，笔者推导的薄层模型的反射、透射系数公式进行 AVO 分析会更精确。

(3) 利用笔者推导的公式可以分析多种参数对 AVO 的影响，其中，入射波频率和薄层厚度对反射系数的影响较大，它们以乘积形式出现，其作用相同；地层吸收对 AVO 分析也具有一定的影响。

随着地震勘探的不断发展，AVO 技术从定性分析逐渐走向定量分析，尤其是随着面向薄储层、薄互层和中深层宽频地震勘探技术的发展，需要更符合地下真实状况的 AVO 分析和叠前弹性参数反演的理论基础。薄层模型公式可以根据地震资料主频、薄层厚度和地层吸收情况等进行精确的 AVO 分析。这种针对薄层、层状介质和中深层宽频地震资料的精确 AVO 分析是今后 AVO 技术的发展方向。

## 参考文献

[1] Aki K, Richards P G. Quantitative Seismology[J]. Theory and methods, 1980, 1.
[2] Shuey R T. A Simplification of the Zoeppritz Equations: Geophysics, Soc. of Expl[J]. Geophysics, 1985, 50, 609—614.
[3] Smith G C, Gidlow P M. Weighted Stacking for Rock Property Estimation and Detection of Gas[J]. Geophys. Prosp., 1987, 35:993—1014.
[4] Fatti J L, Smith G C, et. al. Detection of Gas in Sandstone Reservoirs Using AVO Analysis[J]. Geophysics, 1994, 59:1362—1376.
[5] 王建花,李庆忠,姜绍辉. 基于“三明治”模型的薄层 AVO 分析[A]. 中国地球物理学会,中国地震学会. 中国地球物理 2010[C]. 北京:地震出版社,2010:652.
[6] 刘伟,杨凯,曹思远等. 基于谱分解的薄层调谐与 AVO 异常识别方法[J]. 石油天然气学报,2010,33(5):82—85.
[7] 布列霍夫斯基赫. 分层介质中的波[M]. 杨训人,译. 北京:科学出版社,1960.
[8] Frayer G J. Reflectivity of The Ocean Bottom at Low Frequency[J]. J. Acous. Soc. Am. 1978, 63(1).

文章编号 405

# 基于免疫遗传算法的弹性参数变化率反演

张海燕　李庆忠

**这篇文章是我的博士生张海燕和我写的弹性参数反演方法。AVO 反演过程中，由于反演公式是隐式公式，弹性参数求解无法用 Vp、VS 等已知量用显式公式表达，并直接计算。于是只能依靠非线性求解的各种迭代求解方法。本文提出了一种新的自适应免疫遗传算法，可以较好地反演出纵波速度变化率、密度变化率等参数，具有较高的准确度。**

**摘　要**

定量叠前 AVO 反演，可以有效地利用振幅随入射角变化的信息，提供更为全面的岩性参数反演。本文采用的 PP 波反射系数近似公式，可适用于入射角较大以及反射界面附近弹性参数变化相对较大的情况。文中进一步提出了一种新的自适应免疫遗传算法：利用浓度机制进行免疫调节，以增加抗体的多样性，并引入记忆细胞，确保优化算法的收敛性；此外又引入自适应选择交叉、变异的概率参数，有指导地进行迭代搜索。该算法改善了遗传算法的“早熟”现象，具有较好的收敛性，可适用于多参数多极值的地球物理反演问题。对多个地层模型的试算结果表明，这种反演算法是稳定、高效的，反演出的纵波速度变化率、密度变化率等参数具有较高的准确度，特别是密度差异对于寻找剩余油/气将具有非常重要的意义。

**关键词**　AVO 反演　弹性参数　免疫遗传算法

## 一、引言

AVO 技术是利用叠前道集上地震振幅随炮检距（或入射角）的变化来研究岩性，能够估算界面两侧的弹性参数，分析反射界面上、下介质的岩性和物性特征，检测含油气状况。传统的 AVO 反演更多的是估算 AVO 的各种属性，利用 AVO 属性与岩石物理背景趋势的差异作为检测 AVO 异常的一种有效手段，它忽视了岩石弹性参数的定量估算。采用非线性反演方法，或在线性化条件下采用后 AVO 反演方法，可以实现更为全面、定量的岩性参数反演。定量叠前地震反演（包括岩石的密度、纵波速度、横波速度和叠前属性）与地质、测井和油藏工程结合，可以提高油藏的描述能力：在勘探阶段区分不同含气饱和度的气层，确定气藏的商业价值；在开发阶段判定剩余油分布，进行油藏动态描述[1]。定量估算岩石的密度和速度将是 AVO 反演今后发展的方向。我国大多数地区是薄油层，利用多波进行储层研究是非常困难的，可以考虑利用纵波的 AVO 资料直接反演弹性参数。

基于局部线性化的迭代反演方法存在依赖初始值、易陷入局部极值等问题。对精度要求较高的AVO反演来说，若采用非线性的优化方法，其解空间的性质、状态均优于线性反演方法。其中遗传算法是研究、应用较为广泛的热门优化算法[2]。Stoffa首次使用遗传算法在频率域内反演层状介质的速度和密度，其后许多学者将遗传算法应用于静校正处理、层速度以及波阻抗反演等问题[3,4]。为了提高优化效率，许多学者提出了各种改进的遗传算法，如将小波变换多尺度逐次逼近的思想引入遗传算法，把多峰优化的小生境遗传算法应用到地球物理反演中，等等[5,6]。

通过深入分析，本文AVO反演中正问题的计算模型采用精度较高的PP波反射系数近似公式，可适用于岩性差异较大的地层和大入射角的情况。进而在遗传算法的基础上引入免疫的概念和方法，提出一种新型的融合算法——自适应免疫遗传算法。将该算法应用于P波AVO反演中，取得了较好的效果。

## 二、PP波反射系数近似公式

AVO技术的基础是描述平面波的反射和透射的精确理论Zoeppritz方程。由于方程很复杂，不少学者经过深入研究，得出一些非常有用的近似方程[7,8]。在各种反射系数近似方法中，由Shuey(1985年)提出的Zoeppritz方程的简化公式目前使用广泛。精确的Shuey公式(三项公式)，其纵波的反射系数近似如下：

$$R(\theta)\approx R_0+\left[A_0R_0+\frac{\Delta\sigma}{(1-\sigma)^2}\right]\sin^2\theta+\frac{1}{2}\frac{\Delta\alpha}{\alpha}(\tan^2\theta-\sin^2\theta) \tag{1}$$

上式中，$R_0=\frac{1}{2}\left(\frac{\Delta\alpha}{\alpha}+\frac{\Delta\rho}{\rho}\right)$，$A_0=B-2(1+B)\frac{1-2\sigma}{1-\sigma}$，$B=\frac{\Delta\alpha/\alpha}{\Delta\alpha/\alpha+\Delta\rho/\rho}$

$R_0$为垂直入射时纵波的反射系数，$\sigma$为界面两侧泊松比的平均值，$\Delta\sigma$为变化量，$\theta$为纵波的反射角和透射角的平均值，并非是入射角。将公式(1)进一步表示为

$$R(\theta)=\frac{1}{2}\frac{\Delta\rho}{\rho}-4\frac{\beta^2}{\alpha^2}\left(\frac{\Delta\beta}{\beta}+\frac{1}{2}\frac{\Delta\rho}{\rho}\right)\sin^2\theta+\left(\frac{1}{2}+\frac{1}{2}\tan^2\theta\right)\frac{\Delta\alpha}{\alpha} \tag{2}$$

常见的PP波反射系数简化公式通常是在假设反射界面上下两侧弹性参数变化不大，且入射角的取值较小的情况下取得的，因此在应用时有一定的局限性。对于岩性差异较大的地层，应用这些近似公式将会出现较大的误差，这很可能影响AVO参数反演的精度和可靠性。

Ursenbach研究了对Zoeppritz方程的近似方法，并将其输出转化为实用的形式[9]。其中纵波速度变化率参数要精确一些，横波速度和密度参数变化率采用二次方的表示形式。这使得新的PP波反射系数近似公式不仅在临界角范围内可以很好地逼近Zoeppritz方程，对于超过临界角范围的数据也较为精确。虽然表达式的形式复杂了一些，但为进一步利用较大偏移距资料，来提取密度变化参数提供了可能性。

Ursenbach近似公式的解析式如下：

$$\begin{aligned}R_{pp}=&\frac{4\cos i_1\cos i_2}{Q^2}\left\{\frac{\Delta\alpha/\alpha}{2\cos i_1\cos i_2}-2\sin i_1\sin i_2\frac{\beta^2}{\alpha^2}\left(\frac{\Delta\mu}{\mu}\right)_{Lin}\left[1+\left(-\frac{\beta}{\alpha}\frac{\cos\varphi\cos i_2}{2+\Delta\alpha/\alpha}+4\frac{\beta^2}{\alpha^2}\frac{\sin^2 i_1}{[1-\Delta\alpha/(2\alpha)]^2Q^2}\right.\right.\right.\\&\left.\left.\frac{\Delta\alpha}{\alpha}+\frac{\beta^3}{\alpha^3}\frac{\sin^3 i_1\sin i_2}{2[1-\Delta\alpha/(2\alpha)]^3\cos\varphi\cos i_2}\right)\left(\frac{\Delta\mu}{\mu}\right)_{Lin}-\left(\frac{2}{Q^2}\frac{\Delta\alpha}{\alpha}+\frac{\beta}{\alpha}\frac{\sin i_1\sin i_2}{2[1-\Delta\alpha/(2\alpha)]\cos\varphi\cos i_2}\right)\frac{\Delta\rho}{\rho}\right]\\&\left.+\frac{1}{2}\frac{\Delta\rho}{\rho}\left(1-\left[\frac{\Delta\alpha}{2\alpha}\right]^2\right)\left(1-\frac{1}{Q^2}\frac{\Delta\alpha}{\alpha}\frac{\Delta\rho}{\rho}-\frac{\beta}{\alpha}\frac{\sin i_1\sin i_2}{2[1-\Delta\alpha/(2\alpha)]\cos\varphi\cos i_2}\frac{\Delta\rho}{\rho}\right)\right\}\end{aligned} \tag{3}$$

式中，$i_1$为反射纵波的反射角，$i_2$为透射纵波的透射角，$\alpha$、$\beta$、$\rho$分别指反射界面两侧的纵、横波速度及岩石密度的平均值，$\Delta\alpha$、$\Delta\beta$、$\Delta\rho$分别表示相应的差值。另外有如下定义：

$$Q=\left(1+\frac{\Delta\alpha}{2\alpha}\right)\cos i_1+\left(1-\frac{\Delta\alpha}{2\alpha}\right)\cos i_2,\quad \cos\varphi=\sqrt{1-\frac{\beta^2}{\alpha^2}\frac{\sin^2 i_1}{[1-\Delta\alpha/(2\alpha)]^2}},\quad \left(\frac{\Delta\mu}{\mu}\right)_{Lin}=2\frac{\Delta\beta}{\beta}+\frac{\Delta\rho}{\rho}$$

选用表1所示的模型数据[8]，将Ursenbach近似公式与Zoeppritz方程和常用的Shuey精确公式进行对比的结果如图1所示。图1中a、b、c、d分别对应的岩层模型为shale/sand，shale/limestone，anhydrite/

sand 和 anhydrite/limestone。

**表 1 四组典型岩性参数**

| 岩性参数 | α(m/s) | β(m/s) | ρ(g/cm³) |
|---|---|---|---|
| sand | 3 780 | 2 360 | 2.65 |
| limestone | 3 845 | 2 220 | 2.75 |
| shale | 3 600 | 1 580 | 2.25 |
| anhydrite | 6 095 | 3 770 | 2.95 |

由实验结果可以看出，由 Ursenbach 近似公式得到的 P 波反射系数比 Shuey 公式更接近 Zoeppritz 方程，体现了很好的近似精度，而且当入射角度较大时，偏离精确的 Zoeppritz 方程曲线仍然不是太远，并且不受弱反差的限制，可适用于岩性差异较大的地层及大入射角情况，保证了今后 AVO 弹性参数反演的精度和可靠性，可作为 PP 波 AVO 反演中正问题的模型计算。

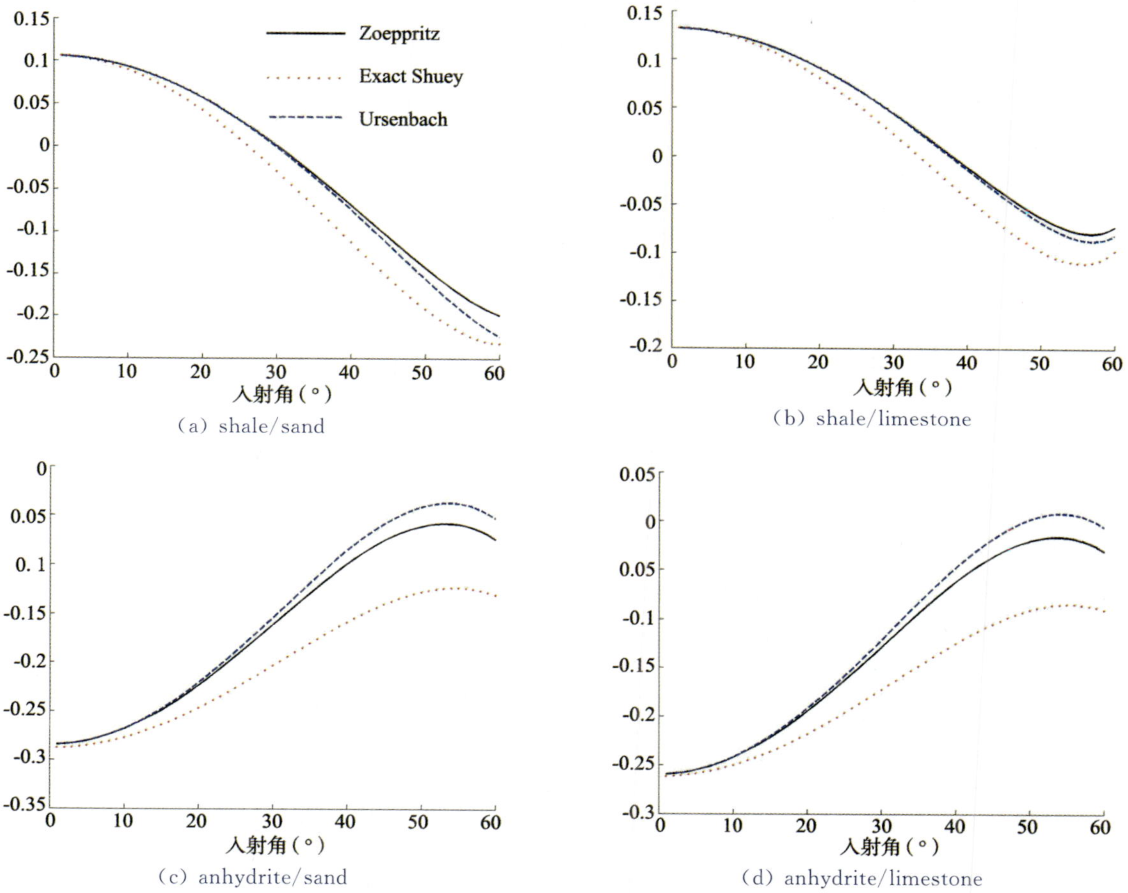


图 1 由 Zoeppritz 方程、精确的 Shuey 公式、Ursenbach 近似公式计算的 P 波反射系数曲线对比

## 三、自适应免疫遗传算法

遗传算法(Genetic Algorithm，GA)是由美国 J. Holland 教授于 1962 年提出的模拟自然界生物进化过程的全局寻优算法。它在优化计算方面得到广泛的应用，但由于其局部搜索能力较弱，并且个体的多样性减少得很快，致使出现早熟收敛现象，限制了算法的性能。

免疫算法是基于生物免疫系统中各种免疫机理构造的一类优化搜索算法。把要解决的问题和约束条件当作抗原，把问题的解当作抗体，通过免疫操作使抗体在解空间中不断搜索进化，利用亲合力、亲合度分别对抗体与抗原之间的匹配程度以及抗体之间的相似程度进行评价，直至产生最优解。免疫算法在解决大空间、非线性、全局寻优等复杂问题时具有独特优越性，是继人工神经网络、遗传算法之后又一研究热点[10]。

基本免疫算法从体细胞理论和网络理论得到启发，实现了类似于生物免疫系统的抗原识别、细胞分化、记忆和自我调节的功能，基本免疫算法由图 2 所示的主要步骤组成[11,12]。如果将免疫算法与求解优化问题的一般搜索方法相比较，那么抗原、抗体、抗原和抗体之间的亲合力分别对应于优化问题的目标函数、优化解、解与目标函数的匹配程度。

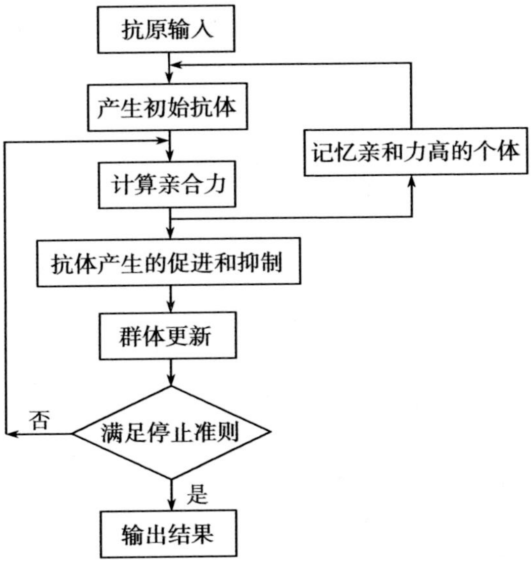


图 2　基本免疫算法流程图

本文提出一种结合免疫系统和遗传特性的自适应免疫遗传算法，有以下几点改进之处。

(1) 从抗体的亲合力和浓度两个方面来进行抗体的选择，从而能够根据抗体浓度进行免疫调节，即抗体的促进和抑制，以增加抗体的多样性。

(2) 交叉概率与变异概率等参数具有自我调节机能。当种群个体亲和度趋于一致或陷入局部最优时，提高交叉概率与变异概率等参数，以利于跳出局部最优；当群体多样性保持得较好，则降低交叉概率与变异概率等参数，以利于优良个体的保存。

自适应免疫遗传算法的具体实现过程如下：

步骤 1　识别抗原，产生多个初始抗体：首先将所定义的目标函数作为抗原，并对问题的解进行编码。本文将待反演的 4 个参数作为基因共同组合成抗体，表示为$\left(\frac{\Delta\alpha}{\alpha},\frac{\Delta\rho}{\rho},\frac{\Delta\beta}{\beta},\frac{\alpha}{\beta}\right)$，采用浮点数编码方式。根据已有的先验知识，将问题的初始解作为初始记忆细胞，与随机产生的抗体共同构成初始种群。

步骤 2　计算亲合力值：首先计算抗体与抗原的亲合力。由目标函数 $opt_i$ 可得抗体 $i$ 的亲合力 $f_i$ 计算公式：

$$f_i=\frac{1}{1+opt_i} \tag{4}$$

为了克服基于信息熵计算亲合度与浓度的方法所存在的缺陷[13]，采用基于抗体间欧氏距离以及亲合力来计算抗体之间的亲合(相似)程度。抗体 $W(w_1,w_2,\cdots,w_n)$ 和抗体 $V(v_1,v_2,\cdots,v_n)$ 的欧式距离记为 $d(v,w)$，与抗原亲合力分别记为 $f_v$ 和 $f_w$。给定常数 $l>0$，$m>0$，若有下列关系成立，则称抗体 $v$ 和 $w$ 相似：

$$d(v,w)=\sqrt{\sum_{i=1}^{n}(w_i-v_i)^2}<1 \text{ 和 } |f_v-f_w|<m \tag{5}$$

步骤 3 更新记忆细胞:将当前种群中与抗原有最大亲合力的抗体加入到记忆细胞库。由于记忆细胞数目有限,新产生的抗体将替换具有较低亲合力的抗体。

步骤 4 判断是否满足终止条件:若连续数代最优个体保持不变或达到设定的最大进化代数时,算法结束,否则执行以下步骤。

步骤 5 抗体的选择:在群体更新中,亲合力大的抗体浓度逐渐提高,高到一定值就要受到抑制。本算法根据抗体浓度进行免疫调节,即抗体的促进和抑制,从而增加抗体的多样性。

抗体浓度是指与其相似的抗体在群体中所占的比重,设抗体 $i$ 的浓度为 $C_i$,即

$$c_i=\frac{\text{与抗体 } i \text{ 相似的抗体数目}}{N} \tag{6}$$

式中 $N$ 为种群规模。抗体 $i$ 的选择概率定义为

$$p_i=\frac{f(i)}{\sum_{j=1}^{N}f(j)}\cdot e^{-\beta\cdot c_i} \tag{7}$$

采用赌轮盘选择机制复制下一代时,当浓度一定时,亲合力越大,抗体被选择的概率越大;而当亲合力一定时,抗体浓度越高,被选择的概率越小。这种机制体现了免疫系统的自我调节功能,这样既可以保留具有优秀亲合力的抗体,又可抑制浓度过高的抗体,形成一种新的多样性保持策略。

步骤 6 交叉和变异操作:对经过选择的抗体进行交叉和变异操作。将抗体亲合力与群体的平均亲合力作比较,对于具有较高亲合力的抗体,采用较低的遗传操作概率,使它们以更大的概率延续到下一代;反之,遗传操作概率增大,使之淘汰。算法自适应选择最佳参数,既保持群体多样性,又保证算法的收敛性。

交叉概率 $p_c$ 与变异概率 $p_m$ 的自适应计算公式如下:

$$p_c=\begin{cases}k_1-\dfrac{(k_1-k_2)(f'-f_{\text{avg}})}{f_{\max}-f_{\text{avg}}} & f'\geqslant f_{\text{avg}}\\ k_1 & f'<f_{\text{avg}}\end{cases} \tag{8}$$

$$p_m=\begin{cases}k_3-\dfrac{(k_3-k_4)(f-f_{\text{avg}})}{f_{\max}-f_{\text{avg}}} & f\geqslant f_{\text{avg}}\\ k_3 & f<f_{\text{avg}}\end{cases} \tag{9}$$

其中 $f_{\max}$ 表示每代群体中亲合力最大值;$f_{\text{avg}}$ 表示每代群体的平均亲合力值;$f'$ 表示参与交叉的个体中较大的亲合力值;$f$ 表示要变异的个体的亲合力值;文中实验选取 $k_1=0.9$、$k_2=0.5$、$k_3=0.1$、$k_4=0.01$。

步骤 7 种群更新:将交叉、变异操作得到的新种群,与更新后的记忆细胞精英抗体共同构成新一代种群。算法转到步骤 2 继续循环执行。

## 四、弹性参数变化率反演

### (一)目标函数的选择

反演时需要构造一个适用于具体算法和具体反问题的目标函数,能够达到全局寻优和快速收敛的目的。具体的目标函数设计如下:

$$opt\left(\frac{\Delta\alpha}{\alpha},\frac{\Delta\rho}{\rho},\frac{\Delta\beta}{\beta},\frac{\alpha}{\beta}\right)=\sqrt{\sum_{k=1}^{n}(R_k^{obs}-R_k^{\text{model}})^2}$$

其中 $R_k^{obs}$ 是实际观测的反射系数值,$R_k^{\text{model}}$ 是由模型正演计算得到的反射系数值,$k=1,\cdots,n$ 为采样点数。

## (二) 约束条件的加入

反问题是地球物理研究的一个重要而较困难的课题,最主要的问题是反演的结果存在着多解性(非唯一性),这就降低了反演结果的可靠度。地球物理反演问题的非唯一性不是反演方法或技巧上的缺陷引起的,而是本身固有的。地球物理反演问题的非唯一性主要是由于信息不足以及“噪声”的存在引起的。要减小这种非唯一性首先要补充信息,即把经验的(或先验的)以及由其他手段提供的资料加入到反演计算中来。

自然界中,不同的岩石、岩性及矿物的纵、横波速度不仅有其内在的联系,而且均有明显的规律性。根据前人对饱含水的不同岩石纵、横波速度的测定结果,李庆忠院士将典型的数据,如纵、横波速度比及相应的泊松比进行了综合[14]。由于野外普遍存在的是砂泥岩互层情况,根据待反演目的层的大致埋深,就可以对纵、横波速度比的取值范围做出初步估计。

对于密度与纵波速度的关系,目前最合理的假设是使用 Gardner 经验公式:$\rho=0.23\alpha^{0.25}$。通常这个公式适用于砂岩、页岩和石灰岩。进一步推导可得:$\frac{\Delta\rho}{\rho}\approx\frac{1}{4}\frac{\Delta\alpha}{\alpha}$,该式反映了纵波速度变化率与密度变化率的关系,可作为宽约束条件加入到反演过程中。

通常泥岩分布在 Castagna 的泥岩线附近,$\alpha=3.5\sim4.5$ km/s。为了找到一条能够普遍反映地下实际砂岩的 $\alpha$-$\beta$ 曲线,采用了抛物线拟合公式得到如下经验方程式[14]:

$$\alpha=0.0874\beta^2+0.994\beta+1.250$$

对于含气砂岩,则得到如下经验公式[14]:

$$\alpha=0.07\beta^2+1.41\beta$$

以上几个公式可以用来表达地下饱和含水砂岩和含气砂岩的速度总规律,人们就可能根据砂岩的 $\alpha$,推算出 $\beta$ 的大致数值。由于本文的反演目标不是纵、横波速度的绝对值,而只是希望得到其相对变化率,因此充分利用上述的先验知识,可合理设定待反演参数的取值范围。

## (三) 理论模型实验

针对野外普遍存在的砂泥岩互层情况,本文中的实验主要基于不同埋藏深度以及不同的岩性界面(包括泥岩覆盖在含水砂岩上面,泥岩覆盖在含气砂岩上面等)的理论模型数据进行 PP 波 AVO 反演,提取岩石参数的变化量。针对所研究的砂泥岩地层,根据有关的知识,对待提取的岩性参数变化率,施加一定的约束。纵、横波速度变化率取值范围为[−0.5,0.5],密度变化率取值范围为[−0.2,0.2],纵、横波速度比取值范围为[1.8,2.5](中深层)或[1.5,1.9](深层)。

试验采用 8 组我国和墨西哥湾地区中深层及深层地层的岩性参数典型值,具体数值见表 2。

我们对每个模型的参数反演都进行了 50 次独立实验,每次试验的反演过程具体如下。

首先根据模型的岩性参数值,由 Zoeppritz 方程求解出一定入射角度范围内的反射系数序列,作为理论参考值(真值)。其中入射角取值范围为 5°~45°,采样间隔为 5°。

然后根据每个参数的取值范围,对其进行实数编码,将每个参数编码后连在一起,形成了一个抗体,因此每一个抗体就代表了一个模型$\left[\frac{\Delta\alpha}{\alpha},\frac{\Delta\rho}{\rho},\frac{\Delta\beta}{\beta},\frac{\alpha}{\beta}\right]$。

对每一个模型(抗体)利用正演模拟过程求得合成数据。正问题的数学计算模型分别采用 Ursenbach 推导的 P 波反射系数近似公式和参数简化的 Zoeppritz 方程公式。

根据正演计算的反射系数和理论参考值,求得每个抗体的目标函数,进一步由目标函数得到每个抗体的亲和力。利用本文提出的自适应免疫遗传算法不断对种群进行优化,直到满足终止条件,最后取种群中亲和力最优的抗体作为本次反演的结果。

表 2 不同地层模型的岩性参数

| 模型 | | 参数 | | | 模型 | | 参数 | | |
|---|---|---|---|---|---|---|---|---|---|
| | | $\alpha$(m/s) | $\beta$(m/s) | $\rho$(g/cm$^3$) | | | $\alpha$(m/s) | $\beta$(m/s) | $\rho$(g/cm$^3$) |
| 1 | 泥岩 | 2 750 | 1 200 | 2.240 | 5 | 泥岩 | 4 250 | 2 491 | 2.502 |
| | 含水砂岩 | 3 000 | 1 550 | 2.290 | | 含水砂岩 | 4 500 | 2 650 | 2.540 |
| 2 | 泥岩 | 2 750 | 1 200 | 2.240 | 6 | 泥岩 | 4 250 | 2 491 | 2.502 |
| | 含气砂岩 | 2 350 | 1 547 | 2.160 | | 含气砂岩 | 4 200 | 2 633 | 2.496 |
| 3 | 泥岩 | 2 550 | 1 025 | 2.203 | 7 | 泥岩 | 3 950 | 2 233 | 2.458 |
| | 含水砂岩 | 3 000 | 1 550 | 2.290 | | 含水砂岩 | 4 500 | 2 650 | 2.540 |
| 4 | 泥岩 | 2 550 | 1 025 | 2.203 | 8 | 泥岩 | 3 950 | 2 233 | 2.458 |
| | 含气砂岩 | 2 350 | 1 545 | 2.160 | | 含气砂岩 | 4 225 | 2 645 | 2.499 |

注：模型 1 墨西哥湾地区中深层地层泥岩覆盖在含水砂岩上面

模型 2 墨西哥湾地区中深层地层泥岩覆盖在含气砂岩上面

模型 3 我国中深层地层泥岩覆盖在含水砂岩上面

模型 4 我国中深层地层泥岩覆盖在含气砂岩上面

模型 5 墨西哥湾地区深层地层泥岩覆盖在含水砂岩上面

模型 6 墨西哥湾地区深层地层泥岩覆盖在含气砂岩上面

模型 7 我国深层地层泥岩覆盖在含水砂岩上面

模型 8 我国深层地层泥岩覆盖在含气砂岩上面

对程序独立运行 50 次的优化结果求取平均值，作为待反演参数的最终数值。平均值的相对误差计算公式定义为

$$Bias=\frac{1}{50}\sum_{i=1}^{50}|p-\hat{p}(i)|/p \tag{10}$$

式中 $p$ 为每个参数的真值，$\hat{p}(i)$ 表示第 $i$ 次实验 $p$ 的估计值。

标准偏差（又称均方根偏差）的计算公式为

$$\mathrm{Std}=\sqrt{\frac{1}{50-1}\sum_{i=1}^{50}(\hat{p}(i)-\bar{\hat{p}})^2} \tag{11}$$

式中 $\hat{p}(i)$ 表示第 $i$ 次实验 $p$ 的估计值，$\bar{\hat{p}}$ 表示参数 $\hat{p}(i)(i=1,\cdots,50)$ 的平均值。

本文进一步采用相对标准偏差来考察优化方法的精密度，从而对反演结果的分散程度进行判断。相对标准偏差越小，测定值之间接近程度越好。相对标准偏差的计算公式为

$$\mathrm{RSD}=\mathrm{Std}/\bar{\hat{p}} \tag{12}$$

**1. 正演模型采用 Ursenbach 近似公式的反演实验**

表 3 为采用 Ursenbach 推导的 P 波反射系数近似公式(3)进行正演计算，得到的 8 组模型弹性参数变化率 $\left(\frac{\Delta\alpha}{\alpha},\frac{\Delta\rho}{\rho},\frac{\Delta\beta}{\beta},\frac{\alpha}{\beta}\right)$ 的反演结果，分别包括 50 次试验获得的参数最优值的平均值、均值的相对误差、标准偏差以及相对标准偏差，其中相对误差和相对标准偏差两项指标综合反映了结果的准确度和精密度。

从实验结果看出，纵波速度变化率、密度变化率两个主要参数具有较高的准确度和精密度，属于敏感性参数，其中纵波速度变化率误差小于 3%，密度变化率误差小于 10%。所提取的横波速度变化率属于不敏感的参数，误差较大（均小于 18%），多次试验的结果比较分散，这与小角度入射时它对 PP 波的反射系数贡献较小有关，因此反演横波速度变化率需要利用中等角度的道集资料。

表 3 不同地层模型的反演统计结果(正演模型采用 Ursenbach 近似公式)

| 结果 | | 参数 | | | | 结果 | | 参数 | | | |
|---|---|---|---|---|---|---|---|---|---|---|---|
| | | $\Delta\alpha/\alpha$ | $\Delta\rho/\rho$ | $\Delta\beta/\beta$ | $\alpha/\beta$ | | | $\Delta\alpha/\alpha$ | $\Delta\rho/\rho$ | $\Delta\beta/\beta$ | $\alpha/\beta$ |
| 模型1 | 真值 | 0.087 0 | 0.022 1 | 0.254 5 | 2.090 9 | 模型5 | 真值 | 0.057 1 | 0.015 1 | 0.061 9 | 1.702 0 |
| | 反演均值 | 0.088 3 | 0.020 7 | 0.214 7 | 1.924 2 | | 反演均值 | 0.057 4 | 0.014 8 | 0.060 0 | 1.672 3 |
| | 均值误差 | 1.49% | 6.51% | 15.61% | 7.97% | | 均值误差 | 0.61% | 2.03% | 3.04% | 1.75% |
| | 标准偏差 | 0.000 3 | 0.000 3 | 0.020 6 | 0.084 1 | | 标准偏差 | 3.650 6e−4 | 3.082 9e−4 | 0.008 8 | 0.106 6 |
| | 相对偏差 | 0.36% | 1.38% | 9.70% | 4.37% | | 相对偏差 | 0.63% | 2.08% | 14.6% | 6.37% |
| 模型2 | 真值 | −0.156 9 | −0.036 4 | 0.252 6 | 1.856 6 | 模型6 | 真值 | −0.011 8 | −0.002 3 | 0.055 4 | 1.649 7 |
| | 反演均值 | −0.154 3 | −0.039 3 | 0.280 0 | 1.952 6 | | 反演均值 | −0.011 5 | −0.002 5 | 0.058 3 | 1.682 8 |
| | 均值误差 | 1.69% | 7.89% | 10.84% | 5.17% | | 均值误差 | 2.42% | 10.24% | 5.25% | 2.01% |
| | 标准偏差 | 0.001 7 | 0.001 6 | 0.027 2 | 0.091 9 | | 标准偏差 | 6.776 1e−5 | 6.156 5e−5 | 0.009 1 | 0.131 8 |
| | 相对偏差 | −1.09% | −4.27% | 9.73% | 4.7% | | 相对偏差 | −0.59% | −2.26% | 15.58% | 7.83% |
| 模型3 | 真值 | 0.162 2 | 0.038 7 | 0.407 7 | 2.155 4 | 模型7 | 真值 | 0.130 2 | 0.032 8 | 0.170 8 | 1.730 5 |
| | 反演均值 | 0.162 5 | 0.038 0 | 0.337 5 | 1.901 9 | | 反演均值 | 0.131 7 | 0.031 2 | 0.149 1 | 1.626 7 |
| | 均值误差 | 0.18% | 1.83% | 17.20% | 11.76% | | 均值误差 | 1.14% | 4.86% | 12.73% | 6.00% |
| | 标准偏差 | 4.410 3e−4 | 4.423 9e−4 | 0.025 0 | 0.068 6 | | 标准偏差 | 6.764 7e−4 | 5.802 0e−4 | 0.019 1 | 0.085 6 |
| | 相对偏差 | 0.27% | 1.16% | 8.56% | 3.65% | | 相对偏差 | 0.51% | 1.86% | 12.85% | 5.26% |
| 模型4 | 真值 | −0.081 6 | −0.019 7 | 0.404 7 | 1.906 6 | 模型8 | 真值 | 0.067 3 | 0.016 5 | 0.168 9 | 1.675 9 |
| | 反演均值 | −0.081 4 | −0.021 0 | 0.356 8 | 1.828 7 | | 反演均值 | 0.067 7 | 0.015 8 | 0.157 2 | 1.624 9 |
| | 均值误差 | 0.25% | 6.85% | 11.85% | 4.09% | | 均值误差 | 0.55% | 4.07% | 6.92% | 3.04% |
| | 标准偏差 | 6.452e−4 | 6.231e−4 | 0.008 8 | 0.020 4 | | 标准偏差 | 4.652 6e−4 | 4.227 0e−4 | 0.022 3 | 0.102 7 |
| | 相对偏差 | −0.79% | −2.96% | 2.45% | 1.11% | | 相对偏差 | 0.68% | 2.67% | 14.24% | 6.32% |

### 2. 正演模型采用参数简化的 Zoeppritz 方程公式的反演实验

正问题的数学计算模型采用参数简化的 Zoeppritz 方程公式,即将 Zoeppritz 方程中原来的 6 个参数(上、下层介质的纵波速度、横波速度和密度)通过简单变换,转化为 4 个参数(纵波变化率、密度变化率、横波变化率、上层介质纵横波比)。因此考虑可以把参数简化后的 Zoeppritz 方程作为正演模型计算,这样反演结果会更加精确,试验结果验证了各参数反演结果的误差整体都有一定的减小。

表 4 为 8 组模型弹性参数变化率$\left(\frac{\Delta\alpha}{\alpha},\frac{\Delta\rho}{\rho},\frac{\Delta\beta}{\beta},\frac{\alpha_1}{\beta_1}\right)$的反演结果。针对模型 1 的 50 次独立试验的反演结果如图 3 所示,纵坐标分别取参数理论值的±20%的范围(横波速度变化率为±40%)。

从实验结果可以看出,纵波速度变化率、密度变化率、横波速度变化率等参数的准确度与以 Ursenbach 公式为正演模型相比,都有较大的提高,其中纵波速度变化率误差小于 1%,密度变化率误差小于 5%(模型 6 由于参数理论值较小,误差相对大些),所提取的横波速度变化率误差小于 12%。反演结果的精确度没有较大的改善。每次正演模型计算都需要解方程组,时间花费较大。采用参数简化后的 Zoeppritz 方程反演计算的时间大约是采用 Ursenbach 近似公式的 2.5 倍。

**表 4 不同地层模型的反演统计结果(正演模型采用参数简化的 Zoeppritz 方程公式)**

| 结果 | | 参数 | | | | 结果 | | 参数 | | | |
|---|---|---|---|---|---|---|---|---|---|---|---|
| | | $\Delta\alpha/\alpha$ | $\Delta\rho/\rho$ | $\Delta\beta/\beta$ | $\alpha/\beta$ | | | $\Delta\alpha/\alpha$ | $\Delta\rho/\rho$ | $\Delta\beta/\beta$ | $\alpha/\beta$ |
| 模型1 | 真值 | 0.087 0 | 0.022 1 | 0.254 5 | 2.291 7 | 模型5 | 真值 | 0.057 1 | 0.015 1 | 0.061 9 | 1.706 1 |
| | 反演均值 | 0.086 9 | 0.022 2 | 0.246 7 | 2.248 2 | | 反演均值 | 0.057 5 | 0.014 8 | 0.064 3 | 1.728 9 |
| | 均值误差 | 0.16% | 0.27% | 3.04% | 1.89% | | 均值误差 | 0.68% | 2.28% | 3.82% | 1.33% |
| | 标准偏差 | 0.000 7 | 0.000 7 | 0.022 1 | 0.112 8 | | 标准偏差 | 0.000 3 | 0.000 3 | 0.009 1 | 0.114 0 |
| | 相对偏差 | 0.85% | 3.28% | 8.96% | 5.02% | | 相对偏差 | 0.65% | 2.36% | 14.17% | 6.59% |
| 模型2 | 真值 | −0.156 9 | −0.036 4 | 0.252 6 | 2.291 7 | 模型6 | 真值 | −0.011 8 | −0.002 3 | 0.055 4 | 1.706 1 |
| | 反演均值 | −0.156 0 | −0.037 2 | 0.274 3 | 2.089 8 | | 反演均值 | −0.011 5 | −0.002 5 | 0.054 9 | 1.683 4 |
| | 均值误差 | 0.58% | 2.23% | 8.61% | 8.80% | | 均值误差 | 2.79% | 10.05% | 0.84% | 1.03% |
| | 标准偏差 | 0.001 2 | 0.001 1 | 0.025 0 | 0.129 9 | | 标准偏差 | 0.000 1 | 0.000 1 | 0.007 4 | 0.124 5 |
| | 相对偏差 | −0.74% | −3.04% | 9.13% | 6.22% | | 相对偏差 | −0.90% | −3.48% | 13.57% | 7.34% |
| 模型3 | 真值 | 0.162 2 | 0.038 7 | 0.407 7 | 2.487 8 | 模型7 | 真值 | 0.130 2 | 0.032 8 | 0.170 8 | 1.768 9 |
| | 反演均值 | 0.160 7 | 0.040 3 | 0.358 2 | 2.288 2 | | 反演均值 | 0.130 1 | 0.032 9 | 0.166 5 | 1.744 6 |
| | 均值误差 | 0.94% | 4.12% | 12.15% | 8.02% | | 均值误差 | 0.08% | 0.26% | 2.54% | 1.37% |
| | 标准偏差 | 0.000 6 | 0.000 7 | 0.032 6 | 0.134 6 | | 标准偏差 | 0.000 6 | 0.000 5 | 0.016 8 | 0.093 7 |
| | 相对偏差 | 0.41% | 1.87% | 9.12% | 5.88% | | 相对偏差 | 0.50% | 1.64% | 10.13% | 5.37% |
| 模型4 | 真值 | −0.081 6 | −0.019 7 | 0.404 7 | 2.487 8 | 模型8 | 真值 | 0.067 3 | 0.016 5 | 0.168 9 | 1.768 9 |
| | 反演均值 | −0.081 5 | −0.019 7 | 0.435 4 | 1.964 5 | | 反演均值 | 0.067 2 | 0.016 7 | 0.154 3 | 1.634 1 |
| | 均值误差 | 0.13% | 0.19% | 7.58% | 3.04% | | 均值误差 | 0.19% | 1.05% | 8.61% | 4.79% |
| | 标准偏差 | 0.000 7 | 0.000 7 | 0.038 1 | 0.011 0 | | 标准偏差 | 0.000 5 | 0.000 4 | 0.015 8 | 0.090 3 |
| | 相对偏差 | −0.91% | −3.66% | 8.76% | 4.57% | | 相对偏差 | 0.70% | 2.78% | 10.23% | 5.36% |

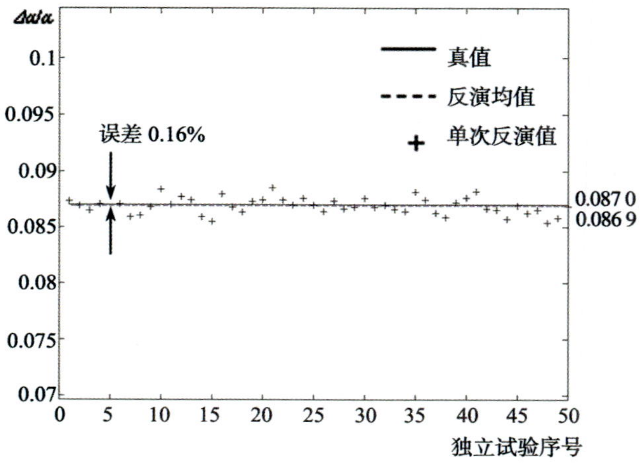


(a) 纵波速度变化率

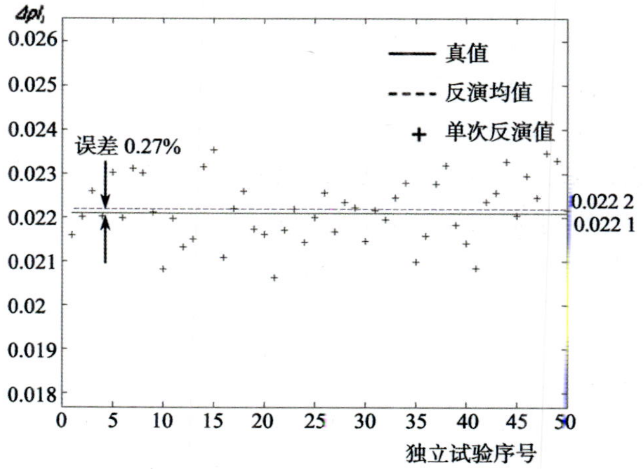


(b) 密度变化率

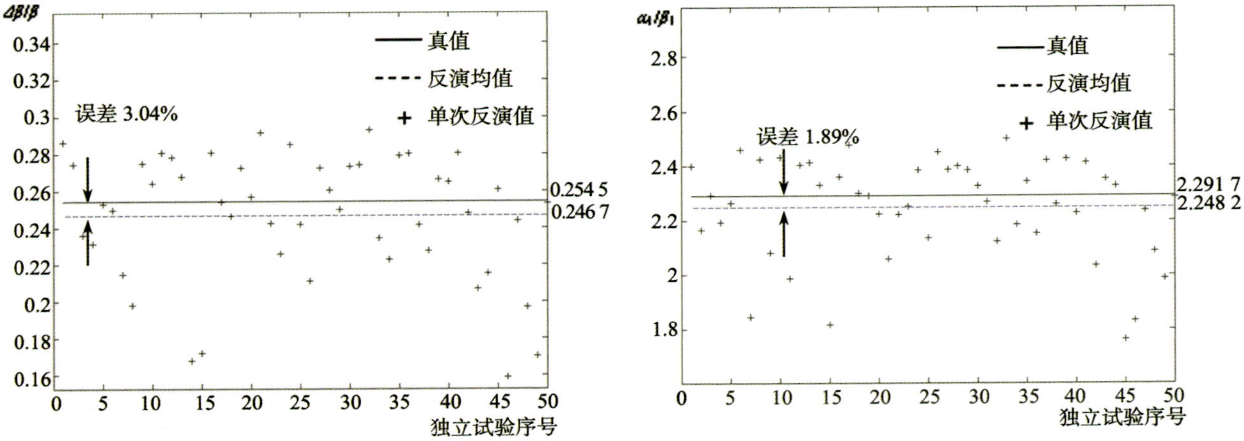


(c) 横波速度变化率　　(d) 纵横波速度比

图 3　进行 50 次独立试验的反演结果(模型 1)

## 五、结论

在使用非线性优化方法进行 AVO 反演过程中,需要进行正演模型计算。使用参数简化的 Zoeppritz 方程进行正演计算,所反演的弹性参数变化率均有较高的精度,但花费时间较长。本文采用 Ursenbach 的 PP 波反射系数近似公式与 Zoeppritz 方程具有较好的近似精度,因而以它作为计算模型保证了 AVO 参数反演的精度和可靠性。

文中提出的非线性优化方法——自适应免疫遗传算法,利用浓度机制进行免疫调节,既保留具有优秀适应度的抗体,又抑制浓度过高的抗体,增加了抗体的多样性,有效地避免了遗传算法的“早熟”问题。引入记忆细胞并自适应地选择交叉、变异的概率参数,从而有指导地进行迭代搜索,既保持群体的多样性,又保证算法的收敛。该优化算法可进一步推广应用到其他非线性反演问题中。

## 参考文献

[1] Chuck Skidmore, MikeKelly, Ray Cotton. AVO Inversion ,Part2: Isolating Rock Property Contrasts[J]. The leading edge, 2001: 425—428.

[2] OswaldoVelez-Langs. Genetic Algorithm in Oil Industry: An Overview[J]. Journal of Petroleum Science & Engineering, 2005,47:15—22.

[3] Subhashis Mallick. Model-based Inversion of Amplitude Variations with Offset Data using a Genetic Algorithm[T]. Geophysics, 1995,60(4):939—954.

[4] 彭真明,张启衡,龚奇. 波阻抗反演中的全局寻优策略[J]. 物探化探计算技术,2003,25(2):150—156.

[5] 师学明,王家映,张胜业. 多尺度逐次逼近遗传算法反演大地电磁资料[J]. 地球物理学报,2000,43(1):122—130.

[6] 杨慧珠,张世俊,杜祥. 小生境遗传算法求解多峰问题在反演中应用[J]. 地球物理学进展,2001,16(2):36—41.

[7] 孙鹏远,孙建国,卢秀丽. P-P 波 AVO 近似对比研究:定量分析[J]. 石油地球物理勘探,2002b,37(S):172—179.

[8] Yanghua Wang. Approximations to The Zoeppritz Equations and Their Use in AVO Analysis[J].

Geophysics,1999，64(6):1920—1927.
[9] Chuck Ursenbach. Extension and Evaluation of Pseudo－Linear Zoeppritz Approximations[J]. SEG Abstract，2003，47.
[10] 焦李成,杜海峰. 人工免疫系统进展与展望[J]. 电子学报，2003,31(10):1540—1548.
[11] 余建军,孙树栋,吴秀丽. 四种改进免疫算法及其比较[J]. 系统工程,2006,2(146):106—112.
[12] 陈丽安,张培铭. 免疫遗传算法在 MATLAB 环境中的实现[J]. 福州大学学报,2004,10(5):555—559.
[13] 郑日荣,毛宗源,罗欣贤. 改进人工免疫算法的分析研究[J]. 计算机工程与应用,2003,39(34):35—37.
[14] 李庆忠. 岩石的纵横波速度规律[J]. 石油地球物理勘探,1992,27(1):1—12.

文章编号 406

# 基于混沌蚁群算法的弹性阻抗反演

张　进　李庆忠

**我的博士生张进尝试利用蚁群算法进行弹性阻抗反演。在反演过程中，为了提高反演精度和效率，加入了混沌算子进行随机搜索，取得了较好的反演效果。此文 2015 年发表于《石油物探》第 6 期。**

**摘　要**

弹性阻抗反演属于叠前反演，能够反映振幅随偏移距或入射角不同而变化的特点，可以获得纵、横波速度，密度，泊松比以及拉梅系数等多种岩性参数。然而，目前弹性阻抗反演的常规算法为广义线性反演方法，强烈依赖初始模型，容易陷入局部极小。本文尝试将一种优秀的非线性算法——混沌蚁群算法应用于弹性阻抗反演中，具有能达到全局最小，不依赖初始模型等优点。模型测试证明了该算法的稳定性和可靠性。将该反演方法应用于胜利油田某储层，其反演结果与实际钻探及测井解释相一致，验证了本方法的可行性和有效性，为复杂岩性油气藏的勘探开发提供了一种极其有效的方法。

**关键词**　弹性阻抗　非线性反演　混沌蚁群算法

弹性阻抗反演属于叠前反演的范畴，是声阻抗与 AVO 技术的结合，因此弹性阻抗反演可反映振幅随偏移距变化的信息，具有良好的保真性和多信息性。与 AVO 相比，弹性阻抗反演中子波的提取不受角度的限制，还有助于确定剩余 NMO 校正，所以弹性阻抗反演比 AVO 更鲁棒。由弹性阻抗反演数据体可获得纵、横波阻抗，纵、横波速度，纵、横波速度比，密度，泊松比以及拉梅系数等多种参数体，比叠后波阻抗反演更能反映地层岩性和流体特征，能更可靠地揭示地下储层的空间展布情况和岩石物性及含油气性[1]。

1999 年，Connolly P[2] 首次引入了弹性阻抗（Elastic Impedance，EI）的概念，之后将其普遍用于岩性识别和流体预测。2000 年，Cambois[3] 对 AVO 反演和 EI 反演进行了比较，认为这两种方法只有在子波不随偏移距变化时才是相同的。2001 年，Mallick[4] 对 Connolly 弹性阻抗公式的应用条件进行了讨论。2002 年，Whitcombe D N[5] 对 Connolly 提出的弹性阻抗进行了归一化。2003 年，倪逸[6] 提出了一种基于范数动态可调的弹性阻抗计算方法。马劲风[7,8] 分别于 2003 年和 2004 年提出了广义弹性阻抗（Generalized Elastic Impedance，GEI），反射率阻抗（Reflectivity Impedance，RI）和射线弹性阻抗（Ray-path Elastic Impedance，REI）。2006 年，Mark Quakenbush 等人[9] 提出了泊松比阻抗（Poisson Impedance，PI）。王保丽[10,11] 于 2007 年和 2008 年分别提出了基于 Gray 近似与 Fatti 近似的弹性阻抗公式。经过近十年的研究与发展，弹性阻抗反演技术日臻完善，在国内外各大油田中的实际应用效果明显，展现了其独特的优势并留下了很好的口碑[12-16]。

弹性阻抗反演本质上为典型的非线性参数估计问题。常规的反演方法，如约束稀疏脉冲反演(Constrained Sparse Spike Inversion，CSSI)，通常是把非线性问题线性化，解的稳定性受初始模型的影响较大，且容易陷入局部极小。因此本文寻求一种完全非线性优化算法来求解地球物理中的反问题。

1991 年，意大利学者 M. Dorigo 等[17-19]提出了第一个蚁群算法，即蚂蚁系统(Ant System，AS)，并成功地应用于求解旅行商问题(Traveling Salesman Problem，TSP)。该算法的问世引起了学者们的普遍关注，并且针对 AS 算法的缺点，提出了一些改进的蚁群算法，如本文所用的混沌蚁群算法[20-22]。该算法不仅克服了传统优化算法容易陷入局部极优的缺点，而且还提高了搜索精度和效率。鉴于混沌蚁群算法具有以上优点，近年来有些学者将其应用到了旅行商外的其他领域，并取得了很好的应用效果[23-25]。为了进一步挖掘混沌蚁群算法的潜力，我们将其引入地球物理领域来求解反问题。本文首次将混沌蚁群算法应用于弹性阻抗反演，其具体做法为：我们首先将目标函数中的反射系数序列进行合理编码，以映射为离散域优化问题。然后仿照 AS 算法的思想对最优解进行搜索。在搜索过程中，为了提高收敛速度及解的质量，每一次循环过程中都加入混沌算子，在当前最优值附近进行混沌搜索。若搜索到的新值优于当前最优值，则替换掉当前最优值。最后我们将该反演方法应用于胜利油田某储层，其反演结果与实际钻探及测井解释相一致。

## 一、弹性阻抗反演的基本原理

Connolly 根据 Zoeppritz 方程的三项 Aki 与 Richards 简化公式推导出来的弹性阻抗表达式为

$$\mathrm{EI}(\theta)=V_{\mathrm{p}}^{(1+\tan^2\theta)}V_{\mathrm{s}}^{-8K\sin^2\theta}\rho^{(1-4K\sin^2\theta)} \tag{1}$$

式中，$V_{\mathrm{P}}$、$V_{\mathrm{S}}$ 分别为纵、横波速度；$\rho$ 为密度；$\theta$ 为入射角；$K$ 为 $V_{\mathrm{S}}^2/V_{\mathrm{P}}^2$ 的平均值。由上式可知，弹性阻抗是纵波速度、横波速度、密度和入射角的函数。

根据声阻抗与反射系数的关系而构建的弹性阻抗与反射系数的关系表达式为

$$R(\theta)=\frac{\mathrm{EI}_2(\theta)-\mathrm{EI}_1(\theta)}{\mathrm{EI}_2(\theta)+\mathrm{EI}_1(\theta)} \tag{2}$$

仿照 AI 递推反演，EI 递推公式为

$$\mathrm{EI}_{i+1}=\mathrm{EI}_0\prod_{j=1}^{i}\frac{1+r_j}{1-r_j} \tag{3}$$

在没有噪音的情况下，用与角度有关的数据来表示的褶积模型为

$$S(\theta)=R(\theta)*W(\theta) \tag{4}$$

式中，$S(\theta)$为角度地震道；$R(\theta)$为角度反射系数；$W(\theta)$为角度子波。

在弹性阻抗反演之前需要分别对地震资料和测井资料进行处理。地震资料的特点是纵向分辨率低、横向密集，而测井资料的特点是纵向分辨率高、横向稀疏。弹性阻抗反演就是将二者的优势结合起来，以富含地下地质信息的地震资料为主，以测井资料作为约束，进行地震与测井联合反演。

弹性阻抗反演的基本流程主要包括[1]：① 地震资料处理；② 测井资料处理；③ 建立低频模型；④ 提取角度子波。其中，第 2 步需要利用测井获得的纵波速度、横波速度和密度以及地震数据提供的角度，根据公式(1)计算出井旁道弹性阻抗 EI($\theta$)伪测井曲线。第 4 步需要根据公式(4)从角道集数据体中提取角度子波，提取的角度子波需要满足的条件为

$$E=\sum(s_i-d_i)^2\rightarrow\min \tag{5}$$

式中，$E$ 为误差能量；$d$ 为井旁地震记录；$s=r*w$ 为合成地震记录；$r$ 为反射系数；$w$ 为提取的子波。提取的最佳子波就是使误差能量 $E$ 最小的子波。

利用上面反演获得的弹性阻抗数据体，再根据公式(6)进行岩性参数的提取，即可得到纵波速度、横波速度和密度等基本岩性参数。通过参数之间的相互关系进行计算还可以得到泊松比、拉梅系数以及剪切模量等岩性参数。

$$\begin{bmatrix} \ln\rho(t_1) & \ln V_P(t_1) & \ln V_S(t_1) \\ \ln\rho(t_2) & \ln V_P(t_2) & \ln V_S(t_2) \\ \vdots & \vdots & \vdots \\ \ln\rho(t_n) & \ln V_P(t_n) & \ln V_S(t_n) \end{bmatrix} \begin{bmatrix} \alpha(\theta) \\ \beta(\theta) \\ \gamma(\theta) \end{bmatrix} = \begin{bmatrix} \ln EI(t_1,\theta) \\ \ln EI(t_2,\theta) \\ \vdots \\ \ln EI(t_n,\theta) \end{bmatrix} \tag{6}$$

## 二、混沌蚁群算法的基本原理

混沌蚁群算法的核心思想是：蚂蚁在外出觅食过程中，如何利用混沌搜索原理以及信息素的释放与挥发机制，在最短时间内建立起巢穴和食物源之间的最短路径。假设在以巢穴 N 为中心，以 R 为半径的一定空间范围内有一食物源 F，有 m 只蚂蚁同时爬出巢穴寻找食物。由于刚开始谁也不知道食物源在哪，只好分头行动各自为营，在找到食物源以前，每只蚂蚁的行为都是混沌的。由于混沌的遍历性特点，很快其中的一只蚂蚁 k 最先发现了食物源。因为在速度相同的情况下蚂蚁 k 用时最短，故蚂蚁 k 所走路径即为最短路径。蚂蚁在觅食过程中会释放出一种信息素，它们会根据信息素的多少来选择走哪一条路径，研究表明蚂蚁更倾向于走信息素多的路径。而信息素的多少与路径的长短有关，因为信息素会随着时间的流逝而挥发，且在速度相同的情况下单位时间内短路径上通过的蚂蚁多，于是短路径上的信息素越来越多，这就意味着越来越多的蚂蚁选择短路径，这样就形成了一种正反馈机制，直到所有的蚂蚁都选择最短路径为止[17]。

最初的蚁群算法用于解决 TSP 问题，因为蚁群觅食的过程与 TSP 的求解非常相似，下面以 TSP 为例，介绍混沌蚁群算法[26-28]。

### (一) 自变量的编码

本文采用陈烨提出的“十进制编码”方式将待优化函数的自变量表示为一串十进制数字串 $\{d(0),d(1),d(2),\cdots,d(l-1)\}$，而自变量可以通过如下解码公式得到[29]：

$$x_i=\sum_{j=0}^{l/n-1} d\left(i\times\frac{l}{n}+j\right)\times10^{-j} \tag{7}$$

解码公式所表示的过程可以用图 1 来形象地描述。图 1 两端的黑色圆点分别代表蚂蚁搜索的起点与终点，每一列数字视作一个隔层，起点和终点之间共有 8 个隔层，每层有 10 个城市，蚂蚁从起点到终点的搜索过程中，必须依次经过所有隔层，中间不允许跳过任何一层。

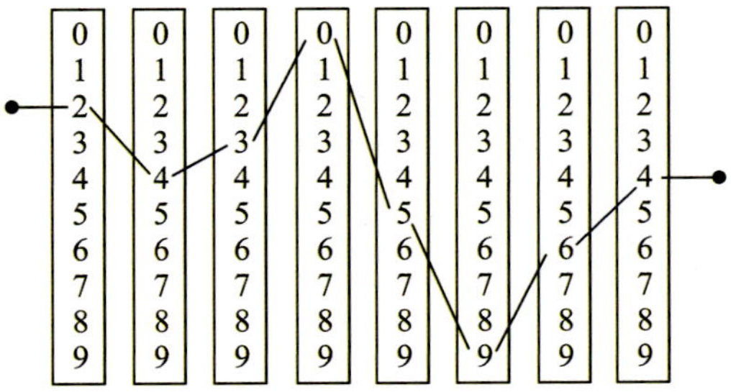


图 1　蚂蚁搜索路径示意

### （二）状态转移规则

设 $m$ 为蚁群中蚂蚁的总数目，$\tau_{ij}(t)$ 为 $t$ 时刻路径 $(i,j)$ 上的信息量，$\eta_{ij}(t)$ 为启发函数，在 $t$ 时刻，蚂蚁 $k$ 由城市 $i$ 转移到城市 $j$ 的状态转移概率 $p_{ij}^{k}(t)$ 为

$$p_{ij}^{k}(t)=\begin{cases}\dfrac{\tau_{ij}^{\alpha}(t)\eta_{ij}^{\beta}(t)}{\sum\limits_{s\in allowed_k}\tau_{is}^{\alpha}(t)\eta_{is}^{\beta}(t)}, & j\in allowed_k\\ 0, & otherwise\end{cases} \tag{8}$$

### （三）信息素更新规则

如果残留信息不被及时更新就会影响启发信息，$t+n$ 时刻在路径 $(i,j)$ 上的信息可根据公式(9)和公式(10)进行调整：

$$\tau_{ij}(t+n)=(1-\rho)\cdot\tau_{ij}(t)+\Delta\tau_{ij}(t) \tag{9}$$

$$\Delta\tau_{ij}(t)=\sum_{k=1}^{m}\Delta\tau_{ij}^{k}(t) \tag{10}$$

### （四）混沌算子的嵌入

基本蚁群算法虽然具有较强的鲁棒性和发现较好解的能力，但是也存在搜索时间过长、易于停滞的问题。为了提高收敛速度及解的质量，每一次循环过程中都加入混沌算子。混沌模型有很多种，目前通常用 Logistic 映射产生混沌序列：

$$Z_{j+1}=u\cdot Z_j\cdot(1-Z_j)\quad(j=1,2,\cdots,n) \tag{11}$$

式中，$u$ 为常数，一般取值范围为[3.56,4]，当 $u=4$，$Z_j\in(0,1)$ 且不等于 0.25、0.5、0.75 时，将产生混沌现象，$Z_j$ 会在(0,1)遍历。

## 三、利用混沌蚁群算法进行弹性阻抗反演

本文利用混沌蚁群算法对弹性阻抗进行反演，其所要求的目标函数为

$$F(r)=\|S-w(\theta)*r(\theta)\|\rightarrow\min \tag{12}$$

式中，$F(r)$ 为误差函数；$S$ 为角道集；$w(\theta)$ 为角度子波；$r(\theta)$ 为要求的角度反射系数序列。由上式可知，反演出的角度反射系数 $r(\theta)$ 必须满足使误差函数 $F(r)$ 为最小的条件。

基于混沌蚁群算法的弹性阻抗反演流程(图 2)为：

(1) 根据公式(4)和公式(5)提取角度子波。

(2) 对要求的反射系数序列 $r(\theta)$ 进行编码。

(3) 根据公式(8)选择下一个城市。

(4) 根据公式(9)和公式(10)对残留信息素进行更新处理。

(5) 每只蚂蚁构造出一条路径后，由公式(7)对自变量进行解码并计算其函数值。筛选出迭代最优蚂蚁，若它比全局最优蚂蚁还好，则将其设置为全局最优蚂蚁。

(6) 根据公式(11)确定混沌搜索半径，在全局最优蚂蚁附近进行混沌搜索，若搜索到的解比全局最优蚂蚁更好，则将其替换成全局最优蚂蚁。

(7) 根据公式(12)计算误差函数 $F(r)$。

(8) 循环迭代，对最优解不断进行优化，直到满足终止条件。

(9) 根据公式(7)对最优路径上的城市进行解码，解码后的值即为要求的各个反射系数值。

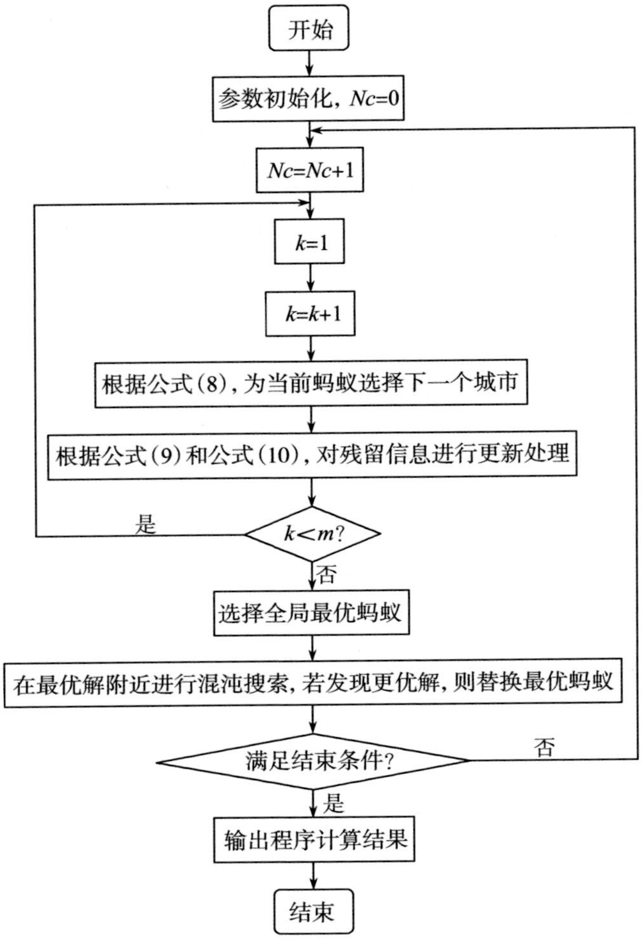


图 2 基于混沌蚁群算法的弹性阻抗反演流程图

我们选择胜利油田某储层的部分 2D 测线数据来测试我们的反演算法。在 EI 反演之前需要进行一系列的振幅保持处理，比如球面扩散补偿、地表一致性反褶积、随机噪音衰减、反 $Q$ 滤波和叠前时间偏移，以确保最终的叠前振幅能够精确表示地下界面的反射强度。然后将预处理的偏移距数据体转换成角道集数据体，我们从中抽取了 5°、15°和 25°的角道集，并提取了与之相应的角度子波。最后我们用混沌蚁群算法对处理好的实际数据进行 EI 反演，得到了多种反映岩性和流体变化的属性剖面，反演出的 $\lambda\rho$、$\mu\rho$ 和 $V_P/V_S$ 剖面如图 3～图 5 所示。

为了验证本文提出的反演方法的可行性和有效性，我们抽取的这条测线穿过 GS1 井(CDP 377)，储层位于井深约 2 890 m(2 398 ms)处。通过对 GS1 井的测井资料进行分析，我们发现与周围泥岩相比含油砂岩的 $\mu\rho$ 相对较高，而 $\lambda\rho$ 和 $V_P/V_S$ 则相对较低。从图中可以看出，用混沌蚁群算法反演出的属性剖面与 GS1 井的实际钻探及测井解释结果相一致(图中用白色椭圆圈出的位置)。这表明了混沌蚁群算法不仅搜索精度高而且稳定性能好，体现了弹性阻抗反演在寻找油气资源方面的巨大潜力。

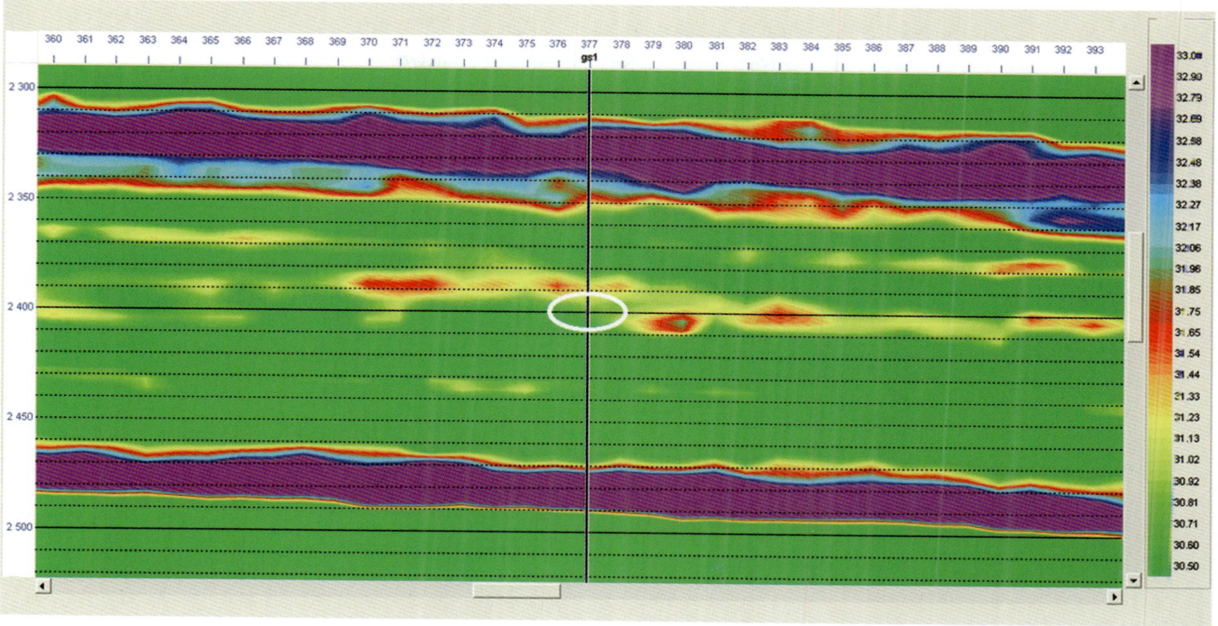


图 3　过 GS1 井(CDP 377)的 $\lambda\rho$ 剖面(椭圆所圈位置即是预测储层)

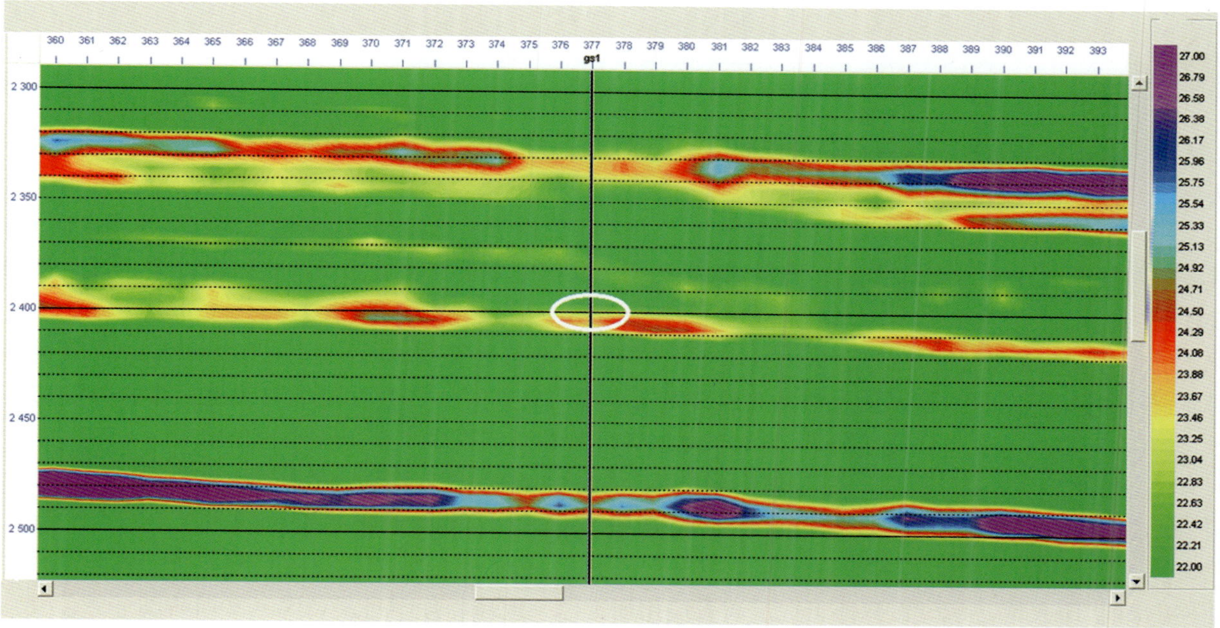


图 4　过 GS1 井(CDP 377)的 $\mu\rho$ 剖面(椭圆所圈位置即是预测储层)

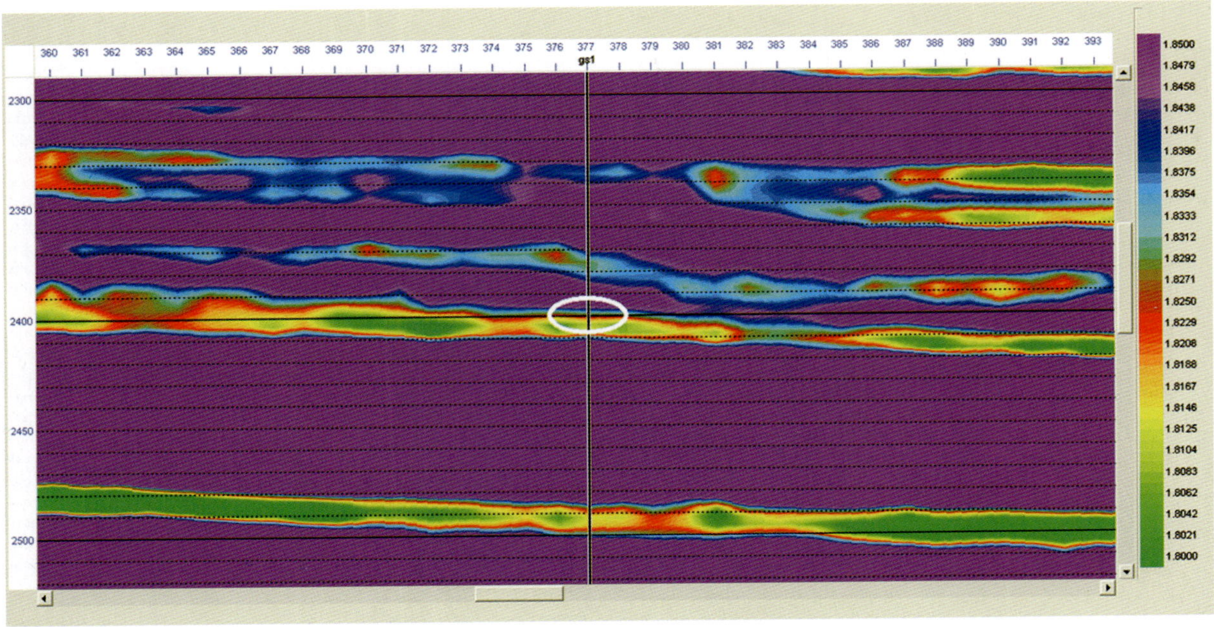


图5 过GS1井(CDP 377)的 $V_P/V_S$ 剖面(椭圆所圈位置即是预测储层)

## 四、结论

本文提出了基于混沌蚁群算法的弹性阻抗反演方法,经模型测试和实际资料的应用分析后得出以下认识:

(1) 基于混沌蚁群算法的弹性阻抗反演方法具有不依赖于初始模型,避免陷入局部极小值的优点,能够在较短时间内搜索到全局最优解。模型测试证明了将混沌蚁群算法应用于弹性阻抗反演的可行性和有效性。

(2) 本文将混沌蚁群算法应用于胜利油田某储层的叠前地震数据,得到了 $\lambda\rho$、$\mu\rho$ 和 $V_P/V_S$ 岩性参数剖面,与测井解释结果一致。这表明本文提出的基于混沌蚁群算法的弹性阻抗非线性反演新方法切实可行,具有良好的发展潜力和应用前景,为油气藏属性分析和预测提供了一条新的途径。

## 参考文献

[1] 王保丽,印兴耀,张繁昌. 弹性阻抗反演及应用研究[J]. 地球物理学进展,2005,20(1):89—92.

[2] Connolly P. Elastic Impedance[J]. The Leading Edge,1999,18(4):438—452.

[3] Cambois G. AVO Inversion and Elastic Impedance[C]. 70th Ann. Internet. Mgt., Soc. Expl. Geophys., Expanded Abstract, 2000:142—145.

[4] Mallick S. AVO and Elastic Impedance[J]. The Leading Edge, 2001,20(10):1094—1104.

[5] Whitcombe D N. Elastic Impedance Normalization[J]. Geophysics, 2002,67(1):60—62.

[6] 倪逸. 弹性波阻抗计算的一种新方法[J]. 石油地球物理勘探, 2003,38(2):147—150,155.

[7] 马劲风. 地震勘探中广义弹性阻抗的正反演[J]. 地球物理学报,2003,46(1):118—124.

[8] Ma J F, Morozov I B. Ray-path Elastic Impedance[J]. CSEG National Convention, 2004: 10—12.

[9] Quakenbush M, Shang B, Tuttle C. Poisson Impedance[J]. The Leading Edge, 2006,2:126—128.

[10] 王保丽,印兴耀,张繁昌.基于 Gray 近似的弹性波阻抗方程及反演[J].石油地球物理勘探,2007,42(4):435—439.

[11] 王保丽,印兴耀,张繁昌,等.基于 Fatti 近似的弹性阻抗方程及反演[J].地球物理学进展,2008,23(1):192—197.

[12] Shaoming Lu, George A, McMechan. Elastic Impedance Inversion of Multichannel Seismic Data from Unconsolidated Sediments Containing Gas Hydrate and Free Gas[J]. Geophysics, 2004,69(1):164—179.

[13] 刘国萍,陈小宏,李景叶.弹性波阻抗在时移地震中的应用分析[J].地球物理学进展,2006,21(2):559—563.

[14] 孙翠娟,张文,刘志斌.弹性波阻抗反演技术在辽东湾隐蔽油气藏勘探中的应用[J].中国海上油气,2007,19(3):162—165,172.

[15] 畅永刚,张宗和,王志美,等.弹性阻抗反演在火山岩发育区应用效果分析——以冀东滩海地区南堡构造为例[J].天然气地球科学,2007,18(3):422—425.

[16] 彭真明,李亚林,巫盛洪,等.碳酸盐岩储层多角度弹性阻抗流体识别方法[J].地球物理学报,2008,51(3):881—885.

[17] Colorni A, Dorigo M, Maniezzo V, et al. Distributed Optimization by Ant Colonies[C]. Proceedings of the 1st European Conference on Artificial Life, 1991:134—142.

[18] Dorigo M, Maniezzo V, Colorni A. Ant System: Optimization by a Colony of Cooperating Agents[J]. IEEE Transactions on Systems, Man, and Cybernetics (Part B), 1996,26(1):29—41.

[19] Dorigo M, Gambardella L M. Ant Colony System: A Cooperative Learning Approach to The Traveling Salesman Problem[J]. IEEE Transactions on Evolutionary Computaion, 1997,1(1):53—66.

[20] 高尚.解旅行商问题的混沌蚁群算法[J].系统工程理论与实践,2005,9:100—104,125.

[21] 陈烨.变尺度混沌蚁群优化算法[J].计算机工程与应用,2007,43(3):68—70.

[22] 袁冬根,刘晓东,蔡磊,等.基于混沌蚁群算法的 BP 神经网络训练研究[J].微电子学与计算机,2009,26(4):11—14.

[23] 吴锋,周昊,郑立刚,等.基于变尺度混沌蚁群算法的飞灰中的碳质量分数优化[J].浙江大学学报(工学版),2010,44(6):1127—1132.

[24] 耿艳香,孙云山,谢靖鹏,等.混沌蚁群算法在图像边缘检测中的应用[J].计算机工程与应用,2015,51(2):194—197.

[25] 崔明勇,艾欣.基于混沌蚁群算法的微网多目标低碳调度[J].电网技术,2012,7:1—5.

[26] 段海滨,王道波,于秀芬.基于云模型的小生境 MAX-MIN 相遇蚁群算法[J].吉林大学学报(工学版),2006,36(5):803—808.

[27] 段海滨,丁全心,常俊杰,等.基于并行蚁群优化的多 UCAV 任务分配仿真平台[J].航空学报,2008,29(S):192—197.

[28] 吴新杰,陶崇娥,李媛.混沌蚁群算法在回归分析中的应用[J].辽宁大学学报,2007,34(2):101—103.

[29] 陈烨.用于连续函数优化的蚁群算法[J].四川大学学报(工程科学版),2004,36(6):117—120.

# 基于改进粒子群算法的叠前弹性阻抗反演

张　进　李庆忠

**粒子群算法是近些年来提出的智能优化算法。该算法参数设置较少，易于编程实现，对求解变量维度不敏感，非常适合地球物理反演问题的求解。我的博士生张进尝试利用粒子群算法进行弹性阻抗反演，并通过与模拟退火算法的结合，接受一定程度的坏解，利于寻找全局最优解，在实际应用中也取得了较好的反演效果。此文 2010 年发表于《物探化探计算技术》第 3 期上。**

**摘　要**

弹性阻抗反演是结合声阻抗反演与 AVO 反演的叠前地震反演技术，能够克服叠后波阻抗反演的缺陷，反映振幅随偏移距变化的信息，已经广泛应用于地震岩性识别和流体特征的获取。常规的线性迭代弹性阻抗反演方法存在依赖初始模型、容易陷入局部极值等缺陷。针对这一问题，提出了一种基于改进粒子群算法的弹性阻抗非线性反演方法，并利用该算法对胜利油田某工区地震资料进行了弹性阻抗反演，获得了多个弹性参数剖面，与实际钻井结果相符，该方法为复杂油气藏的勘探开发提供了一种有效可行的途径。

**关键词**　弹性阻抗反演　粒子群算法　非线性反演

## 一、引言

常规叠后波阻抗反演技术基于地震波垂直入射的假设，其得到的反射振幅为共中心点道集叠加平均的结果，故不能反映反射振幅随炮检距或入射角的变化。为获取潜在的 AVO 效应，Connolly[1] 将纵波反射系数随炮检距的变化引入地震道正、反演问题中，为孔隙流体和岩性识别提出了弹性阻抗 Elastic Impedance(EI)的概念，能够提供振幅随着偏移距变化的信息，解决了在较大炮间距入射角情况下的纵波正、反演问题，具有足够的精度和良好的保真性，从 EI 提出至今，弹性阻抗反演取得了突破性的发展；Cambois[2] 对 AVO 反演和弹性波阻抗(EI)反演方法进行了比较，得出弹性阻抗的反演结果更理想，在抗噪能力方面比 AVO 反演更有优势；Mallick 等[3] 讨论了 Connolly 弹性阻抗公式的应用及限制条件；Whitcombe D N[4] 引入纵波速度、横波速度、密度三个参量，对 Connolly 提出的弹性阻抗进行了归一化；Whitcombe 等[5] 在前人对于流体因子和岩性预测等方面研究成果的基础上，提出扩充弹性波阻抗(EEI)，可用于岩性和流体预测的；马劲风[6] 基于 Subhashis Mallick[7] 和 Yanghua Wang[8] 提出了广义弹性阻抗

(GEI)的概念,并给出使用弹性模量表示的 Zoeppritz 方程的简化公式;倪逸[9]通过对目前几种弹性波阻抗计算方法的分析,提出了一种基于范数动态可调的改进方法;印兴耀等[10]提出利用 Connolly 弹性阻抗方程从三个角度反演结果中提取纵、横波速度和密度参数的方法,可以对地下储层的展布及含油气性进行预测;王保丽等[11]提出了一种新的基于佐普里兹 Gary 近似方程的弹性阻抗反演公式,能够减小间接计算所产生的累计误差。

常用的反演方法一般为局部线性迭代方法或者将非线性问题线性化,具有依赖初始值、易陷入局部极值的缺陷。对于精度要求较高的 EI 反演来说,采用非线性优化方法,其解的性质、状态均有良好的表现。近年来,一些全局优化特性并且通用性好的搜索算法(如遗传算法、模拟退火算法、粒子群算法、人工神经网络算法等),已经广泛应用在地震反演中。其中,粒子群算法对初始模型的依赖性小,参数设置少,收敛速度快,能够保证地震资料反演结果的精度。这里在基本粒子群算法中加入模拟退火算子用于反演弹性阻抗,通过对理论模型的分析和实际地震资料的反演,证明该方法的合理性和有效性。

## 二、弹性阻抗的基本原理

与 AVO 的理论基础相同,弹性阻抗是基于平面波在两种半无限空间弹性介质分界面上的反射和透射所满足的 Zoeppritz 方程及其不同简化形式,是声阻抗(Acoustic impedance, AI)的推广。声阻抗表示入射角为零时的特例,而弹性阻抗是关于入射角的函数,可以标定和反演非零偏移数据体,其精度已经在广泛的应用中得到证明。

Connolly 根据 Zoeppritz 方程的三项 Aki & Richards 简化公式推导出含有纵波速度、横波速度、密度和入射角参数的弹性阻抗公式:

$$\mathrm{EI}(\theta)=V_{\mathrm{p}}^{(1+\tan^2\theta)}V_{\mathrm{s}}^{-8k\sin^2\theta}\rho^{1-4k\sin^2\theta} \tag{1}$$

式中,$\theta$ 为入射角;$\rho$ 为密度;$V_{\mathrm{p}}$、$V_{\mathrm{s}}$ 分别表示纵、横波速度;$k=V_{\mathrm{s}}^2/V_{\mathrm{P}}^2$。由公式(1)可知,当 $\theta=0^{\circ}$ 时,即垂直入射的情况,不存在转换横波,有 EI(0)=AI。仿照反射系数 $R$ 在 AI 条件下的求解,可以写出:

$$R(\theta)=\frac{\mathrm{EI}_2-\mathrm{EI}_1}{\mathrm{EI}_2+\mathrm{EI}_1} \tag{2}$$

常规弹性阻抗反演流程如图 1 所示。

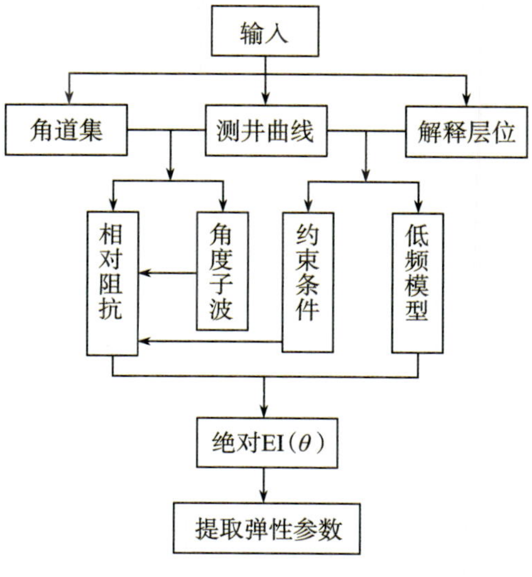


图 1　弹性阻抗反演流程示意

反演步骤为：

（1）由于 EI 是关于纵波速度、横波速度、密度和入射角的函数，在反演之前需要将地震数据的偏移数据体转化为角度数据体。

（2）根据测井曲线或者岩心数据，计算出井旁道 EI 伪测井曲线。

（3）角度子波的提取。子波提取是地震反演的关键之一，可直接影响反演精度，在提取之前要先对多口井的测井曲线进行层位标定。

（4）对控制点上的 EI 曲线进行内插，利用角道集部分叠加资料与井旁道相应入射角的弹性阻抗建立波阻抗剖面的低频模型，进行低频成分的补充。

（5）用非线性反演方法计算带限的弹性阻抗剖面，将低频模型的弹性波阻抗与带限的弹性波阻抗剖面融合，最终可以获得与实际情况相符合的弹性波阻抗剖面。

在得到不同角度下的弹性阻抗之后，可根据变换后的 Connolly 方程反演得到纵波速度 $V_P$、横波速度 $V_S$、密度 $\rho$ 等岩性参数，如下式所示：

$$\begin{bmatrix} 1+\tan^2\theta_1 & -8K\sin^2\theta_1 & 4K\sin^2\theta_1-\tan^2\theta_1 \\ 1+\tan^2\theta_2 & -8K\sin^2\theta_2 & 4K\sin^2\theta_2-\tan^2\theta_2 \\ \vdots & \vdots & \vdots \\ 1+\tan^2\theta_i & -8K\sin^2\theta_i & 4K\sin^2\theta_i-\tan^2\theta_i \\ 1+\tan^2\theta_n & -8K\sin^2\theta_n & 4K\sin^2\theta_n-\tan^2\theta_n \end{bmatrix} \begin{bmatrix} \ln V_P(t) \\ \ln V_S(t) \\ \ln\rho(t) \end{bmatrix} = \begin{bmatrix} \ln \mathrm{EI}(t,\theta_1) \\ \ln \mathrm{EI}(t,\theta_2) \\ \vdots \\ \ln \mathrm{EI}(t,\theta_i) \\ \ln \mathrm{EI}(t,\theta_n) \end{bmatrix} \tag{3}$$

与声阻抗 AI 相比，弹性阻抗不存在声阻抗垂直入射的前提，能够克服由于叠加导致的有效信息损失的缺陷，并且 EI 由于含有 AVO 信息，其对油气饱和度更为敏感，故可以更全面、直观地反映与油气相关的信息，为油气藏的识别提供依据，降低油气检测的多解性。

地震资料的弹性阻抗反演实际上是一个最优化求解的非线性问题[12]，常规的线性算法虽收敛速度快，但易陷入局部最优。粒子群算法是一种基于迭代的优化工具，具有较强的搜索能力，容易理解，易于实现，近年来在模式分类、函数寻优、系统控制以及工程应用等多个领域得到了成功的应用[13]。笔者尝试在基本粒子群算法中加入模拟退火算子，并用其进行弹性阻抗的反演，取得了良好的效果。

## 三、粒子群算法

### （一）基本粒子群算法

粒子群算法（Particle Swarm Optimization，PSO）来源于鸟群和鱼群的群体运动行为，最早由 Kennedy 博士和 Eberhart 博士[14,15]提出，其数学描述如下：

设在 $n$ 维搜索空间中，由 $m$ 个粒子组成一个粒子群 $X=(x_1,x_2,\cdots,x_i,\cdots,x_m)$，其中每个粒子所在的位置代表目标函数的一个潜在解。第 $i$ 个粒子的位置为 $x_i=(x_{i1},x_{i2},\cdots,x_{in})$，其在空间中移动的速度可以表示为 $v_i=(v_{i1},v_{i2},\cdots,v_{in})$，其经历的最优位置记为 $p_{\mathrm{best}}^i=(p_{i1},p_{i2},\cdots,p_{in})$，整个粒子群所能搜索到的最优位置记为 $g_{\mathrm{best}}=(g_1,g_2,\cdots,g_n)$。每一个粒子的速度和位置如下方程：

$$\begin{aligned} v_{id}(t+1)=&wv_{id}(t)+c_1r_1(p_{id}(t)-x_{id}(t)) \\ &+c_2r_2(g_d(t)-x_{id}(t)) \end{aligned} \tag{4}$$

$$\begin{gathered} x_{id}(t+1)=x_{id}(t)+v_{id}(t+1) \\ 1\leqslant i\leqslant m \qquad 1\leqslant d\leqslant n \end{gathered} \tag{5}$$

其中，$w$ 为惯性权重因子；$c_1$ 和 $c_2$ 为加速因子，均为正常数，$c_1$ 为调节使粒子飞向自身最好位置方向的步长，$c_2$ 为调节粒子飞向全局最好位置的步长；$t$ 是当前迭代次数；$r_1$、$r_2$ 是[0,1]内的随机数。

$$\begin{cases} v_{id}=V_{\max} & v_{id}>V_{\max} \\ v_{id}=-V_{\max} & v_{id}<V_{\max} \end{cases} \tag{6}$$

可设定上限速度 $V_{max}$ 来确保粒子不会由于速度过大而错过最优解，根据式(6)对粒子的速度进行限制，随机产生粒子的速度和初始位置，然后按照式(4)、式(5)进行迭代，直到找到符合条件的解。粒子群算法实现方便、收敛速度快、参数设置少，是一种高效的搜索方法，但“早熟”收敛和易陷入局部极值是其最主要的缺点。

### (二) 加入模拟退火算子的随机粒子群算法

在上述的基本粒子群算法中，当 $w=0$，粒子的进化方程就变为下式：

$$x_{id}(t+1)=x_{id}(t)+c_1r_1(p_{id}-x_{id}(t))+c_2r_2(g_d-x_i(t)) \quad (7)$$

相比于 PSO，该进化方程可使算法增强局部搜索能力，但全局搜索能力减弱。若 $x_j^t=p_j=g_d$，粒子将停止搜索。为改善式(7)的全局搜索能力，可以将该粒子群的历史最优值保留，在搜索空间内随机重新生成粒子 $j$，而其他粒子 $i$ 根据式(7)继续搜索。则有：

$$p_{jd}=x_{jd}(t+1) \quad (8)$$

$$p_{id}=\begin{cases} p_{id}, f(p_{id})<f(x_{id}(t+1)) \\ x_{id}(t+1), f(p_{id})\geqslant f(x_{id}(t+1)) \end{cases} \quad (9)$$

$$g_d=\arg\min\{f(g_d'), f(g_d)\} \quad (10)$$

$$g_d'=\arg\min\{f(p_{id}) \mid i=\overline{1,S}\} \quad (11)$$

根据式(7)与式(8)可知，当粒子 $j$ 位于历史最优位置时($g_d=p_{jd}$)，不能按照式(7)更新位置，则在搜索空间继续随机生成，其余粒子在更新 $p_i$、$g_d$ 后根据式(7)搜索；当 $g_d\neq p_j$ 时：①若 $g_d$ 未更新，所有粒子据式(7)更新位置；②若 $g_d$ 已更新，则说明在搜索空间中存在粒子 $k(k\neq j)$ 使 $x_k(t+1)=p_{kd}=g_d$，则粒子 $k$ 将会停止搜索，然后在搜索空间内重新随机产生，其余粒子则在更新 $p_i$、$g_d$ 后继续按照式(7)继续搜索。如此，就增强了算法的全局搜索能力。这种算法称为随机粒子群算法(SPSO)，曾建潮[16]曾证明了当 $0<c_1+c_2<2$ 时，随机粒子群算法的进化方程线性渐近收敛。

为使粒子 $j$ 以较大概率趋于最优解，笔者提出加入模拟退火算子的随机粒子群算法(ASPSO)：以当前历史最优位置 $g_d$ 为初始状态，选取初始温度 $T=T_0$，采用经典退火过程 $T_k=a^kT_0$，根据公式(12)产生下一个状态：

$$x_j'(t+1)=x_j(t)+\eta\xi \quad (12)$$

式中，$\eta$ 为扰动幅值参数；$\xi$ 为服从柯西分布或正态分布的随机变量。计算 $f_j'=f(x_j'(t+1))$，$f_j=f(x_j(t))$ 以及 $\Delta f=f_j'-f_j$，则

$$x_j(t+1)=\begin{cases} x_j'(t+1) & \min\{1, e^{-\Delta f/T_k}\}\geqslant\gamma_j \\ x_j(t) & \text{otherwise} \end{cases} \quad (13)$$

式中，$\gamma_j\in[0,1]$，为均匀分布的随机变量。

模拟退火方法本身具有很好的全局收敛性，因而采用该方法生成微粒 $j$ 并根据式(12)、式(13)进行状态更新，不会对随机粒子群算法的全局收敛性产生负面影响。

### (三) ASPSO 算法性能测试

为了检测 ASPSO 算法的性能，用 Generalized Rastrigin 函数对其进行测试。Rastrigin 函数是一个具有大量局部极小值的典型复杂多峰函数(图 2)，在运算过程中容易使算法陷入局部极优，而得不到全局最优解，其表达式为

$$F(x)=\sum_{i=1}^{30}[x_i^2-10\cos(2\pi x_i)+10] \quad (-5.12\leqslant x_i\leqslant 5.12) \quad (14)$$

将基本 PSO 算法与 ASPSO 算法分别运行 50 次，终止条件为迭代误差达到 1e−7，或迭代次数达到 10 000次，测试并对比其收敛速度和精度，基本 PSO 算法与 ASPSO 算法反演 Generalized Rastrigin 函数(包括 2 维和 5 维)的参数设定如下：

基本 PSO 算法：$m=30, w=0.9, c_1=c_2=1.8, v_{max}=5.12, x_{max}=5.12, x_{min}=-5.12$。

ASPSO 算法：$m=30, w=0.5, c_1=c_2=1.8, v_{max}=5.12, x_{max}=5.12, x_{min}=-5.12$，采用经典退火方式，初始温度 $T_0=100\ 000$，降温系数 $a=0.95$。

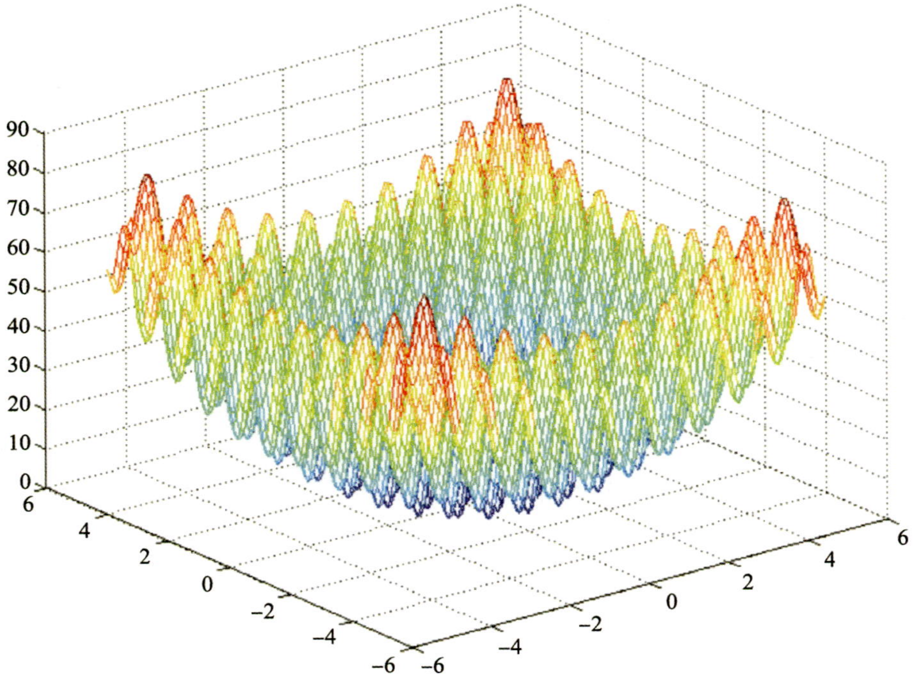


图 2 Generalized Rastrigin 函数图形

两种算法基于 Generalized Rastrigin 函数的计算结果如表 1 所示，ASPSO 算法在收敛速度和精度上较普通 PSO 算法都有很大改善。对于复杂多峰 Rastrigin 函数，ASPSO 算法运算效率是普通 PSO 算法的 6～20 倍，并且解的质量有很大提高。

**表 1 基本 PSO 算法和 ASPSO 算法基于 Generalized Rastrigin 函数的结果对比**

| 维数 | 找到最优解的平均迭代次数 | | 最优函数值 | | 平均函数值 | |
|---|---|---|---|---|---|---|
| | PSO | ASPSO | PSO | ASPSO | PSO | ASPSO |
| 2 | 316.98 | 14.18 | 7.9e−9 | 0 | 5.2e−8 | 0 |
| 5 | 1987.53 | 353.18 | 1.5e−9 | 0 | 6.65e−8 | 1.03e−8 |

## 四、模型验证

在地震勘探中，无噪时的地震道记录 $S(t)$ 可以表示为反射系数 $R(t)$ 与地震子波 $W(t)$ 的褶积：

$$S(t)=R(t)*W(t) \tag{15}$$

由式(16)递推反演，可以得到每个地层的弹性阻抗：

$$\mathrm{EI}_{i+1}=\mathrm{EI}_0\prod_{j=1}^{i}\frac{1+r_j}{1-r_j} \tag{16}$$

弹性阻抗反演可以看作函数优化求极值问题，即要求取每个角道集的反射系数序列 $r(t)$，使其与角度子波 $w(t)$ 褶积后与实际地震记录之间的误差函数 $F(r)$ 最小，则优化目标函数为

$$F(r)=\|S(t)-w(t)*r(t)\|\rightarrow \min \tag{17}$$

采用改进粒子群算法进行弹性阻抗反演的步骤如下：

(1) 抽角道集并提取各个角道集的子波。这里模型中抽取 5°、25°、45°三个角道集作为观测值。

(2) 根据混合粒子群算法生成各角道集的反射系数序列 $r(t)$，混合粒子群的每一维就对应地下每一地层的反射系数，任意粒子在反射系数空间进行搜索，每搜索到的一个新位置就相当于得到了一个反射系数序列的候选解，根据式(15)生成模型的地震道记录 $S(t)$。

(3) 根据式(17)计算误差函数 $F(r)$。

(4) 得到的误差 $F(r)$便为式(7)中的 $g_{id}$，根据式(7)～式(13)更新每个粒子的位置。

(5) 利用优化的粒子群算法进行迭代，优化最优解，直到满足截止条件。

笔者将含有 100 个时间样点的测井曲线作为数据模型，采样间隔 1 ms。混合粒子群算法的参数设置为：种群大小 $m=30$；惯性因子 $w=0.1$；学习因子 $c_1=c_2=1.8$；$x_{\min}=-1$，$x_{\max}=1$，$v_{\max}=1$，误差要求小于 0.000 001；采用经典退火方式，初始温度 $T_0=100\ 000$，降温系数 $a=0.95$。

仅以 5°角道集反演结果(图 3)说明基于混合粒子群算法的弹性阻抗反演方法的有效性。图 3(a)为反演的反射系数与实际反射系数的对比，其中黑色实线代表实际的反射系数，蓝色圆圈代表反演的反射系数。图 3(b)为反演的地震记录与实际地震记录的对比，其中蓝色实线代表实际的地震记录，绿色圆圈代表反演的地震记录值。从图 3 可以看出，反演得到的反射系数和地震记录与实际值都吻合得很好。根据此方法，分别反演得到 5°、25°和 45°角道集的反射系数序列，然后递推得出这三个角道集的弹性阻抗曲线，如图 4 所示。

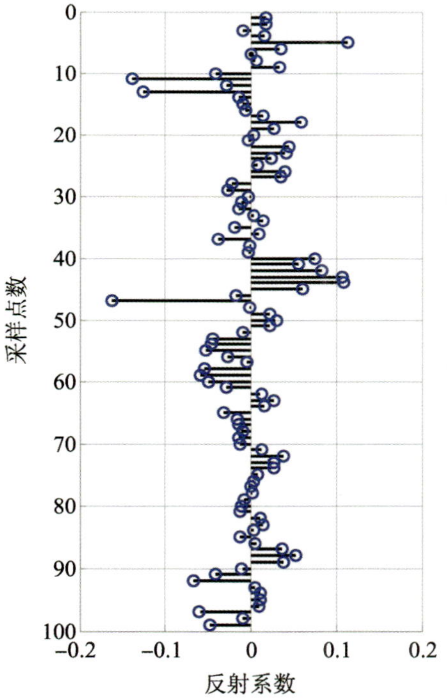


(a) 反演的反射系数与实际反射系数对比

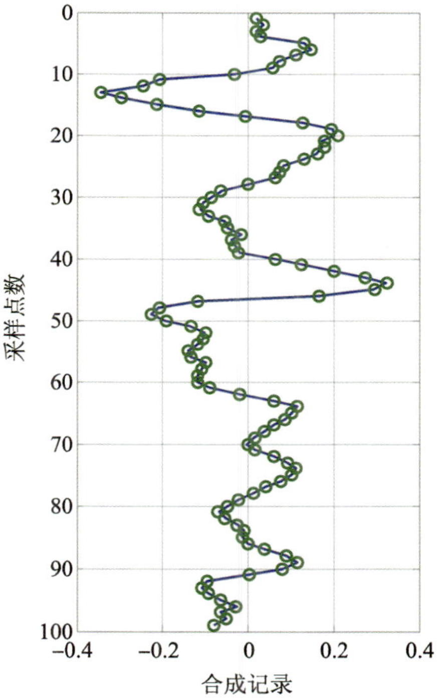


(b) 反演的地震记录与实际地震记录对比

图 3 5°角道集反演的反射系数和合成地震记录与真实的反射系数和实际地震记录对比

得到三个角度的弹性阻抗曲线后，计算各层的纵波阻抗、横波阻抗、密度、纵波速度、横波速度等弹性参数(虚线)，以上参数曲线与原测井曲线对比如图 5 所示。由图 5 可以看出，反演得到的各弹性参数曲线与测井数据曲线吻合得很好。

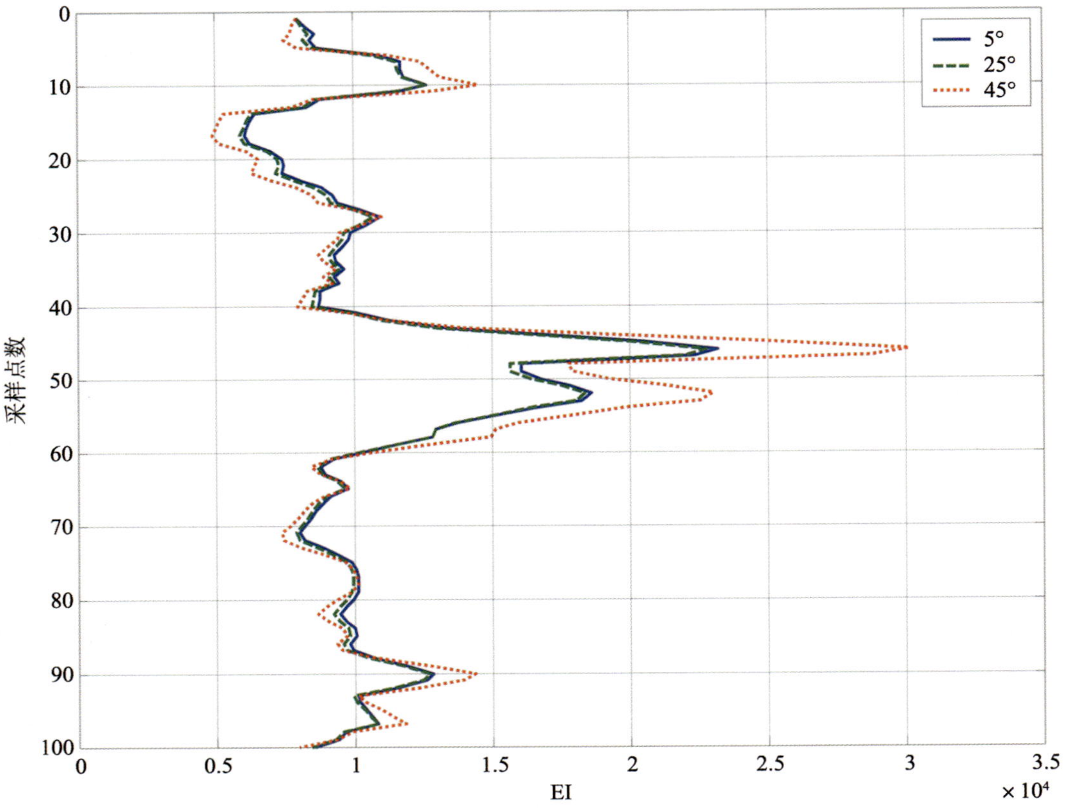


图 4 反演得到的 5°、25°、45°三个角度的 EI 曲线

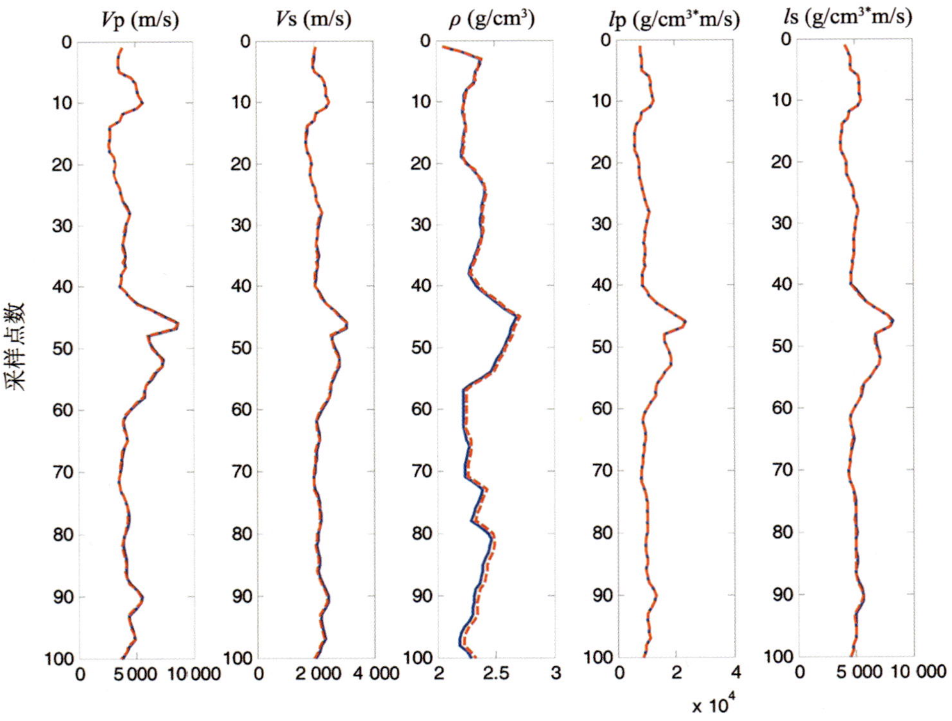


图 5 根据反演的 EI 计算出的各弹性参数(虚线)与原测井曲线(实线)对比

## 五、应用实例及效果分析

选取胜利油田某工区二维数据进行基于改进粒子群算法的弹性阻抗反演。该区原始道集数据信噪比低，层间反射杂乱，不利于 AVO 属性分析。为了使最终的叠前振幅数据能准确反映地下界面的反射强度，在反演之前对地震资料做了以下振幅保持处理：① 球面补偿；②地表一致性反褶积；③ 随机噪声衰减；④ 反 $Q$ 滤波；⑤ 叠前时间偏移。

过 da21 井道集经预处理后（图 6），地震资料的品质得到较大改善，信噪比提高，随机噪声得到极大压制，目标层段（图 6 中黄色矩形）AVO 现象明显，有利于进行叠前震属性的反演。

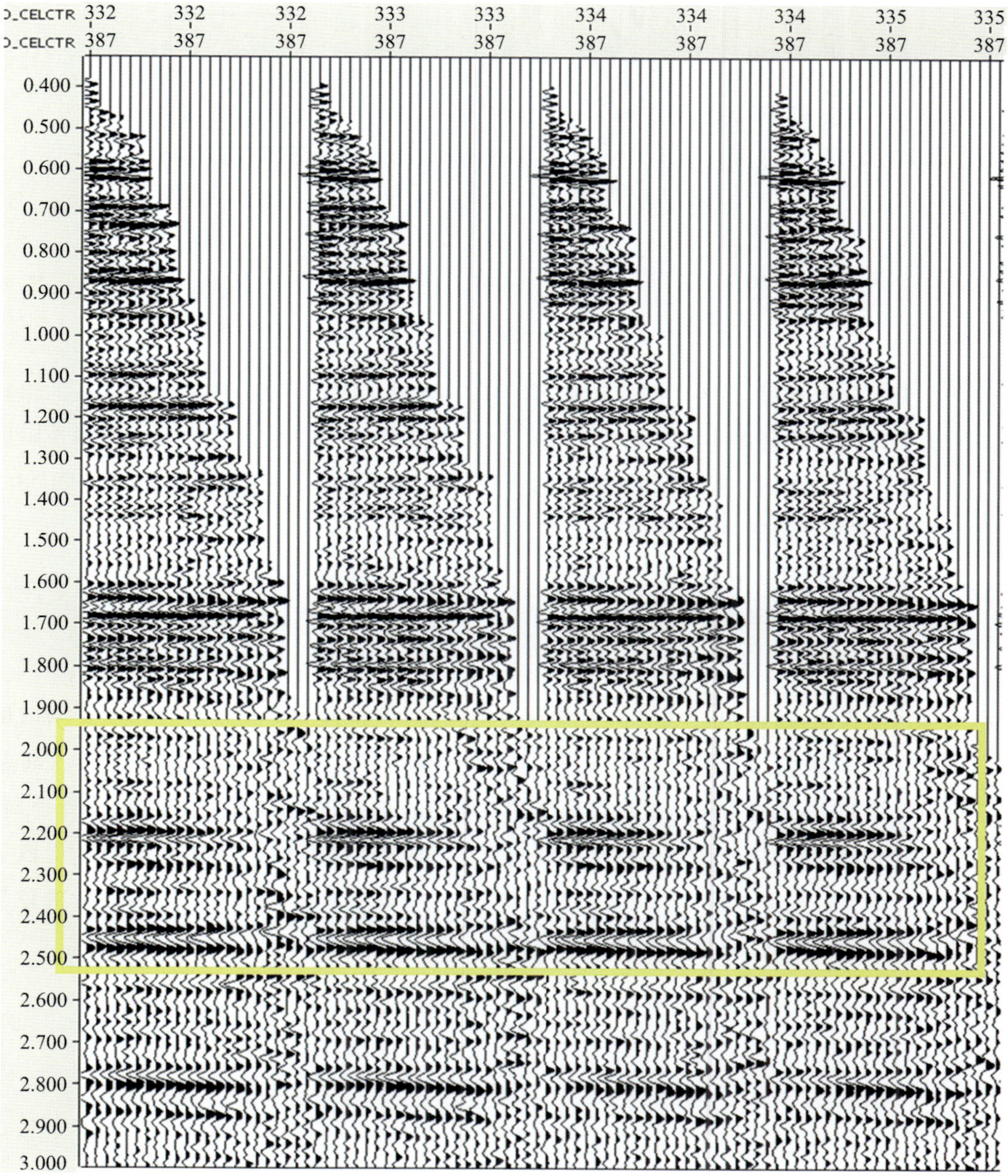


图 6　过 da21 井的预处理后道集

通过对该区井资料的分析，发现该区沙二段为砂泥岩互层沉积，砂体单层厚度小，储层薄，纵向叠置，横向对比性较差，具有横向变化快、识别难度大的特点。图 7 为该区沙二段砂泥岩速度统计结果图，泥岩速度为 2 000～2 600 m/s，砂岩速度为 2 600～3 600 m/s，砂岩含油之后纵波速度有所下降。为此，AVO 相应表现为振幅随偏移距的增大而减小，属第一类 AVO。

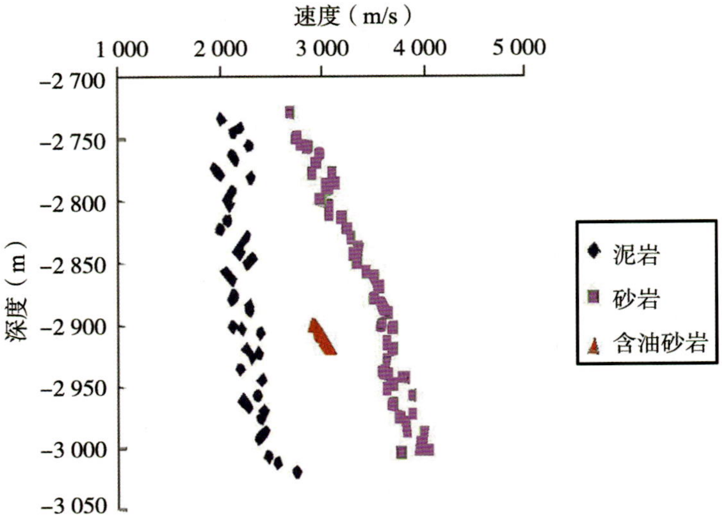


图 7　某工区 da21 井区沙二段砂、泥岩速度统计

对该段测井资料分析发现，相对于围岩来说，含油砂岩储层的 $V_P/V_S$、$\lambda\rho$ 值较低，而 $\mu\rho$ 的值较高。根据这三个参数的特征可以确定含油层的位置。图 8、图 9 和图 10 分别是利用笔者提出的弹性阻抗反演方法生成的 $\lambda\rho$、$\mu\rho$ 和 $V_P/V_S$ 剖面，图中椭圆所标示的含油储层的位置在 2 400 ms 左右，在 CDP385（图中竖直虚线）位置钻井也钻遇该储层，吻合性很好。

## 六、结论与认识

弹性阻抗反演的提出，使波阻抗反演从叠后发展到叠前，可获得多种叠后资料无法得到的信息。目前，弹性阻抗反演通常采用广义线性反演算法，易陷入局部极优、强烈依赖于初始模型。本文将粒子群算法应用于弹性阻抗反演中，通过对每一代进化产生的粒子进行随机摄动，并加入模拟退火算子，改善了收敛速度和精度，用测井数据加以验证并应用于胜利油田某工区实际资料的弹性阻抗反演中，提取了多种叠前地震属性剖面。该方法提取的属性剖面能够反映储层特征，与测井结果相符，说明基于改进粒子群算法的弹性阻抗反演方法切实有效，可以服务于岩性识别和油气预测。

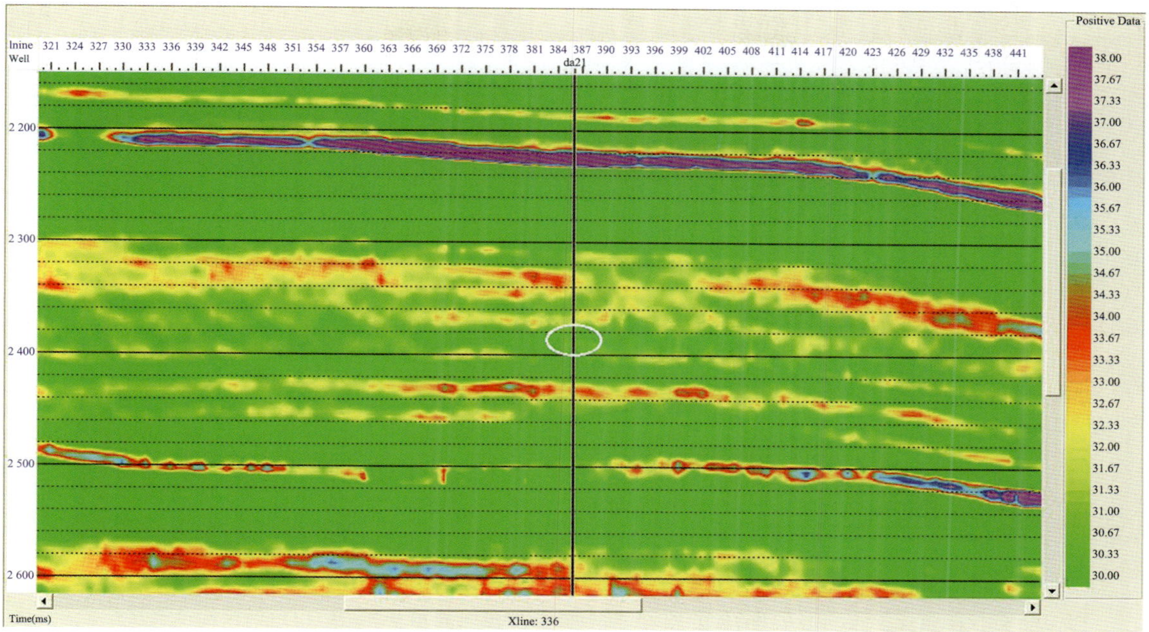


图 8 弹性阻抗反演得到的过 da21 井 $\lambda\rho$ 剖面（图中竖线表示过 da21 井，白色椭圆标示油层位置）

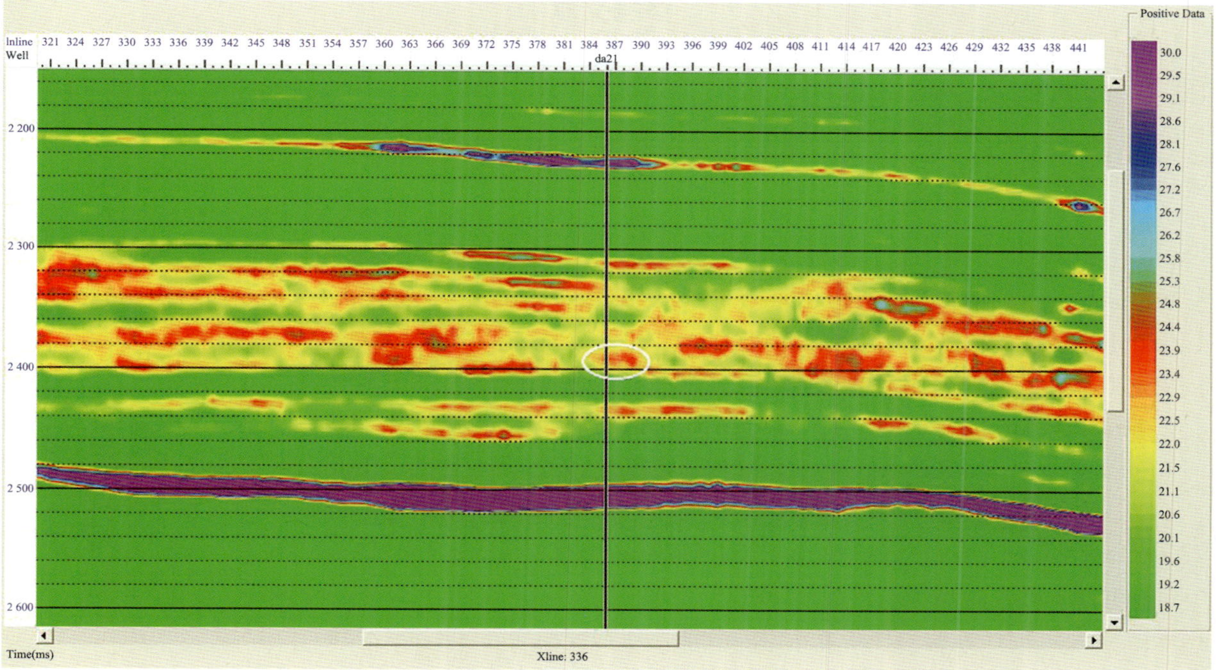


图 9 弹性阻抗反演得到的过 da21 井 $\mu\rho$ 剖面（图中竖线表示 da21 井，白色椭圆标示油层位置）

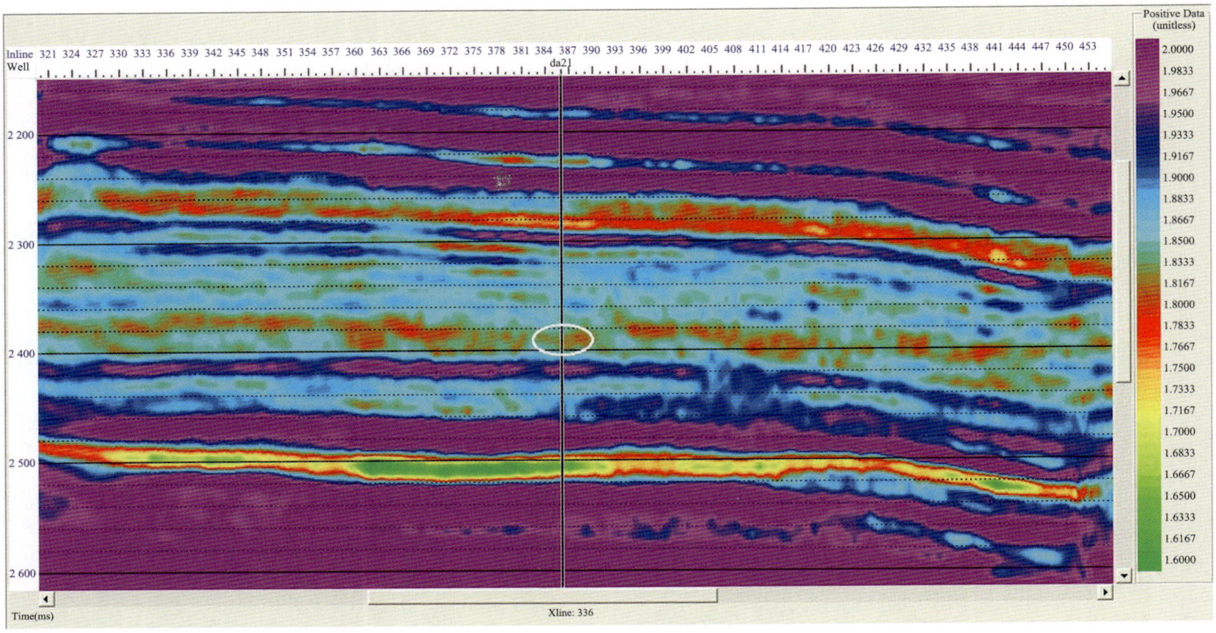

图 10 弹性阻抗反演得到的过 da21 井 $V_P/V_S$ 剖面(图中竖线表示 da21 井,白色椭圆标示油层位置)

## 参考文献


[1] Connolly P. Elastic Impedance [J]. The Leading Edge, 1999,18(4):438—452.

[2] Cambois G. AVO Inversion and Elastic Impedance [J]. SEG Technical Program Expanded Abstracts, 2000,70:142—145.

[3] Mallick S. AVO and Elastic Impedance [J]. The Leading Edge, 2001,20(10):1094—1104.

[4] Whitcombe D N. Elastic Impedance Normalization [J]. Geophysics, 2003,67(1):60—62.

[5] Whitcombe D N, et al. Extended Elastic Impedance for Fluid and Lithology Prediction [J]. Geophysics, 2002,67(1):63—67.

[6] 马劲风. 地震勘探中广义弹性阻抗的正反演[J]. 地球物理学报,2003,46(3):118—124.

[7] Subhashis Mallick. A Simple Approximation to The P-wave Reflection Coefficient and Its Implication in The Inversion of Amplitude Variation with Offset Data [J]. Geophysics, 1993,58(4):544—552.

[8] Yanghua Wang. Approximations to The Zoeppritz Equations and Their Use in AVO Analysis [J]. Geophysics, 1999,64(6):1920—1927.

[9] 倪逸. 弹性阻抗计算的一种新方法[J]. 石油地球物理勘探,2003,38(2):147—155.

[10] 印兴耀,袁世洪,张繁昌. 从弹性波阻抗中提取岩石物性参数 [C]. CPS/SEG 2004 国际地球物理会议,2004.

[11] 王保丽,印兴耀,张繁昌. 基于 Gray 近似的弹性波阻抗方程及反演[J]. 石油地球物理勘探,2007,42(4):435—439.

[12] 杨文采. 地球物理反演的理论与方法[M]. 北京:地质出版社,1997:11—35.

[13] 杨维,李歧强. 粒子群优化算法综述[J]. 中国工程科学,2004,6(5):87—94.

[14] Eberhart R, Kennedy J. A New Optimizer using Particle Swarm Theory [A]. IEEE Proceedings of the Sixth International Symposium on Micro Machine and Human Science[C]. Piscataway: IEEE

Service Center，1995. 39—43.
[15] Kennedy J，Eberhart R. Particle Swarm Optimization [A]. IEEE Proceedings of International Conference on Neural Networks [C]. Piscataway：IEEE Service Center，1995. 1942—1948.
[16] 曾建潮，介倩，崔志华. 微粒群算法[M]. 北京：科学出版社，2004.

文章编号 408

# 深井 VSP 层析求偏移速度场的方法

侯爱源　李庆忠

**酒泉盆地的青西窟窿山的三维地震虽然使用了施工的“极限参数”，但因为现有的方法无法求得偏移速度场，而宣告失败。塔里木盆地的却勒地区和西秋地区的深井勘探也因为偏移速度场不准而打井失利。**

**究其原因，我们发现是在这种高山上，放炮后的射线往往不能穿透到深部，一般的层析方法只能获得浅层三五百米的速度信息。为解决这种问题，只能把检波器埋到深井里去，利用 VSP 方法，直接接收井下检波器的初至到达时，再用层析方法求得偏移速度场，我们将其称为 VSPTomo 方法。**

**为了验证此方法的可行性，侯爱源和张文波自编了专用的层析程序，开展了本文的理论试算。结果证明：只要工区内有 1～2 口深井做了零井源距 VSP 和 Walkaway VSP，就能求得合理的偏移速度场，其速度误差能够满足正确的偏移成像。**

**在层析反演中，我们巧妙地使用了多种技巧：① 以零井源距层速度为“坚强值”，“渲染”加权外推，建立初始速度模型；② 建立一种动态的“置信度矩阵”网格，控制误差分配比例，置信度高的就不再分配较大的修改量，每次修改后，该网格的置信度就增加 1；③ 每个网格中射线贯通的路程长短也考虑合理的误差分配法，按路线长短加权；④ 迭代修改过程中，遵循“先浅后深，先近后远”的误差修正方案。**

**这样做后，我们反演的速度场能够满足叠前偏移的要求。使用了青西窟窿山及却勒地区的模型，在理论上证明了此方法的可行性。**

**本来我们想用实际的资料来进一步验证此方法的实际效果。但遗憾的是这两个地区还没有合格的 Walkaway VSP 资料能用于 VSPTomo。此外，山区的静校正也是一个“拦路虎”。**

**所以本课题还有很长的路要走。**

**此文 2017 年发表于《石油地球物理勘探》第 6 期，原文题目为《复杂区深井 VSP 层析求速度场的方法》。**

**摘　要**

针对中国西部山前带地区叠前深度偏移速度场尤其是深层速度场难以确定的难题，提出了一种复杂区深井 VSP 层析求速度场的方法。该方法以零井源距 VSP 速度作为相对稳定值填充井径附近速度网格，并通过零井源距 VSP 速度加权外推建立初始速度模型，同时还给出了一种基于置信度和射线长度的 VSP 初至旅行时双加权层析反演的算法，通过模型试算验证了方法的有效性。

关键词　深井 VSP　初至旅行时　双加权层析　深层速度场

## 一、开篇

2000 年，酒西盆地玉门油矿向西勘探，在青西窟窿山的大山沟里（图 1），通过钻探窿 8 井、窿 9 井，在逆掩大断层之下，发现了白垩系高产油田（图 2）。

图 1　青西窟窿山油田中的大沟（远处雪山是妖魔山）

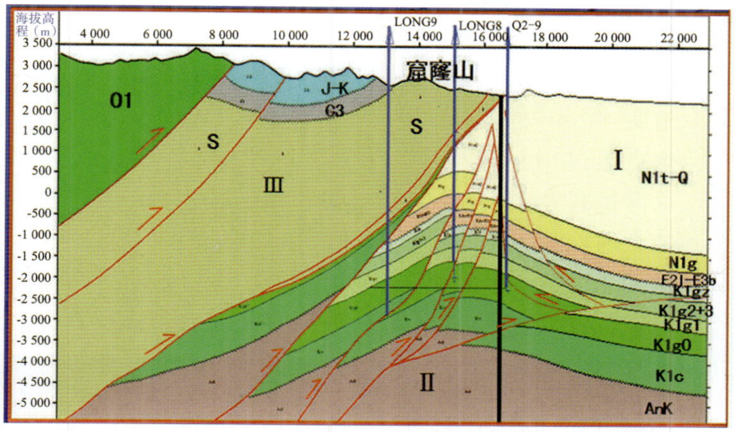


图 2　窟窿山油田地质剖面

玉门油矿的职工在老君庙油田采油近 60 年，在枯竭的情况下，发现了青西油田的接替。

2001 年，物探局在此用宽线＋大组合的方法，第一次揭示了地下的结构（图 3）。

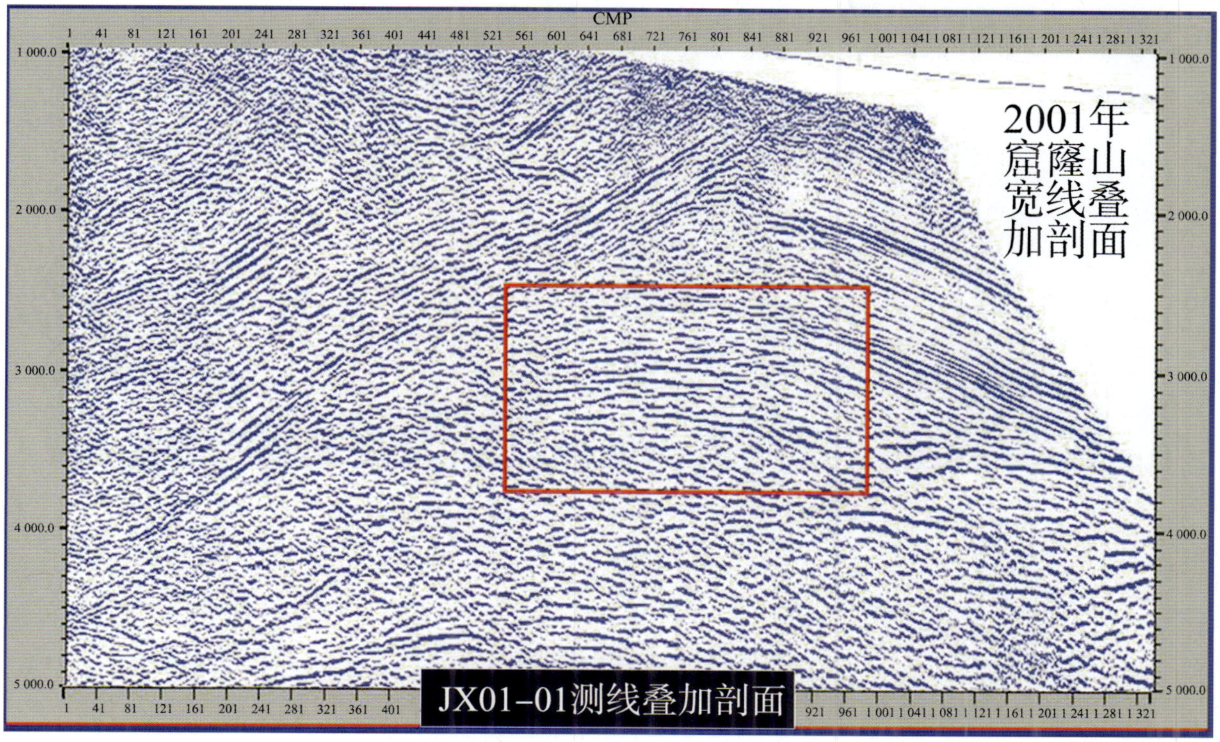


图 3　宽线二维剖面（叠加剖面）逆掩断层之下有白垩系隆起

2002年，物探局试用了三维地震施工。窟窿山属高原地区，平均海拔在3 200 m，最高海拔妖魔山4 586 m。山体相对高差在100～150 m之间，局部地方高差达400 m。30 m道距之间的高差最大为102 m。出露老地层为志留系、奥陶系、侏罗系、白垩系。2002年攻关部分30.2 $km^2$，6束线，4356炮。满覆盖工作量136.5 $km^2$（26束线）。

论证后实际采用参数如下：

观测系统：12线×18炮

面元大小：20 m×20 m（细分成10 m×10 m）

覆盖次数：108次（纵18×横6）

系统类型：12L×18S×360T

接收道数：4 320道

接收仪器道数：5 580道

道距：40 m

炮点距：40 m

纵向排列方式：7 180—20—40—20—7 180 m

最大炮检距：7 180 m

最大非纵距：1 320 m

当年，这次三维地震是面元最小，使用接收地震仪器道数最多的一次。

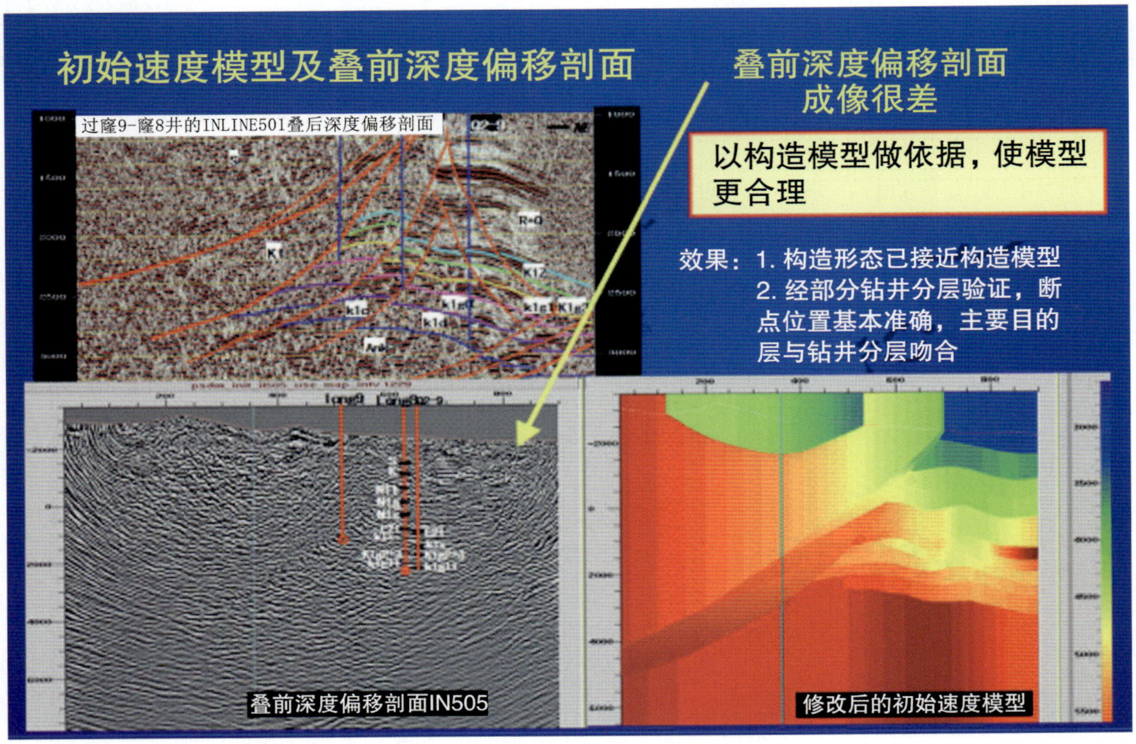


图4 地质研究中心2003年处理的叠前深度偏移剖面

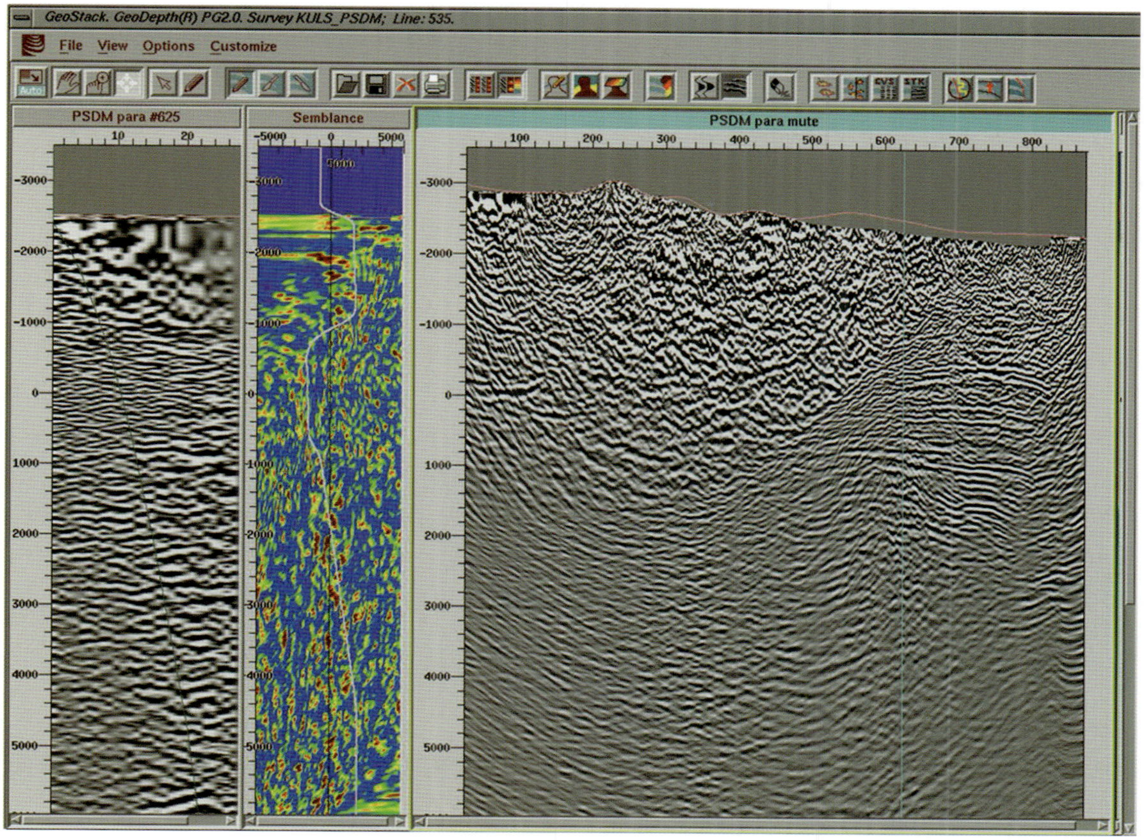


图 5 Paradigm 处理的叠前深度偏移剖面

经过近两年的处理攻关，资料品质始终没有过关(图 4、图 5)，主要是地表小折射、微测井虽然做得不少，但都不解决问题。层析静校正结果也不合理。道间高差太大，表层低降速带校正找不到合理的替代速度。更主要的是信噪比太差，又无法知道准确的偏移速度是什么。

2004 年，这片三维地震资料终因资料不过关而宣告失败。这是物探局第一次三维地震的失败。

为什么二维的宽线剖面比三维的好？除了宽线剖面的位置在东面大沟里，地形相对好之外，我想还有值得我们思考之处，具体请参看【文章编号 409】及【文章编号 410】的文章。

## 二、前言

前陆盆地是我国西部最重要的油气勘探领域，其中大部分油气聚集在山前冲断带，但由于这些地区地表、地下地质条件普遍复杂，给地震勘探带来了很大的难度，其复杂性和勘探难度主要表现在以下几个方面。

(1) 地表为高海拔、起伏大的山地，地下逆冲推覆构造、高陡构造发育，地下地质信息的获取难度非常大。

(2) 山前带地震资料品质差，地质构造复杂，准确确立构造样式、地质结构和空间变化的难度很大。

(3) 存在高速的变质岩逆冲推覆体并掩伏于低速的中新生界之上，岩体速度倒置，逆冲推覆断面的上盘老地层速度比下盘新地层的速度大很多，由于构造扭曲严重，层速度纵横向变化大，对下盘地层的速度研究影响很大，因而速度建场难度大，准确地落实构造圈闭形态很困难。

**(4) 干旱山体低降速带的厚度达 500～1 200 m，用折射波求取静校正量大部分情况下没有效果。因为折射波静校正方法要求近地表存在一个“稳定的折射层”追踪段，而小折射和地面地震资料的大炮初至在这里无法采集到可连续识别的折射波同相轴，用于近地表速度的求取。打深井做微测井求表层速度代**

**价太大，而且也只能大致测定 30 m 井底到地表的平均速度，但是对于西部山区，不知道 30 m 深度是否已经进入基岩，也不知道基岩以上的风化层到底有多厚，只要测量或拾取的旅行时稍微有误差，所求的老地层层速度误差就可以很大，因此微测井结果也不精确。**

(5) 在推覆体上方，常规速度分析求取的叠加速度比较可信；而在推覆体下方，由于原始地震反射资料中存在很强的噪声，信噪比非常低，基本难以在速度谱上拾取到可靠的能量团，即使是常速扫描也没有可靠的叠加同相轴可以识别，无法确定速度值，因此凭借猜测得到的叠加速度是不可信的。

(6) 没有准确的速度场而对构造如此复杂的地震资料做叠前深度偏移，自然就难以获得这些复杂地区可信的地下成像结果。叠前深度偏移是对山前冲断带这种复杂地下构造进行成像的一项重要技术，而叠前深度偏移的成像正确与否在很大程度上依赖于叠前深度偏移的地下介质速度场是否符合实际情况。

**复杂区地震资料偏移成像的关键在于偏移速度场的准确程度，到目前为止我们还没有找到正确求取我国西部山前冲断带偏移速度场的较好办法。**在我国西部的山前冲断带复杂地区，叠前深度偏移之所以难以取得成效是因为速度场很难准确地确定，以致在某些地区打了一些空井，至今束手无策。

以不准确的速度场做叠前深度偏移就形成了以下勘探模式：每一轮地震资料处理或每家资料处理单位都使用不同的速度场做深度偏移，然后解释构造图。在我国西部复杂地区，地震反射数据的信噪比太低，速度场基本是地震资料处理人员与地质解释人员在一定的构造模式下靠猜测建立起来的，当后期的钻井结果与此不符时，处理结果、解释方案随之进行修改，根据新的构造图继续打井。塔里木却勒地区的勘探历程[1]清楚地表明，对于我国西部复杂区地震资料叠前深度偏移速度场的准确求取还缺少办法。

**准确的偏移速度场的重要性**

叠前偏移本身是一种强大的压噪工具，如果有了准确的偏移速度场，那么即使原始信噪比很低，也能准确成像。反过来说，即使原始信噪比不错，如果地下偏移速度场不准确，那么成像也将很差。

王华忠等(2013)[2]认为起伏地表情况下的复杂构造准确成像的关键在于建立从浅至深准确的偏移速度模型，在速度准确的情况下，可以对信噪比很低的地震数据进行准确成像，得到复杂地下构造。他们通过山前带模型正演的信噪比很低的地面地震数据进行已知速度模型的叠前深度偏移，获得了复杂地区的准确成像，如图 6 所示。其中，图 6(b)为正演的单炮记录，从图 6(b)中可以看出该单炮记录的信噪比很低，通过叠前深度偏移后得到了图 6(c)的成像剖面。对比图 6(a)与图 6(c)可见，山前带复杂的地下构造准确得到成像。**这说明了对于前陆盆地山前冲断带地区，只要获取准确的叠前深度偏移速度场，对低信噪比的地面地震数据做叠前深度偏移同样能得到可靠的成像结果**，并由叠前深度偏移剖面的解释制作出与地下实际情况相符合的目的层构造图，再据此构造图定井位，即可提高钻井的成功率。

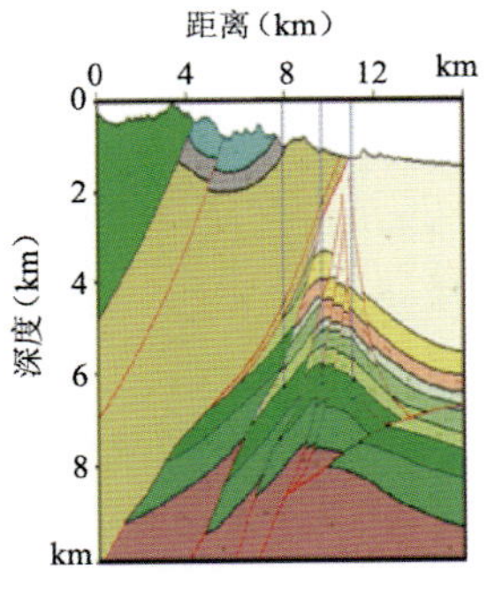


(a) 山前带速度模型

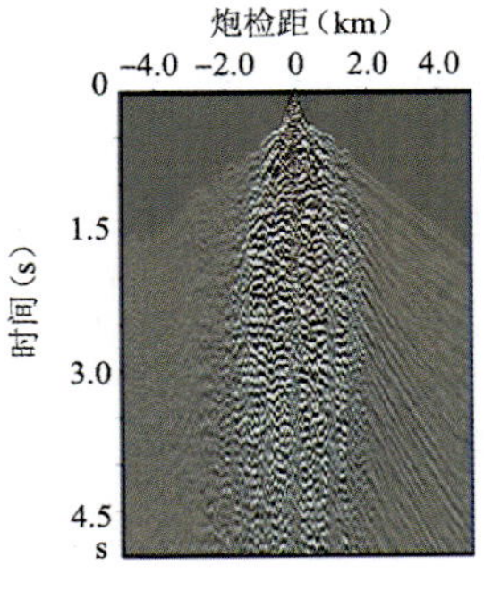


(b) 正演的信噪比很低的单炮记录

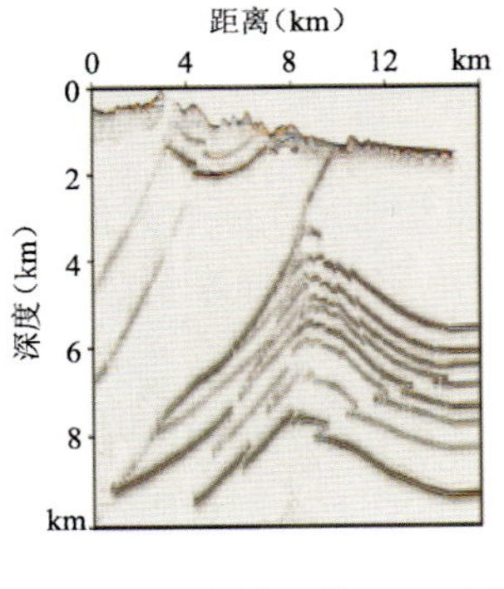


(c) 已知速度模型的 PSDM 结果

图 6　山前带模型正演的低信噪比记录和已知速度模型的叠前深度偏移[2]

**窟窿山地震旅行时层析反演的难点**

目前，在地面地震勘探中，只有首波(含直达波和折射波)的信噪比比较高，容易拾取初至时间，因此，大部分都是使用首波的初至时间来做地震旅行时的层析反演，得到地下的速度参数。

在我国西部复杂山地地区，根据普通地面地震接收的回折波或直达波难以反演得到深层的速度。如

图 7 的窟窿山二维块状模型，使用 GeoModel 软件试射法正演的直达波射线，其中接收排列 17.6 km 布满地表（地面地震接收），道距 50 m，0.2°间隔试射。图 7(a)共有 1 500 条射线从一个炮点入射到地下，图 7(b)仅有 81 条回折波被接收到，占全部射线的 5.4%，说明这一炮只有很微弱的回折波能量回到地表且被地面检波器所接收到，而且还有很多区域，尤其是深层根本没有回折波射线穿过。

从上述的窟窿山二维模型正演说明：根据普通地面地震接收的回折波或直达波难以反演得到深层的速度。

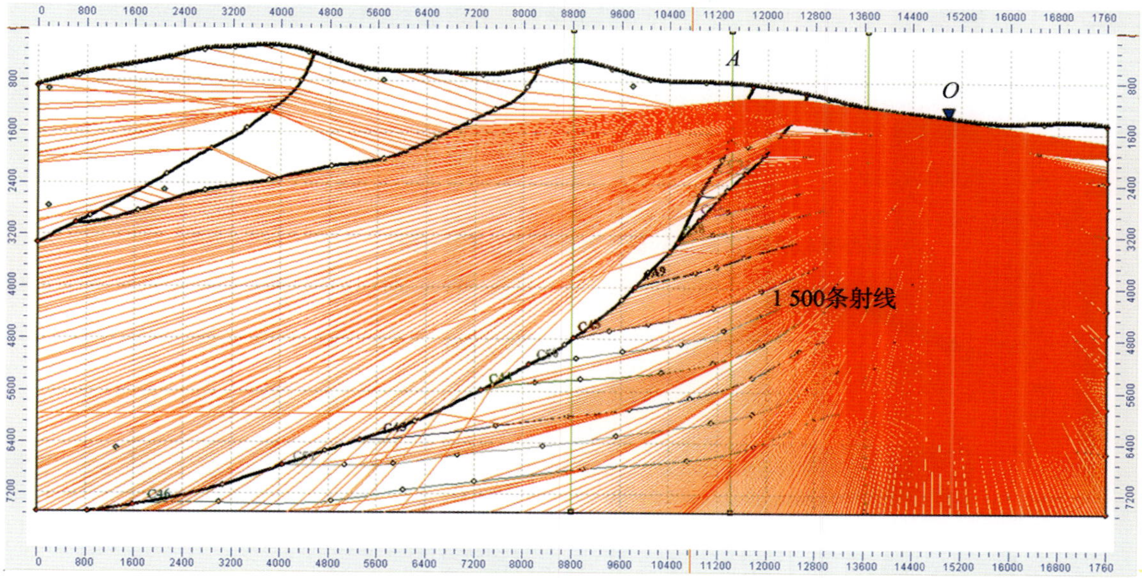


(a) 全部射出的射线

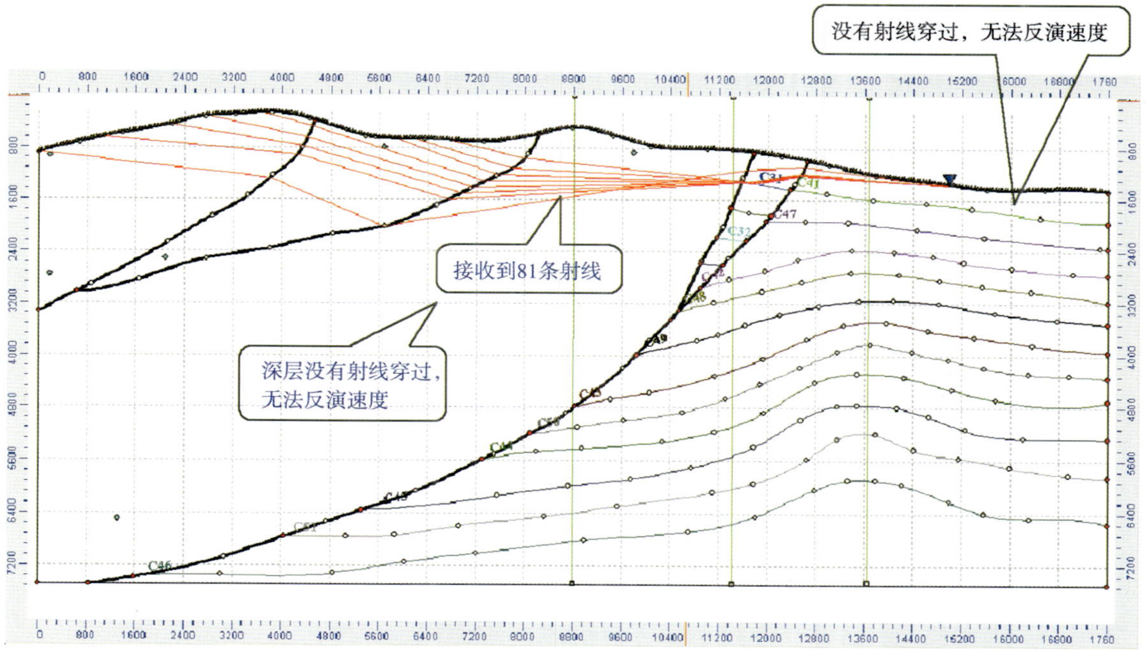


(b) 接收到的射线

图 7　窟窿山二维块状模型 GeoModel 软件试射法正演的直达波射线（接收排列 17.6 km 布满地表，道距 50 m，0.2°间隔试射）

图 8 是使用某国外公司软件在窟窿山二维模型上所做的层析反演，既不准确，也仅仅能反演到地下 400～500 m 的深度。

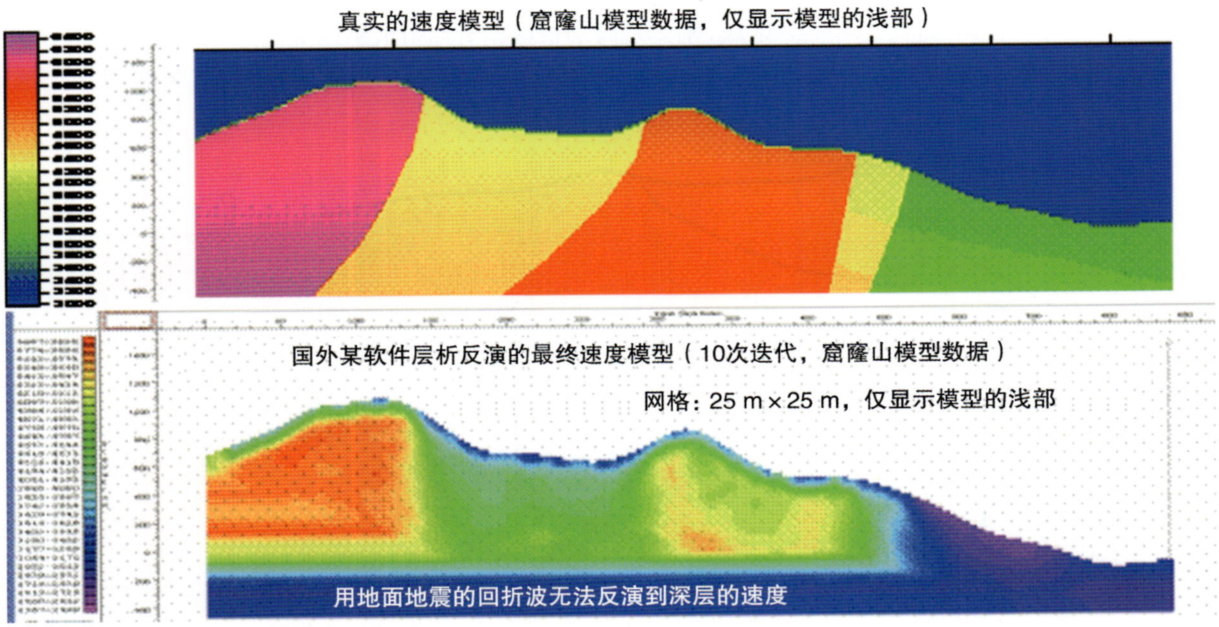


图 8　窟窿山二维模型的真实速度与国外某层析方法反演速度的对比

针对这一问题，我们提出了深井 VSP 层析求偏移速度场的方法（我们称为 VSPTomo），以解决叠前深度偏移正确速度场求取的问题。

图 7(a)中，如果 A 点处在深井中做 VSP 观测（黄色竖线），那么能够收到的初至直达波射线就不止是 81 条了，而是几百条。如果工区有一口深井，那么只要在地面每隔 100 m 放一炮，即有一个 Walkaway VSP，一定就能得到上千个初至直达波数据，就足够用来做深层速度场层析反演了。

2012 年，我们提出深井 VSP 层析求偏移速度场的方法，如图 9 所示。具体思想如下。

(1) 在复杂山区，找 1～2 口低产井或报废井，把多级井下检波器下到不同深度上，推靠到井壁。在井口安置 GPS 授时地震仪，无人值守，全天候接收地震记录。在山上山下用放小炮的办法，放很多炮（要用 GPS 授时爆炸机），接收直达初至波，只要放炮的能量足够，多级井下检波器能够记录到可靠的初至，然后根据几万条射线的初至，采用层析方法推算出整个山体和山下的速度场[1]。

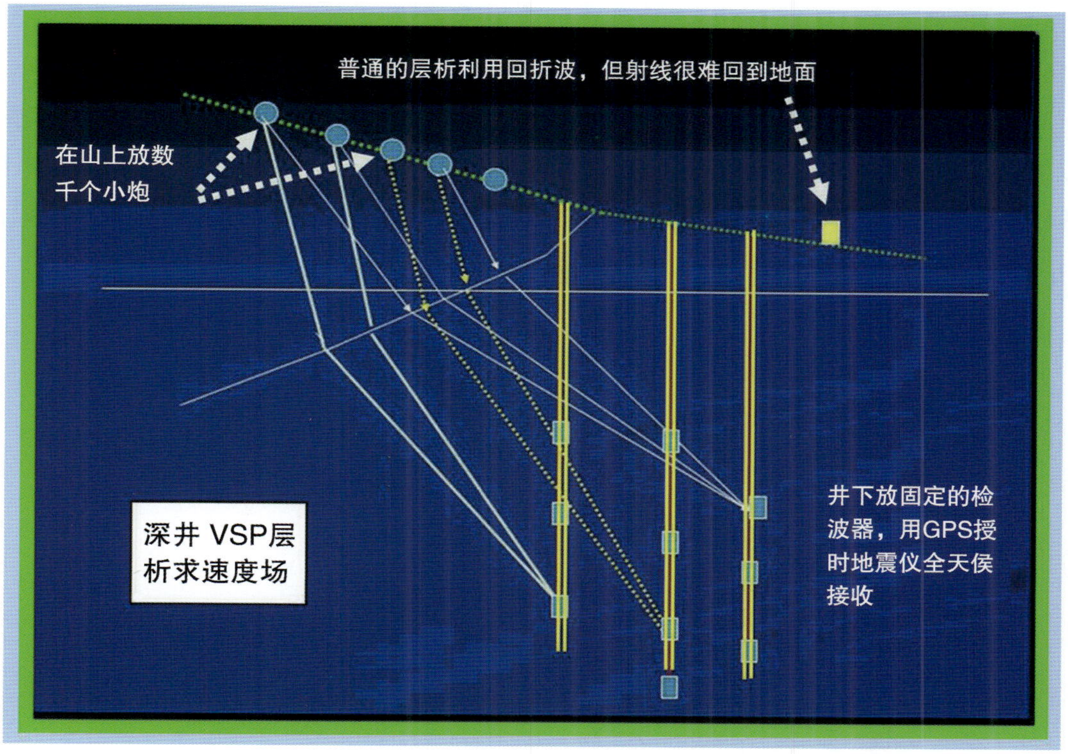


图 9　复杂区深井 VSP 层析求偏移速度场 VSPTomo 方法的示意

(2) 还可以用类似于二维 VSP(Walkaway VSP)或三维 VSP 的勘探方式，在多口井的井下放置多级井下三分量检波器接收 VSP 的直达波，用层析方法反演深层的速度场。

使用这种深井 VSP 层析求偏移速度场方法反演得到深层速度场，可以为我国西部复杂区叠前深度偏移的速度建模奠定好基础。

## 三、复杂区深井 VSP 层析求偏移速度场 VSPTomo 方法

### (一) VSPTomo 初始速度模型的建立方法

初始速度模型是层析反演的关键因素，直接决定反演结果的质量，初始速度模型应尽可能地接近地下的真实速度模型。在复杂区深井 VSP 层析求偏移速度场建立初始速度模型过程中，为了使建立的模型尽可能地接近真实地质模型，可采取以下四项策略[3]。

**(1) 利用已知的构造信息。**层析反演初始速度模型必须尽量接近真实速度模型，初始速度模型离真实速度差别太大会使反演结果永远收敛不到正确的结果上去。而我们对地下的模型总是有一定的了解的，比如，在层析反演之前总是可以综合地面地震处理和解释、倾角测井、钻井等多种信息得到一个大致的构造形态和速度范围，因此在建立初始速度模型时，应充分利用该区已知的构造信息和速度信息。

**(2) 把零井源距 VSP 反演所求的层速度当作“坚强值”。**对于 VSP 观测，由于接收点深度已知，同时，由零井源距 VSP 初至时间所反演的井口附近的层速度是比较可靠的。因此，在建立初始速度模型时，在井径(对应于 $x=0$)上的模型网格，它们的速度直接由零井源距 VSP 反演所求的层速度来填充。

**(3) 对井径附近的初始速度进行“渲染”处理。** 在井径 $x=0$ 处附近网格层速度的置信度也应该很高，在井附近网格上由用户给定一个速度场的“渲染”半径，在该“渲染”半径内，网格的速度等于用已知信息建立的初始速度场的速度乘以该初始速度场的权系数，再加上零井源距 VSP 层速度乘以零井源距 VSP 速度的权系数。零井源距 VSP 速度的权系数随着“渲染”半径线性减小，而用已知信息建立的初始速度场的权系数则相反。把“渲染”后的速度场作为迭代初始速度场，用于深井 VSP 层析速度反演，如图 10 所示。

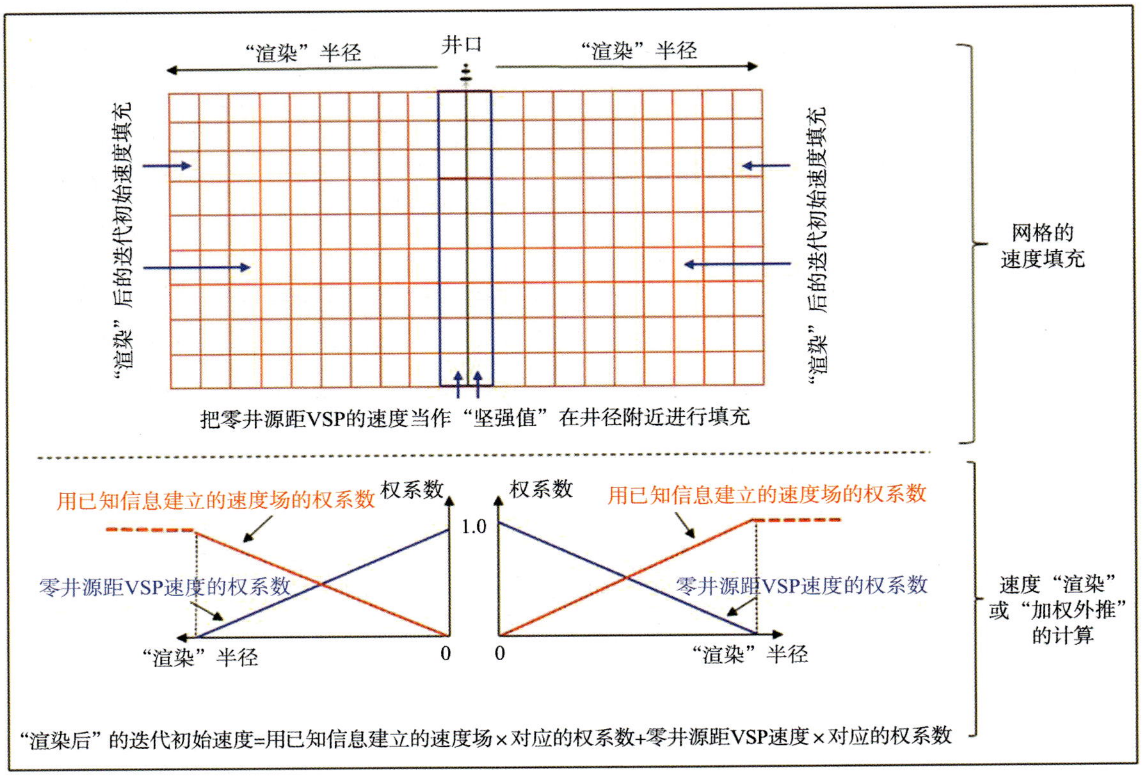


图 10　初始速度模型建立的示意(井径附近初始速度的“渲染”处理)

**(4) 模型的分层加细。** 为了防止射线不必要的拐弯及网格的射线空缺，模型的分层厚度不能太大，要尽量接近实际。针对这一问题，采用如下解决办法：第一，增加模型层数。在原来速度模型的每个层内，增加 2～3 个小层。在给定每个小层的速度时，使多个小层的平均速度与原来大层的速度大致相等。第二，对速度模型进行平滑处理。为了提高射线分布的均匀性，减小由速度突变引起的射线空白区，对速度模型进行平滑处理。

## (二) VSP 旅行时双加权层析反演的公式

通常情况下，利用零井源距 VSP 数据可以得到比较可信的井旁速度。对于 VSP 旅行时层析反演，如果只是根据射线长度分配走时误差，可能会把比较准确的 VSP 井旁速度弄得越来越不准确。针对这一问题，这里引入速度网格“置信度”的概念，建立一种动态的“置信度矩阵”，控制误差分配的比例，置信度高的就不再分配较大的修改量，每次修改后，该网格的置信度就增加 1。速度网格的置信度是指在 VSP 井径附近的速度是由零井源距 VSP 初至时间反演得到的，其置信度非常高，在 VSP 旅行时层析反演中应该赋予很高的置信度，速度或慢度仅允许微小的修改，而远离井径的速度网格置信度则下降，速度或慢度可以允许进行大幅度的修改，为此，提出了“VSP 旅行时双加权层析反演”算法[3]。该算法有两个关键点。

**(1) 在修改网格的慢度时，使走时误差分配的权系数正比于穿过当前网格的射线长度，反比于该网格的置信度。**那么，对于有 $J$ 个网格的速度模型，如果有 $I$ 条射线，则第 $j$ 个网格的慢度修正量 $\Delta S_j$ 公式为

$$\Delta S_j=\frac{\eta}{\lambda_j}\sum_{i=1}^{I}\frac{dT_i\cdot\left(\frac{L_{ij}}{SL_i}\right)\cdot\left(\frac{1}{\eta_{ij}\cdot SN_i}\right)}{SLN_i}\qquad\begin{matrix}(i=1,2,3,\cdots,I)\\(j=1,2,3,\cdots,J)\end{matrix}\qquad(1)$$

式(1)为 VSP 旅行时双加权层析反演的公式，用于复杂区深井 VSP 层析求偏移速度场的慢度修正。在式(1)中：

$$\lambda_j=\sum_{j=1}^{J}L_{ij}^{\alpha}\quad(j=1,2,3,\cdots,J)$$

$$SL_i=\sum_{j=1}^{J}\rho_i\cdot L_{ij}\quad(i=1,2,3,\cdots,I)$$

$$\rho_i=\sum_{j=1}^{J}L_{ij}^{2-\alpha}\quad(i=1,2,3,\cdots,I)$$

$$SN_i=\sum_{j=1}^{J}N_{ij}\quad(i=1,2,3,\cdots,I)$$

$$SLN_i=\sum_{j=1}^{J}\left(\frac{L_{ij}}{SL_i}\right)\cdot\left(\frac{1}{N_{ij}\cdot SN_i}\right)\quad(i=1,2,3,\cdots,I)$$

其中，$J$ 为速度模型的网格总数，$I$ 为射线总条数，$dT_i$ 为第 $i$ 条射线的走时误差，$L_{ij}$ 为第 $i$ 条射线在第 $j$ 个网格上的射线长度，$N_{ij}$ 为第 $i$ 条射线在第 $j$ 个网格上的置信度，$SL_i$ 为第 $i$ 条射线的总长度，$SN_i$ 为第 $i$ 条射线的总置信度，$\eta$ 和 $\alpha$ 为控制收敛速度与稳定性的松弛因子，$0<\eta<2$，$0<\alpha<2$。式(1)与传统旅行时层析 SIRT 算法的最大区别在于增加了网格的置信度作为权系数来分配走时误差。

**(2) 迭代射线排序。在迭代计算过程中，遵循“先小井源距，后大井源距，先浅后深”的计算顺序。**为此，对 VSP 直达波的射线先按照检波器深度从浅到深，再按照井源距从小到大的顺序进行排序后做慢度修正。

### (三) VSPTomo 的实现过程

复杂区深井 VSP 层析求偏移速度场实现过程的主要步骤如下。

在工区里做过合格的 Walkaway VSP 的情况下：

**(1) 用零井源距 VSP 初至时间反演求得的井旁速度填充井径附近的网格速度。**

**(2) 用零井源距 VSP 速度和用已知信息建立的初始速度场来建立 VSPTomo 所用到的迭代初始速度模型。**按照上面所述的方法插值出所有网格的初始速度 $V(x,z)$，插值的原则是使井旁附近的速度为零井源距 VSP 速度，向外逐渐“渲染”过渡到给定的初始速度。

**(3) 建立置信度场矩阵或置信度场 $N(x,z)$。**建立一个与速度场网格完全对应的“置信度”网格矩阵或置信度场。设置初始置信度值：在井旁给一个比较大的置信度值 50，随着网格远离井位，置信度值逐渐减小。初始置信度由 45 慢慢降至 5，过渡区外降到 2。

在迭代计算过程中，每个网格的速度场每经过一次误差修正，该网格的置信度就增加 1。

**(4) 射线追踪正演 VSP 直达波。**计算每一条射线的理论走时、射线传播路径、穿过单元网格的射

线长度，从炮点出发一直追踪到井下的某一深度位置 $Z$ 为止，得到直达波走时 $Tz$。再与实际观测的VSP直达波走时 $Tj$ 做比较，就得到误差。把这个误差按“双加权”方法分配到射线经过的每一个网格上去。

**(5) 迭代射线排序。** 在迭代计算过程中根据井源距和接收点深度，对射线进行排序，以便后面的层析反演计算按照先近炮点，后远炮点；先浅接收点，后深接收点的顺序进行处理。对于一固定的接收点，先用近井源距的射线更新网格的慢度；对于一固定的激发点（或井源距），先用浅层的射线更新网格的慢度。如图11所示，总的射线排序按照从小到大数字的顺序进行。

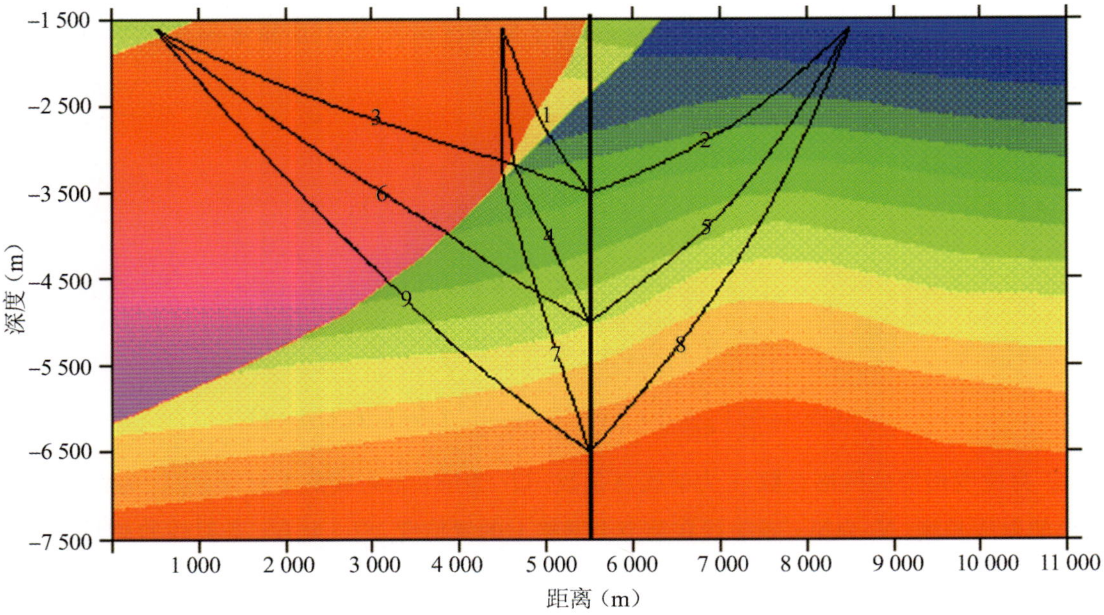


图11 射线排序示意

**(6) 双加权修改慢度场。** 按照双加权网格慢度修正公式(1)，计算网格上的慢度修正值，修改慢度场，对新的慢度场进行平滑处理。

**(7) 网格掩码控制。** 预先把所有网格的掩码置0，掩码为0的网格可以对其做慢度的修改，而掩码为1的网格不做慢度的修改。在迭代计算过程中，先根据走时误差判断网格的慢度是否需要进一步更新，如已经满足给定的走时误差精度，则将这些网格的掩码置1，锁定这些网格，后续的迭代计算将不对这些网格的慢度做进一步的修改。

**(8) 迭代计算。** 迭代计算直到理论与实际的走时误差达到规定的要求；达到最大的迭代次数，输出最终的层析反演速度场[3]。迭代计算的框架如图12所示。

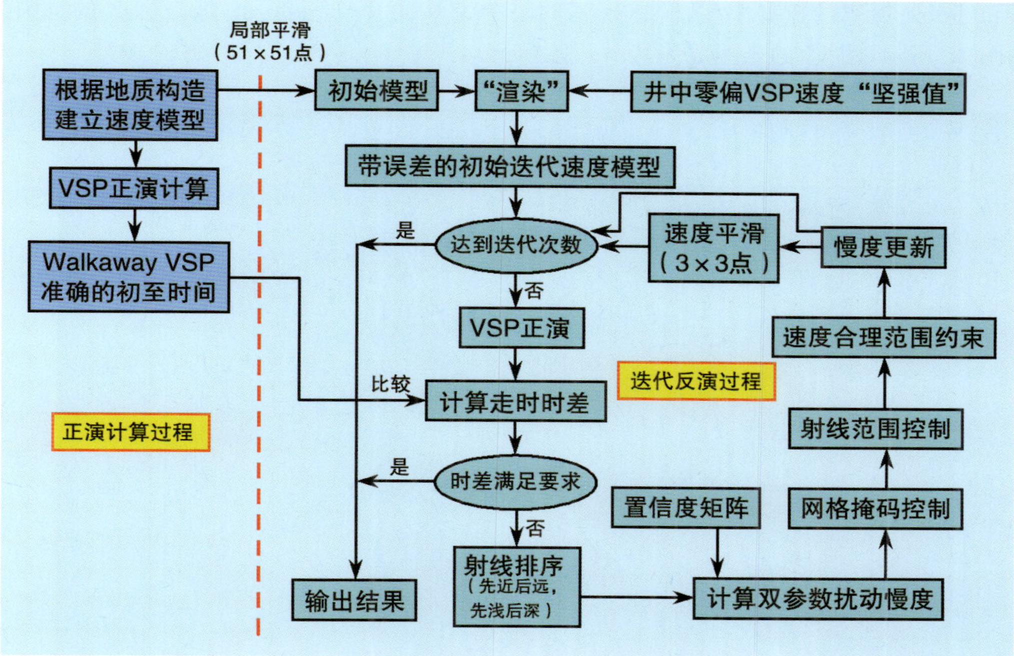


图 12　迭代计算的框架

**具体做法说明：**

(1) 现在我们没有可靠的 Walkaway VSP 实际数据，在做 VSPTomo 的试算时，我们只能把以前地面地表等已知资料建立的速度场当成地下模型的真实速度场。

(2) 用所谓地下的真实速度场，人为地平滑再减去 500 m/s，当作“用已知信息建立的速度场”或“有误差的速度模型”。在井的位置填充速度“坚强值”，并且在周围进行“渲染”处理。处理后的速度场就作为我们“渲染后的迭代初始速度场”或“带误差的迭代初始速度模型”。

(3) 以地下的真实速度场模型出发，在地面每 100 m 距离区间内模拟放一炮。

对每一个炮点位置 $O$，发出许多射线。射线追踪由炮点到达井位正下方的某一接收深度点 $Z$ 处，总行程时间 $Tj$ 相当于一个准确的初至直达波数据，以此作为准确的到达时间。

(4) 再以“带误差的迭代初始速度模型”为迭代的开始，也在地面同一个炮点位置 $O$ 放一炮，发出许多射线。射线追踪由炮点到达井位正下方的某一接收深度点 $Z$ 处，总行程时间 $Tz$ 相当于另一个初至直达波数据，以此作为有误差的实际到达时间 $Tz$。把有误差的实际到达时间 $Tz$ 与准确的到达时间 $Tj$ 比较，可以得到这条射线的总时间误差 $dT$。于是把 $dT$ 按“双加权”误差分配方法，分配到该射线所经过的每一个网格里去。同时在“置信度矩阵”里，把置信度加 1，这样就完成了一条射线的迭代修改。

以此，按“迭代射线排序”继续迭代修改速度模型。

网格尺寸必须足够小（5～10 m），才能比较精细地反映地下速度的纵横向变化。实际网格密度为 5 m×5 m。原始速度模型一般分层较粗，需要加密分层，才能避免射线的空白区。对加密分层的模型，还要通过平面上的平滑处理，才能避免射线的方向错误。

## 四、VSPTomo 的试算

### （一）窟窿山二维模型的试算

图 13 是根据以前地面地震等已知资料建立的窟窿山二维速度模型，通过模型的分层加细，建立了图 14 的窟窿山二维速度模型，用于 VSPTomo 计算。由于该模型的区域比较大，故只用图 14 黑框内区域作

为窿 8 井 VSPTomo 试算的速度模型，横坐标 $X$ 的范围为 6 000～17 000 m，纵坐标 $Z$ 的范围为 1 500～7 500 m，如图 15 所示(图 15 的坐标改为从 0 开始标记)。

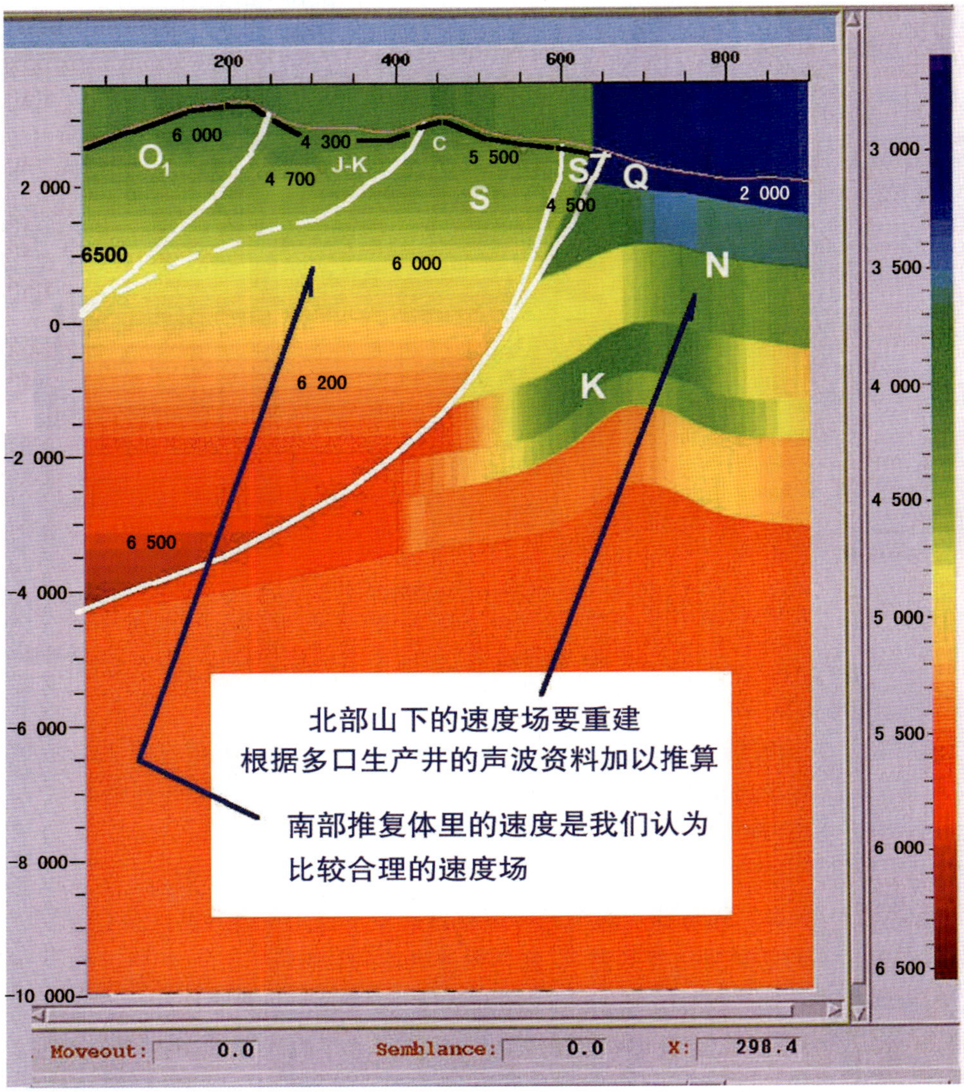


图 13 根据以前地面地震等已知资料建立的窟窿山二维速度模型

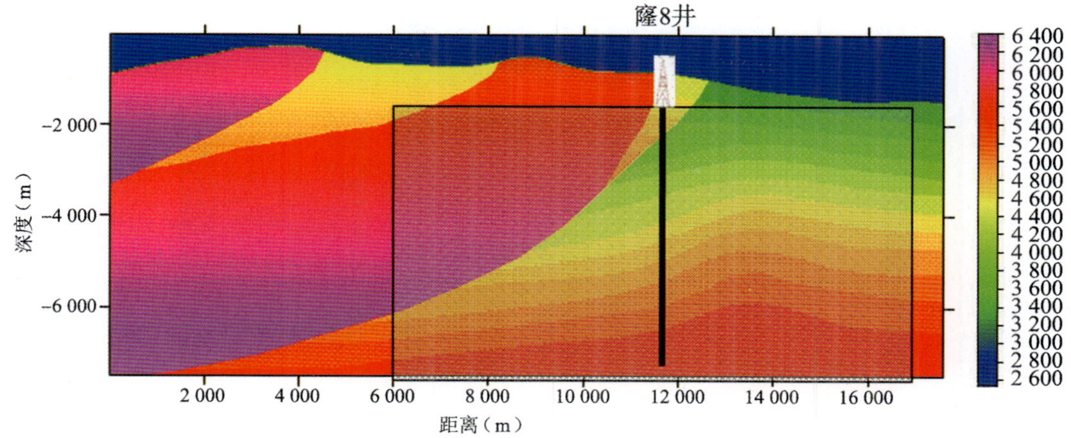


图 14 窿 8 井 VSPTomo 试算所用到的窟窿山速度模型区域
（矩形区域中 $X$:6 000～17 000 m，$Z$:1 500～7 500 m）

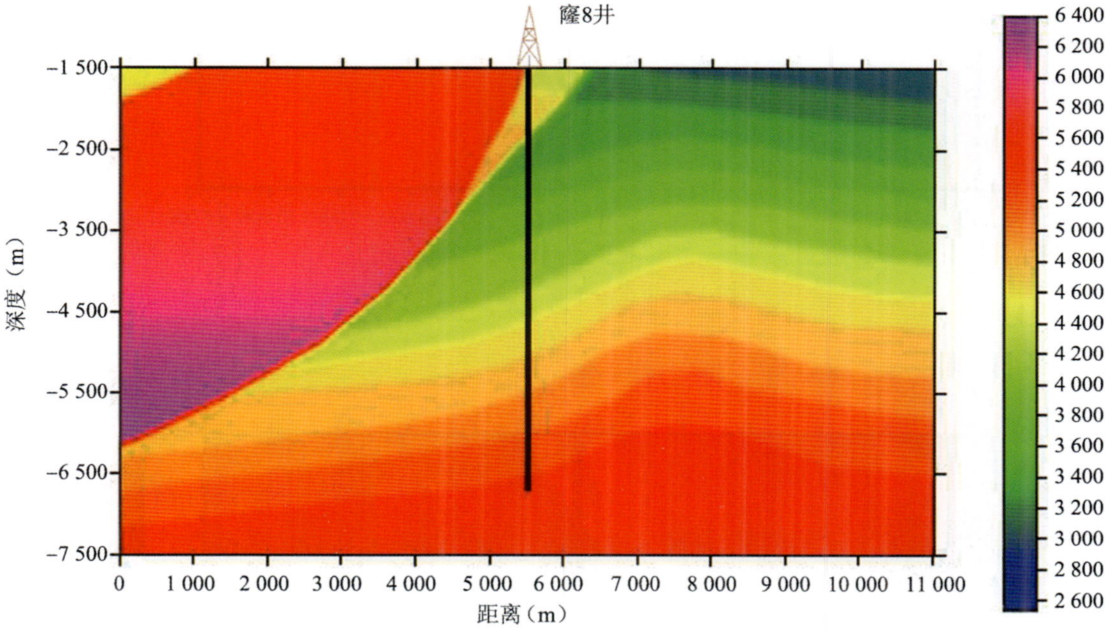


图 15 窿 8 井 VSPTomo 试算所用到的局部窟窿山二维速度模型（图 14 的黑框内区域）

我们把图 15 作为已知答案，称为真实速度模型，对窟窿山二维模型进行 VSPTomo 试算。

**（1）窟窿山二维模型试算 1：**对图 15 的真实模型进行局部平滑（51×51 点平面平滑），加上常速度扰动（实际是减 500 m/s）当作误差，再利用零井源距 VSP 井旁速度做坚强值，填充井径附近网格，并做“渲染”处理后，作为“带误差的迭代初始速度模型”，如图 16 所示。图 17 为初始模型与真实模型的速度差。

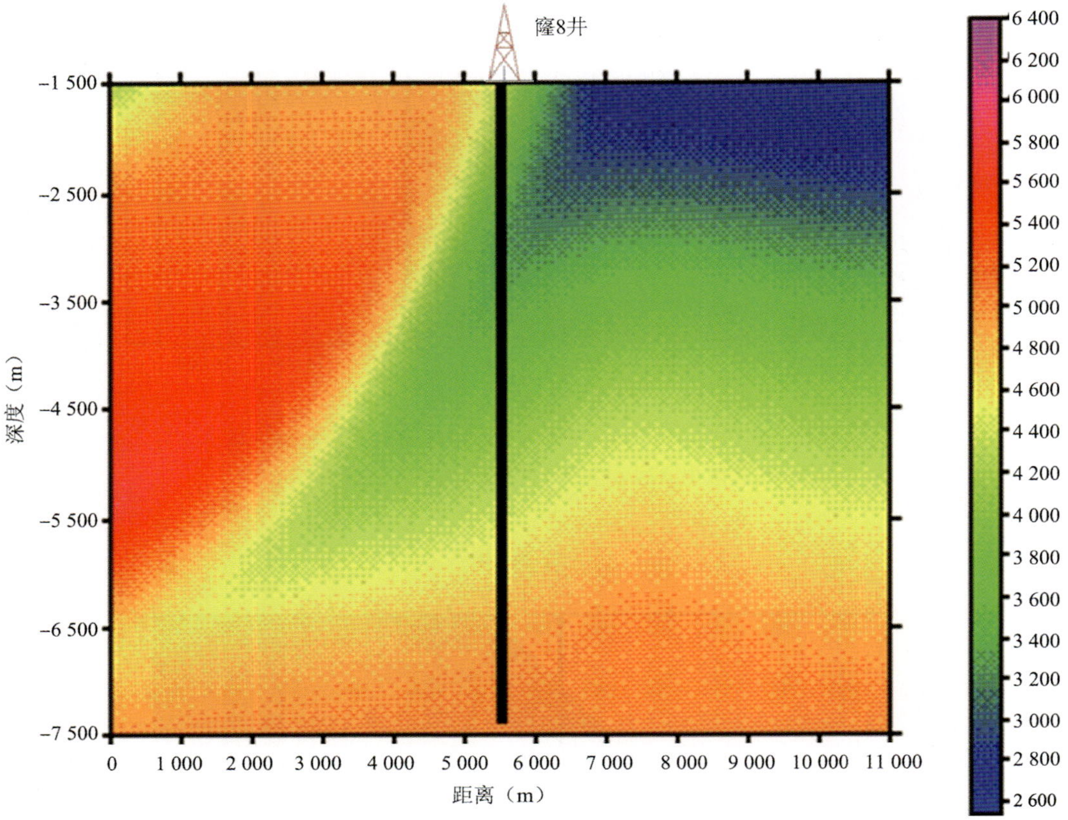


图 16 带误差的迭代初始速度模型

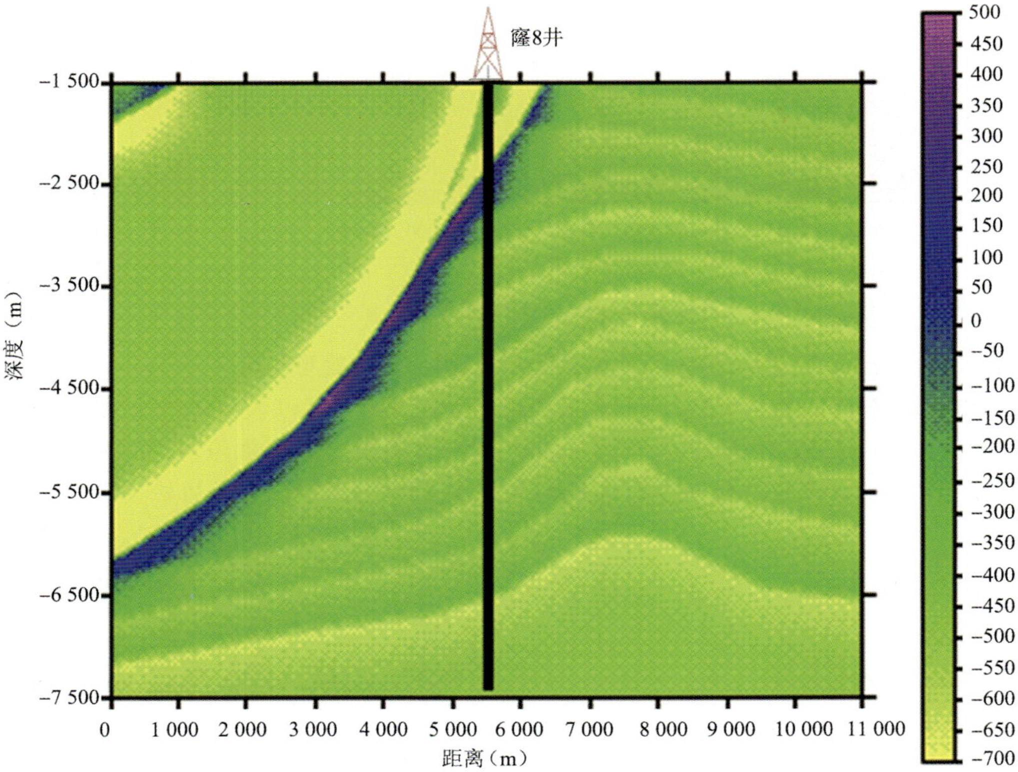


图 17 初始模型与真实模型的速度差

VSP 观测系统：在井的两边激发，激发点距为 100 m，总炮数为 101 炮，VSP 接收点深度范围为 500～5 850 m，接收点距为 25 m，总接收点道为 215 道。

图 18 为真实速度模型与 VSPTomo 迭代反演速度模型的对比，VSPTomo 反演速度模型很接近真实速度模型，且反演得到了深层的速度。

图 19 为初始速度误差与 VSPTomo 反演速度误差的对比，反演速度模型的速度误差大部分在 ±200 m/s之间，最大速度误差绝对值从反演前的 700 m/s 减小到反演后的 200 m/s。图 20 为每道的最终平均走时误差，图 21 为每炮的最终走时误差，可以看出，除了模型的边界以外，每道的最终走时误差绝对值大部分在 5 ms 之内，而每炮的最终平均走时误差绝对值大部分在 2.5 ms 之内。

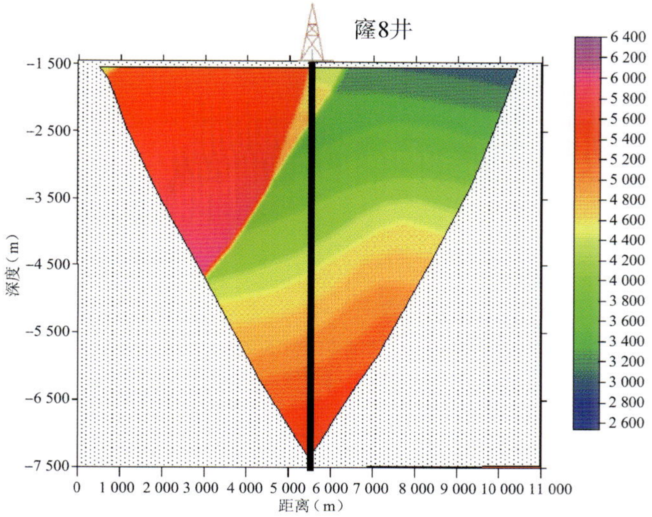


（a）窟窿山二维真实速度模型

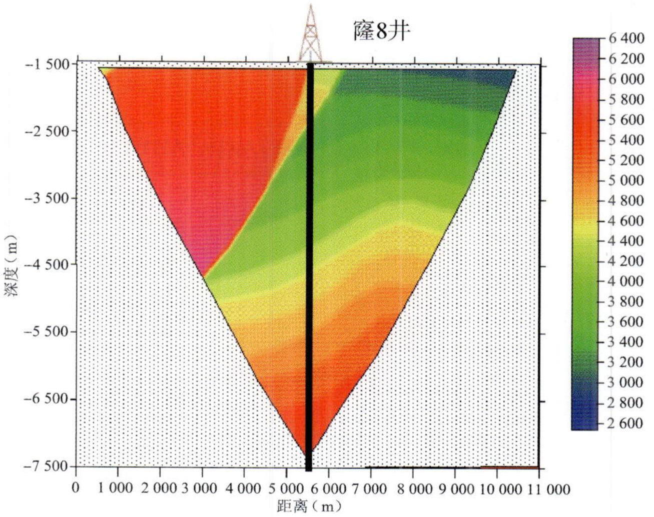


（b）窟窿山二维反演的速度模型

图 18　窟窿山二维真实速度模型与反演速度模型的对比

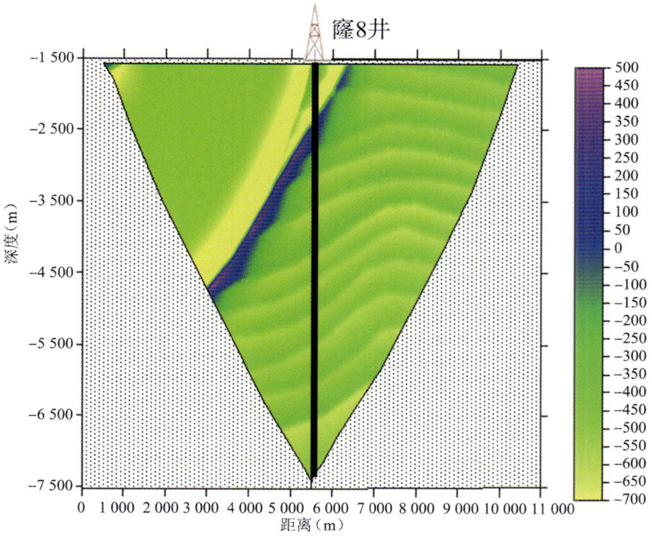


（a）窟窿山二维模型的初始速度误差

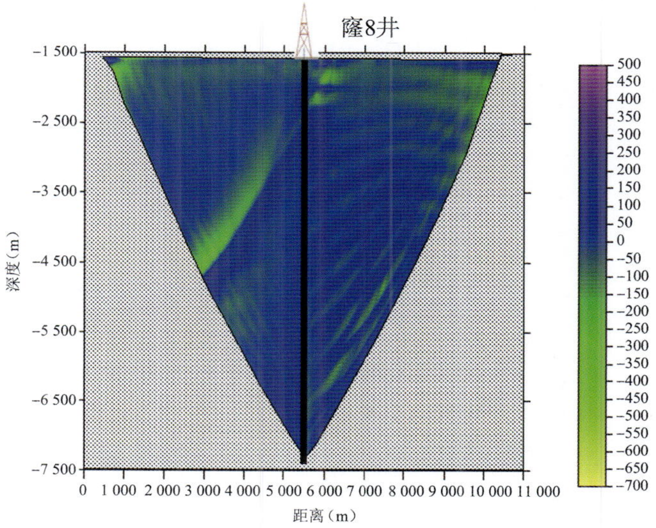


（b）窟窿山二维模型的反演速度误差

图 19　窟窿山二维模型初始速度误差与反演速度误差的对比

**迭代过程说明：**

这里采用地面坐标 0～11 km 范围内，在地面模拟放炮 101 炮，炮距 100 m。窿 8 井位于剖面中央。每放一炮，我们计算一条射线从炮点经过各网格的路程，根据网格里的速度，计算其走时，直到碰到井下某

一个接收深度点 $Z$ 为止，再把走时累加起来，可以得到整个射线到达 $Z$ 点的总走时 $Tz$。这个总走时与 VSP 井下 Z 点的实际到达时间 $Tj$ 的差别就是这条射线的误差。

图 18 和图 19 里的倒三角形是迭代过程中所有射线所能到达的地区。倒三角形以外的部分是没有射线到达的。图 19(a)是窟窿山二维模型在迭代前的初始速度误差，黄色区误差最大。大部分淡绿色及淡黄色区的速度误差在－700～－500 m/s，且分布面积较广。图 19(b)是经迭代后的反演速度误差，误差小了许多。蓝色及深绿色区的误差在±200 m/s 以内。淡绿色区误差在－450 m/s 以内，只分布在局部区域里。

下面再看走时的误差，具体见图 20、图 21。

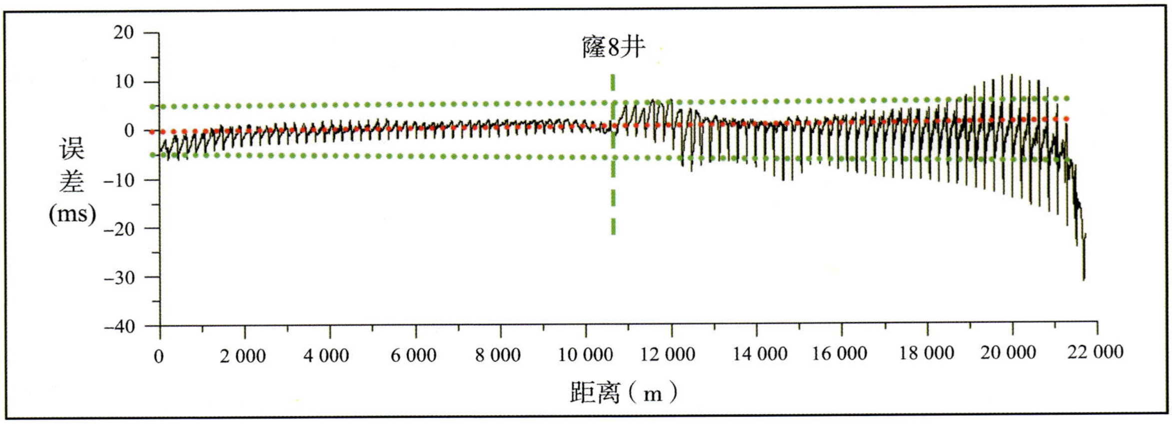


图 20　窟窿山二维模型试算 1 的每道最终走时误差

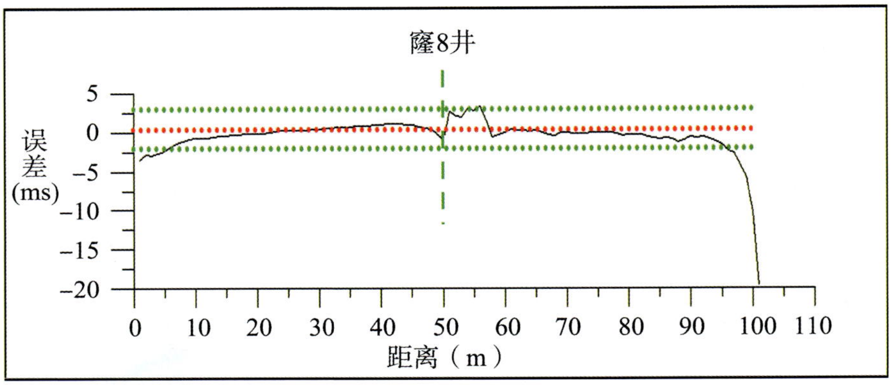


图 21　窟窿山二维模型试算 1 的每炮最终平均走时误差

从图 20 及图 21 可见，采用 VSPTomo 的反演速度场，每炮最终走时误差均很小，大部分小于±5 ms。每炮的最终平均走时误差大部分在 2.5 ms 之内。这个结果在做叠前偏移时允许的误差范围内。

两图的左边，窟窿山山体部位的走时误差都很小，右边山下走时误差较大。最右边处误差的迅速增大是由于网格迭代修正的次数极少，还是因为建立初始速度场的时候人为减了 500 m/s，右边速度太低而引起。

**(2) 窟窿山二维模型试算 2：与常规的联合迭代重建算法(SIRT)的比较。**图 22 为 VSPTomo 与 SIRT 反演的速度模型对比。图 23 为 VSPTomo 与 SIRT 反演的速度误差对比。从图 22 和图 23 的对比可以看出，VSPTomo 要明显优于 SIRT。

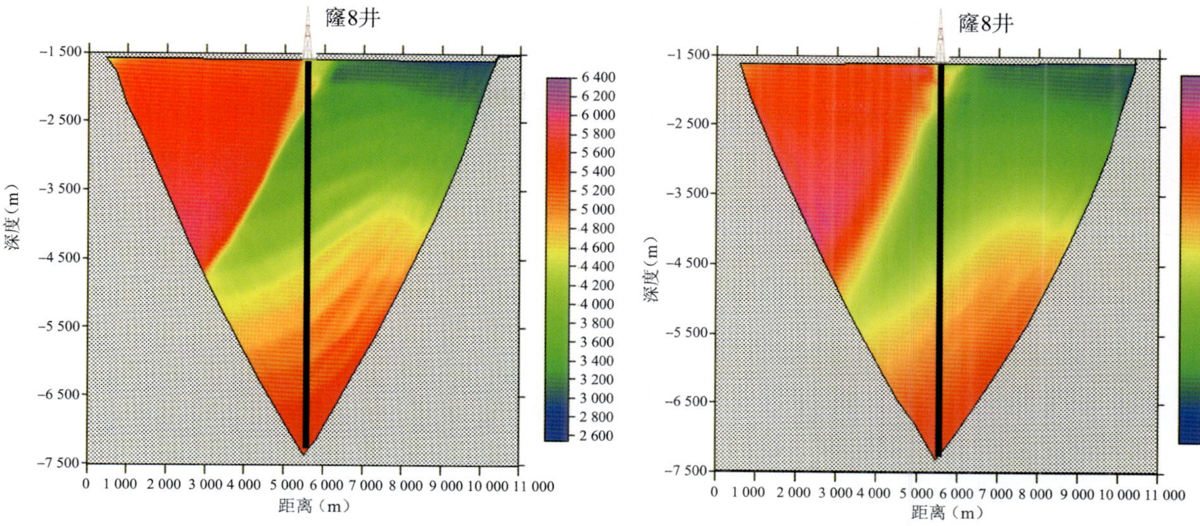


（a）VSPTomo 反演的速度模型　　（b）SIRT 反演的速度模型

图 22　VSPTomo 与 SIRT 反演的速度模型对比

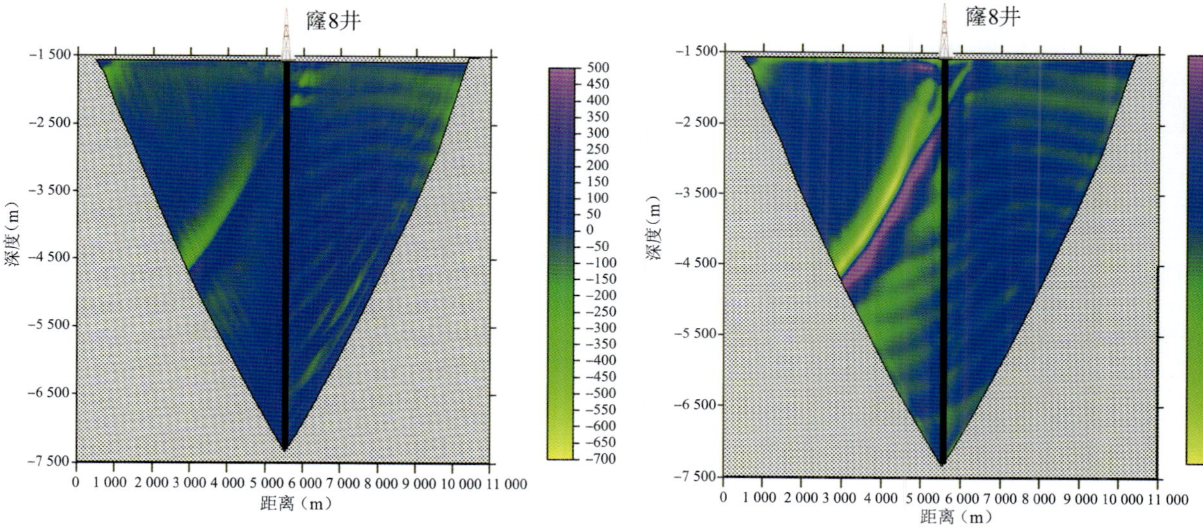


（a）VSPTomo 反演的速度误差　　（b）SIRT 反演的速度误差

图 23　VSPTomo 与 SIRT 反演的速度误差对比

**反演对比说明：**

VSPTomo 反演方法与其他类似方法的差别包括四项策略和两个关键点，而联合迭代重建算法(SIRT)在建模和反演迭代过程中由于没有采用“井的位置填充速度坚强值”“置信度矩阵”“双加权误差分配”“迭代射线排序”等策略和关键点，其反演结果不如 VSPTomo 的，是这一系列的策略和关键点共同造成了二者之间结果的差异。

## （二）却勒 6 井二维模型的试算

我们采用上述 VSPTomo 方法在塔里木盆地的却勒构造上又做了个模型试算。却勒地区曾经由于速度场的判断错误，造成打井失败。

我们对却勒 6 井二维模型共做了 2 个 VSPTomo 的试算：① 用零井源距 VSP 井旁速度对初始模型进

行“渲染”。② 不用零井源距 VSP 井旁速度对初始模型进行“渲染”。这两个试算是为了对比初始模型“渲染”对 VSPTomo 反演的影响。

图 24 为初始模型做渲染与不做渲染所反演的速度误差的对比，初始模型做渲染所反演的速度误差绝对值大部分在 100 m/s 以内，个别地方在 150 m/s 左右，除了边界部分外，该模型试算的速度误差比较小，而初始模型不做渲染所反演的速度误差最大绝对值达到 400 m/s。显然，初始速度做渲染的反演结果要比不做渲染的反演结果好很多。

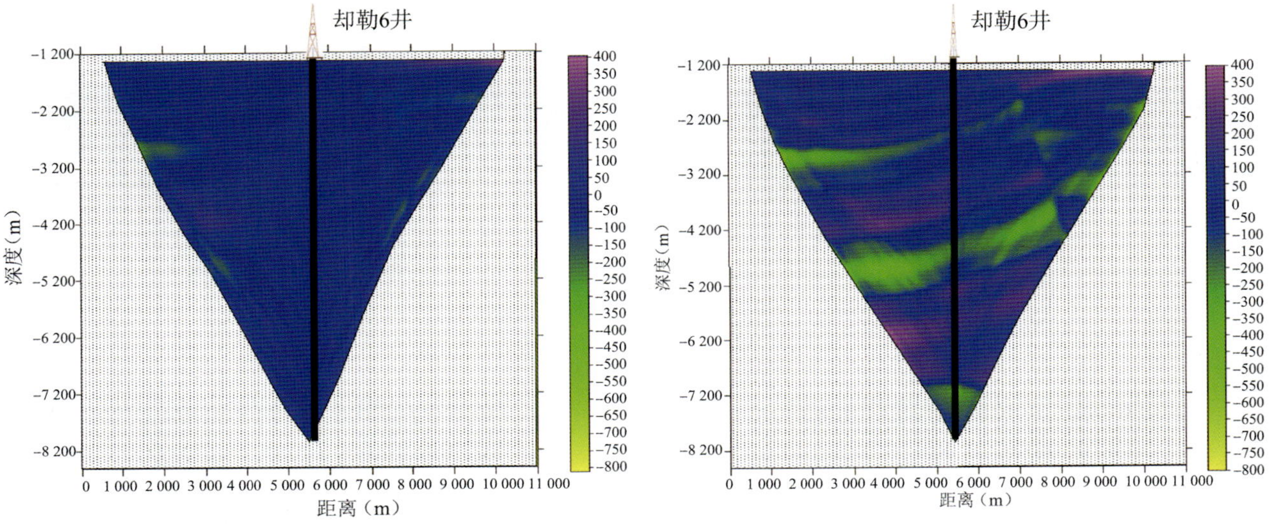


(a) 初始模型做“渲染”所反演的速度误差　　(b) 初始模型不做“渲染”所反演的速度误差

图 24　却勒 6 井二维模型初始模型做“渲染”与不做“渲染”所反演的速度误差的对比

通过窟窿山二维模型和却勒 6 井二维模型的 VSPTomo 试算的反演结果和走时误差说明：

(1) VSPTomo 可以比较准确地反演得到复杂区地下深层的速度；

(2) 除了模型的边界以外，VSPTomo 的每道最终走时误差可控制在 5 ms 之内。

(3) VSPTomo 的反演结果优于 SIRT 的反演结果。

(4) 对井径附近的初始速度做渲染处理的反演结果要比不做渲染处理的反演结果好很多。

## 五、走时误差对地面地震的叠前深度偏移影响分析

为了说明 VSPTomo 方法在每道走时误差分别为 5 ms 或每炮最终平均走时误差为 2.5 ms 以内就可以满足叠前深度偏移的成像精度要求，我们用下列正演模型加以证实。

利用声波方程有限差分方法正演了二维速度模型的地面地震合成记录，并用 VSPTomo 分别反演得到每道走时误差分别为 5 ms 和 10 ms 的 2 个速度模型。然后，分别用已知速度模型以及走时误差分别为 5 ms 和 10 ms 的 2 个速度模型对地面地震合成记录做叠前深度偏移，图 25 为这 3 张叠前深度偏移剖面的对比。

从图 25(a)与图 25(b)的对比可以看出，当使用走时误差 5 ms 的速度模型做叠前深度偏移时，地面地震合成记录的深度偏移剖面的同相轴是聚焦的，偏移成像比较好。从图 25(a)与图 25(c)的对比可以看出，当使用走时误差 10 ms 的速度模型做叠前深度偏移时，深度偏移剖面的的同相轴变虚、不聚焦，偏移成像结果不正确。

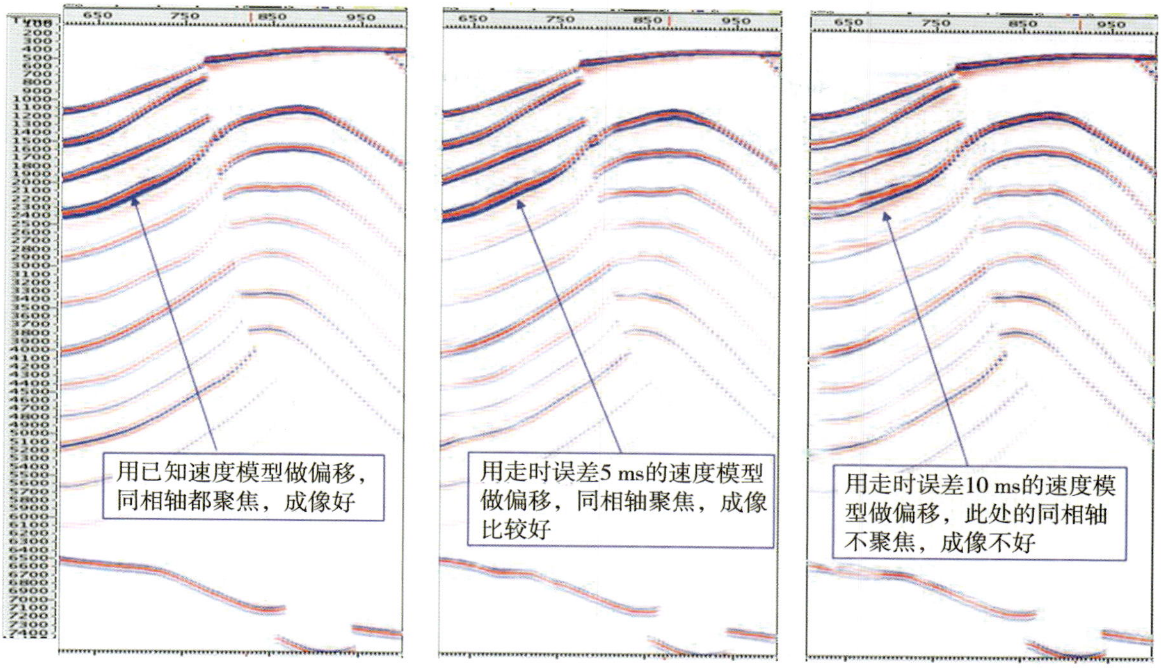


(a) 已知速度模型偏移　(b) 走时误差 5 ms 的速度模型偏移　(c) 走时误差 10 ms 的速度模型偏移

图 25　已知速度模型和 2 个不同走时误差速度模型的叠前深度偏移剖面对比

以上 VSPTomo 反演的每道走时误差对叠前深度偏移的影响分析表明，VSPTomo 反演的速度模型的最终走时误差只要控制在 5 ms 以内，即只要把走时误差控制在地震信号大约 1/4 视周期内，就可以使复杂地区的叠前深度偏移得到良好的成像。

## 六、结论及建议

### （一）结论

（1）通过窟窿山二维模型和却勒二维模型的试算表明，VSPTomo 在求取复杂区深层速度场上是有效的。

（2）通过走时误差对地面地震的叠前深度偏移影响分析表明，只要把走时误差控制在 5 ms 以内，即只要把走时误差控制在地震信号大约 1/4 视周期内，VSPTomo 反演的速度模型应用于复杂地区叠前深度偏移就可以得到正确的成像。

（3）VSPTomo 技术的两大关键是：

**第一，采取四点策略。**在 VSPTomo 的初始速度模型建立方面，为了使初始速度模型离真实速度模型更接近，采取：① 尽可能利用已知信息；② 把零井源距 VSP 井旁速度作为“坚强值”填充井径附近速度网格；③ 零井源距 VSP 井旁速度“渲染”；④ 模型分层细化这四点策略。

**第二，使用两项措施和一种算法。**为了让 VSPTomo 反演的速度修正更合理，使用：① 建立置信度矩阵和迭代射线合理排序的两项措施；② 一种新的 VSP 旅行时双加权层析反演算法，在迭代修改慢度场时，增加了网格的置信度作为权系数来分配走时误差。

### （二）建议

虽然 VSPTomo 在窟窿山二维模型和却勒二维模型试算中取得了效果，但还有一些问题建议今后加以改进和解决。

（1）在模型边界位置，由于 VSP 直达波射线密度小，VSPTomo 反演速度误差较大些，在实际应用中可把反演的速度模型边界去掉一小部分再用于叠前深度偏移。

**(2) 目前实现的 VSPTomo 还是在相对平缓的地面上计算的，而山地 Walkaway VSP 实际数据的浅层静校正问题非常严重，因此，在 VSPTomo 之前，应先想办法解决好浅层静校正问题。**

**(3) 目前，VSPTomo 还未能在山前冲断带复杂区 Walkaway VSP 实际数据试算中获得效果的主要原因是在山上远离井口的疏松表层激发的 Walkaway VSP 炮点能量不够，且井场的干扰很强，造成井下 VSP 记录的初至起跳不清，难以拾取其初至。因此，在山上疏松表层 Walkaway VSP 激发时，需要比山下更大的药量，一般应在 6～8 kg，并且有一定的激发井深(8～16 m)。**

**(4) 在复杂山区，按图 9 的做法，还可以在山下找 1～2 口低产井或报废井，把多级井下检波器下到不同深度上，推靠到井壁。在井口安置 GPS 授时地震仪，无人值守，全天候接收地震记录。如果山上的表层不是疏松的，且井场的干扰较小，可在山上放很多的小炮(小药量，要用 GPS 授时爆炸机)，接收直达初至波。只要山上放炮的能量足够，在多级井下检波器的记录上能够看到可靠的初至，那么不一定必须做 Walkaway VSP，可以根据很多条穿过山体的射线初至(如果激发炮点多的话，可以有几万条射线)，采用 VSPTomo 的层析方法反演出山体的速度场。**

## 参考文献


[1] 李庆忠. 寻找油气的物探理论与方法(第二分册)[M]. 青岛：中国海洋大学出版社，2015.

[2] 王华忠，刘少勇，杨勤勇，等. 山前带地震勘探策略与成像处理方法[J]. 石油地球物理勘探，2013，48(1)：151—159.

[3] 侯爱源，李庆忠，张文波. 复杂区深井 VSP 层析求速度场的方法[J]. 石油地球物理勘探，2017，52(6)：1150—1155.


* * * * * * * * * * * * * * * * * * * * * * * * * * * * * * * * * * * * * * * * * * * * *

## 附录

# 反演过程中技巧的重要性

以下是 2013 年我写给侯爱源和张文波的信。

侯爱源，张文波：

请你们在本课题攻关中注意理清思路：

1. 重要思路(idea)——指的是一般层析解决不了深处的求速度问题，所以才用 VSP 来帮忙。需要你们拿出证据说明这个问题。例如：

a. 窟窿山模型射线回不到地面。

b. 用迄今为止最好的层析方法也解决不了问题。

2. 采取的方法(method)——指的是：

a. 采用最小走时原理，避免网格边界产生的射线发生不合理方向弯曲。

b. 选择采用计算速度最快的方法。因为射线多，尤其三维数据运算量大等因素。

c. 用射线追踪，就可能要增加速度模型的 3×3 点平滑。

3. 技巧更重要(tricks 或 knowhow)——

有了思路，有了方法，还不一定能成功，需要“技巧”。

a. 从井出发，坚强值。

b. 可信度矩阵。

c. “渲染”。

d. 先近后远，先浅后深。

e. 为了防止射线方向的不必要的拐弯及网格射线空缺，模型的分层必须过细，要尽量接近实际。

写文章总结时，对以上每一项都要有效果说明。分项说明后，再简单归纳一下“技术路线”。

**我再强调一下：要马上理清思路。什么是“重要的思路”，什么是“合理的方法”，什么是“诀窍或技巧”。我认为“技巧”更重要。**

**Idea——我想吃“新疆大盘鸡”**

**Method——买嫩鸡，买佐料，要大火的炉灶及炒锅。**

**Knowhow——掌握火候，注意咸淡，先放水还是先煎炒。没有技巧的人会做出很难吃的菜。**

李庆忠

2013 年 4 月 23 日

# 极低信噪比地区三维地震勘探的理论探讨

## ——以青海英雄岭油田为例

**本文提出了在极低信噪比的地震工区克服强干扰波、改善地下成像的全新概念。**

**1. 我们的主要敌人是谁？——是侧面来的高速次生干扰，Inline 方向点距 30 m，足够密了，不用担心沿主测线来的干扰波，室内可以加以解决。应该重点对待侧面来的干扰。它才是传统的采集方法解决不了的问题。**

**要克服视波长为 180 m 的干扰波，必须横向拉开 180 m。**

**最大视波长的干扰波解决了，短视波长也同时被克服了。**

**但是野外的组合跨距不允许拉开到 180 m，因此，必须把接收线距改为 60 m，到室内经动、静校正后实现比 $Ly=180$ m 更好的组合效果。**

**2. 调查干扰波的方法，雷达图最直观，但直接看初至波的视速度更简单。**

**3. 传统的检波器组合方式都是有缺陷的，我主张横向拉开组合。**

**4. 传统的组合效果计算都是采用正弦波理论，我使用了"脉冲波"计算。它们是有差别的。**

**5. "玫瑰图"是检验组合效果的最好手段。展开式玫瑰图可以帮助计算干扰波的压制倍数。**

**6. 三维地震还要不要横向拉开？**

**常规三维的接收线距太大，我主张极低信噪比地区应该采用 60 m 线距，便于横向拉开组合。——要用宽线大组合的思路来做三维地震，这就是我的结论。**

**7. 联合压噪的思路很重要，光靠野外组合不行。**

**8. 组合爆炸的重要性。**

**9. 组合压制噪声与叠前偏移的关系。**

**10. 做好潜水面调查，搞清低降速带厚度很重要。**

**11. 使用微分地形图可以帮助我们事先了解工区困难程度，做好施工设计。**

**12. 本文针对英雄岭的难题，提出的解决方法是：采用 60 m 野外接收线距，两条组合小线 20 个检波器以 3 m 的组内距向左右拉开，形成一个平面上均匀的、完整的网。再加上组合爆炸的发力，就能克服强干扰。**

## 分节内容

# 总论——关于组合理论

**大家知道地震勘探从头到尾都是和各种干扰波做斗争的过程，其中组合理论是重要的一环。但是想不到在推广合理检波器组合的过程中，竟然会遇到很大的阻力。阻力主要来自传统生产组织者的因循守旧，和后来对国外物探技术的盲目迷信。**

**现在我从 20 世纪 60 年代的事情说起。**

## 一、有人说：八个检波器面积组合是绝对不能用于生产的

从 20 世纪 60 年代开始，人们一直以为干扰波是从炮点出发的。

20 世纪 50 年代，用光点地震仪，3 个检波器组合，发现了大庆油田。

20 世纪 60 年代初，我们发现胜利油田，当时，也是用 3 个检波器组合。

1965 年，我摆了一个 24 道、间距 0.25 m，总长只有 6 m 的小排列，发现了一种视速度极低的次生干扰，视速度只有 100 m/s 到 200 m/s，视波长只有 1 m 到 3 m，这种干扰波来自井架、电线杆及小沟渠。每次地震放炮后，大风一刮，就从四面八方传播到我们的地震测线上来，在地震记录上形成了麻麻点样子的“随机干扰”。它们是次生的面波或是次生横波，我叫它次生低速干扰。

还有很多次生高速干扰，其中一种是滑行折射波，常常是平行或反平行于初至折射波，也是来自四面八方。克服这些干扰波最好的办法是搞面积组合。于是我提出用八个检波器摆成长方形，做一个面积组合。结果遭到了地调处很多生产组织者的反对。地调处的生产组织者当时就说了一句话：“八个检波器的面积组合是绝对不能用于生产的。”他们认为这样施工很困难，效率会降低。因为从 50 年代开始，对于地震勘探（包括大庆地震会战）人们习惯地使用 3 个检波器直线组合。为什么要改呢？人们的固有思想是很难改变的。

## 二、我呼吁横向拉开组合十多年，却没人重视

20 世纪 90 年代初，物探局开始向西部进军了，我们发现西部的困难很大，尤其是山区，地震资料品质很差，有的记录上连一根反射同相轴都没有。因为之前有了次生干扰的思想认识，所以我就看出问题的所在了，我认为西部资料的主要“敌人”是次生高速干扰，尤其是从侧面横向进来的次生高速干扰，一旦进入地震记录，会变成无数个双曲线，就很难通过室内把它消除掉。可是在习惯上我们野外施工时，检波器永

远只是顺着排列搞组合。

1999年，我基于次生干扰的传播特性，呼吁搞横向组合，当时没有人理睬我，因为所有的人认为这种方法不能用于生产，他们认为这种方法在山区是拉不开的。我的好朋友就跟我说："老李啊，你是坐在办公室里腰杆不疼，你到野外去看一看，能横向拉开组合吗？能拉开到150 m吗？"

我当时通过计算，发现旧操作规程是不合理的。死板地拘谨于老的操作规程，对检波器组内高差只允许2～3 m，这样虽然是"严格按操作规程施工"了，但我们的野外资料质量十分低劣，只能得到废品记录。

我从理论上证明了组合高差允许±15 m(不超过30 m就能有效果)。而30 m的高度大约相当于物探局11层大楼那么高，我就跟他们说："你们看到物探局大楼那么高的山，就把组合拉上去，就可以得到30 Hz能用的有效反射波，总比只得到废品好啊，可当时没人理睬我。"

直到2007年，当年塔里木的杨举勇老总支持我提出的横向大组合的想法，他以甲方的身份强硬推动，搞宽线横向大组合，才促成了这件事情，使得山区二维地震资料得到突破，剖面得到极大的改进。秋立塔克的陡构造翼部和顶部的反射波出现"从无到有"的戏剧性变化。

## 三、三维地震还要不要横向拉开组合？

在三维的共中心点面元BIN里面，N就是覆盖次数。想提高信噪比1倍，就得增加覆盖次数到4倍。而利用组合方向特性压噪是依据噪声的视波长，将同一时间到达的噪声等间隔采样后组合，使其波峰与波谷互相抵消。这种方法只要组合基距大于等于一个视波长，就可以轻松地将干扰波压制5～10倍(如果用根号N，那么覆盖次数将增加25～100倍)。显然这种组合压噪是最高明的压噪方法，而简单地追求增加覆盖次数的办法是笨办法。

90年代以后，开始搞三维地震，人们又忘记了横向拉开组合，而西部的三维接收线距一般在200 m到400 m，柯克亚工区接收线距就是400 m，资料品质很糟糕，尤其是顶部的资料很不理想。人们还是使用传统的"品"字形组合，它是挡不住侧面来的强干扰的。

那么，为什么30多年来，我们要用"品"字形组合？我听说有一次，在沙特项目招标时，一个外国人问我们为什么要搞"品"字形组合？我们的人答不上话来。

搞采集的同志为什么不采用组合理论想一想，按照组合理论的观点，应该是均匀地横向拉开最好啊，可是我们的老规矩总是打不破，习惯用"品"字形组合。不过，更糟糕的是大"Y"字形组合。

## 四、大"Y"字形组合好不好？

为了改进组合效果，青海的同志选择了大"Y"字形组合。

2012年的12022测线是青海的同志在狮子沟做的试验。有五条测线，每条有200或300道，线距是60 m，采用了五种组合方法。图1中第一种R1线是直线，横向拉开，$Ly$是116 m；第二种是R2线，是三条小线，折过来成"品"字形；R3是小面积组合，8 m×12 m；R4也是直线拉开，两条小线，横向拉开76 m；R5是大"Y"字形，$Ly$是64 m，$Lx$是54 m。

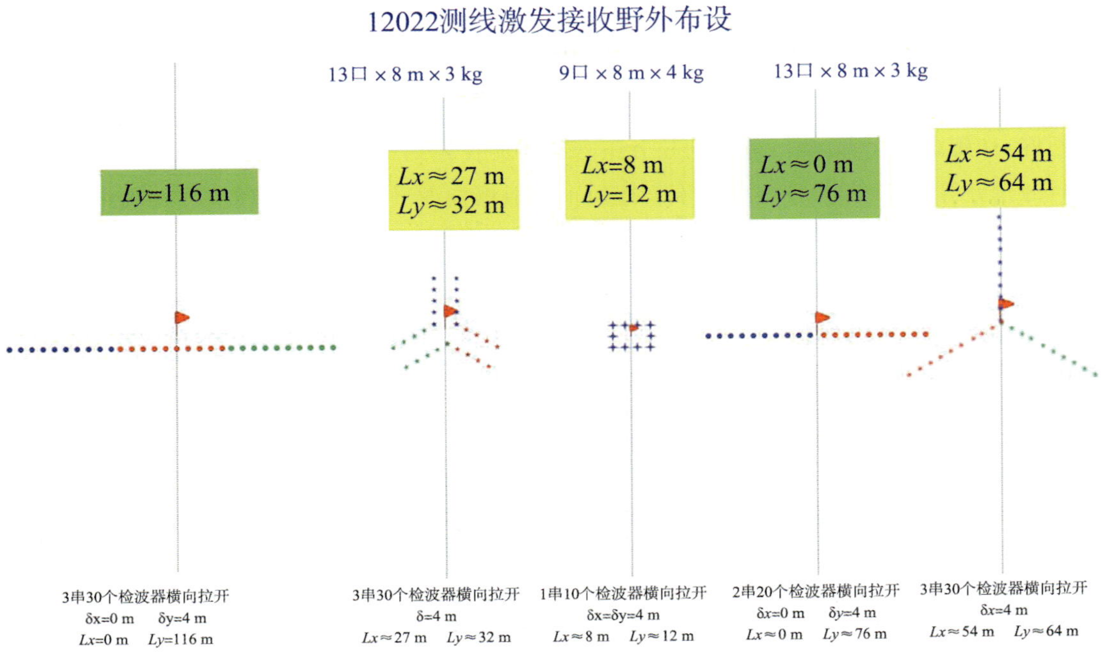


图 1 狮子沟试验的五种组合图形示意

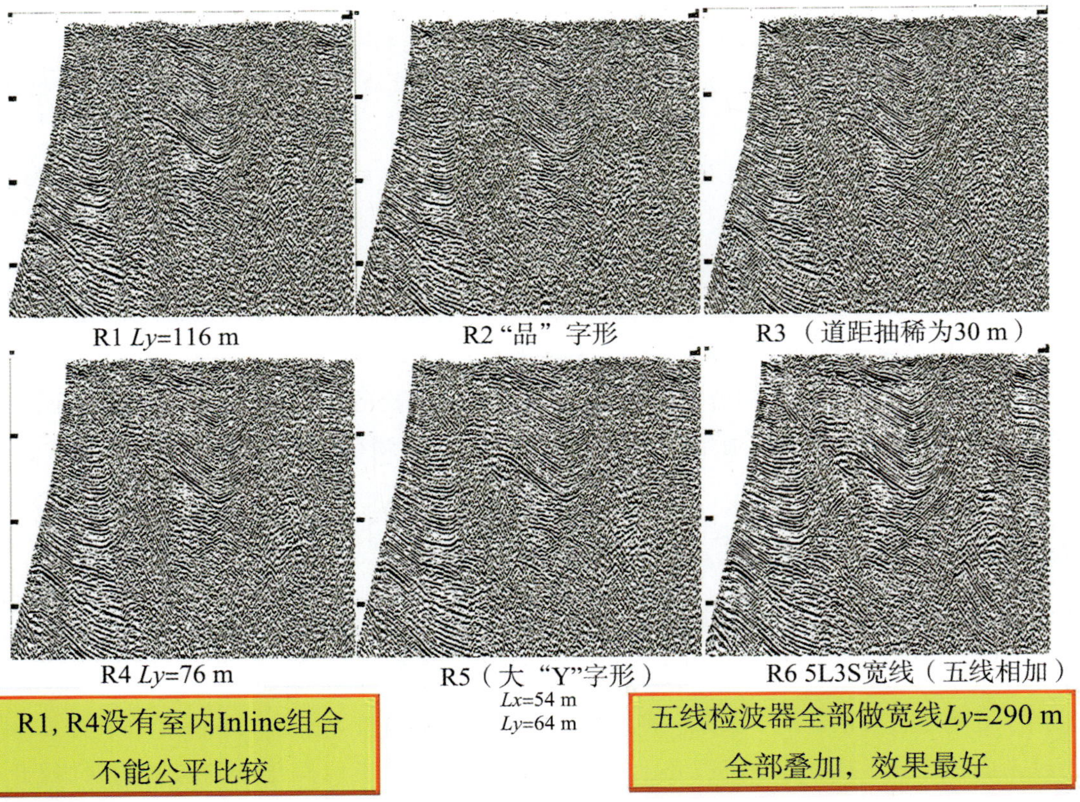


图 2 宽线水平叠加剖面对比——未加室内 Inline 组合

图 2 是这次试验的宽线水平叠加剖面——未加室内 Inline 组合。

图中 R1 和 R4 是横向拉开组合，但是我们要求横向 $Ly$ 拉开到 150～180 m，这次 R1 只有 116 m。R4 只有 76 m，远远不够宽。此外，我们说的横向拉开还需要在 $X$ 方向用室内 Inline 的组合，而这次试验没有做室内的 Inline 组合，所以没有效果。

R5 大"Y"字形组合的整体效果也不太好，为什么 R5 大"Y"字形组合的剖面在个别方向看起来效果好呢？因为它在 Inline 方向起了作用，我们再看图 1 的布设图，大"Y"字形在 $X$ 方向的检波器最多，也最长，$Lx$=54m，X 方向比其他 4 种组合的压制作用都强一些，所以，有的地方看起来效果好。而 R1 没有 $X$ 方向的压制作用，所以这样比较是不公平的，因为 R1 和 R4 没有在 $X$ 方向克服干扰的能力。

这次试验引导人们得到错误的结论，即选择了大"Y"字形组合图形。

其实，这次最好的剖面是右下角的 5L3S 宽线剖面 R6。它是五种组合图形的总叠加，品质最好。这从另一方面证明了我们横向拉开组合的思想是正确的。5L3S 宽线 R6 的横向总跨距是 290 m，效果最好。

可惜青海的同志没有明白这些道理，将一个大"Y"字形组合沿用到今天。下面我们在【文章编号 409】的文章里将用理论计算来进一步说明问题。

图 3 是 R6 与 R5 的宽线长剖面对比。

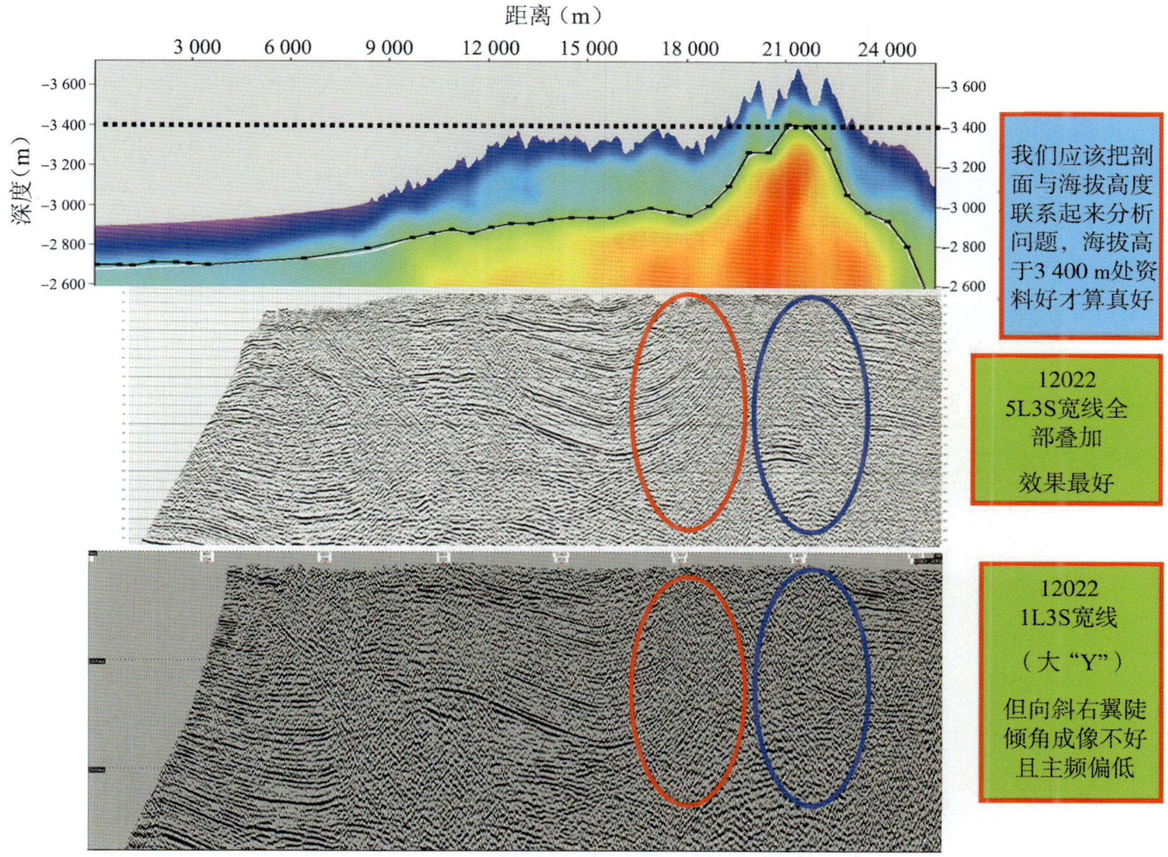


图 3　五线 5L3L 宽线与大"Y"字形 1L3S 宽线剖面效果对比

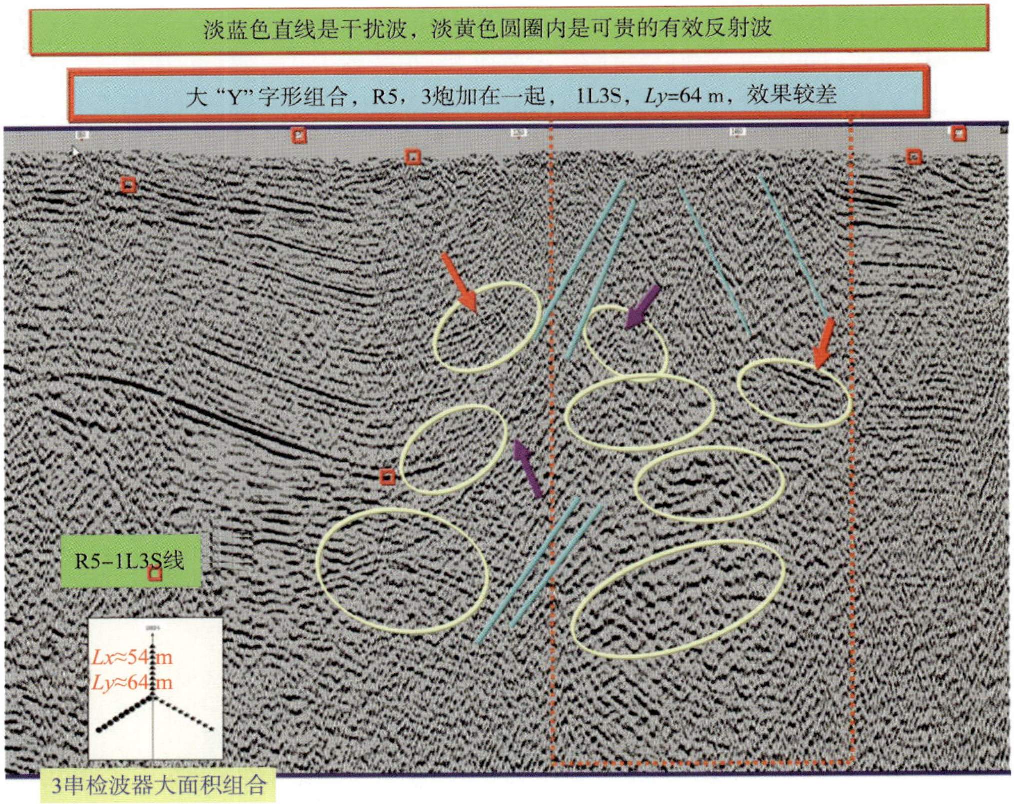
淡蓝色直线是干扰波，淡黄色圆圈内是可贵的有效反射波
大 "Y" 字形组合，R5，3炮加在一起， 1L3S，Ly=64 m，效果较差
R5-1L3S线
Lx≈54 m
Ly≈64 m
3串检波器大面积组合

图 4 3 串检波器大"Y"字形组合效果

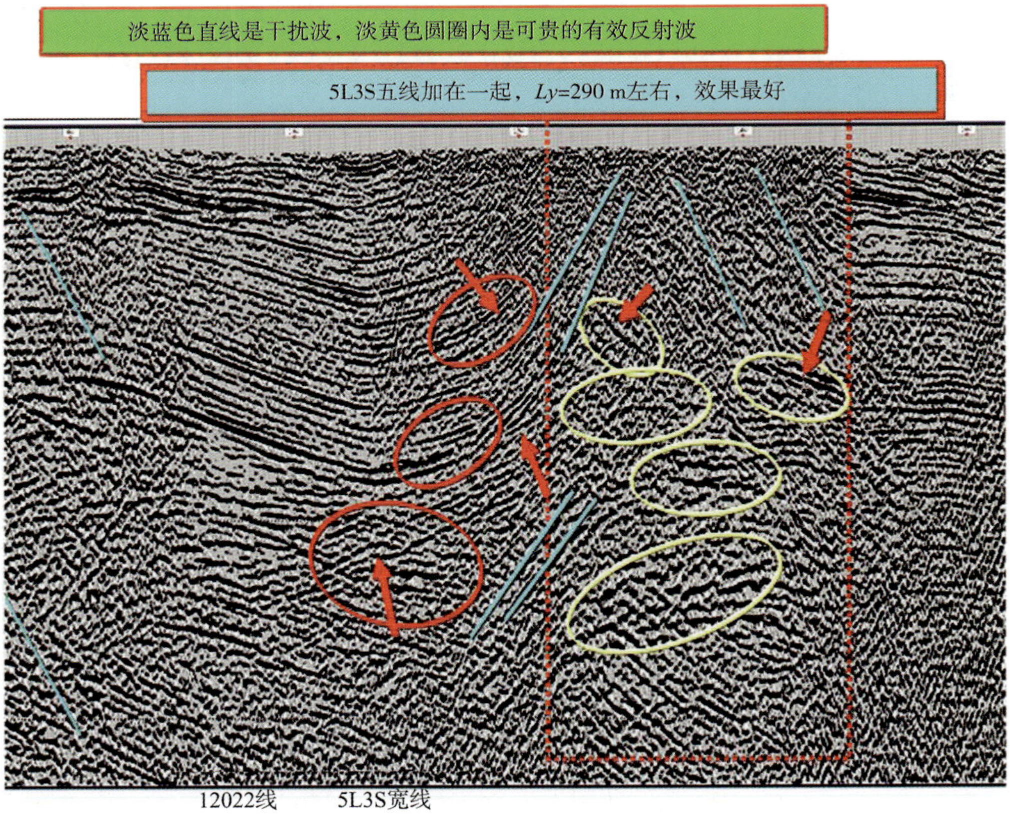
淡蓝色直线是干扰波，淡黄色圆圈内是可贵的有效反射波
5L3S五线加在一起，Ly=290 m左右，效果最好
12022线
5L3S宽线

图 5 五线相加 5L3S 宽线 R6 的组合效果

从图 4 和图 5 中的许多椭圆部分对比的效果可知，横向组合起了很大的作用。说明五线加在一起，5L3S 横向拉开 $Ly=290$ m 效果最好。

很明显，狮子沟 12022 试验剖面的结论并不支持大"Y"字形组合的效果最好。相反，正说明横向拉开组合的效果最好，五线相加的比大"Y"字形的明显要好，如图 5 所示。

这次试验还有一个缺陷，就是 R1 所谓横向拉开组合的拉开距离只有 116 m，太短了。我们提倡的横向拉开组合的 $Ly$ 至少是 150～200 m。从五线相加的 R5 结果来看，$Ly=290$ m，效果很好。

狮子沟 12022 测线试验带有欺骗性，使得大家相信大"Y"字形组合是最好的选择。这说明理论要与实际结合好，但光看实际容易上当。应该用组合理论做一个玫瑰图，看看哪一个方案的效果最好，具体见本文后面的玫瑰图。

## 五、单点接收能够提高分辨率吗？

近年来卖数字检波器的商家吹嘘单点接收可以提高分辨率。

组合理论的道理大家是明白的，单点接收对组合理论挑战的意义极大，其实只要动脑筋，简单的计算一下，就知道组合跨距 10 m 的小组合不会压制 160 Hz 的高分辨率信号；相反，小面积的检波器组合对压制高频干扰始终起到很好的作用。单点接收是生产 MEMS 数字检波器的商人对我们的忽悠！我在上海高峰论坛上讲道：一个数字三分量检波器是 1000 美元，单分量的是 500 美元（国产检波器每个只有 60 元人民币）。这么贵的数字检波器，是不可能搞组合的，于是 MEMS 数字检波器厂商吹嘘搞单点接收，说是能提高分辨率。我认为这是商人的忽悠。

新疆现在搞可控震源，也用单点来接收，采集资料以后，发现资料品质很糟糕，信噪比很差，虽然覆盖次数已经达到几百次、上千次，可是资料还是很差。现在他们觉悟了，在野外也采用小组合距组合了。有人说，可控震源在野外移动 5 m，再震一次，不也是一个组合吗？这个理论听起来好像正确，但其实是不完全正确的。次生干扰的路径有两部分，一部分是从炮点到次生干扰源，另一部分是激发了次生干扰源以后，从次生干扰源传回到排列来。可控震源移动 5 m，即使这 5 m 是垂直于干扰源的，差不多传播的时差仅仅是 2 ms，次生干扰到达接收点的路程基本是不变的。所以对于次生干扰来说，组合爆炸不完全能代替组合检波。可控震源的组合也不等于检波器的组合。检波器埋置不好所造成的高频抖动并不能用可控震源多振几次就能解决问题。

我为什么会提出以上观点，读者将会从后面的内容中找到答案。

# 干扰波视波长的调查方法

**调查干扰波的方法以盒式“雷达图”最为直观。但我们提出直接看初至波的视速度更简单。因为我们要严肃对待的敌人是侧面来的高速次生干扰，如果它的视波长为 180 m，横向拉开距离必须拉够 180 m。最大视波长的干扰波解决了，短视波长也会同时被克服。所以，没有必要去调查低速面波的视波长及其来源方向。**

野外单张记录上看不到一根有效反射波的同相轴。

在次生干扰非常严重的工区，有时候在野外单张记录上非但看不到一根有效反射波的同相轴，甚至连常见的完整的面波与折射波都看不清，这正是次生干扰波非常严重的表现，也是最危险的。在很多低信噪比地区，有效反射信号常被这些噪声所淹没。在这些噪声中，常见的次生高速干扰波的视波长可以达到 150～250 m/s，使用常规组合很难解决问题。

利用组合理论压制干扰的基本方法是基于视波长在组合中的时差互相抵消的思路。

所以我们首先要调查一下地震工区里的次生干扰波的视波长。

## 一、利用盒式“雷达波”调查干扰波的方法

在野外放一个正方形的密集检波器方阵。盒子波测试接收网(盒子 Box)是 13 道×13 道的方形，共 169 个接收道，每个道由 24 个检波器的小面积组合。每个道的间距，即道距为 23 m，方形边长为(13－1)×23＝276 m。施工时，接收网不动，将炮点横向移动放炮，形成盒式干扰波试验测定原始数据。

有专用软件可以做“雷达图”显示，是比较直观的方法。不但能看到干扰波进到接收盒子的时间和视速度，还能看到干扰波的强度和来自哪个方向。但是视频率具体是多少还要从野外记录上读取。

柴达木盆地某地区的干扰波“雷达图”如图 1 所示。可以看到柴达木盆地的干扰波来自四面八方。其视速度从 500～4 400 m/s，以 2 000～3 000 m/s 居多。

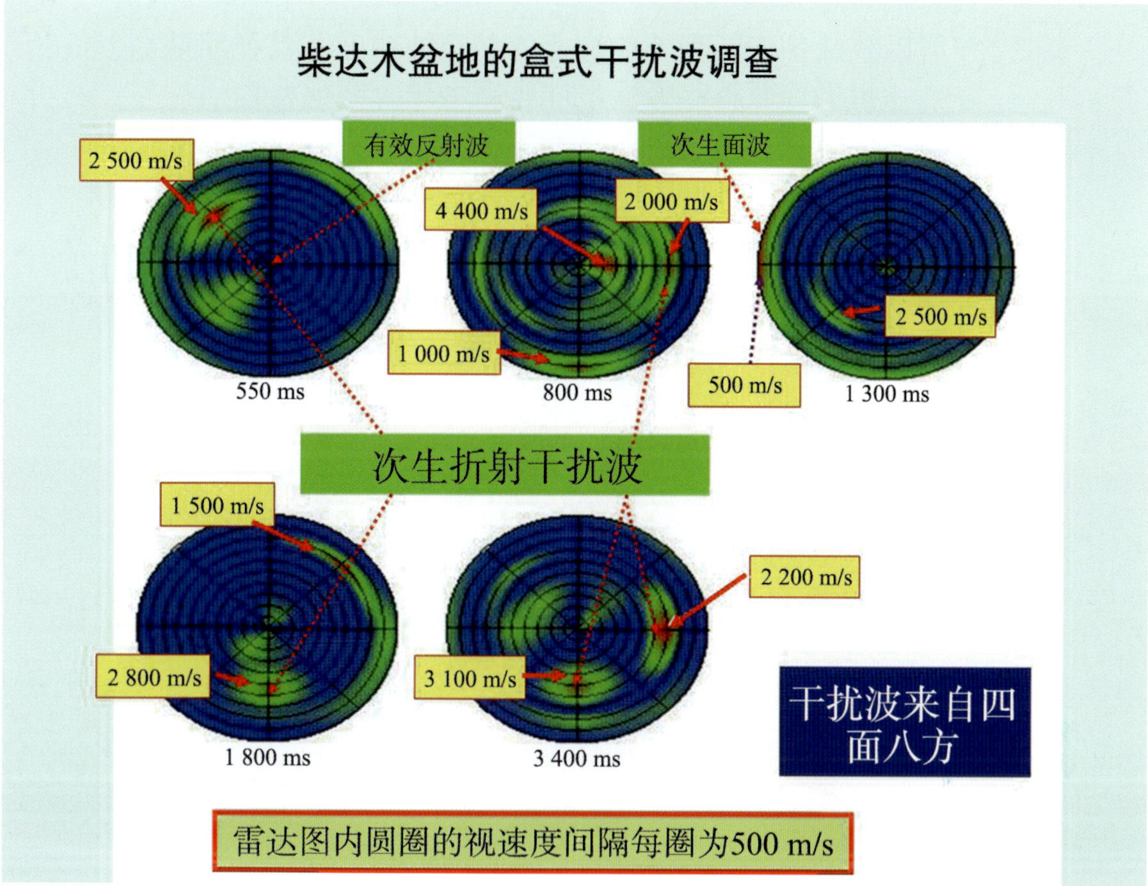


图 1　柴达木盆地某地区的干扰波“雷达图”

这次调查的视速度范围宽广，干扰波视速度从 500 m/s(次生面波)到 2 000 m/s，甚至到 4 400 m/s(次生折射波)。强度比有效波强得太多。野外记录上干扰波的视频率为 20～30 Hz，则视周期为 50～30 ms。按照公式：视波长 $\lambda=V\times T=V/F$ 计算，高速干扰的视波长相应地为 100～220 m(20 Hz)及 60～132 m(30 Hz)。

这个调查方法还可以直接看到干扰波从哪个方向传播过来。但是野外布设太复杂，花钱花功夫。

## 二、直接根据野外单炮记录求取干扰波视波长的方法

我建议采用更方便的方法调查次生高速干扰波，就是直接从野外的单炮记录上读取初至波的视速度。

采用 GeoEast、ProMax 等处理软件的交互视速度拾取功能就能直接从屏幕读出初至波的视速度。

可以统计各工区野外单炮上的初至波速度及其视周期。根据视波长 $\lambda=V\times T=V/F$，计算出干扰波的视波长。

如图 2 和图 3 所示，红色方框里是视波长(m)，分子为视速度(m/s)，分母为视频率(Hz)。

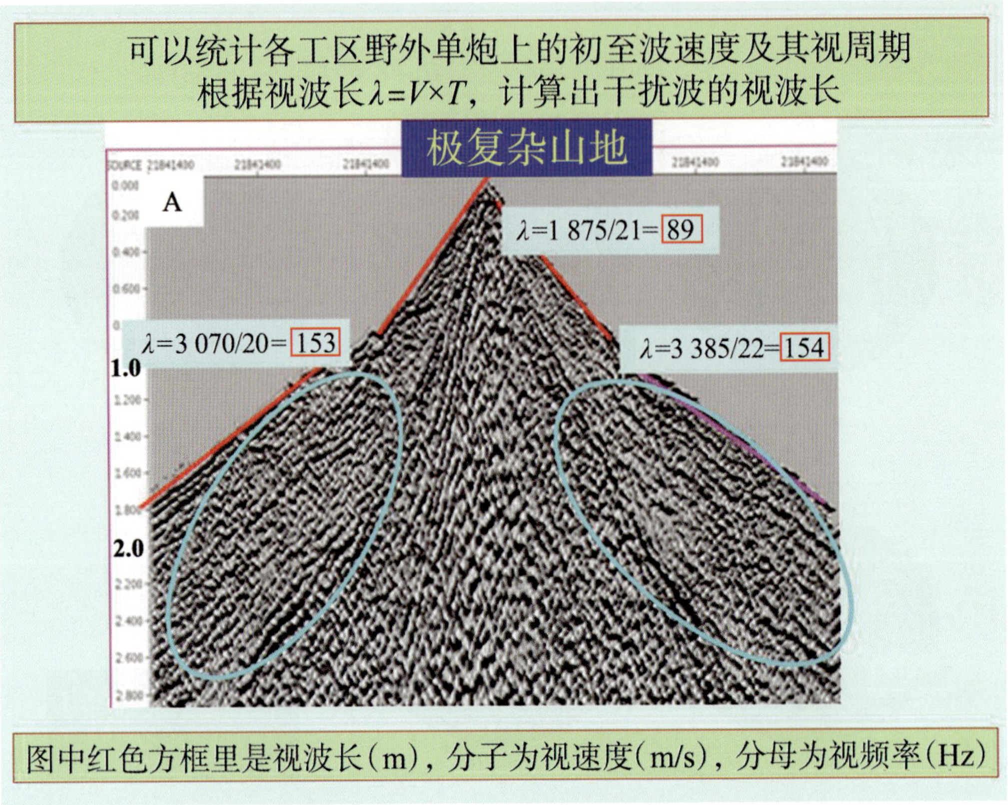
可以统计各工区野外单炮上的初至波速度及其视周期
根据视波长λ=V×T，计算出干扰波的视波长
极复杂山地
A
λ=1 875/21=89
λ=3 070/20=153
λ=3 385/22=154
1.0
2.0
图中红色方框里是视波长(m)，分子为视速度(m/s)，分母为视频率(Hz)

图 2　直接从野外单炮记录上读取初至波视速度(极复杂山地)

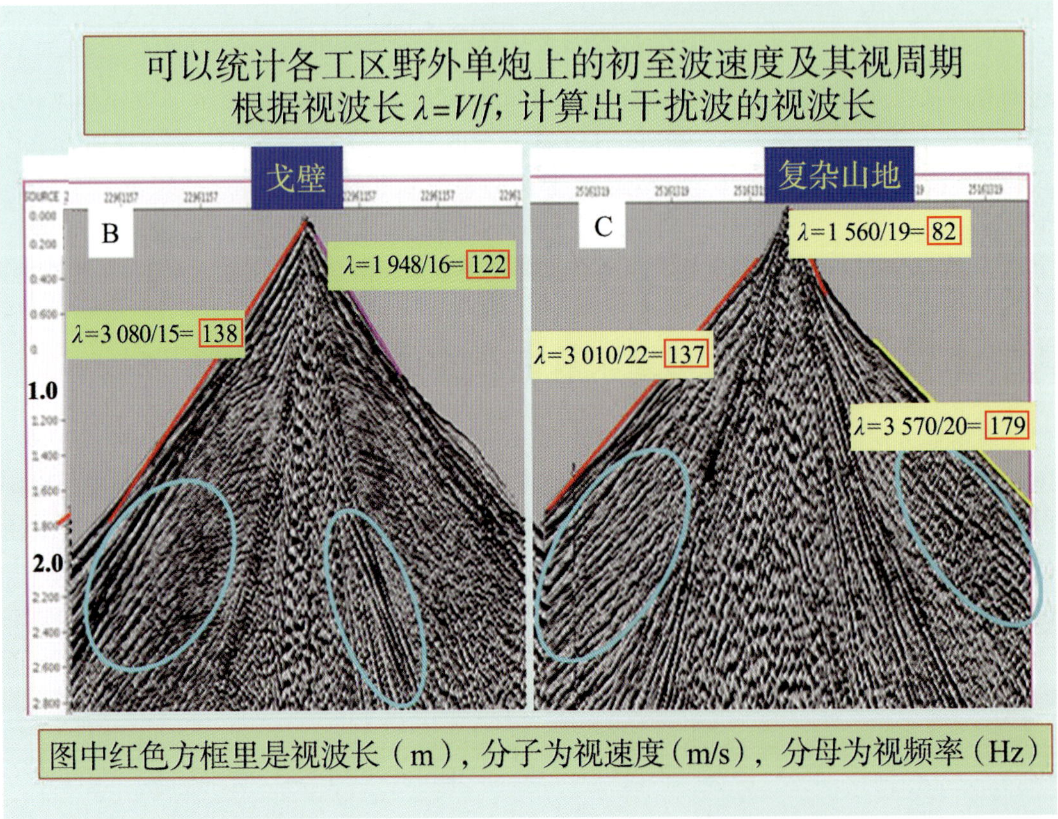
可以统计各工区野外单炮上的初至波速度及其视周期
根据视波长λ=V/f，计算出干扰波的视波长
戈壁
复杂山地
B
C
λ=1 948/16=122
λ=3 080/15=138
λ=1 560/19=82
λ=3 010/22=137
λ=3 570/20=179
1.0
2.0
图中红色方框里是视波长（m），分子为视速度（m/s），分母为视频率（Hz）

图 3　直接从野外的单炮记录上读取初至波的视速度(戈壁和复杂山地)

可见柴达木山地的干扰波很强，单炮记录上没有一根有效反射波同相轴。相反，淡蓝色的椭圆里都是平行于初至折射的高速次生干扰波。干扰波的视波长从 60 m 到 220 m，最大到 250 m，因此常规组合很难解决它的问题。

所以我们必须认真地用好组合理论，编织成一张克服强干扰的网。这就是本文以下几个章节将要详细讨论的内容。

# 组合克服强干扰的能力（正弦波与脉冲波）

**本文先介绍了按照正弦波计算与脉冲波计算的组合特性曲线的差别。其次，论证了组合理论的计算方法，及玫瑰图的表达方式。传统的组合效果计算都是采用正弦波理论，我使用了“脉冲波”计算，它们是有差别的。**

## 一、按照正弦波计算与脉冲波计算的组合特性曲线的差别

### （一）正弦波计算 $N$ 个检波器直线组合的特性曲线

线性组合压制特性曲线计算公式：

$N$ 个检波器，等灵敏度，组内距 $dx$，$\pi\approx 3.141\,59$

组合后的振幅强度为 $A(\varphi)$，有公式如下：

$$A(\varphi)=1/N\times\{\sin[N\times\varphi/2)]/\sin(\varphi/2)\} \tag{1}$$

其中，相位角 $\varphi=2\pi(dt/T^*)=2\pi(dx/\lambda^*)$

当时差 $dt$ 从 0 增加到等于视周期 $T^*$ 时，相位 $\varphi$ 从 0°增加到 360°。

$\lambda^*$ 为视波长，$dx$ 为组合内距（室内组合时为道距）。

$T^*$ 为视周期，$dt$ 是干扰波走过 $dx$ 距离的时间（组内时差）。

在只计算一个视周期曲线时，可用下列公式：

若曲线总共计算点数为 $N_C$（可设 $N_C=360$），

则其第 $i$ 个点的组合后的振幅强度为 $A(i)$，有公式如下：

$$A(i)=1/N\times\{\sin[N\times\pi\times(i/N_C)]/\sin[\pi\times(i/N_C)]\} \tag{2}$$

Sin 函数用弧度为单位计算，$i=1,2,3,4\cdots,N_C$

并当 $i=0$ 时，令 $P(0)=1.0$

图 1 中，纵坐标为组合后的正弦波的振幅。可以看到随着 $N$ 的变大，中央区的振幅压制得愈厉害。

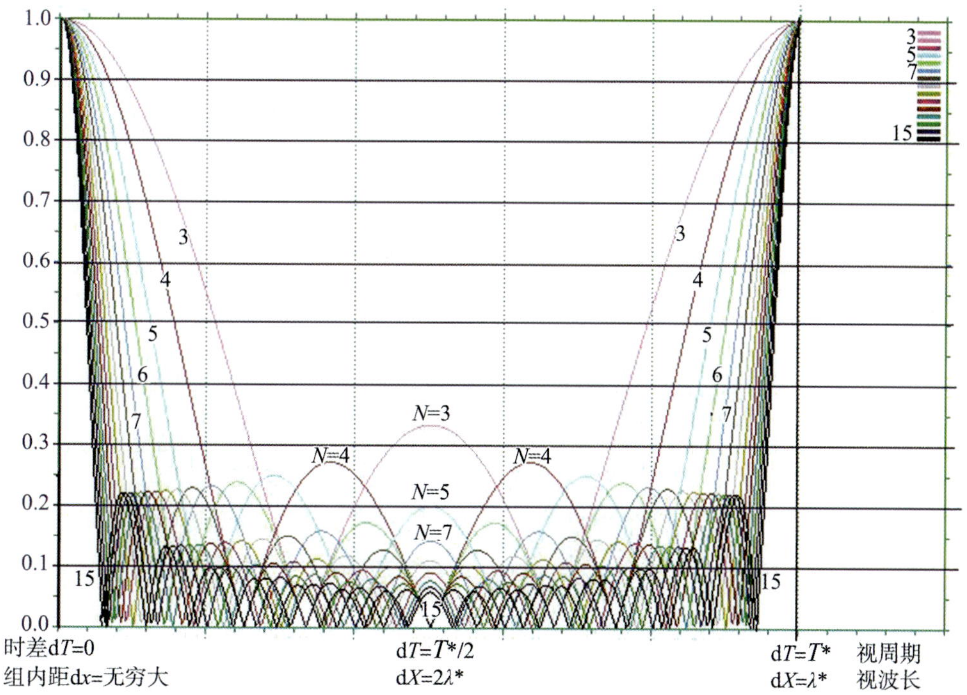


图 1　不同采样点数 N 的直线组合特性曲线

该图的横坐标有两种表达方式：第一种是以组内时差 dT 与视周期 T 的比值，左边是 dT＝0，中间是 dT＝T/2，右边是 dT＝T。另外一种是用视波长 $\lambda^*$ 与组内距 dX 的比值表示。左边是视波长 $\lambda^*$＝无穷大，中间是 $\lambda^*$＝2dX，右边是 $\lambda^*$＝dX。这两种表达方式起相同的作用。

用第一种表达方式，在固定了 dX 数值后，再固定视速度 $V^*$，就可以分析不同频率成分的干扰波被压制的情况。第二种方式可以固定 dX 数值，把横坐标用 $\lambda^*$ 表达，来分析不同视波长的干扰波被压制的程度。

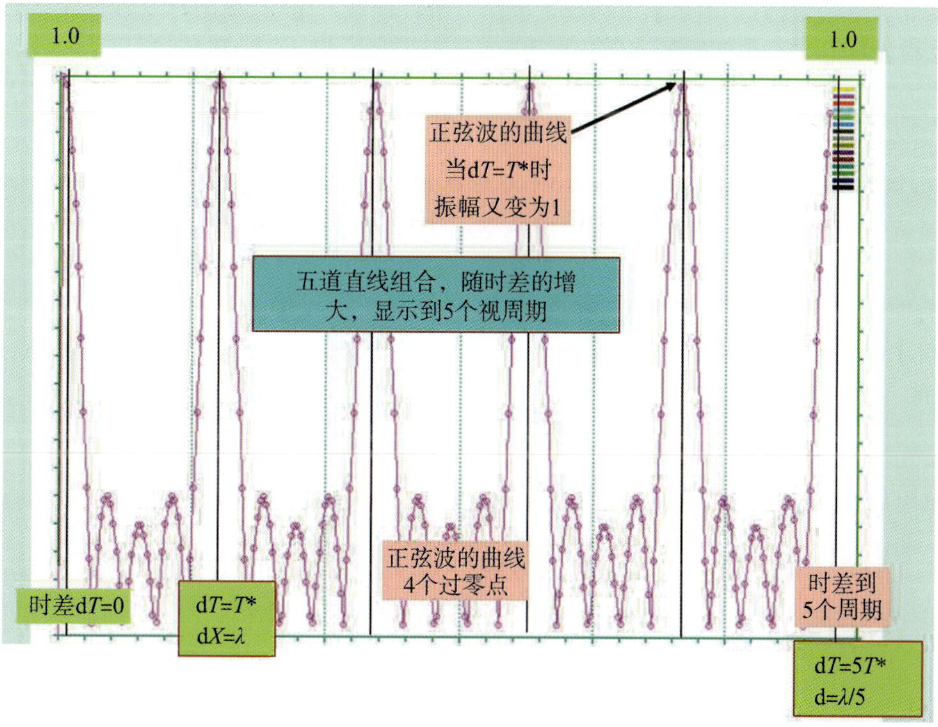


图 2　五道组合正弦波的组合特性

图 2 是五道组合正弦波的组合特性，显示到 5 个视周期的样子。可以看到每个周期，在 d$T/T$ 为整数 1,2,3 时，振幅都会反弹到 1.0，每个周期里面都有 4 个过零点。

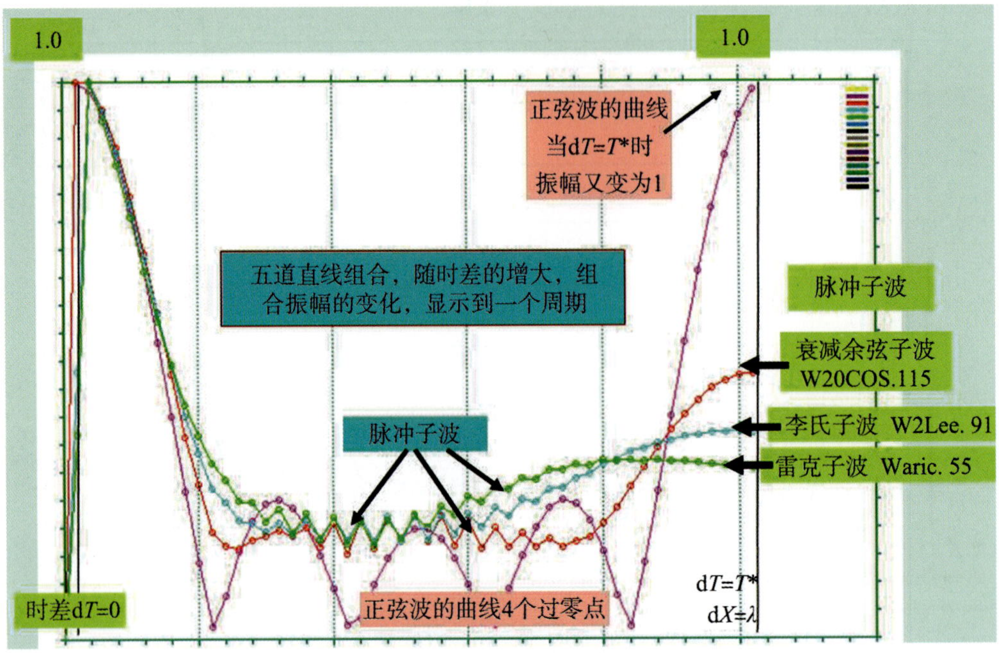


图 3 以五道组合为例，正弦波与脉冲波的组合特性曲线的差别

图 2 可以直观地说明正弦波与脉冲波的组合特性的差别。

## (二) 脉冲波一维直线组合的特性曲线

我们自编了脉冲波组合的应用程序 ARAY-CUV 及 TTPLOT。

图 3 是以五道组合为例，显示正弦波与脉冲波组合特性曲线的差别，纵坐标及彩色线条是组合后的脉冲平均振幅。横坐标是组合内间时差 d$T$，从左边 d$T$=0 到右边 d$T$=$T^*$（$T^*$ 是视周期）。

我们使用的三种脉冲子波，其中衰减余弦子波 W20COS. 115 有三个大波峰，李氏子波 W2Lee. 91 有两个大波峰，雷克子波 Waric. 55 只有一个波峰具体见图 4。

很明显，正弦波的右边当 d$T$=$T^*$ 或者 d$X$=$\lambda$（视波长）时，振幅又恢复到最大，即 1.0。而脉冲波不会上升到 1.0，只会到 0.3～0.5。原因是脉冲波的波峰大小不是相同的，若错开一个视周期，则不容易互相加强到 1.0。

正弦波的曲线中间有 4 个“过零点”而脉冲波不会有。图 4 中，脉冲波的振幅不会降到 0，而是会慢慢地下降到 1/5 左右。中间有些抖动，是由于时差移动量是采样率的非整数，经过四舍五入叠加所造成的。

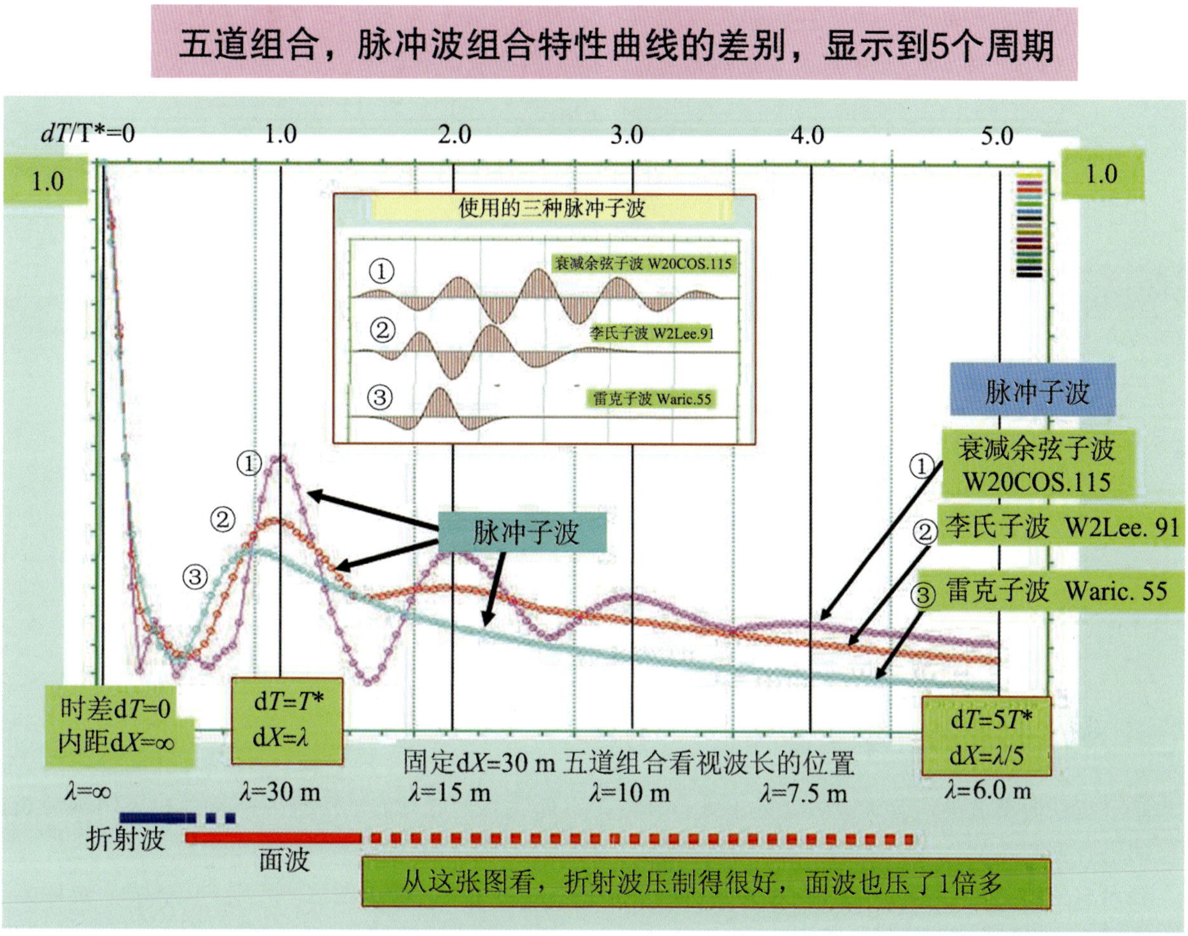


图 4　以五道组合为例，三种脉冲波的组合特性

这里我们对主要的干扰波做一下分析：

$\lambda=V\times T=V/F$

（1）面波和次生面波。

频率 5～15 Hz，视周期 67～200 ms，视速度 100～700 m/s，面波的视波长 6.7～140 m。

在组合内距（道距）为 30 m 的情况下，五道组合时，道间时差 $\mathrm{d}T=30/V=300$ ms。

到 42.8 ms 时，面波的 $\mathrm{d}T/T$ 范围较广，为 4.5～0.21（$\mathrm{d}X=30$ m，$\mathrm{d}X/\lambda$ 也为 4.5～0.21）。

面波的典型值：$\mathrm{d}T/T=0.6$ 左右。

（2）折射波和次生折射波。

频率 15～25 Hz，视周期 40～67 ms，视速度 1800～4500 m/s，视波长 72～302 m，

道距为 30 m 的情况下，五道组合时，道间时差 $\mathrm{d}T=30/V=16.7$ m～6.67 m，折射波的 $\mathrm{d}T/T$ 为 0.42～0.1（$\mathrm{d}X=30$ m，$\mathrm{d}X/\lambda$ 也为 0.42～0.11）。

（3）沿地表传播的低速横波（视波长 1～5 m）。

在图 4 的下方，我们固定了道距为 $\mathrm{d}X=30$ m 后，横坐标就可以用视波长 $\lambda$ 的大小来表达。

我们把折射波和面波的视波长投到图 4 中，左下方的蓝线是折射波分布区，它被压制得很好，面波也压了 1 倍多。红色实线是主要的典型面波区，红色虚线延长线是低速的次生面波。

**但是事情并没有那样简单。**

我国西部山区的强大次生干扰波是来自四面八方的。Inline 的五道组合，对侧面 Crossline 来的干扰波几乎没有克服的能力。侧面来的干扰波几乎可以同时到达 5 个检波器，没有时差。也就是视速度和视波长可以接近无穷大。一个传播速度为 2 000 m/s 的干扰波从不同的方向来，就具有不同的视速度，如图

5 所示。

因此，必须用“玫瑰图”的形式来分析四面八方来的干扰波被压制的能力。

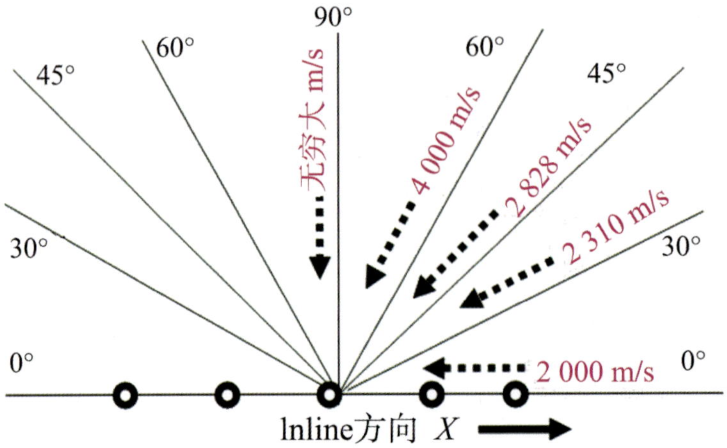


图 5 不同方向干扰波的视速度分析

## 二、脉冲波的组合方向特性与玫瑰图的表达方式

基于正弦简谐波的组合计算方法是不太合理的。下面我将用脉冲波的组合方向特性玫瑰图来分析脉冲波的组合方向特性。

**我用自编的 ARAYWAVE. bas 程序及 ANY-ARAY. bas 程序，可以指定一个脉冲波波形，再输入一个组合图形(直线形、矩形、斜方菱形)。该程序能针对不同的干扰波视波长，通过在不同方向传播过来后，按到达每个检波器的时差把输入波形进行时移叠加，将各个方向的叠加波形记录在案。然后根据叠加波形的振幅平均值(或者极大值)作为该方位的玫瑰图输出值。再用我自编的 XYPLOT. exe 显示作图，看组合后的波形及振幅大小，从而画出干扰压制后的“玫瑰图”以及展开式玫瑰图。也可以显示每个检波器的平面位置分布图。**

**不同视波长脉冲波的组合方向特性对比分析**

为了分析不同视波长脉冲波的组合方向特性，我们将通过脉冲波的组合方向特性玫瑰图来展示不同角度入射的干扰波的压制效果。也可以显示组合后的实际波形图，判断其平均振幅，并绘制玫瑰图。野外检波器位置的布设可以是长方形，也可以是倾斜的菱形，并且坐标位置还可以在规定的点位附近做随机扰动。

本次研究中，输入的波形是约 3 个主相位的衰减余弦子波，采样率 2 ms，主频 20 Hz，传播速度为 1 800 m/s，视波长 90 m。60 个检波器沿 Crossline 方向横向拉开，组内距 3 m。$Ly$=180 m，$Lx$=0 m。

横向拉开的线性组合对不同角度入射的脉冲波的组合效果图，如图 6 所示。从来自不同方向的组合效果看，沿 Y 方向进来的干扰波被压制得最好。

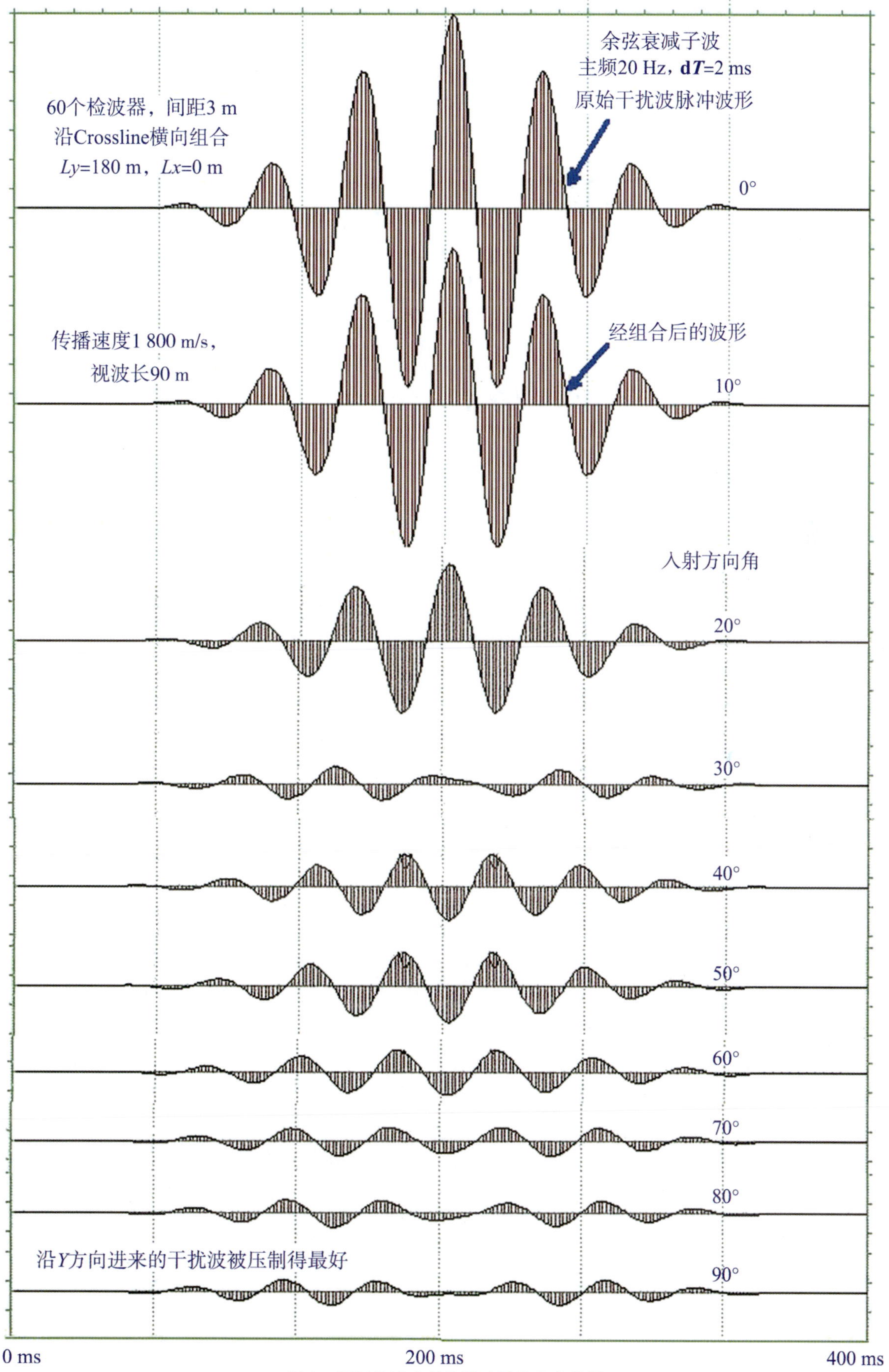

图 6 不同角度入射的脉冲波的组合效果

根据组合后的平均振幅可以绘制玫瑰图。我们统一使用 60 个检波器 $Ly=180$ m，衰减余弦子波主频 20 Hz 的入射干扰波，对比了不同视波长干扰波的玫瑰图，见图 7、图 8。从图中可见，$Ly=180$ m 的横向组合对视波长较小的干扰波压制得更好些；对视波长较大的干扰波的压制能力差些。

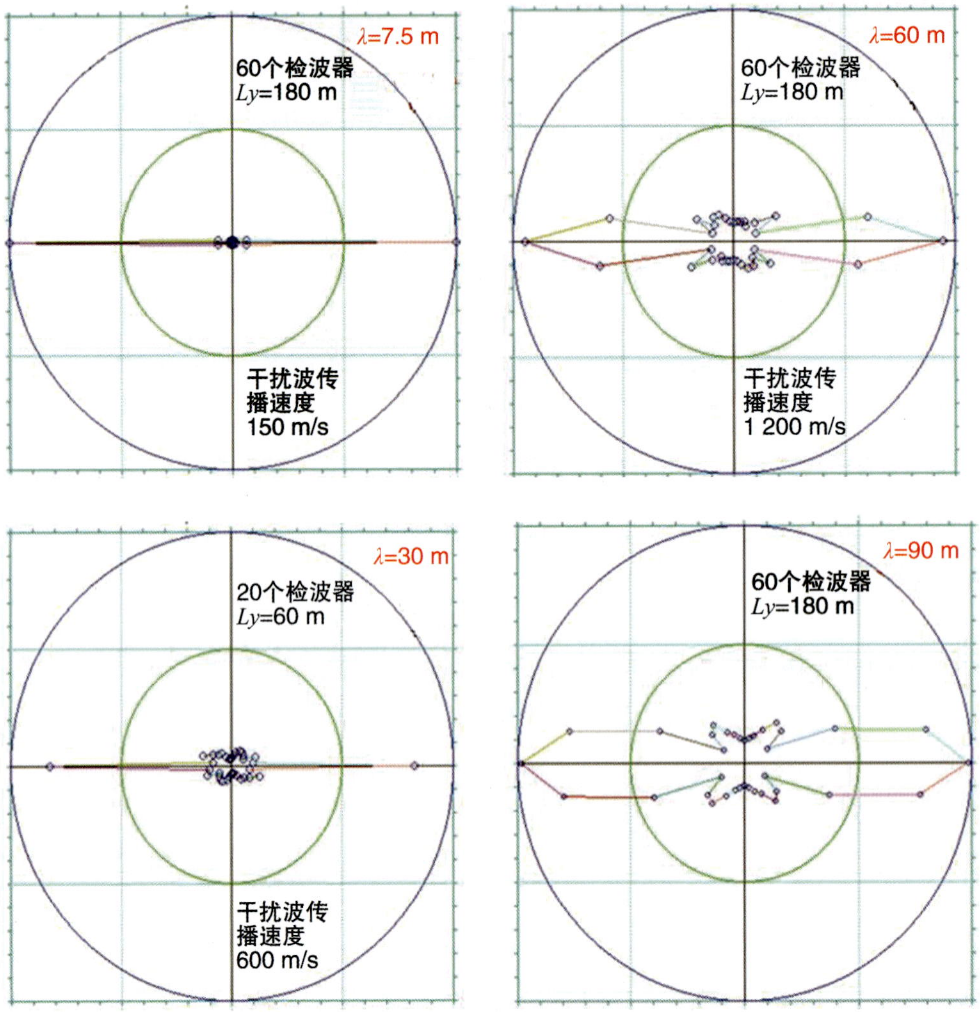


图 7 不同波长干扰波组合后的平均振幅玫瑰图（$7.5\ \text{m} \leqslant \lambda \leqslant 90\ \text{m}$）

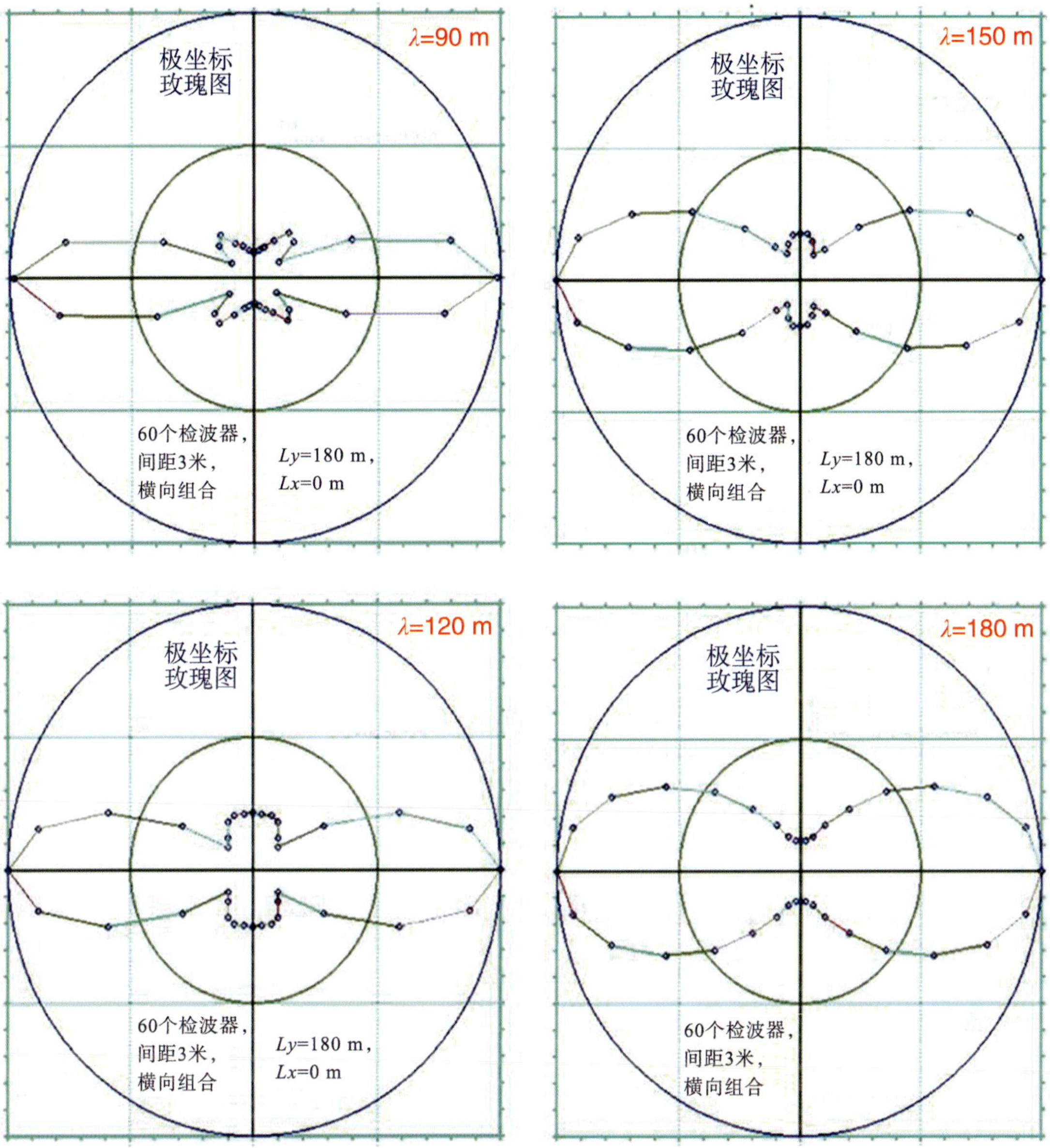


图 8 不同波长干扰波组合后的平均振幅玫瑰图(90 m≤λ≤180 m)

**克服干扰波的效果可以通过玫瑰图的面积来评判。但是在展开式玫瑰组合特性图里看克服干扰波的平均压制倍数更为合理。展开式的玫瑰图就是把极坐标的图展开成直角坐标,它的横坐标是 0°到 360°。假定干扰波来自四面八方的机会是均等的,那么展开式玫瑰组合特性图里观看面积的大小更为恰当。因为极坐标的玫瑰图里的面积是变形的。**

由图 9 及图 10 的展开式玫瑰图可得出结论:对于波长 λ=7.5 m 的干扰波,组合以后侧面干扰被压制 200 倍以上;对于波长 λ=30 m 的干扰波,组合以后侧面干扰被压制 20 倍以上;对于波长 λ=60 m 的干扰波,组合以后侧面干扰被压制 10 倍以上;对于波长 λ=90 m 的干扰波,组合以后侧面干扰被压制 10 倍左右;波长 λ=120 m 的干扰波,组合以后侧面干扰被压制 5 倍左右;波长 λ=150 m 的干扰波,组合以后侧面干扰被压制 5~10 倍;波长 λ=180 m 的干扰波,组合以后侧面干扰被压制 10 倍。

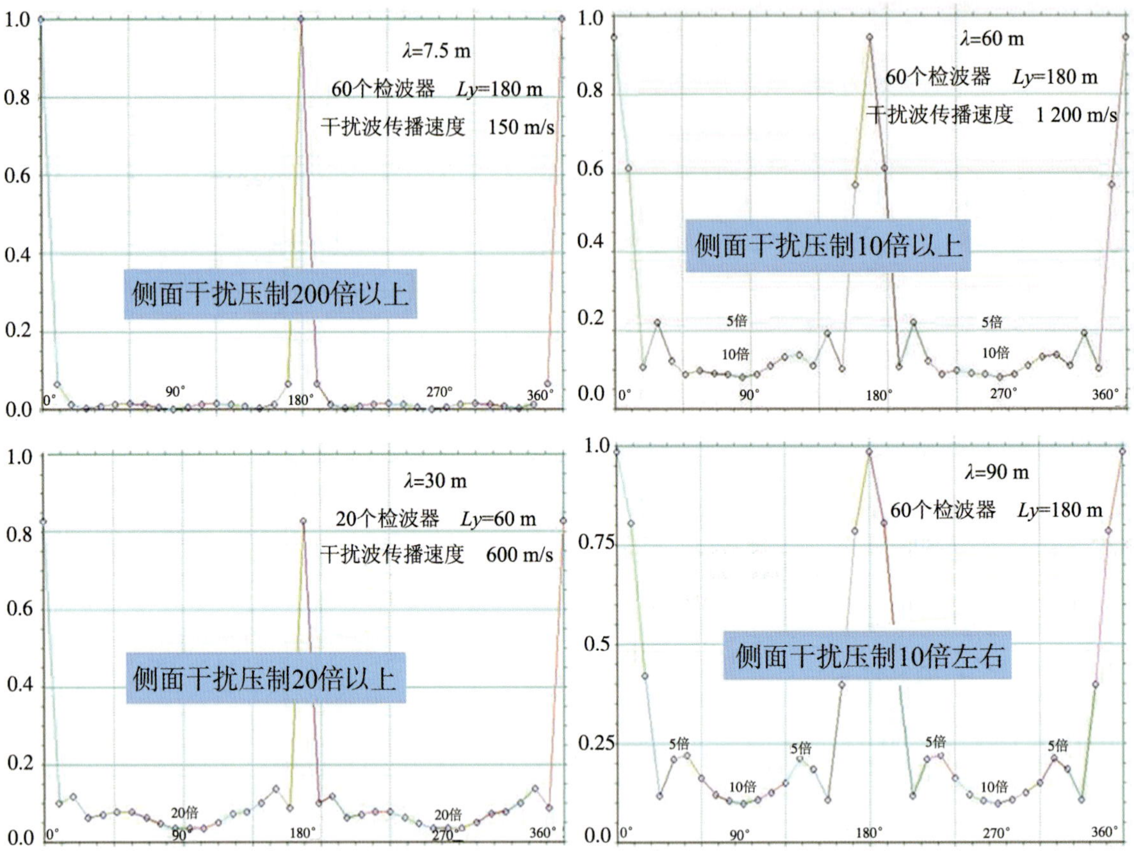


图 9　干扰波视波长从 7.5 m 到 90 m 的展开式玫瑰图

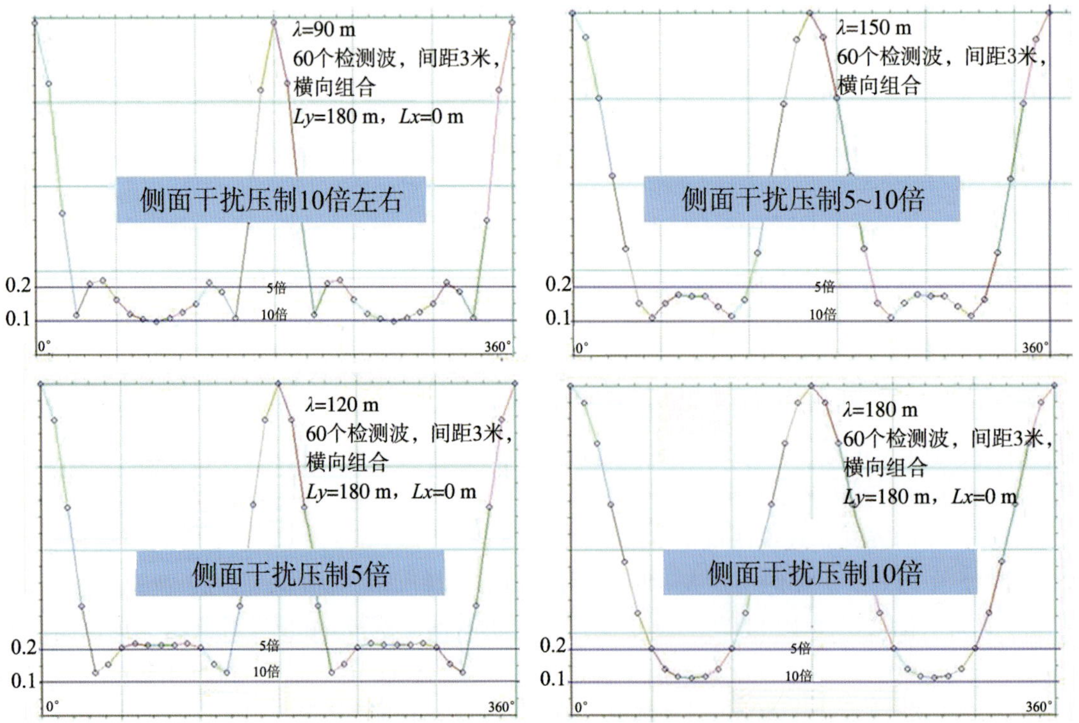


图 10　干扰波视波长从 90 m 到 180 m 的展开式玫瑰图

## 三、小结

由上述分析可见，脉冲式的干扰波组合以后，对于某一 $Ly$ 组合距，视波长接近 $Ly$ 时，压制分量大致在 5～10 倍。随着视波长的减小，压制分量由 10 倍增加到 20 倍，甚至迅速增加 200 倍。这与正弦波的组合压噪结论有些不同。

**$Ly$=180 m 时，虽然对 150～180 m 的干扰波只能压制 5～10 倍，但是对小视波长 7.5～30 m 能压制 20～200 倍。由于视波长大的不容易被压制，因此，从策略上说，我们应该尽可能采用工区里最大的 $Ly$，也就是应该优先压制视波长的干扰波，小的视波长的干扰波也就自然在更大程度上被压小了。这便是我们今后要把握的原则。**

文章编号 409-3

# 次生干扰波的特点与横向组合的重要性

**克服次生高速干扰波是我国西部低信噪比地区最重要的课题。**

**为了认识次生干扰波的特点。我编制了 SCATTERS. exe 程序，让计算机随机产生几千个来自四面八方的干扰波。分析发现，来自 Inline 方向的干扰波经室内去噪后，基本上是比较容易消除它的；而来自 Crossline 方向的侧面次生干扰波在记录上大多数表现为众多的双曲线族（双曲线的混合物）；它们的视速度往往很大，甚至接近无穷大；这种干扰波一旦进入到记录中来，即使在室内处理后，也无法根本消除双曲线的顶部，留下一片强能量的假的短轴，很难进一步消除。**

**所以，用横向拉开组合压制侧面来的干扰波是很重要的课题。宽线大组合就是解决问题的关键。**

## 一、认识次生干扰波

大家知道，我们在地面跺一下脚，就会产生两个波：近处是直达横波和面波；远处是折射滑行波。野外采集时，震源激发后，大地开始震动，引起地表每一个与大地耦合不良的部分产生对地的重新锤击，形成了所谓的“次生干扰波”。我们在野外任意一张地震记录上都可以见到这两个能量很强的次生干扰波：一种是次生低速干扰波，它是次生的直达横波或面波，传播速度只有 120～600 m/s，视波长 3～45 m，最小仅 1～3 m；另一种是次生高速干扰，它是次生的折射波，其传播速度就是折射初至波的速度，视波长一般为 80～200 m。

地表不均匀会形成散射干扰。沙漠与山地中诱发次生干扰的则是突出地表的沙丘与山头，它们随着大地振动产生不均衡的抖动，进而产生干扰波向四面八方来回传播。每一个沙丘、山头在振动时都会发出各自的噪声，仿佛组成了一曲无人指挥的“沙漠”大合唱、“山头”大合唱。这是我国西部困难工区存在的最严重的干扰波。沙漠与山地是次生干扰波的“重灾区”。

最低速的次生干扰波视波长很小，常常在地震记录上表现为“随机干扰”，克服它的办法主要是通过增加覆盖次数，靠统计性压噪来压制它。我们也可以在设计压制高速干扰波的同时压制它。

参看本书 32 页图 2，次生干扰波是低信噪比地区地震勘探最重要的“敌人”。

高速次生干扰波传播速度较高，它的性质是次生的折射纵波，传播速度 1 800～5 000 m/s，视波长 100～300 m，主要应采用横向拉开组合来压制它。根据组合方向特性可以把它压制 5～10 倍。靠统计性压噪很难取得这样的效果。当然，检波器组合也要强调“均匀采样”。

高速次生干扰波来自四面八方，侧面来的干扰波视速度可以为无穷大，传播真速度永远小于视速度。用

"盒子波测定法"的"雷达图"可以查明其来源方位及传播真速度，此传播真速度其实就是折射纵波的速度。

我们可以根据野外单炮估计干扰波的视速度，再根据其主频算出其视波长（视波长 $\lambda=V\times T=V/f$）。图 1 是 1972 年我对次生低速及高速干扰波调查的结果。

野外压制地震干扰波的方法有两种：① 利用统计的压噪方法通过增加覆盖次数来压制干扰。对于随机干扰，$N$ 次观测就可以把干扰波压制到 $\sqrt{N}$ 倍。但这种压噪方法效率较差。如果我们把覆盖次数从 200 次增加到 800 次，信噪比只能增加 1 倍。② 采用组合理论来压制高速次生干扰波。

我们主张使用组合理论来压制高速次生干扰波。只要组合跨距大于干扰波视波长，就可以轻松地把干扰波压制到 5～10 倍。这种方法可以较好地提升野外记录的原始信噪比。

由于巨厚低降速带对地震波的强烈吸收，有效反射波往往淹没在干扰背景里，所以克服次生高速干扰波是我国西部低信噪比地区最重要的课题。

我们的任务就是在野外采集中，设计一张网，利用组合原理，把高速强干扰压制几十倍。

来自 Inline 方向的干扰波经 Inline 方向组合和室内去噪后，基本上是可以消除的；而来自 Crossline 方向的侧面次生干扰波在记录上大多数表现为众多的双曲线族（双曲线的混合物），浅层的双曲线窄而陡，深层的宽广而平缓；Crossline 方向进来的干扰波视速度往往很大，甚至接近无穷大，组合时差非常小；这种干扰波一旦进入到记录中来，即使在室内处理后，也无法根本消除双曲线的顶部，最后即使经过室内去噪后得到的也是一片强能量的假的短轴，很难消除。

下面我们用次生干扰波的理论模型来说明问题。

## （一）高速次生折射波

我们使用传播速度为 2 000 m/s 的高速次生折射波来制作模型。

先让计算机随机产生 2 000 个干扰波，来自四面八方，构成了很复杂的图形。采用了 20 Hz 的雷克子波，采样率 4 ms，干扰波的传播速度为 2 000 m/s。

模型的道距为 50 m，时间域范围从 0.5 s 开始，到 4.5 s。每道长 4 s。1 000 个样点，60 道。炮点在 0 m处，上方第一道的坐标是＋1 000 m，下方最后一道是－2 000 m。

图 1 为 2 000 个来自四面八方的高速次生干扰波，它们以 2 000 m/s 的速度传播到排列上来。形成了速度多变，有斜有平，很复杂的图景。

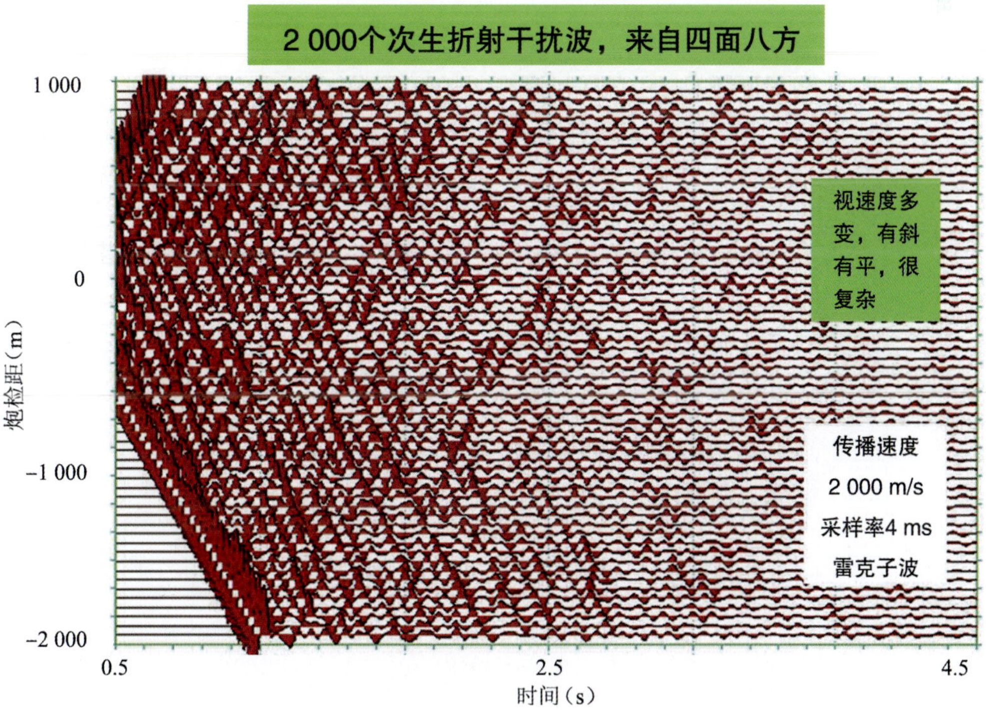


图 1　2 000 个来自四面八方的高速次生干扰波

现在让我们来看看来自 Inline 测线、X 方向的高速干扰波。

为了看清楚有少量干扰波的情况，图 2 是只有 20 个从 Inline 测线、X 方向来的次生高速干扰波。此图除了浅层有几个双曲线外，中深层主要表现为平行与反平行和初至折射波的交叉直线段。

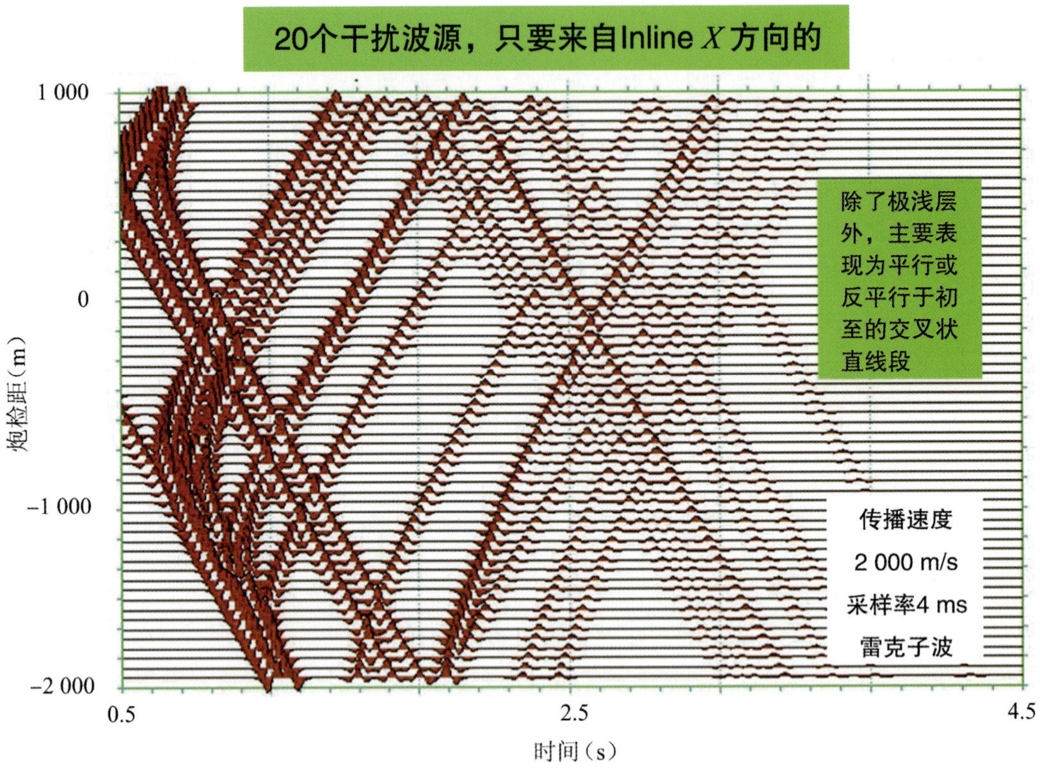


图 2　20 个从 Inline 测线、X 方向的次生高速干扰波

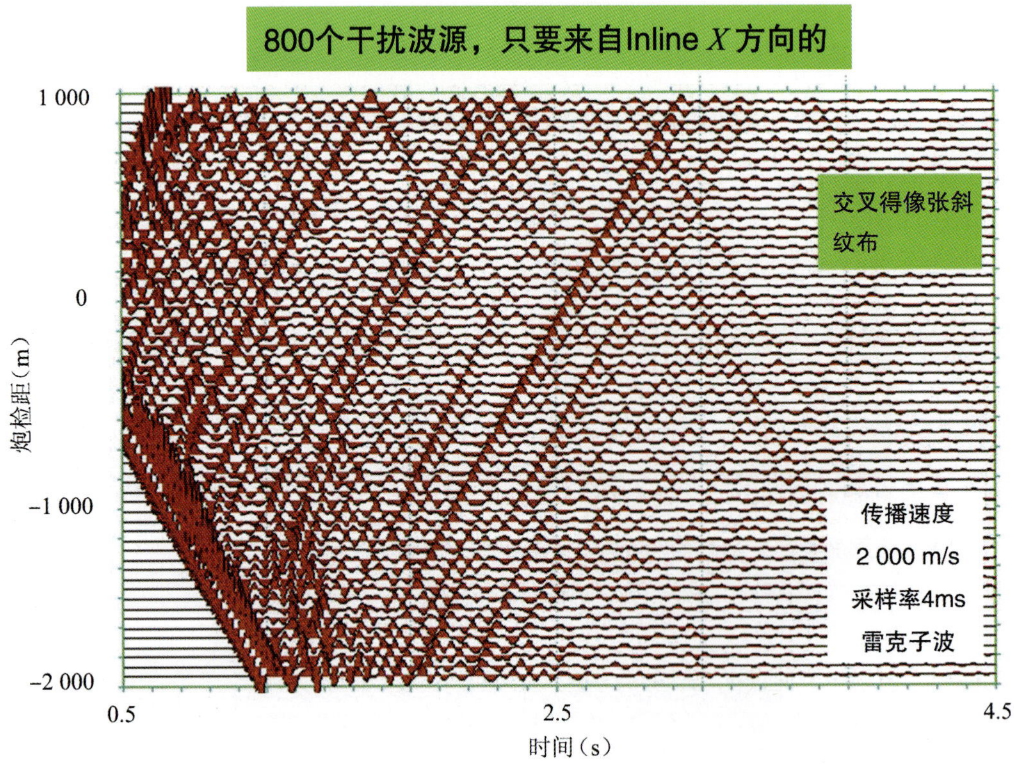


图 3　800 个来自 Inline 测线方向的高速次生干扰波

现在把干扰波的数量加大。图 3 为 800 个来自 Inline 测线方向的高速次生干扰波，中深层变为密切交叉的图形，像一块斜纹布。

再看看来自横向 Crossline 方向的干扰波特点。

图 4 是 15 个来自 Crossline 方向的干扰波。它们主要表现为平缓的双曲线，有点像反射波。但是它们是沿地面传播的，反射波是从地层里上下传播的。

图 5 是 500 个来自横向 Crossline 方向的干扰波。在中深层里，就看不清单个双曲线的样子，而是有平有斜的复杂图形。它们的视速度都很高，可以到达无穷大，与反射波的视速度没有差别。

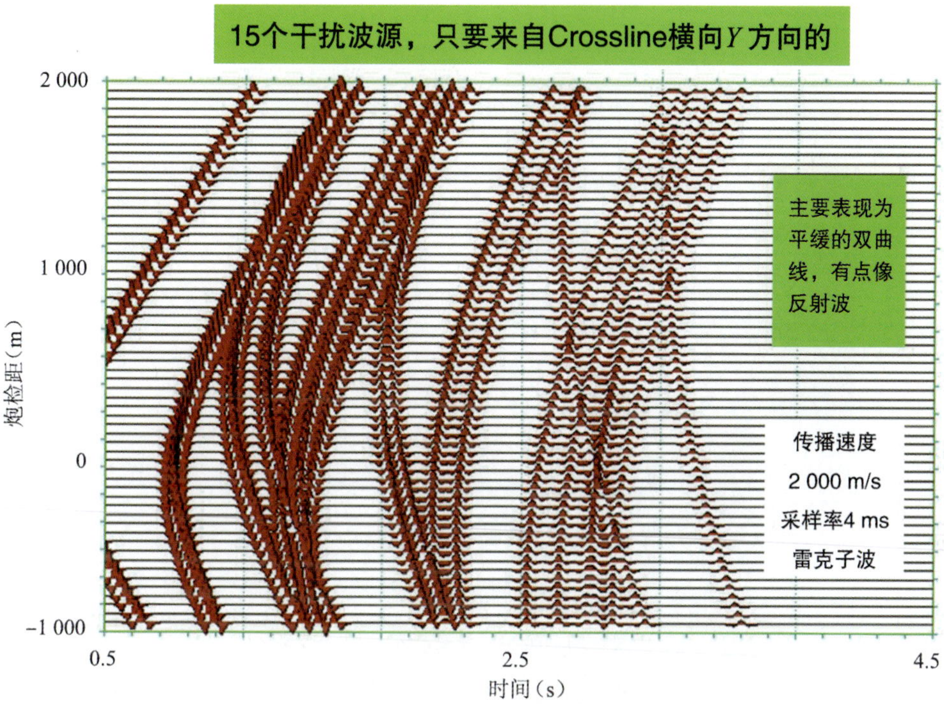


图 4　15 个来自 Crossline 方向的干扰波

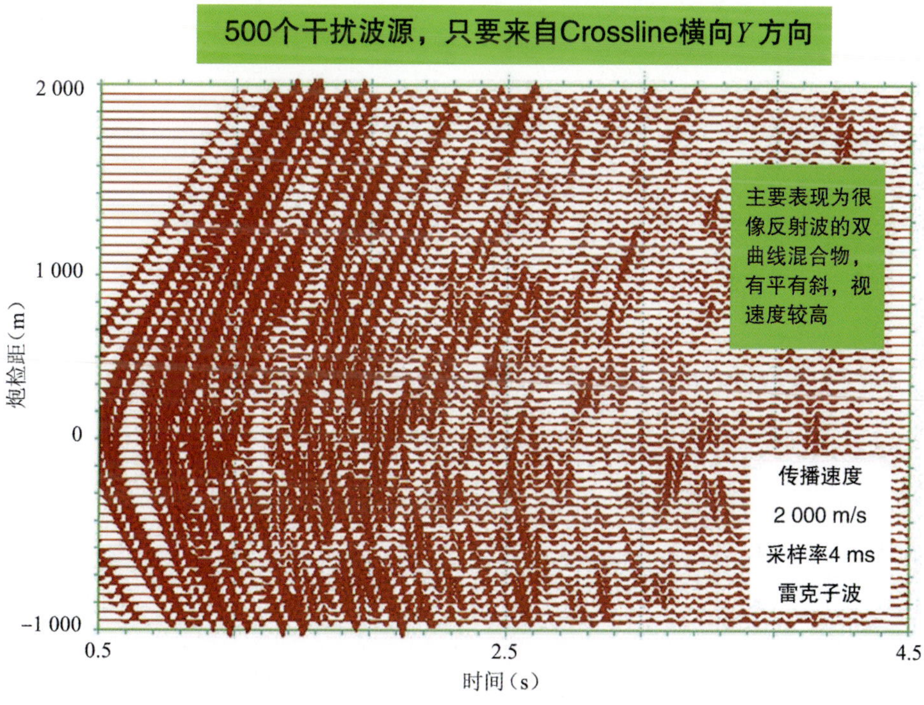


图 5　500 个来自横向 Crossline 方向的干扰波

## (二)低速次生面波

现在让我们再把低速的次生面波加上来,假定次生面波的传播速度为600 m/s。

图6为来自四面八方的2 000个高速次生折射波加上2 000个次生面波后的情形。

图中淡绿色线段是平行于初至折射的高速干扰波,淡黄色的是平行于面波的次生面波。它们组成了一片复杂的图形。我们在西部山区遇到的野外记录基本就是这样的。

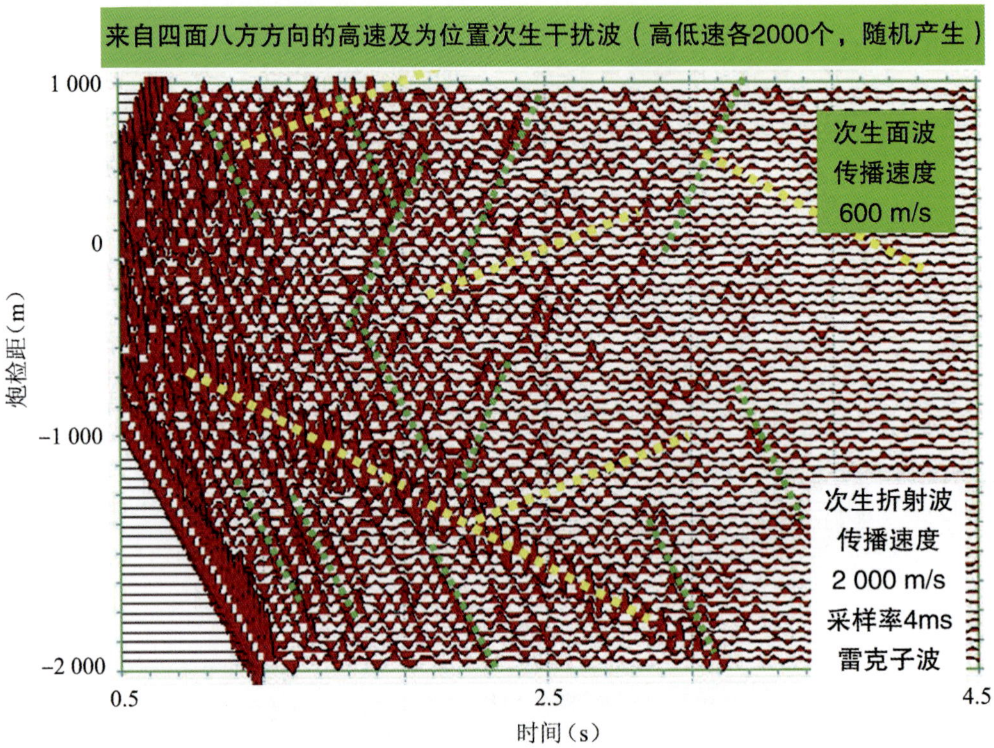


图6 2 000个来自四面八方的高速次生折射波加上2 000个次生面波

在【文章编号409-1】的文章中,图2及图3中的三张野外单炮记录(来自青海英雄岭山地),就与以上的模型记录极为相似,可以看到到处是平行于初至折射和面波的复杂干扰波,连一根反射同相轴都找不到。

## （三）来自 Inline 的干扰波

先来分析一下来自 Inline 方向的干扰波。

图 7 是 800 个高速和 800 个低速次生干扰波，它们都来自 inline 方向，组成干扰波复杂图形。图中，淡绿色线段是平行于初至折射的高速干扰波，淡黄色的是平行于面波的次生面波。

图 7 与图 6 的不同之处在于图 6 有视速度很高的短的平直段，而图 7 里没有。

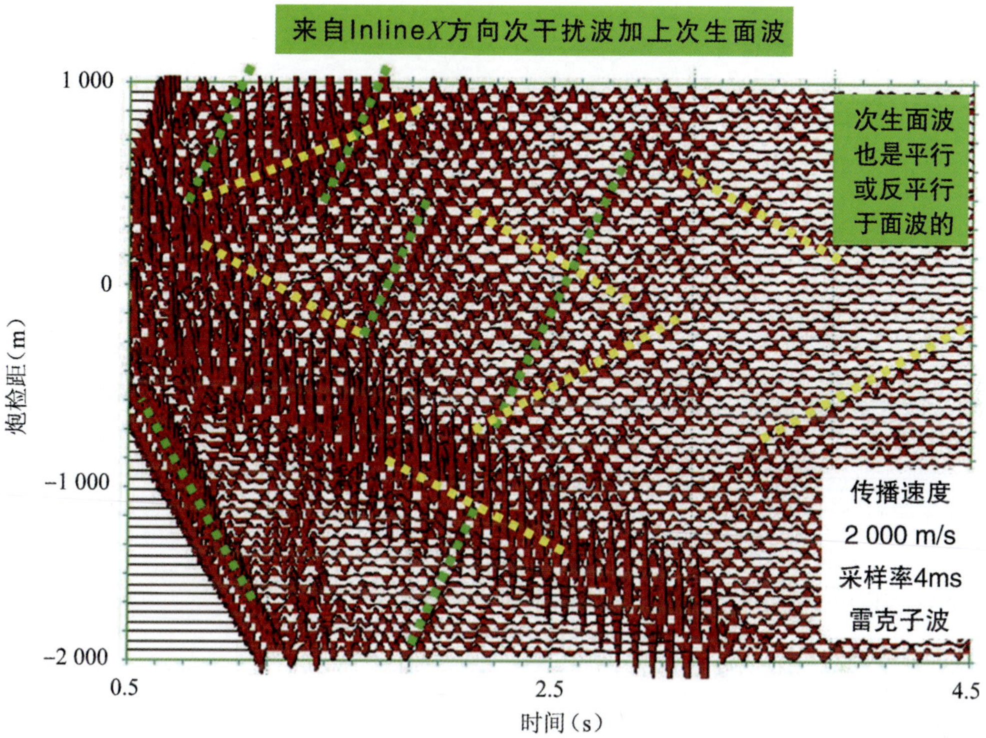


图 7　来自 Inline 方向的 800 个高速和 800 个低速次生干扰波

## （四）来自 Crossline 的干扰波

再看看来自 Crossline 方向的干扰波。

图 8 是来自 Crossline 方向的 800 个高速次生干扰波，加上 700 个低速次生面波。在面波分布区内，它们都是一些很陡的双曲线族，中间也偶有水平的短轴。在面波分布区外是次生高速折射波的双曲线的两翼。

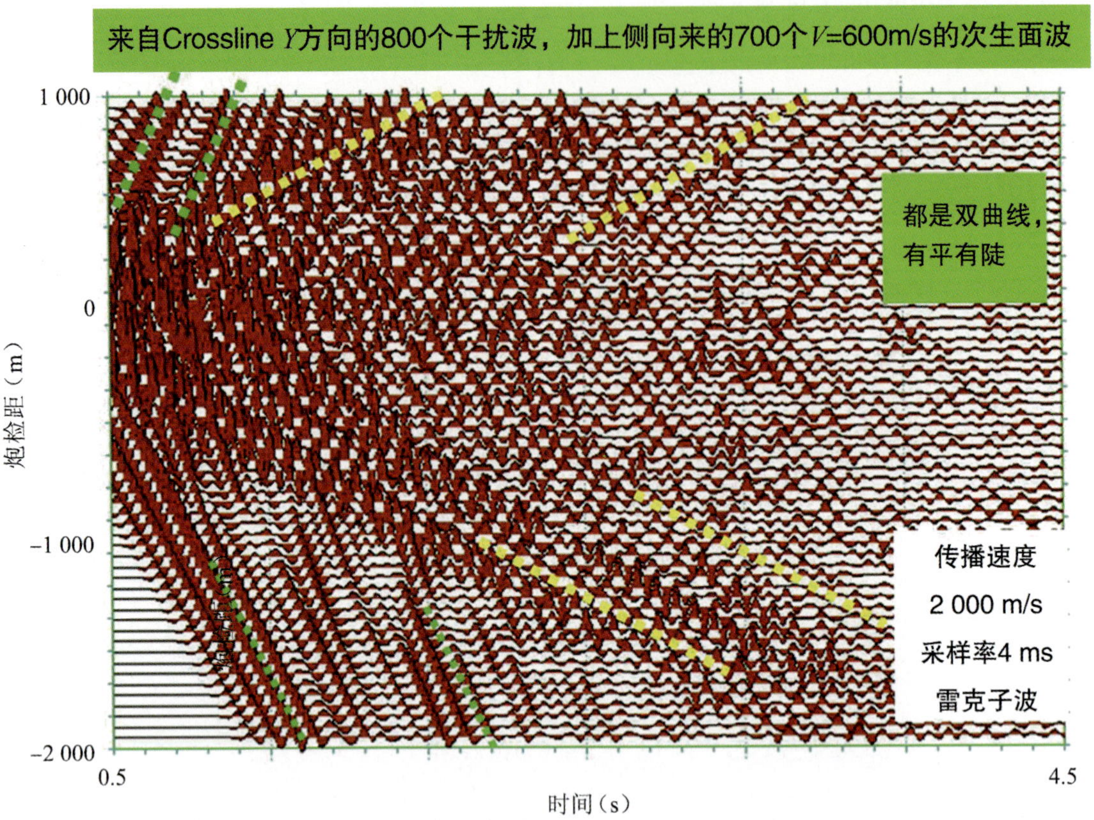


图 8　来自 Crossline 方向的 800 个高速次生干扰波加上 700 个低速次生面波

## 二、用 FK 视速度滤波压制干扰波

我们使用了 FK 视速度滤波压制干扰波，专门压制视速度小于 4 000 m/s 的直线折射波及直线次生面波。图 9 的右边是频率—波数域里，要保留的“信号定义域”形态（采用了采样率 d$T$=4 ms，空间采样率 d$X$=50 m）。图左边是时间域的二维算子（51 点×9 个道）。

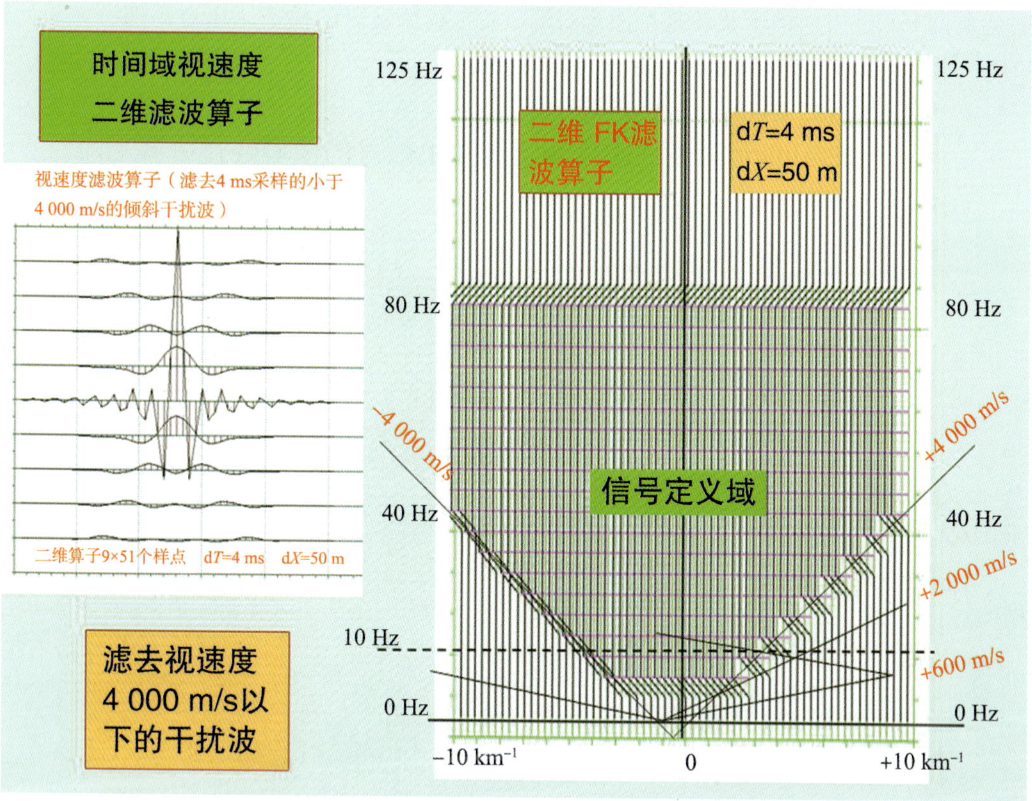


图 9 FK 视速度滤波专门压制视速度小于 4 000 m/s 的算子形态

把此算子对来自四面八方的复杂图形(图 6)做二维滤波后，得到图 10。

图中右边的三条黑色细虚线分别代表视速度 1 000 m/s、2 000 m/s、及 4 000 m/s 的速度斜率。

**我们可以从图 10 看到，虽然原先的交叉斜纹干扰已经基本得到压制，但是留下的是一片视速度比较高的“短轴”。这是很难对付的“干扰波剩余能量”。我们的英雄岭地区资料最差的地方，就是留下了这种“短轴”。**

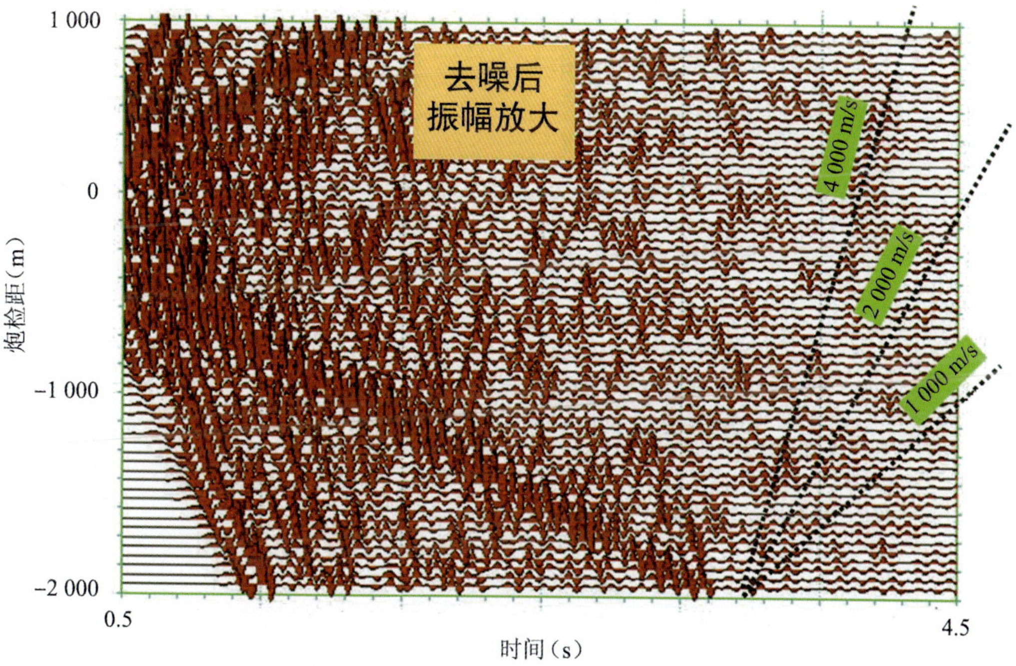


图 10 来自四面八方的次生干扰波加上信号的模型经过去噪后的结果

图 11 是来自 Inline 方向的干扰波复杂图形(图 7)做二维滤波后的样子。还有一部分倾斜的视速度为 600 m/s 的影子。这是次生面波“折叠效应”引起的“假频”。

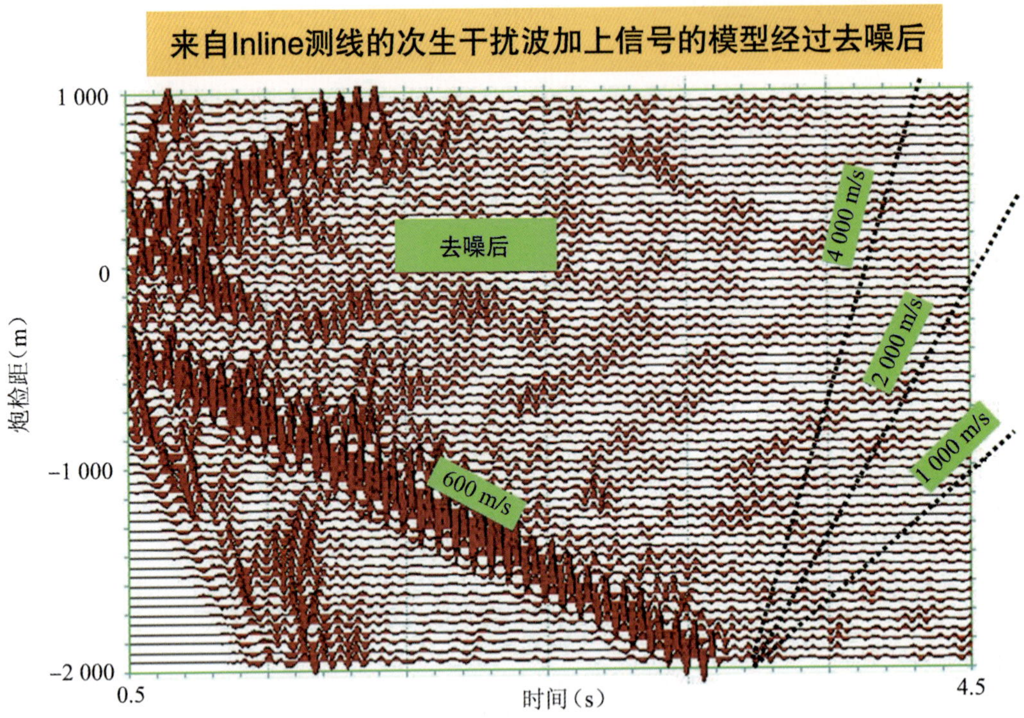


图 11 来自 Inline 测线的次生干扰波加上信号的模型经过去噪后的结果

**图 12 是来自 Crossline 方向的干扰波复杂图形(图 8)做二维滤波后的样子。原来的一系列双曲线被压制掉它们倾斜的“尾巴”,留下了一片视速度很高的“较长的短轴”。这是今后资料处理中很难消除的东西。**

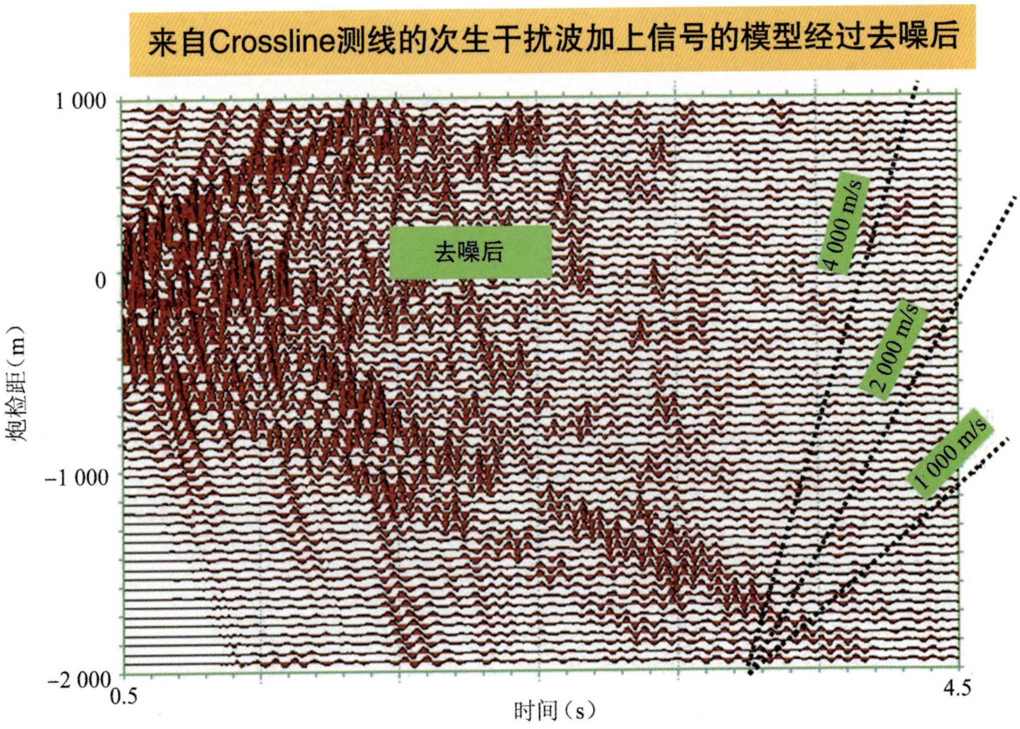


图 12 来自 Crossline 的干扰波加上信号的模型经过去噪后的结果

关于次生干扰波的小结：

综上所述，从 Inline 方向来的干扰波主要组成平行或反平行于初至波的“斜纹布”，而从 Crossline 方向来的干扰波，主要是双曲线的图形。双曲线的顶部，其视速度局部可以高达无穷大。

**次生干扰的复杂性在于：**

(1) 次生干扰可以分布于全记录，无法躲开，也不能切除。

(2) 它与有效反射波几乎有相同的频带范围，无法用频率滤波滤除。

(3) **次生低速干扰常常表现为“随机性”，而克服随机干扰一般采用的是统计方法。**

(4) 次生高速干扰可以从四面八方传到排列，因此在记录上的视速度可以非常高，最高可以接近无穷大。**侧面次生高速干扰有时与反射有效波十分相像，真假难分。它是我们山地地震采集中的主要“敌人”。**

(5) 有些次生高速干扰甚至在水平叠加时会得到加强。

(6) 由于次生高速干扰的视速度普遍高于折射初至波的速度，因此它与反射有效波在视速度域及视波长域总是难分难解。

(7) **次生高速干扰与正常反射波的本质差别是：次生干扰是沿地表传播的，正常反射波是在地层里上下传播的。因此，次生干扰可以用地面的组合理论加以克服。而正常反射一般不会被检波器组合所压制。**因此，使用好组合理论便是解决此问题的出路。但要注意的是，大的组合距也会损害浅层反射波，尤其是陡倾角的反射。掌握好组合的方式及合理的组合距便是本文想研究的方向。

## 三、横向组合的重要性

《碳酸盐岩地震学》这本书介绍了南斯拉夫碳酸盐岩出露地区的盒子波试验(Box 试验)的效果，他们采用两种组合方式进行最终成果图的对比。

图 13(a)所示的剖面是 Inline 方向 180m 组合后，再在室内进行道距为 d$X$=30 m 的五道组合所获得的，其 $Lx=180+30\times4=300$ m，$Ly=0$ m。图 13(a)中一片水平的蚯蚓状短轴就是来自侧向散射的干扰波在去噪处理后不可避免留下的干扰背景，它甚至淹没了有效反射波。图 13(b)是沿 Crossline 方向拉开 $Ly=180$ m 组合，同样进行室内五道组合(Inline 方向 d$X$=30 m 组合)后获得的。它在 1.9 s、2.9 s 及 3.6 s处出现了有效的反射波。这说明在侧向散射干扰严重的地区，横向拉开组合的效果是显著的。

只有在野外横向拉开组合后，才能挽救有效反射波。

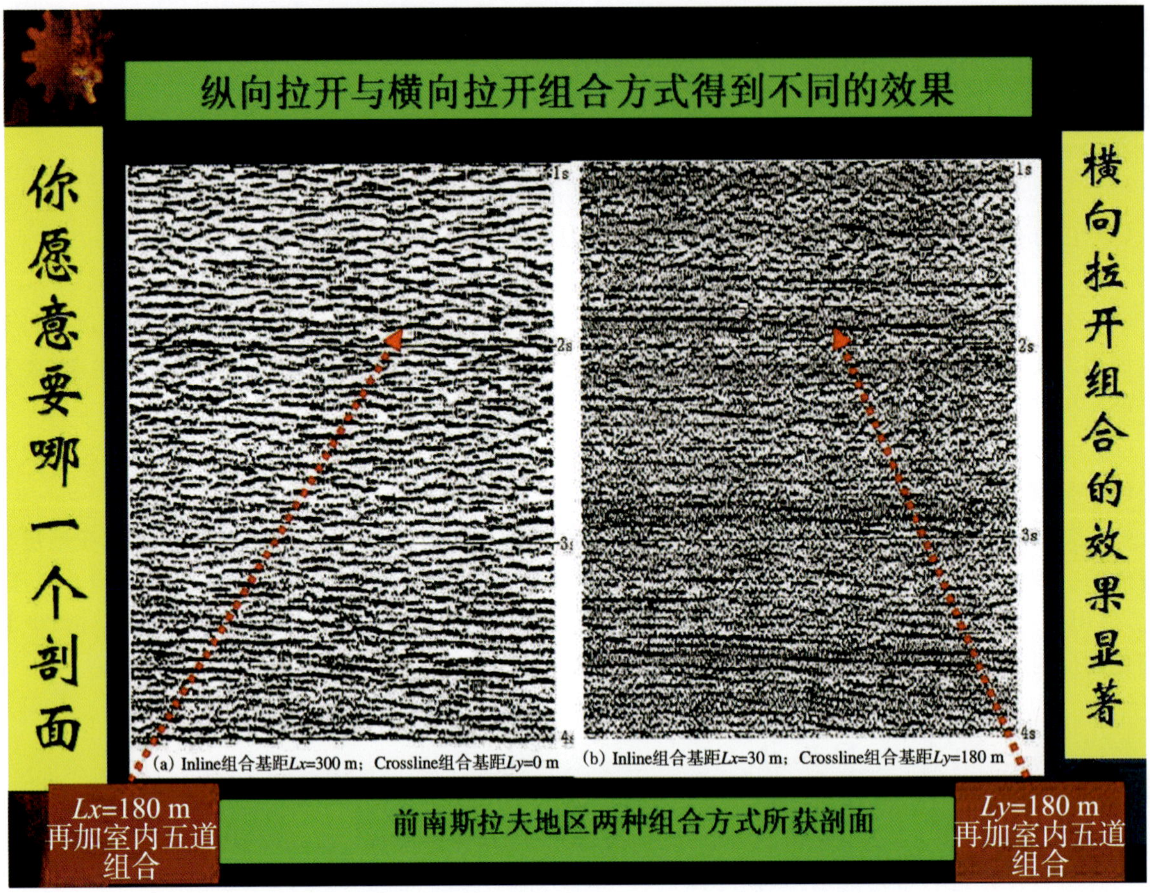


图 13 南斯拉夫地区采用两种组合方式所获剖面对比实例

横向拉开组合在任何工区都是有好处的。它是提高地震资料品质的重要措施，但是在我国被人遗忘了。我们想问："既然次生干扰波是普遍存在的，而且它们来自四面八方，那么，为什么我们只在 Inline 方向组合而不用 Crossline 组合呢？"这是没有道理的，是习惯造成的。因为人们还没有认识到 Inline 方向的干扰波只是一种"明火执仗"的"敌人"，它是容易通过室内压噪加以克服的。而侧面来的干扰波是暗藏的"敌人"，它一旦进入了地震记录，在室内则无法彻底加以清除。所谓"明枪易躲，暗箭难防"。

**注意：**

在地下倾角较大的地区施工时，顺测线方向的组合跨距太大是有害的，过去在内蒙古的赛汉工区就接受过教训，Inline 组合基距 $Lx=130$ m，再加可控震源移动 30 m 的组合，造成剖面上产状严重失真。Inline组合基距 $Lx=60$ m 加可控震源组合以后，构造反倒清楚了，说明 Inline 方向组合基距太大压制了浅层甚至中层的陡倾角反射成像。

所以，在目前野外一般 Inline 组合基距不跨道的情况下，如果为了压制视波长为 150 m 的干扰波，Inline的组合基距不必要拉开到 150 m，可以采用经过动、静校正后的室内 3～5 道道间混波来实现相同距离的组合跨距。这就是野外与室内联合压噪的思路。

**玫瑰图**

现在我们分析野外检波器组合沿 Crossline 方向拉开 150 m 后，再用室内联合压噪的效果。

见下面 4 张玫瑰图。

图 14 是检波器横向拉开 150 m 后、室内不同道数的道间混波分别对典型的面波及折射波所代表的视波长为 40 m、80 m、150 m、200 m 的干扰波的压制曲线（玫瑰图）。

图中，粉色代表野外检波器 Crossline 方向拉开 150 m，室内 3 道道距 50 m 等灵敏度混波；蓝色代表野外检波器 Crossline 方向拉开 150 m，室内 5 道道距 30 m 不等灵敏度混波（12321）。可以看到，经过横向拉开 150 m、室内 3 道混波及不等灵敏度 5 道混波后，视波长从 40～200 m 的四个干扰波全部可以压制到 0.33以下；视波长越小的干扰波，压制效果越好。

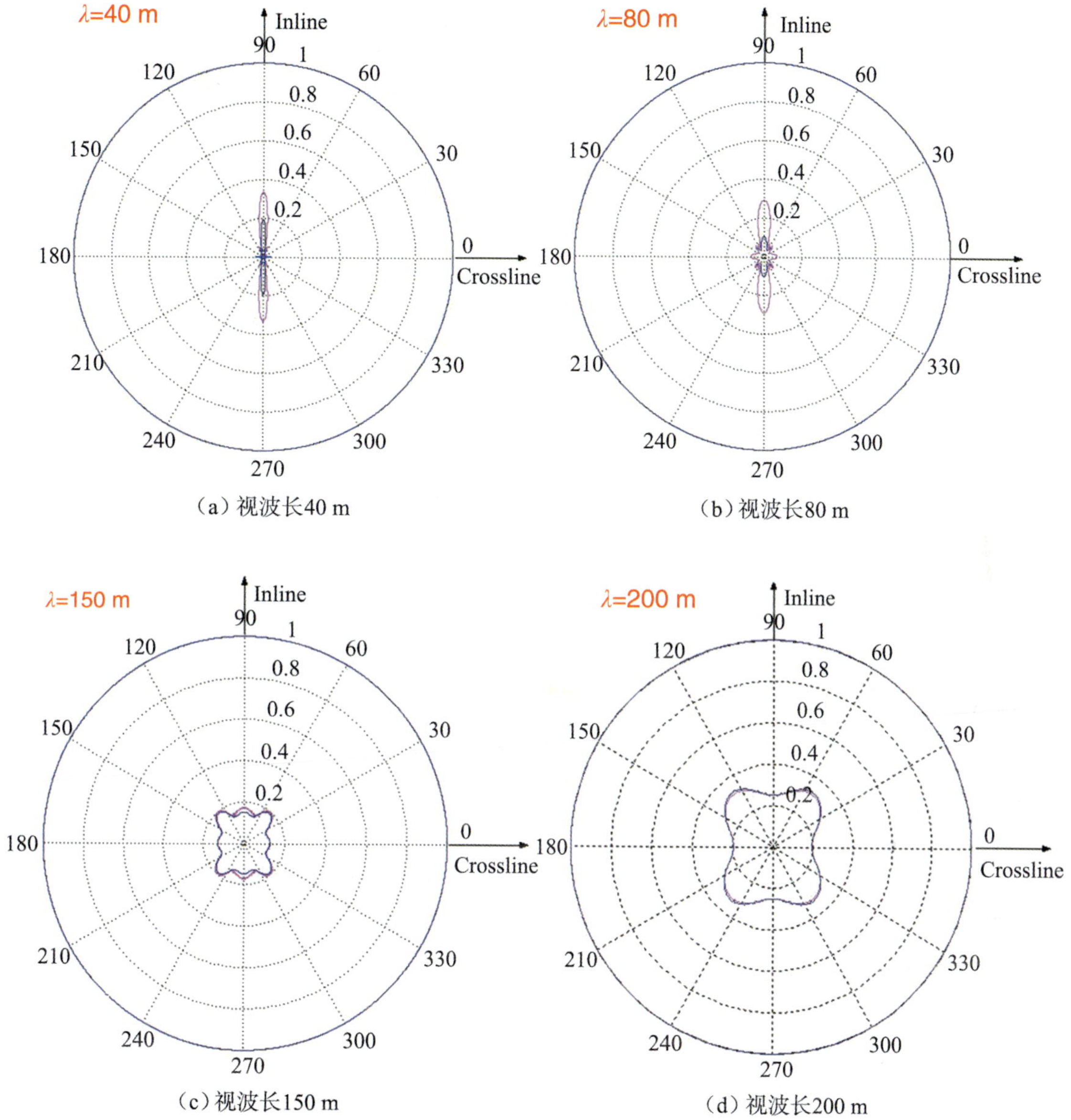


图 14　野外横向拉开 150 m，室内 3～5 道混波对不同视波长干扰波的压制效果

## 四、宽线＋大组合的神奇效果

塔里木盆地库车坳陷山地地震勘探长期资料品质得不到改善。从 2007 年开始，当时负责塔里木油气勘探的杨举勇老总支持我提出的横向大组合的想法。他以甲方的身份强硬推动，搞宽线横向大组合，使得山区二维地震资料得到了显著的改进。他们采用了宽线＋大组合的措施，这是一种更好的实现横向拉开组合的方法。它使得压制侧面干扰的能力大大加强，取得了很好的效果。

克深 5 井攻关剖面采用两条大线相距 60 m，加上米字形组合后，总的横向组合跨距达到 $Ly$＝76 m＋60 m＝136 m。采用了宽线＋大组合的观测技术以后，剖面的信噪比高，浅中深层反射齐全；波组特征明显且很自然，地质特征清楚。

图 15 是在库车地区山地的宽线＋大组合剖面(2007 年)与常规二维测线剖面(1999 年)的对比图。西秋里塔格山地剖面取得了明显的效果。构造翼部和顶部的反射波出现“从无到有”的戏剧性变化，而且新

旧两条对比剖面的总放炮数还是基本上相当的。可见横向拉开组合的神奇效果非同一般。

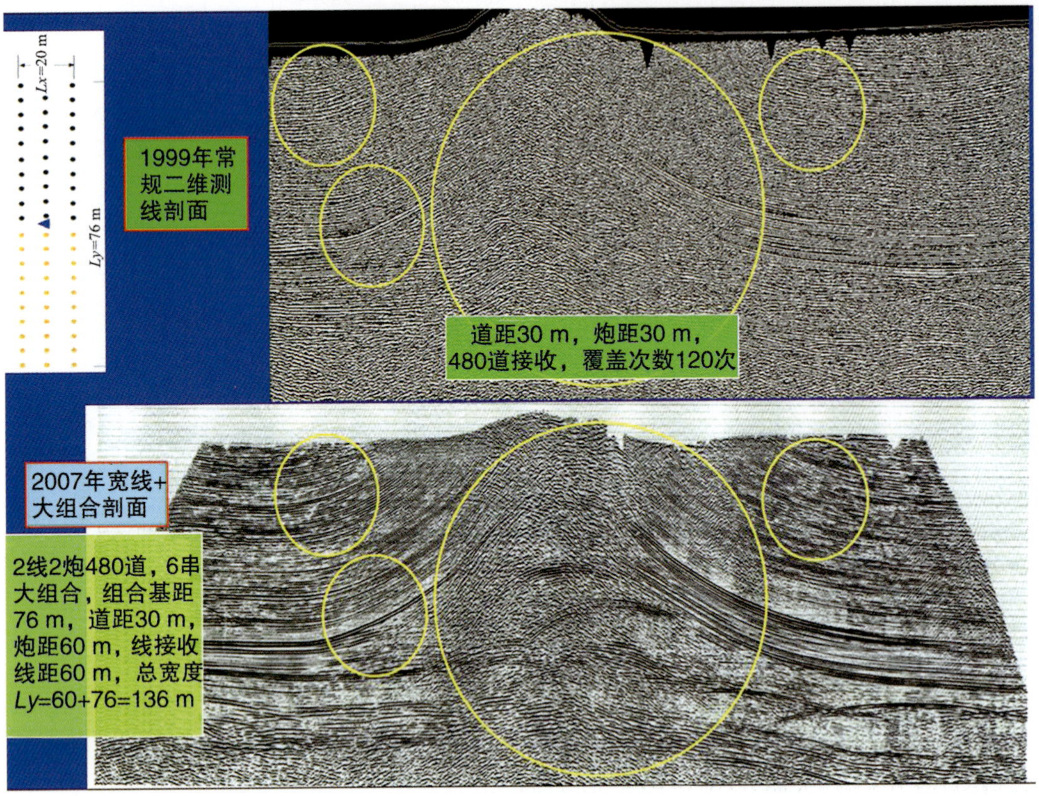


图 15　塔里木盆地西秋里塔格宽线＋大组合与常规二维测线剖面效果对比

宽线＋大组合的观测方法使检波器的横向拉开组合更容易推广，因为野外施工时，两条宽线可以分担一半的横向跨距，每道的横向组距小了，组内高差也小了，到室内处理时，又可以对每道先做静校正，然后再做后续处理。

从这个例子中，我们看到宽线＋大组合的高明之处并不是依靠覆盖次数的增加，而主要是拉开了横向组合的跨距。如果横向拉开组合跨距足够，组内高差不超过±15 m(30 m)的情况下，就能奏效。

采用宽线大组合还有另外的好处，因为宽线增多的线上每个点都有高程，可供做静校正。此外对放小线也是有控制的作用。

有人还以为宽线＋大组合的效果是成倍增加了覆盖次数，所以效果良好，因此他们主张不断增加宽线的线数，并且不断增加放炮次数，以求达到不断增加覆盖次数的目的。但是他们没有看到问题的本质。如果横向不拉开，单纯增加覆盖次数，$Ly$ 少于 50 m 的宽线就达不到什么好的效果。

塔东南的古城地区地表是高大沙丘，过去地震资料不好，现在采用了宽线＋大组合，也使资料品质有了很大的提高。图 16 是古城地区大沙漠的新旧剖面的对比。上面 3.6 s 处是古生界灰岩顶的反射；下面 4.3 s 是寒武系顶反射，右图新剖面的中间部分是灰岩内部结构的情况，这条剖面相当漂亮，寒武系顶小断层都非常清楚。这个例子具有很大的说服力。

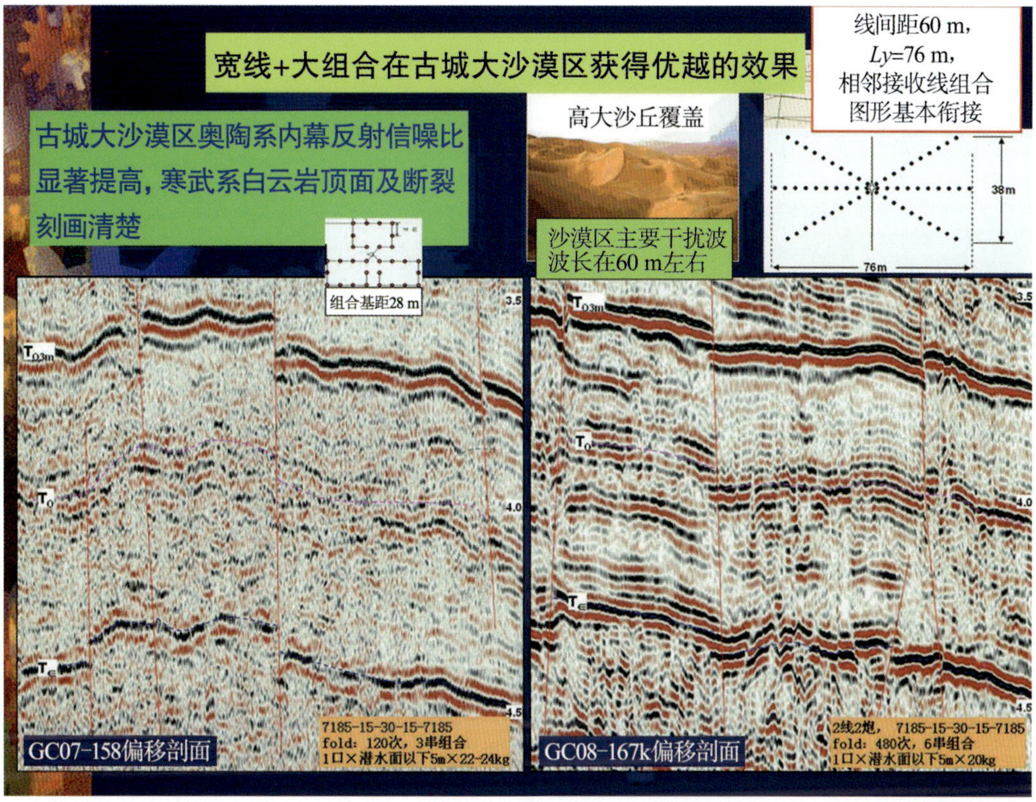


图 16 古城地区大沙漠的新旧剖面的对比

可以断定：宽线＋大组合适应于山区、黄土塬、戈壁砾石区，也适用于大沙漠，甚至对一般平原地区它也是有好处而没有坏处的，因为次生干扰是普遍存在的。

应该说，横向拉开组合是被人们遗忘了的一种有力的压制次生干扰的武器。

**到 2009 年底，塔里木库车探区推广应用了宽线＋大组合剖面 40 余条，共 1200 km 以上，效果都很好。新发现落实了克深 2、克深 5、吐北 4 等一批构造圈闭。重新查清了吐北-克拉苏“五带四段”的构造格局。克深 2、克深 5 井相继在 6500 m 深层获得高产天然气流。**

**宽线＋大组合剖面共计发现和落实圈闭 26 个，面积 1127 km$^2$，天然气资源量 2.19 万亿方（其中重点圈闭 13 个，761 km$^2$，资源量 1.63 万亿方）。应该说这是很大的成绩。**

现在再让我们看看柴达木盆地另外 2 条宽线的情况。

2005 年宽线 05035 采用的是 2 线 2 炮的宽线观测系统。横向组合距离是 $Ly=60$ m，效果很差。

2006 年青海柴达木盆地英雄岭的 QY06040 测线采用了 1 炮 2 线 960 道接收的宽线施工方式。横向拉开的距离总共有 $Ly=30+9+9=48$ m。这样小的 $Ly$ 距离是不能起到应有作用的。如果横向拉开距离不够，还是没法压制来自侧面的干扰。

图 17 是采用 36 个检波器不同横向组合跨距时的方向特性曲线。通过曲线可看出，对于滑行速度为 3000 m/s，视波长为 150 m 的干扰波，采用跨距 $Ly=150$ m 的横向组合跨距可以很好地压制干扰波。如果跨距 $Ly=75$ m（缩小一半），则干扰波剩余量将为 63％；如果跨距仅有 30～40 m（例如两条宽线间的距离只有 30 m），则干扰波基本得不到压制。所以小的横向拉开跨距是不可取的。

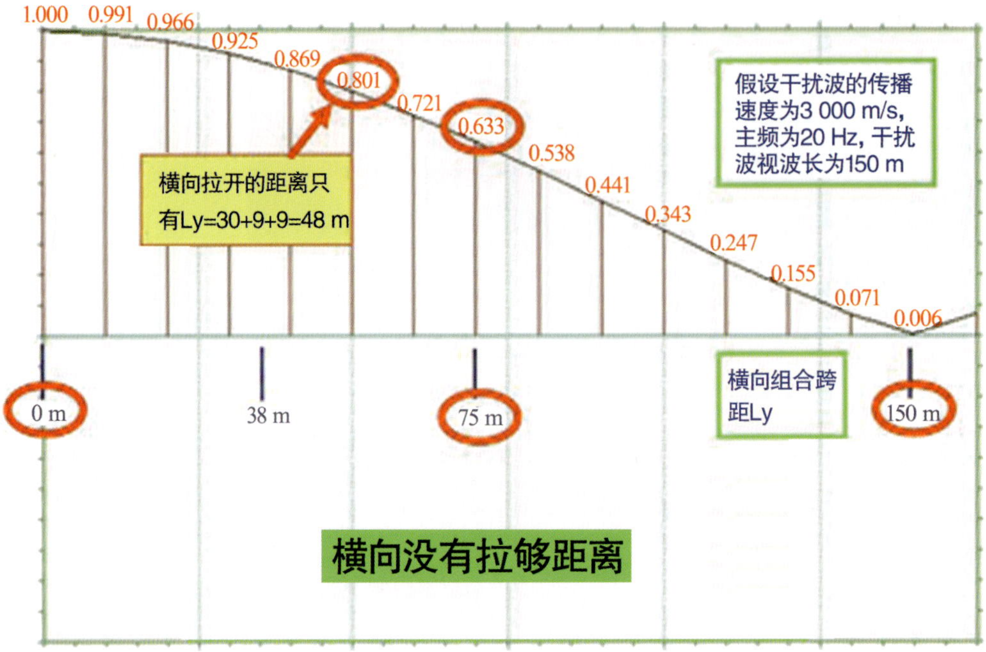


图 17　采用 36 个检波器不同横向组合跨距时的方向特性曲线

相反的，我们看成功的例子。2010 年，青海的同志在油砂山地区 10034 宽线二维采用的是 3 线 3 炮的宽线观测系统，$Ly=180$ m，得到了很好的效果，甚至不比英东三维差，见图 18。

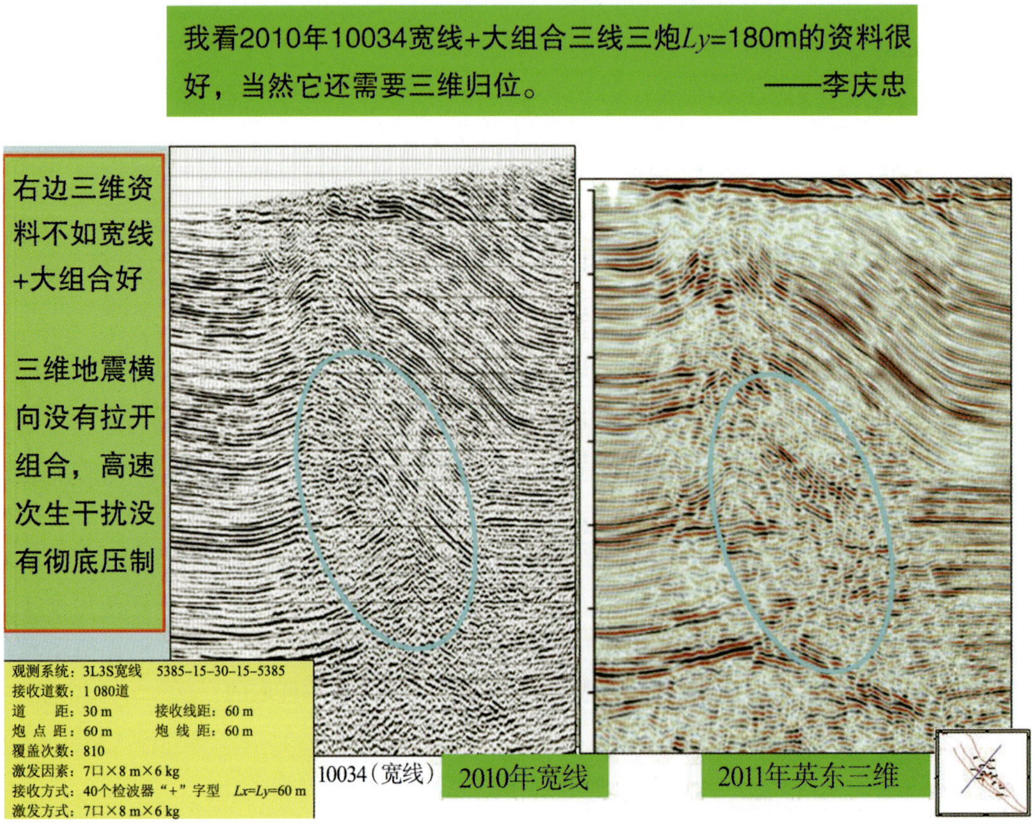

我看2010年10034宽线+大组合三线三炮Ly=180m的资料很好，当然它还需要三维归位。——李庆忠
右边三维资料不如宽线+大组合好
三维地震横向没有拉开组合，高速次生干扰没有彻底压制
观测系统：3L3S宽线　5385-15-30-15-5385
接收道数：1 080道
道　　距：30 m　接收线距：60 m
炮 点 距：60 m　炮 线 距：60 m
覆盖次数：810
激发因素：7口×8 m×6 kg
接收方式：40个检波器“+”字型　Lx=Ly=60 m
激发方式：7口×8 m×6 kg
10034（宽线）
2010年宽线
2011年英东三维


图 18　2010 年英东宽线＋大组合处理剖面与三维剖面对比

图 18 左边，10034 宽线二维采用的是 3 线 3 炮的宽线观测系统。观测方式：5385-15-30-15-5385，接收

道数 1080 道，道距 30 m，接收线距 60 m，炮点距 60 m，炮线距 60 m，覆盖次数 810。激发因素：7 口×8 m×6 kg，接收方式：40 个检波器"十"字形组合（这不可取），3 线组合以后横向组合距离是 $Ly=120$ m。加上检波器组合距 60 m，总的 $Ly=180$ m。

如图 18 所示，淡蓝色圆圈里的反射影子似乎比右边 2011 年英东三维资料要更清晰（当然它还需要三维归位）。

这个例子说明宽线＋大组合的方法的确不错。今后我们应该用宽线＋大组合的方法来做三维，这就是本文反复强调的。许多人做了三维，却忘掉了横向拉开组合，真是不应该。

对于我国南方及四川山地，宽线的横向组合总跨距应该增加到 200 m。因为那里的干扰波传播速度常常高达 4 000～5 000 m/s，频率 20～30 Hz。根据视波长＝传播速度×视周期，该地区干扰波的视波长为 170～250 m。

我对广西某工区的施工设计做如下建议：两条宽线相距 100 m，每条线上接两串 50 m 检波器小线，垂直排列拉开，使宽线的横向组合总跨距 $Ly$ 增加到 200 m。这样施工动用的检波器总数不多，但效果会很好。

最后再提一个想法：20 世纪 80 年代法国 CGG 公司发明宽线 Wide-Line 地震工作方法的本意是通过宽线求得反射界面的侧向时间倾角。通过室内处理，他们用彩色的箭头标出剖面中每一个反射同相轴的侧向倾角，使人清楚地看出哪些波是来自左方，哪些来自右方。

近年来我们在困难工区采用宽线的主要目的是克服强次生干扰，提高信噪比，同时减小组内高差影响。

通过宽线＋大组合提高了信噪比后，在偏移及资料解释时，还需要认识波场的复杂性，因此有必要搞清每个反射波的侧向倾角，搞清它们来自何方。

因此，今后在宽线＋大组合的资料处理过程中有必要找回当初 CGG 公司发明宽线 Wide-Line 的功能初衷，即显示出每个反射波的侧面时间倾角。我们有了 50～100 m 线间距的宽线资料是可以算准主要强反射波的侧向倾角的。这是今后应当进一步改进的地方。

那么我们真的能够在野外把检波器拉开到 150 m 吗？

这就要分析一下长组合对反射波有多大的损害，即下面一节要讨论的组合时差问题。

文章编号 409-4

# 反射界面不同倾角情况下的组合时差的讨论

**次生高速干扰波的视波长一般为 80～180 m。为克服这种干扰波，野外的组合总跨距需要达到 180 m。于是问题就来了：这样的大跨距对反射波会产生危害吗？**

**这就要从考察反射有效波到达地面的“双曲面”上的反射 NMO 时差入手，看不同深度、不同倾角情况下，反射双曲面上每 30 m 距离上时差是多少。据此回答野外采用组合跨距 180 m 是否行得通的问题。这就是本文需要回答的重要课题。**

## 一、引文

次生高速干扰波的视波长一般为 80～180 m。为克服这种干扰波，野外的组合总跨距需要达到 180 m。于是问题就来了：这样的大跨距对反射波会产生危害吗？

这是本文需要回答的重要问题。

利用表 1 及图 1 所示的反射波模型，我们分别计算了浅层（法线深度 500 m）、中浅层（深度 1 000 m）以及中层（深度 2 000 m）水平和倾斜反射层的三维反射双曲面锥体，目的是在锥体面上求导，并沿 $Y$ 轴或 $X$ 轴求差分，研究在接收道距为 30 m 的情况下，相邻道的反射时差。以此判断施工过程中，野外现场组合时，NMO 组合时差是多少，从而检查现场施工中组合跨距的合理性。

**表 1　六个深度的反射模型**

| | 法线深度 $H$ | 速度 $V$ | 反射 $T_0$ 值 | 计算范围 |
|---|---|---|---|---|
| N1 | 500 m | 2 160 m/s | 0.463 s | 4.5 km×4.5 km |
| N2 | 1 000 m | 2 520 m/s | 0.794 s | 9 km×9 km |
| N3 | 1 500 m | 2 880 m/s | 1.042 s | 9 km×9 km |
| N4 | 2 000 m | 3 240 m/s | 1.234 s | 9 km×9 km |
| N5 | 2 500 m | 3 600 m/s | 1.389 s | 9 km×9 km |
| N6 | 3 000 m | 3 760 m/s | 1.515 s | 9 km×9 km |

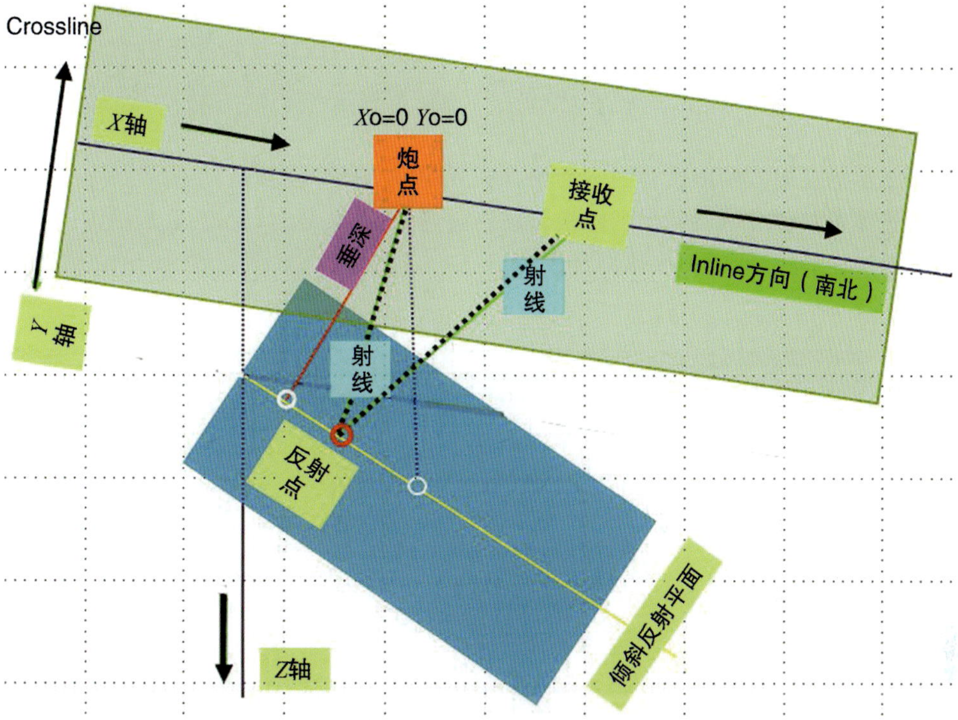


图 1　反射波模型

## 二、水平反射层组合时差的讨论

**浅层水平反射层**

图 2 是根据表 1 中第一个浅层水平反射层（法线深度 $H=500$ m，$Vm=2\ 160$ m/s，$To=0.463$ s）所做的反射双曲面锥体。图中垂直方向的坐标是反射到达时间，表示双程反射旅行时。

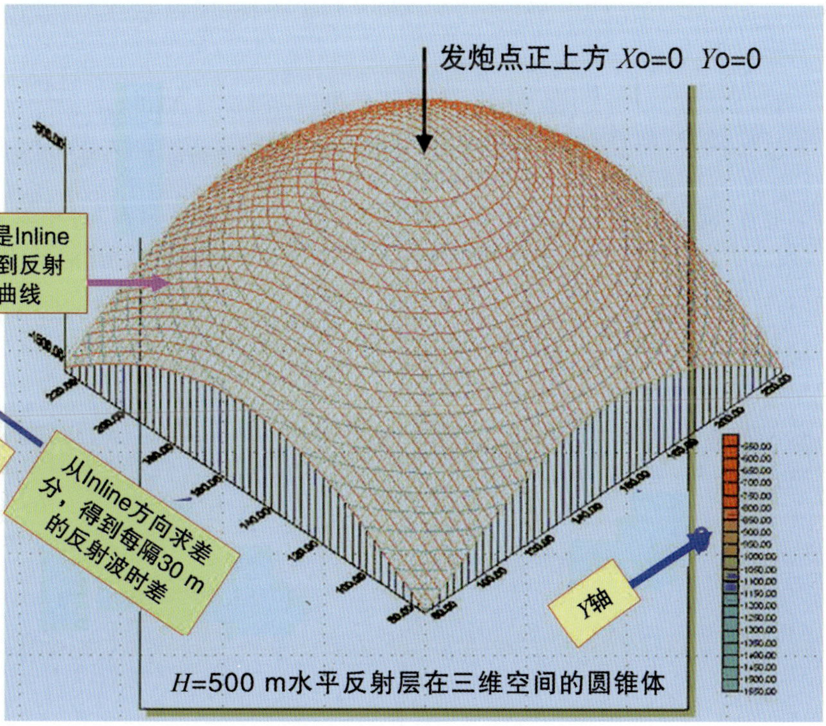


图 2　水平反射层的三维反射双曲面锥体

图 2 代表野外的一个“排列片”的接收情况。在中央位置上方($Xo=0, Yo=0$)地面发炮。水平的同心圆代表了反射时间的等时线。红色双曲线族是 X 轴上某 Inline 测线接收到的反射波双曲线。

需要注意的是，我们图中标出的 X 轴是 Inline 方向，Y 轴是 Crossline 方向。我们在求取微分导数时，是沿着 X 轴方向进行的。

图 3 是图 2 所示的反射双曲面锥体的平面图，同心圆是反射等时间线。

图中不同颜色代表双程反射旅行时的深浅。需要注意的是，求导时，无论是 X 轴方向还是 Y 轴方向，在双曲线顶部处的梯度最小，两边梯度逐渐变大。

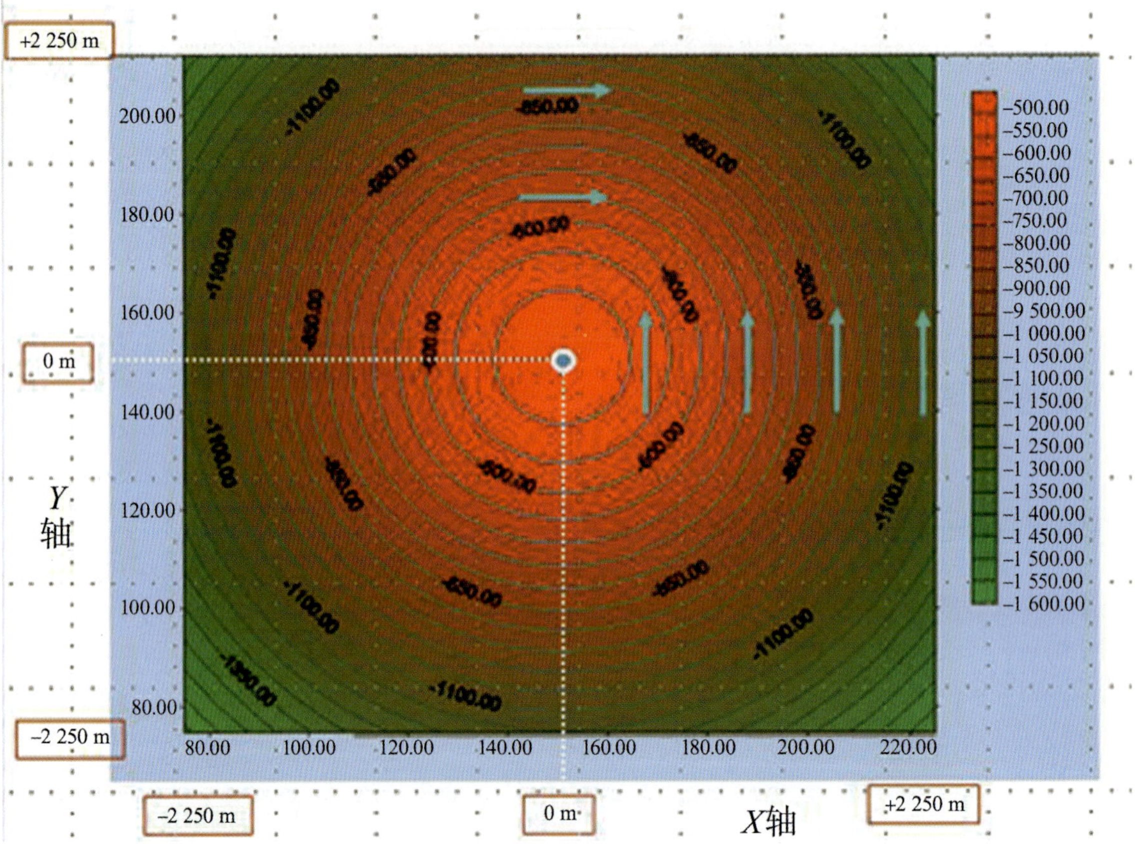


图 3　500 m 浅层双程反射旅行时平面等值线

在锥体面上求导，沿 Y 轴或 X 轴求差分，可得到相邻道 30 m 的反射时差(单位 ms)。这里，我们沿 X 轴方向求差分(图 3 中水平的 2 个淡蓝色箭头方向)，可得到每 30 m 的正常 NMO 时差，其时差平面等值线图如图 4 所示。

对 500 m 浅层，初至切除(包括动校拉伸畸变区的切除)通常切到 ±1 000 m。所以，图 4 中白色圆圈是浅层初至切除到 ±1 000 m 半径的有效道范围。

从图 4 可以看出，组合时差在炮点正下方处最小为 0 ms。向上及向下，白圈内的时差增加为 8 ms 到 9 ms，圈内 30 m 的平均时差为 4 ms。

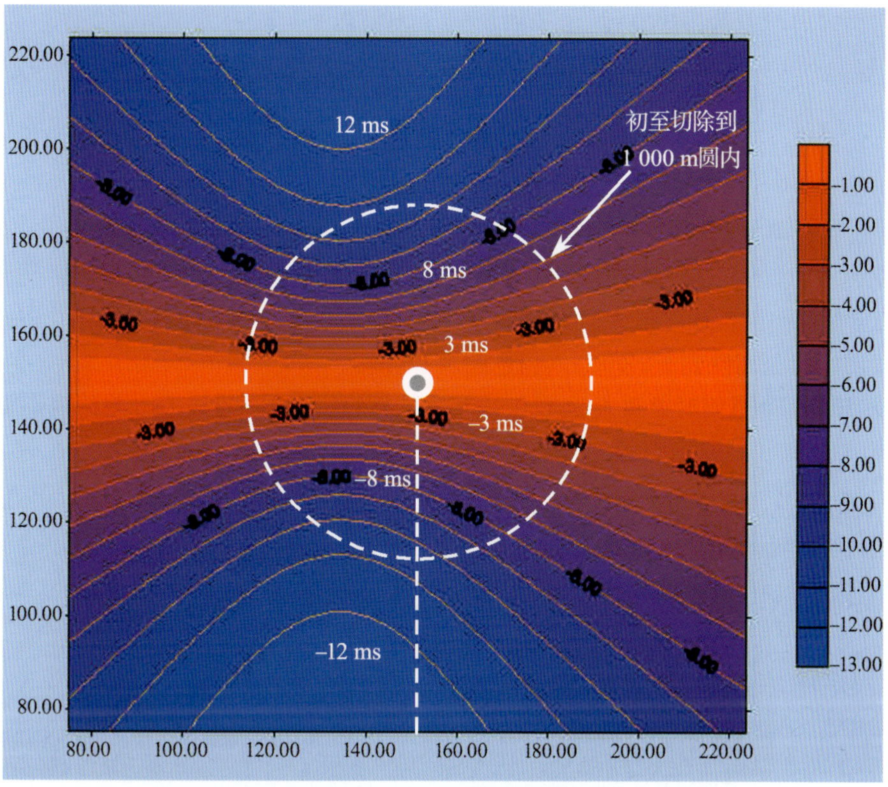


图 4　浅层水平反射层 Inline 方向每 30 m 的正常 NMO 时差

图 4 的立体图如图 5 所示。可以看到，它像一个平顶的马鞍形，差分值一面是正的，另一面是负的。

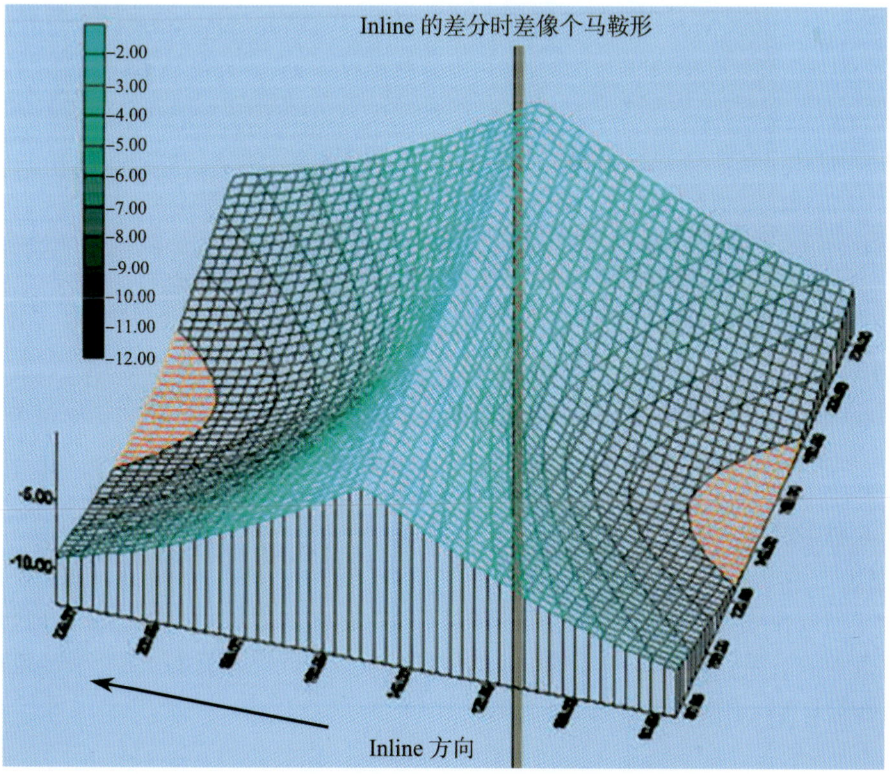


图 5　Inlne 方向每 30 m 的立体浅层反射时差

由于图 4 白圈内的时差从中央 0 ms 增加到 8～9 ms，圈内平均时差为 4 ms。

可以判断，对于 500 m 深度的反射来说，当野外组合跨距为 60 m 时(30 m 时差将增加 1 倍)，对反射波没有太大的影响。跨距再大，就不行了。

当三维接收线距为 120 m 时(时差将增加 4 倍)，野外 Crossline 相邻两线组合就已经是不允许的了。只有经过动静校正后才可以进行。

**深度 1 000 m 的水平反射层**

图 6 是根据表 1 中第二个模型，即中浅层水平反射层(法线深度 $H$＝1 000 m，$Vm$＝2 520 m/s，$To$＝0.794 s)所做的反射双曲面锥体在锥体面上求导，并沿 $X$ 轴求差分后得到 Inline 每 30 m 的正常 NMO 时差的平面等值线图。初至切除到±2 000 m(白色圆圈)范围。

可以看到，4 500 m 处道间时差最大为 11 ms，切除区，白色圆圈内的最大时差约为 9 ms，平均时差约为 4 ms。

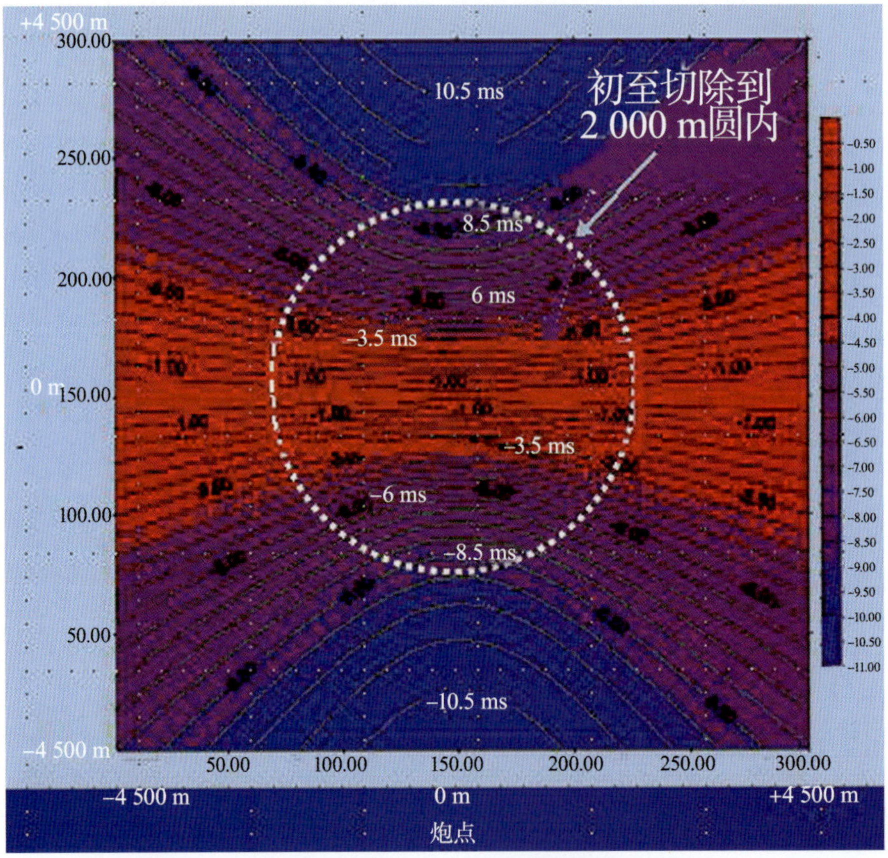


图 6　深度 1 000 m 的水平反射层 Inline 方向每 30 m 的正常 NMO 时差

**深度 2000 m 的中层水平反射层**

图 7 是根据表 1 中第四个模型，即中层水平反射层(法线深度 $H$＝2 000 m，$Vm$＝3 240 m/s，$To$＝1.234 s)所做的反射双曲面锥体在锥体面上求导，并沿 $X$ 轴求差分后得到 Inline 方向每 30 m 的正常 NMO 时差的平面等值线图。可以看到，4 500 m 处道间时差为 7 ms。切除区±5 000 m 范围内(白色圆圈内)的最大时差也是 7 ms，平均时差约为 3.5 ms。

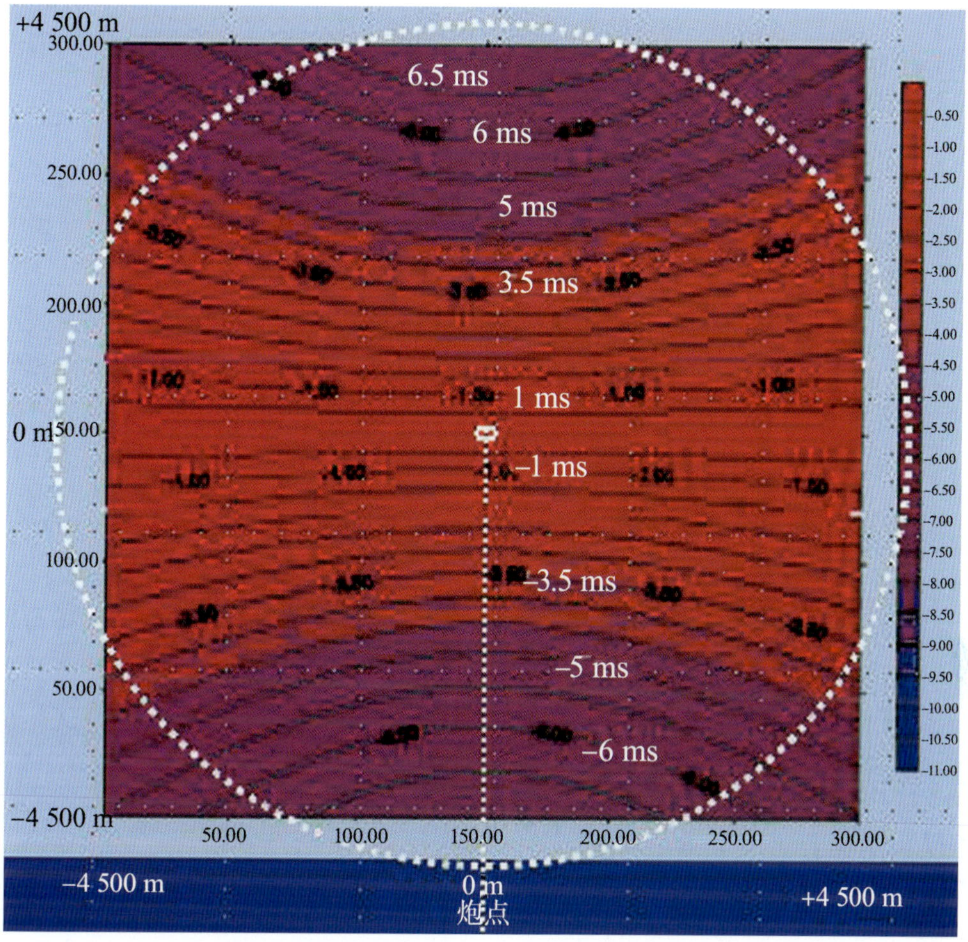


图7 深度 2 000 m 水平反射层 Inline 方向每 30 m 的正常 NMO 时差

因此，可以判断，30 m 道距，Inline 相邻三道组合时，对 60 Hz 的信号没有妨碍。

但是如果想在野外直接横向拉开组合到 $Ly=180$ m，Crossline 平均时差还要增加 6 倍。这对于深度为 2 000 m 的反射，也有一定影响。

## 三、倾斜反射层组合时差的讨论

以上分析的是水平层的情况，倾斜地层的反射波组合时差又是什么情况呢？

**倾角 30°反射层**

地层带有倾角时，反射双曲面中心位于虚发炮点上方，向上倾方向位移。反射面倾角为 30°时，对于浅层 500 m 的深度模型，反射双曲面中心点位置向上倾方向位移 500 m，如图 8 所示。图中白色圆形是切除范围。

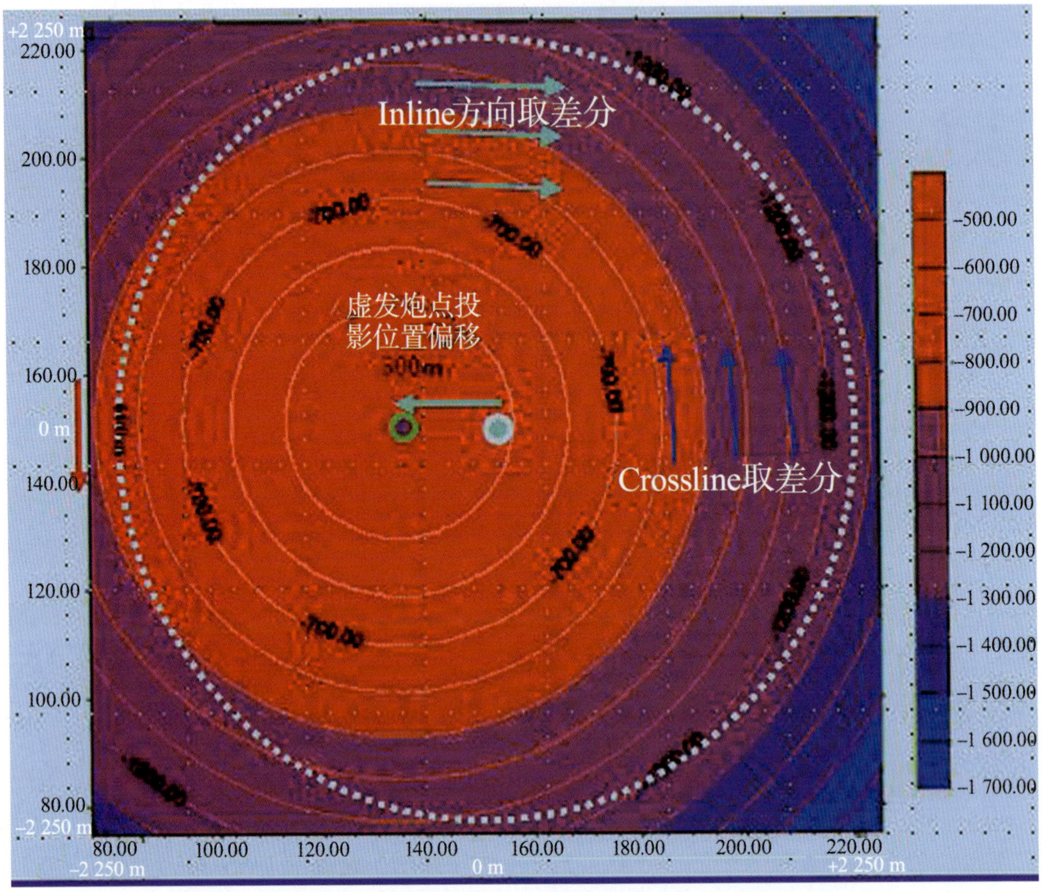


图 8　地下倾角为 30°时浅层反射层($H=500$ m)的双程反射旅行时平面

图 8 为地下倾角为 30°时，浅反射层（发线深度还是 $H=500$ m）的双程反射旅行时的平面图。图 8 与图 3 水平反射层的反射时间基本相似，仅仅是虚发炮点的投影位置向左移动了 500 m。

图 9 是地下倾角为 30°时，浅层反射层的时差图。

为了求得 Crossline 方向的 30 m 时差，在图 9 的左边，我们只能假定 $Y$ 轴方向的线距也是30 m。因此，图中 Inline 方向 30 m 的时差和沿 Crossline 的 30 m 时差图仅仅是方向不一样，但是内容是一样的。

图中白色大圆圈是切除到±1 000 m 的有效道的范围。最小的白点是发炮点位置。较大的白点是虚发炮点的投影位置，即反射双曲面中心点位置向上倾方向偏移了 500 m。

此时，30 m 组合时差最大为 10 ms，平均约 6 ms。

显然，倾斜的反射界面的的平均时差变大了些。

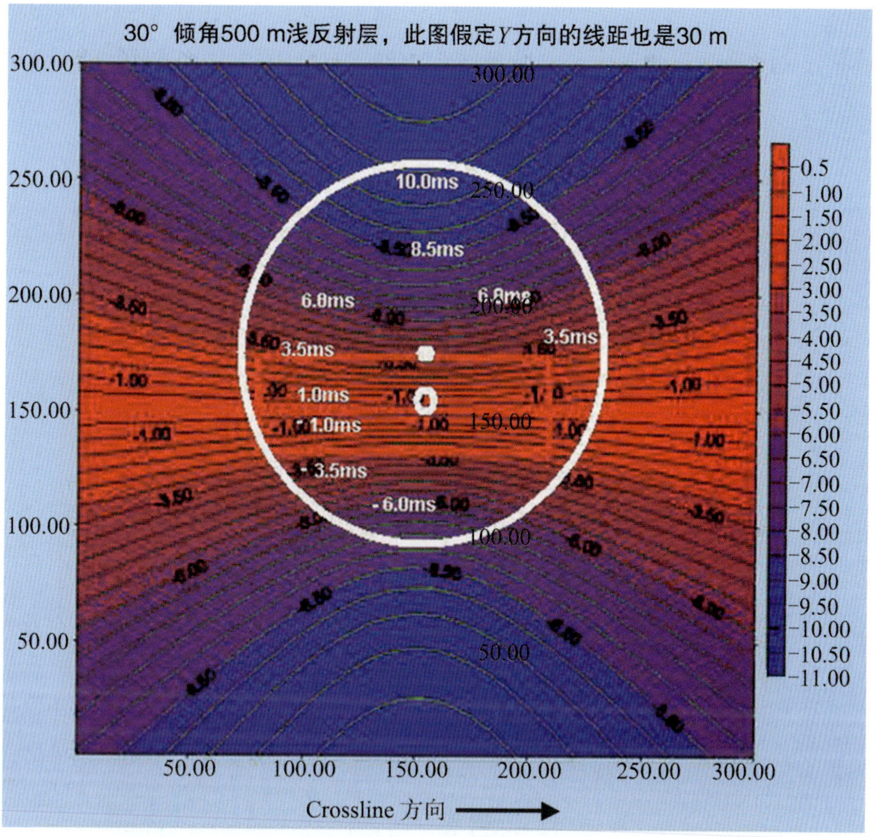


(a) 沿 Crossline 方向 30 m 时差

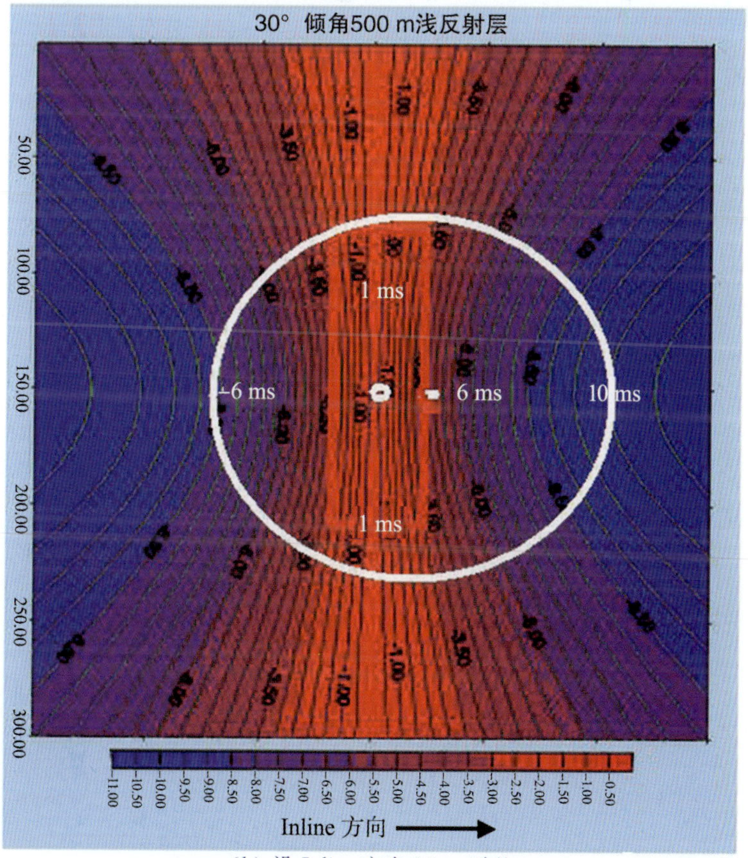


(b) 沿 Inline 方向 30 m 时差

图 9　地下倾角为 30°时，浅层反射层($H=500$ m)的时差

**倾角 45°反射层**

反射面倾角为 45°时，反射双曲面中心点位置会向上倾方向位移 707 m，见图 10。

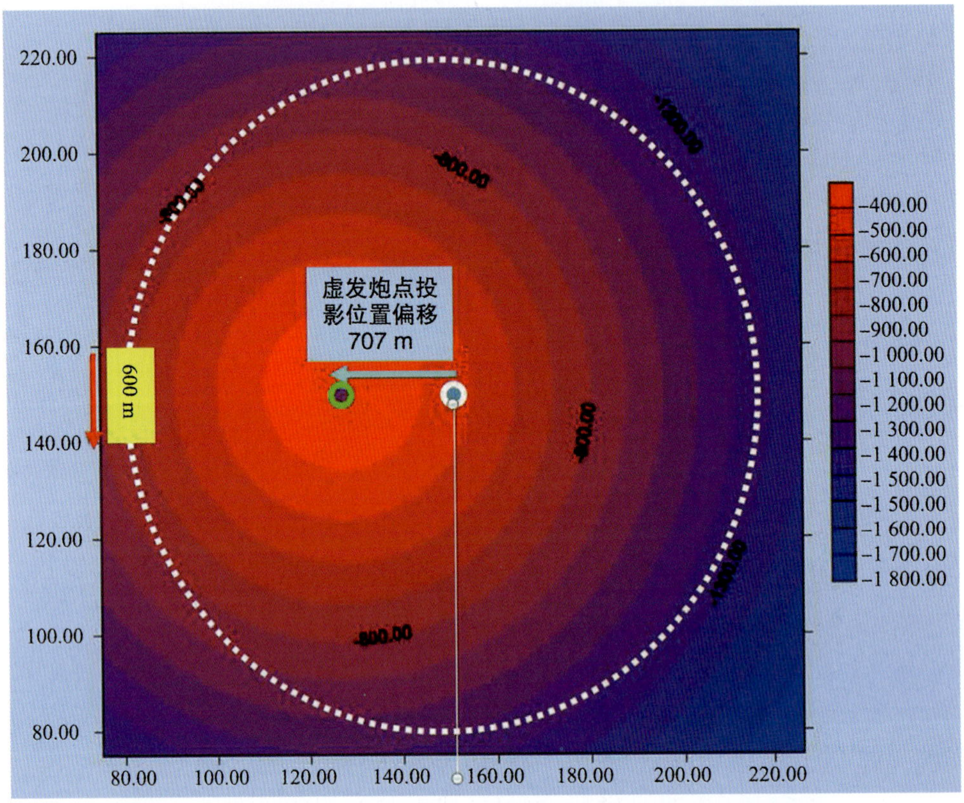


图 10　地下倾角为 45°时浅层反射层（$H$=500 m）的双程反射旅行时

地下倾角为 45°时，浅层反射层 $H$=500 m 沿 Inline 方向 30 m 组合时差最大为 12 ms，平均约8 ms。

## 四、利用 NMO 组合时差来论证组合跨距的合理性

上面我们分别计算了浅层（深度 500 m）、中浅层（深度 1 000 m）以及中层（深度 2 000 m）水平和倾斜（地下倾角为 30°和 45°）反射层在接收道距为 30 m 的情况下，相邻道的反射时差。

下面我们结合英雄岭三维的具体情况来分析一下，详情参见表 2。

**表 2　英雄岭地区三维资料组合 NMO 时差**

| 垂向埋藏深度（m） | 地层倾角（°）水平层 | 切除范围（m） | 每30 m的NMO时差 | | 结论 |
|---|---|---|---|---|---|
| | | | 时差最大值（ms） | 时差平均值（ms） | |
| 500 | 0 | 1 000 | 9 | 4 | 1. 在野外采用60 m组合跨距，还是允许的。大于60 m时，对浅层反射有一定的压制作用<br>2. 想要压制视波长为180 m的侧面干扰波，只能在野外用60 m接收线距，经过室内采用三线组合，达到$L_y$=180 m的目的 |
| 1 000 | 0 | 2 000 | 9 | 4 | |
| 2 000 | 0 | 4 000 | 7 | 3.5 | |
| 垂向埋藏深度（m） | 地层倾角（°）倾斜层 | 切除范围（m） | 每30 m的NMO时差 | | |
| | | | NMO时差最大值（ms） | NMO时差平均值（ms） | |
| 500 | 30 | 1 000 | （最大为10） | 6 | |
| 1 000 | 30 | 2 000 | （最大为9） | 5 | |
| 2 000 | 30 | 4 500 | （最大为8） | 4 | |
| 500 | 45 | 1 000 | （最大为12） | 8 | |
| 1 000 | 45 | 2 000 | （最大为11） | 7 | |
| 2 000 | 45 | 4 500 | （最大为9） | 6 | |

上表说明，经过切除后的有效反射波，其 30 m 的 NMO 正常时差通常为 4 ms 到 8 ms。

(1) 如果野外采用 Inline 三道组合，这个数据还要乘以 3，即 3×8＝24 ms。

英雄岭三维在检验论证施工质量时，使用现场处理 3 道组合还是勉强可行的。

当然，真的到室内做资料处理时是不需要组合的，因为叠前偏移是功能强大的一种大组合。它是基本没有动校误差的组合。

(2) 我们为了克服从侧面来的次生干扰波，在野外要想横向拉开到 $Ly$＝180 m，则表中的数据要乘以 6，总时差 6×8＝48 ms，这样就会明显压制 20 Hz 以上的反射信息，也会压制陡倾角的反射。这肯定是不能允许的。

**一个聪明的解决办法是：把接收线距改为 60 m，每个道向两边各拉开 30 m，即 $Ly$＝60 m。这样就形成了一张均匀的网。到室内可以先做好动、静校正，再用叠前偏移，实现一个大组合。就可以达到比 $Ly$＝180 m 更好的效果。**

## 五、宽线＋大组合成功的原理

宽线＋大组合成功的原因在于，它不是直接拉开组合 $Ly$＝150～180 m，而是通过 3 条接收线的小组合，经过动静校正后，再叠加，于是达到 $Ly$＝180 m 的效果。

宽线＋大组合如果采用 2 线、线距 20～30 m，那么成效一定很低。只有采用线距 60 m，3 线 3 炮才能取得明显的效果。

让我们回忆一下：狮子沟 2012 年 12022 试验测线(【文章编号 409-1】中图 2)的 5L3S 宽线剖面 R6 为什么最好。就是因为线距是 60 m，每条线各自已经做了动、静校正后，再相加。于是即使 $Ly$＝290 m，R6 还能得到最好的结果。

还有我们已经看到【文章编号 409-3】中的图 18 的奇怪现象。在英东地区，10034 宽线二维采用的是 3 线 3 炮的宽线观测系统，$Ly$＝120 m＋60 m＝180 m。所得资料不比英东三维差。这不值得我们深入地思考一下吗？

因此，我们现在就要推广宽线＋大组合的成功经验到我们三维采集中来。

所以，我提出英雄岭三维采用接收线距 60 m 这条措施是十分关键的。我主张英雄岭三维采集的线距改为 60 m 还有一个考虑，那就是中间 60 m 的每一个道都有了坐标和高程的控制，有利于动静校正，也会有利于组合小线的布线更规整。当然线距 60 m 带来了野外推土机修路工作量的增加。但我认为这些投入是值得的。

英雄岭目前野外接收线距是 120 m，它主要的缺点是：刚好使得侧面来的主要“敌人”，即视波长为 120～150 m 的次生高速干扰波通行无阻，而且隔 120 m 再次被加强。

**我们要把宽线＋大组合的思路推广应用到三维地震上来。这便是我们的结论。**

文章编号 409-5

# 过去常规组合图形的缺陷

**本文从克服侧面来的干扰波能力的角度，用理论计算的“玫瑰图”说明了过去常规组合图形存在着缺陷。从而提出在三维地震施工中克服侧面强干扰应该采取的横向拉开均匀组合的建议。**

## 一、常规组合图形的缺陷

在信噪比极低的地区，野外组合时千万不要采用十字形组合，Y 字形或者 X 字形的组合，包括米字形组合及品字形组合。因为它们会削弱横向组合对侧面干扰的压制能力。来自 Inline($X$)方向的干扰完全可以留待室内资料处理中加以压制。

### (一) 用玫瑰图说明十字形组合的坏处

采用 60 个检波器，$Ly=180$ m，干扰波视波长统一采用 150 m，分析不同组合图形。如图 1 所示，包括直线组合 $Ly=180$ m，小十字组合 $Ly=180$ m、$Lx=90$ m，大十字组合 $Ly=180$ m、$Lx=180$ m 的三种组合方式。

**下面的图幅一律以笛卡尔坐标来表示，即横的 $X$ 轴是 Inline 方向，垂直的 $Y$ 轴是 Crossline 方向。**

**注意：下面我们讨论的是对 Crossline 方向的主要“敌人”的压制效果。**

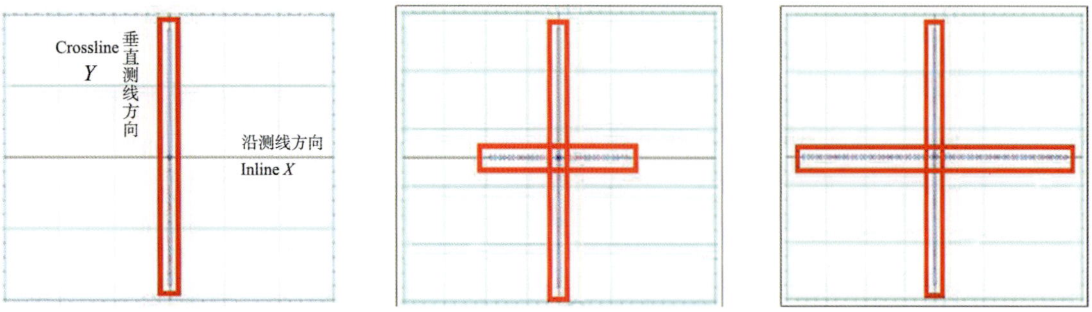


(a) 直线组合　(b) 小十字组合　(c) 大十字组合

图 1　不同形状的组合图形

不同组合图形的振幅玫瑰图，见图 2。

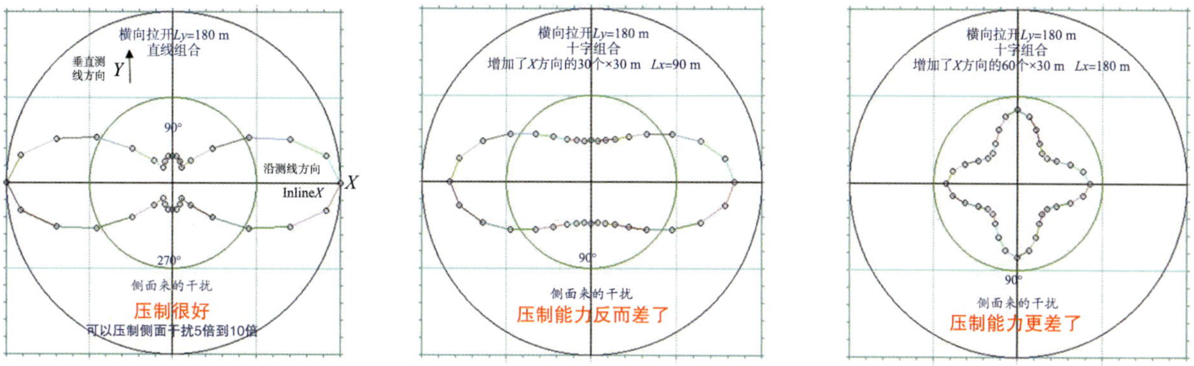


(a) 直线组合，$Ly=180$ m　　(b) 小十字组合，$Ly=180$ m，$Lx=90$ m　　(c) 大十字组合，$Ly=180$ m，$Lx=180$ m

图 2　不同组合图形的振幅玫瑰图

从不同组合图形的振幅玫瑰图中可以看出，$Ly=180$ m 直线组合对侧面来的干扰压制得很好，可以将侧面干扰压制 5～10 倍；小十字组合对侧面来的干扰压制能力反而变差了；而大十字组合对侧面来的干扰的压制能力则变得更差。

**结果似乎出乎人们的意料。一般人都会想：两条线应该比一条线好，十字形应该会更好。但是仔细想一想：大十字组合图形错在 *X* 轴上的检波器太多了，对侧面来的干扰来说，*Y* 方向是不等灵敏度的组合。灵敏度是 1，1，1，1，…到 *X* 轴上突然变成 60，这个 60 起了坏作用。克服干扰最好要用均匀灵敏度的网。**

我们再来看看展开式玫瑰图的平均振幅。

**所谓展开式玫瑰图是把 0～360°的方位当成横坐标，振幅（压制系数）当纵坐标的图。它把极坐标的玫瑰图变成直坐标。这样，曲线下方的面积大小才能确切反映从四面八方来的干扰波的剩余能量，比极坐标的玫瑰图的面积更合理。它还可以计算出各方位的干扰波平均振幅和平均压制倍数，后者才能更确切地反映组合的综合效果。**

从图 3 可以看出，从直线组合，到小十字组合，再到大十字组合，它们对视波长 150 m、来自侧面的干扰波的压制能力是愈来愈差的。

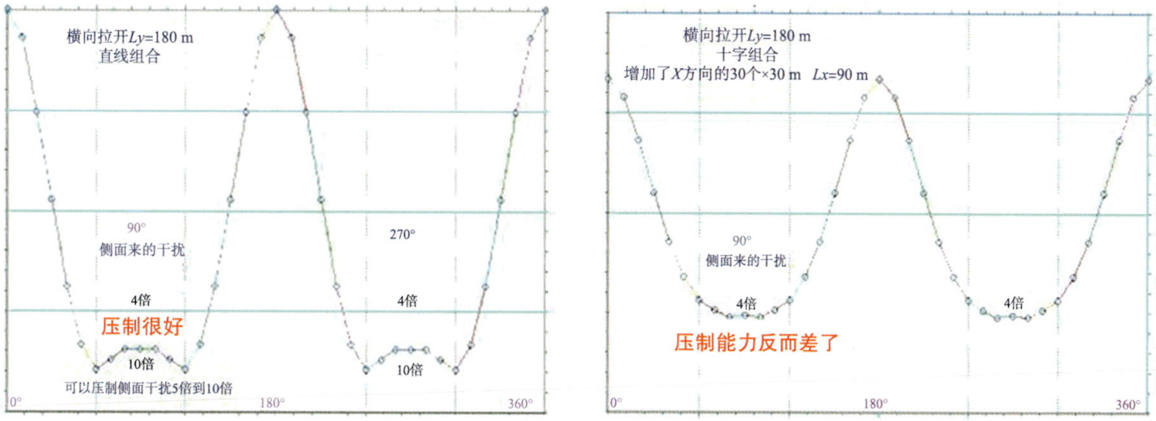


(a) 直线组合，$Ly=180$ m　　(b) 小十字组合

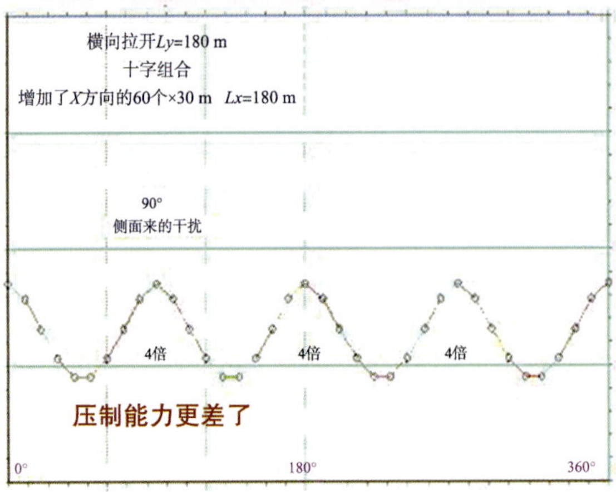


(c) 大十字组合

图 3　不同组合图形的剩余振幅展开式玫瑰图

图 4 是不同形状组合图形对侧面干扰的压制倍数的展开式玫瑰图。**压制倍数是压制系数的倒数。**

可以看到，直线组合将侧面干扰压制了 5.8～9 倍；小十字组合将侧面干扰压制了 4 倍；大十字组合只将侧面干扰压制了 2.5 倍，也说明对侧面干扰的压制效果愈来愈差。

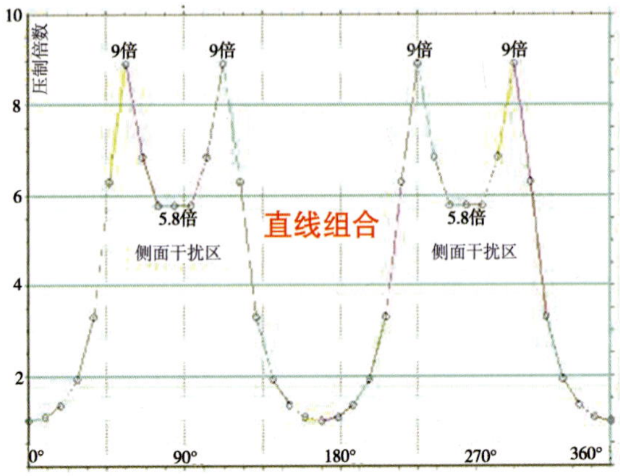


(a) 直线组合，$Ly$=180 m

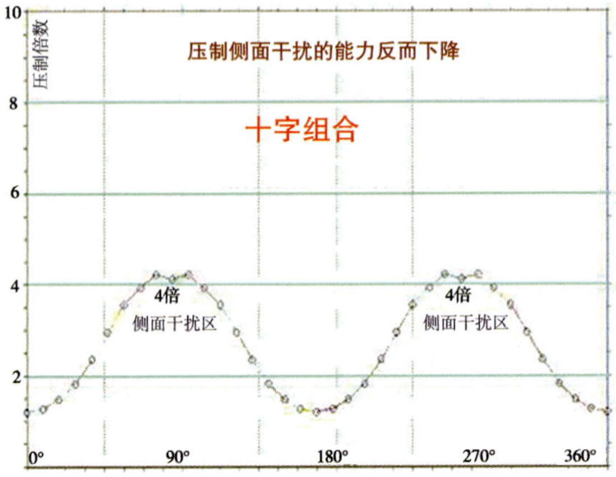


(b) 小十字组合

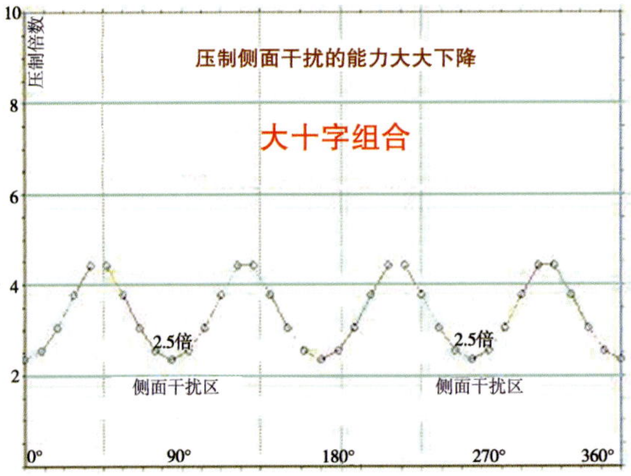


(c) 大十字组合

图 4　不同形状组合图形对侧面干扰的压制倍数的展开式玫瑰图

## (二) 大小 Y 字形组合也不是克服干扰波的良好组合方式

**小 Y 字形组合对压制 150 m 视波长干扰波的效果几乎无效(图 5)。**

大 Y 字形组合对压制 150 m 视波长干扰波的效果也很有限(图 6)。

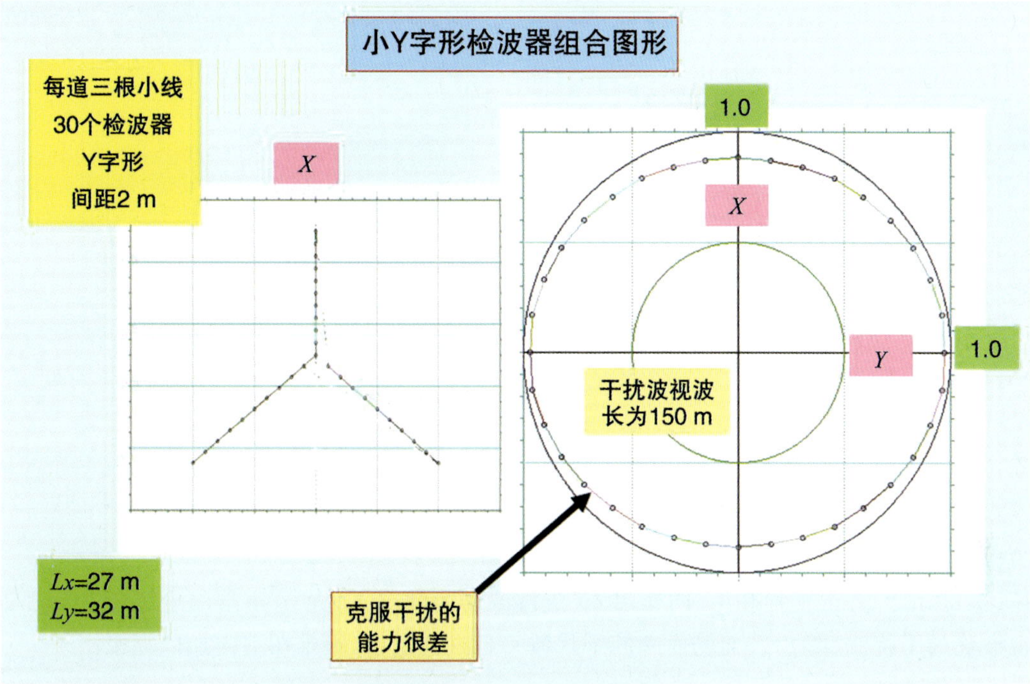


图 5 小 Y 字形组合的玫瑰图

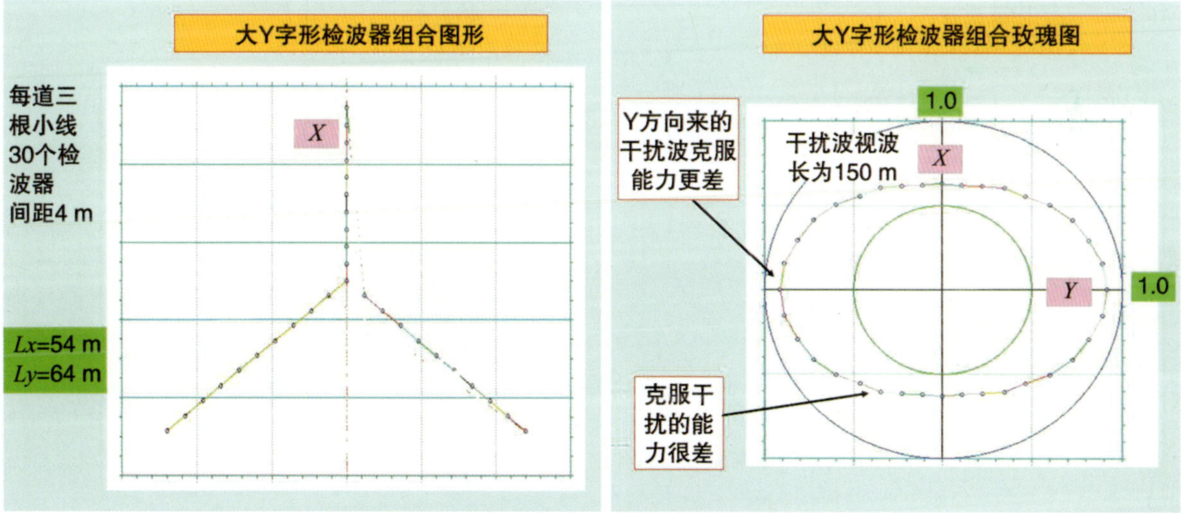


图 6 大 Y 字形组合的组合形式(左)及其玫瑰图(右)

**现在让我们来看一看大 Y 字形组合与横向拉开组合对压制小视波长 60 m 干扰波的效果(图 7)。**这里横向拉开加三道组合是三道 d$X$=30 m 不经过动校正的"野外组合"。

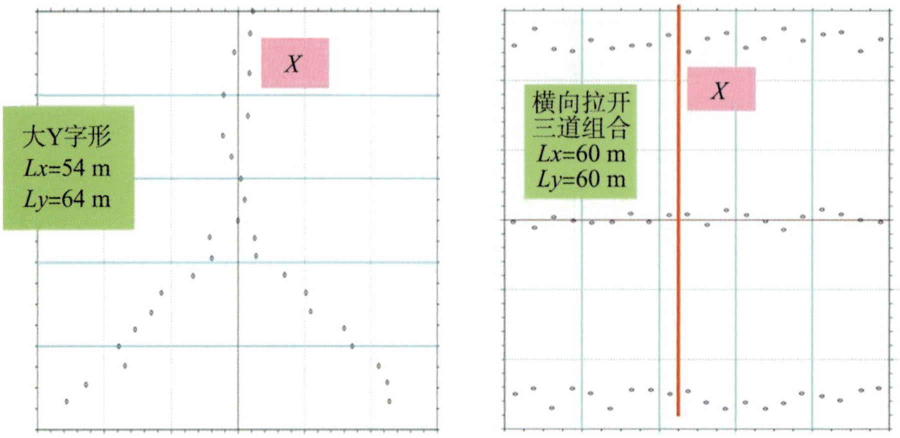


图 7 大 Y 字形组合与横向拉开组合的野外布设

在相同的 60 m×60 m 的面积上，同样用 60 个检波器的情况下，大 Y 字形组合不能很好压制侧面来的 60 m 视波长的干扰波(图 8)。而侧面来的干扰波一旦进入记录，很难在室内加以克服。

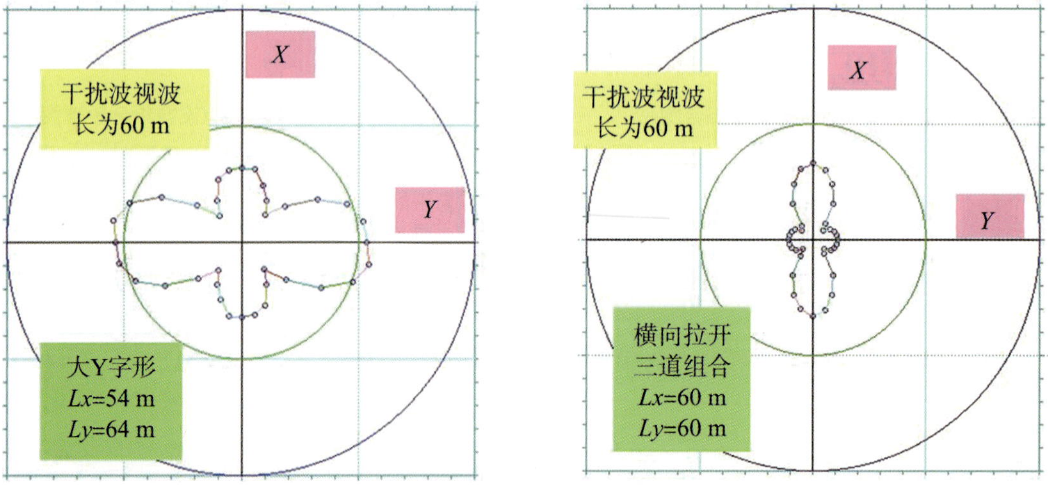


图 8 大 Y 字形组合与横向拉开加三道组合的玫瑰图比较

如图 9 所示，大 Y 字形组合压制干扰波后，各方向平均的剩余振幅比横向拉开加三道组合压制后的剩余振幅大得多。

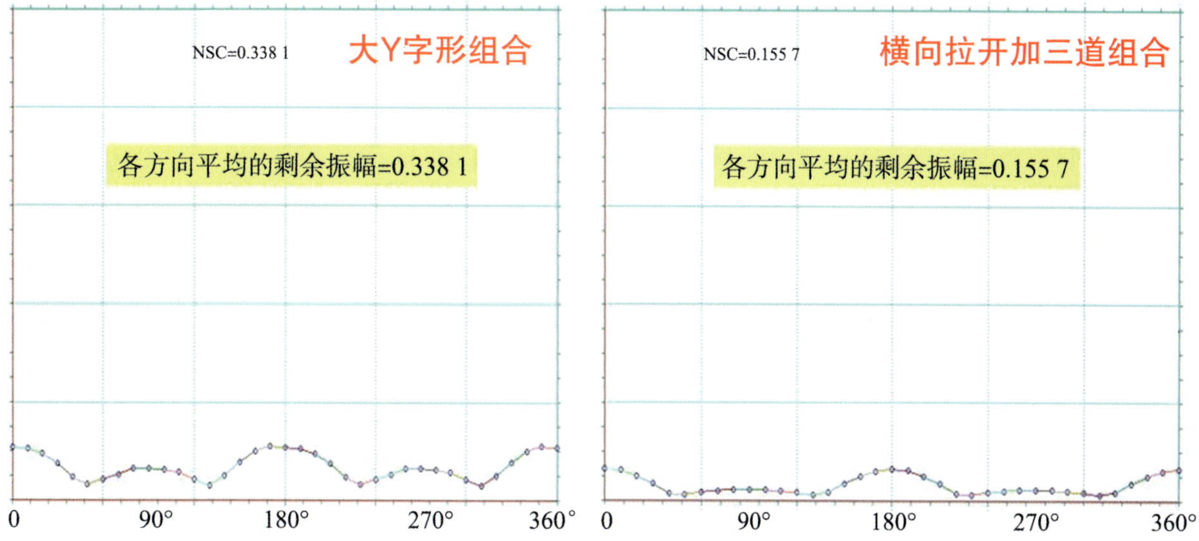


图 9 大 Y 字形组合与横向拉开加三道组合压制干扰波后的平均剩余振幅比较

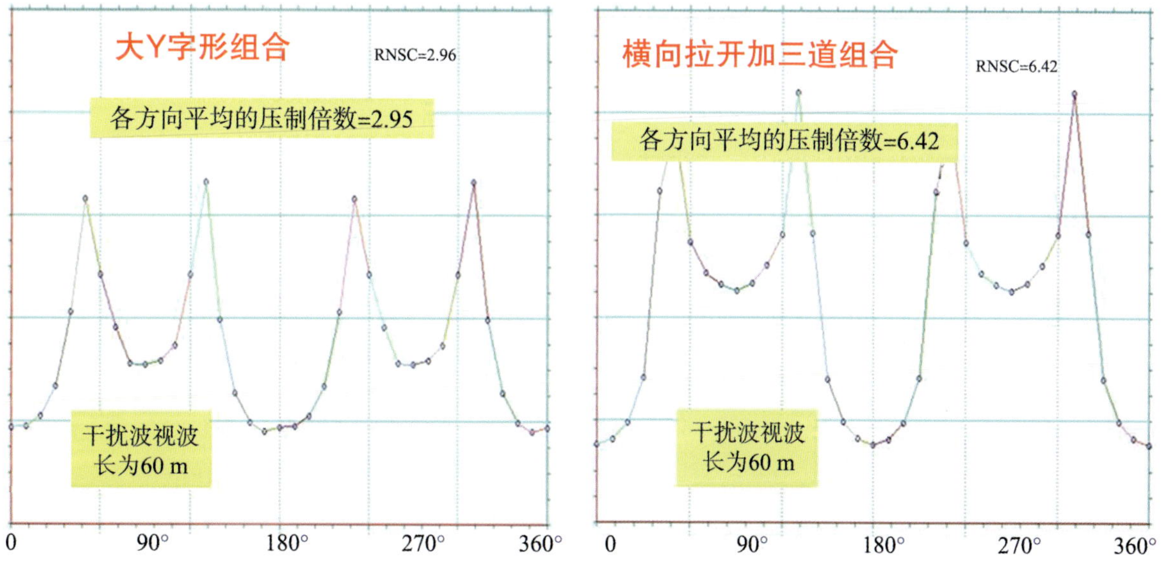


图 10 大 Y 字形组合与横向拉开加三道组合的压制倍数对比

大 Y 字形组合的平均压制能力是 2.95 倍，而横向拉开组合的平均压制能力是 6.42 倍(图 10)。横向拉开加三道组合对干扰波的压制能力比大 Y 字形组合的好 1 倍多。

## 二、结论

**我们在野外把克服干扰的主要精力放在横向组合上，是因为纵向的干扰完全可以留待室内来解决。这样的做法，使野外的单炮监视记录可能还不如大 Y 字形的好看，因为 Y 字形在 Inline 方向已经使足了劲。**

**所以，搞采集的同志要改变一下思路。不要一味地相信监视记录。因为仅仅横向拉开 $Ly=60$ m 组合的 Inline 方向还没有组合能力。我想，狮子沟 10033 线的试验中，我们也是上了当，只看监视记录，以为大**

**Y 字形比横向拉开组合要好。这个经验教训要吸取。**

**为了弥补这个缺陷，我建议：今后在采用了横向拉开 60 m 组合后，野外监视记录可以采用 Inline 三道组合来回放监视记录。**

这就是“联合去噪”思想的重要性。当然，这种观点我们也可以最后用室内的分频扫描来加以证明。

最后我还要强调几点：

(1) 推广横向拉开组合还是有不少思想阻力的。还有不少人坚持：在山区横向是拉不开的。我并不否认在某些道上横向拉不开，也并不要求每道都拉开，只要 50％的道拉开了，记录就会有明显的改进。

(2) 组内高差允许±15 m，而 30 m 的高度相当于物探局大楼的高度，大可放心地爬上去。总之要解放思想，尽力而为。今后甲方应根据施工单位是否在横向拉开尽力而为，来加以奖惩。

(3) 组合理论是地震勘探的最基本的理论，恰恰大家不太重视它。明明有强大的侧面次生干扰在捣乱，人们却不愿意更改检波器的组合方式。

(4) 地震勘探的确取得了极大的技术进步，但缺乏的是本质性的改进，需要的是从本质方面提出问题和解决问题。中国西部干旱山地的地震攻关难题是世界级难题，解决难题的办法不是从书本上来，也不能靠外国人来帮我们解决中国的复杂难题，还是要立足于靠我们自己去探索。

## 三、我们建议的横向拉开组合方式

我们 2012 年建议的英中三维施工方式是把接收线距改为 60 m，道距 30 m。野外只做横向拉开，将两条小线拉成 $Ly=60$ m，在平面上组成比较均匀的网。

详细内容请看下一节【文章编号 409-6】。

文章编号 409-6

# 联合压噪的思路——我们的建议

**本文重点是讨论如何用“联合压噪”的思路设计好一张网，使强大的次生噪声都能落入这张网中。根据前面几节的内容，我们明白了“光靠野外组合是无法全面解决问题的”，必须依靠室内处理的配合。在处理过程中先做动、静校正，然后用叠前偏移（大组合）完成压噪任务。所以，野外组合的重点应当放在压制侧面来的高速干扰上。因此，接收线距 60 m，道距 30 m，每道用两条小线，20 个检波器，尽量在平面上左右横向拉开，形成一张平面上均匀的网。**

本文的重点是讨论如何设计好一张网。设计一张好的网就要依靠组合理论。这个组合是指野外组合与室内组合的联合，而不能光依靠野外组合。

光靠野外组合是无法全面解决问题的。室内组合的好处是，可以在处理过程中先做动、静校正，并且提高信噪比。叠前偏移就是一种大面积组合。所以，我们在野外可以不考虑 Inline 方向的组合，因为这个任务完全可以在室内完成，并且叠前偏移会完成得更好。野外组合的重点应当放在压制侧面来的高速干扰上。因此，提出了一种接收线距 60 m，道距 30 m，每道用两条小线，20 个检波器尽量在平面上左右横向拉开的观测系统，形成一张平面上均匀的网。

2012 年，我们提出了英雄岭英中三维施工的这个建议，可惜没有被青海油田采纳。

## 一、Crossline 方向去噪能力分析

联合压噪的效果可以通过两种组合方式的玫瑰图在各方向的振幅相乘来检验。我们将两种组合的极坐标玫瑰图的振幅，按不同方位角进行振幅相乘，根据所得结果绘制出新的极坐标玫瑰图及展开式玫瑰图，而将室内组合和野外组合每个方向的展开图相乘（各个方向的展开图不做附图说明），这样，我们就可以计算出野外组合与室内几种组合的综合效果。

我们先来看看野外与室内各自的压噪能力。

注意：从图 1 到图 4 的玫瑰图压噪能力都不理想。但是通过联合压噪，图 5 的效果较理想。

### （一）Crossline 方向野外压噪能力分析

在野外使用 $Y$ 方向 20 个检波器组合，组内距 $dY=3$ m，组合基距 $Ly=60$ m。对于波长为 150 m 的干

扰波，其压制后的振幅极坐标玫瑰图如图1所示。

可以看出，光靠野外 $Ly=60$ m 的横向组合，要克服视波长 150 m 的侧面干扰波是远远不够的，必须还要依靠室内的组合。

对于视波长 150 m 的干扰波来说，野外 20 个检波器，组内距 $dY=3$ m 的压制能力很小；但是通过前面分析我们知道，对于视波长小于 60 m 的干扰波来说，其压制能力是不小的。

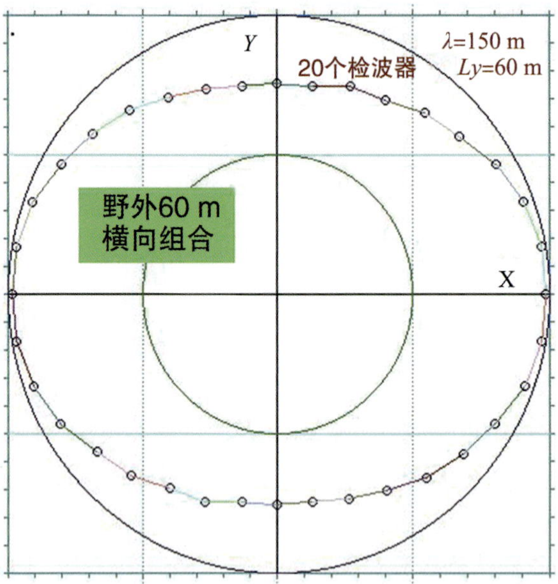


图1 野外20个检波器压制噪声振幅的极坐标玫瑰图

## （二）Crossline 方向联合压噪能力分析

我们在论证时，野外资料还没有采集，不可能预料室内叠前偏移会有什么效果。因此，在论证中，需要对一张接收网做合理的（组合时差允许的）模拟室内组合。

如果室内 $Y$ 方向采用 3 线组合，线距为 60 m 的话，组合基距就扩大到 $Ly=180$ m。其对波长为 150 m 的干扰波的压制后振幅极坐标玫瑰图见图2。

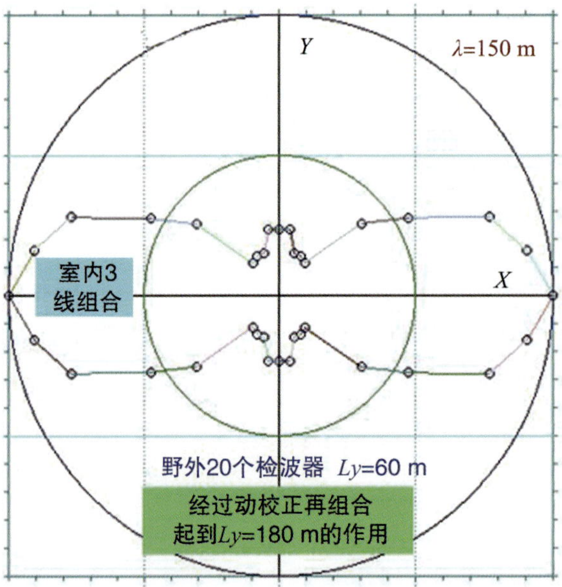


图2 室内 $Y$ 方向3线组合后的极坐标玫瑰图

可见，对于接收线距等于 60 m 的观测系统来说，在室内 3 线组合的话，相当于组合基距为 180 m。这样对于视波长 150 m 的横向干扰波来说，对 Crossline 压制能力就是不错的。

压制能力得到较好的提高。这和 60 个检波器，间距 3 m，组合基距 $Ly=180$ m 的横向直线组合的效果相当。

这就是我们论证的野外施工方法。90 度左右方向进来的侧面干扰可以压制到 5～8 倍。

此图的 $X$ 方向(零度方向)是没有压制能力的。在室内通过叠前偏移，可以再把 $X$ 方向的干扰进行压制。

## 二、Inline 方向去噪能力分析

现在再来考虑 Inline，即 $X$ 方向的压噪处理方法。

### (一) Inline 方向野外 5 道不等灵敏度的组合效果

在野外现场处理时，$X$ 方向组合可采用 5 道不等灵敏度(12321)的组合，或者 3 道等灵敏度组合(图 3)。

**这里称未经过动校正的道间组合为“野外组合”，把经过动、静校正后的道间或线间组合称为“室内组合”。**

**如果做室内组合，图 3 中的 2 幅图就将接近为一条 $Y$ 轴直线。**

图 3 左边是 5 道不等灵敏度组合对波长为 150 m 的干扰波压制后的振幅玫瑰图；右边是 3 道等灵敏度组合。可以看到，这两种组合方式效果差不多。5 道不等灵敏度组合压制效果更好些。

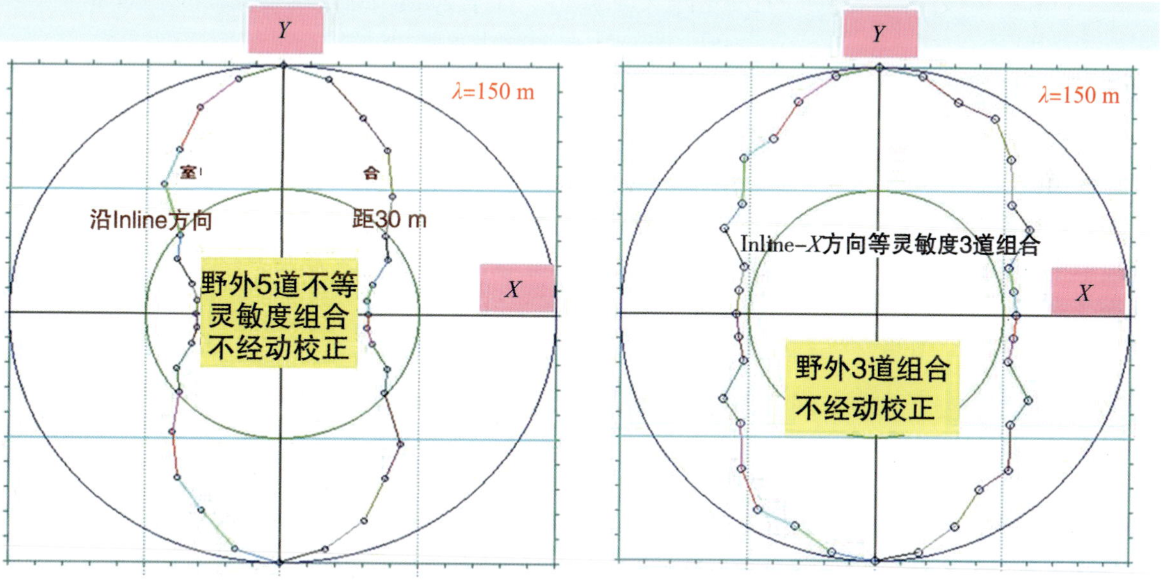


图 3 野外 5 道不等灵敏度组合与 3 道等灵敏度组合压制效果比较

## 三、野外加室内联合压噪的综合效果

采用室内横向组合基距 $Ly=180$ m(线距 60 m 三线组合)，加野外 Inline-$X$ 方向 5 道不等灵敏度组合(道距 30 m)对视波长为 150 m 的干扰波的压制效果见图 4 左边。

**两种组合的联合压噪是两种玫瑰图的相乘。**

对极坐标的玫瑰图是按相同的方向上相乘；对展开式玫瑰图来说，就是按横坐标 0～360°的点子互相相乘。

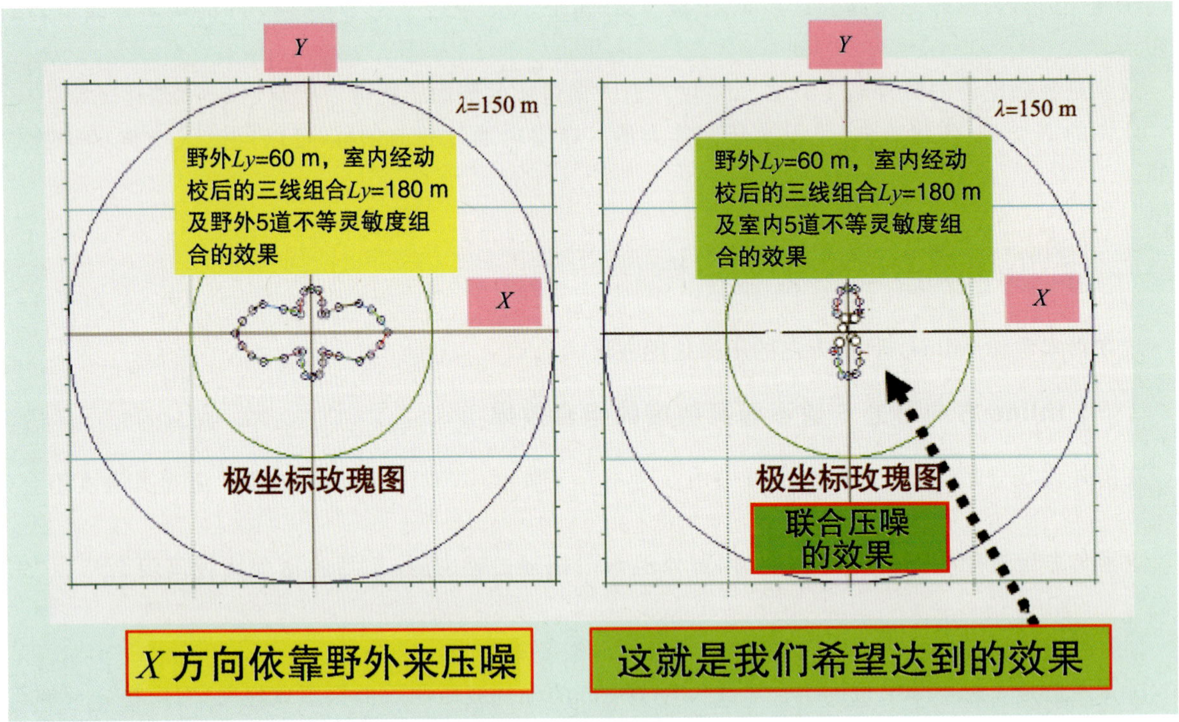


图 4　检波器组合 $Ly=180$ m，加室内(经动、静校正)5 道不等灵敏度组合(右边)对波长为 150 m 的干扰波压制后的振幅玫瑰图

这样就使 Inline-$X$ 方向与 Crossline-$Y$ 方向都得到相应的压制，这就是我们所要追求的效果。

联合压噪应该在 $Y$ 方向着重压制侧面的干扰波，$X$ 方向适当压制沿测线方向的干扰，压狠了会使陡反射不能成像。

所以我们在生产中应该谨记：① 必须强调野外与室内的联合压噪思想；② 室内组合压噪是为了在资料处理中提高信噪比，以利于速度场的求取及剩余静校正量的求取；③ 在叠前偏移时，要使用未经组合的资料做偏移。

## 四、三维地震接收网的比较以及我们建议的施工方案

普通二维测线的接收网实际上就是一条直线，像一根棒；宽线施工的接收网的形状是一个大面积的“网”，正好可以对付侧向干扰波。

现在让我们再来看看 2011 年英东三维的网，见图 5。

此次英东三维施工中使用的是接收线距为 120 m(图中红线)，道距 30 m，$Ly=32$ m 的小 Y 字组合。标准组合图形见图 5 中部小图。这张网中间的空挡实在太大了，“鱼儿”可以通行无阻。120 m 线距刚好加强了高速次生干扰波，小面积组合对压制这种干扰也基本不起作用。

利用炮点横向拉开组合，那么这张网可能还有补救机会。多亏英东的地势较低，低降速带厚度不是很大，关键还有尕斯库勒湖面海拔 2850 m 的潜水面在这里帮我们正确地解决了静校正问题。英东三维基本成功了。

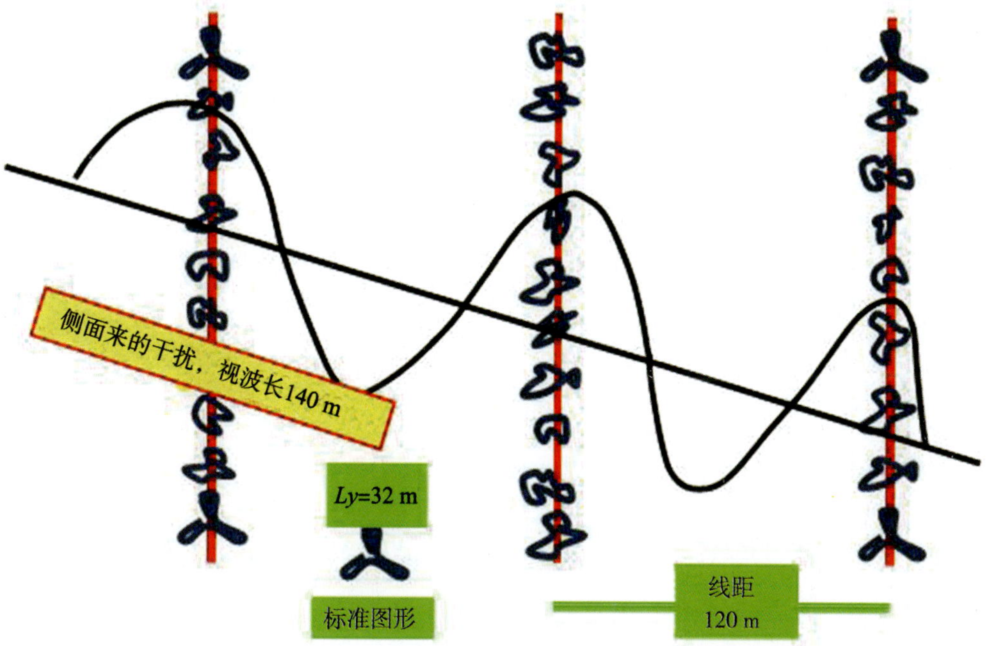


图 5　2011 年英东某三维的接收网示意

2012 年，开始要向西做英中三维。我意识到问题的艰巨性，英中的海拔比英东高不少。而且我发现英东三维的最西面的有些测线已经显露出资料品质变坏的迹象。于是我做了很多的计算论证。于 2012 年 3 月 2 日，在物探局大楼 11 层大会议室与青海的技术骨干通过视频会议，进行了“关于英雄岭新三维施工设计的讨论”，就是【文章编号 409】的内容。会上我们物探局的技术骨干是支持我的。青海的同志听完后，没有表态，说下去研究一下。

结果过了几天，听说他们通过实验，要采用大 Y 字形组合，线距仍旧为 120 m，并决定开工。我又不放心，到集团公司书记孙龙德那里反映情况。孙龙德院士让规划计划部的同志下去调查。规划计划部回答我的信件对我关心物探事业表示感谢，说青海的同志也已经考虑了我的意见。那时，其实野外工作已经基本结束。

后来，我一直关心着英中三维的成果质量，看到大断层下方的成像效果不好，也只有干着急，因为很快就收工了。

这片三维的资料除了我们物探局研究院处理之外，又拿到外国公司 Schulumberger 去处理，结果也很不理想。

2013 年 1 月 20 日，我把英中三维施工质量存在的问题，用 PPT 的形式请赵邦六同志转交勘探生产分公司领导并转呈集团公司孙龙德书记。但是木已成舟，为时已晚了。

### 我建议的英雄岭三维施工方案

对于英中三维，2012 年 3 月我建议的施工方案见图 6 下，其参数是：接收线距 60 m，道距 30 m，用两条小线，尽量左右横向拉开组合。施工中我们不需要强调组合形状，只求横向尽量均匀拉开距离。这样就刚好压制了高速次生干扰波，只要 20 个检波器，尽量在平面上分布均匀就好。当然，如果再加上炮点横向拉开组合，这张网就更有效了。而英中三维实际使用的方案见图 6 上，这张网是有大漏洞的，对侧面来的干扰波不起多大压制作用。

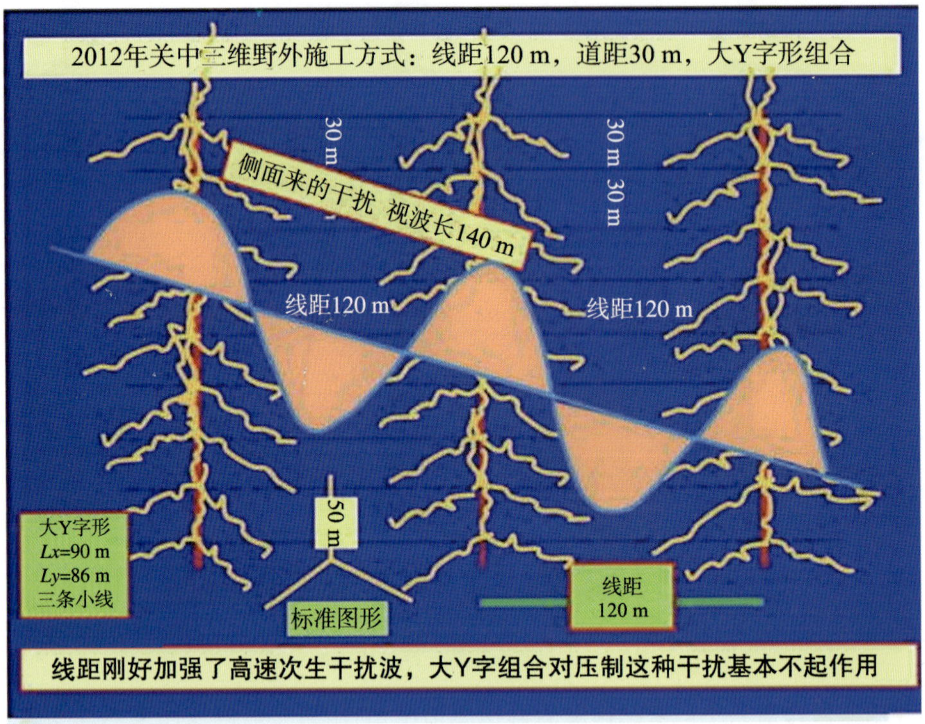


(a)

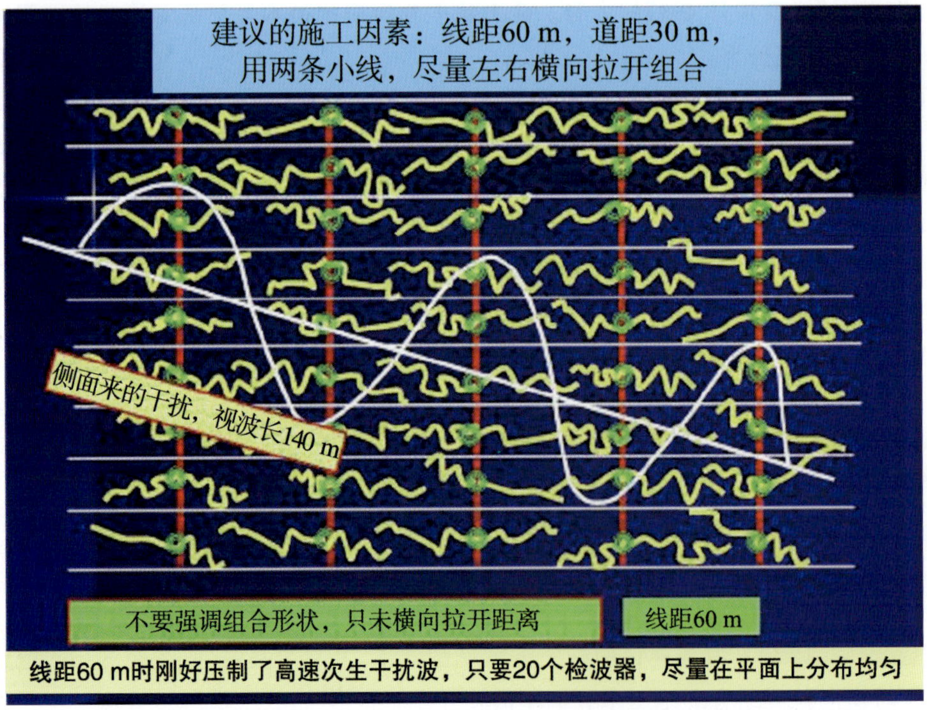


(b)

图 6　英中三维实际使用方案与我们建议的施工方案比较

二者的玫瑰图效果对比如图 7～图 11：每张图的左边是英中三维，右边是我们建议的方案。

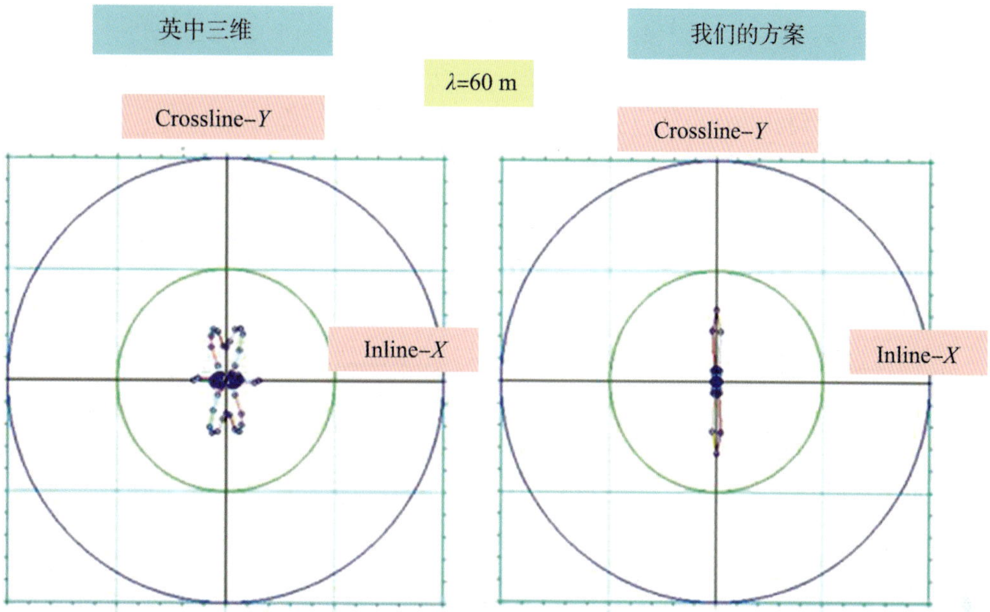


图 7　视波长为 60 m 玫瑰图效果比较

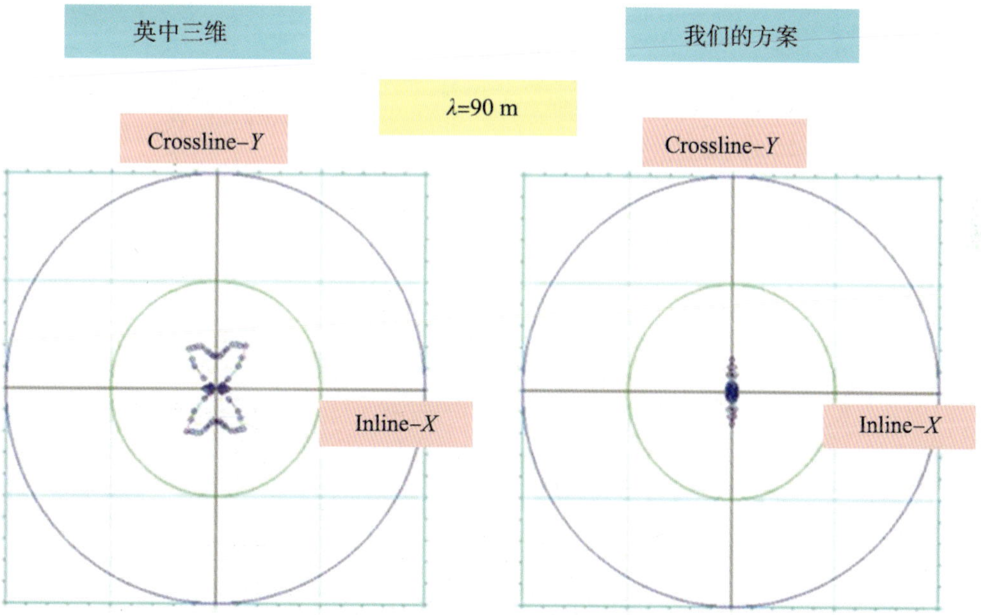


图 8　视波长为 90 m 玫瑰图效果比较

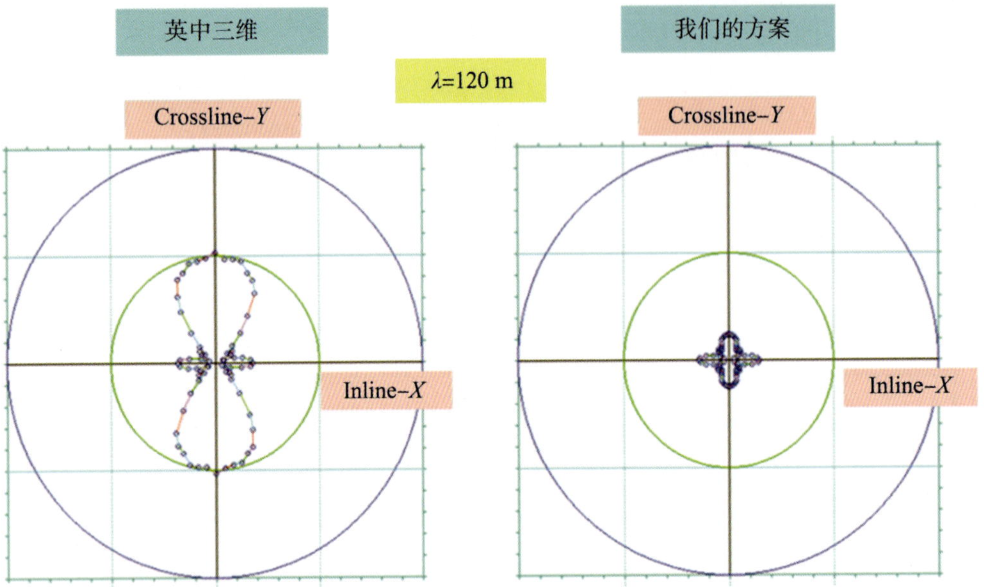


图 9 视波长为 120 m 玫瑰图效果比较

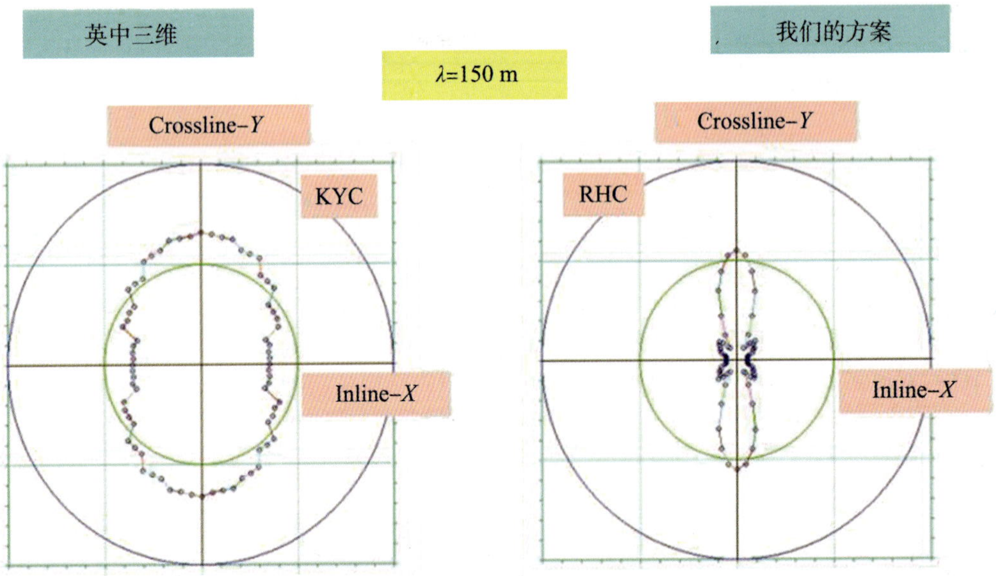


图 10 视波长为 150 m 玫瑰图效果比较

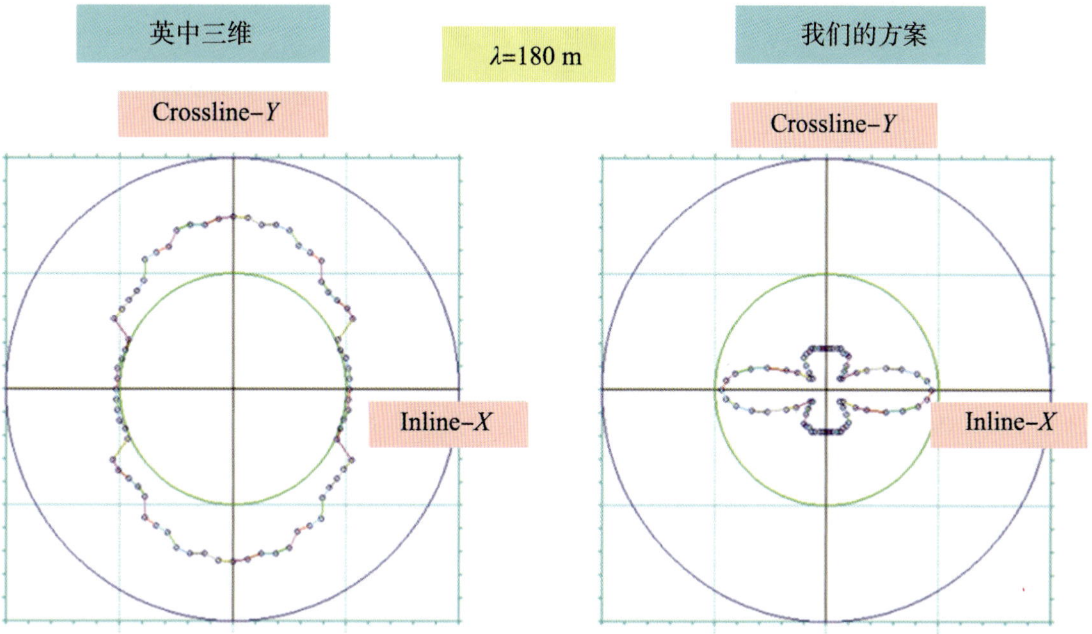


图 11 视波长为 180 m 玫瑰图效果比较

**以上玫瑰图的计算都是我采用自编的程序，用脉冲波做计算的结果。**

图 7～图 11 的 $X$ 方向压噪还都是采用野外组合的方式计算的。如果 $X$ 方向也用室内动、静校正后再组合，那么 Inline 方向的两个“花瓣”还会更小。

把这些结果归纳总结，见表 1。

**表 1 不同干扰波视波长的压制效果表**

| | 英中三维 | 我们的方案 | | 英中三维 | 我们的方案 |
|---|---|---|---|---|---|
| 干扰波视波长（m） | 压制系数 NSC | 压制系数 NSC | 比值 | 压制倍数 RNSC | 压制倍数 RNSC |
| 60 | 0.0976 | 0.0367 | 2.66 | 10.25 | 27.26 |
| 90 | 0.1177 | 0.0318 | 3.70 | 8.49 | 31.41 |
| 120 | 0.2408 | 0.0883 | 2.89 | 4.15 | 12.00 |
| 150 | 0.5048 | 0.01692 | 2.98 | 1.98 | 5.91 |
| 180 | 0.6210 | 0.2147 | 3.90 | 1.61 | 6.29 |

通过不同视波长玫瑰效果图和压噪能力表的比较，从理论上说明我们的方案更好，试验的干扰波视波长从 60 m 到 180 m，我们设计的方案的噪声压制倍数，比现有的英中三维的压制能力，增加幅度从 2.66 到 3.90 倍。视波长愈小倍数愈大。波长长了，克服干扰的能力下降，但我们的方案仍然在 Y 方向有较好的表现。波长短了，克服干扰的能力上升，但我们的方案有更好的表现。五张图的平均压噪能力比英中强 3.28 倍。

如果我们不用这个横向拉开法解决问题，而使用增加覆盖次数的办法，那么需要增加覆盖次数（其平方），即 10.7 倍。要多放 10 倍的炮，或者把接收道数增加 10 倍。

接收线距由 120 m 加密到 60 m 的好处是有利于野外检波器用两条 50 m 长的小线，采用内距 3 m，就方便于施工达到横向拉开，组成一张均匀的网。大鱼小鱼都漏不掉。另一个好处是有了 60 m 线距的支撑，我们在每个接收点上都有高程，便于做好静校正。

过去在二维施工中宽线＋大组合之所以成功，就是因为线距是 40～60 m。而宽线施工如果线距太窄，或者太宽，没有见到好效果的。

为了确保三维成果的质量，尤其是狮子沟三维及油南三维，估计那里地震勘探的难度将进一步增加，更加应该采用我们的建议。

## 五、从大范围来比较二者的组合效果

室内处理时，叠前偏移是一种大范围的组合。所以这里我们再从 180 m×180 m 大范围里来比较目前英中三维施工因素与我们建议的施工方案的效果。

我们采用 180 m×180 m 的面积上，同样用 360 个检波器的情况下，将大 Y 字形组合与横向拉开加室内 6 道组合的方式，比较它们克服干扰的能力，见图 12～图 16。此处，我们假设干扰波的视波长为 150 m。

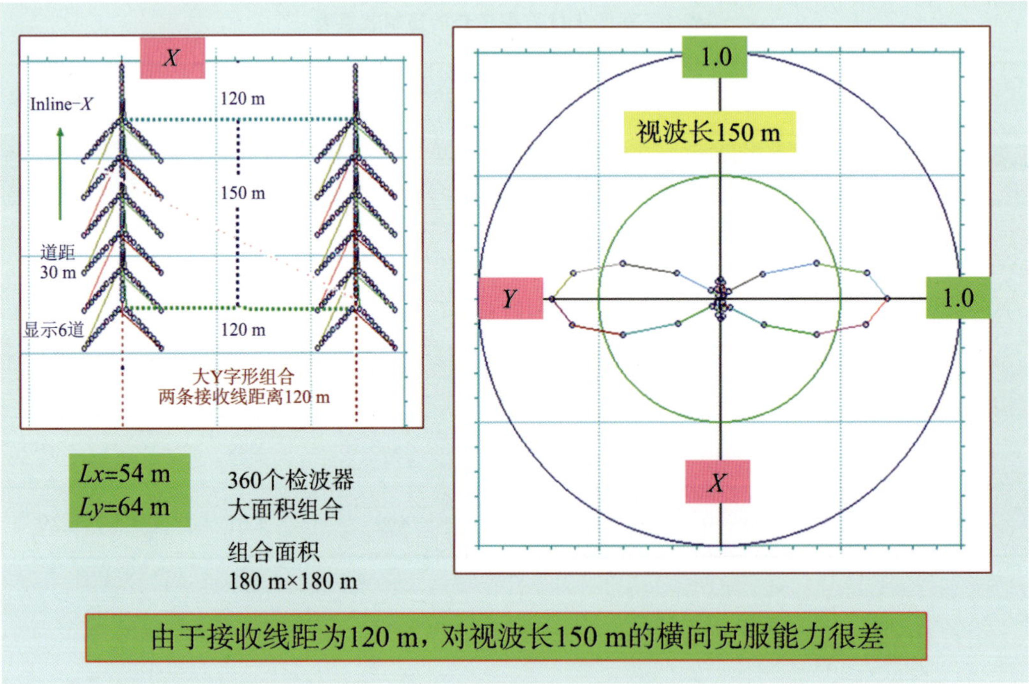


图 12 180 m×180 m 的面积上，大 Y 字形组合的图形与玫瑰图

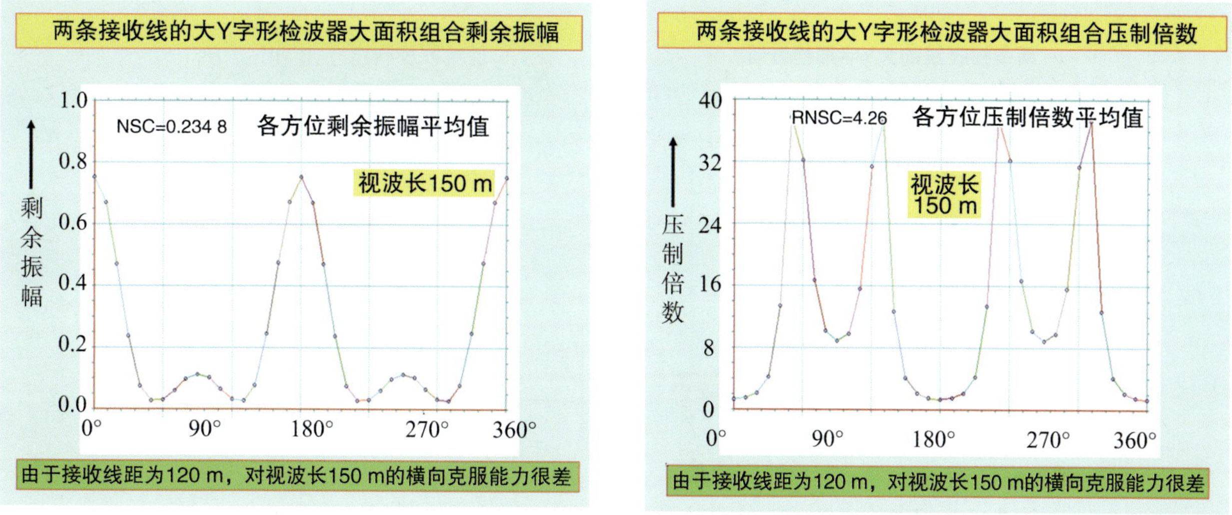


图 13　180 m×180 m 的面积上，大 Y 字形组合的剩余振幅及压制倍数

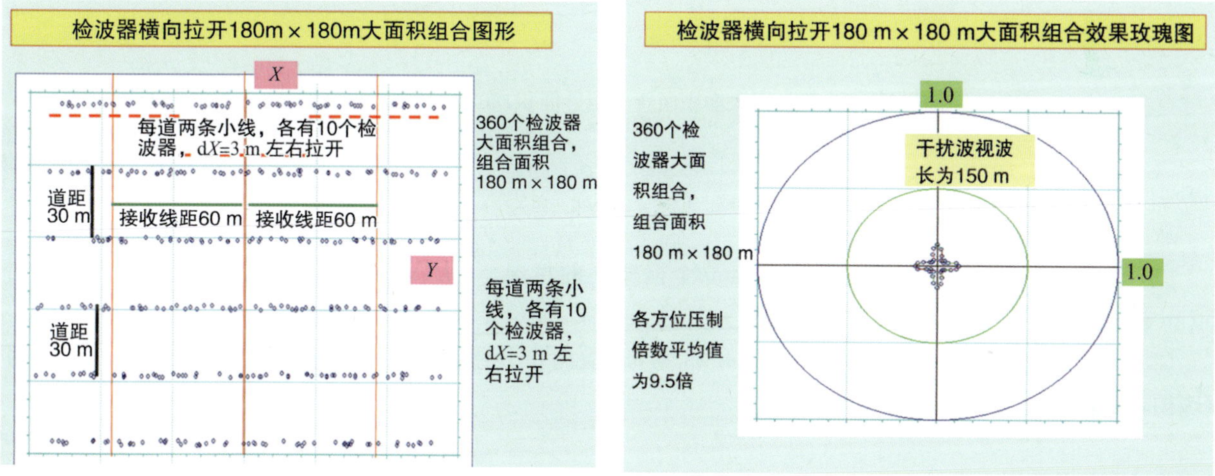


图 14　180 m×180 m 的面积上，横向拉开组合的图形与玫瑰图

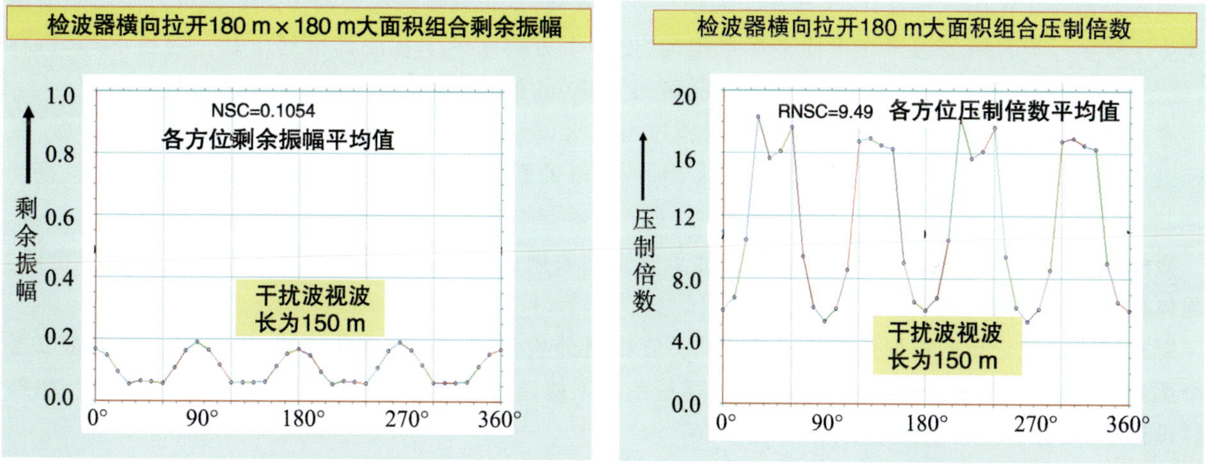


图 15　180 m×180 m 的面积上，横向拉开组合的剩余振幅及压制倍数

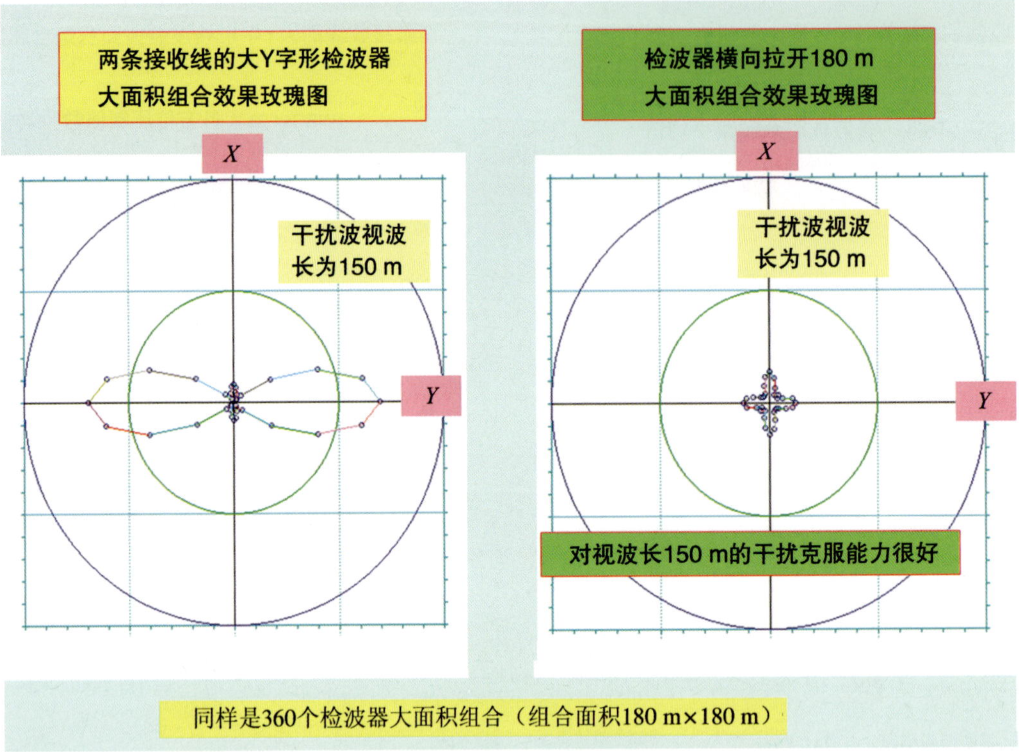


图 16 180 m×180 m 的面积上，两种组合方式的玫瑰图比较

从上面几幅图可以看到：

(1) 180 m×180 m 的面积上，同样用 360 个检波器的情况下，大 Y 字形组合不能很好压制侧面来的 150 m 视波长的干扰波，而侧面来的干扰波一旦进入记录，很难在室内加以克服。

(2) 大 Y 字形组合的平均压制能力是 4.26 倍，而横向拉开组合的平均压制能力是 9.49 倍。后者的玫瑰图效果很好。

## 六、结论

要做好困难工区的三维设计，关键在于编织一张接收网，这张网要把主要的功夫下在对付侧面来的高速次生干扰上。而且网要编得在平面上尽量均匀，使各个方向来的干扰波都得到压制。网格不均匀，有洞，就会像英中三维那样，120 m 接收线距之间，留出了 60 m 的一个大洞，让侧面干扰波通行无阻。

**考虑到反射波的 NMO 时差不允许把组合距拉得太大，野外的组合距以 $Ly=60$ m 为好。这样做，就必须强调野外与室内“联合压噪”的思路。可能 $Ly=60$ m 的野外记录还不如大 Y 字形组合好看。但是要相信，到室内处理时，联合压噪会发挥作用。**

**极低信噪比地区的地震资料采集质量决定于一张接收网的好坏。网的好坏是基于组合理论的论证，这里体现了组合理论的重要性。**

**野外接收放炮记录的排列片就是一张“网”。它由野外检波器、道距、接收线距、组合爆炸的炮点位置四个要素组成。在这样的一张“网”里面，我们尽量使用干扰波的相干性，用组合的理论来加以压制。如果“网”设计不好，叠前偏移就无法发挥作用。**

文章编号 409-7

# 组合爆炸的策略

**上文我们分析了接收点的组合效果，并提出在生产中我们必须强调野外与室内联合压噪的思想。这种思路当然还要包括组合爆炸的方式。在生产中，我们应该注意野外组合爆炸与室内组合爆炸的结合。**

## 一、关于组合井爆炸的激发“门槛”问题

关于组合爆炸，大家谈论较多的是激发“门槛”问题。其实应该是指环境噪声和“次生高速干扰”的水平。环境噪声除非刮大风，一般放炮前的环境噪声只有几十微伏，“门槛”应该不是很高。至于“次生高速干扰”的水平就比较复杂。当激发能量增加 1 倍时，信号与次生干扰几乎同时增加 1 倍，“水涨船高”。所以不一定是药量大好。增加井数会增强组合效应，加强压噪效果，并且改善激发频谱，加强低频分量，应该有利于反射波出现。

传统的野外试验是用不同的井数做试验，看“门槛”在哪里。当然井数愈多愈好，这是因为组合起了作用。但是必须保证同一炮中的井与井之间的高程相差不大，或静校正时差不能超过半周期(约 15 ms，高差不超过 15 m 左右)。

可以测定“门槛”，但不能证明爆炸不能拆分。英雄岭地区如果能拆分，井间高差问题就可以更好地解决。我建议今后现场处理时，采用静校正后组合，这样到底多少口井合理就可以根据处理结果来判断，例如 4 到 5 口井只要见到同相轴的影子，就是说明已经过了“门槛”，这对控制施工成本也是至关重要的。

当然，如果相邻炮点的高差都小于 10 m，也可以考虑 4 到 5 口井一起激发。

图 1 是英雄岭工区炮点位置及不同组合爆炸的 20～40 Hz 分频扫描记录。从图中记录上可以看到，左边 5 口井 8 m×8 kg 中，红色的几个箭头处是较平缓的反射有效波，它的产状比初至波平缓，应该是信号。尤其是下面绿色圈里的 3 个红色箭头比较可靠。而中间的 9 口井 8 m×4 kg 从记录上很难看到反射波的影子，只看到一片片平行于初至波的斜同相轴，显然它们是次生干扰波。右边 13 口井 8 m×3 kg 的记录有些平缓反射波的影子，也不如 5 口井 8 m×8 kg 的好。

这可能是各井间、高差不同引起的吧。此外，2014 年前后，这个实验没有记录各井的 GPS 坐标和高程，也不知道多井组合时横向的组合跨距是多少。采用的检波器组合大概是大 Y 字形，克服干扰的能力很差。试验记录上看不清有效波，就很难做出准确结论。

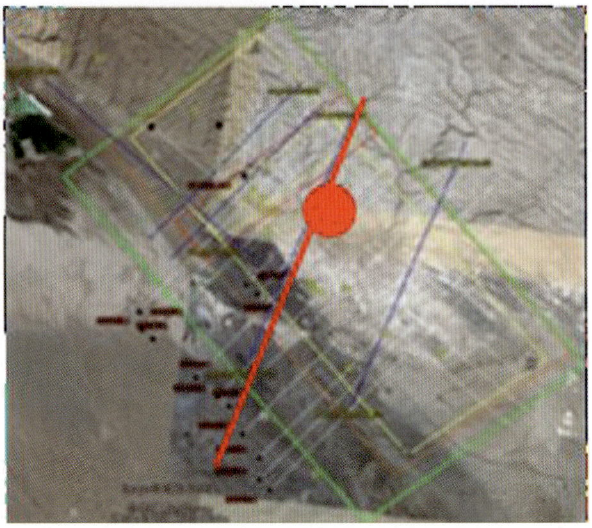

（a）炮点位置

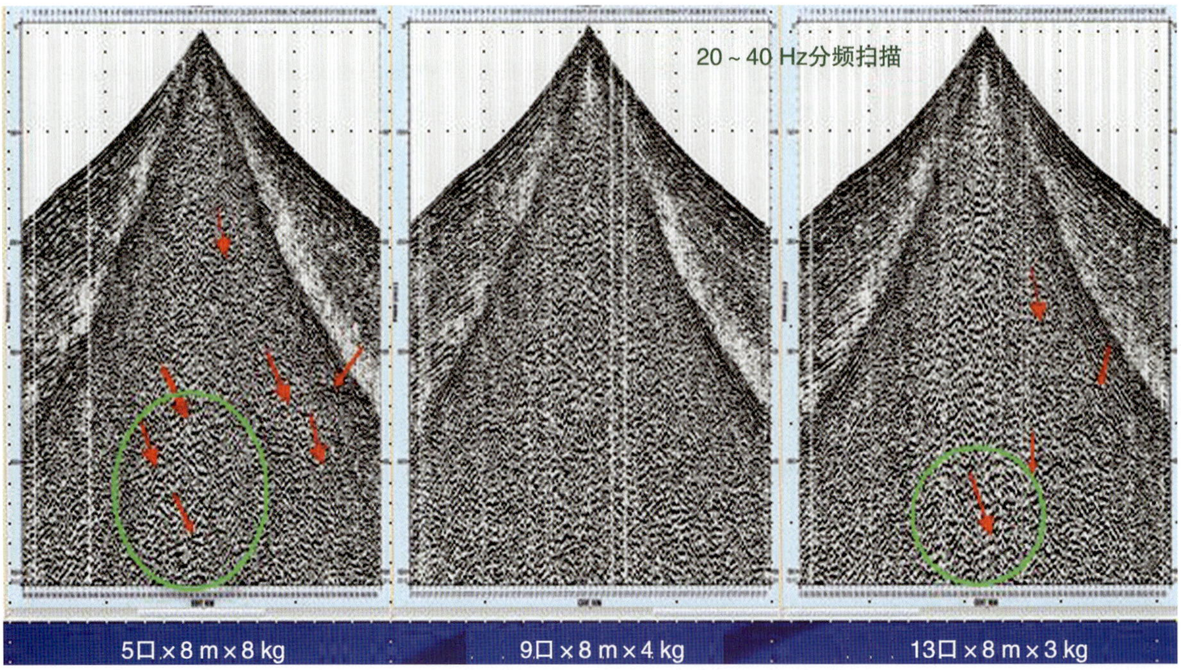


（b）不同组合爆炸 20～40 Hz 的分频扫描记录

图 1 炮点位置及不同组合爆炸 20～40 Hz 的分频扫描记录

而英雄岭工区北面山区的一炮则基本看不到有效反射波，只有一点影子（图 2）。说明问题严重。13 口井的记录好一些。

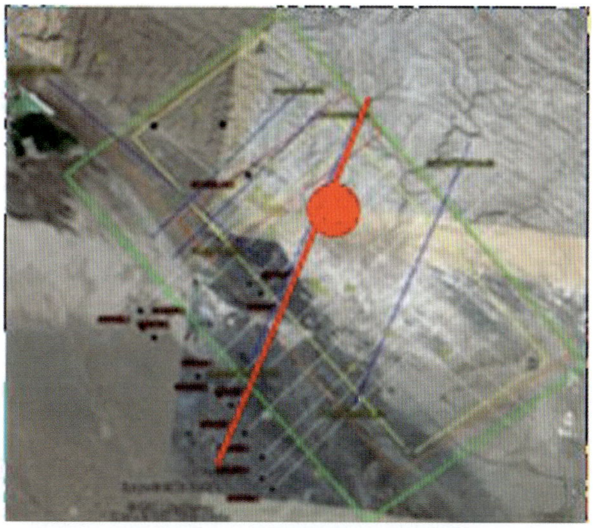

(a) 炮点位置

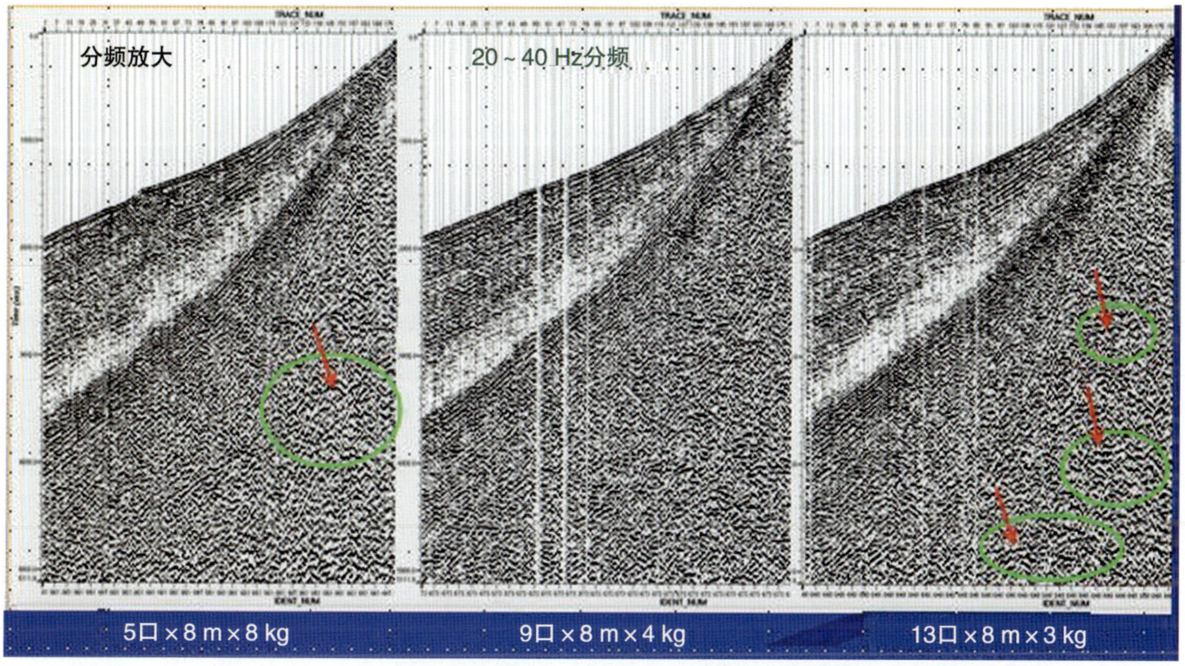


(b) 不同组合爆炸 20～40 Hz 的分频放大扫描记录

图 2　炮点位置及不同组合爆炸 20～40 Hz 的分频放大扫描记录

总之，这样的试验说服力不强。我希望能够再做些严格的试验。要采用宽线＋大组合的形式，在能够看到反射波明显影子的情况下做这种试验。

## 二、野外组合爆炸的方式及效果分析

在低降速带巨厚，信噪比极低的地区，我建议的野外放炮方式是：每炮采用 8 井激发，分两排，排间隔 30 m，每排各 4 井（图 3）。

**目前英雄岭施工中对炮点的位置和高程都没有数据控制，由钻井班随意选定。建议今后野外要求对每个炮井井位，用差分 GPS 记录它的坐标及高程，计算其平均高程，供静校正用。**

施工中争取每口井放炮得到一张记录，通过室内静校后完成“模拟爆炸组合”。

考虑太影响施工速度时，可以采用多井激发。在 60 m 两条大线之间的 8 口井分成两批放炮。4 口井先联合共放一炮，做记录，然后在室内完成“模拟爆炸组合”。

如图 3 所示，红点 1(4 炮)与 2(4 炮)室内组成第一炮；黄点 3(4 炮)与 4(4 炮)室内组成第二炮；绿点 5(4 炮)与 6(4 炮)室内组成第三炮。炮线距 120 m，接收线距 60 m，这样组成的地下面元就是 15 m×30 m。8 井经高程静校后，叠加成一张记录。这样 8 井组合也造成了炮点的横向拉开 $Ly=120$ m。

横向拉开组合施工中需要注意的是：各炮井要离开大线及检波器 10 m，不要把大线和检波器炸坏了。由于炮点有移动，要求用 DGPS 把每个炮井的坐标及高程记录在案。

组合井数超过 4 口时，允许把炮点分别放在 30 m 道距之间。如图 3 所示，8 口井，组合中心基本在 30 m道距小线的中间位置。也可以用 DGPS 把炮井的组合中心坐标计算出来。

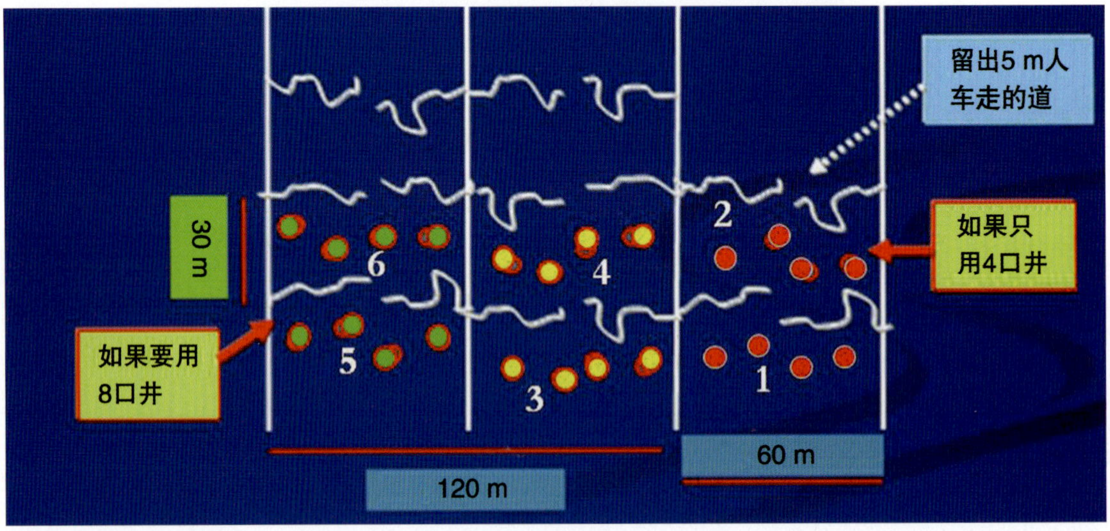


图 3　极低信噪比地区建议的野外放炮方式

炮点的滚动方式见图 4 的右侧。红色点为炮点，炮线距 120 m，接收线距 60 m。两排共 8 井，每次放 4 孔，孔距 12 m，用 DGPS 记录各井的坐标及高程。放完右边“1”中的全部炮点(每次放 4 孔)后，滚动 1 条接收线，再依次按每次 4 孔放左侧中的炮点。

相对于视波长为 150 m 的干扰波，野外炮点只考虑野外 8 口井的组合效果，见图 5。

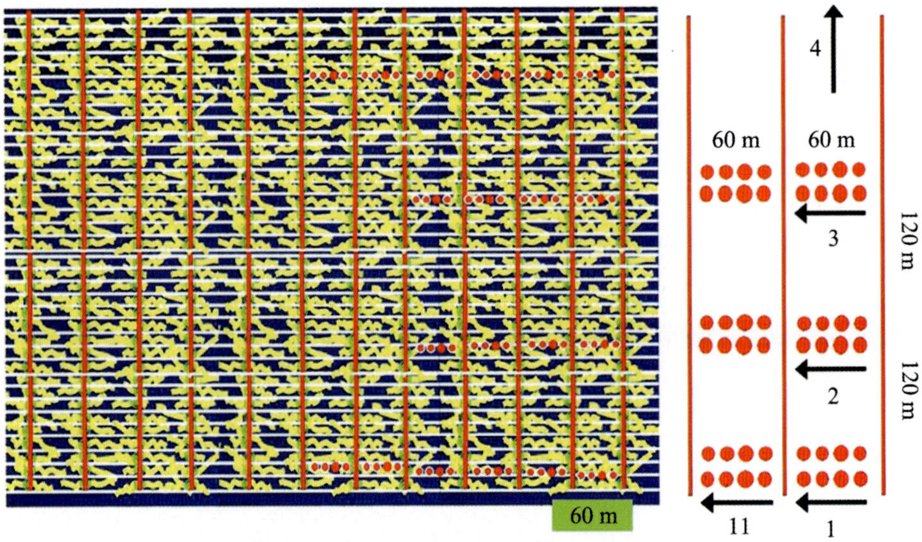


图 4　炮点的滚动方式

图 5 是仅仅考虑野外 8 口井的组合后的玫瑰图，显然它的作用不大，因为 8 口井的组合跨距太小，远比次生干扰 150 m 的波长小。

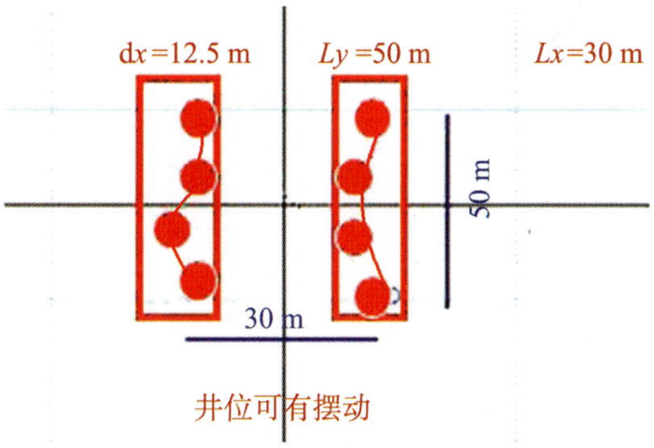


(a) 组合爆炸位置($Ly$=50 m，$Lx$=30 m)

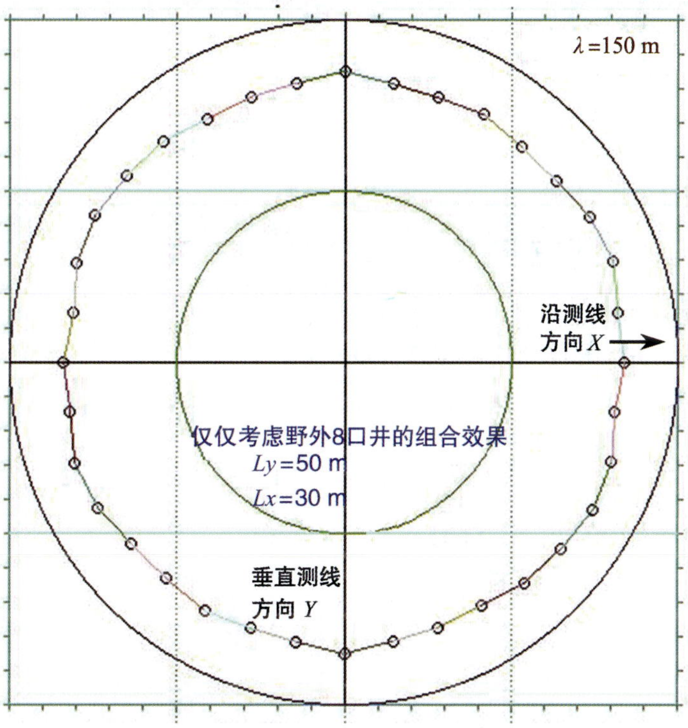


(b) 8 口井的组合振幅玫瑰图

图 5 只考虑野外 8 口井的组合图形及振幅玫瑰图

## 三、室内模拟组合放炮及效果分析

室内模拟组合爆炸也很重要。室内组合爆炸是经过动、静校正后的组合。

根据工区内的信噪比情况，在室内可以模拟不同组合基距的炮点组合。根据上节的野外施工方式，可以在室内实现以下两种炮点组合方式：

(1) $Lyp$=100 m($Lyp$ 指的是炮井的横向跨距)爆炸的组合形式，即做 2 炮组合，如图 6 所示。三条大线(图中红线)之间的 16 炮，绿色炮点(8 炮)+黄色炮点(8 炮)，经静校正后组合，输出一炮，依此类推。这种方案组合以后，16 炮的横向组合基距 $Lyp$ 大约为 100 m。室内模拟爆炸组合后，组合中心在中央大线上。该方案适合原始信噪比较低的地区。相对于波长为 150 m 的干扰波，野外 8 口井，加上室内相邻 2 炮组合($Lyp$=100 m)，共同压制效果见图 7。

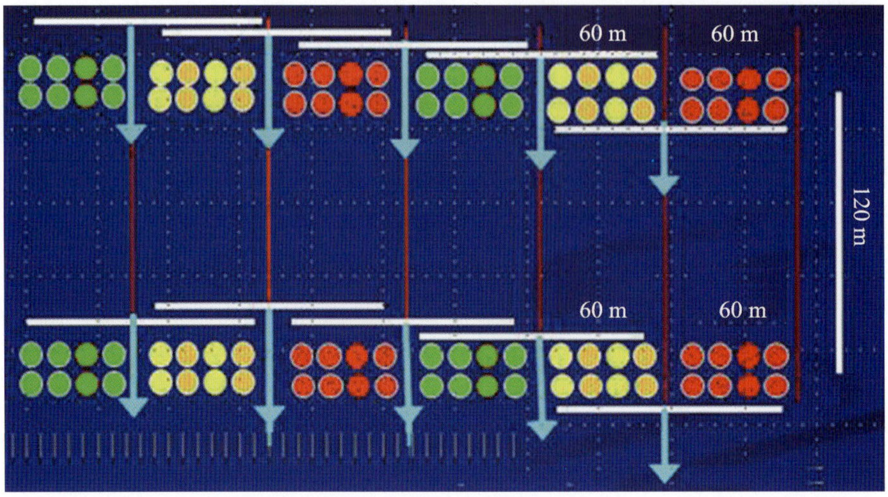


图 6　室内相邻 2 炮组合方案

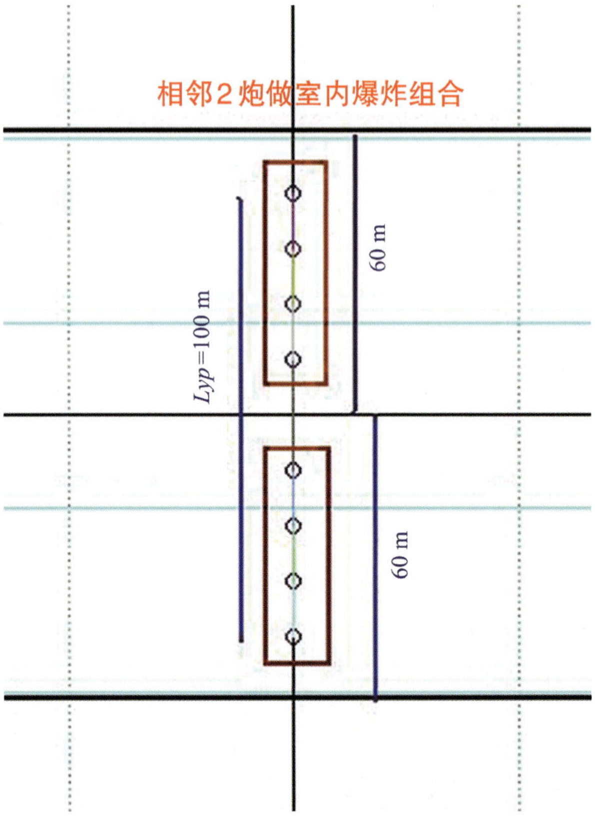


(a) 室内相邻 2 炮 16 口井爆炸组合图形

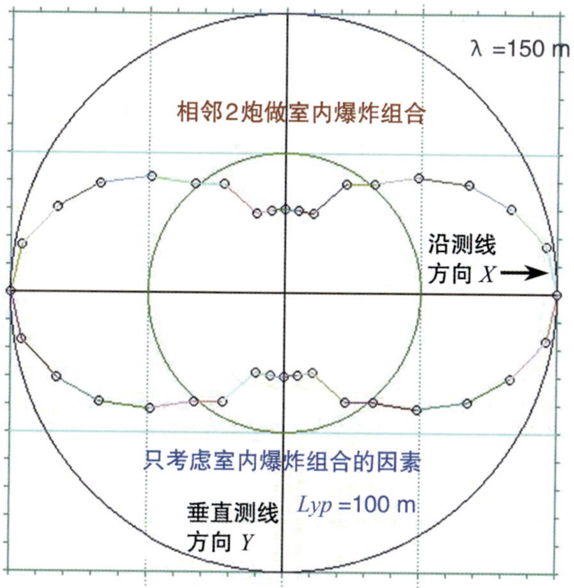


(b) 野外 8 口井+室内相邻 2 炮组合($Lyp$=100 m)后综合振幅玫瑰图

图 7 野外+室内相邻 2 炮组合综合效果

(2) 在室内模拟 $Lyp$=150 m 爆炸的组合形式，即在室内做 3 炮组合，如图 8 所示。四条大线(图中红线)之间的 24 孔，绿色炮点(8 炮)+黄色炮点(8 炮)+红色炮点(8 炮)，经静校正后组合，输出一炮。这种 24 炮组合方案的横向组合基距大约为 150 m，组合中心在中央两条大线之间。该方案压噪效果最好。

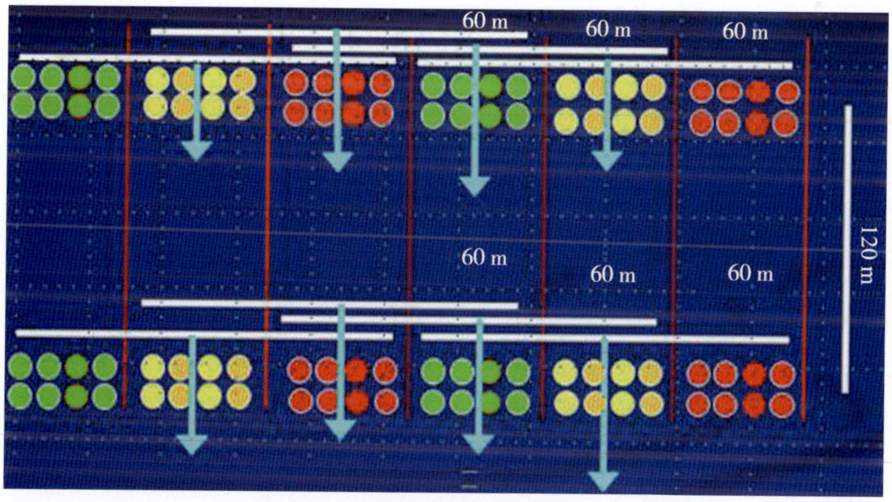


图 8 室内相邻 3 炮组合方案

相对于波长为 150 m 的干扰波，野外 8 口井，加上室内相邻 3 炮组合（$Lyp$=150 m），共同压制效果见图 9。

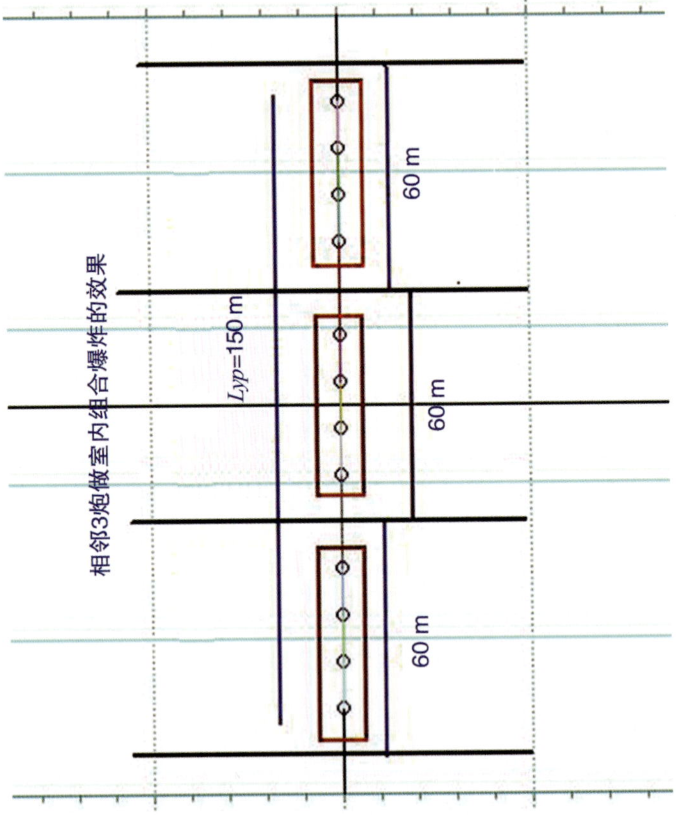


（a）室内相邻 3 炮 24 口井爆炸组合图形

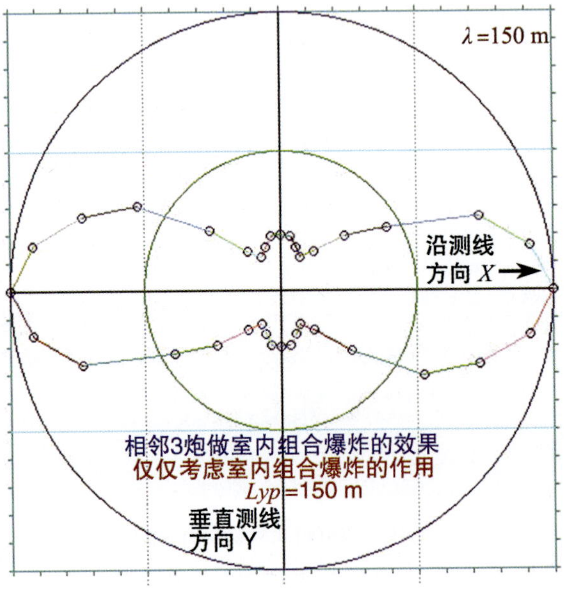


（b）野外 8 口井＋室内相邻 3 炮组合（$Lyp$=150 m）后综合振幅玫瑰图

图 9　野外＋室内相邻 3 炮组合综合效果

当然，室内组合爆炸在操作上要注意分寸，因为过头的组合会压制陡倾角反射。需要根据倾角的大小，做试验及论证。

野外 $Ly=180$ m 的 60 个检波器的组合，如果加上室内 $Y$ 方向 3 组炮点（24 孔），$Lyp=150$ m 时，是否就是综合的 $Ly=180+150=330$ m 呢？

实则不然。经过室内 $Y$ 方向 3 组炮点（24 孔）组合后，对原先的 $Ly$ 产生了一个“不等灵敏度组合”的效果，如图 10 所示。总长度虽然是 330 m，但它是不等灵敏度组合的，其真实的效果大致相当于 $Ly=220$ m左右。

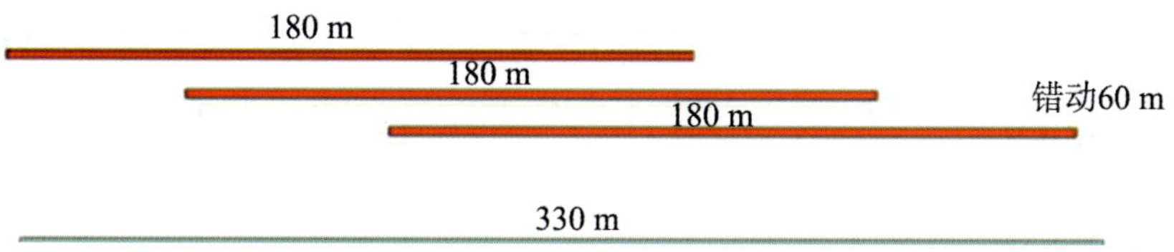


图 10 室内 $Y$ 方向 3 组炮点（24 孔）组合示意

## 四、炮检组合方案

根据工区内的信噪比程度，我们提出了三种炮检组合方案。

这里 $Lyp$ 指的是炮井的横向跨距，$Ly$ 是检波器组合的横向跨距。

第一种方案（$Lyp=50$ m）：只依靠野外 8 口井组合，加上检波器 $Ly=180$ m 及 $X$ 方向的 5 道不等灵敏度组合。其综合效果一般，这种方案适合原始信噪比不是太差的情况。

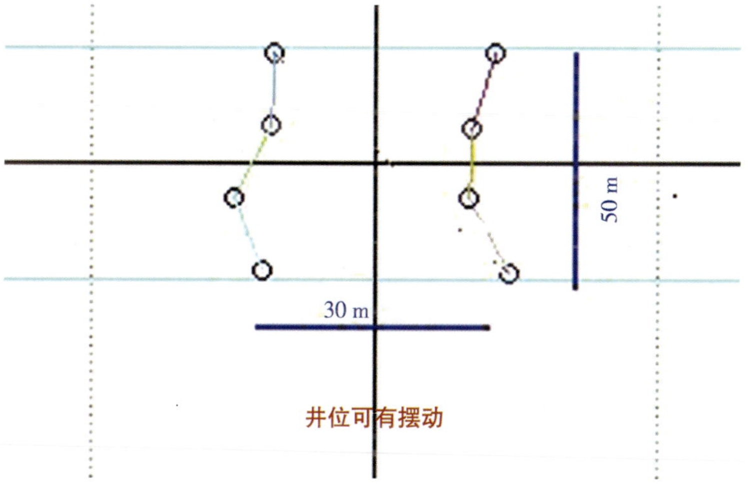


(a) 野外 8 口井爆炸组合图形（$Lyp=50$ m，$Lxp=30$ m）

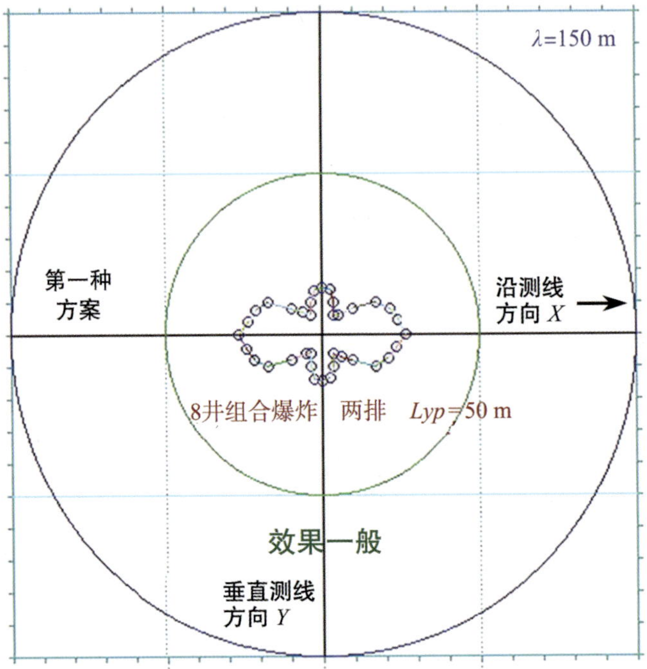


(b) 野外 8 口井+检波器 Y 方向 180 m 横向组合+X 方向 5 道组合后综合振幅玫瑰图

图 11 第一种方案综合效果

第二种方案($Lyp=100$ m):依靠野外 8 口井,加上室内相邻 2 炮组合,再加上检波器 $Ly=180$ m 及 $X$ 方向的 5 道组合的最终结果,其综合效果见图 12。该方案适合原始信噪比较低的地区。

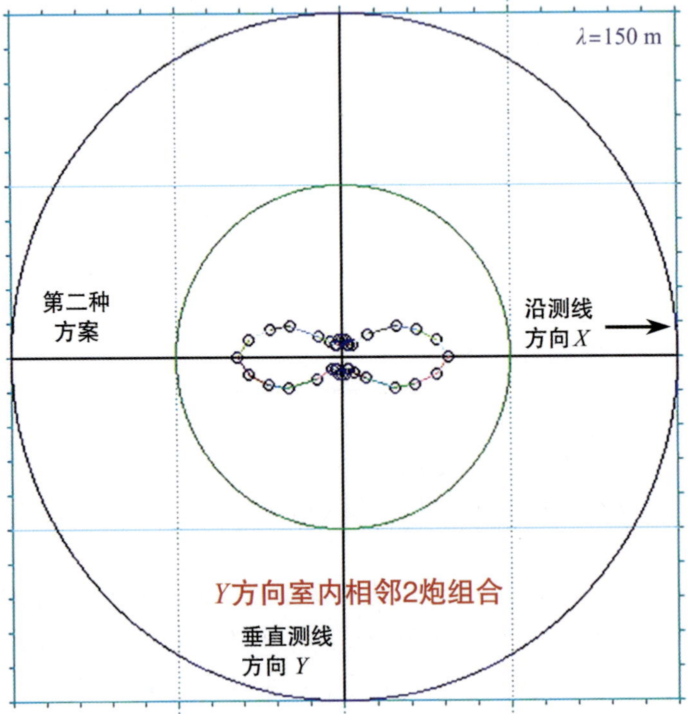


图 12 第二种方案综合振幅玫瑰图

第三方案($Lyp=150$ m):野外 8 口井,加上室内相邻 3 炮组合,再加上检波器 $Ly=180$ m 及 $X$ 方向的 5 道组合的最终结果,其综合效果见图 13。该方案的压噪效果最好。

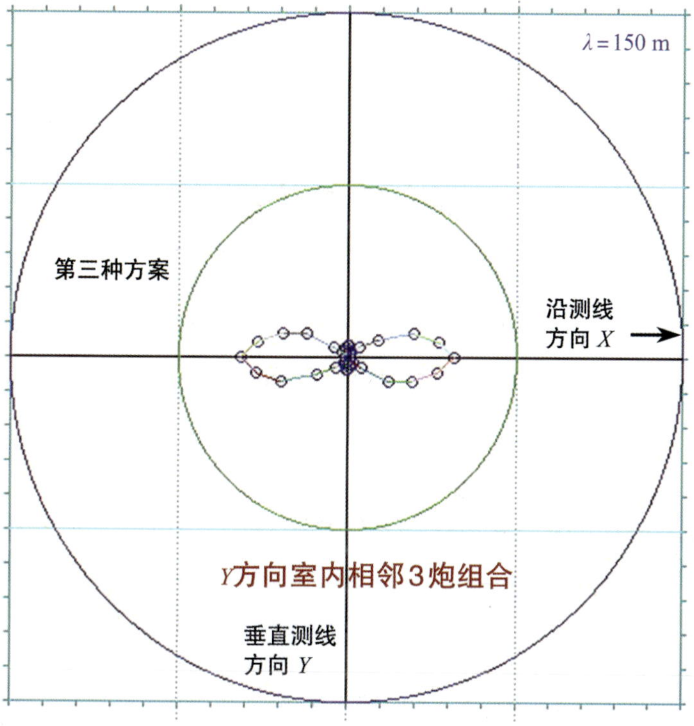


图 13 第三种方案综合振幅玫瑰图

**图 12 及图 13 在 $X$ 方向上玫瑰图上振幅还大一点,这不用担心。因为到室内处理时,道距 30 m 的叠前时间偏移有着强大的压噪功能。我们这里讨论的仅仅是对组合爆炸横向跨距的理论论证而已。它说明当次生干扰的波长为 150 m 时,炮井的横向总跨距也应该达到 150 m 才有好效果。**

**如果我们在生产中能够做到以上第 2 和第 3 种方案,就有可能把来自侧面的强干扰压到 19~26 倍。再加上覆盖次数的统计压噪功能,就能起到强大的压噪作用。**

**需要说明的是,以上玫瑰图的计算方法都是采用脉冲波计算的结果。**

## 五、结论

关于多井组合爆炸,激发"门槛"是个问题,它牵涉生产效率。但是目前关于激发"门槛"的试验结果说服力不强。这些实验没有记录各井的 GPS 坐标和高程,检波器组合也没有发挥作用,记录上基本看不到反射有效波。希望今后能够再做些严格的试验。建议今后采用宽线+大组合的形式,在能够看到反射波明显影子的情况下,再做这种试验。

我们这里讨论的是野外组合爆炸与室内组合爆炸相结合的效果。**对组合爆炸横向跨距的理论论证说明,当次生干扰的波长为 150 m 时,炮井的横向总跨距也应该达到 150 m 才有好效果。可以不必在意玫瑰图中 $X$ 方向的振幅不够小。到室内处理时,道距 30 m 的叠前时间偏移有着强大的压噪功能。**

文章编号 409-8

# 组合压制噪声与叠前偏移的关系

**本文想说明：叠前偏移是一种压制噪声的强大手段。在室内资料处理中，一般就没有必要再做什么组合了。但是关于组合理论的论证过程还是很必要的，就像人们受伤了，在医院里要依靠“拐棍”来帮助康复。康复后当然就可以甩掉“拐棍”，但是我们不能说“拐棍”是没有用的东西。这就像现在“水平叠加”在复杂资料处理的起步阶段，还是有其作用的。**

**在信噪比极低的情况下，如果叠前偏移后，噪声还占据上峰，那只能试试增加横向的相邻 2～3 炮，经动静校正后，用 $Ly$=120～180 m 的炮间组合，提高信噪比后再重做叠前偏移。**

这里我用最简单的理论模型试算来论证压噪与叠前偏移的关系。

## 一、干扰波及反射波的理论模型和成像质量的测试

为了较好地了解组合与叠前偏移的关系，我们首先需要制作一个干扰波及反射波的理论模型。模型使用的是衰减余弦子波，其特点是衰减快，只有一个主峰，两个旁瓣，生成了四个主频为 20 Hz 的干扰波：

（1）传播速度 $V$=3 000 m/s，视波长 150 m。

（2）传播速度 $V$=2 400 m/s，视波长 120 m。

（3）传播速度 $V$=1 800 m/s，视波长 90 m。

（4）传播速度 $V$=667 m/s，视波长 33.3 m。

前 3 个干扰波实际上是英雄岭工区的主要次生高速干扰。

模拟记录的采样率是 2 ms，最大炮检距 3 000 m，道距 30 m。合成模拟记录时使用了样点的精确内插功能，没有四舍五入的误差。

（5）在干扰波理论模型基础上加上一个产状水平的反射层，振幅也是 1.0 的反射波（$To$=1.25 s，$Fo$=20 Hz，$Vm$=3 000 m/s）。其理论的模型见图 1。

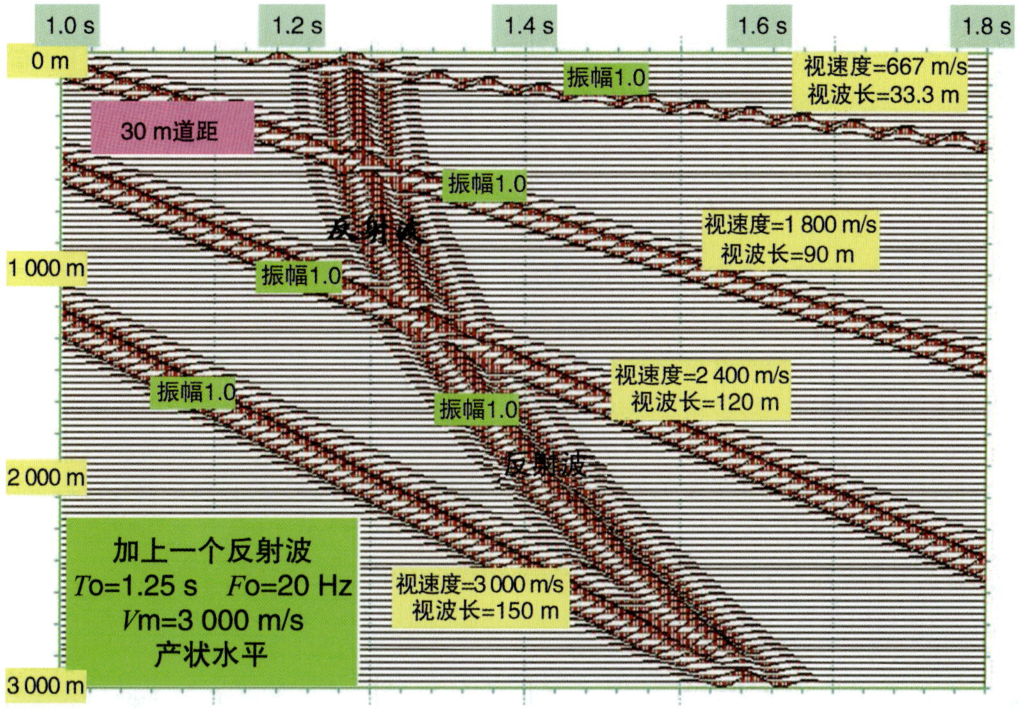


图 1　振幅为 1.0 的干扰波加一个反射波的理论模型

图 2 是经过精确线性动校正后的理论模型。精确动校正，即不采用四舍五入，全部样点数据内插。通过程序采用精确动校正，可以把反射双曲线精确地校正成直线。反射波完全校直后，干扰波会变得有点弯曲。

在图 2 中，动校正后，四个干扰波模型的右边缺少了波形（边缘效应）。这是我模型设计的失误，不过不妨碍对问题的分析结论。

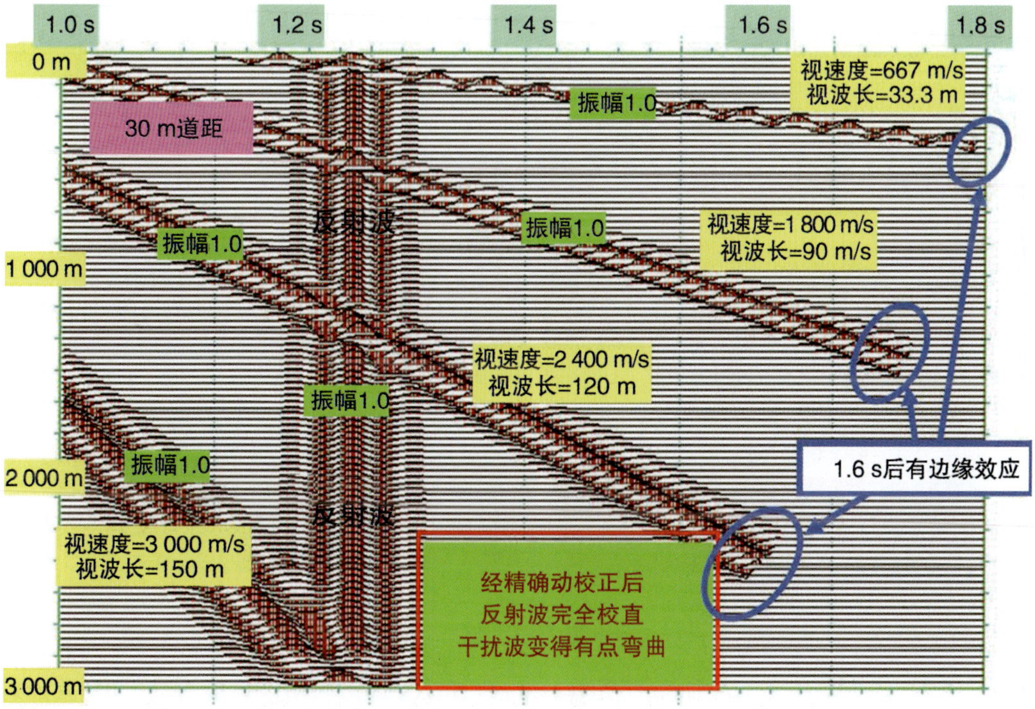


图 2　振幅为 1.0 的干扰波和反射波经过精确线性动校正后的理论模型

继续对模型道做道距 30 m 的相邻 5 道组合。

经相邻 5 道等灵敏度组合后，整体上干扰波的振幅减弱了。组合后振幅分别被压制了 1.1 倍、9.1 倍、7.4 倍和 6.4 倍。这与我们预计的情况一致。经分析认为，视速度最小的 667 m/s，视波长为 33.3 m 的干扰波的压制倍数小的原因是道距 30 m 太大，后来改为 15 m 道距后，压制效果就好很多了。

为了检测成像质量，我们可以把以上各多道模型看作一个成像道集，即 CRP 道集。那么它的叠加结果就是 CRP 道集的叠前偏移中的一个道。

图 3 中曲线 A、B、C、D 四条曲线就是把这些模型当成一个 CRP 道集，直接相加成一个叠前偏移道的结果。这四条曲线都看不到干扰波的影子，只是反射波的波形有了些变化。

图 3 中，曲线 A 是信号加噪声模型未经动校正的原始道集，把图 1 当作 CRP 道集，叠加成一个道的波形；曲线 B 是信号加噪声模型未经动校正，但经过相邻 5 道组合后的道集做 CRP 叠加的波形；曲线 C 是信号加噪声模型不加组合压噪，直接经过精确动校正后，即把图 2 当成 CRP 道集，叠加成一个道的波形，它相当于叠前偏移的一个道；曲线 D 是信号加噪声模型经相邻 5 道组合后又经过精确动校正后再做 CRP 叠加的波形。

把这些波形与衰减余弦子波做比较，曲线 A 与 B 因为没有做动校正就直接相加，所以表现最差。子波波形有畸变，后面还跟随着一长串震动。

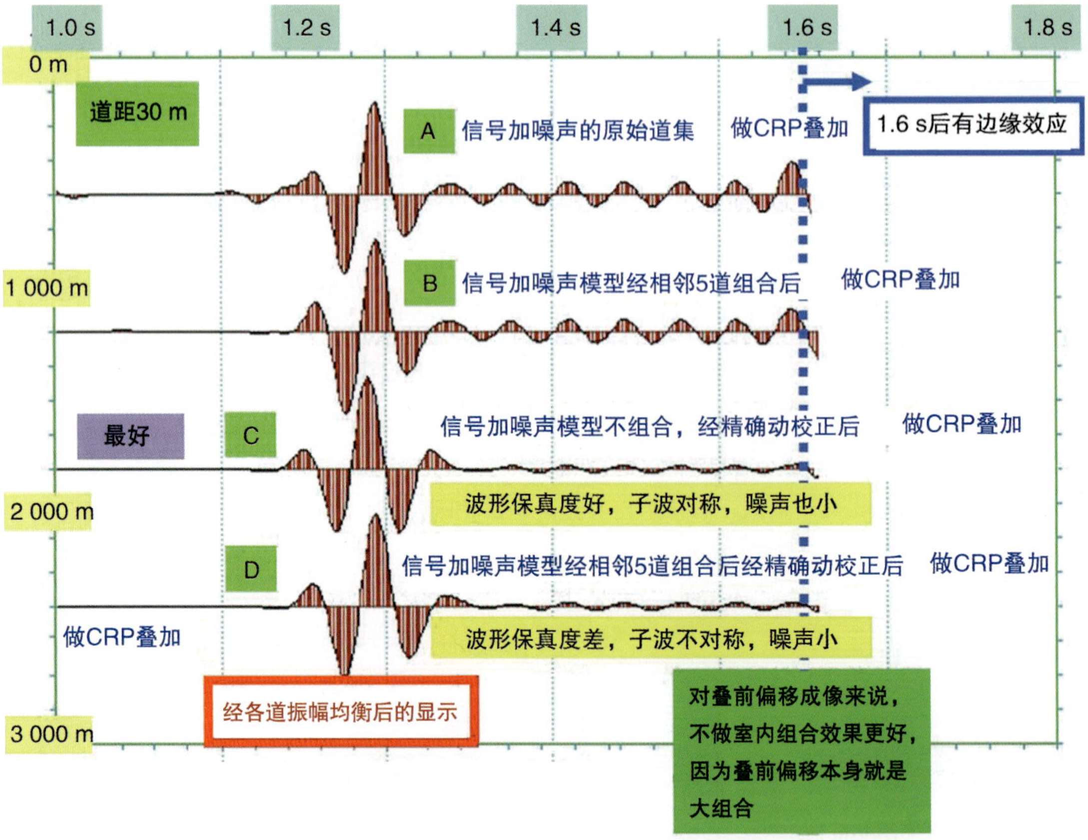


图 3　把多道模型当成 CRP 道集，直接相加的结果

从图 3 可以看出，曲线 C 是信号加噪声模型不组合，直接经过精确动校正后再做 CRP 叠加的曲线，它的波形保真度最好，子波对称，噪声小，因此效果最好；而经过相邻 5 道组合后又经过精确动校正后再做 CRP 叠加的波形(D)波形保真度差，子波不对称，噪声倒不大。

试验结果再次证明，对叠前偏移成像来说，不做组合效果更好。

## 二、叠前偏移就是大组合

随着叠前偏移技术的推广，人们开始认识到室内组合对叠前偏移往往不起作用，组合用过头了还会起到反作用。于是人们就极力反对采用组合。甚至有人认为，过去我们的一整套资料处理流程只是为了得到一条好看的水平叠加剖面后，再做叠后偏移，这是一条错误的路线。于是大多数人又错误地认为野外也不需要考虑组合了，甚至以为“单点接收”是最好的。采集工作只要“高密度、高覆盖，加上宽方位”就行了，这种从国外进来的思潮又统治了我们地球物理的采集工程界。

我的认识是，对于我国西部极低信噪比地区，死搬外国的经验是要上当的。我们还需要在野外强调组合理论。它对极低信噪比地区至少应该起到两方面的作用：“拐棍作用”和“织网作用”。所谓“拐棍作用”，是指在极低信噪比地区的单炮记录上连一根同相轴都难找的情况下，组合理论可以帮助我们提高原始信噪比，提高速度谱质量以及求取较好的剩余静校正量，使后续的叠前偏移得以发挥其作用。所谓“织网作用”是指在地震勘探的野外施工前必须通过组合理论，设计论证采集中组合效果的一张网。网的跨度太小，抓不到“大鱼”；网的窟窿太大，“小鱼”就溜走了。

## 三、结论

(1) 在野外必须认真做好检波器组合与炮点组合。并且在论证时，应该使用玫瑰图来看组合效果。但到了室内，叠前偏移是CRP叠加，它通过了动静校正，也成为一种基本没有时差的大组合。因此，对叠前偏移成像来说，不做室内组合效果更好。这是一般情况的结论。

对于特殊情况，我想提出一个建议：在信噪比极端低下的情况，如果叠前偏移后，噪声还占据上峰，那只能试试增加横向的相邻 2～3 炮 $Ly=120\sim180$ m 的炮间组合，提高信噪比后再重新做叠前偏移。这对压制侧面来的强干扰能起到更好的作用。虽然可能会影响一些 $Y$ 方向的分辨率，但是提高信噪比还是首要的任务。

**(2) 我的建议是用宽线+大组合的思路做三维。横向拉开检波点组合及室内模拟炮点横向组合，可以大幅度地压制山区强大的侧面次生干扰，提高信噪比。**

**复杂地区如果能实现检波器横向组合及组合爆炸两方面都利用组合方向特性曲线把侧面来的次生高速干扰压制到 5 倍，其效果相当于增加覆盖次数 25 倍！**

文章编号 409-9

# 潜水面调查，低降速带厚度及微分地形图

**困难工区的潜水面调查，低降速带厚度及微分地形图的分析，可以指导我们在新的困难地区开展地震勘探时，把握全局，做好施工设计。**

**在英雄岭地区掌握了潜水面的海拔，就可以争取把静校正做好。这是资料处理中的第一难关。**

**掌握了低降速带厚度及微分地形图的分析，就掌握了对工区地震勘探难度的估计，就可以根据不同的难度做好施工设计。**

## 一、调查潜水面的变化规律的方法

柴达木盆地过去人迹罕见，没有人为的干扰。地下的潜水面经过几千年发展变化，已经相当稳定。这为我们精确地调查它，创造了良好的条件。

2002 年 4 月 12 日，我应邀参加青海的勘探技术座谈会，座谈会召开的前夜，在敦煌大酒店我花了一个下午加一个晚上的时间，翻阅了所有 1∶10 万柴达木盆地的地形图，勾画出一张稳定的潜水面草图。第二天在会上给大家展示。

**调查方法**

我们可以根据地形图，标出所有的自由水面（如湖泊、河流等）表面的海拔高，再标出所有地面长草的含有植被的区域的海拔高并减去 5 m（一般该长草地区的地下水大概在深度 5～10 m）。标上所有的数据后，就可以在平面上内插，勾绘出高程等值线，就获得了柴达木西部的潜水面海拔高程图。

后来我委托物探局敦煌前指五处的林成国同志帮我增添了不少数据，做出更详细的柴达木盆地地下潜水面分布图，如图 1 所示。

这张图有几百个数据，如红色小字所示，控制得相当好，它勾绘出的柴达木西部的潜水面海拔高程还是基本可靠的。

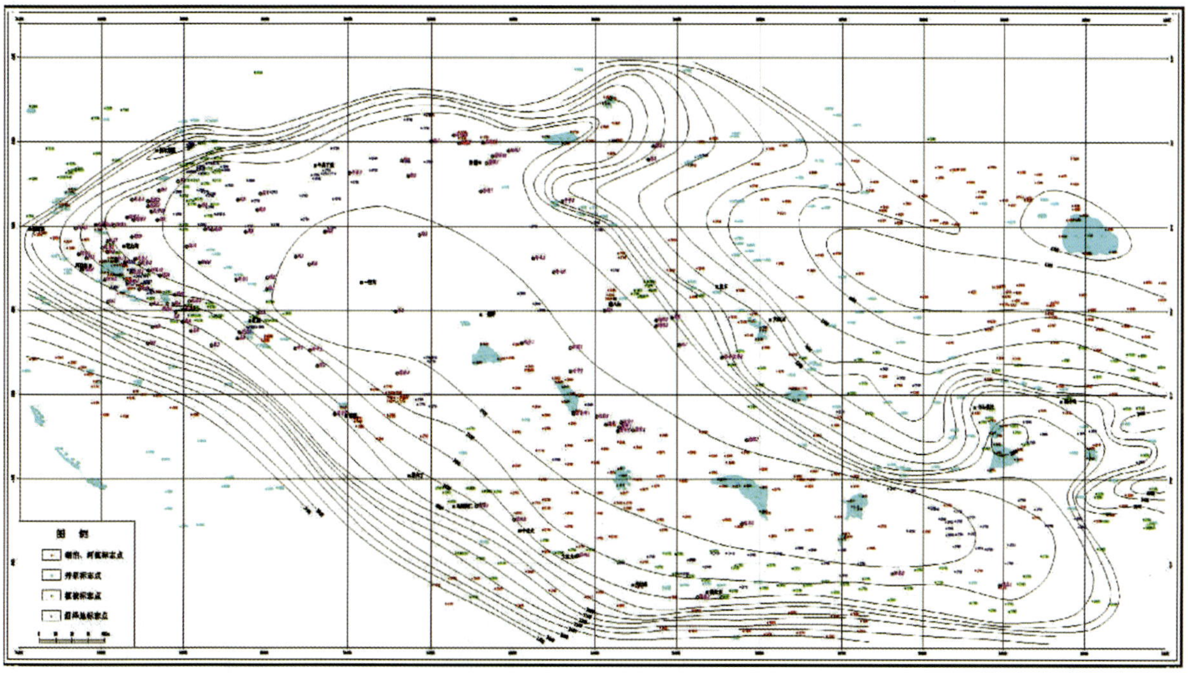

图 1　柴达木盆地潜水面海拔高程等值线平面

将图 1 中的西部英雄岭地区一角放大,如图 2 所示。

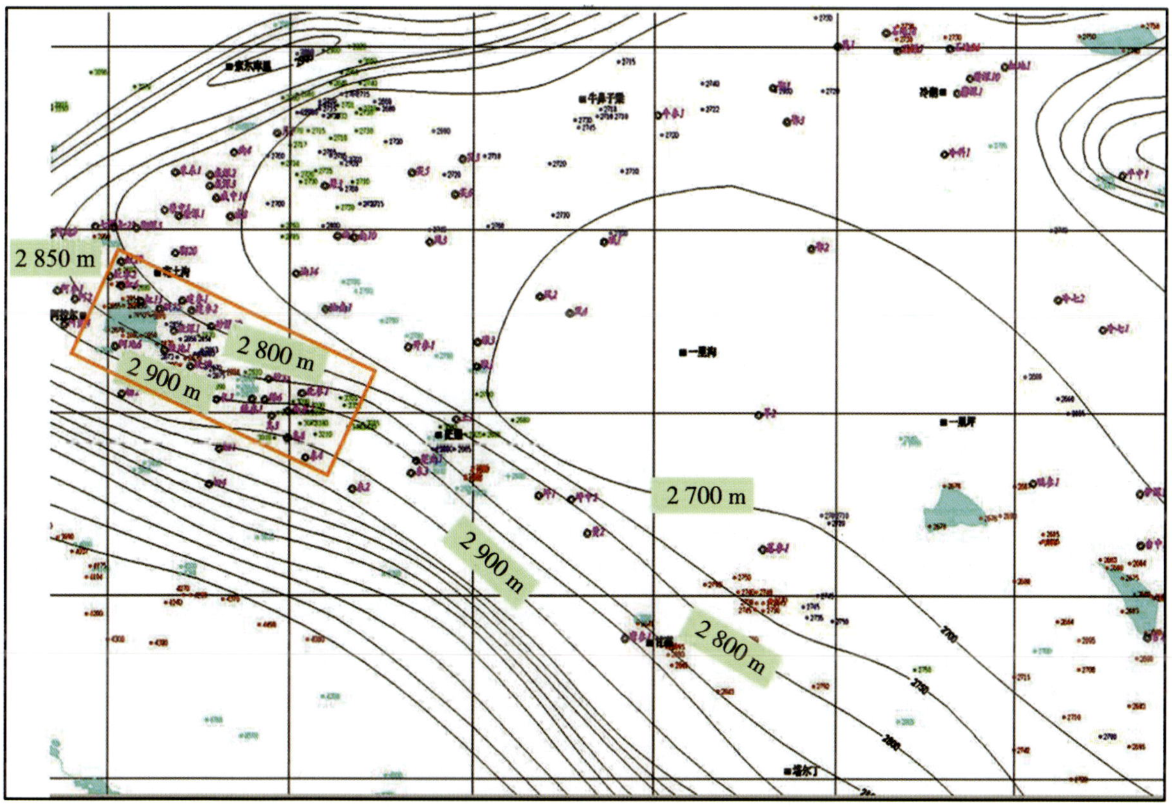


图 2　局部放大的英雄岭地区潜水面等值线平面

尕斯库勒湖湖面海拔 2 850 m,英雄岭潜水面的变化规律是向东北倾斜。它们是我们资料处理中解决静校正的良好帮手。

## 二、低降速带厚度图的绘制

把柴达木盆地海拔高程减去潜水面海拔，就得到低降速带厚度分布趋势图，如图 3 所示。

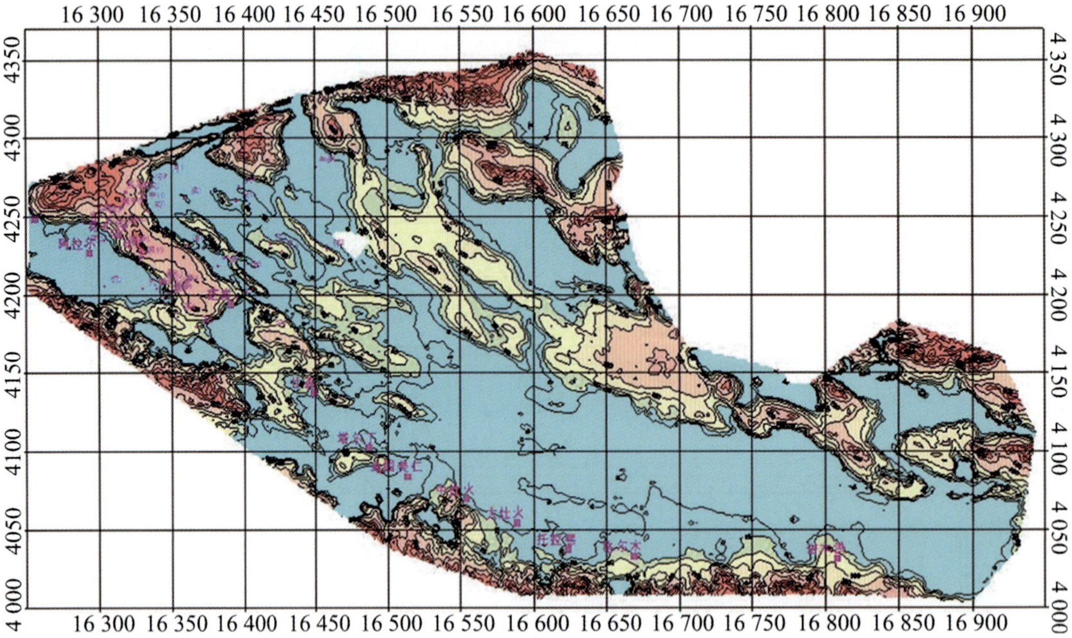


图 3　柴达木盆地低降速带厚度分布趋势

图 3 的西部局部放大图如图 4 所示。

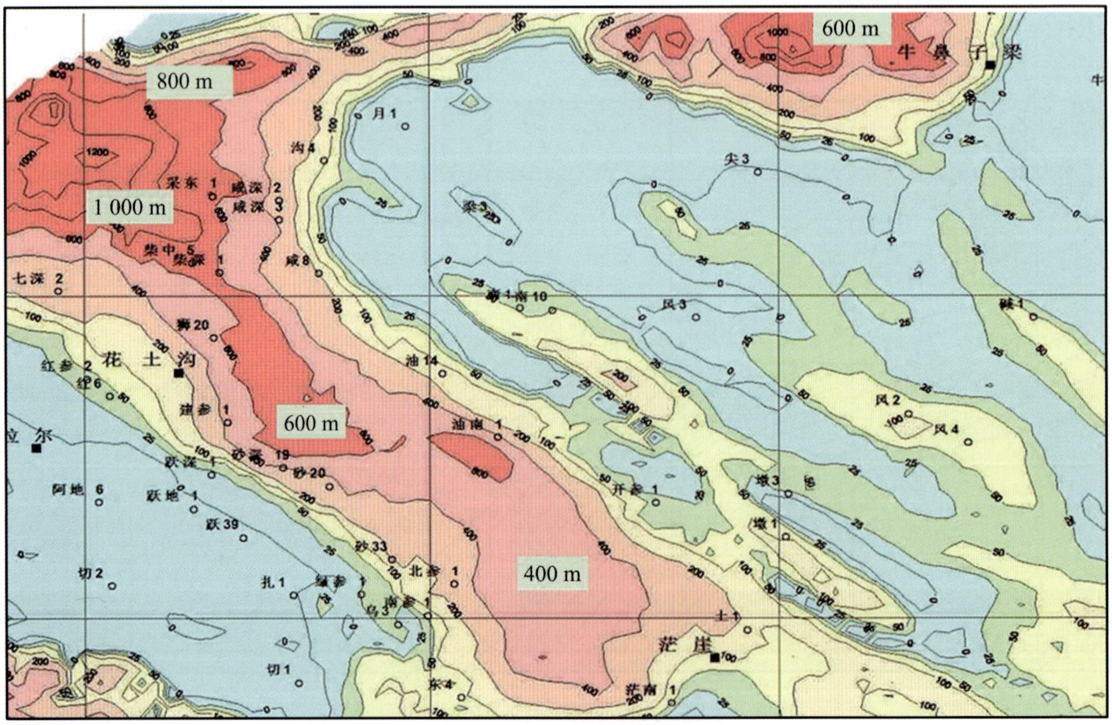


图 4　柴达木盆地西部局部放大的低降速带厚度分布趋势

有了低降速带厚度分布趋势图，我们可以很直观地判断，哪里是我们地震勘探工作的困难工区。显然英雄岭地区是极低信噪比的地区，低降速带厚度可以高达 600～1 000 m。

## 三、关于微分地形图的研究

图 5 为英雄岭地区地形海拔图。

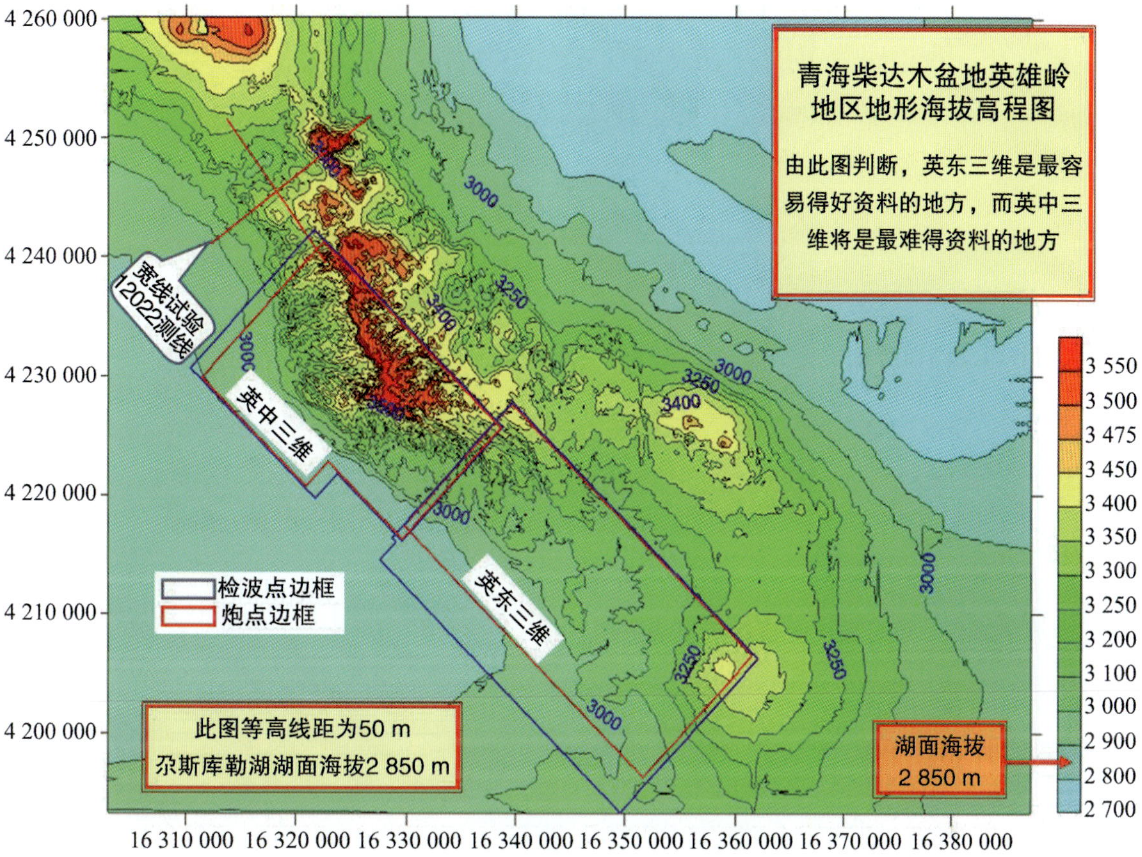


图 5　英雄岭地区地形海拔

英雄岭地区地震资料品质与地形海拔高程关系不明显，地形最高处地震资料也很不错，于是我提出地形崎岖程度（微分地形）的研究。

因为次生干扰波的产生强度并不完全决定于海拔的高低。它主要取决于两个因素：

(1) 地形的恶劣（崎岖）程度。它可以用微分（或差分）地形图来表达。即取普通地形在平面里的差分值（包括 $X$ 及 $Y$ 方向）来计算作图。

(2) 低降速带的厚度图。它决定了有效波的信噪比的降低程度，也就是干扰波的相对增强程度。

微分地形的陡度分析是我对次生干扰发生强度预计的一种新思路，值得进行深入研究。

从英中三维的卫星图（图 6）上判断，地形崎岖最厉害的地方不在英中，而在英中的东北方向。

接下来可以尝试对英雄岭全区作一次微分地形图，并注意用不同的色谱多做几次显示，以加深研究。也可以再仔细地与野外单炮，水平叠加与偏移剖面上的干扰波强度做些对比分析。

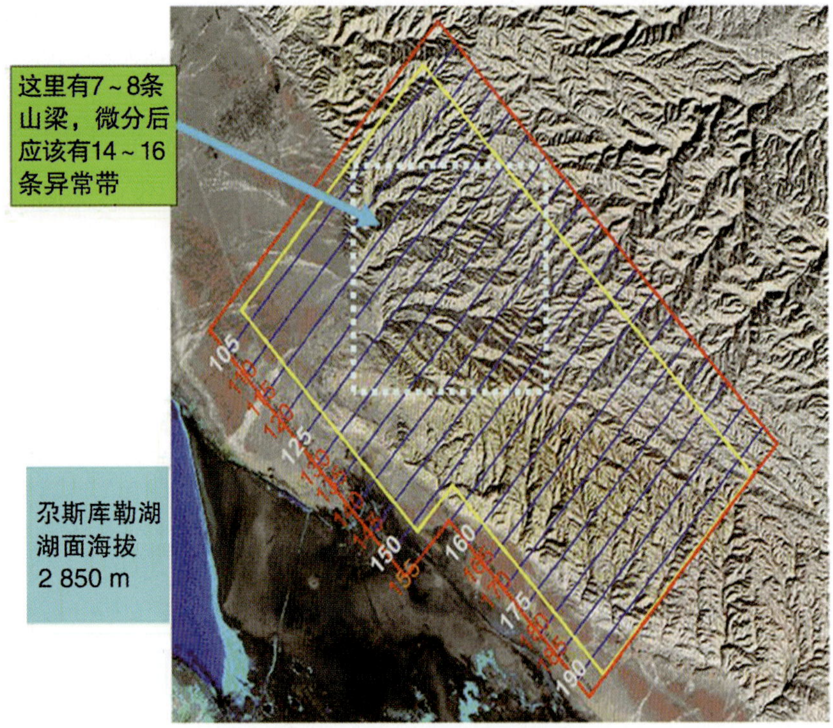


图 6 英中三维的卫星图

图 7 为英中高程一阶导数＋等值线平滑后的图。

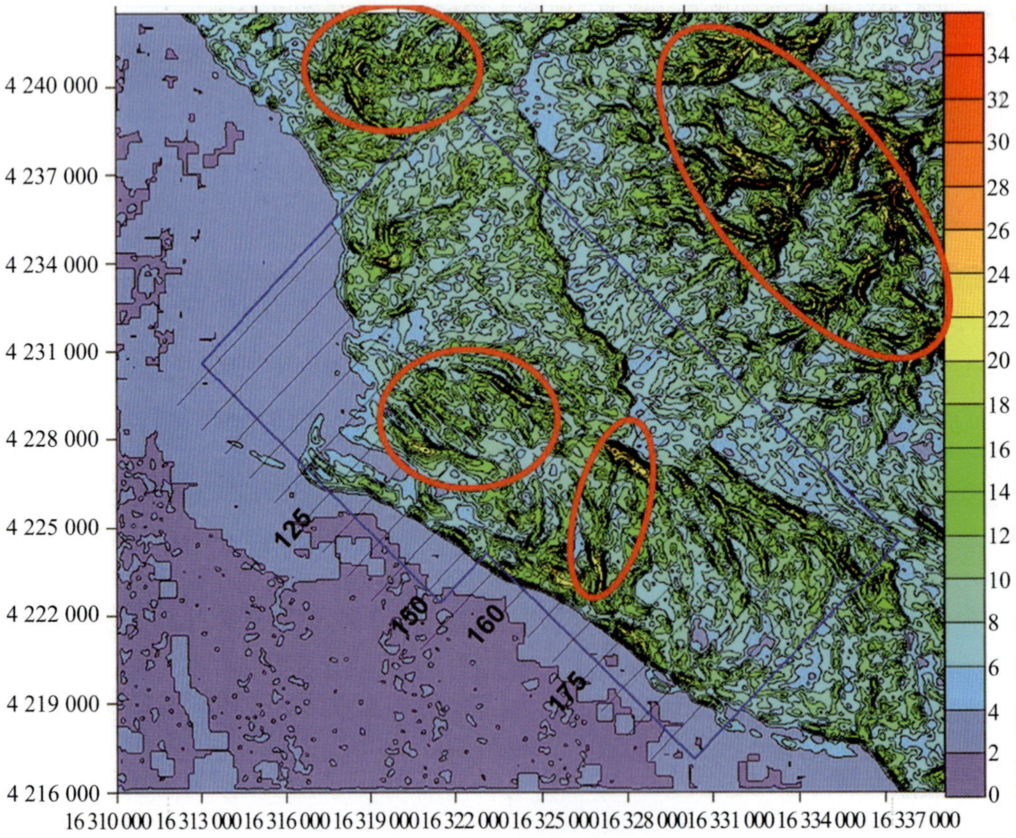


图 7 英中高程一阶导数＋等值线平滑后的图

在图 7 东北角上(英中三维的北面椭圆形中)有一大堆深色、黄色和红色的地区，那里才是崎岖程度最高的地方。英中地区崎岖程度不是连片的，只有中央，在线束 125～145 一段是崎岖而连片的，地震资料最差。

**地形微分技术基本原理**

微分(或差分)地形图即为普通地形在平面里的差分值(包括 $X$ 及 $Y$ 方向)，根据较详尽的地形图，建立网格的海拔数据，取其差分值，如图 8 所示。

例如网格是 50 m×50 m，那么先求 $X$ 方向的每 50 m 的高差 d$X$，再求 $Y$ 方向的 d$Y$，于是平面上每个点的 d$H$ 差分值为

$$\mathrm{d}H=[\mathrm{d}X^2+\mathrm{d}Y^2]^{1/2}$$

其中 d$X$，d$Y$ 是有方向的矢量，但 d$H$ 是标量。

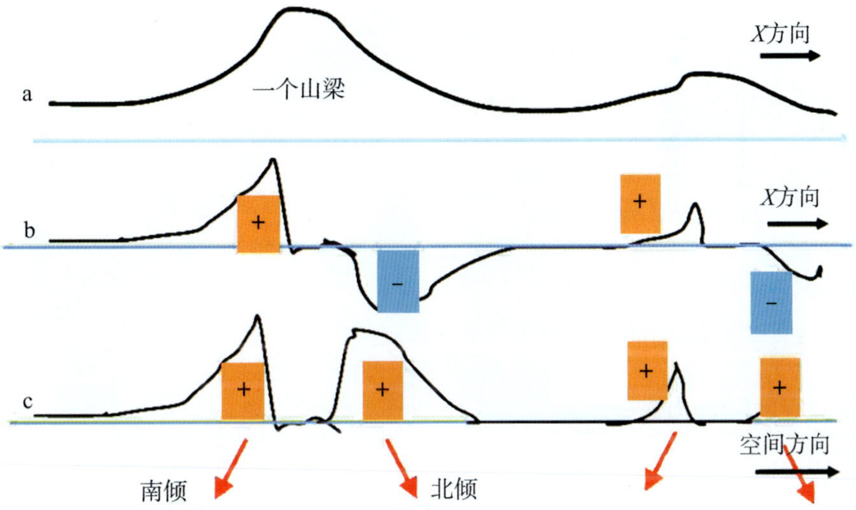


图 8 某山梁 $X$ 方向微分(或差分)地形

(a. 地形海拔 $H$ 曲线；b. 微分 d$X$ 曲线；c. 陡度 d$H$ 曲线)

按此方法计算，即可得全区的地形微分图。图 9 为某二维测线的偏移剖面与地形图的对比。

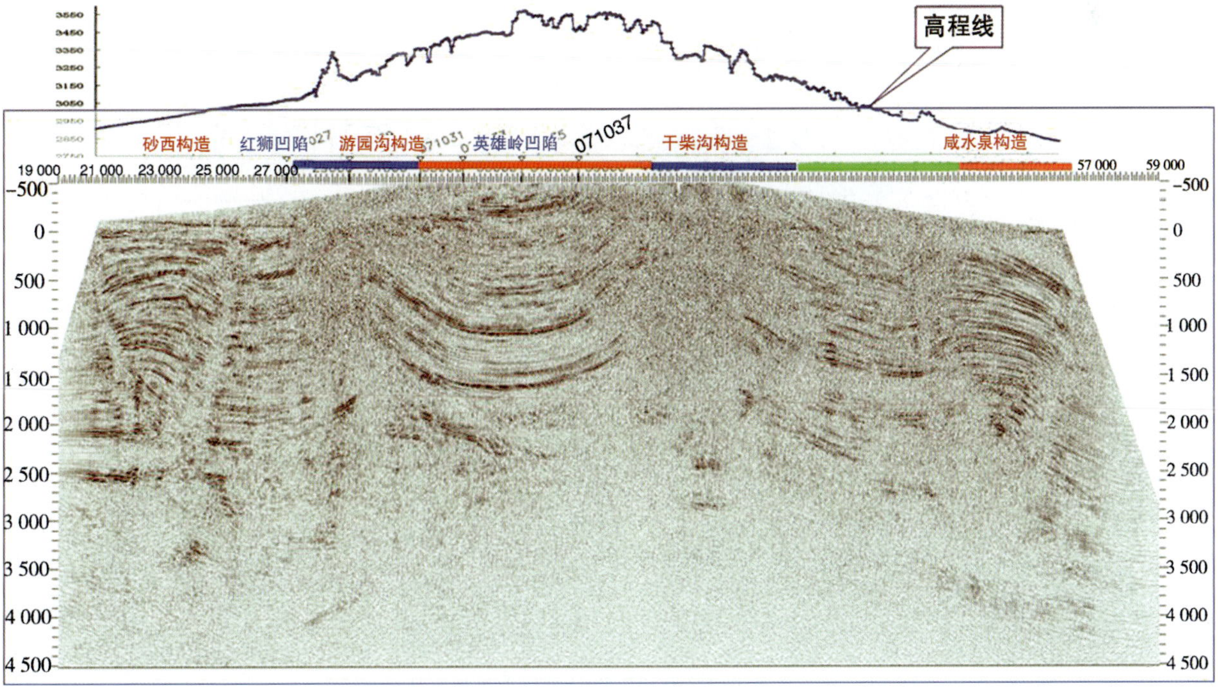


图 9 二维 06031 测线偏移剖面与地形图对应关系图

如图 10 所示，中部红色的地形最高处，地震资料的品质是最好的(红色)。但是向北，在地形同样最高的红色背景里，地震资料却是最差的(蓝色)。可见地形的绝对高低并不说明问题。

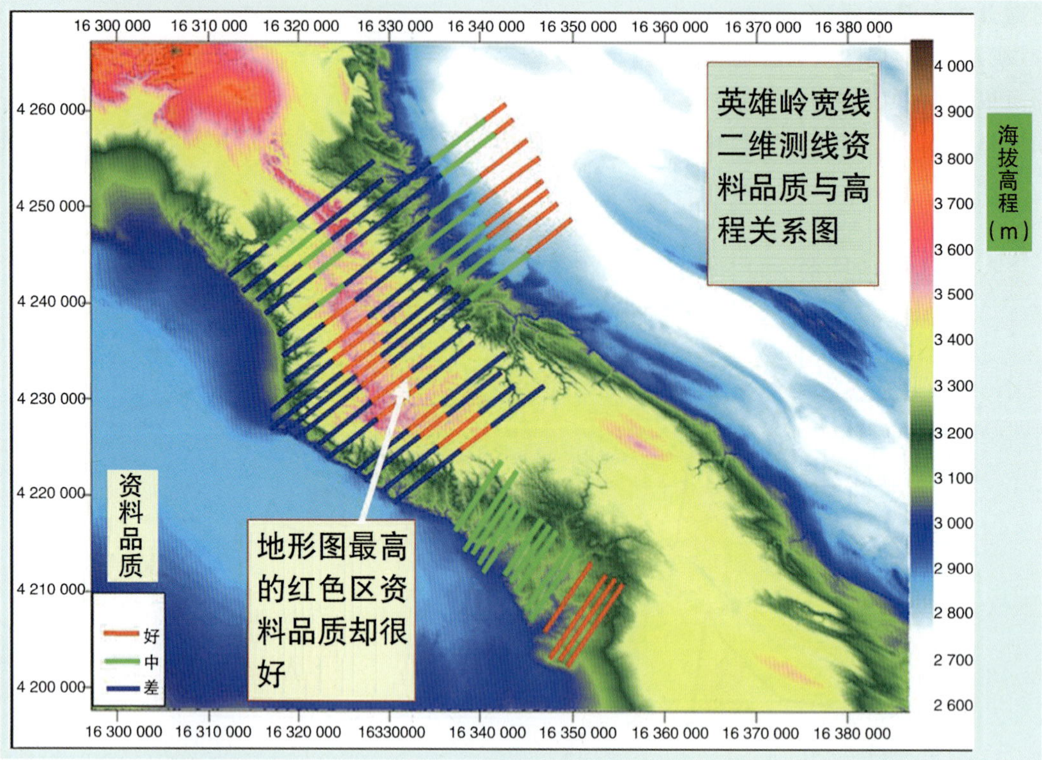


图 10　英雄岭宽线二维测线资料品质与高程关系图

从图 11 可以看到地震资料的好坏与高程微分梯度关系非常的吻合。

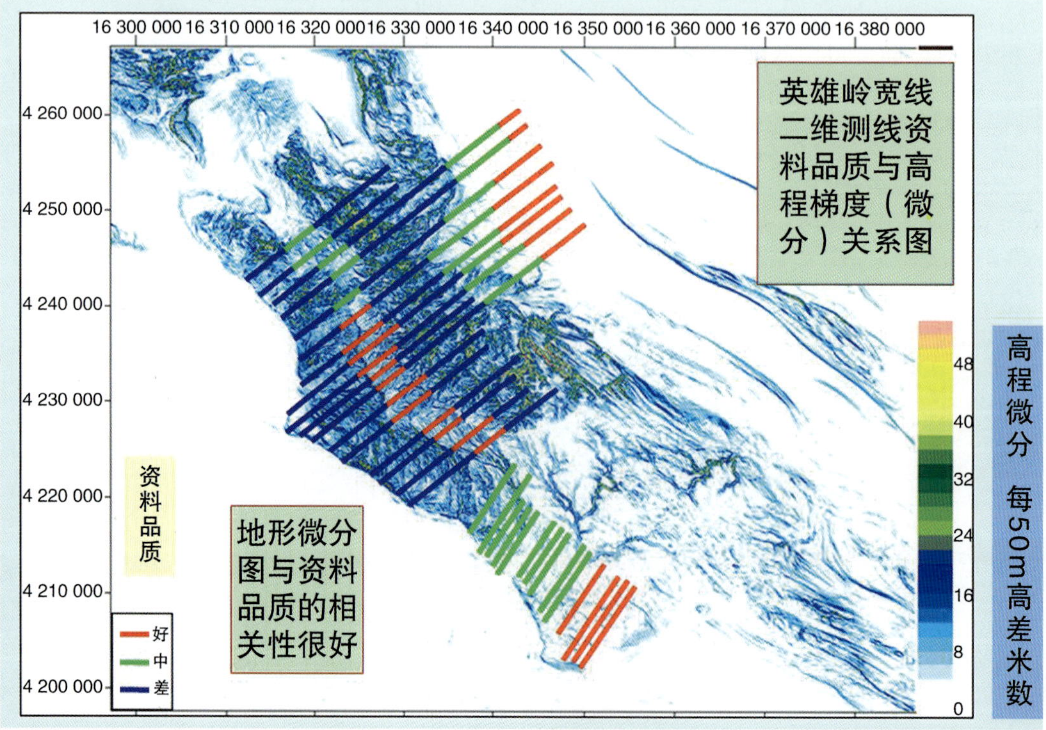


图 11　英雄岭宽线二维测线资料品质与高程梯度微分关系图

由以上图片可以看出，地表高的地方，资料品质并不一定差。而地形的恶劣(崎岖)程度高的地方，即微分(或差分)地形图上深色的地区才是次生干扰强，资料最差的地方。

最近，青海物探处的同志完成了英雄岭全区的微分地形图(图12)。从图12中可以看到，英雄岭目前三维地震工区的地形微分数据还不是最坏的。2019年正在施工的干柴沟三维工区东半部，微分值更高(红色)，估计将很难取得好资料。而中央部分未做三维的地方，还有一大片地形更坏的困难的(红色)地区，那里将是下一步更严峻地考验我们物探技术进步的场所。

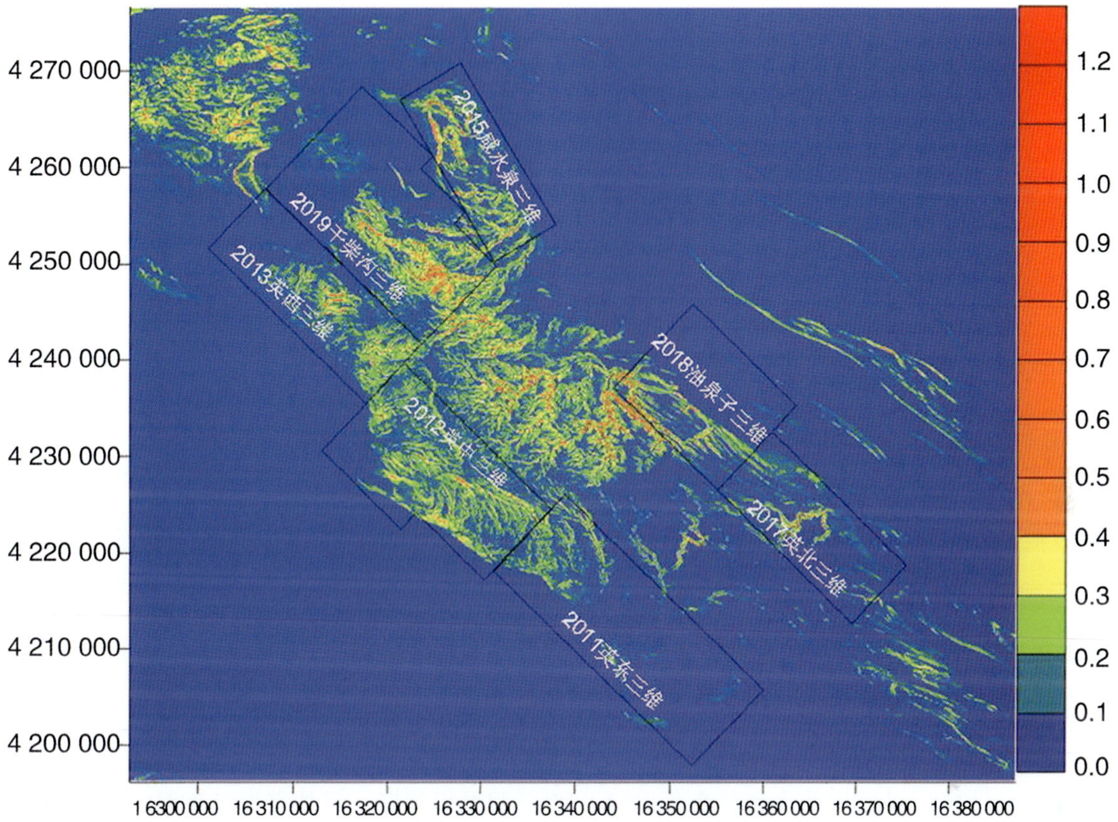


图12　英雄岭全区地形高差梯度(微分)

## 结论

(1) 了解掌握英雄岭工区的地下潜水面的位置十分重要，它是做好山区静校正的入门“向导”。凡是能够把潜水面的反射波拉平，并且显示清楚的剖面都是好剖面。

(2) 次生干扰来自地形变化剧烈的地表障碍物，即地形的恶劣(崎岖)程度高的地方。所以，利用微分(或差分)地形图可以指导我们在地震困难工区里事先判断工作的难易，从而制订合理的施工设计。

文章编号 409-10

# 英雄岭三维地震在技术上的争论

我与青海物探处的同志在英雄岭三维施工方面的几点重要分歧如下。

## 一、大 Y 字形组合是错误的选择

大 Y 字形组合用了 5 年多，它错误的根源就是狮子沟的 12022 试验，其实，12022 试验本身也说明横向拉开 290 m 更好，即 R6 剖面。

不能单纯根据野外监视记录和简单叠加剖面的面貌来判断好坏。横向拉开组合对 Inline 没有克服干扰的能力，必须加上室内叠前偏移大组合的帮忙，才能显示出它的优点。在野外论证时要使用三道组合来帮助判断。

大 Y 组合在沿测线 $X$ 方向的检波器最多，野外记录面貌显得较好。但是它很难克服侧面来的 150 m 波长的次生干扰。

## 二、120 m 接收线距是错误的选择

我们最强大的“敌人”是侧面来的高速次生干扰，英雄岭地区的视波长是 100～180 m，现在普遍使用的 120 m 的接收线距刚好能够使侧面来的干扰波通行无阻，而且隔 120 m 会再次被第二相位加强。

我主张困难地区线距应该改为 60 m。最近英北三维的炮线加密成 60 m 已经见到效果，我相信接收线距如果普遍改成 60 m 就会产生宽线＋大组合的效果。近年来我一直呼吁要把宽线＋大组合的经验用到三维地震来。

## 三、山区不应提倡“两宽一高”的口号

我认为“两宽一高”的口号是片面的，在山区更不应该提倡宽方位。

(1) 关于宽方位，我和不少搞采集的同志始终存在分歧。2012 年，我就让中国石油大学的水槽超声实验室做了宽方位与窄方位的严格对比，结果表明，在没有各向异性的情况下，窄方位的成像一点也不比宽

方位差。海上地震勘探始终是窄方位，成像效果很好。

而且在已发表的论文里，我没有看到宽方位在各向异性方面有什么成就和优点，它只是起到增加覆盖炮道密度的作用。但是它带来了射线速度各向异性，降低了速度谱的质量。

如果在英雄岭有多余的仪器道数，应该首先把接收线距改为 60 m，再使用窄方位，效果会更好。

(2) 宽频带我赞成，但是它只是对可控震源值得提倡。井炮本来是宽频带的，而且在室内处理时，所有的处理模块都是对低频保护，对高频不利的。

(3) 追求高覆盖次数是笨办法。这几年人们把组合理论忘掉了，一味叫喊"高覆盖"（提高炮道密度）。其实，覆盖次数从 300 次增加到 1 200 次，信噪比只增加 2 倍。而我们提出的 60 m 线距的横向组合就可以把信噪比提高 3～6 倍，为什么不采纳呢。

不要拼炮道密度，英雄岭地区只要搞好组合检波（主要是横向拉开宽线组合）与组合爆炸，就能大大改进资料品质。

## 四、采用宽线＋大组合的方法做英雄岭三维地震

图 1 上是现在青海的施工方案，图 1 下是我们于 2012 年建议的施工方案，即把接收线距改成 60 m，检波器小线尽量横向拉开成的样子。

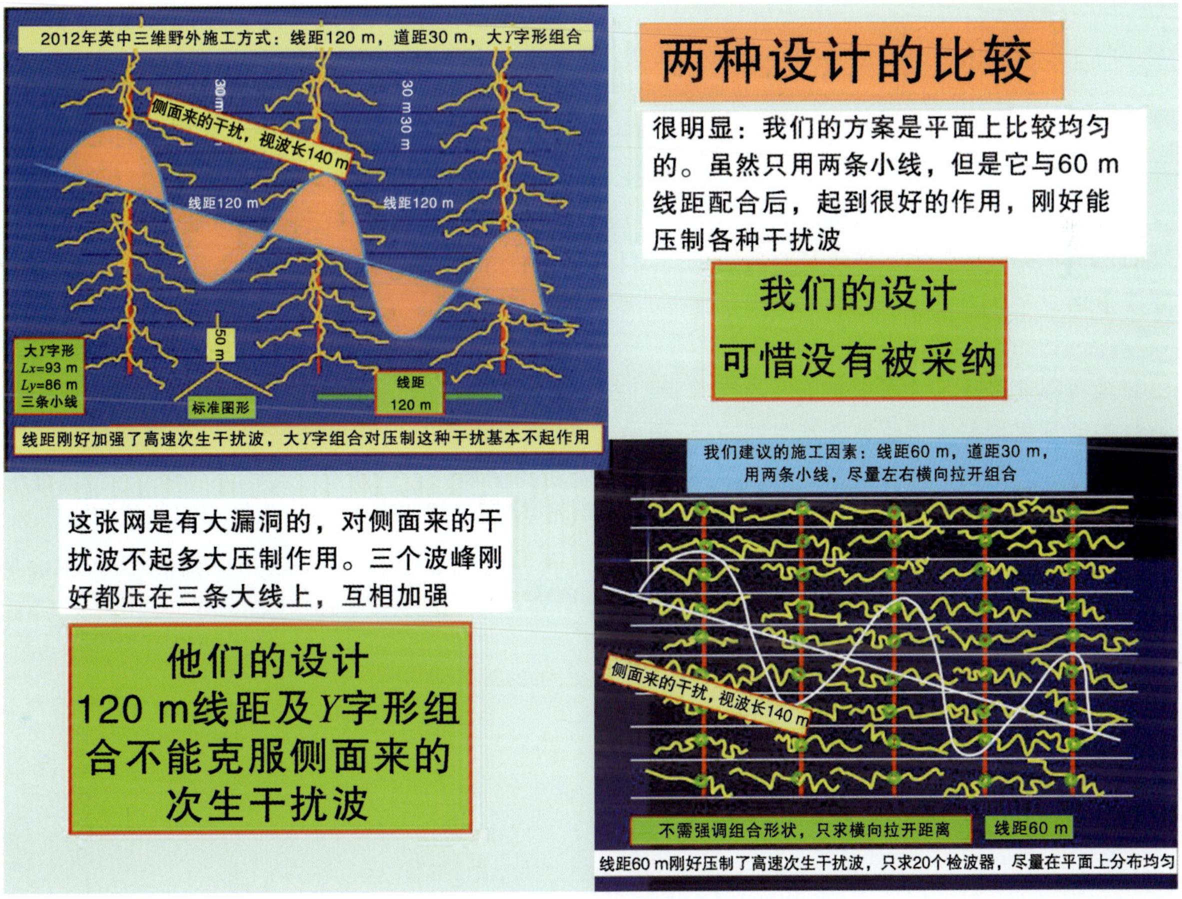


图 1　英中三维实际使用方案与我们建议的施工方案的对比

我们建议的施工因素：线距 60 m，道距 30 m，两条小线向左右横向拉开组合。把整个排列片摆成均匀的“鱼网”。

从图 1 下，可以看到侧面来的视波长为 120～140 m 的强干扰波，可以在 60 m 线间波峰与波谷刚好互相抵消。其他方向进来的以及视波长大小不同的干扰，也能克服。这样的图形才是克服干扰的一张很好的、均匀的网。再加上野外组合爆炸的改进，就会使英雄岭三维地震得到质量上的明显改进。

**如果原始信噪比还很低的话，按照宽线十大组合的思路，我们可以再加强横向组合爆炸的作用。即把 60 m线距里相应的放炮记录，在室内做叠前偏移之前，做好动、静校正的基础上进行横向再组合。使 *Lyp*＝120 m 或 180 m。需要注意的是，这样的横向组合其实不太会压制陡倾角的反射。因为室内组合是在做好动、静校正的基础上进行的。**如果再不行，就可以把炮线距进一步加密，以增加覆盖次数。

## 五、我们在地震资料采集方面的思想认识需要进一步提高

(1) 品字形组合用了几十年，却讲不出道理来。

(2) 只知道盲目学外国人的东西，迷信“宽方位”，迷信 MEMS 数字检波器，这几年还搞单点接收。尤其是在新疆，上了几年的当，认为可以提高分辨率，这是不对的。信噪比都没有了，哪来的分辨率？

可以试试用小组合接收和单点接收对比的试验，看看效果如何，邓志文曾经做了一个“盒子波”的试验，证明了小组合可以大大地降低环境噪声和随机干扰。

(3) 不少人(尤其外国人)还只以为面波是“敌人”，研究 3DFKK，却不知道次生高速干扰，尤其是从侧面来的干扰，才是地震困难区的主要“敌人”。

## 六、油田有勘探资金不足的难处

要把接收线距从 120 m 加密成 60 m，油田有勘探资金不足的难处，总公司应该来解决问题。但是勘探体制上存在问题。我于 2012 年上海物探高级技术论坛上，对勘探体制做了发言。

幸好目前英雄岭三维地震也已经初步解决了浅层大断层上盘的构造，找到了不少储量。但是英中、英西、油泉子、干柴沟的三维不能满足今后油田开发和深层勘探的需要。我估计 5～10 年后，这里的三维地震还要重做。

**我国西部还有很多地震困难工区等待着我们去攻克。我国还有 13 个山前坳陷。如陕北的鄂尔多斯盆地西侧的马家沟复杂推覆体及其深部油田；天山南北、阿尔金山与昆仑山的推覆体，都是能找到深部油气田的地方。只要我们地震勘探技术过了关，真是大有可为的事业。这就需要我们不断总结经验，进一步提高我们的地震勘探技术。**

文章编号 410

# 英雄岭地区的勘探形势与三维地震的进展

**柴达木盆地的英雄岭地区是我国油田增储上产的有利战场。但由于山势险峻，地震工作很难开展。干旱的山地的低降速带厚达 600～800 m，强烈的吸收使反射有效波淹没在一片强干扰波之中。这是少有的世界级难题。**

**本文记录下了英雄岭地区三维地震（南北两带）展开的全过程，并对其地质效果做出了评论，提出了改进意见。**

**本人对英雄岭地区的勘探前景寄托很大的希望，认为该处深部含油组合直到基底花岗岩都是能够继续找到大油气田的所在。**

分节内容

一、英雄岭地区的勘探形势

二、从英东到英中三维地震的勘探过程

三、近年来英雄岭北带实施的三维地震

四、英雄岭地区的勘探潜力和远景

## 一、英雄岭地区的勘探形势

早在 20 世纪 60 年代，柴达木盆地勘探队伍中就有一句口号："想找大油田，赶快上油南。"那个油南指的就是英雄岭。

在柴达木盆地里，布格重力异常图上有一个唯一的、明显的重力高，那就是英雄岭重力高（图 1）。英雄岭的南面公路上有大片油砂出露，那个山就是油砂山。北面有油泉子浅油层，西面有花土沟小油田（图 2）。

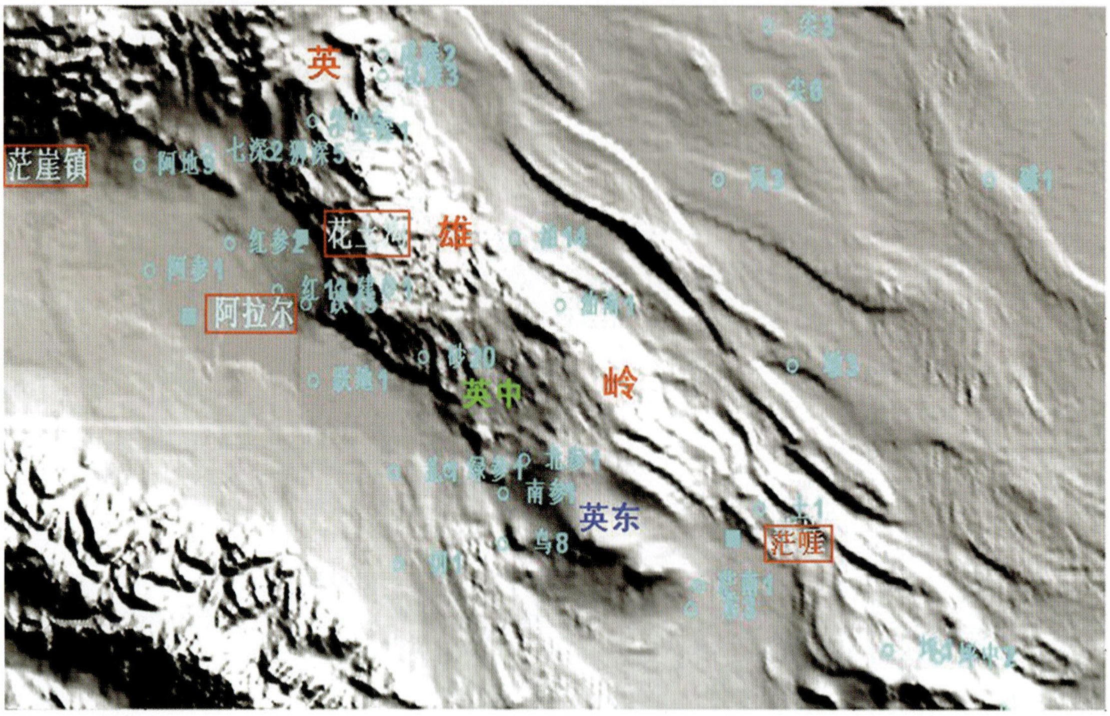


图 1　英雄岭地区地形阴影

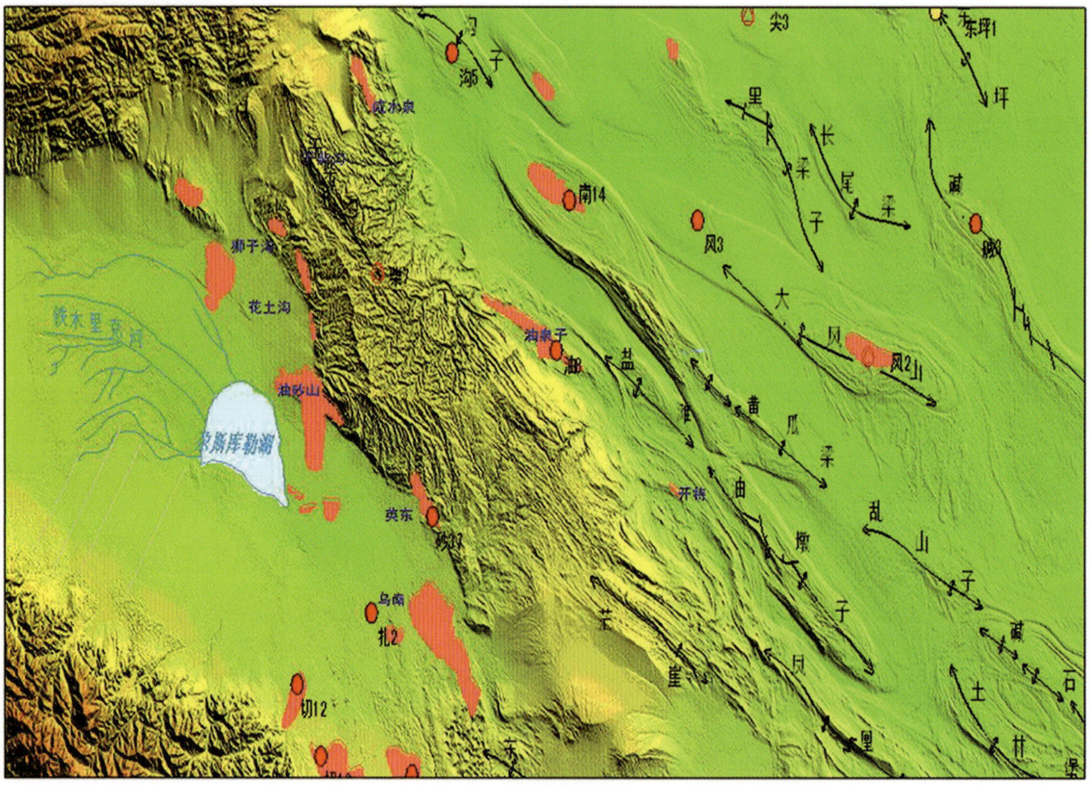


图 2　英雄岭地区地貌(红色区为 2010 年前发现的油田)

英雄岭地区的地层自渐新统($E_3$)到上新统($N_2$)发育三类储层:$E_3^1$ 碎屑岩、$E_3^2$ 灰云岩和 $N_1-N_2$ 碎屑岩和混积岩。优越的石油地质条件使该区可以形成大规模的油气聚集,截至 2009 年底,英雄岭地区已探明油砂山、花土沟、狮子沟、游园沟、咸水泉、油泉子、开特米里克等 7 个油田,总计探明石油地质储量 2009 年底仅 9 671 万吨(图 2)。

到 2017 年底,已探明储量 1.55 亿吨,均位于上组合($N_1-N_2$)。而该区下组合($E_3$)勘探程度较低,剩余资源量大，仍有巨大的勘探潜力。

英雄岭构造带已探明油田 8 个，探明、控制油气当量 2.9 亿吨，2017 年产原油已达 71.42 万吨。

## (一) 英雄岭南区勘探突破与进展

**1. 以英东地区为代表的英雄岭浅层突破(目的层：上第三系)。**

2010 年，在重新认识老资料的基础上，英雄岭构造带东段浅层($N_2^1-N_2^2$)钻探砂 37 井获得成功，发现了高丰度的英东油田，探明油气当量 8 587 万吨。成为目前柴达木盆地单个油藏储量规模最大、丰度最高、物性最好、开发效益最佳的整装油田。

**2. 以英西-英中地区为代表的英雄岭中深层突破(目的层：下第三系)。**

围绕英西深层 $E_3^2$ 湖相碳酸盐岩实施一体化勘探，实施的探井有 7 口千吨油井，2017 年提交三级油气储量 1.38 亿吨，2017 年生产原油 15.5 万吨。2018 年共新增探明储量 2 472 万吨，控制储量 3 308 万吨，预测储量 3 190 万吨，达到亿吨级储量规模。

## (二) 英雄岭中区勘探突破与进展

英雄岭中区发现的干柴沟构造南邻英西-英中，北接咸水泉-开特米里克，位于古近系生烃中心，发育古鼻隆背景，其构造样式、储层特征及成藏条件与英西相似，干柴沟深层发现 4 个构造圈闭，$T_4$($E_3^2$ 底)圈闭总面积 124 $km^2$。储层条件好，发育与英西深层相同的储层岩性和储集空间。$E_3^2$ 目的层段沉积前古地形分析表明，干柴沟与英西地区均发育继承性古隆起，干柴沟地区 $E_3^2$ 同样沉积广泛分布的灰云坪，发育与紧邻英西狮 38 井区相似的沉积相带。

干柴沟地区目前共钻井 12 口，其中 5 口井钻遇 $E_3^1$(柴新 1、干中 1、柴深 2、柴深 3 和柴 6)，见油流井 2 口(柴深 1、柴 6)；柴深 1 累计出油 12.6 方(3 个多月，$E_3^2$)；柴 6 累计出油 11.9 方($E_3^2$)。

## (三) 英雄岭北区勘探突破与进展

通过三维地震攻关，三维地震资料实现质的飞跃，为准确落实构造奠定了良好基础。以黄瓜峁三维为例，黄瓜峁地区地面形态整体表现为北西-南东向的长轴背斜，自西向东发育油泉子、黄瓜峁、开特米里克等构造，勘探历经三个阶段：一是浅层圈闭普查阶段，20 世纪五六十年代，围绕地面构造钻探，在黄瓜峁构造的东西两边分别发现了开特米里克和油泉子浅油藏，其中油泉子探明石油地质储量 1 967.69 万吨($N_2^1-N_2^2$)，开特米里克探明石油地质储量 145 万吨($N_2^2$)；二是中深层探索阶段：在扩展浅层的同时，加强中深层目标探索，近年来英西碳酸盐岩储层勘探取得发现和突破，提高了盆地凹陷区勘探的价值，在圈闭和储层评价的基础上，2014 年优选英雄岭构造带东南的黄瓜峁，相继成功钻探峁 2 井、峁平 1 井，对老井峁 1 井进行重新试油，获工业气流。

结合构造、沉积储层研究，2018 年黄瓜峁地区提供 3 口井位均获得成功，探井成功率 100%。2018 年 $N_2^1$ 气藏预测含气面积 122 $km^2$，提交天然气预测储量 710 亿方，勘探获得重要进展，展现千亿方低丰度气藏规模。

这些油气储量的发现，一方面是钻探的功劳；最重要的一方面是，三维地震勘探在英雄岭地区起了大作用。

## 二、从英东到英中三维地震的勘探过程

英雄岭地区山高险峻，海拔 3 200～4 000 m，干旱的低降速带厚达 700 m，是地震勘探的极困难地区。图 3 是该区的卫星假彩色照片，附有各三维地震的工区分布。

图 3　英雄岭工区位置

英雄岭地区的地震勘探工作历经了近 20 年的摸索历程，直到 2011 年在英东地区第一片三维地震才取得资料质量上的突破。

从 1984 年开始，在这里试验的地震记录上，基本看不到反射同相轴。图 4 是油泉子南 1999 年处理的 99-024 地震剖面。剖面里反射界面与地表地层的产状都不符合。

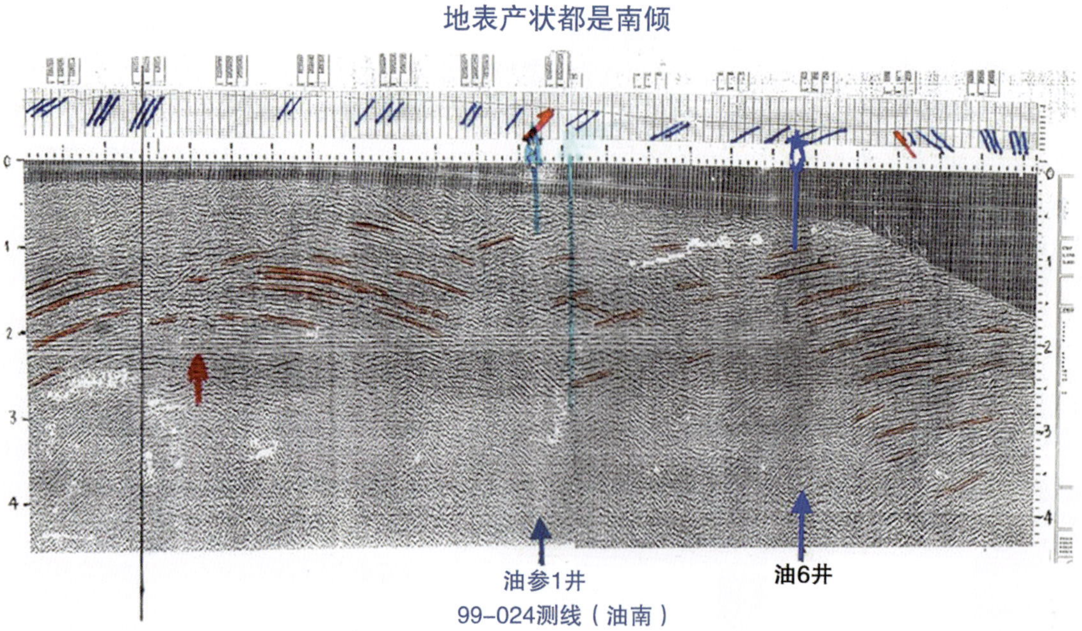


图 4　1999 年英雄岭的地震攻关老剖面

## （一）英东的突破

2011年英东三维施工的观测系统参见图5。英东三维施工采用的接收线距是120 m，道距30 m，3串30个检波器小Y字形组合，组合基距为 $Lx=24$ m，$Ly=32$ m，检波器型号为20 DX-10 Hz，SN8-10 Hz，如图6所示。图中黄色图形代表检波器组合图形，红线代表接收线。根据我们前面的分析，如果高速次生干扰波的视波长为120 m，那么120 m的接收线距刚好加强了侧面来的高速次生干扰波，而英东三维检波器的横向组合跨距只有 $Ly=32$ m，这种小面积组合对压制这种干扰基本不起作用。

激发因素：戈壁区13口×8 m×3 kg，基距48 m，占25%；山地区9口×8 m×4 kg，基距60 m，占75%。炮点组合是Y方向的，60 m作用也不大。

观测系统类型：24L4S312T 正交式
纵向观测系统：4665-15-30-15-4665
面元尺寸：15 m×30 m
覆盖次数：39/26×12=468/312
接收道数：24×312=7 488道
道距：30 m
炮点距：60 m
炮线距：120 m/180 m
接收线距：120 m
线束滚动距离：240 m（2条接收线）
纵横比：0.41（$N^{1}_{2}$：0.73）
覆盖密度：80/53.3×$10^4$

图5　2011年英东三维施工的观测系统

虽然英东在地震资料品质上取得了突破，但是我认为，英东的突破主要有两个原因：一是找到了海拔高于+2 850 m（连通尕斯库勒湖湖面）的稳定潜水面，产生了一个强反射界面，帮助我们解决了静校正问题，把高频和低频都校正了，所以取得了成功。山区的静校正是很困难的问题，这里无论是做小折射还是微测井对低降速带都没什么用处。第二个原因是英东三维位于英雄岭东部，地势较低，干扰波较弱，还有一个好处是油砂山，公路两边可以看见油砂的出露，所以大家都知道这里面有油。

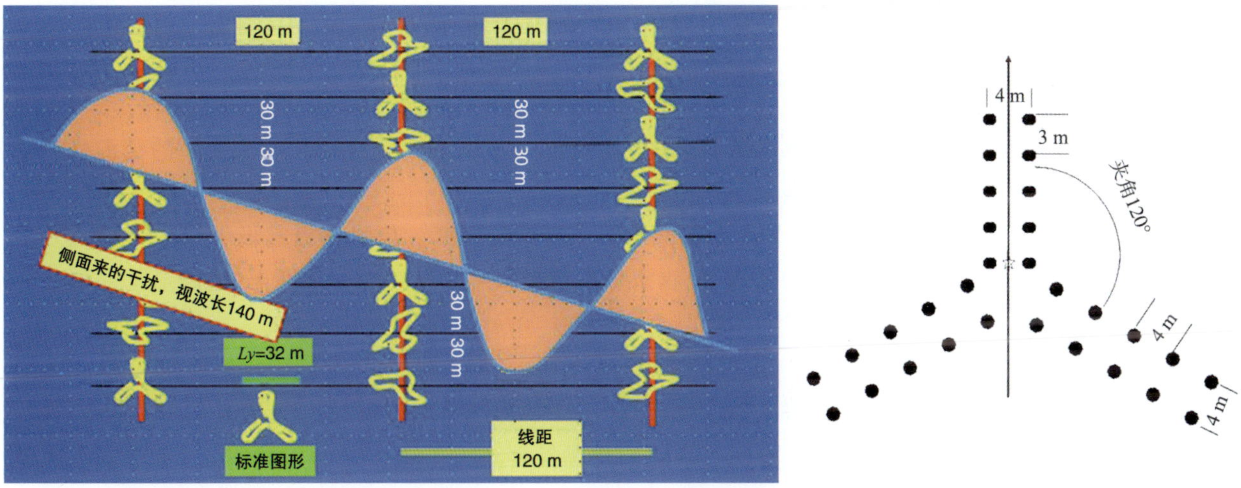


图6　2011年英东三维施工方式及检波器组合图形示意

2010 年，青海油田在油砂山打砂 37 井，发现了工业油田，但是砂 37 井只是一个点的突破，于是 2011 年，青海油田让东方地球物理公司做三维勘探，就是英东三维地震，得到了好的效果，明确了构造形态，发现了可采储量。他们非常高兴，给我们东方地球物理公司写了感谢信。

整个英东三维的地震资料基本是成功的。只是个别的断裂带附近资料不好，如图 7 所示。总的来说，英东三维的资料由东向西逐渐变坏。

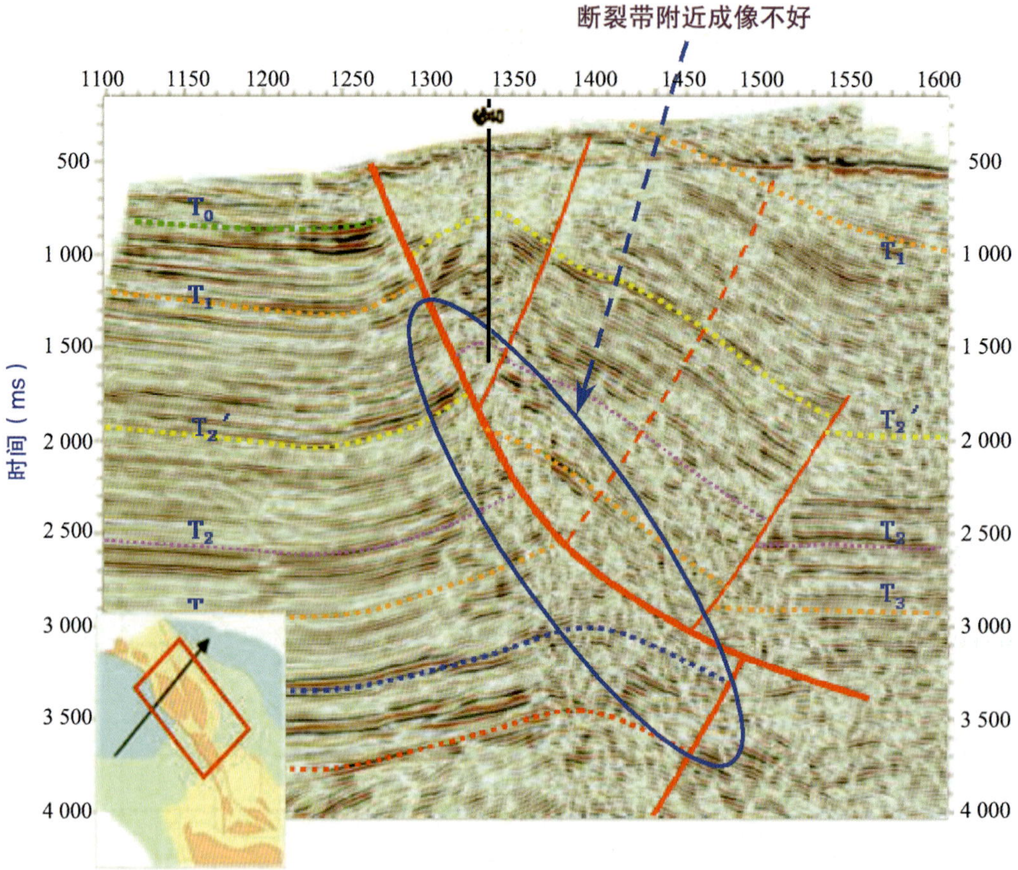


图 7 英东三维靠西测线的地震偏移剖面

结合上述结果我认识到，沿着英东三维，向西做三维，困难会很大。

## （二）英中的勘探情况

英中三维位于柴达木盆地西部地区的英雄岭构造带油砂山断裂和狮子沟断裂两大断裂的交汇处。受断裂影响，地下构造破碎，地质结构复杂。

地面海拔 2 800～3 650 m，是柴达木盆地地表条件最复杂的地区。信噪比极其低下，加上地形恶劣，高程变化剧烈，悬崖沟壑密布，地震波的激发、接收条件都是极困难的。在这种条件下，我们最重要的任务是想方设法用野外施工设计，提高信噪比。

2012 年英中三维野外施工方式中，检波器组合改成大 Y 字形组合，如图 8 所示，接收线距仍然为 120 m，道距 30 m，图中橙色图形代表检波器组合图形，红线代表接收线。虽然看起来大 Y 字形组合较小 Y 字形组合似乎有所改善，但是 120 m 的接收线距同样刚好加强了高速次生干扰波，大 Y 字组合对压制这种波长的干扰波也基本不起作用。

**我当时很着急，因为我已经发现英东的西头资料开始变坏，因此我在 2012 年 3 月，做施工设计时，向青海的同志通过电话会议，讲了十个问题。可惜他们没有采纳。我又反映到了总公司，孙龙德虽然也是学物探的，可是后来他又调往大庆去了，就派了计划司去跟油田协调。我当时提出了两个问题：一个是线距**

要加到 60 m,120 m 线距是错误的;第二个是大 Y 字形组合是错误的。直到 8 月底,规划计划司给我写了封感谢信,但是野外施工已经基本结束,来不及了。

我认为在英东和英中三维的施工方案里,有一个明显的缺陷,那就是野外的三维接收线距为 120 m,太大了。因为本区干扰波的视波长为 90 m 到 180 m,120 m 的接收线距会加强本区的干扰波。英中施工设计不能很好地克服来自侧面的干扰波,如图 8 所示。侧面来的干扰波通过三条大 Y 字形接收线,非但不能被组合削弱,而且刚好都是波峰,反而互相加强。

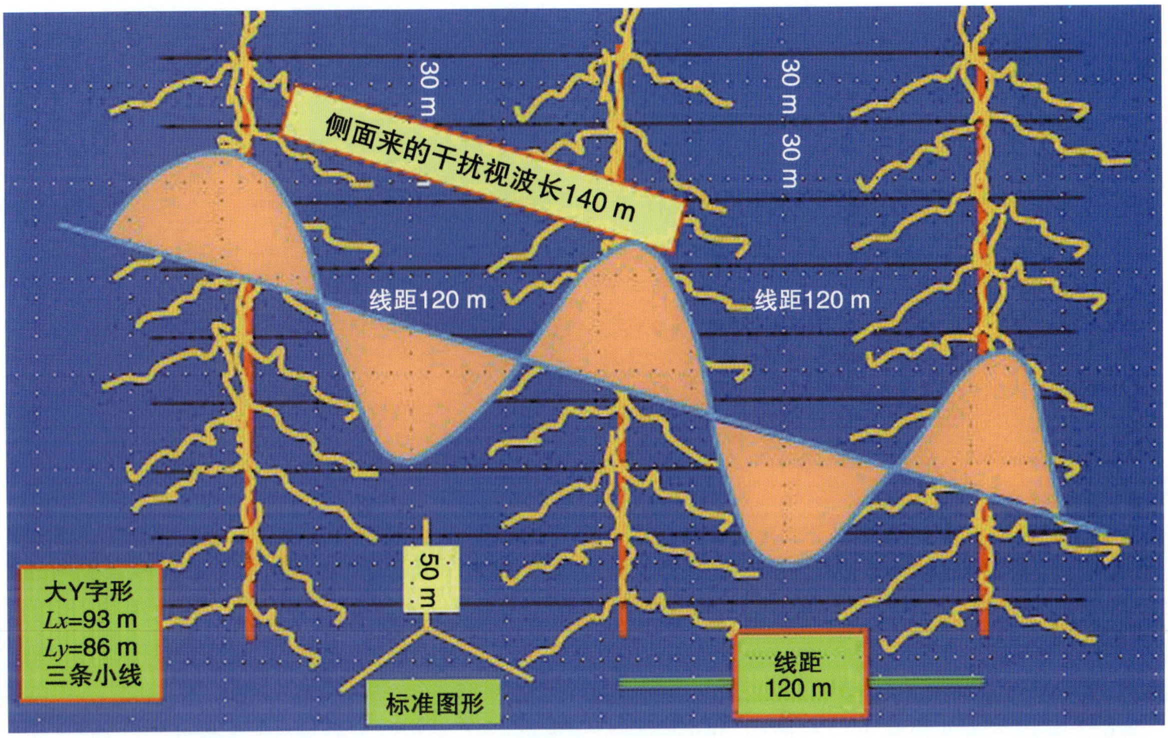


图 8　2012 年英中三维野外施工方式

我们比较了 2011 年英东三维与 2012 年英中三维的原始地震资料。在重复的相同测线,相同炮点上,英中三维资料和英东三维资料的原始记录品质基本相当,没有明显的差别。

由于英中三维海拔更高,地形更复杂,次生干扰波更强,所以地震资料变得更差。

## (三) 剖面存在的问题

在 2012 年 8 月的英中三维处理剖面中,每隔 6 束线(720 m),从东往西(从东面 181.5 到西面 139.5 测线)排列,并以 6 束线的中央测线命名,通过这些剖面可以大致了解英中三维工区的构造概况。图 9 中红色线条是断层,黄色椭圆是水平叠加的成像模糊带,天蓝色椭圆是偏移剖面上的模糊带。

我发现英中三维工区靠东边的资料还可以,愈到西面,资料愈差。

例如，英中中部的 157.5 测线，浅层及中层的资料还不算太差，见图 9。

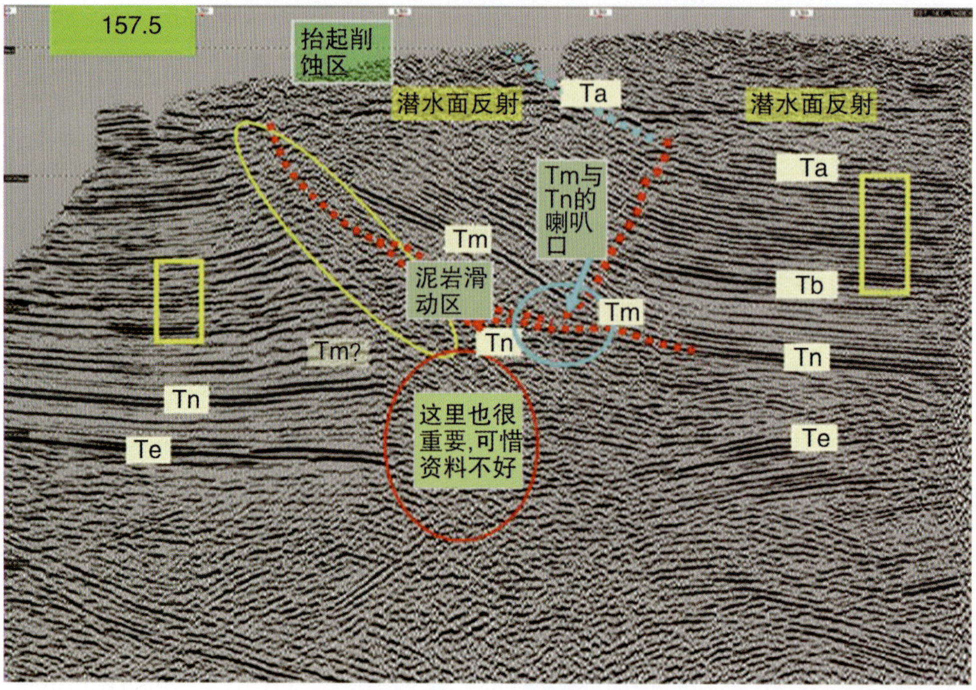


图 9　157.5 测线水平叠加剖面分析

我对 157.5 测线剖面的构造认识和层位对比的初步理解是：Tm，Tn，Te，Tf 层位是我假设的标准层。Tm—Tn 层位之间是上第三系下部膏盐岩滑脱变形层。受昆仑山北推的反作用力造成的第三系地层向南上翘，形成本区的北倾滑脱大断层。如果大断层上方形成背斜隆起，则有利于油气聚集，如英东砂 40 井区。

现在大断层上方背斜多处缺乏南倾，我们希望它南面能够依靠断层来封堵，这就要求三维地震能够在大断层上下方成像清晰。不知道这个目标目前英中三维能否完成？大断层下都见到地层向北抬起，但信噪比很差。而且 Te 反射层之下的深层反射的品质都很差。对三维地震来说，这是不够好的表现，搞不清深部的构造形态。

再看一下 157.5 测线的叠后时间偏移剖面与叠前时间偏移剖面的情况，见图 10 及图 11。两者的成像质量都不好。

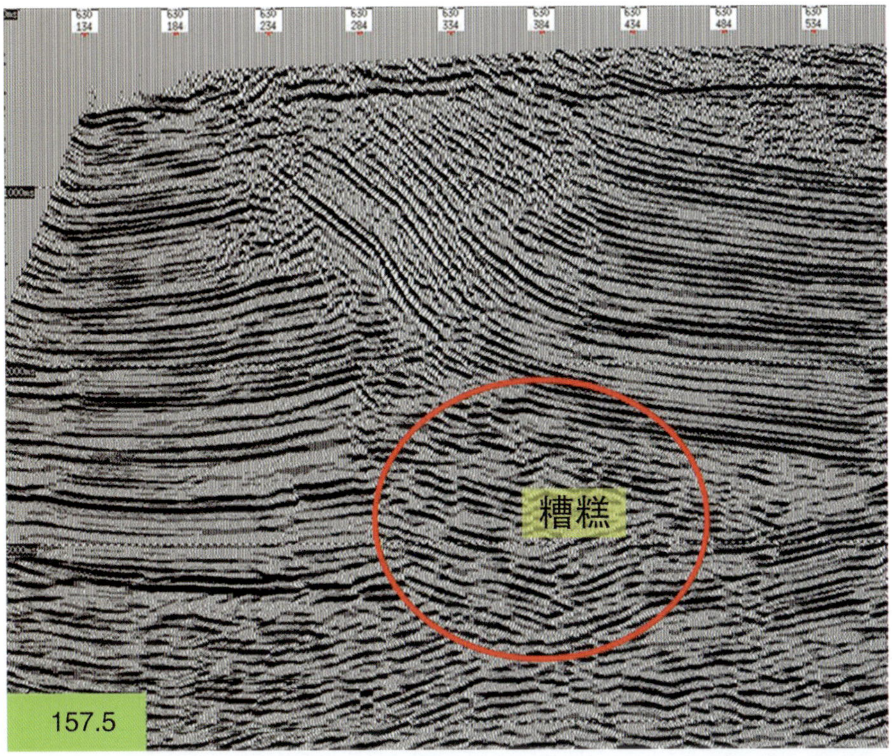


图 10　157.5 测线叠后时间偏移剖面

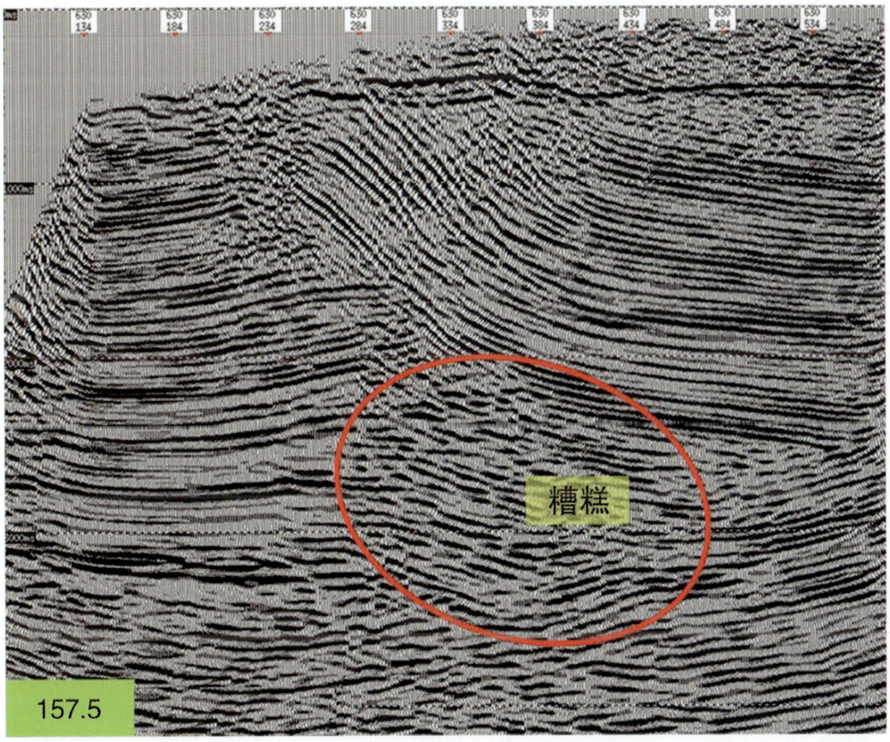


图 11　157.5 测线叠前时间偏移剖面

从图 12 到图 14 是英中 139.5 测线水平叠加剖面和叠前、叠后时间偏移剖面，三条剖面在中央部位都有一个深层隆起，可惜成像质量很差。这里应该是英中三维很重要的勘探对象。红色及黄色椭圆形的地方是资料变坏的“模糊带”，资料的信噪比比较差。

总的来说，这次三维地震勘探大断层以下的深层剖面效果是差的。

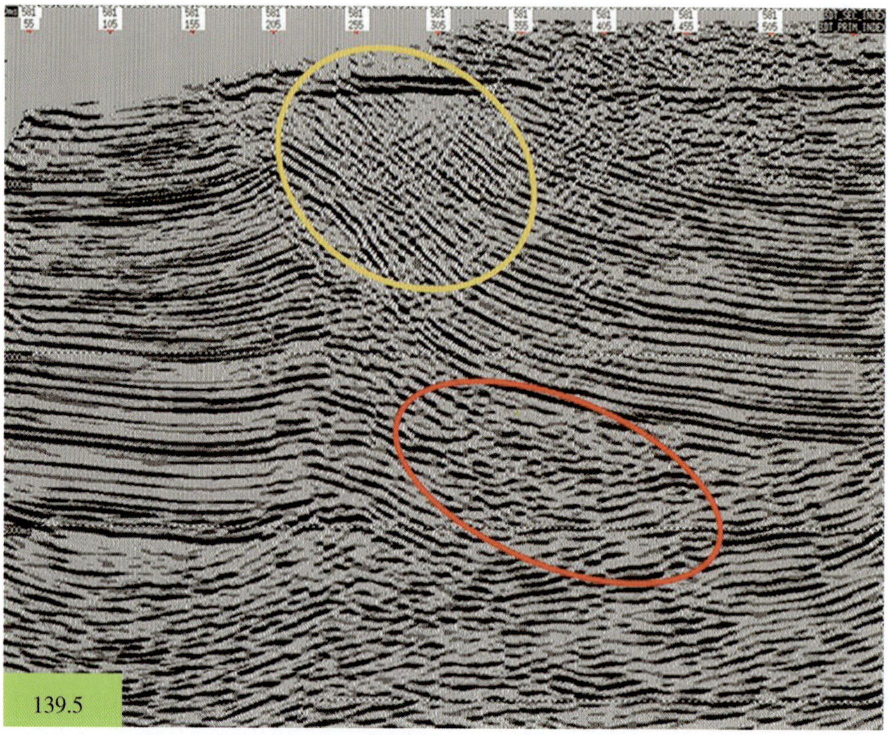


图 12　139.5 测线满覆盖水平叠加剖面

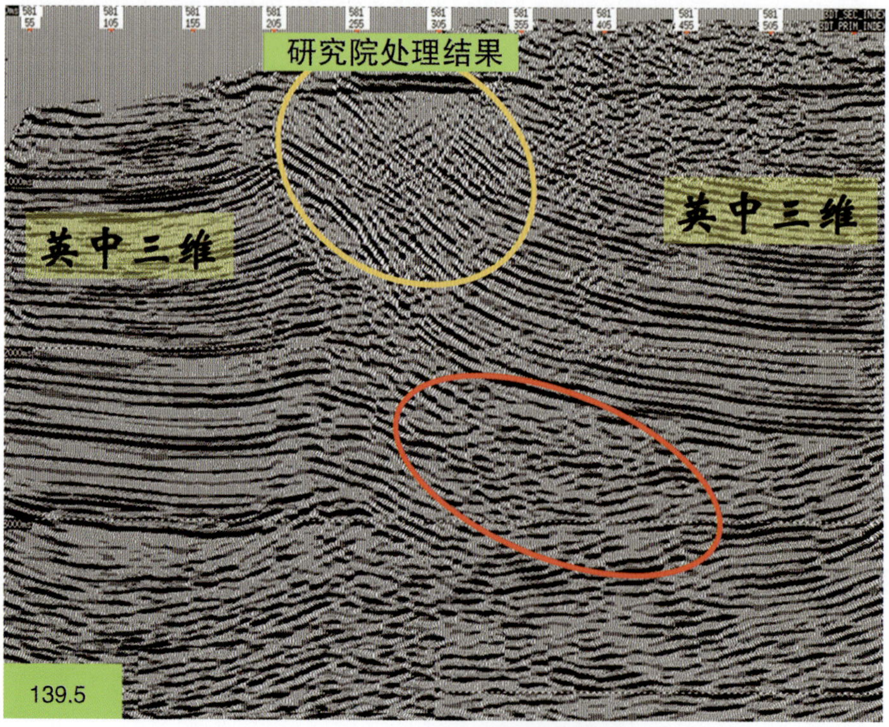


图 13　139.5 测线叠前时间偏移剖面

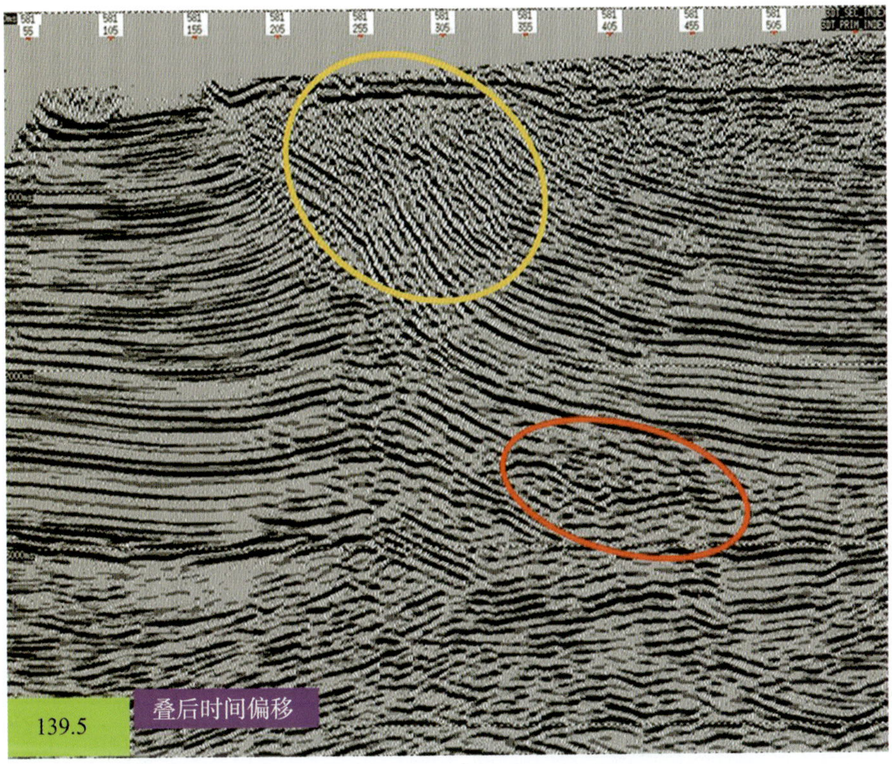


图 14 139.5 测线叠后时间偏移剖面

### (四) WesternGeco/Schlumberger 公司处理剖面分析

国外公司在资料处理中采用了一体化处理思路及技术以及时间域处理关键技术,包括:① 综合折射静校正及剩余静校正技术;② 多域多步叠前噪声压制技术;③ OVT 域数据规则化处理技术;④ 叠前时间偏移速度建模及方法。

针对噪音问题,采用多种去噪技术组合,分步分频多域来压制噪音。

工区内存在规则面波、散射面波和导波等干扰波,在解决噪音压制的问题时,应采用多种去噪技术组合,分步分频多域(炮域、十字排列域、OVT 域)的方法。采取了 NU-CNS(非均匀采样相关噪音压制)技术来处理,稳健地恢复地震子波的地表一致性,提高分辨率的反褶积,应用新的非均匀采样相干噪音压制技术 NU-CNS。

Schlumberger 公司虽然做了很多努力,但是在剖面上还是留下那么多干扰,也不见有效反射。值得注意的是,留下的较水平的同相轴很可能是侧面来的强次生干扰,平行于初至的也是高速次生干扰。

然而该处理项目的阶段总结中认为,分区综合折射静校正及剩余静校正结合速度迭代,较好地解决了英中地区的静校正问题。

组合去噪及稳健地表一致性处理提高了资料的信噪比和分辨率。

OVT 域处理得到了较好的偏移输入数据,进一步提高了资料的信噪比。

与以往二维测线最终成果对比,时间偏移结果品质有了很大提高。

2013 年 1 月 23 日,青海油田分公司及斯伦贝谢公司向总公司做了英中三维的项目中期汇报。

WesternGeco/Schlumberger 公司虽然采用了几个新的模块,如 NU-CNS,OVT 等,但没有改变原始信噪比太低的基本状态。他们所处理的实际剖面效果和 BGP 处理的相当,甚至还不如我们研究院的。青海油田不满意,提出要 WesternGeco 公司整改。

根据甲方提出的时间偏移数据存在的问题,WesternGeco 公司采取如下措施进行了整改:

整改措施中,静校正、规则化、陡倾角成像都不会对此次成像再改进多少,所谓整改的重点主要是加强去噪。但是强烈的去噪会出假。虽然表面上看整改后的剖面质量要比整改前的剖面质量好,但是把断层都抹光了,犯了去噪过头的错误。

此外，虽然从二维与三维对比剖面上看，三维地震剖面经过叠前偏移处理后，品质得到了明显改善。但是我分析了几条剖面，认为还是存在很多问题的。图 15 中整改前后剖面成像有所改进，但是深部构造的形态值得怀疑。

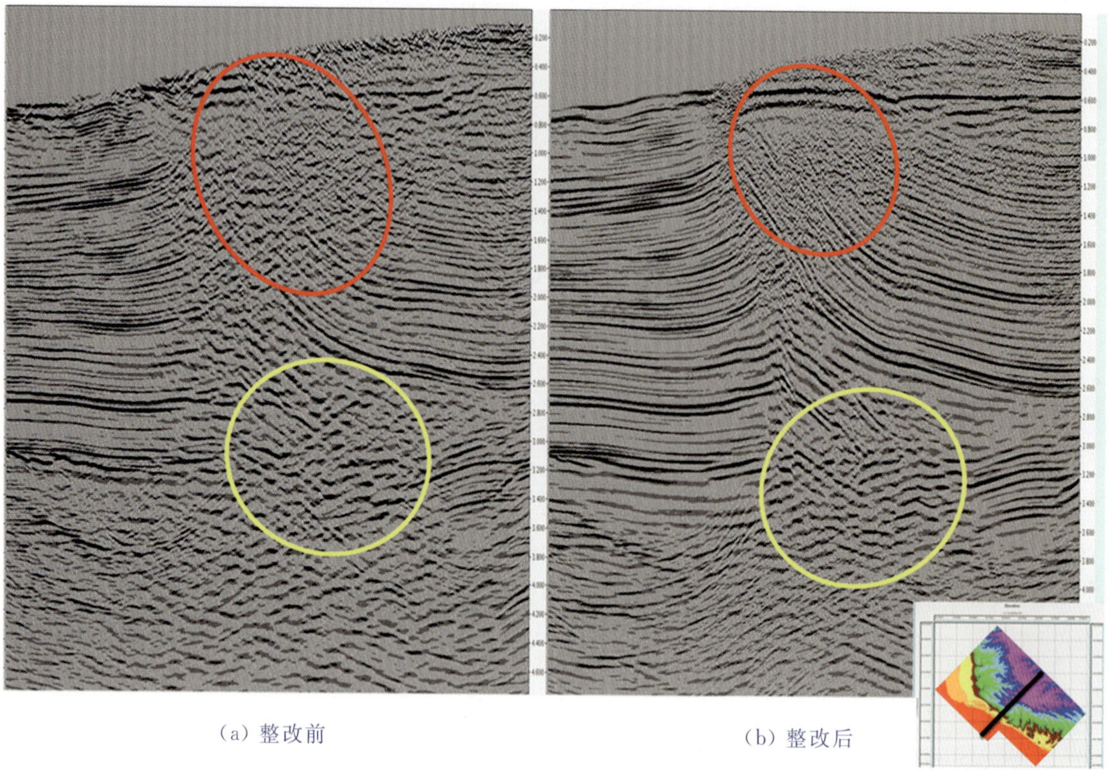

(a) 整改前　　(b) 整改后

图 15　Inline600 测线整改前后的剖面对比

Inline520 测线整改后的剖面图上出现了尖顶构造（红色椭圆位置处），这样的尖顶构造我没有看见过，所以怀疑它的真实性（图 16）。

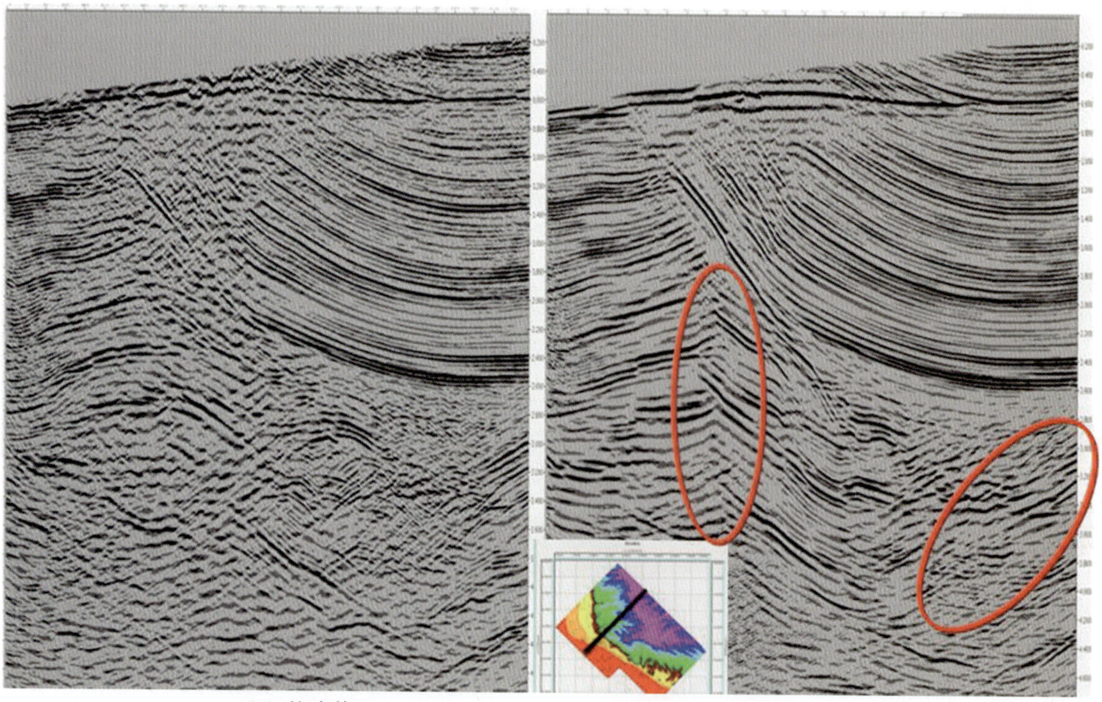

(a) 整改前　　(b) 整改后

图 16　Inline520 测线整改前后的剖面对比

图 17 中，Inline560 测线整改前后对比剖面上箭头所指位置处，频率过高是否为反射波存在疑问，它的真实性也是值得怀疑的。

在 Inline760 测线整改前后的对比剖面上，出现了一个北倾的高频波，我认为它不是正常的反射波，值得怀疑(图 18)。

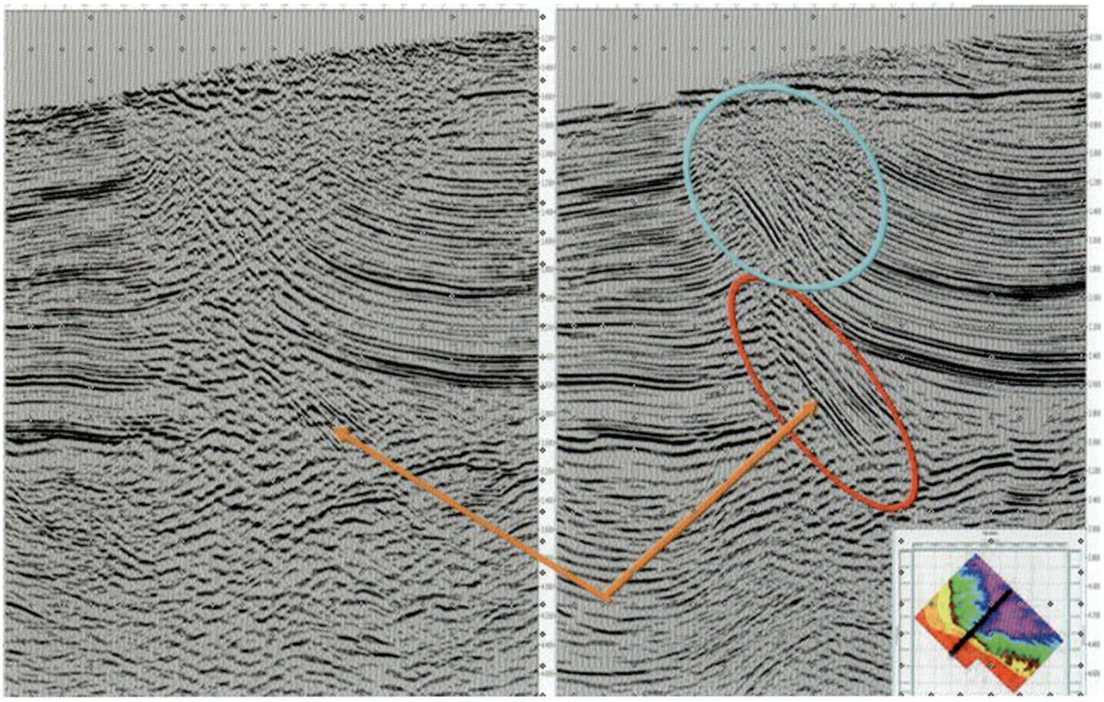

(a) 整改前　　(b) 整改后

图 17　Inline560 测线整改前后的剖面对比

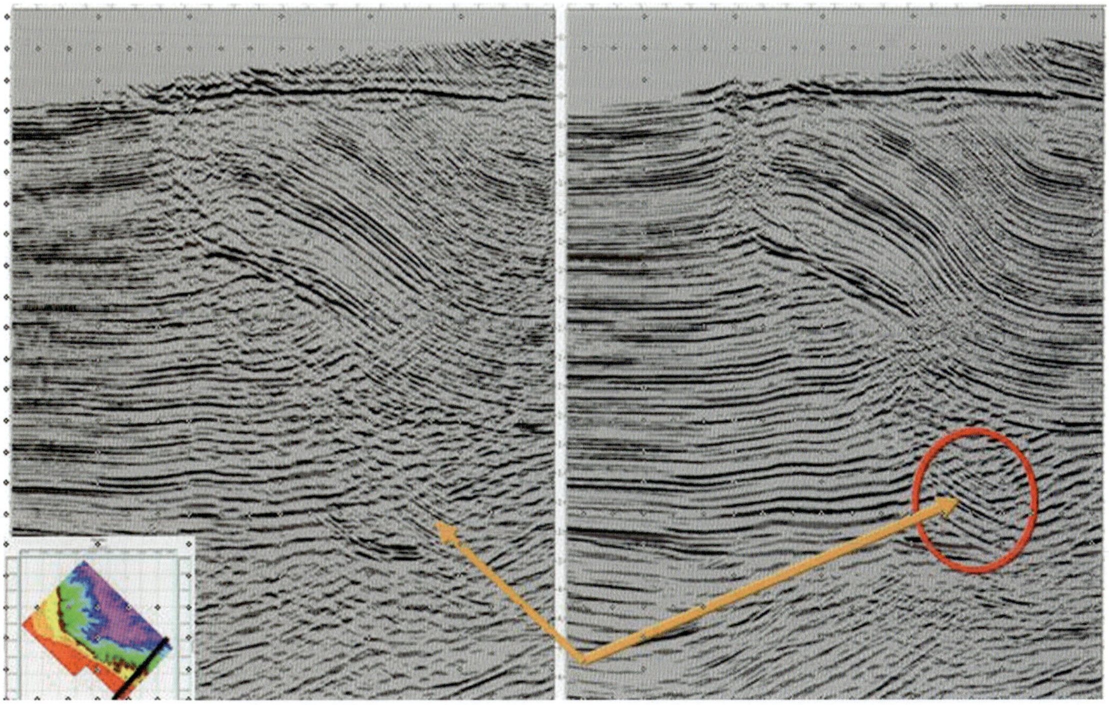

(a) 整改前　　(b) 整改后

图 18　Inline760 测线整改前后的剖面对比

图 19 整改后的剖面看起来很别扭，我判断是去噪过头引起的。

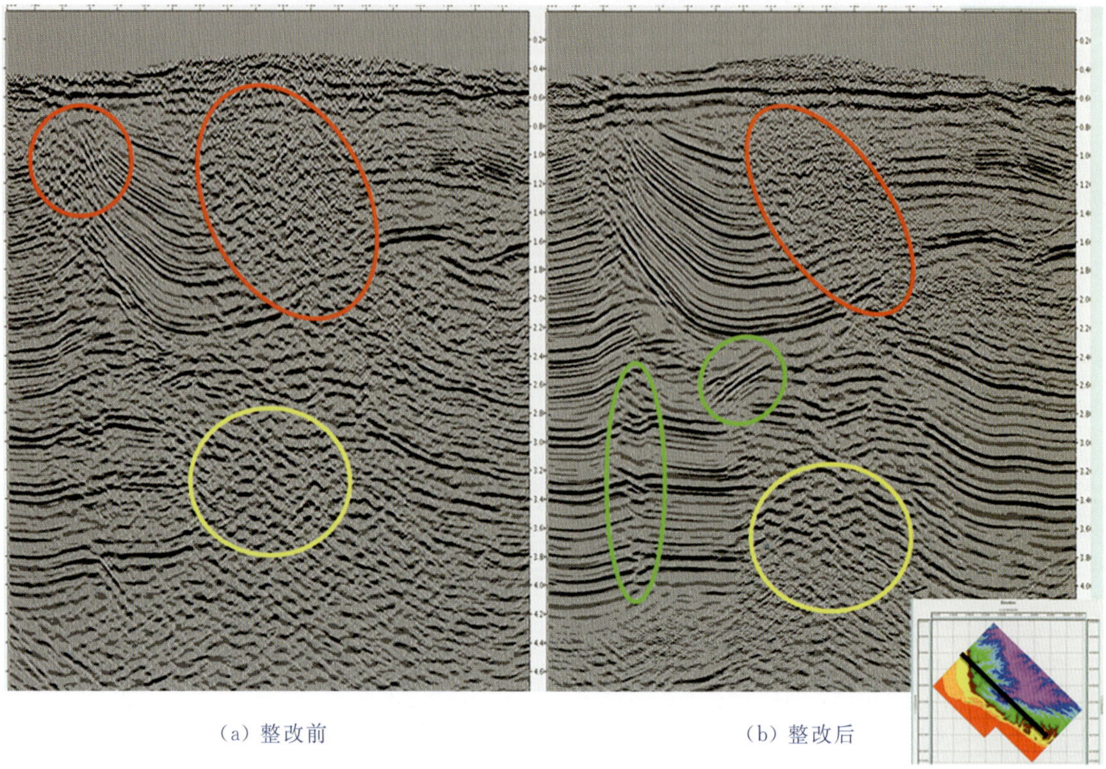

(a) 整改前　　(b) 整改后

图 19　Crossline320 测线整改前后的剖面对比

总之，原始信噪比很差的资料是很难在室内靠处理技术加以改进的。

我们应当总结经验，吸取教训：

英东三维取得初步成功后，我们没有进一步采取技术改进，使我们在英中三维里吃了很大的亏。我认为这样的深层资料是不合格的。

更令人不解的是搞采集的同志在后来向英西挺进时，想跟着外国人学，搞宽方位采集。英雄岭剖面的主要问题是信噪比太差，谈不上研究各向异性。当前不需要做宽方位，同相轴都看不见，谈什么各向异性和照明度？

低信噪比地区的地震工作方法不能学外国的。虽然国外对高信噪比的海上及平原区的成像技术研究工作做得很深入，但是他们对低信噪比地区的噪声特点却很少注意，很少了解。

只靠拼命增加覆盖次数，采用几万道甚至几十万道施工，再采用宽方位或全方位，这种国外流行的高密度采集方法推行到我国西部，将是少、慢、差、费的结果。我国西部低信噪比地区的地震工作方法不能依靠外国人帮我们来解决，要靠我们自己来摸索。

青海同志在英西三维的施工因素的改进中，在戈壁区使用了可控震源，这是对的。但是他们把改进的方向主要放在宽方位和拼命增加炮道密度，以增加覆盖次数了，即所谓的“两宽一高”的办法。在英西的施工因素上，也是遵循上述这两个方向。我认为宽方位在山地施工是自己跟自己找麻烦。详见【文章编号413】《三论宽、窄方位角的效果》。

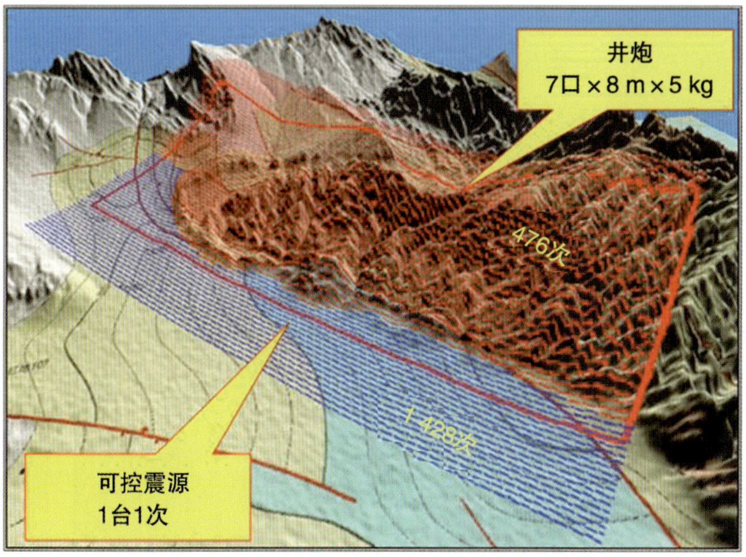


英西三维技术特点：

1. 井震联合采集；
2. 可控震源高密度(318 万)采集技术；
3. 山地采用 7 口组合井激发；
4. 接收线由 24 条增至 28 条，方位角更宽；
5. 最大炮检距由 4 785 m 增至 6 105 m

观测系统类型：28L4S408T 正交式

纵向观测系统：6105-15-30-15-6105

面元尺寸：15 m×30 m

覆盖次数：34×14＝476 次，震源 1428

接收道数：28×408＝11 424 道

道距：30 m

炮点距：30 m，60 m

炮线距：120 m，180 m

接收线距：120 m

线束滚动距离：240 m(2 条接收线)

激发因素：

山地：1 口×8 m×5 kg

戈壁：1 台 1 次、70%、12 s、6～84 Hz、滑动时间 10 s

接收因素：3 串 30 个检波器 Y 字组合

*Lx*≈54 m，*Ly*≈64 m

组合高差不超过 10 m

图 20 英西三维的施工因素

从图 21 可以看到，英西三维虽然比起过去的二维资料有了很大的改进，但是整个剖面里噪声背景还是相当大，大断层附近成像不好，深层反射的质量也不好。那里正是今后寻找高产好油田的地方。这样的资料今后无法进一步搞勘探，更不能搞好开发。

可能青海的同志对我这样的评价，感到很不近情理。他们觉得已经尽到最大的努力了，连国外推崇的宽方位，高密度都用上了。我认为他们主要的缺陷就是没有在野外编织好一张网。只要你们相信用“横向拉开的宽线十大组合”的思路来做三维，一定能使英雄岭的地震资料有大幅度的改进。这比目前推崇的宽方位、高覆盖的办法要高明得多。

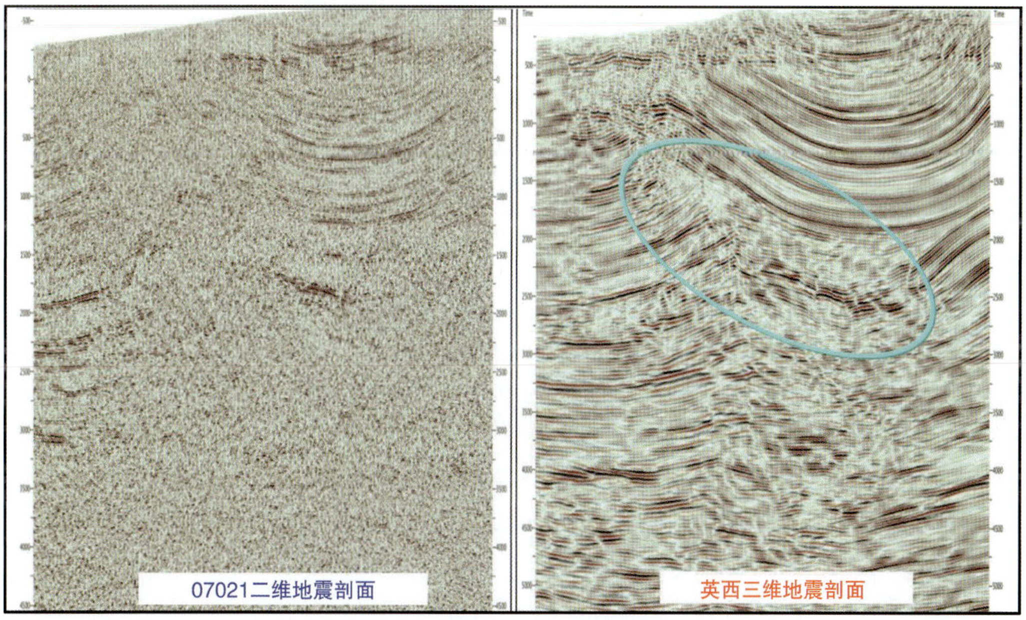


图 21 英西三维的成果剖面

## 三、近年来英雄岭北带实施的三维地震

在2013年完成了英西三维勘探之后，青海油田在英雄岭南带取得了不错的勘探效果。从2015年至2018年，青海油田继续在英雄岭北带开展三维地震工作，先后实施了咸水泉三维，英北三维（黄瓜峁地区，也可以称为黄瓜峁三维）和油泉子三维，见图22。由于北带的地震地质条件更差，资料获取难度更大，在北带的勘探过程中，对施工方法和参数进行了一些优化和调整。

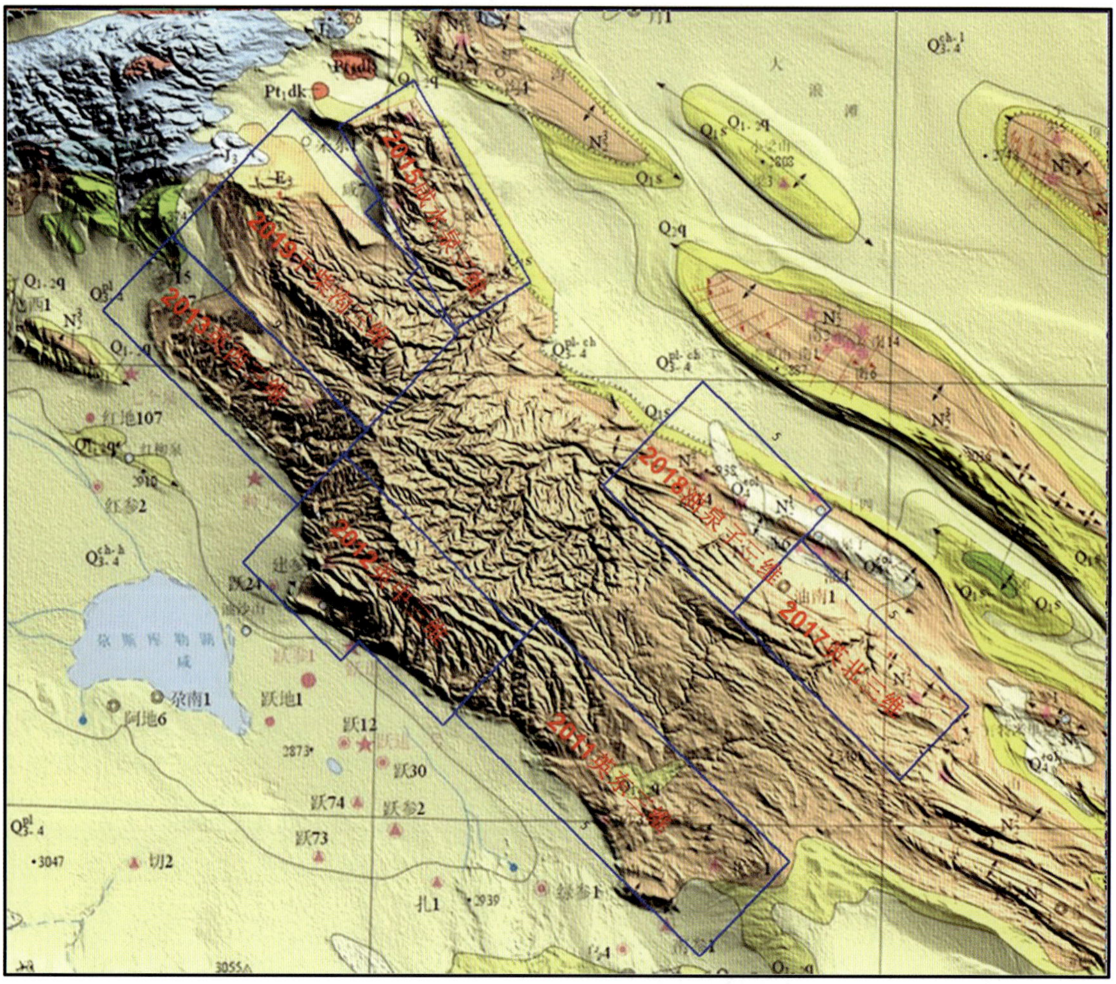


图22 英雄岭地区三维工区部署位置

### （一）英北（黄瓜峁）三维工区

从地理位置上看英北三维位于英东三维的北面，在构造位置上该三维覆盖了黄瓜峁构造的主体部分。因此，该三维也可以叫作黄瓜峁三维。针对该区更加疏松和起伏剧烈的地表条件，在采集参数设计时增加了覆盖次数，并且在构造关键部位加密炮点。其他施工因素不变，还是120 m接收线距，大Y字形组合，见图23。

通过在目标区加密炮点到60 m，可控震源激发区域的激发点间隔由60 m加密到30 m。使本区成为炮道密度最高可以达到每平方千米746万道，最高覆盖次数达到3 360次的山地地震勘探之最。

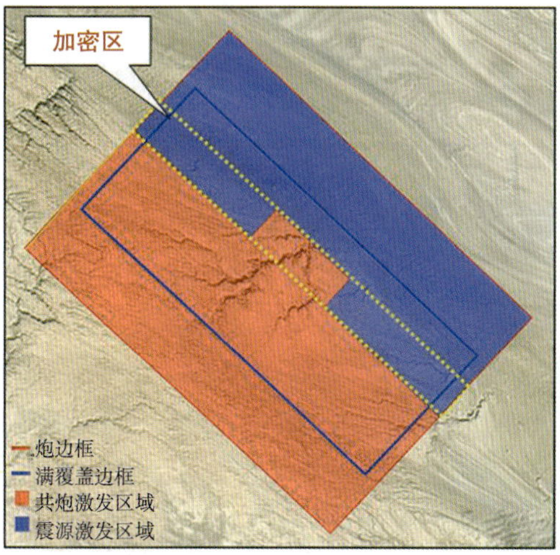


采集方法特点：

1. 高密度、高覆盖技术；
2. 井震联合采集技术；
3. 震检组合压噪技术

观测系统类型：28L2S480T 正交式（井炮）

28L4S480T 正交式（可控震源）

纵向观测系统：7185-15-30-15-7185

面元尺寸：15 m×30 m

覆盖次数：560 次（井）/1 120 次（井炮加密）

1 680 次（震源）/3 360 次（震源加密）

接收道数：28×480＝13 440 道

道距：30 m

横向炮点距：60 m（井炮）/30 m（可控）

炮线距：180 m（井炮）/90 m（井炮加密）

120 m（可控）/60 m（可控加密）

接收线距：120 m

覆盖密度：124 万～248 万道/平方千米（井炮）

372 万～746 万道/平方千米（可控震源）

线束滚动距离：120 m（1 条接收线）

激发因素：

井炮：9 口×8 m×4 kg

可控震源：2 台 1 次

接收因素：30 个检波器，大 Y 字组合

图 23　英北三维的施工因素分区

图 24 为英北三维工区的一组三维剖面和以往二维剖面的的对比图，从图中不难看出右边的叠前时间偏移剖面比左边的二维（宽线）剖面有了很大的改变。右边图中浅层的反射层成像很好，7～8 条断层清晰可辨，中央部位可以看到 3.2 s 处的基底花岗岩隆起的强反射。

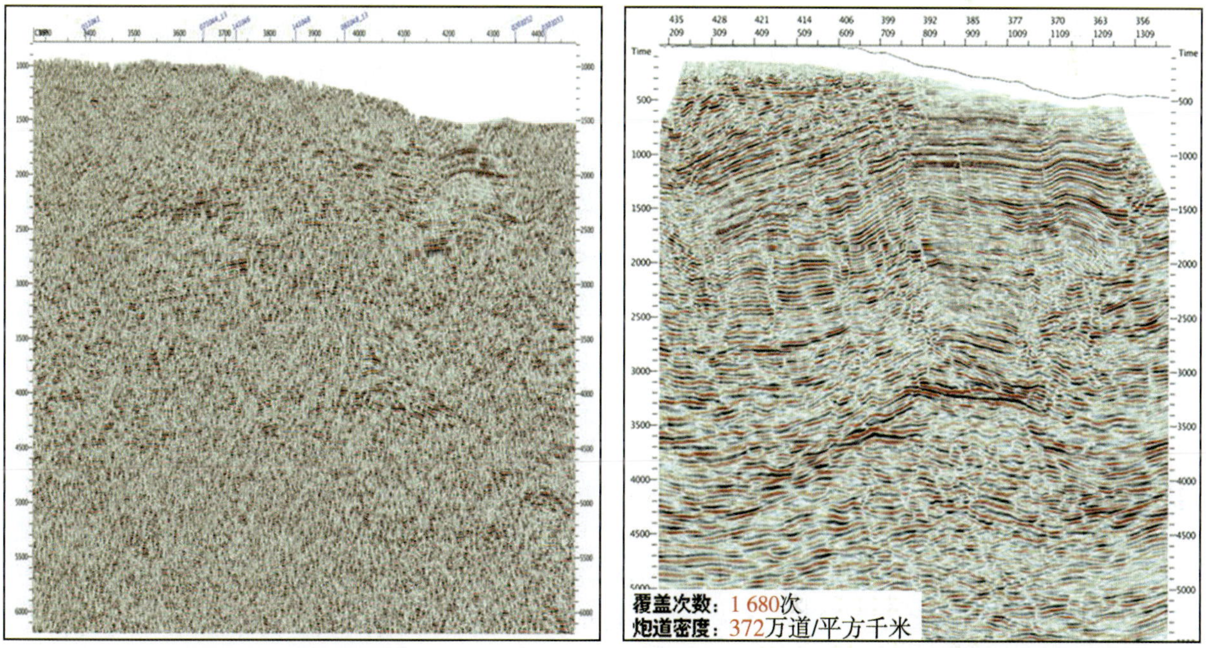


08050–二维地震剖面　　2017年英北三维叠前时间偏移剖面

图 24　英北三维叠前时间偏移剖面与以往二维剖面对比

图 25 是与图 24 相对应的深度偏移剖面，资料质量是很好的，可以清晰地看到花岗岩 $T_g$ 潜山高块的隆起。深度假设在－7 500 m，扣除地表假设零位之下 700 m，钻进深度约 6 800 m 就可以打进潜山。

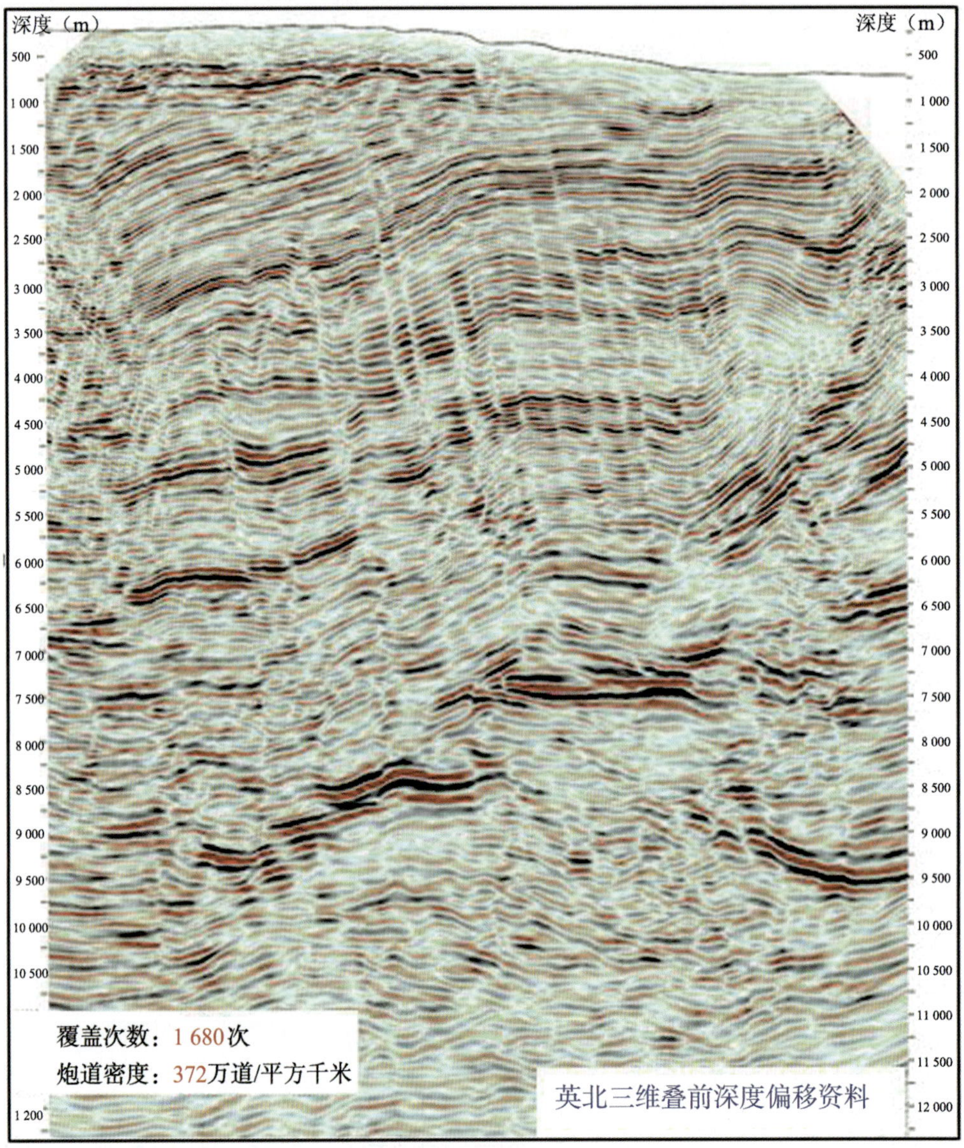


图 25　英北三维的叠前深度偏移剖面

此外该剖面的－6 500 m 处，在花岗岩之上 1 000 m 附近，还出现一个强反射，这可能是另一个深部钻探的好目标。那里有一个良好的储集层，应该大有希望。

通过以上分析可以看出，英北三维地震资料品质总体上是好的，但是也还存在一些需要改进的地方。图 26 是黄瓜峁三维过峁 1 井的剖面。从图中可以看出，剖面左边（加密区以南）基底波不收敛，波组特征不清楚。左上方 0.5 s 处的稳定潜水面反射不连续，可能还存在一定的静校正问题。

图 27 是英北三维过油南 1 井的一条剖面，总体上看也是一条好剖面，构造形态符合油南 1 井的钻探结果。它打在南倾的翼上，在油南 1 井的正下方，再有 0.5 s，就可以遇见反射强波，即基底花岗岩 Tg（深度约井深 6 800 m）。这就是我强调的今后深部能找到大油气田的希望所在。

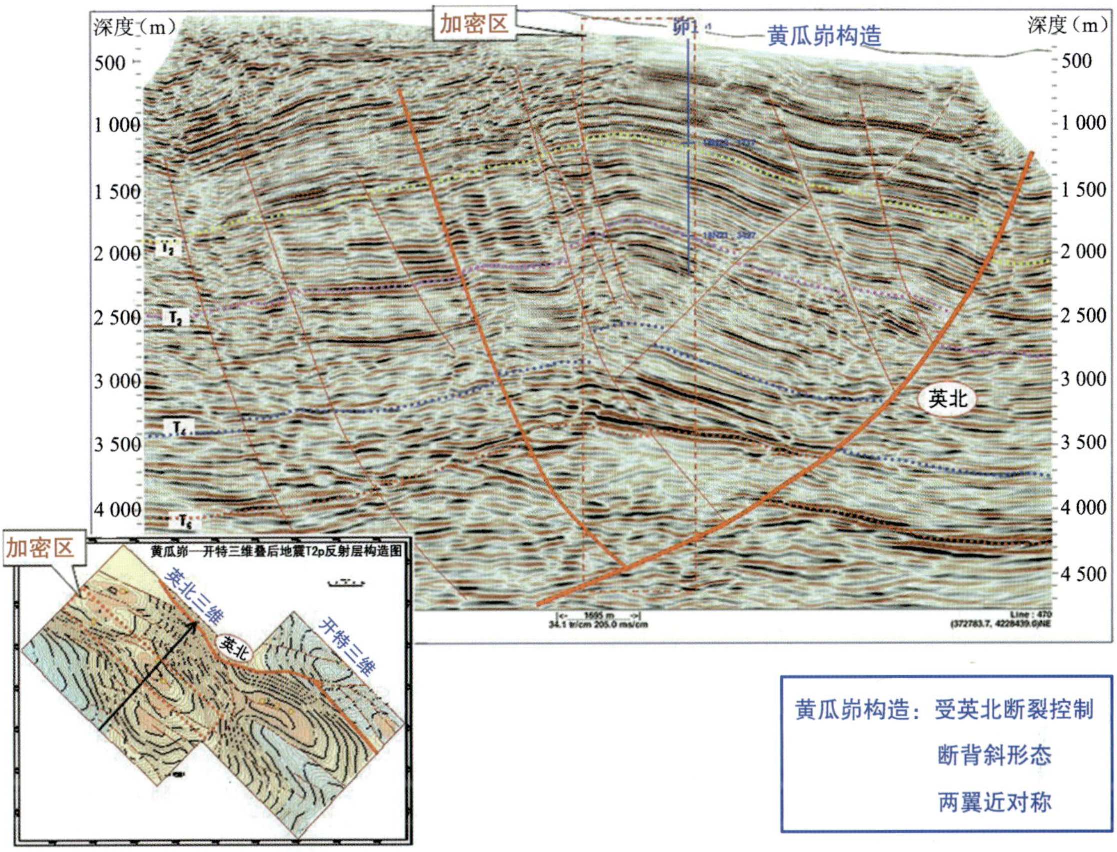


图 26　英北（黄瓜峁）三维过峁 1 井的剖面

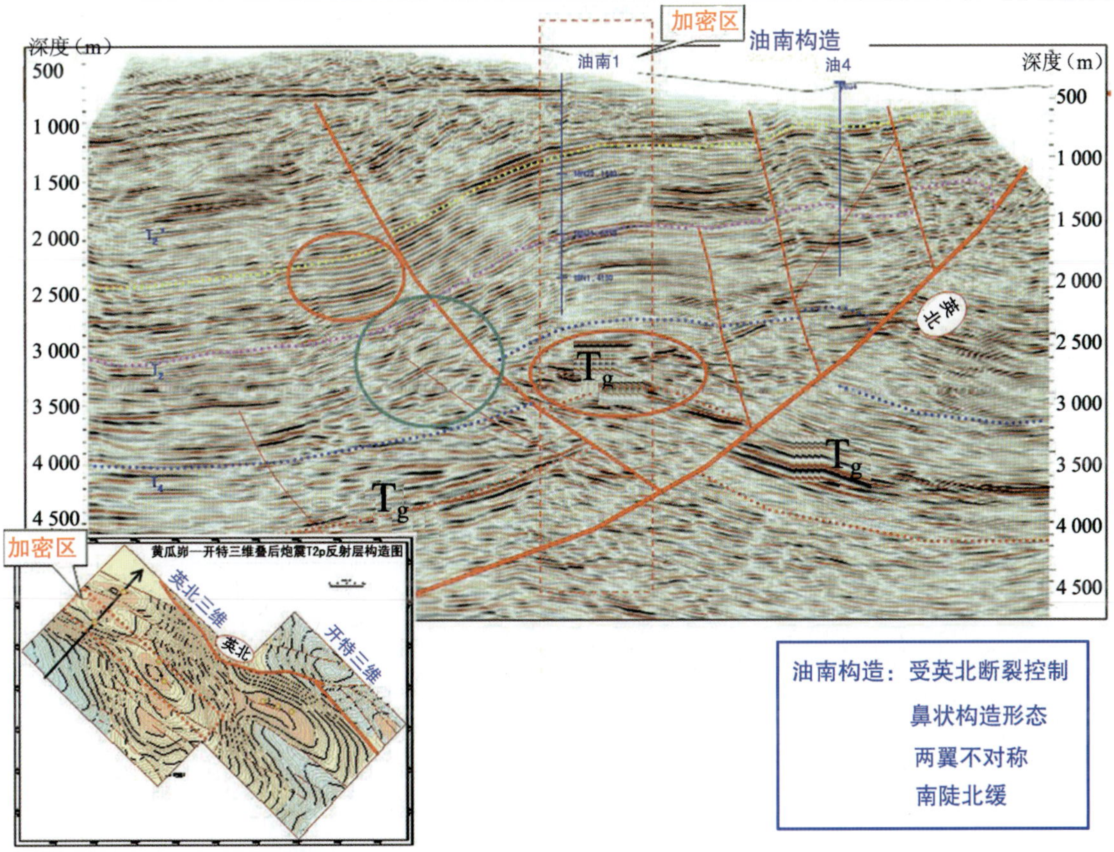


图 27　英北三维过油南 1 井的叠前偏移 Inline 剖面

该剖面中，还可以看到在图 27 中部浅层 0.5 s 处的水平反射层是该区的稳定潜水面。它的存在，使静校正问题得到很好解决。但图 27 的左边（南方）反射成像不好，说明静校正尚有问题，影响图 27 左边断层下方的成像不够准确（深绿色圆圈）。这条断层的下方，反射层上翘（红色圆圈），正是应该发现含油气层的所在，希望今后能够加以改进。

此外，$E_3^2$ 底，蓝色作图层位 $T_4$ 不是一个好反射，今后应该尽量作强反射的构造图，避免换算层的主观随意性。图 27 中右边红色虚线（$T_4$）不在强反射上，层位有错，应该是在我画的 $T_g$ 强波上，先要作 $T_g$ 图。目前 $T_g$ 波的成像还有问题。图 28 中红色圆圈里 $T_g$ 波零乱，不符合地质规律，可能是炮点加密段不够宽所造成的"偏移噪声"干扰所引起。

图 28 是英北三维过油南 1 井剖面（图 27）的放大显示，可以看出 Tg 波比较乱，而在油泉子—黄瓜峁地区连井地震剖面上（图 29），Tg 波连续且可靠。

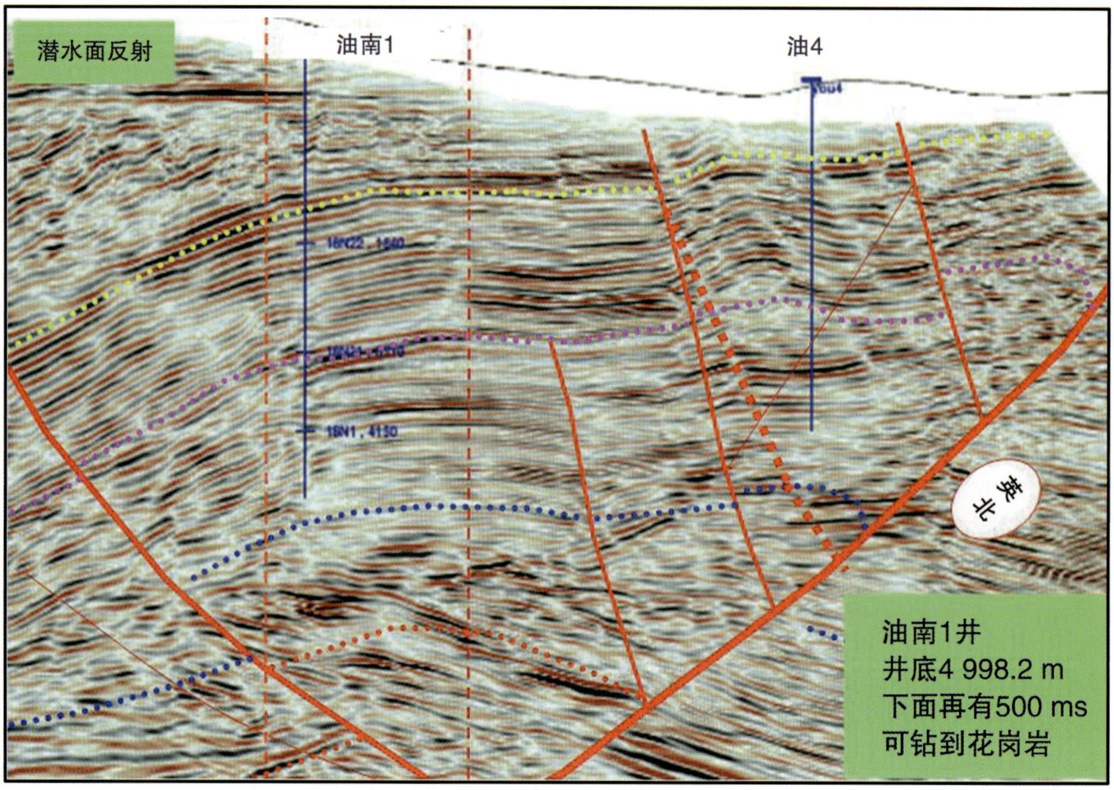


图 28 英北三维过油南 1 井剖面的放大显示

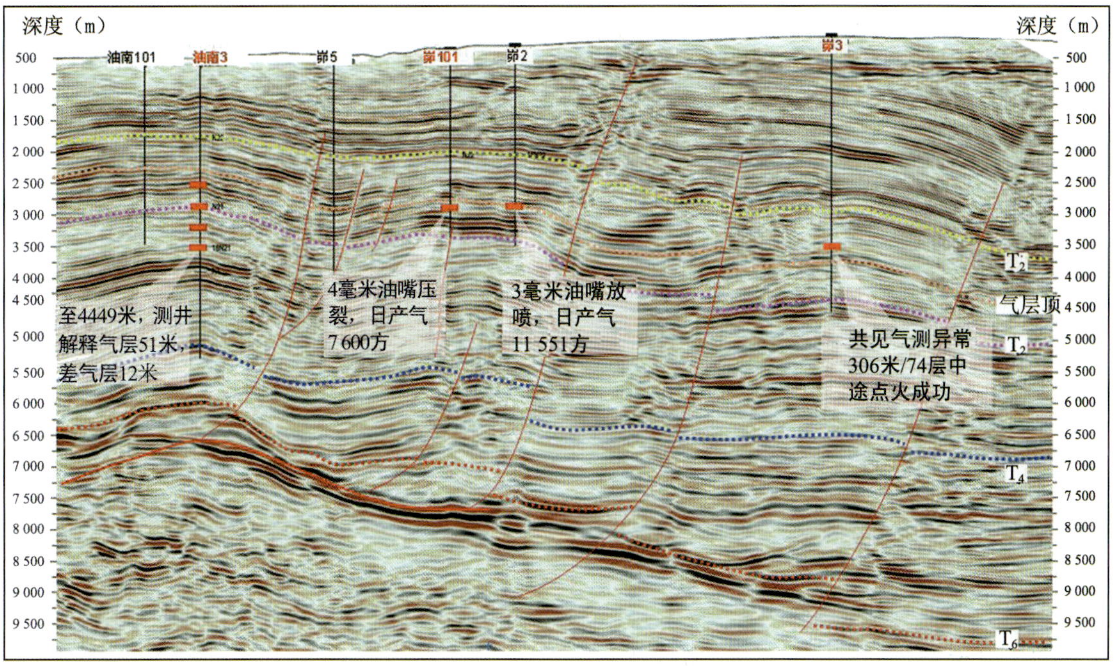


图 29 油泉子—黄瓜峁地区连井地震剖面

## (二) 油泉子(油南)三维工区

油泉子三维是 2018 年采集的，从图 20 不难看出，油泉子三维处在英北(黄瓜峁)三维的西面，二者以满覆盖相接。从图 30 可以看出，油泉子三维和英北三维的采集参数相近，但是没有在构造顶部进行加密。最高覆盖次数达到了 1 680 次，炮道密度达到 372 万道/平方千米。这些因素的加强，会带来地震资料品质的改善。但是接收线距仍然是 120 m，可控震源部分的激发线距为 120 m，在井炮部分的激发线距增加到了 180 m，根据前文的分析，在地表结构特别复杂的区域，地震资料不可避免地会存在不如意的地方。

**施工方案**

观测系统类型：28L4S480T 正交式(震源)

28L2S480T 正交式(井炮)

纵向观测系统：7185-15-30-15-7185

面元尺寸：15 m×30 m

覆盖次数：560/1680

接收道数：28×480＝13 440 道

道距：30 m

横向炮点距：30 m/60 m

纵向炮点距：120 m/180 m

接收线距：120 m

横向滚动距离：120 m(1 条接收线)

激发因素：

可控震源：2 台 1 次

井炮：9 口×8 m×4 kg

接收因素：3 串 Y 字形组合

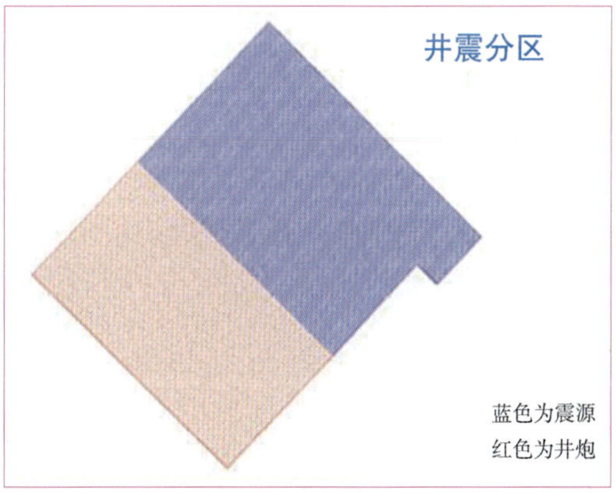


| 线束 | 激发类型 | 炮点面积(km²) | 施工炮数 | 备注 |
|---|---|---|---|---|
| 140 | 井炮 | 128.676 6 | 12 192 | 井震分界与英北一致 |
| | 震源 | 166.233 6 | 46 316 | |
| 合计 | | 294.910 2 | 58 508 | |

图 30 油泉子三维施工参数统计与分区

目前油泉子三维的地震资料和过去的二维地震测线比较，三维成果的确改进了很多，实现了“从无到有”的转变，见图 31～图 34。但是我还是要指出，由于野外施工设计方面的不足，目前的三维资料在成像方面还有些问题。具体见图 31～图 34 中的淡绿色圆圈，是成像不良的地方。

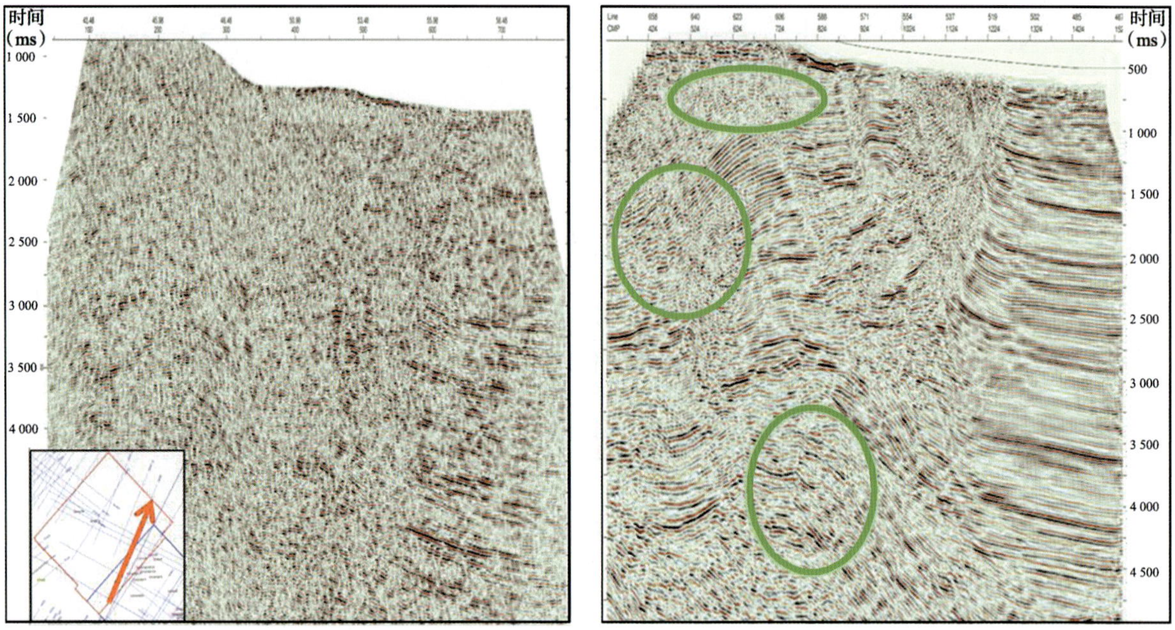


03039二维地震剖面　　　　油泉子三维叠后偏移剖面

图 31　油泉子三维叠后偏移剖面与对应位置二维测线 03039 剖面对比

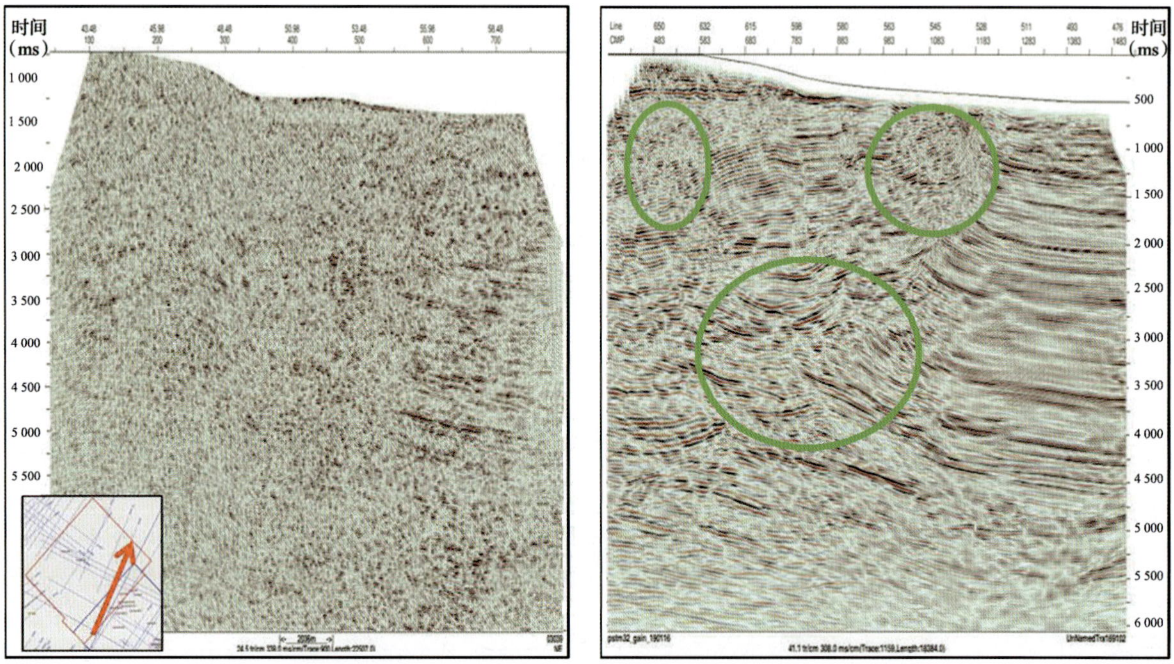


03039二维地震剖面　　　　油泉子三维叠前偏移剖面

图 32　油泉子三维叠前偏移剖面与对应位置二维测线 03039 剖面对比

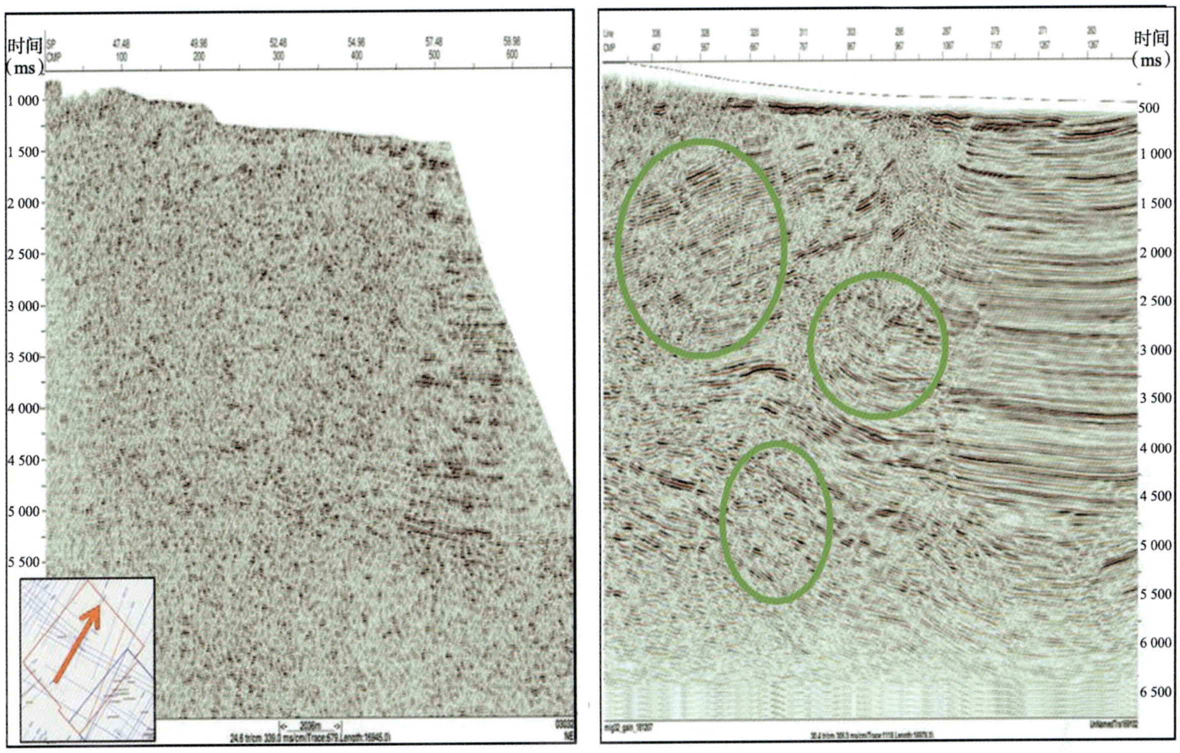


03032二维地震剖面　　油泉子三维叠后偏移剖面

图 33　油泉子三维叠后偏移剖面与对应位置二维测线 03032 剖面对比

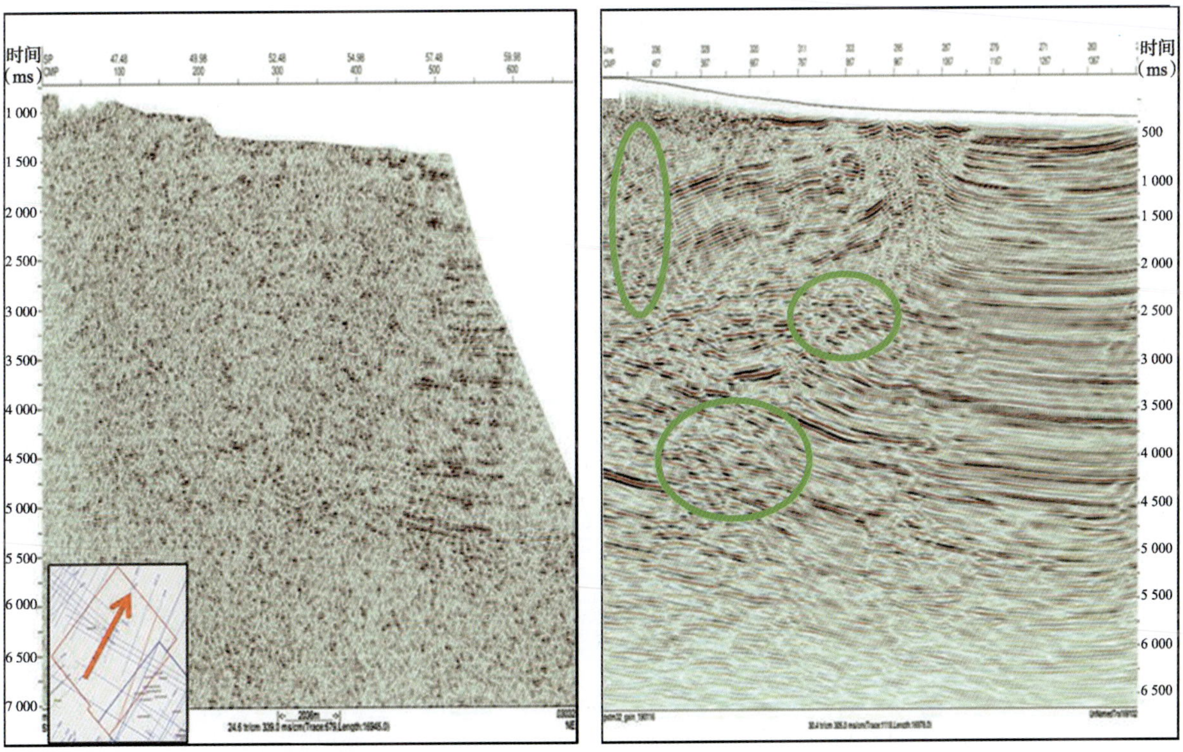


03032二维地震剖面　　油泉子三维叠前偏移剖面

图 34　油泉子三维叠前偏移剖面与对应位置二维测线 03032 剖面对比

因此，我认为这些三维新剖面还应该加以改进。光靠加强去噪是不行的，不要重复 Schlumberger 公司走过的弯路，要采用“横向拉开宽线＋大组合”的思路编好一张网，才能克服强干扰。

## （三）咸水泉三维工区

咸水泉三维是在英雄岭北带实施的第一块三维，在实施前进行了一些激发和接收参数的对比试验。根据试验对参数进行了一些调整，具体见图 35。考虑到咸水泉要兼顾浅层勘探目标（最浅目的层浅小于 800 m），观测系统设计注重提高浅层的有效覆盖次数，将炮线距缩小为 90 m，接收线距仍然是 120 m，纵向最大偏移距为 5 385 m，最高覆盖次数达到 840 次，道炮密度 187 万道/平方千米。可以看出，咸水泉三维在观测系统上相对于英雄岭南带的三维有了一些加强（主要是炮线距缩小到了 90 m）。但是，该区域的激发和接收参数明显弱化了，在山地区域井炮采用了 3 口井组合激发，以往的三维一般都是采用 7～9 口井组合激发。在接收方面，也进行了弱化，采用了两串检波器组合接收，在山地区域两串检波器横向拉开组合，但是组合基距一般不超过 30 m，明显偏小。

方法特点：

1. 井震联合采集；
2. 宽频、宽方位、高密度

观测系统类型：28L4S360T 正交式
纵向观测系统：5385-15-30-15-5385
面元尺寸：15 m×30 m
覆盖次数：14×60＝840 次
接收道数：28×360＝10 080 道
道距：30 m
炮点距：60 m
炮线距：90 m
接收线距：120 m
线束滚动距离：240 m（2 条接收线）
激发因素：
山地：3 口×8 m×5 kg
戈壁：2 台 1 次、65%、16 s、1.5～96 Hz、线性升频、交替扫描
接收因素：
山地：20 个检波器，“一”字组合
戈壁、山前：20 个检波器，“吕”字组合

图 35　咸水泉三维施工参数及分区图

咸水泉构造是一个大型的鼻状隆起，共有四个高点，自北向南依次是石油沟高点、华岩山高点、城墙沟高点和咸水泉高点。其中华山岩是一个已知的油田，石油沟高点基本出露地面，其他两个高点埋藏相对比较深，如图 36 所示。

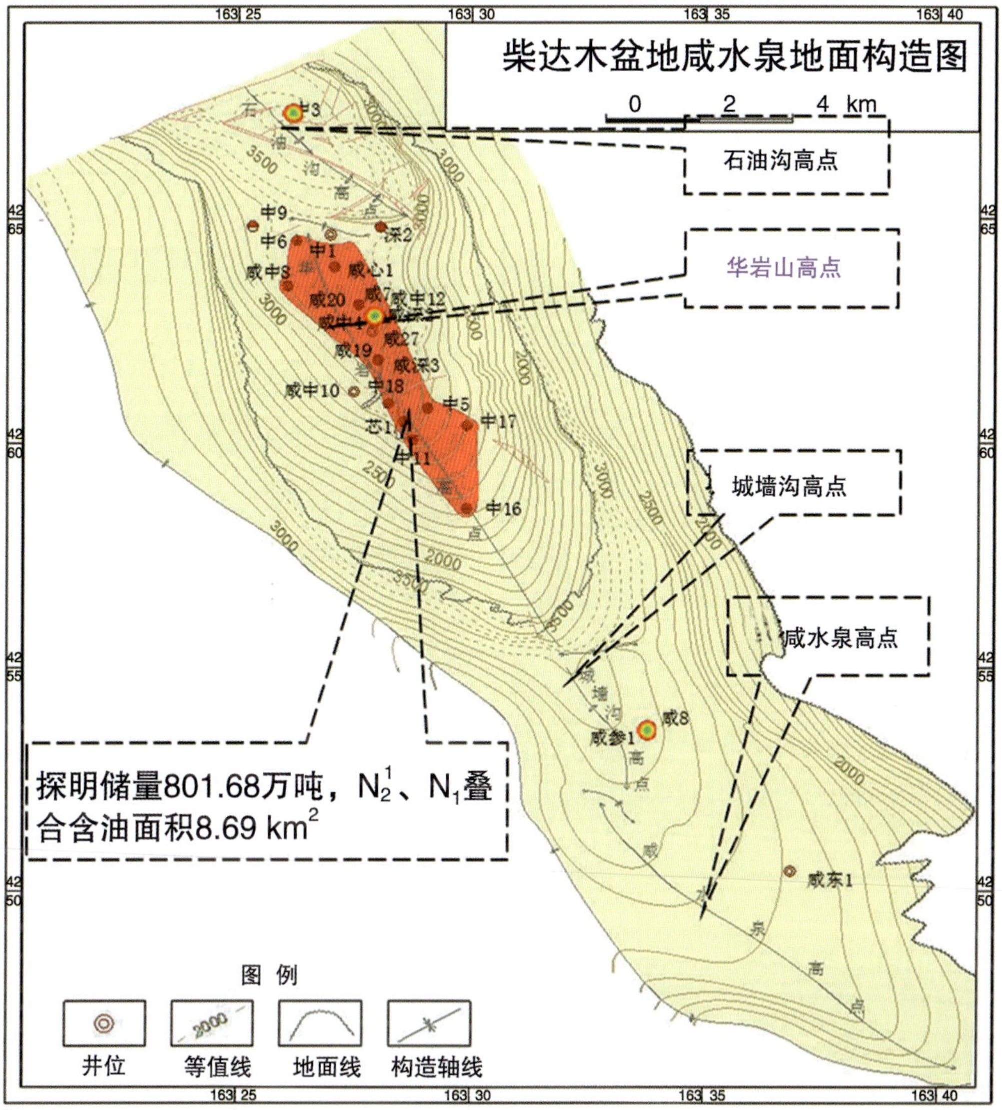


图 36　咸水泉三维工区地面构造

通过实施咸水泉山地三维，可以看到地震资料相对于以往的二维有很大进步，特别是在工区的东南部，二维地震剖面从浅到深反射层次齐全，信噪比提高明显，见图 37。但是我们也应该看到，剖面的中深层，波组特征明显变差，特别是在三维剖面的左半部分的 3 000 ms 以下，反射杂乱，基本上无法用于有效的地质解释。

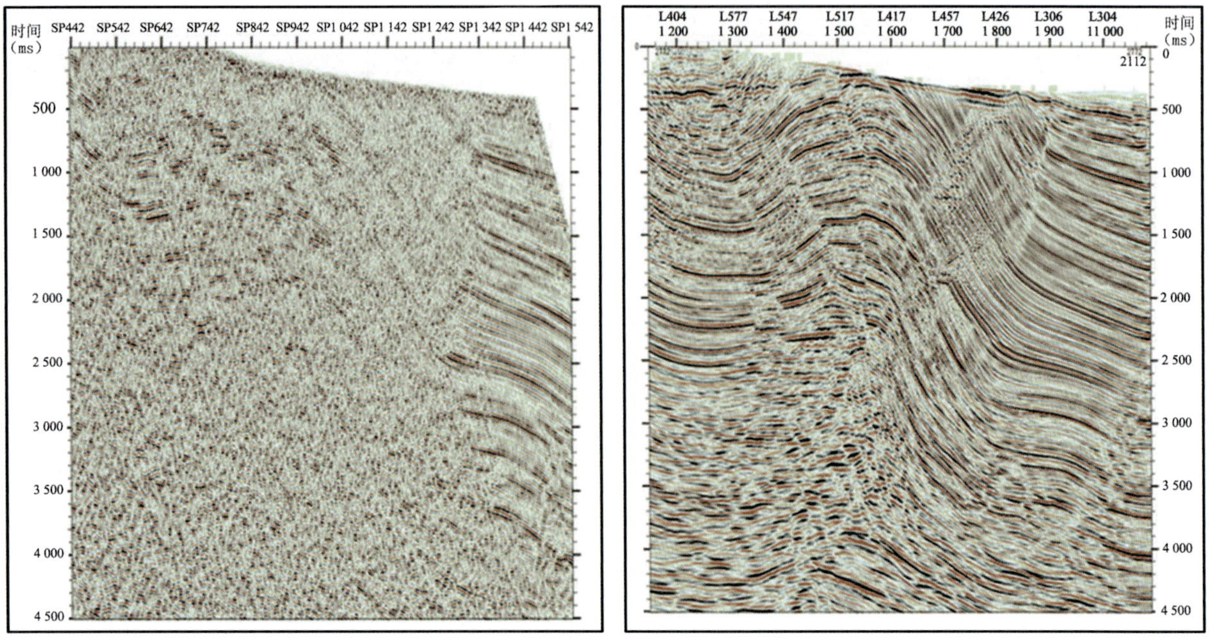


X0403二维地震剖面　　　　咸水泉三维地震剖面

图 37　咸水泉三维叠前偏移剖面与对应位置二维测线 X0403 剖面对比

图 38 为咸水泉三维过咸 7 井的三维剖面，图中深层淡绿色圆圈里的反射波零乱，所画断层缺乏依据。咸 7 井所在的构造顶部信噪比都比较低，特别是浅层的潜水面强反射也没有成像，可能还存在一些静校正方面的问题。

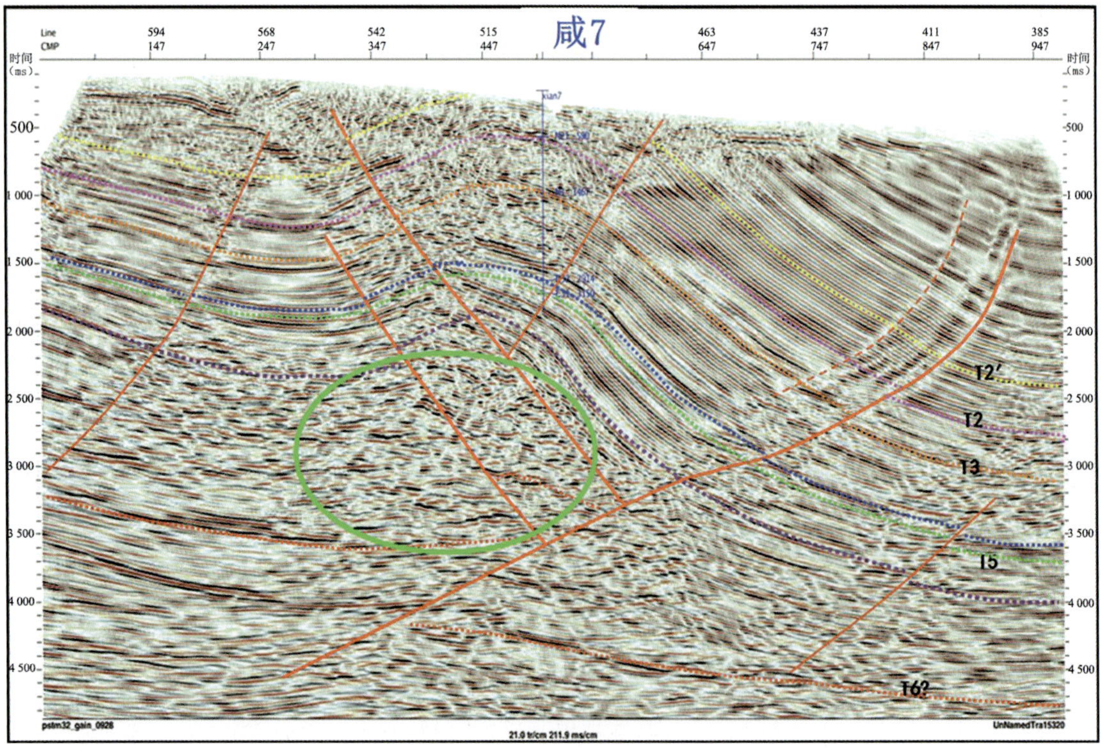


图 38　咸水泉三维过咸 7 井剖面

图 39 是咸水泉三维过咸中 1 井的一条成果剖面，从图 37 中可以看出，这一条剖面相对于图 36 中的剖面又往构造高部位移动了一段距离，剖面品质相对于过咸 7 井的剖面降低明显，图中淡绿色圆圈里的反射波零乱，下方蓝色椭圆里不成像。基本上咸中 1 井往小号(左)从浅到深的反射轴都不是很可靠。

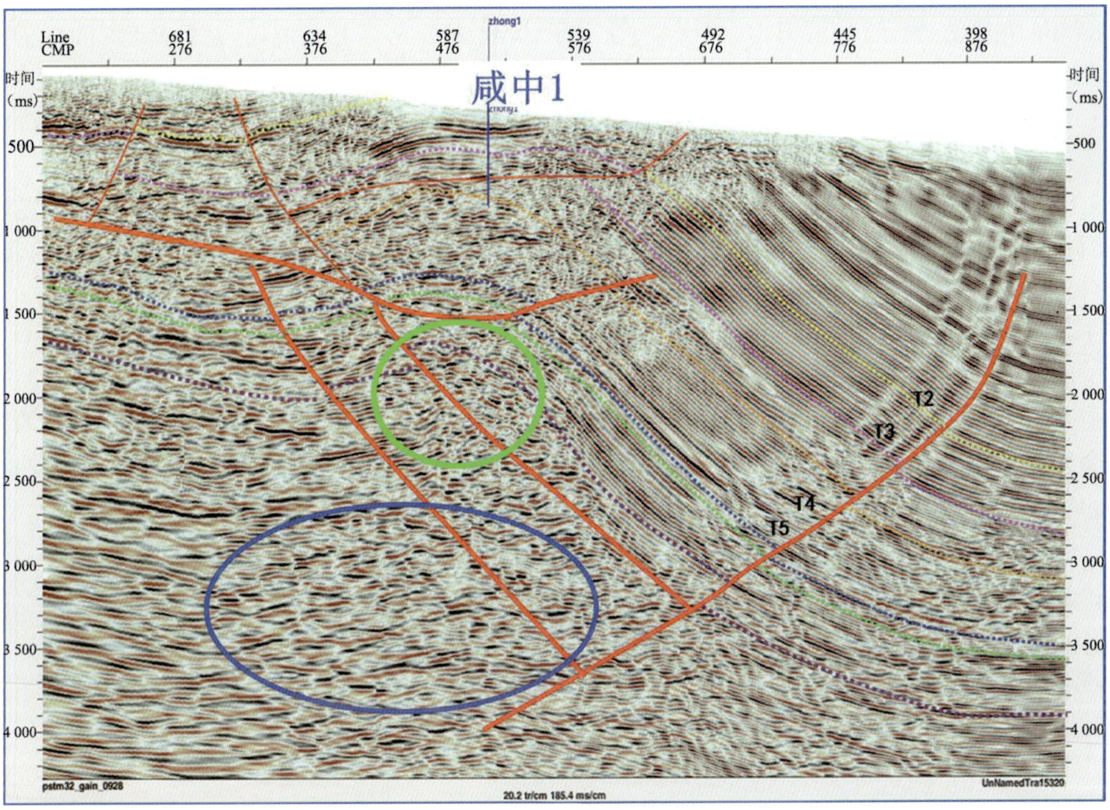


图 39　咸水泉三维过咸中 1 井的剖面

总体来看，咸水泉三维难以说是成功的三维。在采集参数设计的时候，虽然在覆盖次数方面相对于英雄岭南带有了很大的提高，但是激发和接收的组合都降低了，激发的组合井由 9 口降低为 3 口，相应的激发组合基距也就由 90 m 左右降低为 30 m 左右。接收改成了两串检波器横向拉开，虽然做了横向拉开，但是组合基距只有 30 米，远远不足以压制横向来的干扰。因此，这个工区的组合与观测系统就没有构成一张有效的网，不能够有效地压制干扰以提高资料品质。

这几年英雄岭北带的三维地震资料为我们打开了地下构造较清楚的面貌。成果剖面上从过去二维剖面的一片空白，出现了“从无到有”的反射资料，这是值得庆贺的。

但是正如我上面例举的诸多深部成像不好的地方，无可否认地还存在着很多缺陷。这对今后寻找深层油气田是有着很大障碍的。

青海同志野外施工中的问题主要是：检波器组合的网是一张“破网”。侧面过来的干扰波刚好可以顺利地被加强，并且一旦它们进入记录，变成几百个双曲线，视速度可以从 3 000 m/s 高至无穷大。

但我相信只要认识到横向拉开的重要性，坚持用“横向拉开宽线＋大组合”的方式来做三维，我们就能获得成功。

不要相信外国人的“宽方位”“照明度”，不要去做无穷尽的“高密度”，应该走我们中国人自己的路。

## 四、英雄岭地区的勘探潜力和远景

英雄岭地区优越的石油地质条件使该区可以形成大规模的油气聚集。截至2009年底，英雄岭区带已探明油砂山、花土沟、狮子沟、游园沟、咸水泉、油泉子、开特米里克等七个油田，总计探明石油地质储量9 671万吨。**截至2017年底，已探明储量1.55亿吨，均位于上组合($N_1-N_2$)，探明率17.5%，其中下组合($E_3$)资源量4.54亿吨，控制、预测油气当量1.9亿吨。勘探程度较低，剩余资源量大，仍有巨大的勘探潜力。**

近年来，随着我国各盆地的勘探深度的逐渐加大，我们已经看到凡是在目前开发的油气田的范围内，只要向深部打井，几乎没有例外地在深层还可以找到油气(只是量的大小不同而已)。这可能进一步说明了油气是从地壳中生成，并通过断层裂隙上升到各个圈闭之中的。

### (一) 油南地区的远景

油南地区布格重力存在异常，长期以来得到人们的重视，流传着“想找大油田，赶紧上油南”的说法。但是，由于该区干旱的低降速带厚度达700 m(图40)，对地震勘探相当不利，对此我们的地震攻关也应当有充分的思想准备。

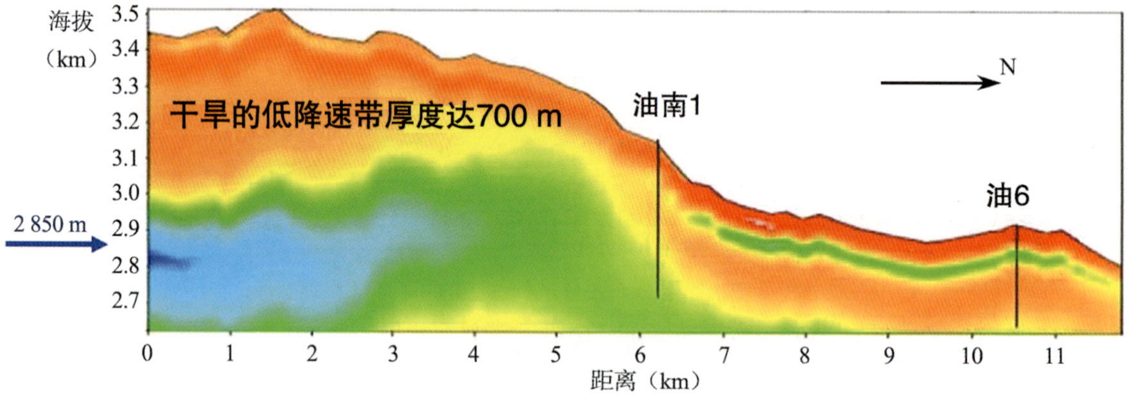


图40 油南地区高频电磁浅层结构调查结果

结合地面、钻井等资料进行综合分析，油南重力高确实存在，为一个两断夹一隆的大型背斜，圈闭面积为49.2 km²，在此基础上确定了油南1井。该井设计井深4 560 m，主要目的层$E_3^1$，于1999年12月23日开钻，2000年2月20日完钻，完钻井深4 998.2 m。

在油南1井钻井的过程中，录井油气显示较为频繁，对油气显示较好的3 418.8～3 429.8 m井段进行中途测试，喷出天然气，点燃试验火焰高5～6 m，焰色为橘红色，喷距1～2 m，喷出物为天然气夹有零星状油花；用12.8 mm油嘴求产，因封隔器在井下时间过长，管汇冻堵，无法进行测试计量。最终用5700系列测井，仅解释出含气水层3.4 m/1层，可疑层12.6 m/4层，裂缝段153.8 m/38层，见图41。

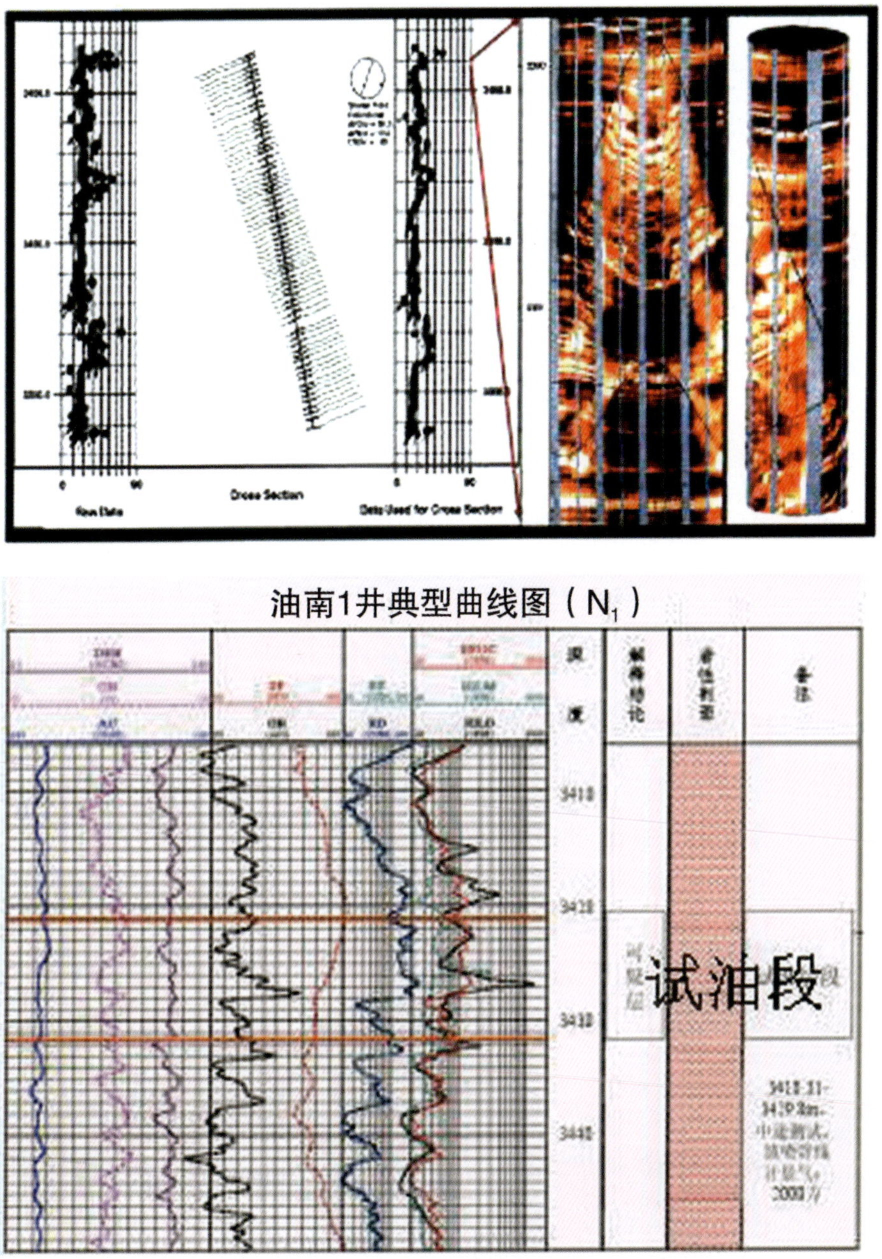


图 41　油南 1 井钻探的情况

在油南 1 井的东面，2019 年新钻的油南 3 井在 $N_2^1$ 地层中，电测发现气层 51 m。这是一个好兆头。预示了深部还大有来头。在油南 3 的东面的峁 5 井，日产气 7 600 方，使用的是 4 mm 油嘴压裂；在峁 5 井旁边的峁 2 井，3 mm 油嘴压裂，日产气 11 551 方。再南面的峁 3 井也已经出气，点火高 5 m。这些都是很好的现象。

图 42 是英雄岭地区经过各种校正后的基底重力异常图。图中红颜色代表重力高，油南 1 井在重力高的地方。在英北，地下有一个花岗岩的隆起，重力异常很明显，上面第三系都是泥巴，我估计这个地方有大油田，深度大约 6 800 m。对塔里木盆地来说，近年来，平均顶深是 6 200 m，打个 7 000 m 的井，是常见的事。而现在在柴达木盆地只能打 5 000 m 的井，今后肯定要打 7 000 m 的井，就能找到花岗岩潜山里的大油气田。

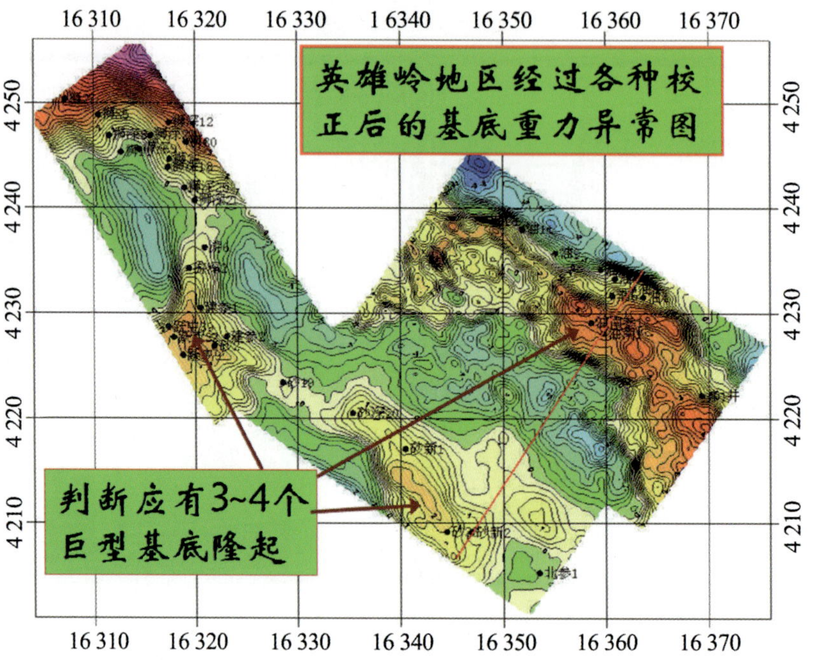


图 42　英雄岭地区经过各种校正后的基底重力异常

## （二）向南部寻找下第三系中、下部组合前景光明

英雄岭地区找油的第二个重要勘探方向是：向南寻找中、下部组合——$E_3^2$ 到 $E_{1+2}$。盐下就可能有高产井。英西地区已经发现 7 口千吨高产井，分别是狮 38、狮 205、狮 38-2、狮 1-2、狮 1-3 向 1、狮 210、狮 58，具体见图 43。图 44 和图 45 分别是英西狮子沟地区深部下组合深度剖面图和英西-英中-英东下组合东西向剖面。

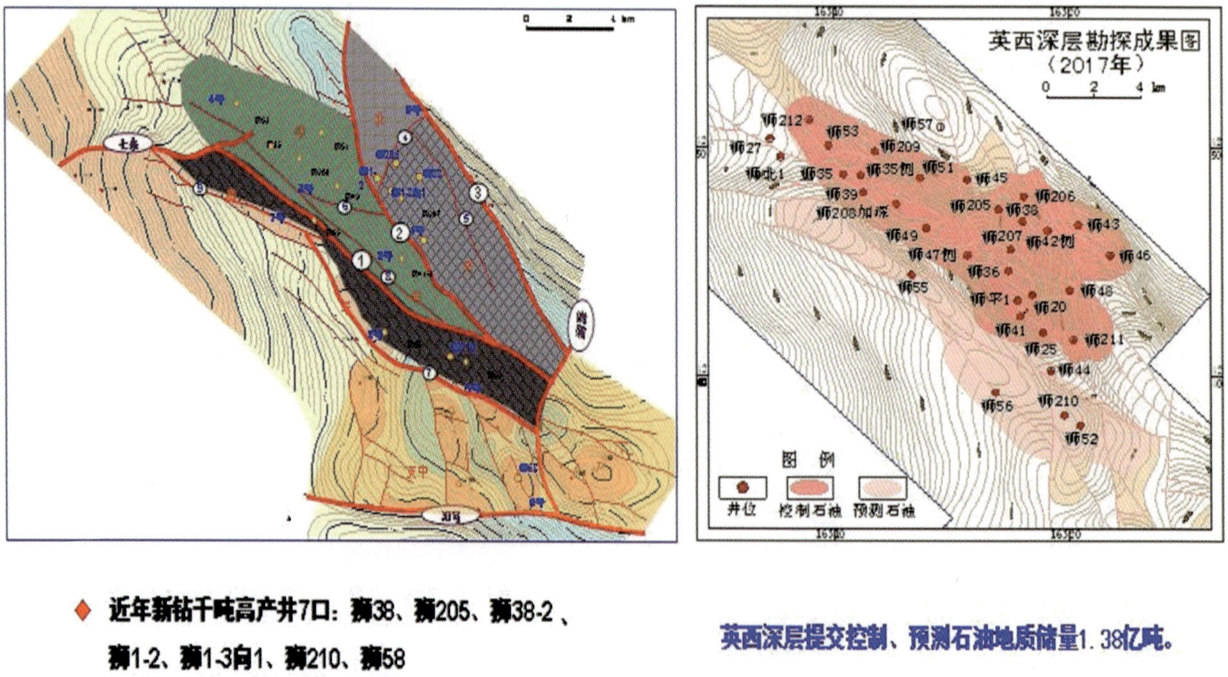


图 43　英西地区发现 7 口千吨高产井

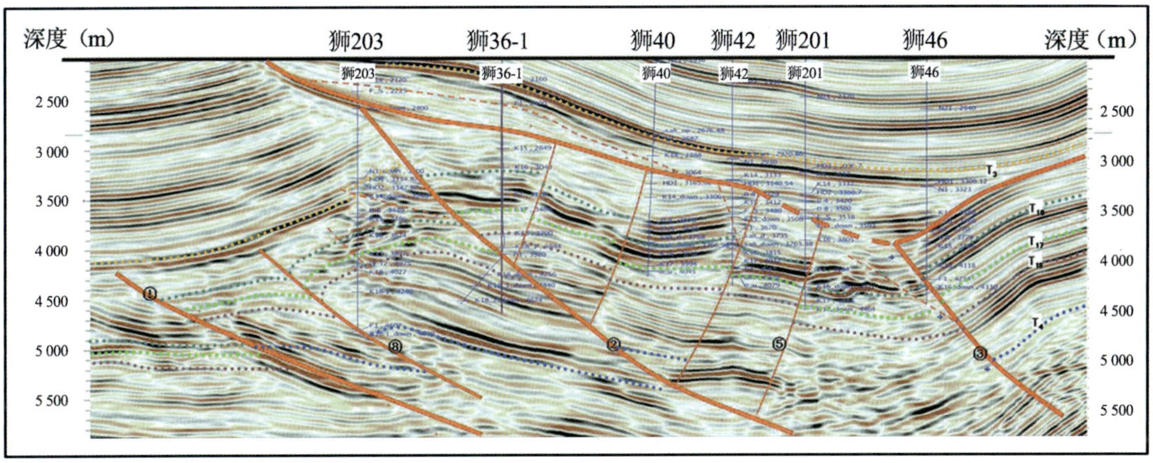


图 44　英西狮子沟地区深部下组合深度剖面

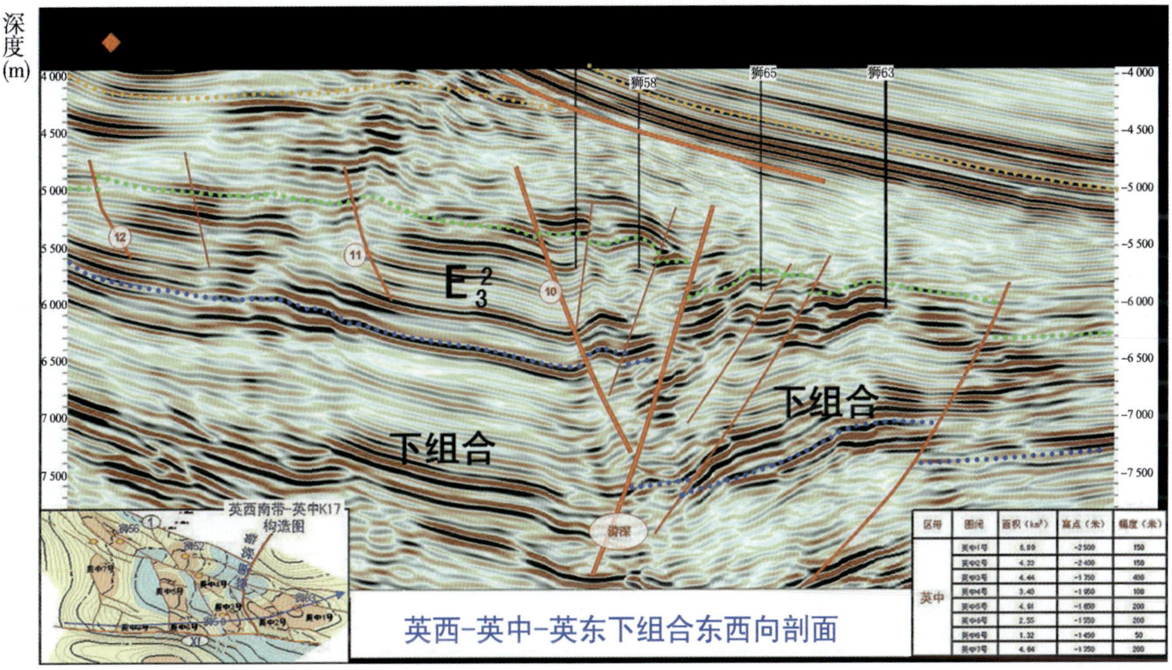


图 45　英西-英中-英东下组合东西向剖面

图 46 是英西地区油藏剖面图(图示上中下含油组合)，图中下第三系 $E_3^2$ 应该是英西-英中-英东的主力油层。图中蓝颜色是含盐的构造，目前的高产井都在下组合的油层中。现在所有的井都没超过 5 000 m。此图上南面的含油层画得比较保守，我认为在这下面还有很多油田，因为英雄岭的储集层砂子向南是变好的。截至目前，下组合埋深在 5 000 m 以下，尚未钻探。图 41 及图 42 中，有好几组地震强反射，反映了良好的储盖组合的存在。今后必定另有一番天地。图 46 中粉红色的层位是有待我们加以证实的。

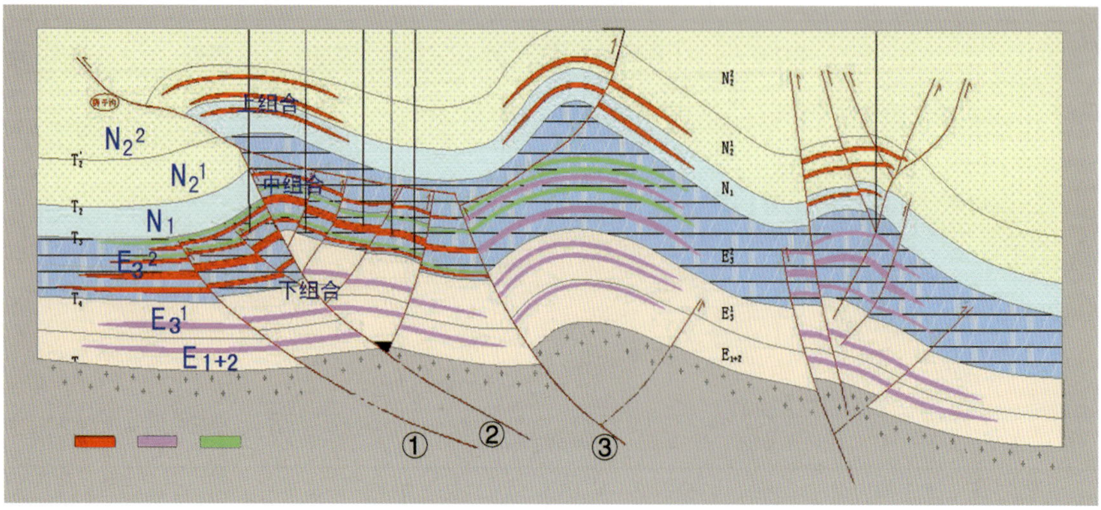


图 46 英西地区油藏剖面(图示上中下含油组合)

图 47 是英西南-干柴沟地震剖面，绿色为盐岩发育段。从图中可以看到，下面还有构造抬起，图上标记“英西”的位置好像是一个隆起。对比线是蓝线的标志层 $T_4$。我认为 $T_4$ 下面都是含油的，包括最南头抬起的地方，但这需要钻探到六七千米。整个英雄岭只要有储集层，都是含油的，关键是地震能不能搞准构造的轮廓，比如说英西这个隆起。这个隆起经过深度偏移以后到底是什么形态，需要搞清楚，这里很有可能是一个很好的油田区。

图 47 中，蓝色圈圈的地方都是很有希望的勘探目标，浅层断层以下有 14 个目标。这些值得今后在落实资料后，加以钻探。

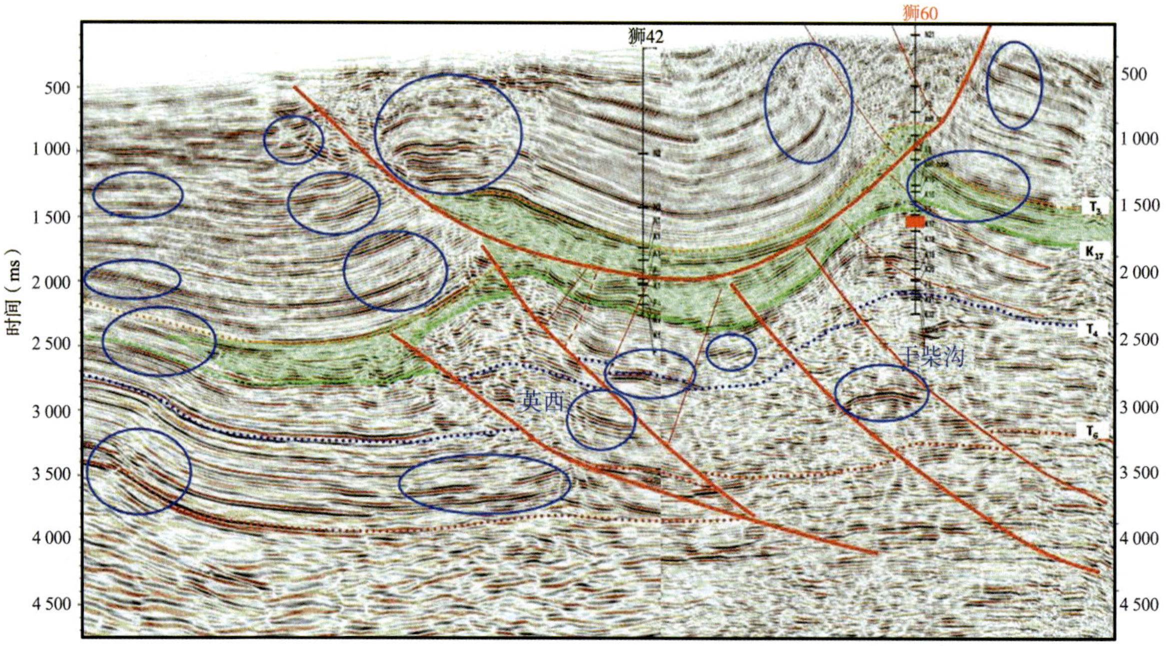


图 47 英西南-干柴沟地震剖面

盐下高产井以下的深层，包括前第三系、花岗岩、阿尔金山和昆仑山推覆体下，这些地方是我们可以下手的好地方。

图 48 左边是昆仑山推覆体的山前断阶带，有两排构造，其中南面的**切克里克**油田就是推覆体掀起的。这里浅层西域砾石造成速度多变，采用叠前深度偏移处理才明确了**切 12 井**的高点位置。油田面积 44 $km^2$，储量 6 200 万吨，打进基岩也见过油。

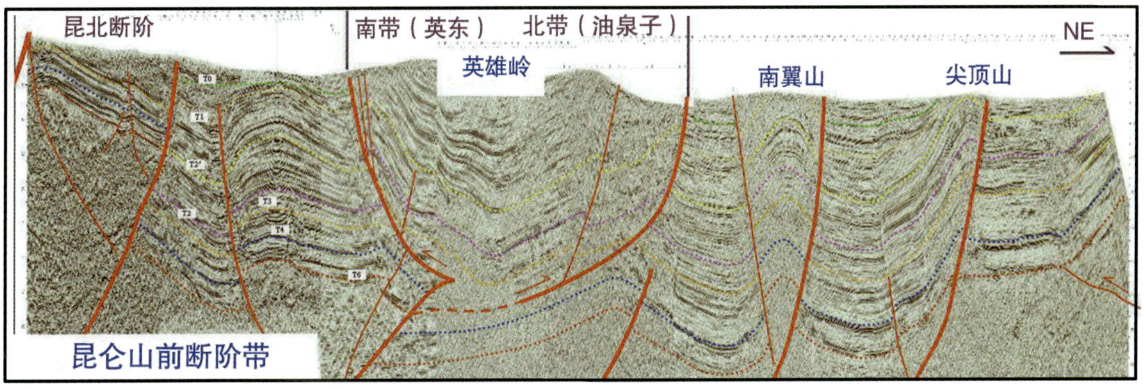


图48 昆仑山推覆体的山前断阶带

综上所述，我认为在柴达木西部继续再找到几个亿吨级的大油气田不成问题。但是需要改进三维勘探精度，探清深层大构造的高点及深度。

文章编号 411

# 可控震源的技术进步与深层勘探

**环保和反恐的形势引出了发展可控震源的大好时光，扫描方式的改进使可控震源野外资料采集的工效大幅度提高。近年来东方地球物理公司制造出可靠的大吨位超低频可控震源，能改进地震深层资料品质，在国外打出一片天地。在当前我国油气勘探逐步转向深层的新形势下，我们期待低频可控震源今后能够发挥更重要的作用。在潜水面浅的平原地区，井炮在潜水面下激发可以得到宽频地震资料，比可控震源的记录要好。而在潜水面很深的戈壁、沙漠地区，采用可控震源可以改进地震资料品质，如滴水泉南等地区。**

分节内容

一、BGP在国外用可控震源打出一片天地
二、可控震源扫描方式的改进极大地提高了施工效率
三、潜水面很深的戈壁、沙漠地区，可控震源可以改进地震资料品质
四、低频可控震源对深层勘探起到良好的作用

## 一、BGP在国外用可控震源打出一片天地

最近十年里，环保和反恐的形势引出了可控震源的广泛应用。东方地球物理公司（BGP）在国外业务中广泛使用了可控震源。在戈壁荒原地区，可控震源的施工效率很高。它不需要钻炮井，也不需要水罐车取水（图1）。

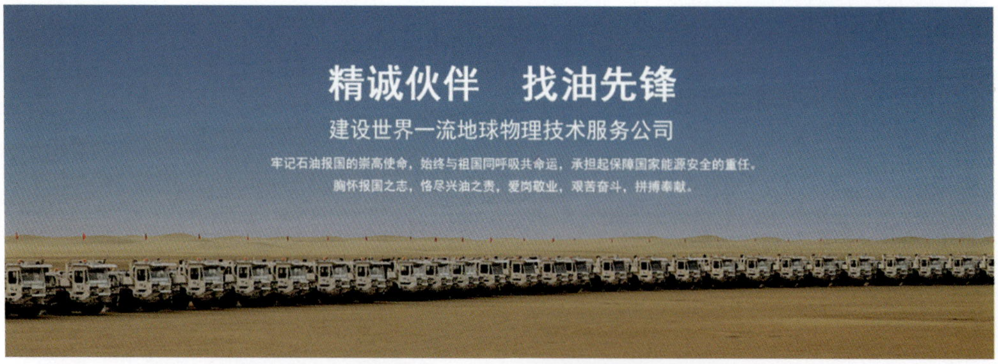


图1　BGP海外的可控震源在工地排成一排

### 大吨位低频可控震源的出现

最近我看到一些新的地震剖面，资料品质有了很大的提高，它们大多是利用可控震源所做的新资料。可控震源过去缺乏低频，导致剖面效果不如井炮。但如今 BGP 制造出了能够激发出 1.5 Hz 低频信号的大吨位低频可控震源 LFV3，如图 2 所示，这是很了不起的成就。

图 2　BGP 研制的 LFV3 低频可控震源车

2012 年初，高精度可控震源项目被列为“国家 863 计划”，先期释放的验证技术就包括了第三代低频可控震源(LFV3)技术。LFV3 低频震源首次采用基于工业计算机的液压合流控制技术，解决了液压系统合流可能产生的技术风险，使震源系统更加稳定。

2013 年，BGP 先后在哈萨克斯坦和国内准噶尔盆地、柴达木盆地、塔里木盆地、苏里格南及内蒙古二连等多个地区使用低频可控震源(LFV3)作业。地震资料中 1.5 Hz 到 3 Hz 低频信号有效，整体地质效果改善明显，特别是针对深部地质目标的识别更清晰，并且采集作业安全环保。

截至目前，全球只有 BGP 研制出工业化量产的低频可控震源，已经生产 80 多台，并成功进行近 60 个项目的低频地震数据采集，取得了十分突出的地质效果，一些盆地已经基于新的认识重新开始规划大的格架线布设。低频可控震源 LFV3 及低频地震技术的出现，带动了新一轮地震采集市场。

**新可控震源采集的地震资料的效果如图 3～图 5 所示。**

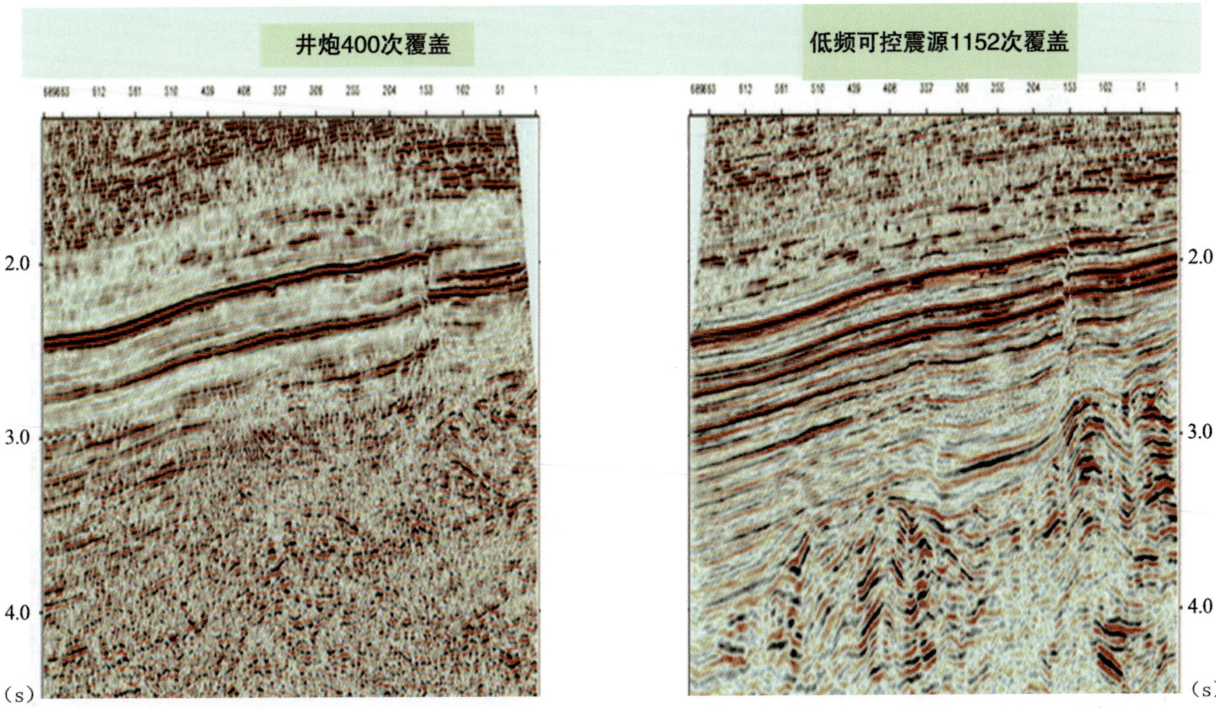


2L1S800R，7990-10-20-10-7990，400次，8口×6 m×3 kg　　48L3S288R，7175-25-50-25-7175 面元，25m×25m，线距150 m，1 152次覆盖

图 3　新型低频可控震源对深部地质目标刻画的改善

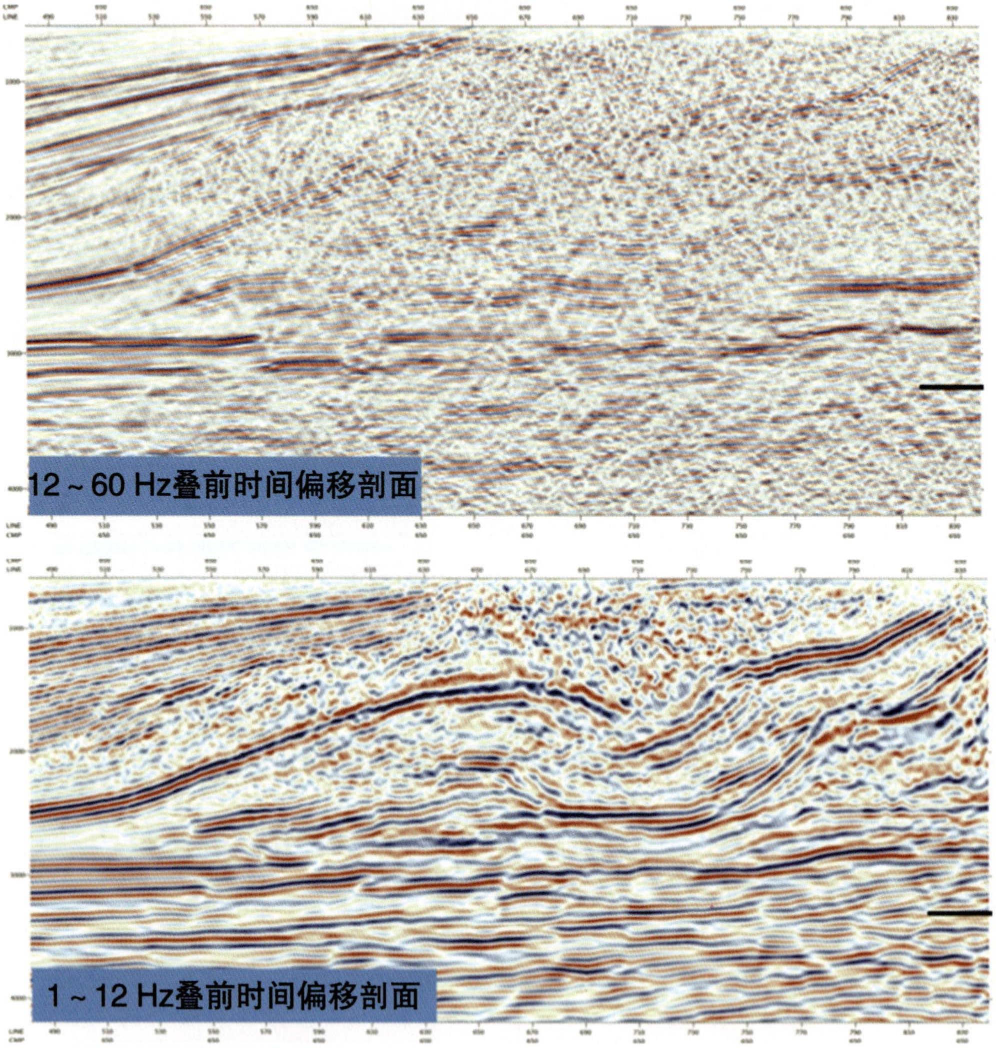


图 4　新型低频可控震源在逆掩构造下方能帮助正确成像

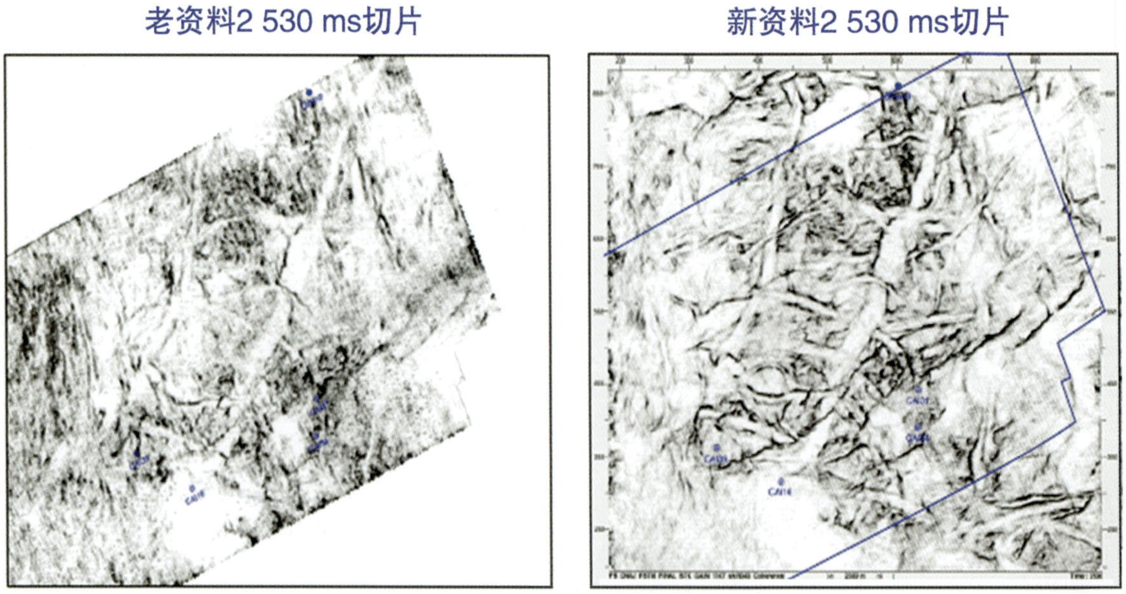


图 5　新型低频可控震源采集的资料改进了深部古河道的成像

## 二、可控震源扫描方式的改进极大地提高了施工效率

近年来，国外在扫描方式的改进方面成效显著。我国也正在使用并不断提高工效。目前的可控震源的扫描方式有：

（1）交替扫描（SlipSweep）。3 台行走时，1 台在工作。可达每小时 50 炮。

（2）滑动扫描（FlipSweep）。工作中，各台扫描信号首尾相接，扫描频率互相错开。可达每小时 260 炮。

（3）远距离同时扫描（Distance Separated Simultaneous Sweep，DSSS）。4 组（每组 2 台）放炮，每小时达 850 炮。

（4）高效扫描（HPVA SlipSweep）。可达每小时 320 炮。在信号回收时，要解决"谐波畸变"问题。

（5）独立同时扫描（Independent Simultaneuously Sweeping，ISS）。8～15 台可控震源，分 2～3 列，互相远离，各自独立扫描，连续记录。在室内再做信号分离。15 台震源每小时平均放 1 000 多炮。

这些扫描方式的改进使可控震源野外资料采集的工效大幅度提高。

海外可控震源的高效施工给我留下深刻的印象。例如 BGP 在伊拉克 Romena 油田采用 ISSN 高效采集技术，震源独立扫描，点距 50 m×50 m，采用 200 m×200 m 节点地震仪连续接收，设计炮点数 725 452 炮。项目要求日平均最低产量 5 000 炮，实际平均日效 5 287 炮，单日最高产量 8 888 炮。项目安全运作达到 113 万小时，安全驾驶 233 万千米，劳动用工缩减到 157 人。1 700 平方千米的三维，仅用 8 个月就完成了采集工作。

## 三、潜水面很深的戈壁、沙漠地区，可控震源可以改进地震资料品质

准噶尔盆地东部大沙漠是一片蜂窝状大沙丘，潜水面最深处达 250 m。本区地震资料非常难得。以往都是采用组合浅井激发，地震资料品质很差。这里采用可控震源施工后，地震资料品质得到很大的提高（图 6）。

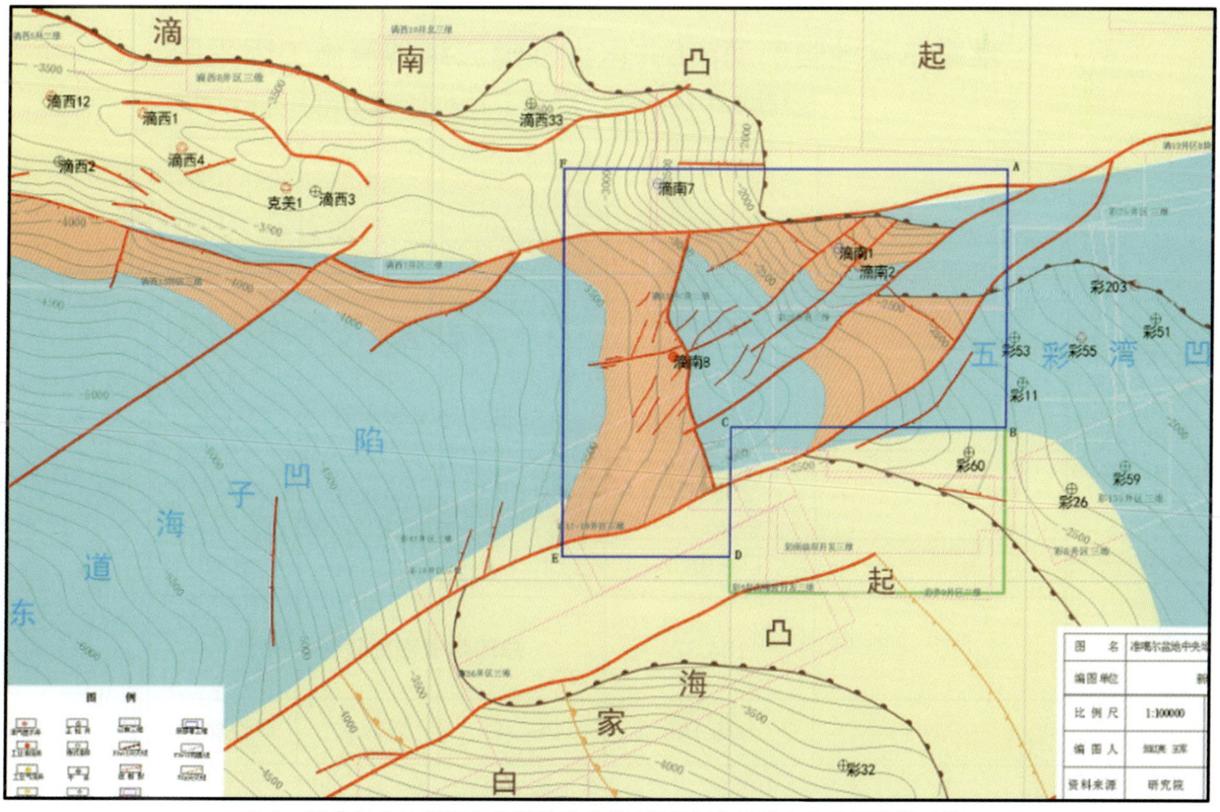


图 6　准噶尔盆地东部大沙漠构造分区（蓝色框内是滴水 8 井区震源三维）

沙漠的高度北高南低。南面的白家海地区沙漠面积较小，可控震源首先获得突破，见图7。

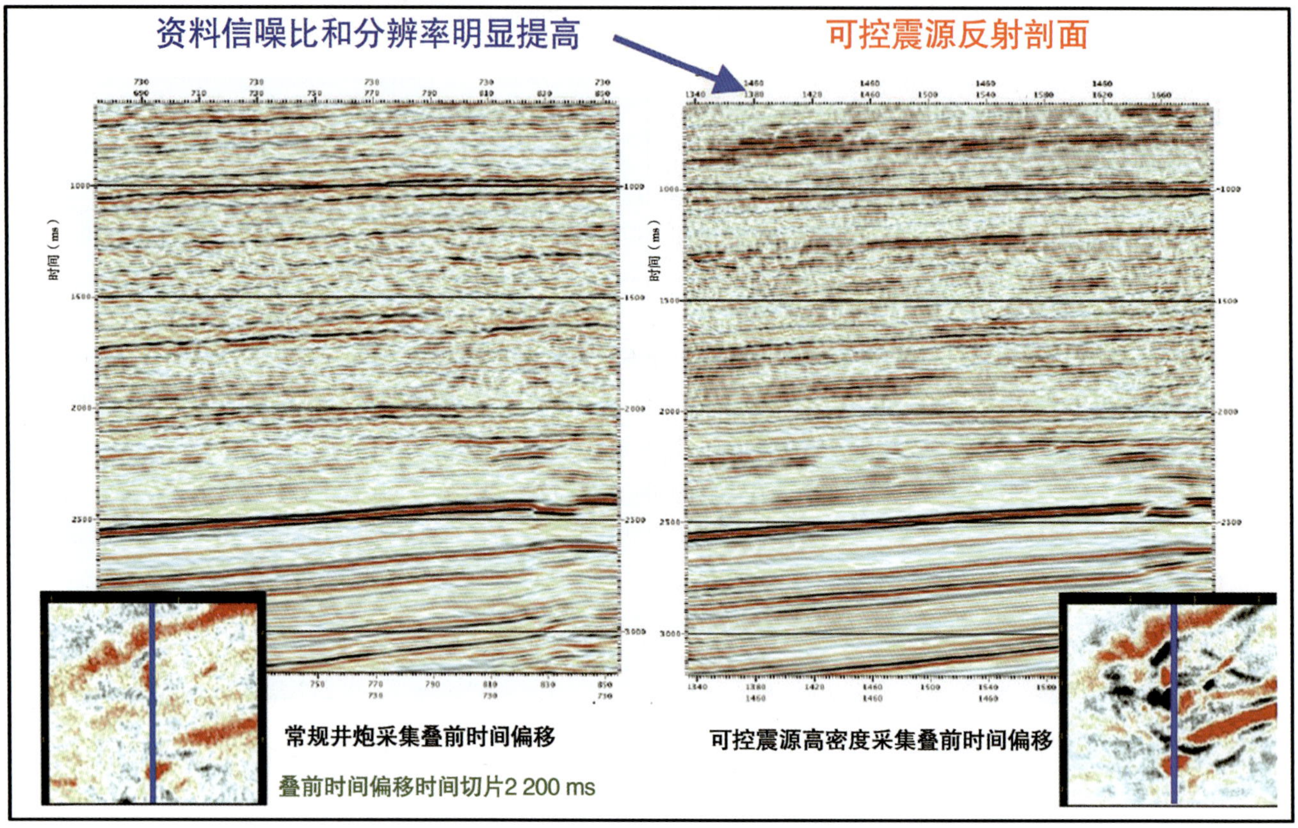


图7 可控震源为准噶尔盆地白家海小沙漠地区提供了良好的剖面和切片

从图8的施工因素可以看出：可控震源施工的炮道密度达每平方千米184.32道，较过去井炮大40～80倍。

准噶尔盆地腹部滴南8井区大沙漠三维地震施工因素图

| | 震源2014年 | 井炮2013年 | | |
|---|---|---|---|---|
| | 滴南8井三维 | 滴南12井C块三维 | 彩25井西三维 | 彩43井三维 |
| 震源类型 | 可控震源 | 井炮 | 井炮 | 井炮 |
| 台次 | 2台1次 | 覆盖次数少10～20倍 | | |
| 覆盖次数 | 1 056次（24横×44纵） | 60次 4×15 | 45次 3×15 | 100次 10×10 |
| CMP面元（m×m） | 25×25 | 50×50 | 25×50 | 25×50 |
| | | 面元大2～4倍 | | |
| 纵横比 | 0.83 | | | 0.84 |
| 最大覆盖密度（万道/平方千米） | 184.32 | 总的炮道密度差40～80倍 | | |
| 满覆盖面积（km²） | 595.148 | 294.41 | 280.97 | 230 |

图8 大沙漠地区的施工因素

在大沙漠地区中，2014 年可控震源施工的地震资料如图 9 右边所示，较 2013 年浅井组合的资料，如图 9 左边所示，有了很大的改进，尤其是二叠系到石炭系的深层反射良好。

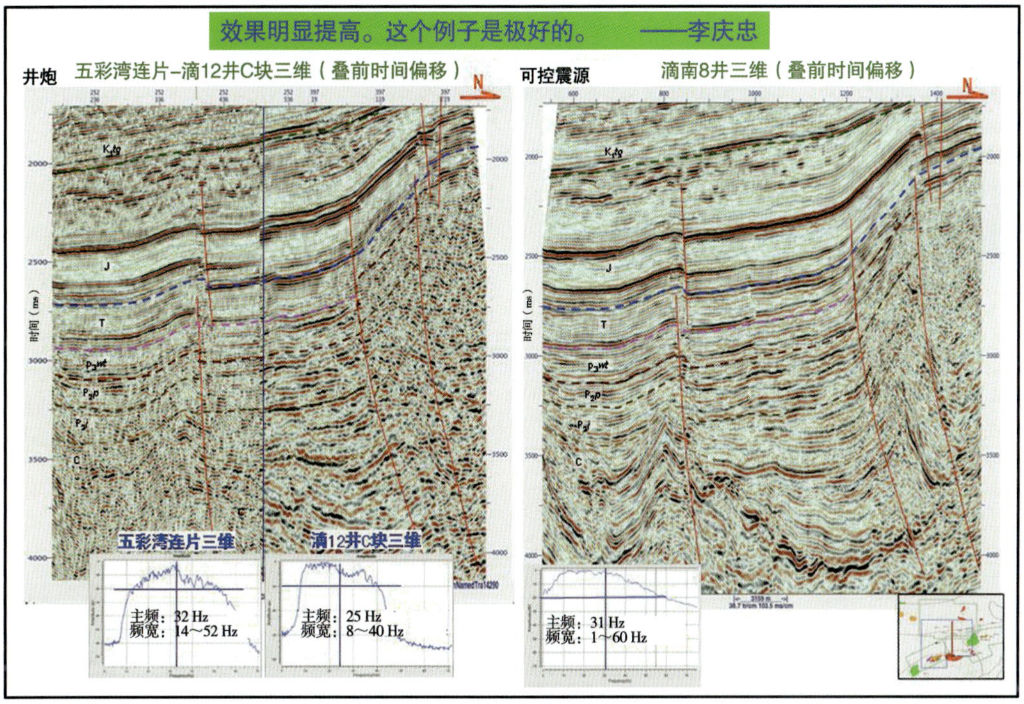


图 9　滴水泉南大沙漠中老三维资料与新三维资料的频谱分析对比

北面滴水泉南地区大沙漠低降速带极厚，最厚达 250 m，这里是准噶尔盆地里潜水面最深的地方。2013 年采用浅井组合，60~100 次覆盖，资料不好。2014 年改用可控震源施工，覆盖次数达 1 056 次，效果明显提高。这个例子是极好的。如图 10~图 14 所示，相较于常规浅井放炮，可控震源资料信噪比和分辨率有了极大的提高。

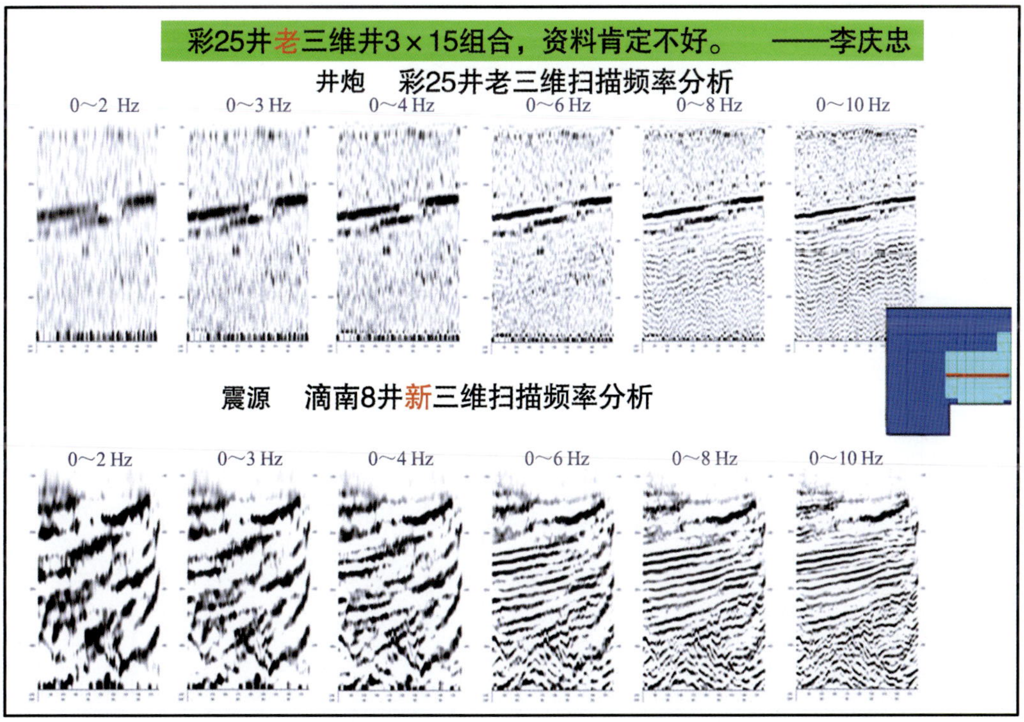


图 10　滴水泉南大沙漠中浅井放炮老三维资料与可控震源新三维资料分频扫描结果

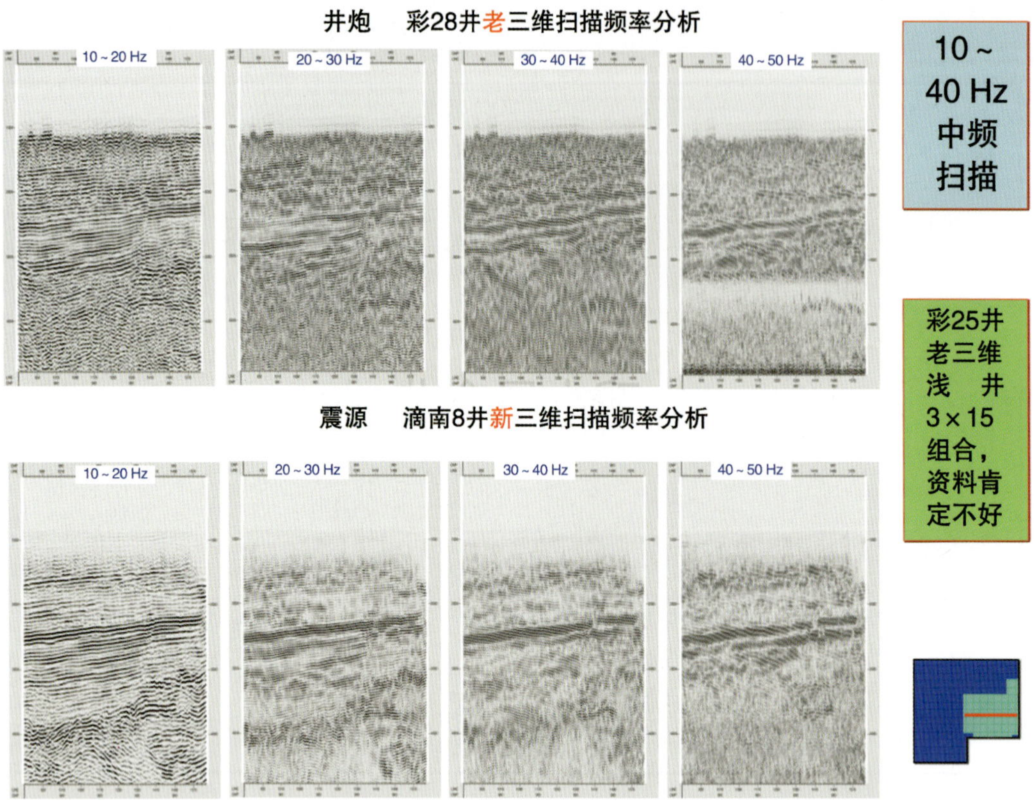


图 11 40 Hz 以上，侏罗系强反射之下没有反射影子

注：40 Hz 以上侏罗系强反射之下没有反射影子的原因可能与 40～50 Hz 不够半个倍频程，扫描频带太窄了有关。也可能是由于大沙漠里低降速带的静校正误差所引起。

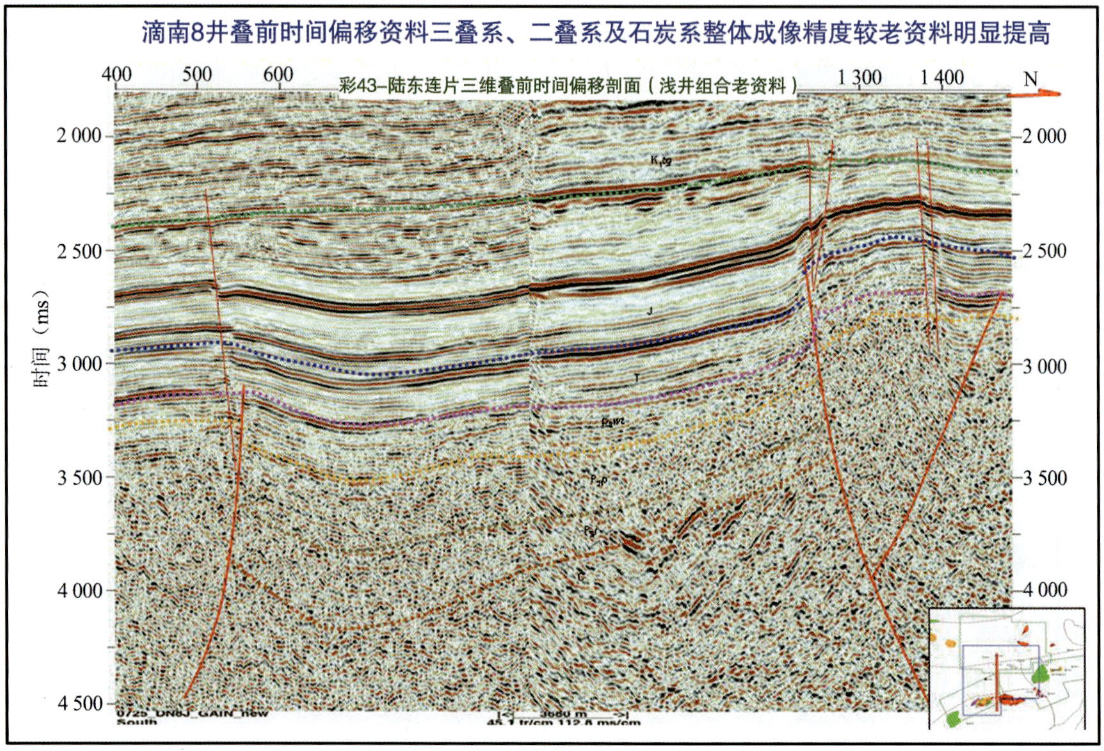


图 12 滴水泉南大沙漠中浅井组合放炮的老剖面

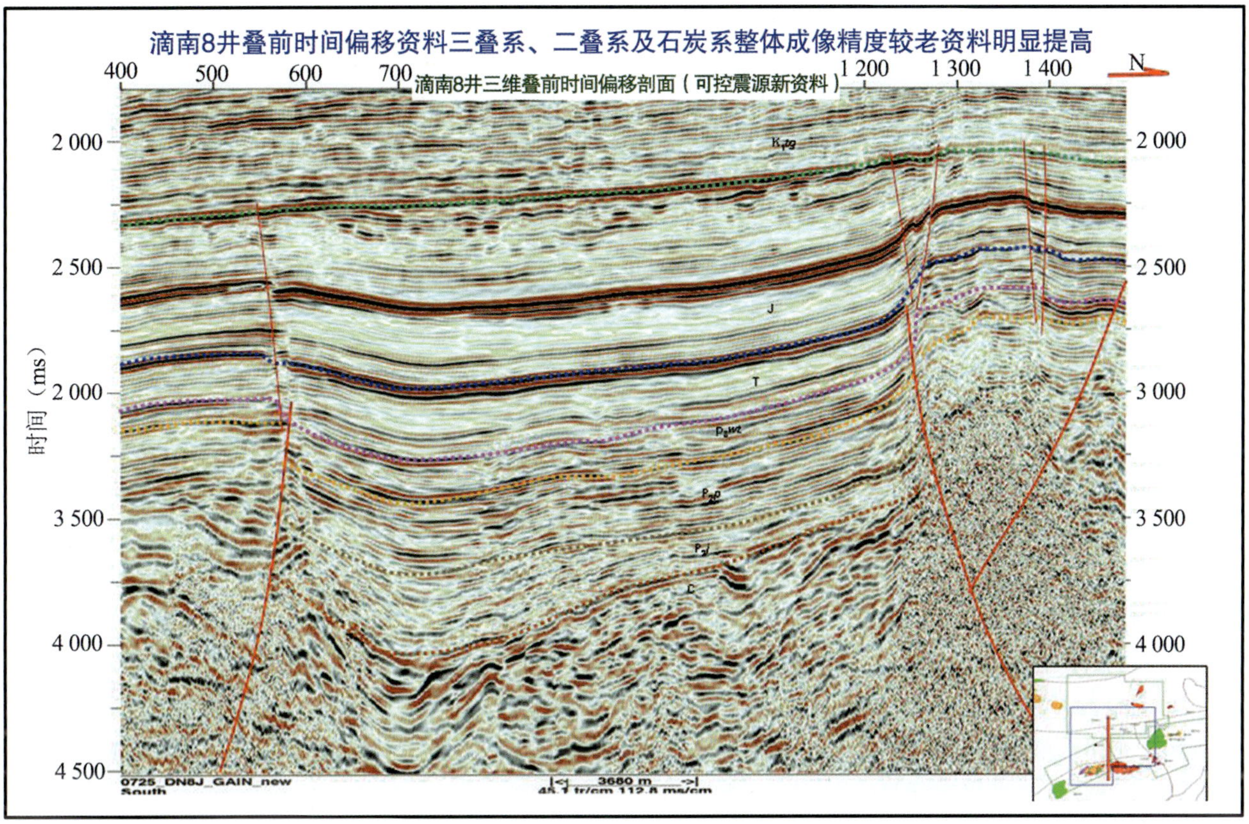


图 13　滴水泉南大沙漠中可控震源施工的新剖面

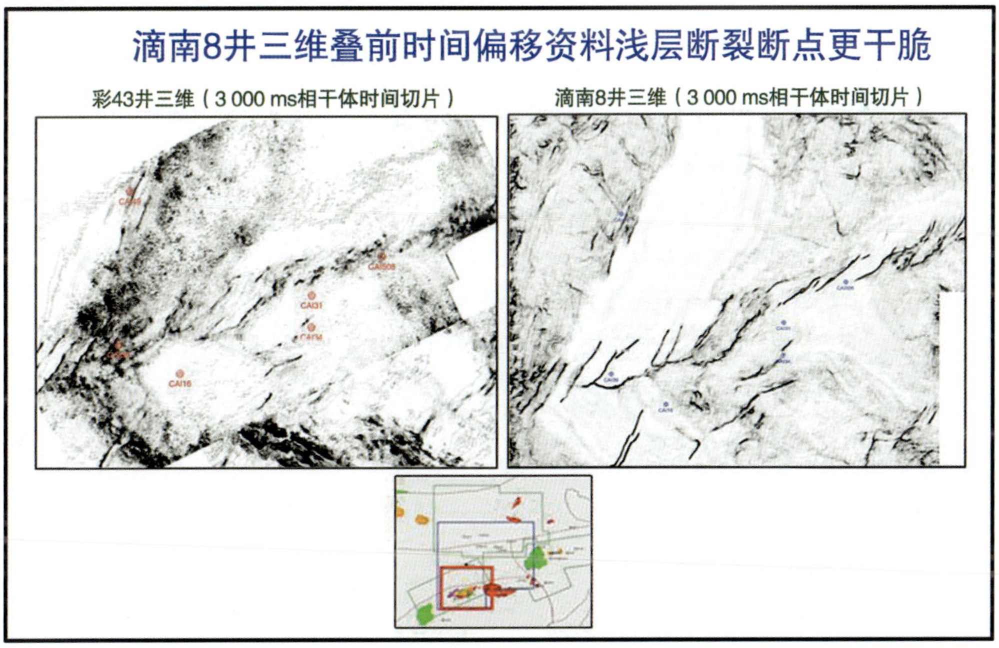


图 14　滴水泉南大沙漠中深层 3 000 ms 的新老切片的比较

在这里我要提醒大家:潜水面浅的平原地区,井炮在潜水面下激发可以得到宽频地震资料,就比可控震源的记录要好。塔里木的大沙漠中,坚持打穿潜水面做井炮激发,找出了隆起幅度仅 20 m 的塔中 4 油田。

## 四、低频可控震源对深层勘探起到良好的作用

2018—2019 年，低频可控震源在深层地震勘探领域中发挥了显著的作用。利用我国制造的 LFV3 大吨位可控震源激发，并采用宽线超长排列广角高保真地震采集配套技术，在塔里木、鄂尔多斯、华北廊固等地区，得到了高保真、高信噪比、低频宽带的地震原始资料。

施工因素如下：

最大偏移距：12 km

扫描长度：24 s

扫描次数：3 台组合×1 次

驱动幅度：65%

扫描频率：1.5～64 Hz，线性增频

道距：25 m

组合：20 个检波器

覆盖次数：1 000～2 000 次

肖堂地区位于轮南（塔河油田）隆起带之南及塔中断折带以北的广大地域。

采用低频可控震源，在塔里木盆地肖塘地区获得了深层资料，得到深达 7.0 s 的可靠反射，深度在 15 km左右。这里是塔里木盆地沉积岩最深的地方，称为“满加尔坳陷”，如图 15 所示。在剖面的右边 3.0 s处还存在一个平缓的隆起。

针对塔里木盆地深部勘探的主要后备目标——下寒武统白云岩，在和田河罗斯塔克地区，改进了可控震源地震勘探技术方法，得到了可靠的下寒武系反射，初步找到三个高点，如图 16 所示。

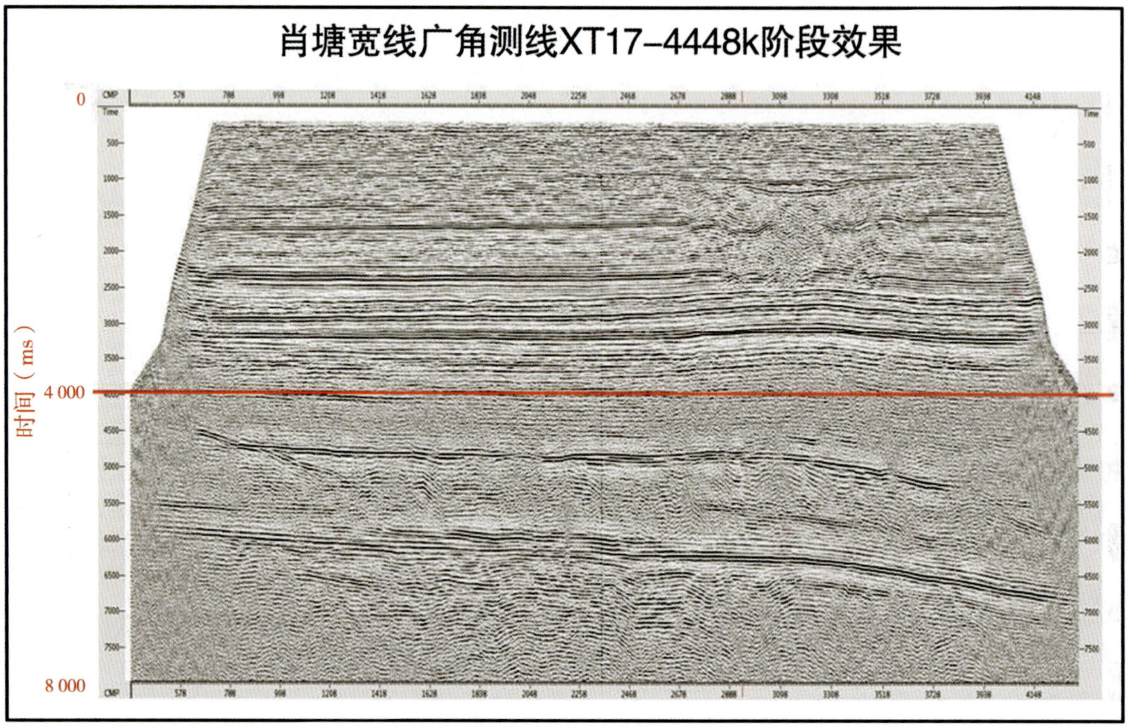


图 15　塔里木盆地肖堂地区可控震源深层攻关剖面

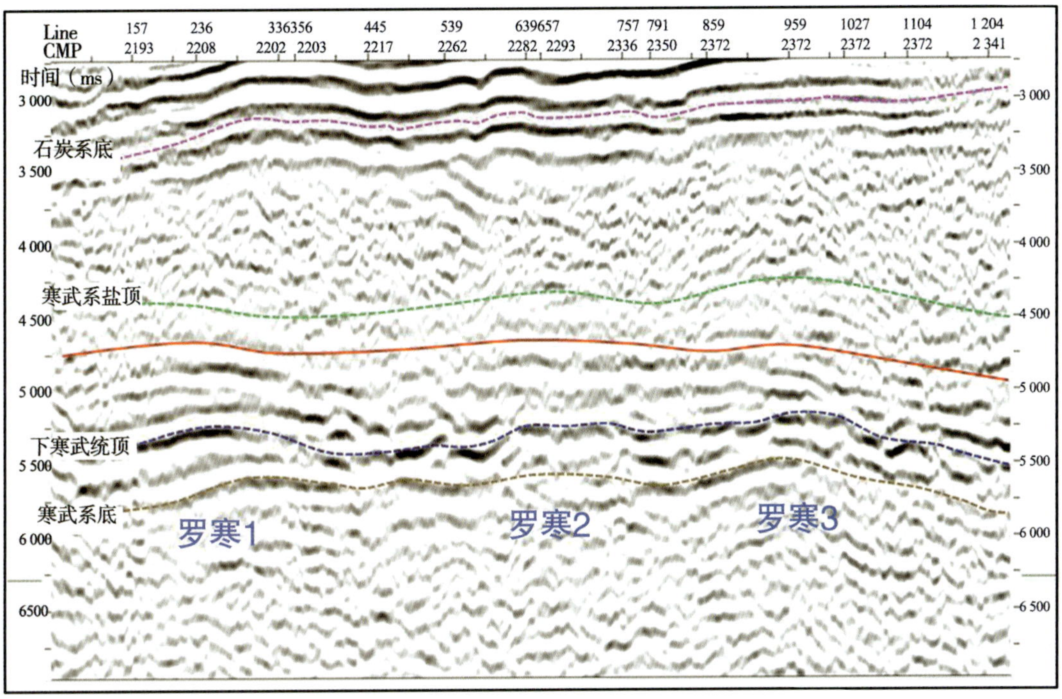


图 16　塔里木和田河罗斯塔克构造轴部东西向叠前深度剖面

图 17 用分频扫描证实了罗斯塔克南部的地震深层资料品质有了明显的改进。

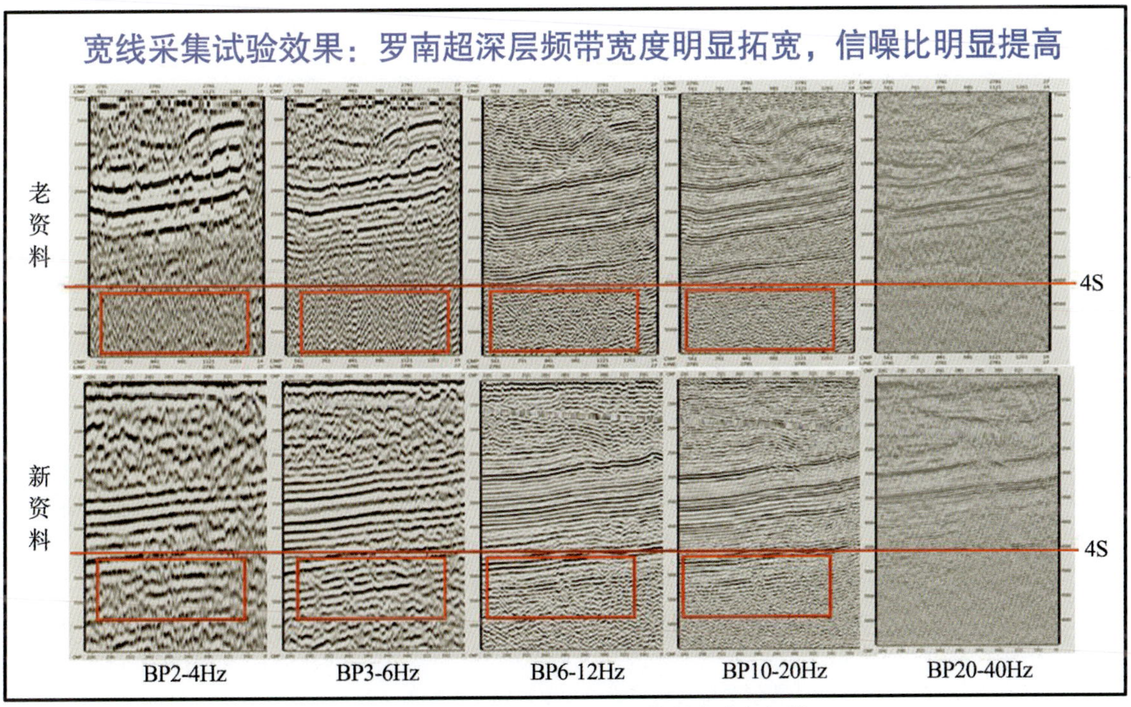


图 17　罗斯塔克南部的新老地震资料的分频扫描

华北深层廊固凹陷地震攻关剖面也比老资料有了很大的改进，见图 18。

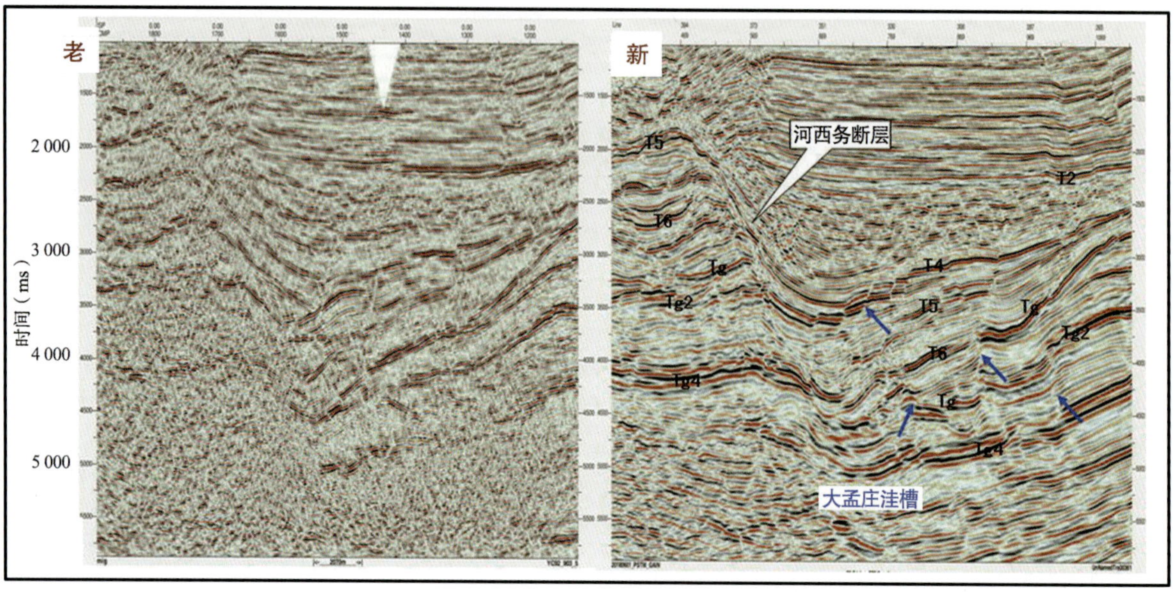


图 18　廊固地区新老地震剖面的对比

鄂尔多斯盆地西缘采用可控震源做深层攻关，也取得了明显的效果。图 19 是鄂尔多斯盆地西缘新老地震剖面的对比。这是不错的效果。

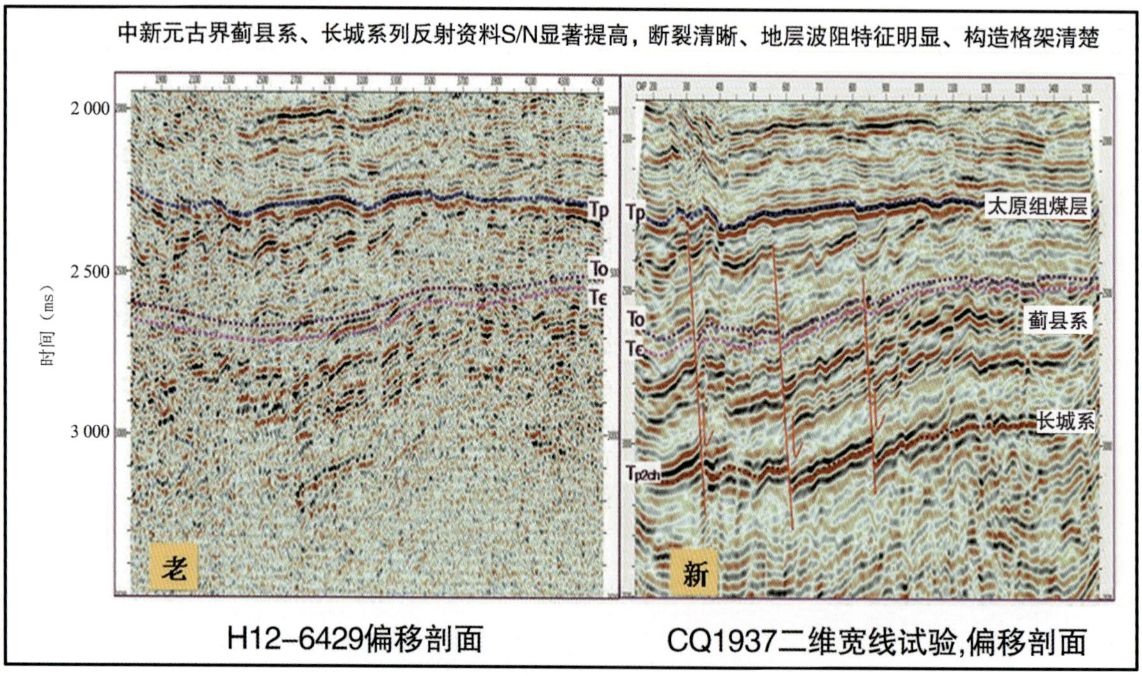


图 19　鄂尔多斯盆地西缘新剖面得到元古界地层的良好反射

但是可控震源资料的频率扫描，超过 40 Hz 还是不见同相轴，这是很遗憾的现象。因为它在地表激发，低速带的强烈吸收使高频无法出现，如图 20 所示。

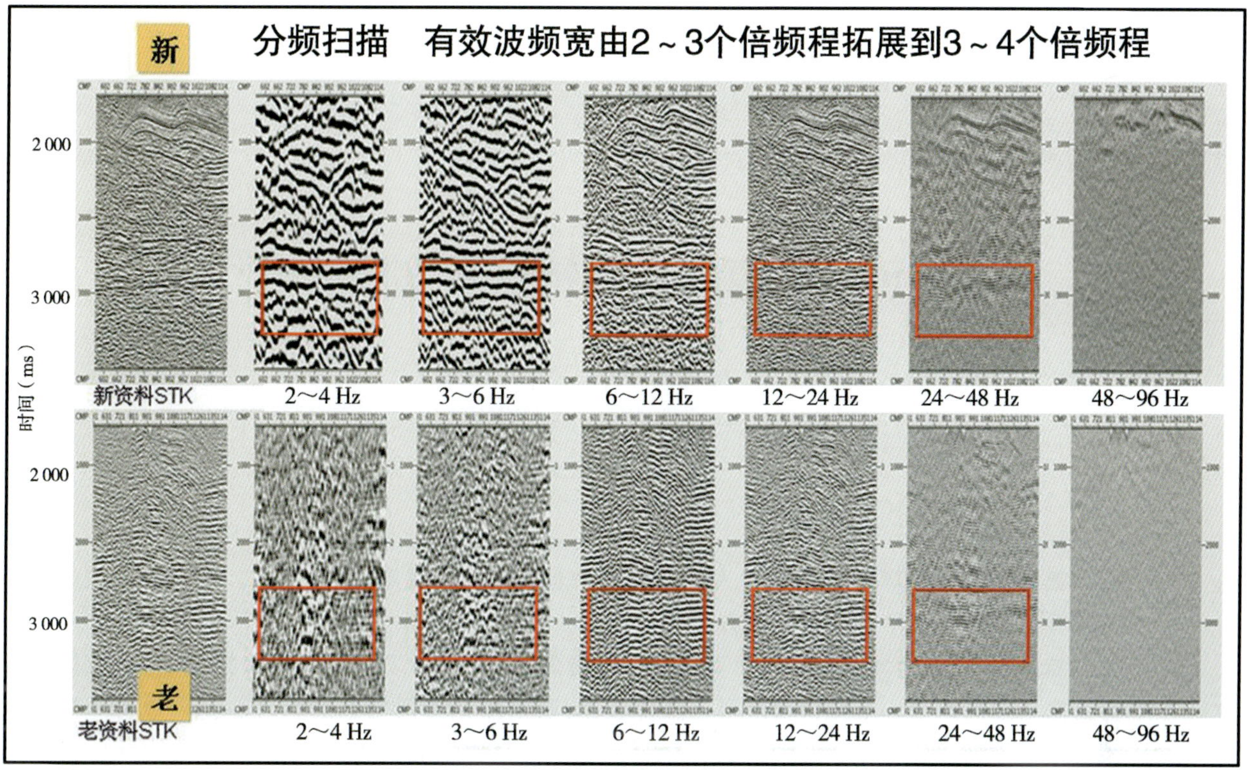


图 20　鄂尔多斯盆地西缘新老剖面的频率扫描对比

在鄂尔多斯盆地西缘，可控震源攻关新剖面得到奥陶系到元古界地层的良好反射，在太原组煤层之下，一系列反向正断层清晰可见（图 21）。

从以上的几个实例中可以看到低频可控震源对深层勘探的效果是很好的。

在当前我国油气勘探逐步转向深层的新形势下，我们期待新型可控震源今后能够发挥更重要的作用。

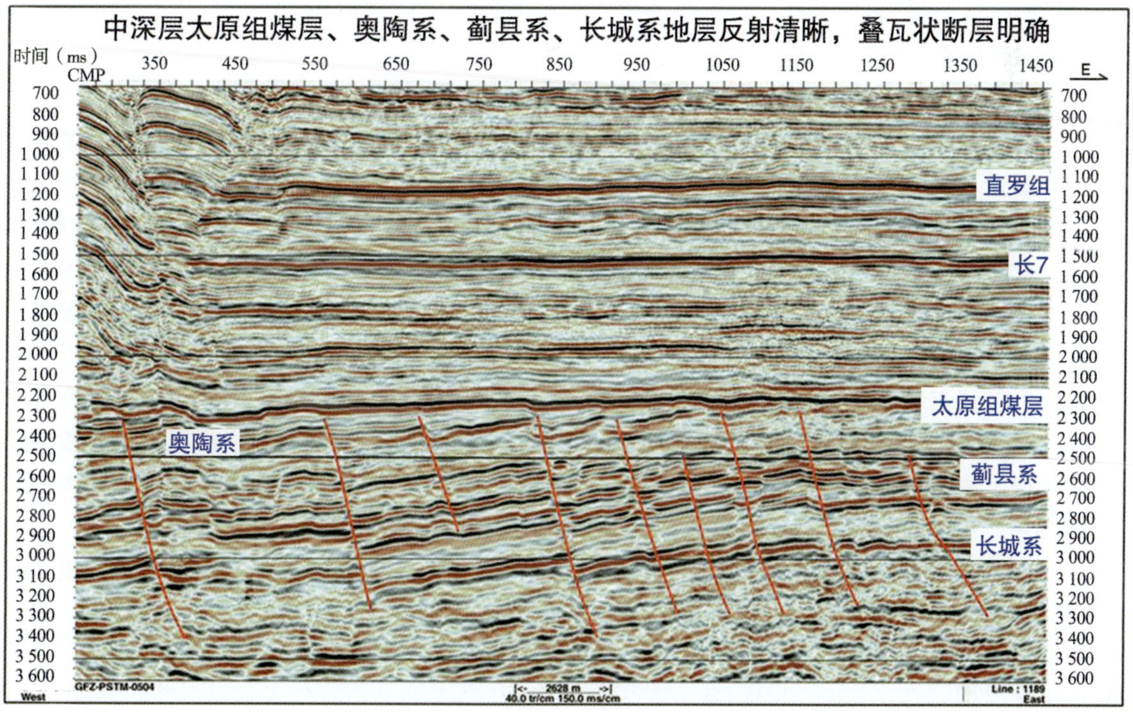


图 21　鄂尔多斯盆地西缘可控震源攻关新剖面

文章编号 412

# 试论可控震源的低频特点及发展展望

在当前反恐和环保的形势下，采用炸药爆炸的施工方法很难再继续推广，而可控震源就成为今后地震勘探中的重要发展方向。

自从 BGP 成功地试制了大功率低频可控震源以来，取得了一批良好的勘探成果，在国际上也有了些声誉。在国内利用可控震源技术，在潜水面很深的戈壁和大沙漠里取得了比浅井组合更好的资料，在深层油气勘探方面，也取得良好的勘探成果。在 BGP 的国际业务方面，可控震源也起到了重要的支柱作用。

但是在发展可控震源技术的应用方面，我们还存在着一些认识上的问题。例如对低频信号的特点，我们应该认识到“不同的频率有不同的用处”。2～5 Hz 的低频信息在普通的叠前偏移剖面上是看不到它的用处的。只有通过积分地震道技术，得到相对波阻抗剖面，才能对地下的砂层分布有一定清楚的了解。

再譬如有了低频 2 Hz 的信号，如果有效频带到达 35 Hz，频宽就有了 4 个倍频程。你的剖面就变得“粗眉大眼”，显得很好看。你以为这就是好剖面了，其实，还缺少 40～60 Hz 的高频信号，剖面的分辨率是很低的，不能查明厚度在 15～25 m 的砂层分布。

本文用一个复杂楔形理论模型和一个地下岩性变化的理论模型，证明了一个事实：频带愈宽，分辨率愈高，子波就愈窄，叠前偏移剖面上的低频胖波就愈不明显。只有做了积分地震道，得到相对波阻抗剖面，才能正确认识地下的情况。

宽频带的成果应该体现在波阻抗的准确性上。宽频带的叠前偏移剖面不能追踪砂层。在岩性油气田逐渐成为勘探重要目标的今天，我建议今后凡是交到解释人员手里的剖面至少都应该做了积分的相对波阻抗剖面。做积分之前应该将有效频带尽量拓宽，要做谱白化或偏后反褶积。

近两年 BGP 又研发了新型可控震源。它不仅改进了低频，还在一定程度上改进了高频，叫作宽频高精度可控震源 EV56。这种震源所得的资料比过去的 LFV3 低频可控震源更好。根据该新型可控震源在辽河青龙台的试验资料，得到从 1.5 Hz 到 70 Hz 的宽频有效频带。经过积分地震道的处理，得到可喜的成效，使我们在认识上有所提高。

我这篇文章并不想否定可控震源低频信息的作用。相反，我要感谢震源研究室的同仁们这几年来的努力，使我们今后能够走进波阻抗反演的一条康庄大道。

**分节内容**



## 一、低频信号在资料解释中的特点

我在《走向精确勘探的道路》一书中曾经提出过“不同的频率有不同的用处”，这主要反映在“增强频率”方面(图 1)。

我认为不同的频率有不同的用处。其实道理很简单，在时间域，当子波的主瓣宽度(半周期)和砂层的时间厚度一致时，褶积后，输出振幅达到最强，否则振幅要变弱。这种效应相当于一种对不同砂层厚度的“滤波器”。

显然，被增强的砂层厚度大致为 1/4 视波长(即时间厚度为半周期)，所以有

$$\Delta H^* = \frac{1}{4} v \cdot T^* = \frac{v}{4f^*} \tag{7}$$

式中 $\Delta H^*$ 为被增强的砂层厚度，$T^*$ 为主视周期，$f^*$ 为主频，$v$ 为层速度，于是有表 2(设层速度为3 000 m/s)。

表 2　增强砂层的厚度与加强频率的关系

| 增强砂层的厚度(m) | 75 | 37.5 | 25 | 18.8 | 12.5 | 9.4 | 7.5 | 6.2 | 4.7 |
|---|---|---|---|---|---|---|---|---|---|
| 加强频率(Hz) | 10 | 20 | 30 | 40 | 60 | 80 | 100 | 120 | 160 |

图 1　《走向精确勘探的道路》一书中有关“不同的频率有不同的用处”的内容

根据我写的《走向精确勘探的道路》一书中，关于“增强频率”与“增强厚度”的关系，可以得到如下的初步结果(图 2)。

**高中低频不同频率有各自不同的用处**

公式　增强厚度 $\Delta H = V/4f$

其中 $V$ 是层速度。$f$ 是增强频率；于是在层速度为 3 000 m/s 的情况下根据我书上说的“增强频率”的规律，大致的数据是：

5 Hz 的信号增强厚度是 150 m，适合研究 75 m～300 m 厚度的储层；

10 Hz 的信号增强厚度是 75 m，适合研究 38 m～150 m 厚度的储层；

30 Hz 的信号增强厚度是 25 m，适合研究 12 m～50 m 厚度的储层；

100 Hz 的信号增强厚度是 7.5 m，适合研究 4 m～15 m 厚度的储层。

2 Hz 的信号增强厚度是 380 m，只是对深层勘探起好作用，在波阻抗反演中能得到更好的成果。

图 2　《走向精确勘探的道路》一书中有关“增强频率”与“增强厚度”关系的内容

普通反射剖面反映的是地下的反射系数。因此,同一个资料的不同频档的剖面各有千秋。低频档剖面能较好反映较厚的储集层分布;高频档剖面则反映薄储集层较好。

如果把叠前偏移反射剖面积分反演成相对波阻抗剖面,那么肯定是宽频带的剖面更好,它更全面、清晰、逼真。

下面先举一个滨里海盆地的地震宽频带剖面的例子。

图 3 是滨里海盆地中区盐丘构造的两张剖面图。左边是“两宽一高”含有低频的剖面,右边是去掉低频信息的同一条剖面。

对于叠前偏移剖面来说,这两张图各有优点,这就是我说的“不同的频率有不同的用处”。

左图具有低频信号,频谱宽,做波阻抗反演后更准确。右图在研究薄层的精细结构方面也有其独特的作用,不过最好是在积分地震道剖面上追踪砂层。

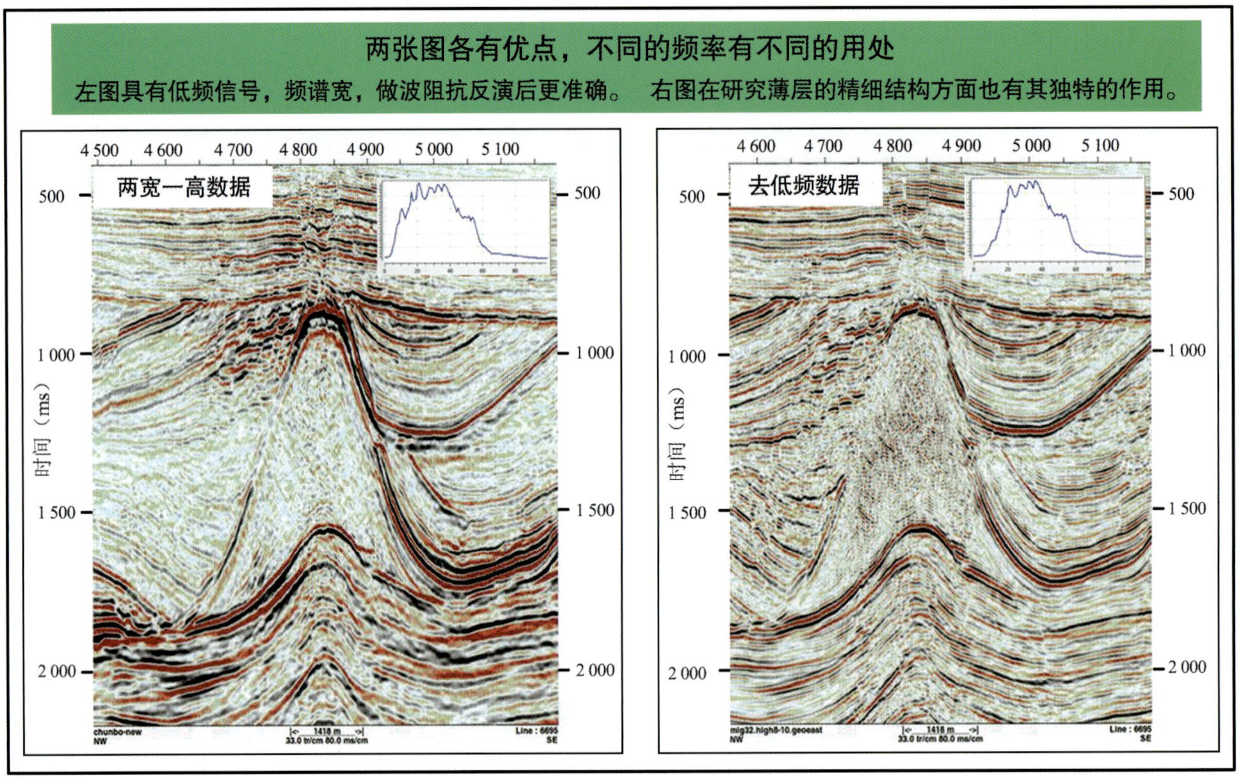


图 3　滨里海盆地盐丘的两种显示剖面

为验证高、中、低频信息在地震成果图中所起的作用,我们制作了一个不同厚薄,不同断距的复杂楔形理论模型。

## 二、复杂楔形理论模型和分析

为验证高、中、低频不同频率有各自的用处,我们制作了一个不同厚薄,不同断距的复杂楔形理论模型,如图 4 所示。其中左图是地下波阻抗,右图是地下反射系数。采样率 2 ms,层速度 3 000 m/s,这样每个样点相当于厚度 3 m 的地层。图中深黄色框内是断层落差,蓝色框内是砂岩厚度。

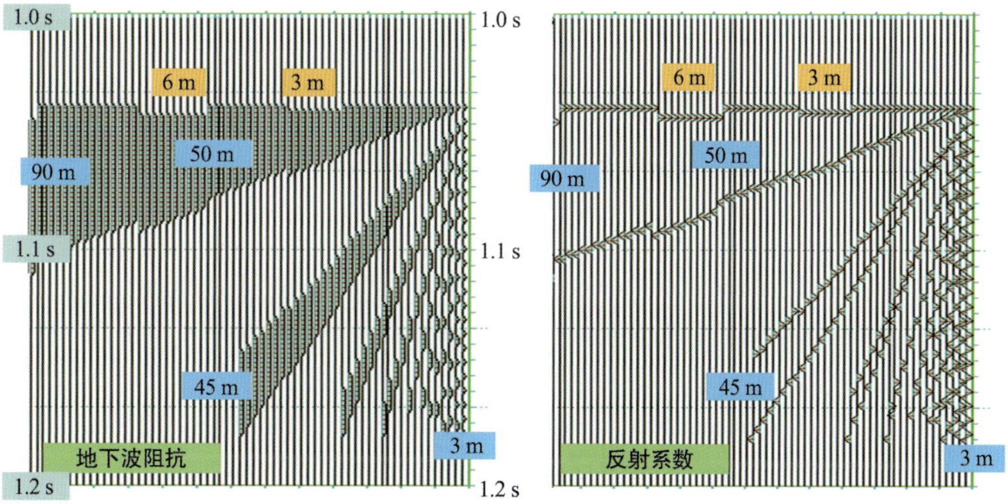


图4 复杂楔形理论模型

我们采用下面六个有代表性的滤波算子，对反射系数做褶积，得到反射理论记录（它相当于叠前偏移剖面）。再把后者做积分地震道（得到相对波阻抗剖面）（图5）。

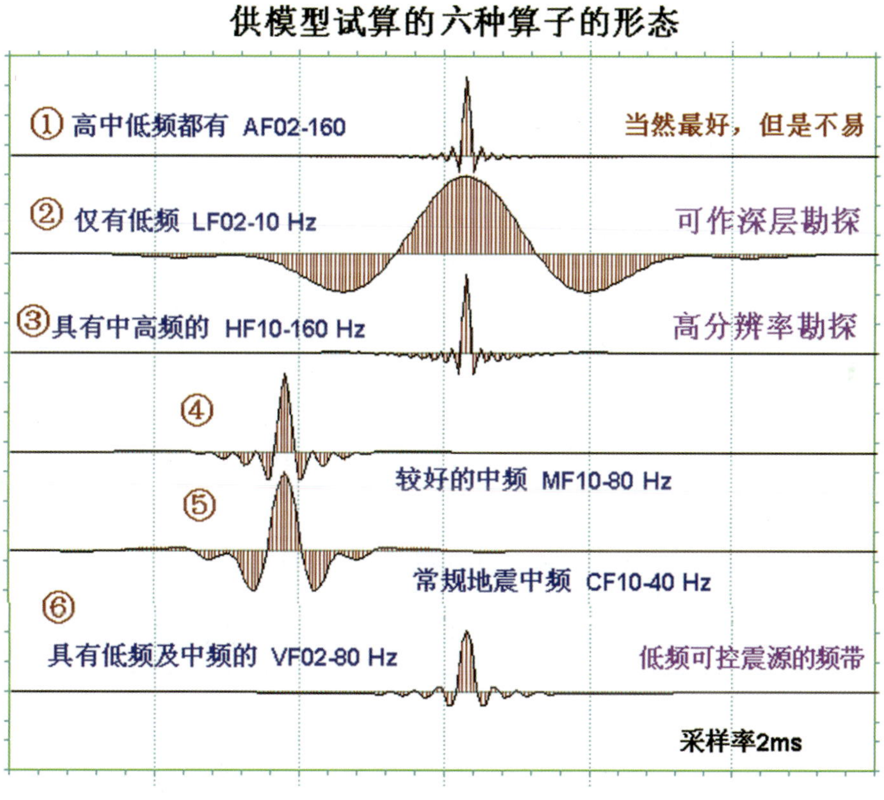


图5 六种不同频带的算子形态

## 不同频段的子波所得到的结果

①

先用富含高中低频的 AF02-160 Hz 褶积反射系数，得到理论反射记录图6中的①a，继而用积分地震道反演波阻抗后，得到①b。发现每个砂层的厚度都反映准确，断层也有良好的反映。

当然，这样的理论试算是假定完全没有干扰波的存在。而且在资料处理中，动静校正完全准确，子波已经调整到零相位，偏移速度完全正确，成像归位良好，才能达到这种境界。

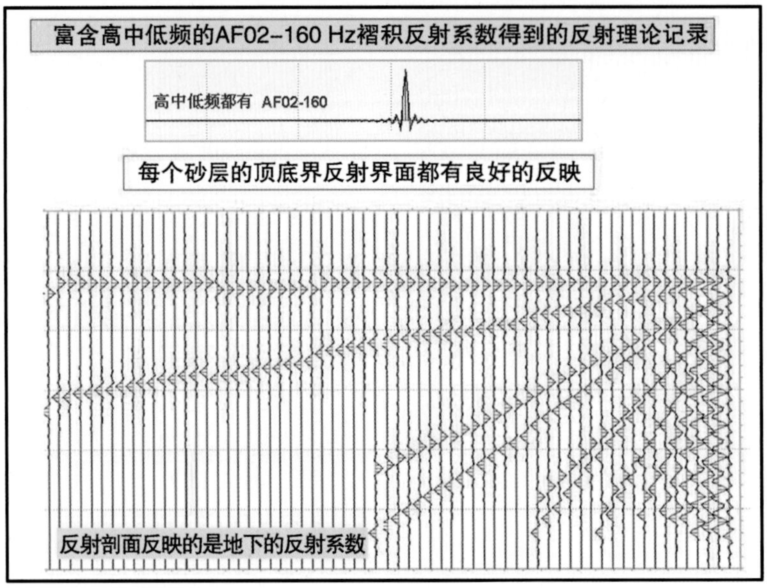


①a

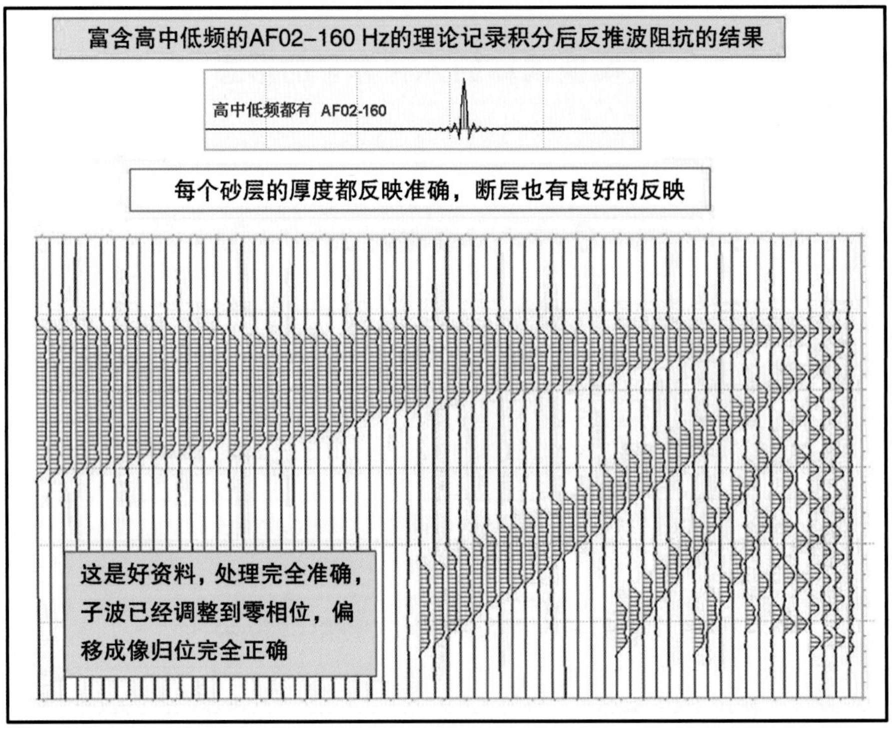


①b

图 6　富含高中低频的 AF02-160 Hz 得到的理论反射记录和积分地震道剖面

②

再采用只含低频的滤波算子 LF02-10 Hz 褶积反射系数，得到图 7 反射理论记录②a，反演波阻抗后，得到②b。

记录②a 基本不能反映地下构造的形态。可见如果没有 10 Hz 以上中频的参与，光有低频是对勘探用处不大的。

记录②b 厚砂层积分后反映较好，但是边缘不清楚。薄砂层低于 30 m 的砂层基本上没有反映，振幅很小。所以，低于 10 Hz 的低频信号对一般常规油气勘探的贡献不大。但对波阻抗反演来说，缺少低频是有问题的。

LF02-10 Hz 主要可用来做深层勘探。

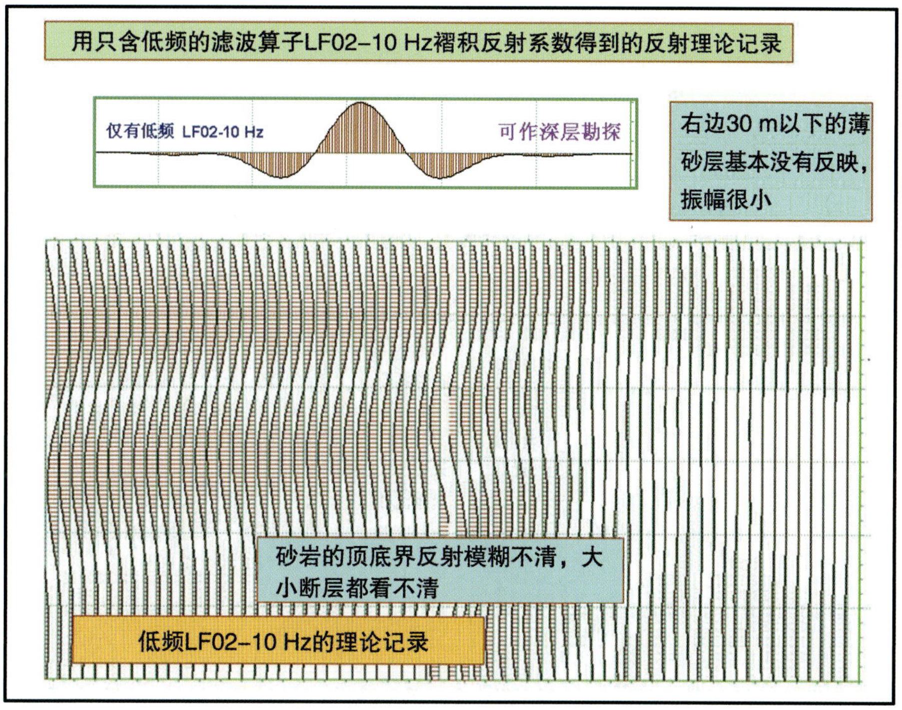
用只含低频的滤波算子LF02-10 Hz褶积反射系数得到的反射理论记录
仅有低频 LF02-10 Hz
可作深层勘探
右边30 m以下的薄砂层基本没有反映，振幅很小
砂岩的顶底界反射模糊不清，大小断层都看不清
低频LF02-10 Hz的理论记录

②a

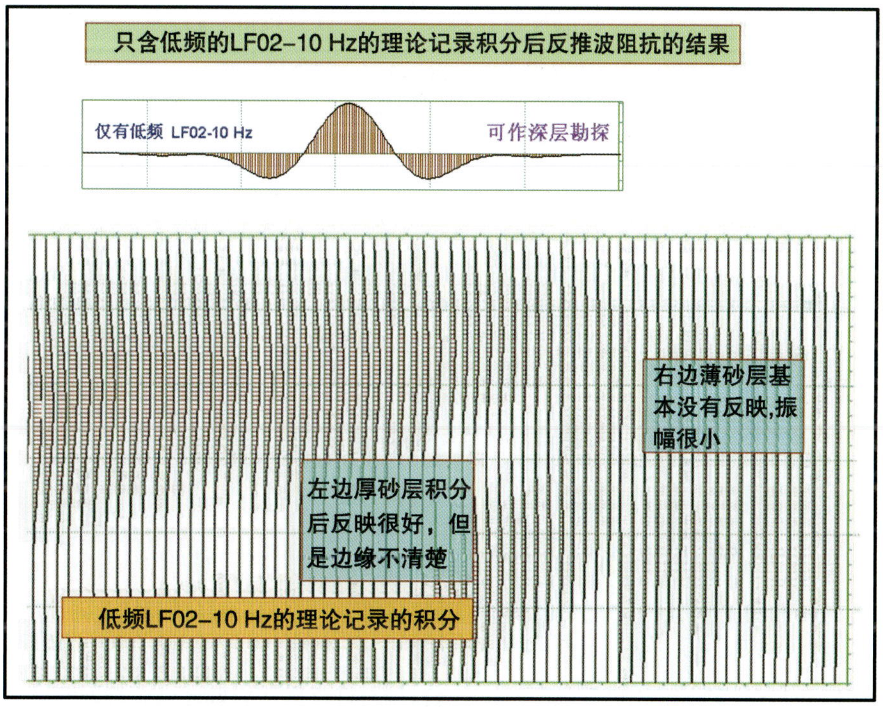
只含低频的LF02-10 Hz的理论记录积分后反推波阻抗的结果
仅有低频 LF02-10 Hz
可作深层勘探
右边薄砂层基本没有反映，振幅很小
左边厚砂层积分后反映很好，但是边缘不清楚
低频LF02-10 Hz的理论记录的积分

②b

图 7　只含低频的 LF02-10 Hz 得到的理论反射记录和积分地震道剖面

③

再用含中高频的滤波算子 HF10-160 Hz 褶积反射系数得到反射理论记录，即得到图 8 中的③a，反演相对波阻抗后，得到③b。

在叠前偏移的图③a 中，砂层的顶底界及小断层都反映正确。但是此剖面只是反映了反射系数的界面位置，没有看到砂层。

积分道剖面的③b 中，40 m 以下的薄砂层的厚度都能得到良好的反映。大于 40 m 的砂层中央的波阻抗的幅度变小。

我们地下的油气储层的厚度多在 3～5 m，最厚不超过 40～50 m。

所以，我认为对于普通油气勘探来说，10～160 Hz 是最重要的频段。

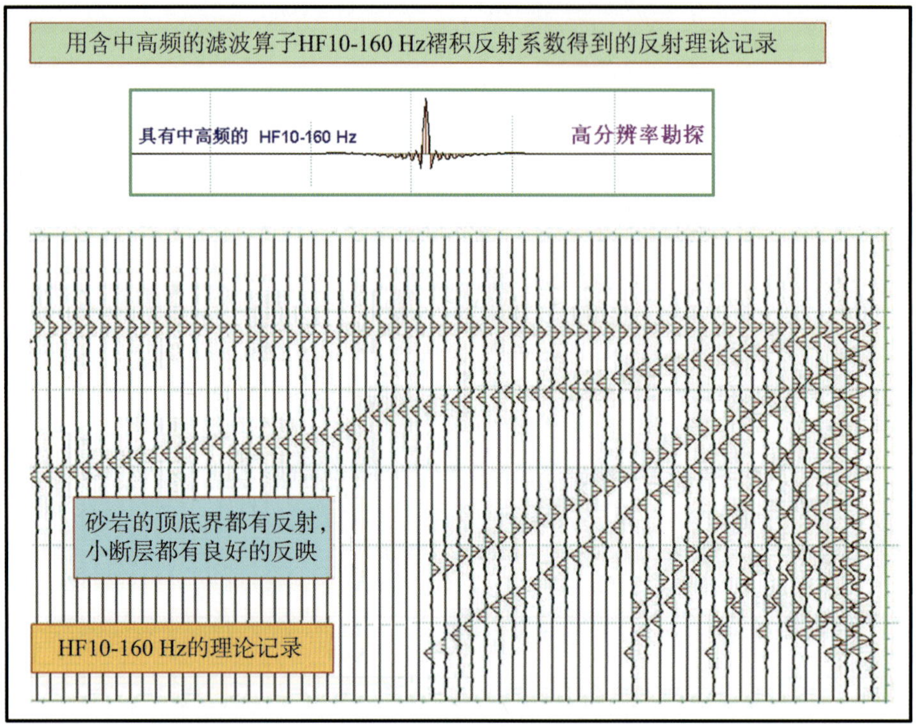


③a

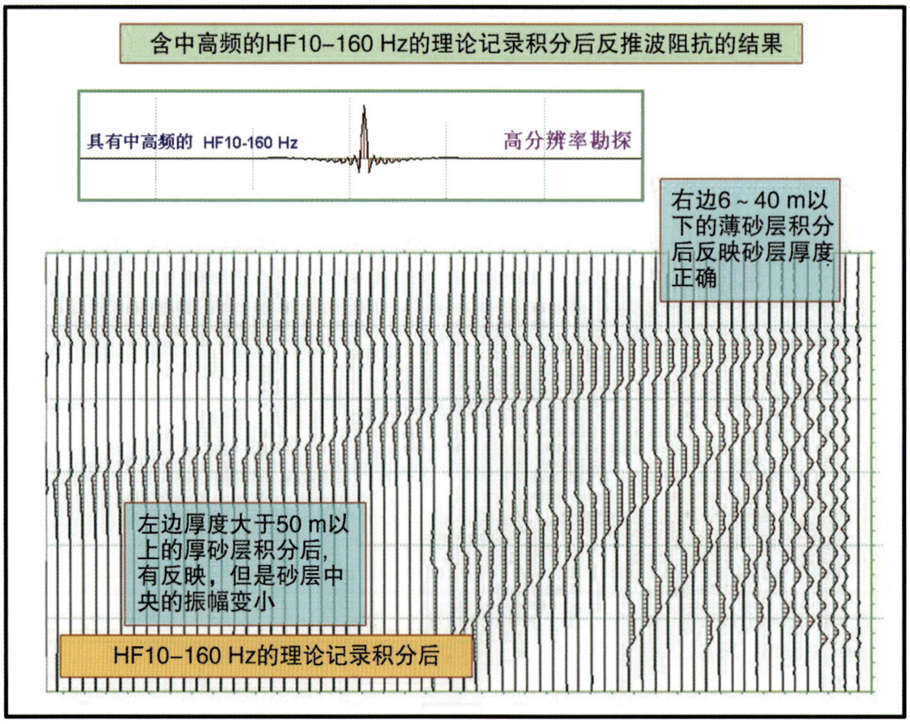


③b

图 8　中高频的 HF10-160 Hz 得到的理论反射记录和积分地震道剖面

④

采用只含中频的滤波算子 CF10-40 Hz 褶积反射系数得到反射理论记录图 9 中的④a，反演波阻抗后，得到④b。

结果是，15～50 m 中等厚度的砂岩反演不错；3～15 m 薄砂岩没有反映；80 m 以上厚砂岩反演不好，变成两个薄砂层；小断层只有波形扭曲。

这是常规地震勘探的出站剖面。对于普通油气勘探来说，是可以使用的。

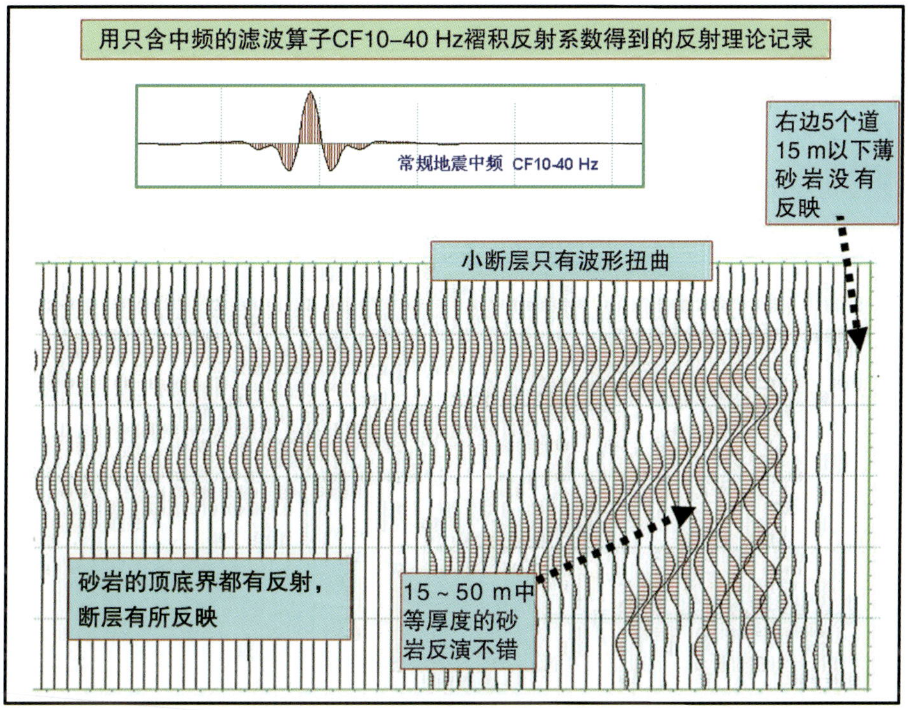


④a

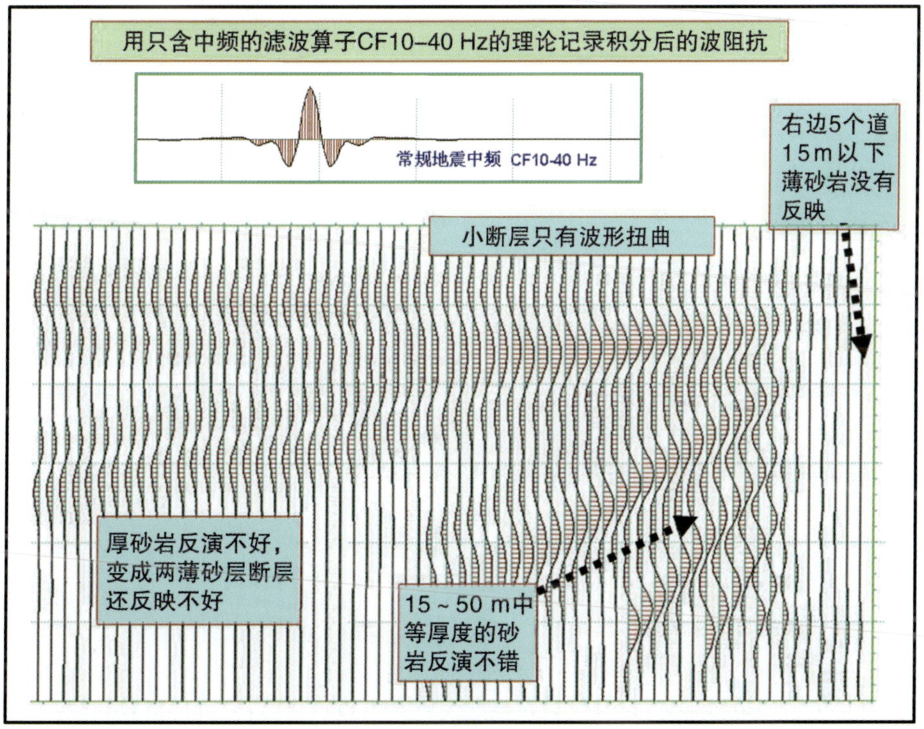


④b

图 9　常规 CF10-40 Hz 得到的理论反射记录和积分地震道剖面

⑤

采用较好的中频滤波算子 MF10-80 Hz 褶积反射系数得到的反射理论记录图 10 中的⑤a，反演波阻抗后，得到⑤b。

结果是，10～50 m 中等厚度的砂岩反演不错；6 m 以下的薄砂岩没有反映；厚砂岩反演不好，变成两薄砂层；小断层还有所反映。

对于普通油气勘探来说，10～80 Hz 是较重要的频段。我国大部分平原地区中层反射剖面做到这样的程度已经算是不错的。

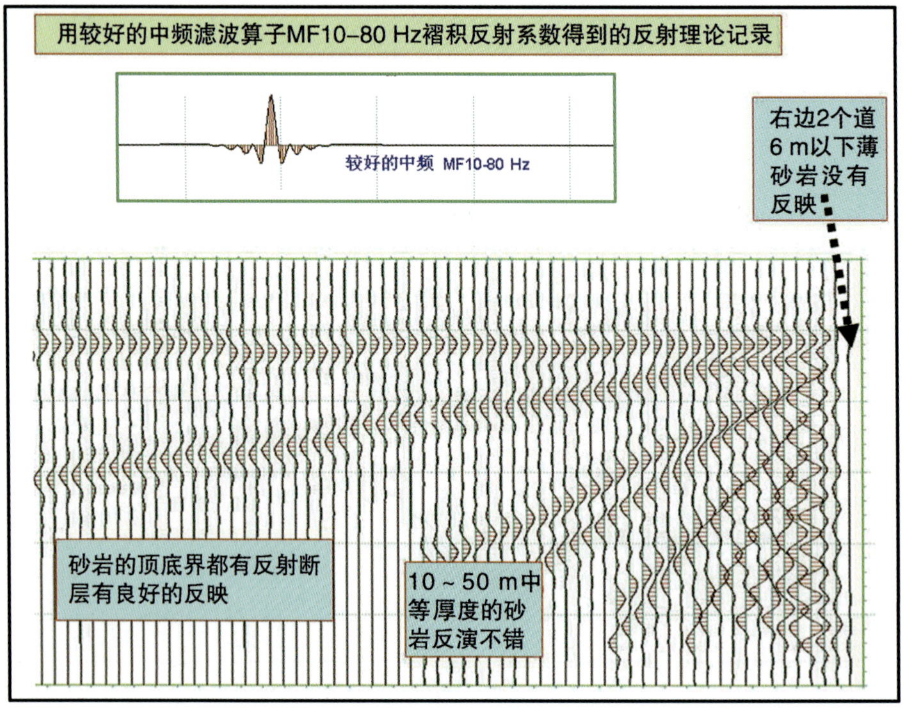
用较好的中频滤波算子MF10-80 Hz褶积反射系数得到的反射理论记录
较好的中频 MF10-80 Hz
右边2个道
6 m以下薄
砂岩没有
反映
砂岩的顶底界都有反射断
层有良好的反映
10～50 m中
等厚度的砂
岩反演不错

⑤a

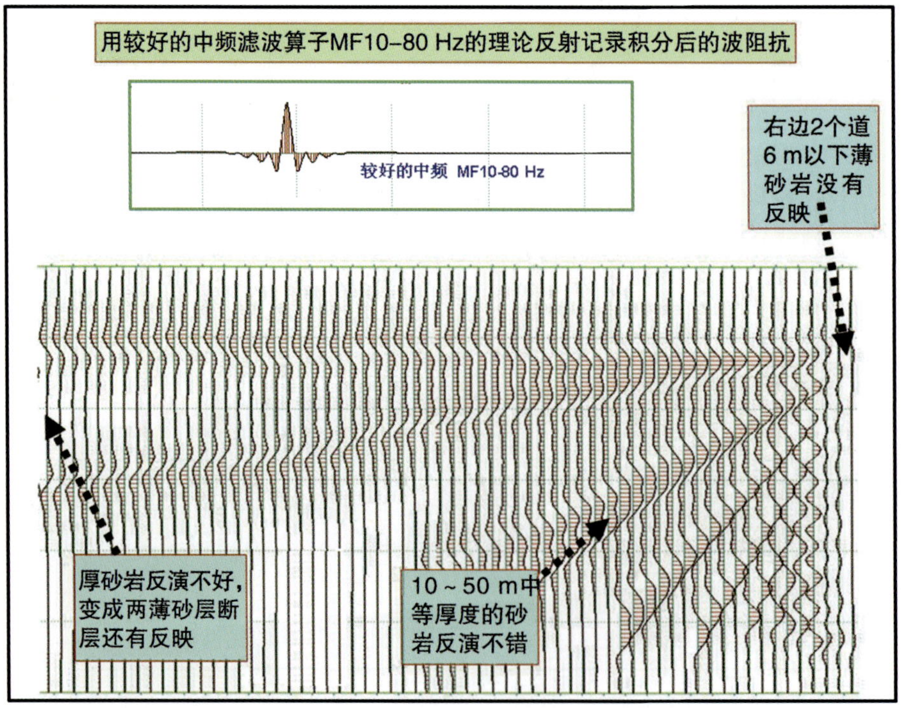
用较好的中频滤波算子MF10-80 Hz的理论反射记录积分后的波阻抗
较好的中频 MF10-80 Hz
右边2个道
6 m以下薄
砂岩没有
反映
厚砂岩反演不好，
变成两薄砂层断
层还有反映
10～50 m中
等厚度的砂
岩反演不错

⑤b

图 10 较好的中频 MF10-80 Hz 得到的理论反射记录和积分地震道剖面

⑥

含低频及中频的可控震源 VF02-80 Hz 褶积反射系数得到理论反射记录图 11 中的⑥a，反演波阻抗后，得到⑥b。

结果是，6 m 以下的砂层没有反映，厚些的砂层 10～90 m 都反映准确，断层也有所反映。

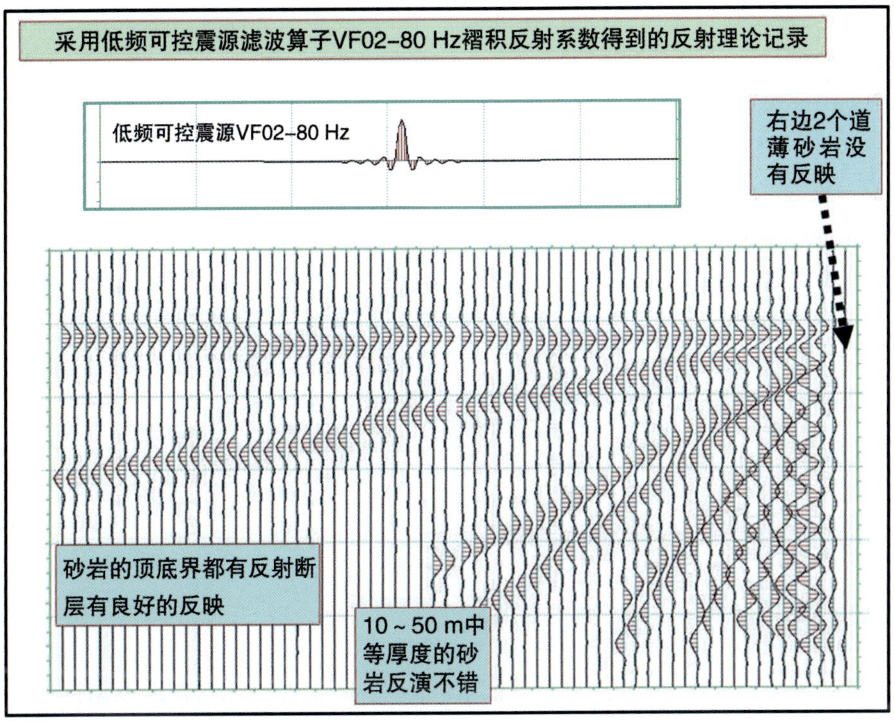

采用低频可控震源滤波算子VF02-80 Hz褶积反射系数得到的反射理论记录
低频可控震源VF02-80 Hz
右边2个道薄砂岩没有反映
砂岩的顶底界都有反射断层有良好的反映
10～50 m中等厚度的砂岩反演不错

⑥a

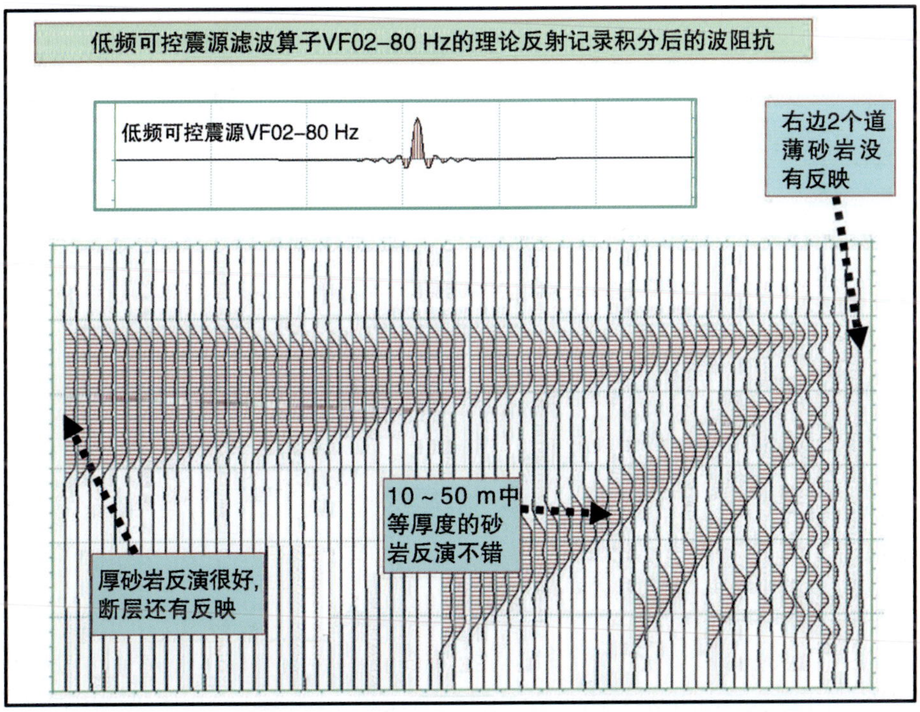

低频可控震源滤波算子VF02-80 Hz的理论反射记录积分后的波阻抗
低频可控震源VF02-80 Hz
右边2个道薄砂岩没有反映
10～50 m中等厚度的砂岩反演不错
厚砂岩反演很好,断层还有反映

⑥b

图 11 低频可控震源 VF02-80 Hz 得到的理论反射记录和积分地震道剖面

**总结：**

(1) 富含高中低频的 AF02-160 Hz 的反射频带，反演波阻抗后，每个砂层的厚度都反映准确，大小断层也有良好的反映。

(2) LF02-10 Hz 低频算子只能反映很厚的储集层。厚度小于 30 m 的砂层基本上没有反映。因此，如果不做积分地震道，低于 10 Hz 的低频信号对油气勘探的优点反映不出来。它主要可用来做深层勘探。采用低频可控震源，大量增加覆盖次数，可以在潜水面较深的戈壁及沙漠地区取得比浅井井炮更好的成果剖面。

(3) MF10-160 Hz 频带的结果良好。我们地下的油气储层的厚度多在 3～5 m，最厚不超过 40～50 m。所以，我认为对于普通油气勘探来说，10～160 Hz 是最重要的频段。

(4) CF10-40 Hz 是常规地震勘探中深层的出站剖面的频带。对于普通油气勘探来说，是可以使用的，但研究薄层的能力很差。

(5) 对于普通油气勘探来说，HF10-80 Hz 是较重要的频段。我国大部分平原地区中层反射剖面做到这样的程度已经算是不错的。

(6) 低频可控震源频带 VF02-80 Hz 也有很好的勘探效果。有了低频，积分后的波阻抗剖面就更加准确。

因此，可以说如果可控震源不拓展低频，中频 MF10-80 Hz 的频带也是可以用于常规的油气勘探的。

单看低频 LF02-10 Hz 的理论反射剖面，似乎对普通常规勘探贡献不是很大。但有了低频加中频的 VF02-80 Hz，反演波阻抗的形态也就更正确，深层勘探也会取得良好的效果。

## 三、含低频信息与不含低频信息的差别

我们把含低频的反射理论记录 VF⑥a 与 MF⑤a 直接比较，发现它们的差别不是很大。但将它们做了道积分之后，差别就非常大，如图 12 所示。

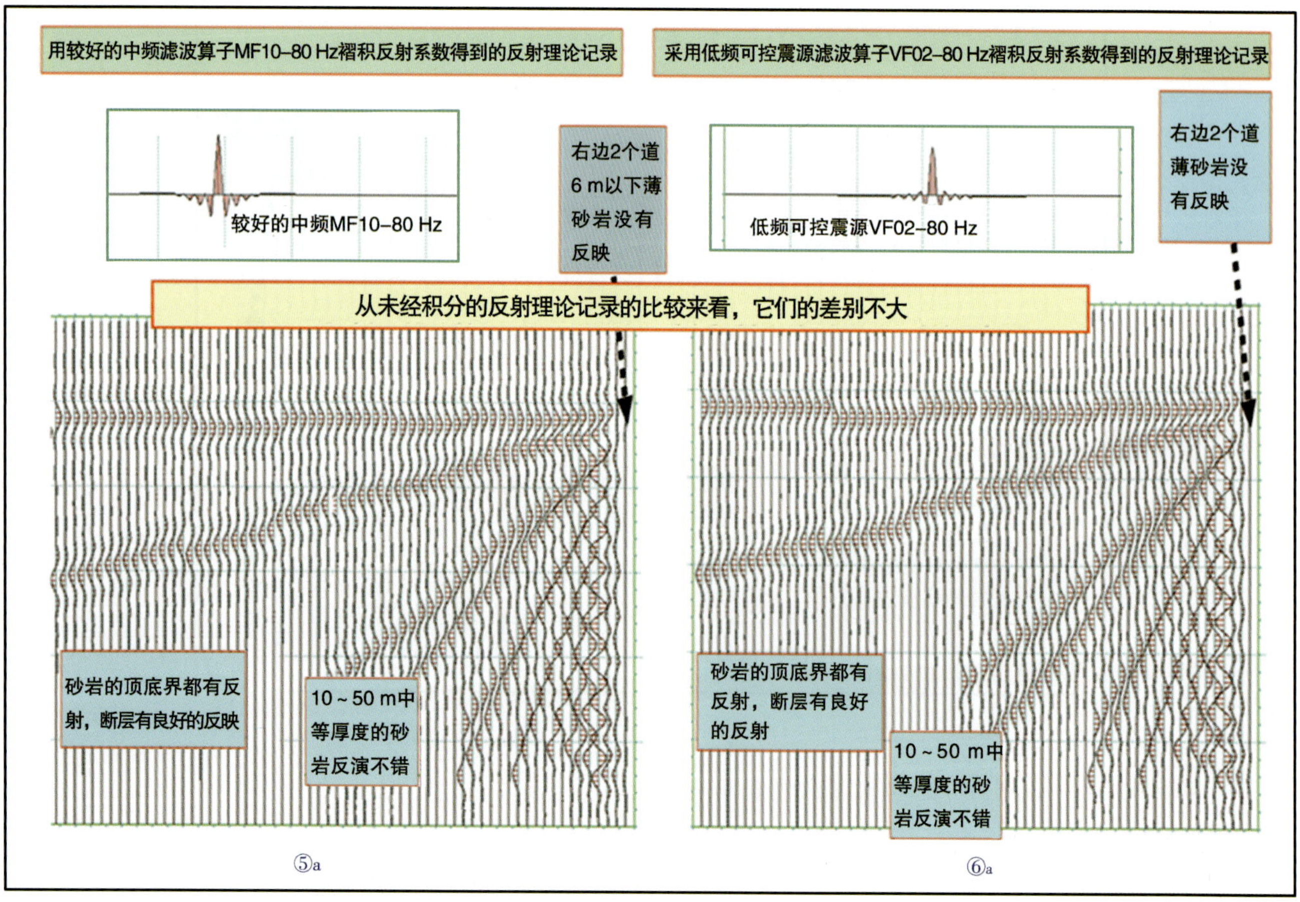
用较好的中频滤波算子MF10-80 Hz褶积反射系数得到的反射理论记录
采用低频可控震源滤波算子VF02-80 Hz褶积反射系数得到的反射理论记录
较好的中频MF10-80 Hz
右边2个道6 m以下薄砂岩没有反映
低频可控震源VF02-80 Hz
右边2个道薄砂岩没有反映
从未经积分的反射理论记录的比较来看，它们的差别不大
砂岩的顶底界都有反射，断层有良好的反映
10～50 m中等厚度的砂岩反演不错
砂岩的顶底界都有反射，断层有良好的反射
10～50 m中等厚度的砂岩反演不错
⑤a
⑥a

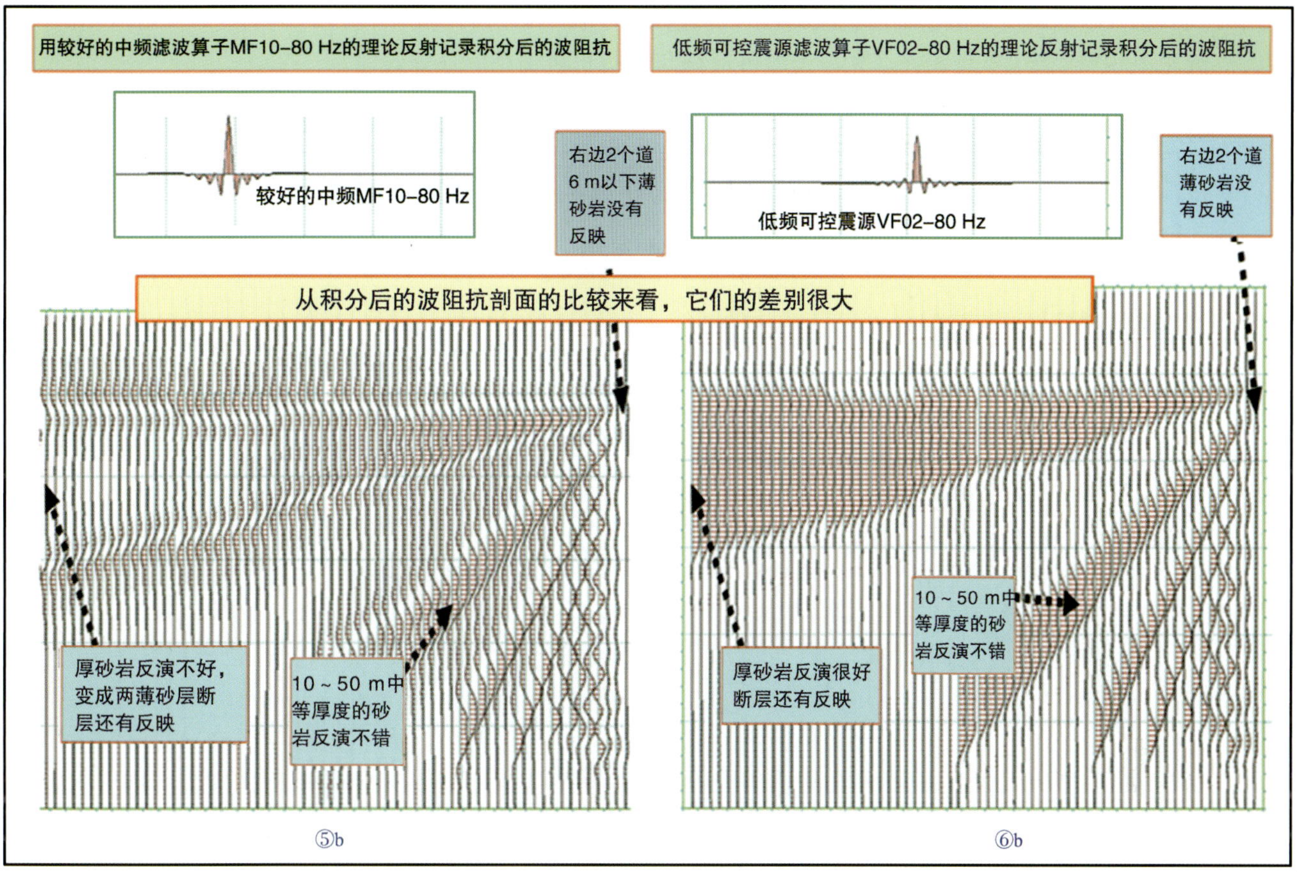
用较好的中频滤波算子MF10-80 Hz的理论反射记录积分后的波阻抗
低频可控震源滤波算子VF02-80 Hz的理论反射记录积分后的波阻抗
较好的中频MF10-80 Hz
右边2个道6 m以下薄砂岩没有反映
低频可控震源VF02-80 Hz
右边2个道薄砂岩没有反映
从积分后的波阻抗剖面的比较来看，它们的差别很大
厚砂岩反演不好，变成两薄砂层断层还有反映
10～50 m中等厚度的砂岩反演不错
10～50 m中等厚度的砂岩反演不错
厚砂岩反演很好断层还有反映
⑤b
⑥b

图 12　含低频信息与不含低频信息的差别

图 12 中的两张图非常重要。

从未经积分的 VF⑥a 与 MF⑤a 反射理论记录的比较来看，即使它们的频带差别很大，但是它们的差别不大；从积分后的 VF⑥b 与 MF⑤b 相对波阻抗剖面的比较来看，它们的差别就很大。

**可是大家习惯地只使用叠前偏移反射剖面来做解释，忘记了去积分一次。这样就把宽频带的优点给埋没了。**

我在《走向精确勘探的道路》一书中就专门介绍了积分地震道的用处。它绕开了常规做波阻抗的各种烦琐的难点，简单而明了地得到“相对波阻抗”剖面。有一家大型石油公司就规定：凡是送到解释人员手中的剖面，必须全部是积分地震道剖面。他们就在墨西哥湾油气勘探中取得了很大的成功。

但是我国直到最近，当我们在寻找岩性油田时，许多人还在用普通的叠前偏移反射剖面，以为一根同相轴就反映着一组砂岩，这是不对的。

我再次呼吁：还是应该把剖面做一下积分，才能把砂层反映出来，便于追踪它们。在今天大家正在寻找岩性油田的当下，我建议凡是交到解释人员手中的剖面，必须是积分地震道剖面。

**20 世纪 90 年代，我曾经写过一个“积分地震道”的程序，放在 GRISYS 处理软件包中。程序很简单，就是对每一个叠前偏移道做积分(代数和累加)。累加后，要消除由干扰波及数据截断现象引起的“直流漂移”。此外，输入的数据最好是经过分频扫描，在“有效频宽”(即信噪比大于 1 的)频带里做了谱白化，或者用偏后反褶积，将高频提起来。**

## 褶积运算是线性运算

我们要指出上述的 6 个算子之中。有⑥＝②＋④，即低频 LF02-10 Hz 加上中频 MF10-80 Hz 后，就等于低频可控震源子波含中低频的 VF02-80 Hz 的频带。

为了证明这件事，我用自编程序 FILEALGO，把②＋④两个文件相加，得到一个新⑥，对比新⑥与老⑥，发现它们波形基本是一样的(图 13)。我们再把老⑥与新⑥相减，得到其误差剖面⑦，发现误差仅在

2%左右(图 14)。误差是由于带通子波的设计斜坡及汉宁窗函数所引起。

理论上说:褶积运算是线性运算。先加再褶积与先褶积再加是应该等效的。

当然还有算子①=②+③,在此不再证明了。

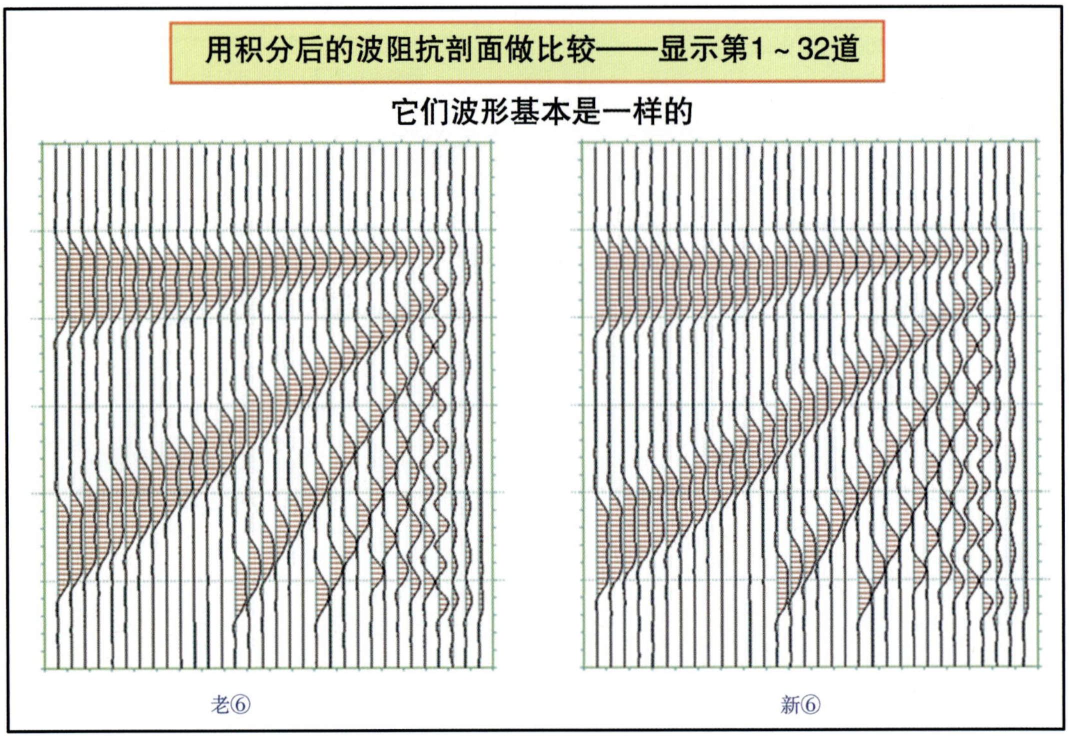


图 13 线性运算⑥=②+④的证明

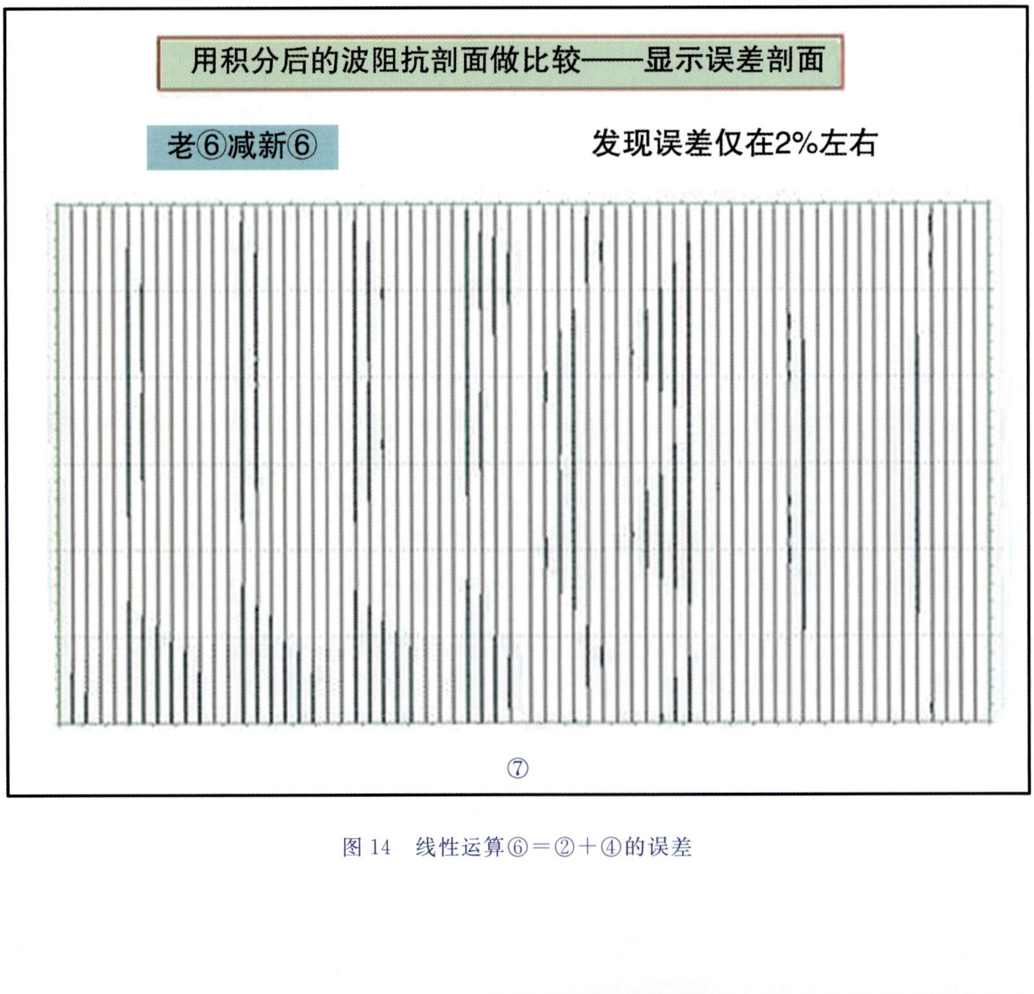


图 14 线性运算⑥=②+④的误差

## 四、低频信号在信号处理中的特点

(1) 平原地区及戈壁滩上，低频 3～6 Hz 的地震信号的原始信噪比一般比较高，因为它所含的噪声主要是各种面波。面波占地震记录的范围一般不大，即使用最笨的“简单 FK 切除”办法，也不至于影响其他道的信号能量。处理中心常用西方的软件 3D-FKK——“面波子集锥形 FK 滤波”。其实，我的 DEGROR 比国外的 3D-FKK 方法的效果要好，而且运算更快。它一般可以把面波压到 5～10 倍，而且不损害有效反射波。它在 GeoEast 里的名称是 ZoneFilt。

(2) 低频 3～6 Hz 的地震信号在资料处理中有很多好处。例如 5 Hz 的信号，它的视周期是 200 ms。当静校正误差为±20 ms 时，不会使叠加同相轴产生明显的扭曲。当速度误差很大，1 s 反射的有效速度约 2 000 m/s，当误差发生±300 m/s 的 15％误差时，也不会太影响反射同相轴的叠加效果。因此，低频信号在资料处理中总是占便宜的。

(3) 三维连片处理后，低频特点更明显，具体见图 15。

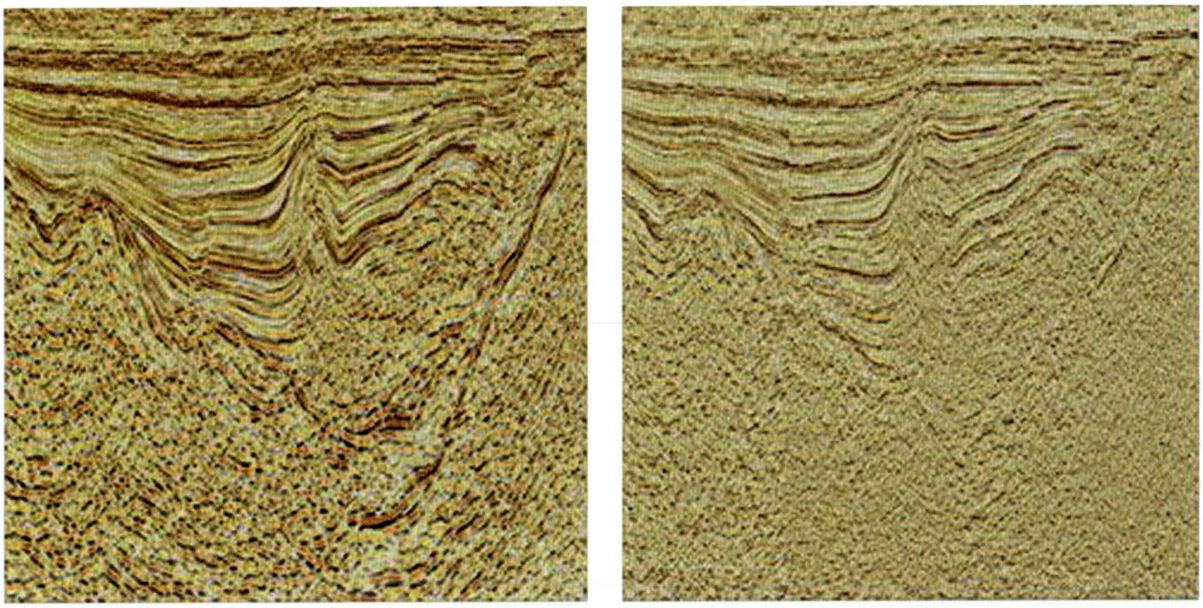

图 15　辽东湾三维工区连片处理前后的效果比较与连片处理结果老资料

图 15 是辽东湾三维工区的一个例子。同样一个地震资料，经过三维连片资料处理后，新老处理的地震剖面竟会产生如此不同的效果。

我看这不是连片处理的本事大，而是连片处理时，往往要照顾到连起来的三维工区有共同的“优势频带”。所以连片后的频带只能变窄一些，否则有的工区连片的剖面就会出现明显的干扰波。胜利油田的大部分连片的剖面都变成“粗眉大眼”——含低频的分量多了，深层资料就好看了。

我认为，图 15 的右边的所谓“老资料”不一定是坏资料，只是处理不当而已。它的分辨率是比较高的，剖面的主频偏高，说明它频带较宽。而且可能没有注意做好噪声压制，高频随机噪声较强。没有做积分地震道，没有把宽频带的优点反映出来。

**所以我开玩笑地说：要想得到漂亮的深层反射，可以把宽频带的资料，去掉其高频成分，使它变成低分辨率的剖面，那么深层就好看了。**

## 五、分辨率愈高，叠前偏移剖面上的低频胖波就愈不明显

当分辨率愈高时，子波压缩得愈尖，叠前偏移剖面上的低频胖波就愈不明显。如上面复杂的楔形理论模型图①a、③a、⑤a、⑥a，它们由于频带宽了，胖胖的低频反射波就基本看不到。

如果把高分辨率的剖面滤掉一些高频信号，降低分辨率，叠前偏移上的低频就愈加清晰。人们以为这是好事，但实际上是不好。图7中的图②a就是只有2～10 Hz低频的叠前偏移剖面，它可以研究深层反射的产状，但是其厚度与位置是不对的。仅有低频时反射理论记录既不能反映砂层的变化，也不能正确反映构造形态（图16）。

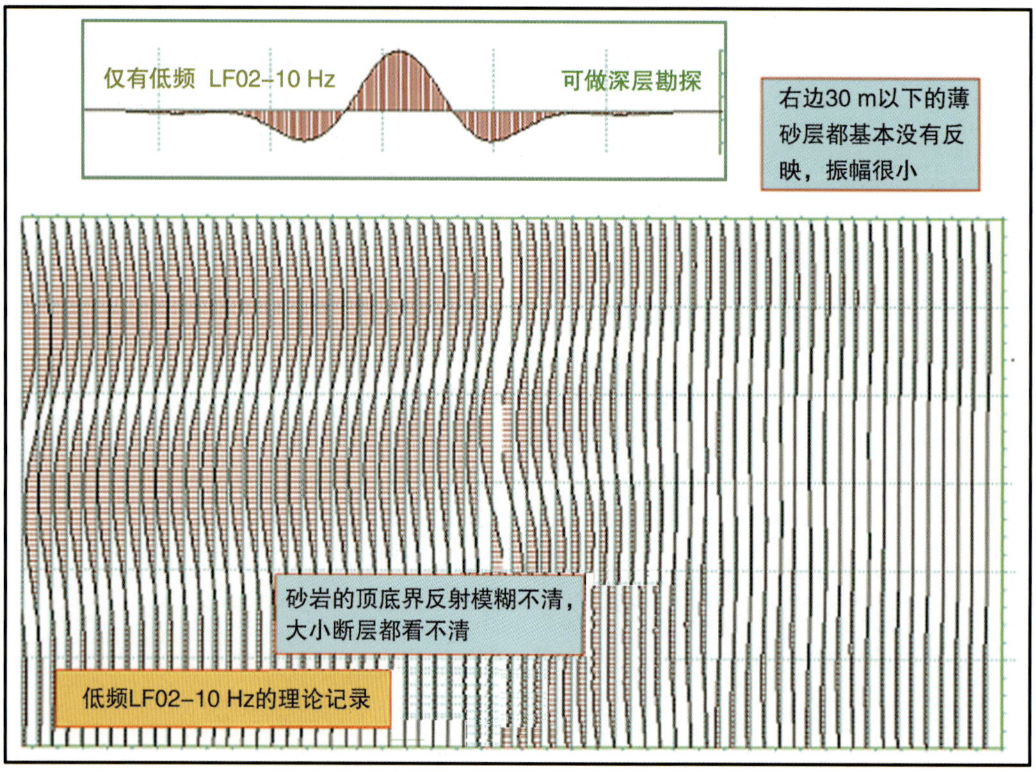
仅有低频 LF02-10 Hz
可做深层勘探
右边30 m以下的薄砂层都基本没有反映，振幅很小
砂岩的顶底界反射模糊不清，大小断层都看不清
低频LF02-10 Hz的理论记录

图16　用只含低频的滤波算子LF02-10 Hz褶积反射系数得到的反射理论记录

### 大地是高频信号最残酷的杀手

在自然界里，大地是高频信号最残酷的杀手。此外，在资料处理中，任何动静校正误差、偏移速度的误差，都直接“牺牲”了高频信号。

由于大地对高频的强烈吸收，深层反射就会失去高频，于是反射子波变胖，在叠前偏移剖面上留下低频信号。客观上这就体现了深层勘探的效果。

### “保护低频”的口号对不对

为了体现出深层勘探的效果，有人提出“保护低频”的口号。其实低频信号是不需要保护的。因为在整个资料处理过程中，低频信号始终是占便宜的。只有两种情况除外。

（1）不恰当地压制面波时，使用极端的低截滤波，把低频压死（一般的人不会这样做）。如果采用我编写的“内切滤波压面波”DEGROR程序（现在新名称是ZONEFILT），就不会发生这样的情况。

（2）有人说：反褶积处理中会损害低频信号。在反褶积过程中，子波压缩变瘦，分辨率提高，叠前偏移剖面上的低频胖波就愈不明显。这种情况只是表面现象，低频信号还是存在于记录中的。

因为反褶积也是一种线性运算，我在【文章编号103】《从信噪比谱分析看滤波及反褶积的效果》中，

就已经论证了:“任何反褶积与褶积滤波都不改变每一个频率分量的信噪比”,只是改变了“视觉信噪比”与“视觉分辨率”。所以,只要通过“谱白化”,就能使信噪比大于 1 的低频成分重新显示出来。

需要注意的是,许多人常常把真正高分辨率的叠前偏移剖面,误认为低频表现不好,反而喜欢频带窄的、滤去高频的剖面。他们往往没有想到应该把高分辨率剖面拿去做一次“积分”,得到相对波阻抗剖面,才能得到更合理的剖面。

## 六、地下岩性变化的理论模型的启发

我在《走向精确勘探的道路》一书中曾经做过一个地下岩性变化的理论反射模型。现在用另一种方式绘成下面三幅图。

图 17 上方为理论反射剖面,即一般的叠前偏移剖面。中间是地下岩性变化的答案,采样率 2 ms,左边砂岩较厚,围 13～39 m,相当于砂岩体的根部。向左边砂岩厚度逐步减薄,层数变多,相当于进入三角洲。最左边到达湖相沉积,大套泥岩,只剩一层 6 m 厚的砂层。最下方是叠前偏移经过一次简单的积分,成为相对波阻抗剖面。

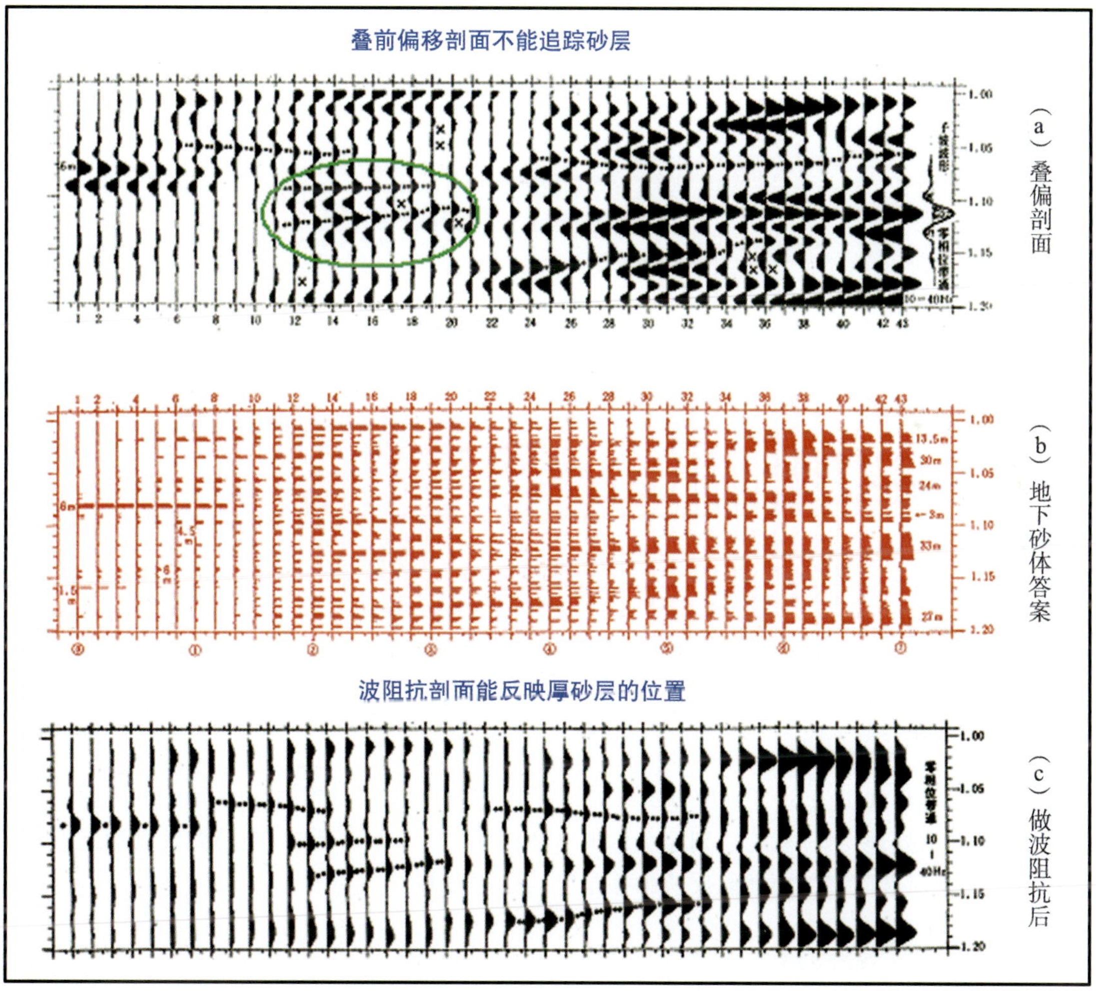


图 17 低分辨率情况下,叠偏剖面、波阻抗剖面与地下砂体答案的对比($f$=10～40 Hz,主频 25 Hz)

低分辨率的情况如图 17(a)所示,在中层常规的剖面主频是 10～40 Hz(过去胜利油田的地震剖面大体如此)。跟地下模型图 17(b)比较一下,因分辨率不够,就很难与砂层对比。但湖盆泥岩中 6 m 的砂层在剖面上就可以得到很好的反射(这就是沙 3 段一些薄砂岩有很好的反射的原因);到了中部三角洲相带里，就看不出地下砂层到底是怎样的了，跟模型相差太远了，而且连产状也变斜了（见图中淡绿色椭圆）。而这个模型所有砂层都是平的，这是很明显的矛盾，产状变化的轴我称为“视同相轴”。从这个理论模型还可以看到：凡是有厚砂层的地方就有反射能量增强的反映。

所以，目前地震的分辨率，大概能分辨 20 m 左右的砂层，其他薄砂层反射由于互相作用，反映得不准确。

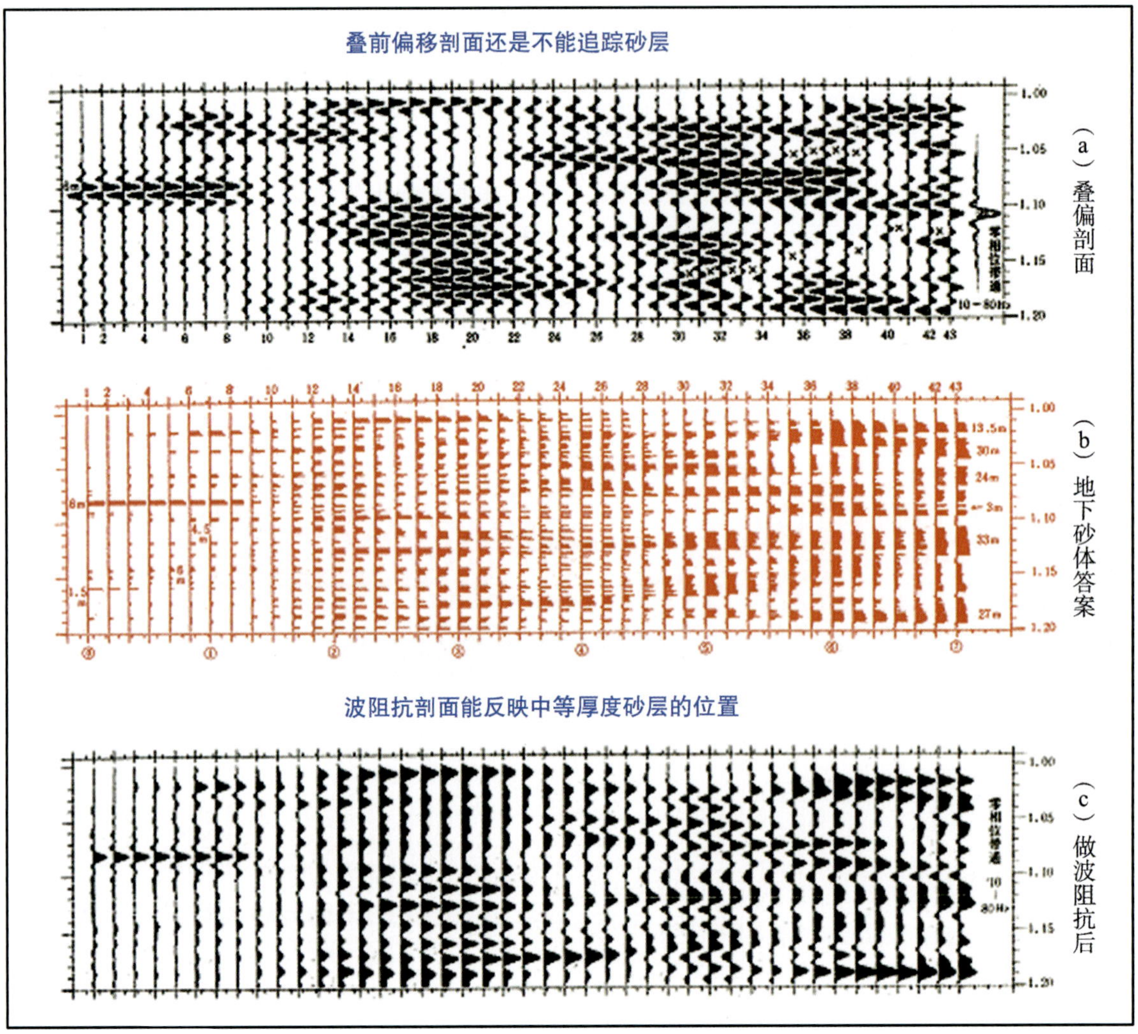


图 18　中分辨率情况下，叠偏剖面、波阻抗剖面与地下砂体答案的对比（$f$=10～80 Hz，主频 45 Hz）

如果把分辨率提高到 10～80 Hz（中分辨率的情况），主频 45 Hz，得到的剖面反映砂层就好一点（目前平原地区的资料如果处理得好，就能达到这个水平），如图 18(a)所示。此时，叠前偏移剖面还是不能追踪砂层，而积分后的相对波阻抗剖面就能反映中等厚度的砂层分布。

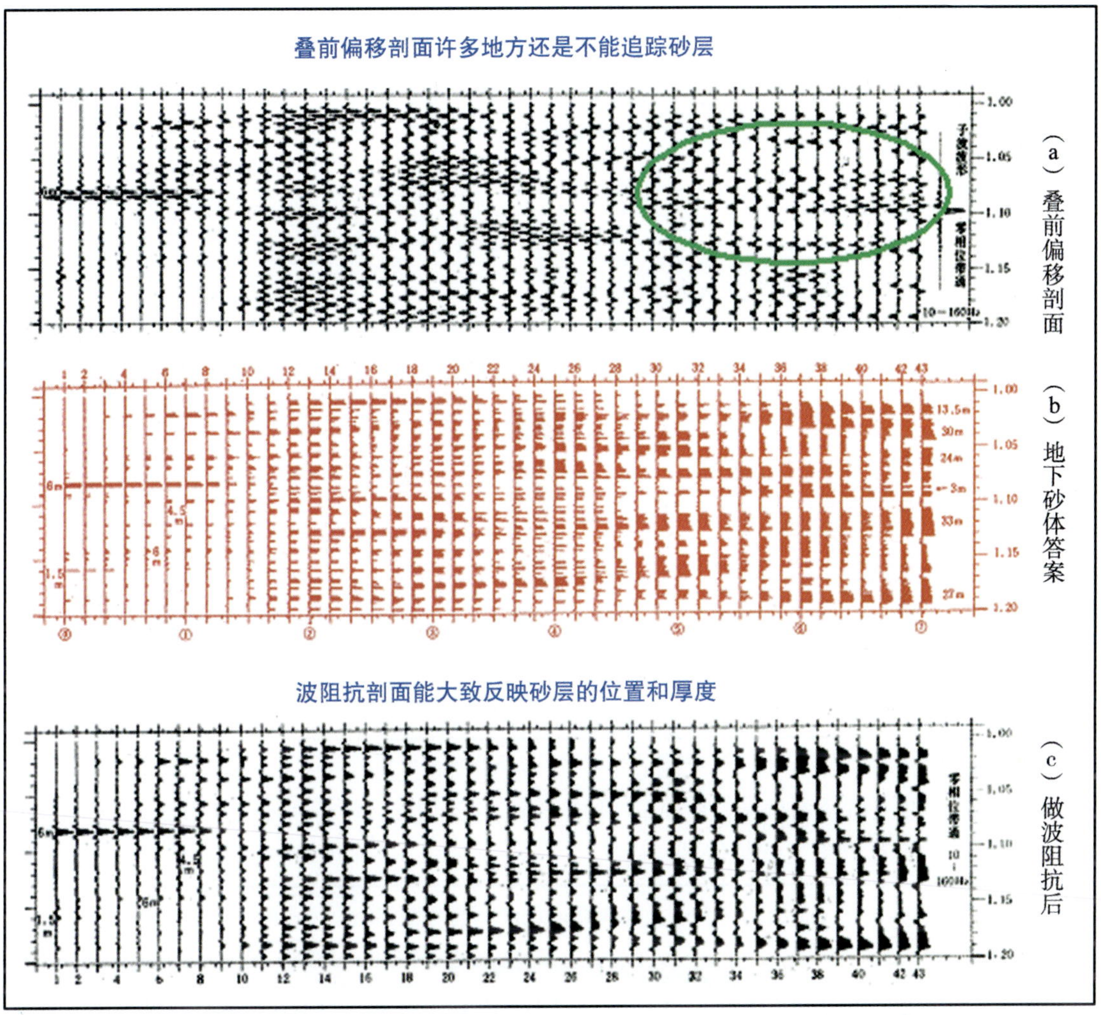


图 19 高分辨率情况下，叠偏剖面、波阻抗剖面与地下砂体答案的对比（$f$=10～160 Hz，主频 90 Hz）

参看图 19(高分辨率的情况)，如果分辨率进一步提高到 10～160 Hz，主频 90 Hz，所得到的叠前偏移剖面更不能直接追踪砂层(见图中淡绿色椭圆里，所有的厚砂层都没有反映)。只有经过积分后，相对波阻抗剖面才有很好的效果。即使最薄的 1.5 m 的砂层也会有一点反映，如图 19(c)所示。

小结：

高分辨率的叠前偏移剖面并不是在追踪砂层，而是追踪了反射系数。只要把它做一次简单的积分，就变成很好的砂层剖面了。可是如果不积分，不做波阻抗，那么即使是非常好的资料，也很难看出效果。所以我再强调一下：我们做高分辨率不能只做到叠前偏移剖面为止，偏移剖面显示不出高分辨率的优点，我们读不懂它，而需要一个翻译，翻译是谁呢？翻译就是积分波阻抗反演。

如果搞了高分辨率而不做波阻抗反演，就等于是“农夫辛辛苦苦种了庄稼而不去收获”。

所以，有人得到了高分辨率剖面，就用叠偏剖面去追踪砂层，或者拿 VSP 标定后去追踪砂层，这样是不对的。因为叠偏剖面上追踪的是反射系数剖面，并不是砂层。

## 七、井炮激发的记录是具有低频信号的

(1) 举一个内蒙古伊克昭盟高分辨率采集的例子(图 20)。施工采用的 1 ms 采样，60 次覆盖。在水平叠加剖面上进行分频扫描的结果是：

在 0～5 Hz 低频扫描可以看到面波的残余干扰了反射波。反射波同相轴可以追踪到 1.1 s。

在 5～10 Hz 频档低频反射良好。1.7 s 的石炭系煤系目的层反射很不错。
在 10～20 Hz 频档上反射信噪比很好。

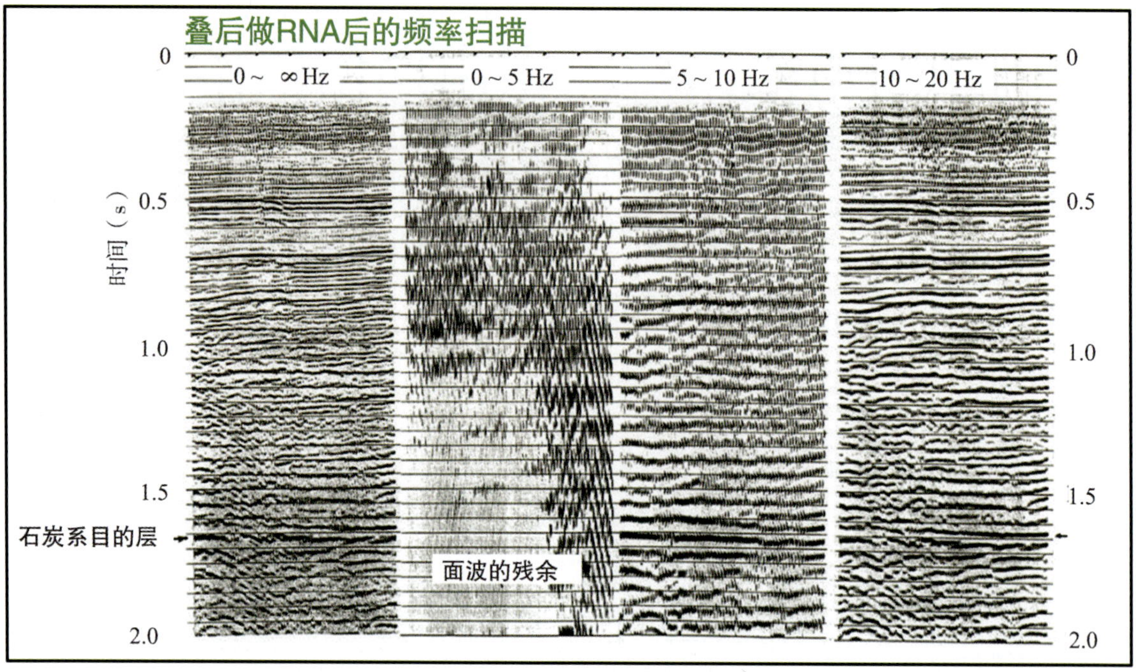


图 20　内蒙古依克昭盟地震剖面的分频扫描

(2) 再看内蒙古赛汉塔拉的例子(图 21)。井炮记录，井深 18 m，药量 3 kg。这里我们使用了前置低截滤波器 F1＝120 Hz，也没有丧失低频信号。

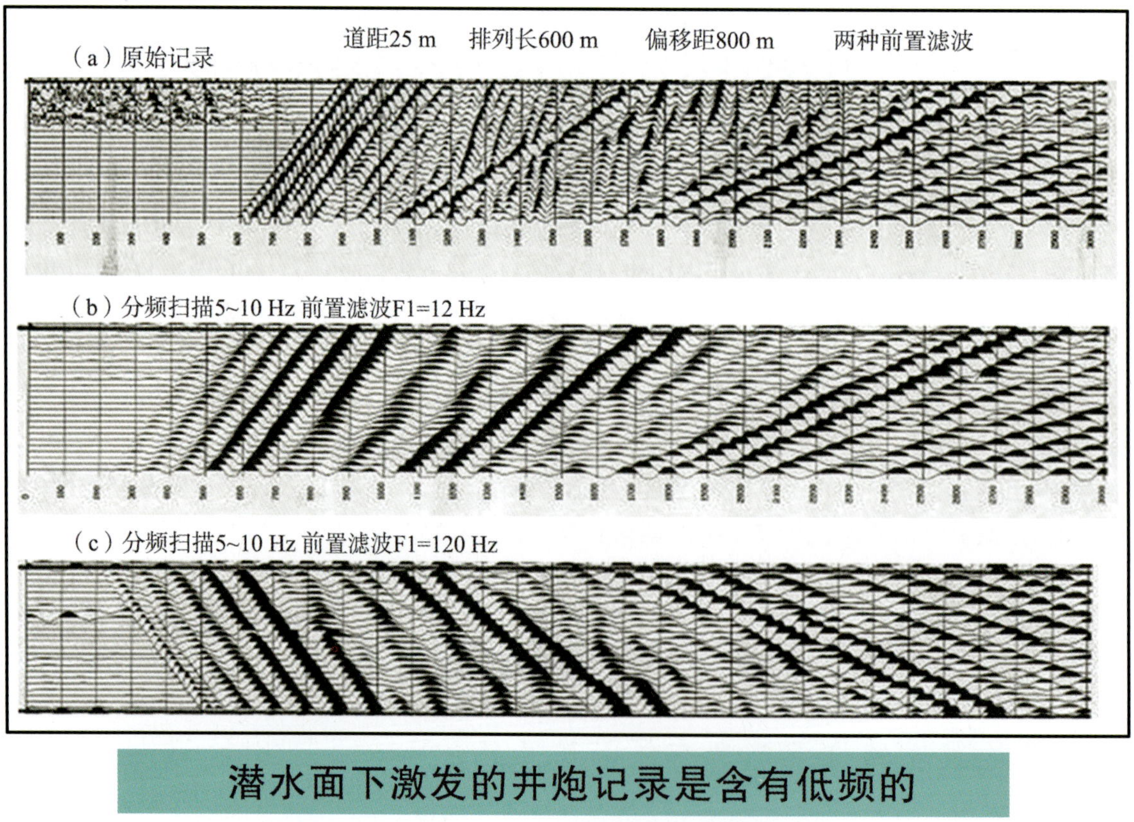


图 21　内蒙古赛汉塔拉井炮地震记录上存在的低频信号

1994 年，我们在内蒙古赛汉塔拉做高分辨率试验。为了说明地震仪器中"压制低频、提升高频"的积极作用，我们设计了两种前置低截滤波器，做了严格的比较。

我们在 SK-4 地震仪的同一个采集站中（每个采集站里有 6 个数据道），对相邻两个地震道，用同一个地震信号并联输入，分两道记录。

单数道放大器的前置低截滤波器 F1 是常规的，F1＝12 Hz，陡度 18 dB/oct。

双数道放大器的前置低截滤波器 F1＝120 Hz，陡度 12 dB/oct，并在它的放大器线路中增加了＋40 dB的增益。

这样就得到两种前置滤波器具有不同 F1 频档的严格的对比记录（图 22）。

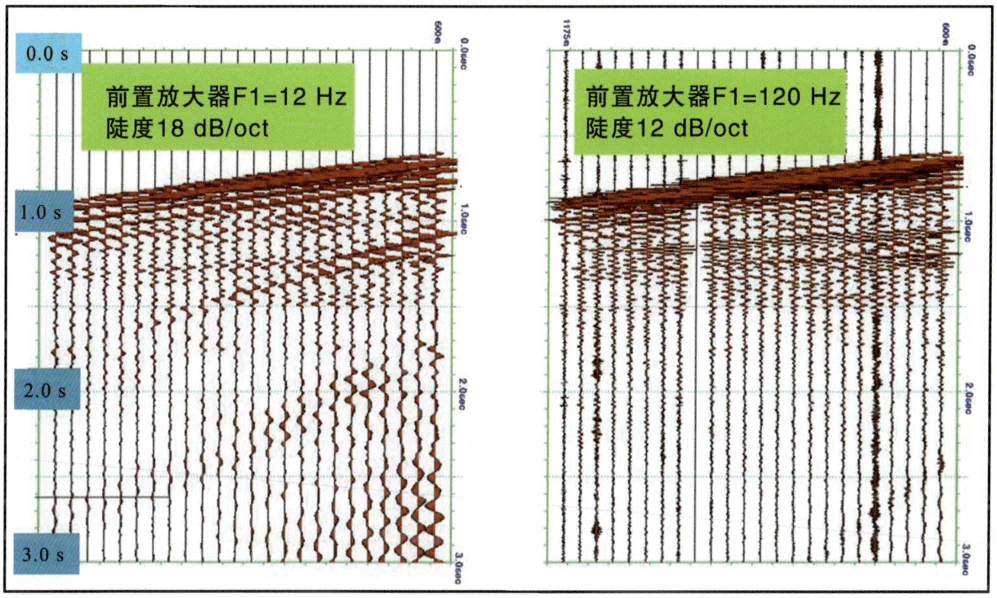


图 22　内蒙古赛汉塔拉的两种前置放大档接收的反射记录

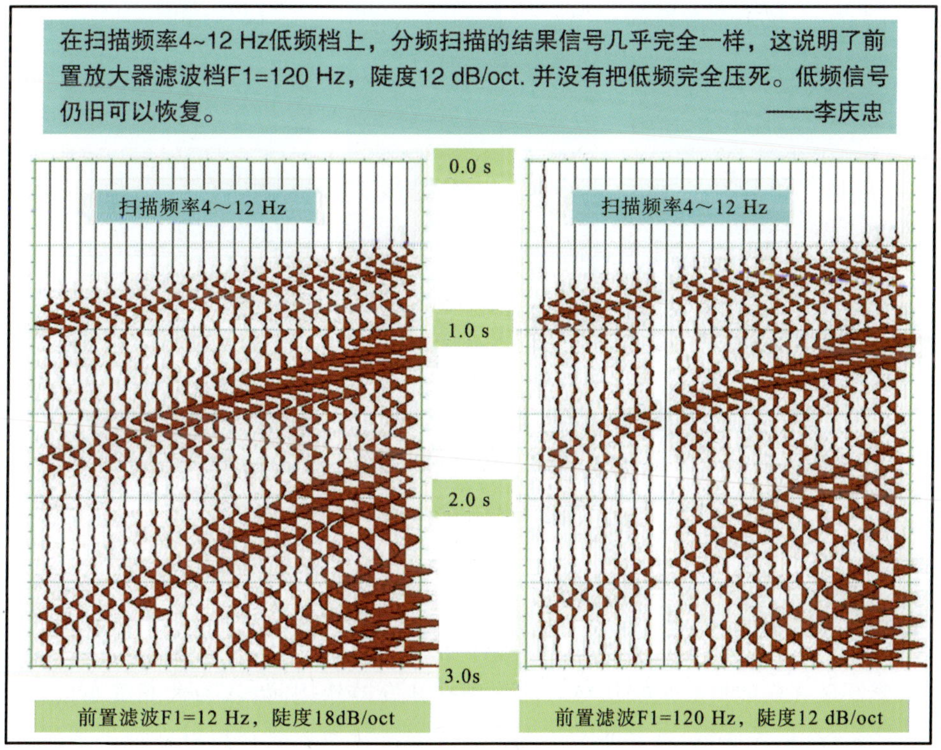


图 23　内蒙古赛汉塔拉的两种前置放大档接收的 4～12 Hz 分频扫描

如图 23 所示，两种 F1 低截滤波在 4～12 Hz 的频率扫描档上，分频扫描的结果几乎完全一样。

通过试验，说明了前置低截放大器滤波档 F1＝120 Hz，陡度 12 dB/oct 的滤波，并没有把低频信号完全压死，低频信号仍旧可以恢复。

**关键不在于低频信号被压制了没有，而是在于低频档的信噪比是否足够好。**

这个试验得到结论是：

一般人都以为前置放大器低截滤波 F1＝120 Hz 频档就意味着，要把 120 Hz 以下的信号"牺牲"掉。相反，正因为大地对高频的吸收作用太强烈，所以事先压一下低频对记录高频是有好处的。

当前仪器制造商都在"先进"地震仪中取消了"模拟的"前置滤波放大器。他们的理由是要"全数字"才是"先进"的。

此实验说明，他们的思路是错误的。

我们发现在扫描频率 30～60 Hz 及 60～100 Hz 中高频档上，前置放大器滤波档 F1＝120 Hz 的分频扫描结果，其信号优于普通 F1＝12 Hz 滤波档。

因为如果强大的低频信号直接进地震仪器，会占据 24 位模数转换器的绝大部分位数，使微弱的高频信息失去"可记录性"。只有前置放大器滤波档 F1＝120 Hz 把低频压小，才能使高频信号得以记录后面的 4～6 位。

我的这个思想直到现在还没有得到制造仪器的厂商的认同。他们追求的是好听的"全数字"，不要"模拟的"前置放大滤波器，包括"数字检波器"都是靠这样吹嘘来挣钱的。

——具体可见【文章编号 215-5】《有效瞬时动态范围、可记录性、信噪态势图及信噪比谱概念》

**这说明了野外记录时，压制低频、提升高频还是有着很重要意义的。**

另外，海上气枪激发的记录也具有丰富的低频信号，具体见图 24。

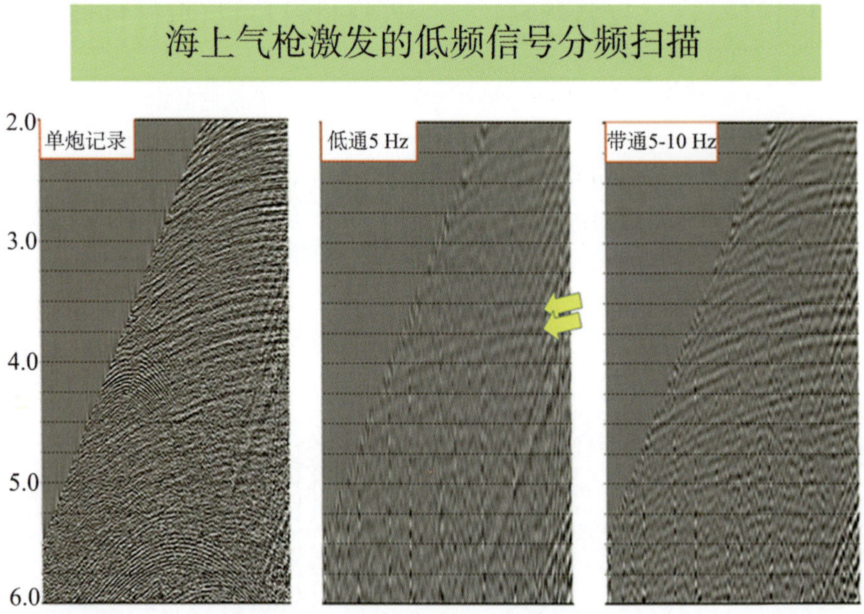


图 24 海上气枪激发的记录具有丰富的低频信号

## 八、关于低频勘探优点的两点保留

国外很多专家团队在研究低频地震信号对油气勘探开发的作用时，认为低频震源信号有利于油气直接检测，有利于改善深部成像质量，且有助于在火成岩类的特殊地表获得更好的地下地质资料，这也是低频地震技术最吸引地球物理学家与勘探家的地方。

**(1)我对低频勘探能做油气直接检测的说法有保留意见。**

具体可参看我的文集第一册中的【文章编号 110】《含油气砂岩的频率特征及振幅特征》。我在该文章中用含油气与不含油气的砂岩做理论分析，发现砂层含油气后，其视频率及瞬时频率不一定变低。有高也有低，这是理论上的结果。

但是我指出：地层含气后，振幅往往增强。振幅增强的后果使视频率降低，具体可见【文章编号 107-4】《强波往往伴随着低频》。

地层含气后，振幅往往增强，这就是“亮点”现象。同时会出现伴生的视频率变低的现象。

**所以，许多人误以为频率变低是含油气的指标。许多软件中，也把低频当作含油气的标志。其实在“亮点”的情况下，“强振幅”与“低频”是共生的、非独立的两个指标。**

并且使用“低频”这个含油气的指标时，如果遇到非“亮点”的情况，就会得到错误的结论。例如对“暗点”的情况就会出错。

**(2)关于低频可控震源资料有助于在火成岩类的特殊地表获得更好的地下地质资料的问题，我还没有看到有说服力的成果。**

国外相传的“低频可控震源可以在火成岩发育区使用，增强穿透力”的说法实际意义不大。因为从原理上说，低频震源并不能防止多次波的产生。至于穿透力方面，能穿透的 2～5 Hz 低频对探明地下构造的能力极差。

专门为配合低频可控震源的“4 Hz 低频检波器”也是无济于事。30 多年前国外早就对 2 Hz 低频检波器做了广告，现在没人用了。国外传说的“检波器单点接收可以提高分辨率”也是不可相信的。

两年前，我向海南岛福山油田建议采用“与地层速度相匹配的延迟爆炸方法”，来克服多次波。我认为这才是正确的克服由浅层火成岩产生的强多次波的有效方法。详见【文章编号 308-2】《对误区一文的补充——长条形炸药包的方向特性》。2020 年立项后攻关，终因 84＃、85＃的加强严格限制，耽误了施工时间两个月，使长药包下得不到位，下药深度合格率只有 15％。所以，没有取得应有的成效。但是剖面的质量还是提高了，尤其是剖面北段比过去三维剖面还要良好，见图 25 的左边。

该项目也用可控震源进行了多次波攻关，还采用了 4 Hz 低频检波器接收。但其结果资料很差，根本不能克服强大的多次波，见图 25 的右边。

图 25 的中间是从过去二次三维数据中提取的与 2020 年攻关剖面位置相当的，又处理得最好的三维剖面。比较此三幅图，可以相信：可控震源不能克服多次波的产生。

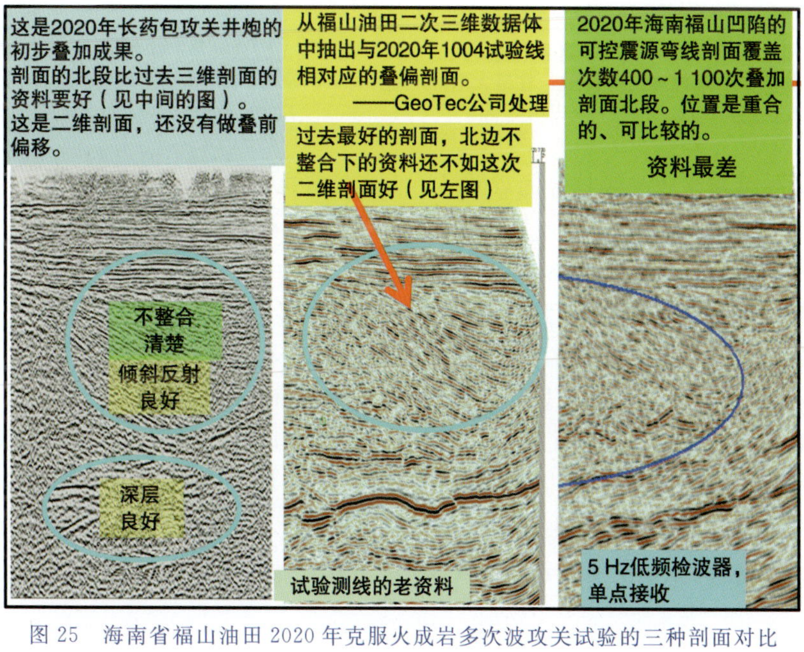


图 25　海南省福山油田 2020 年克服火成岩多次波攻关试验的三种剖面对比

有些人就想用低频可控震源来解决问题。我认为,低频可控震源本身并不能减少多次波的发生。

## 九、动静校正误差对高频信号的损害

当然,我们采用可控震源施工时,如果不断增加振次,成倍地增加覆盖炮密度,也可以改进记录质量。但是我要指出:增加振次还不容易解决静校正的精度。可控震源在地表激发,低降速带引起的静校时差要比潜水面下激发井炮施工的严重。R. E. Sheriff 早就指出:"地表高程及低速带的速度细微变化极容易产生±2 ms 的静校时差,这就构成了一个 62 Hz 的高截滤波器。"这点恐怕大家没有想到吧。

我在 1993 年出版的《走向精确勘探的道路》一书中,对动静校正对高频信号的压制作用做了分析,得到与 Sheriff 相同的结果,见图 26。

**走向精确勘探的道路 --- 第6章 动静校正的影响**

**静校正问题** 李庆忠 1993

表 6 静校正误差与高截频值之关系

| 静校误差均方根值 $\sigma$ (ms) | ±1 | ±2 | ±3 | ±4 | ±5 | ±6 | ±8 | ±10 |
|---|---|---|---|---|---|---|---|---|
| 高截频值 $f_{hc}$ (Hz) | 186 | 93 | 62 | 46.5 | 37.2 | 31.0 | 23.2 | 18.6 |

这个结果和 Sheriff 图中的结果是基本一致的,不过他是以 −3dB 作判断标准的,我用 −6dB 作标准。根据我这个经验公式,可以看到如下结果:

(1) 当野外井口 $\tau$ 值不准,有±3ms 的均方差时,62Hz 的信号振幅就要下降一倍。

(2) 野外组合道内的时差为±2ms 时,93Hz 的信号就遭殃。大沙漠中道内组合时差往往达到±5ms,于是 37Hz 以上的高频信息就很难再保存下来。

**动校正问题**

公式 高频截止频率 $$f_{hc}=\frac{0.6}{\Delta t_{max}} \tag{55}$$

$\Delta t_{max}$是最大炮检距上的动校正剩余总误差,以秒为单位。用此公式反过来可以从所要求达到的高频频率推算所允许的动校误差的总时差量(表 7)。

表 7 高频截止频率与动校正误差的关系

| 动校正误差的总时差 $\Delta t_{max}$ (ms) | 2 | 4 | 6 | 8 | 10 |
|---|---|---|---|---|---|
| 高频截止频率 $f_{hc}$ (Hz) | 300 | 150 | 100 | 75 | 60 |

可见如果要保证 150Hz 信号不受太大的损失,则动校正的总时差不能差上 4ms。

如果由于动校速度有误差,在最大炮捡距处有10ms的误差,60Hz的信号就遭殃

图 26 动静校正误差对高频信号的压制作用

所以,可控震源想突破接收高频信号的难题还不太容易解决。

* * * * * * * * * * * * * * * * * * * * * * * * * * * * * * * * * * *

这里我要再强调几个基本认识问题:

衡量地震资料好坏的唯一标准是分频扫描的好坏,不能光看一维频谱。

对叠前偏移剖面来说,分辨率愈高的剖面,低频的胖波反映得愈不明显。

正如图 15 所示,辽东湾的资料连片处理后,频带变窄了,反而剖面更好看了。

所以,当前有些可控震源资料突出了低频后,即使频带不宽,剖面是"粗眉大眼",表面上看,似乎比潜水面下激发的井炮剖面还好看。

我相信:如果把这里的井炮资料滤去其部分高频,也会出现"粗眉大眼"的"好剖面"来。

毛病出在我们没有使用分频扫描来判断好坏,没有用积分地震道来做正确比较。所以就得到不合理的结论。

## 十、青龙台地区地震叠前深度偏移的频谱扫描及道积分试验

2021 年 5 月我从海南回到涿州，有机会看到新型可控震源 EV56 在辽河油田所取得的良好资料。在东方公司研究院资料处理室苏世龙同志的帮助下，完成了该区资料的扫描、滤波及反褶积、道积分等试验，得到有益的结论。

2018 年辽河油田的青龙台地区攻关背景是，该区油气富集程度高，成藏条件优越，其中包含青龙台沙一段、沙三段碎屑岩，东部凸起中、古生界等多个重点领域。但从 2005 年上三维地震后，由于覆盖次数低，面元大，炮道密度每平方千米仅 10 万道左右，未能取得良好资料。波场复杂，资料信噪比偏低。

2013 年重上井炮三维地震，覆盖次数提高到 240 次，面元 10 m×10 m，炮道密度为每平方千米 240 万道，资料有所改进。

2018 年首次采用新型 EV56 高精度震源攻关，进一步把炮道密度提高到每平方千米 660 万道，资料品质更有所提高。

此次攻关的叠前偏移剖面总体上了一个台阶。我们发现 EV56 新型可控震源的资料优于井炮。

此次 EV56 震源的施工因素为：扫描频率 2～130 Hz，线性升频，扫描长度 12 s，1 台 1 次，记录仪器 G3i，记录长度 6 s，采样率 2 ms。具体施工因素见图 27。

**2018年青龙台攻关：该区油气富集程度高，成藏条件优越，其中包含青龙台沙一段、沙三段碎屑岩，东部凸起中、古生界等多个重点领域；但波场复杂，现有资料信噪比偏低，成像效果有待改善，圈闭落实和储层预测需要攻关。**

**此次攻关南北共两个方块**
**如图中蓝色长方形框所示**

**青龙台EV56可控震源及老井炮的施工因素**

| | 南部2018Ev56 震源三维 | 北面2013年 数字三维 数字检波器单点接收 |
|---|---|---|
| 观测系统 | 44L7S360T1R | 30L8S288T1R |
| 面元大小 | 10m×10m | 10m×10m |
| 总覆盖次数 | 22横×30纵=660次 | 15横×16纵=240次 |
| 纵向观测系统 | 3590-10-20-10-3590 | 2870-10-20-10-2870 |
| 接收道数 | 15840道 | 8640道 |
| 道距/炮点距 | 20m/20m | 20m/20m |
| 接收线距/炮线距 | 140m/120m | 160m/180m |
| 最大非纵距 | 3070m | 2390m |
| 最大炮检距 | 4724m | 3735m |
| 目的层横纵比 | 0. 86 | 0. 83 |
| 炮道密度（万/平方千米） | 660万 | 240万 |

图 27　辽河油田青龙台地区 2018 年攻关的井炮及可控震源 EV56 施工参数图

### 实验一　通过扫描搞清有效频带

我们从 2018 年辽河青龙台地震攻关的三维叠前偏移剖面出发，选择 Xline3770 剖面，做标准的倍频程分频扫描，从 2～5 Hz 扫描到 80～160 Hz。

**结论：**

**井炮的有效频带：5～45 Hz(50 Hz 以上反射层就不清楚)。**

**震源 EV56 的有效频带：从 2 Hz 到 70 Hz 都见反射同相轴，有效。**

**这是我所看到可控震源的最好的资料，比井炮的潜水面下 2～4 口井组合的资料还要好。**

**可控震源取得这样好的效果，一是要归功于 EV56 型震源的良好性能；二是炮道密度大大提高，增加到 660 万道/平方千米；三是本工区位于辽河流域平原区，具有很薄的低降速带(2～5 m)，表层对高频的吸收减少了；四是本区的下第三系目的层埋深较浅，容易获得高频信息。但是为什么井炮资料表现得如此差，我还百思不得其解。**

这次的分频扫描是从 2018 年的叠前偏移剖面出发的。分频扫描之前的原始叠偏剖面如图 28 所示。每幅图中的左边是 2013 年的井炮剖面，右边是 EV56 可控震源的剖面。

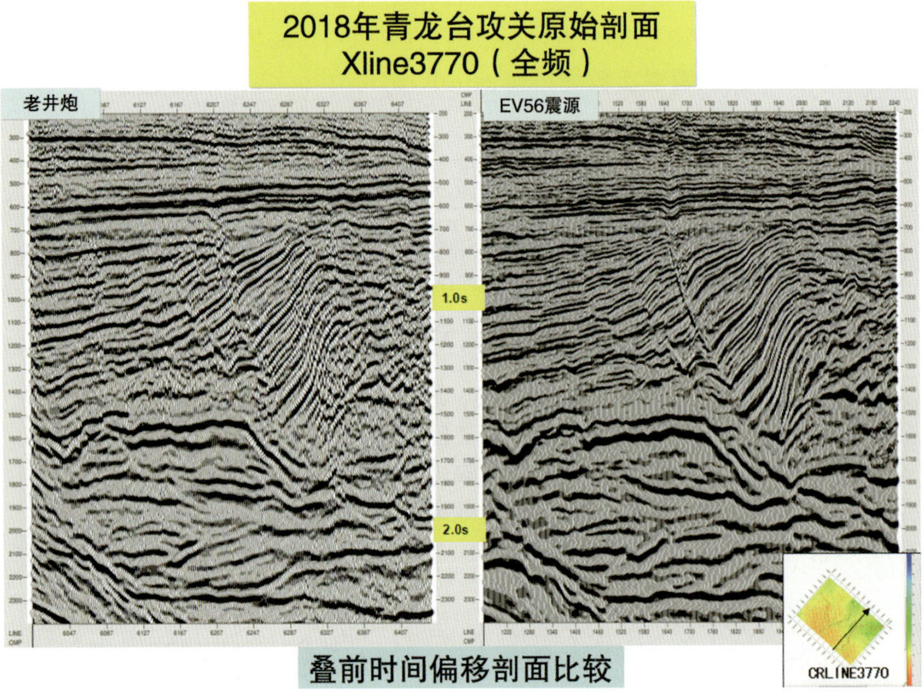


(a)

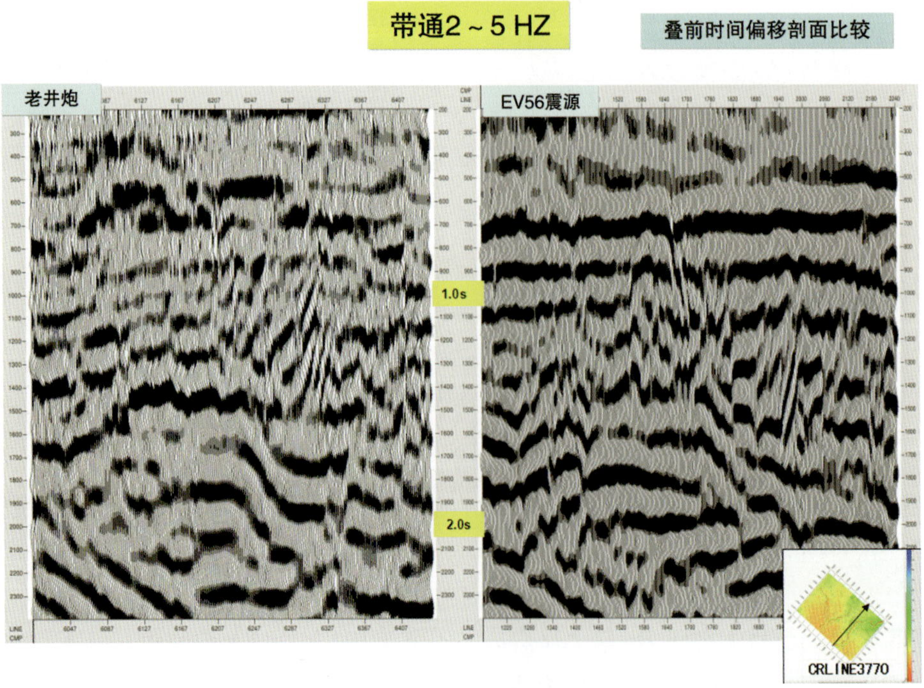


(b)

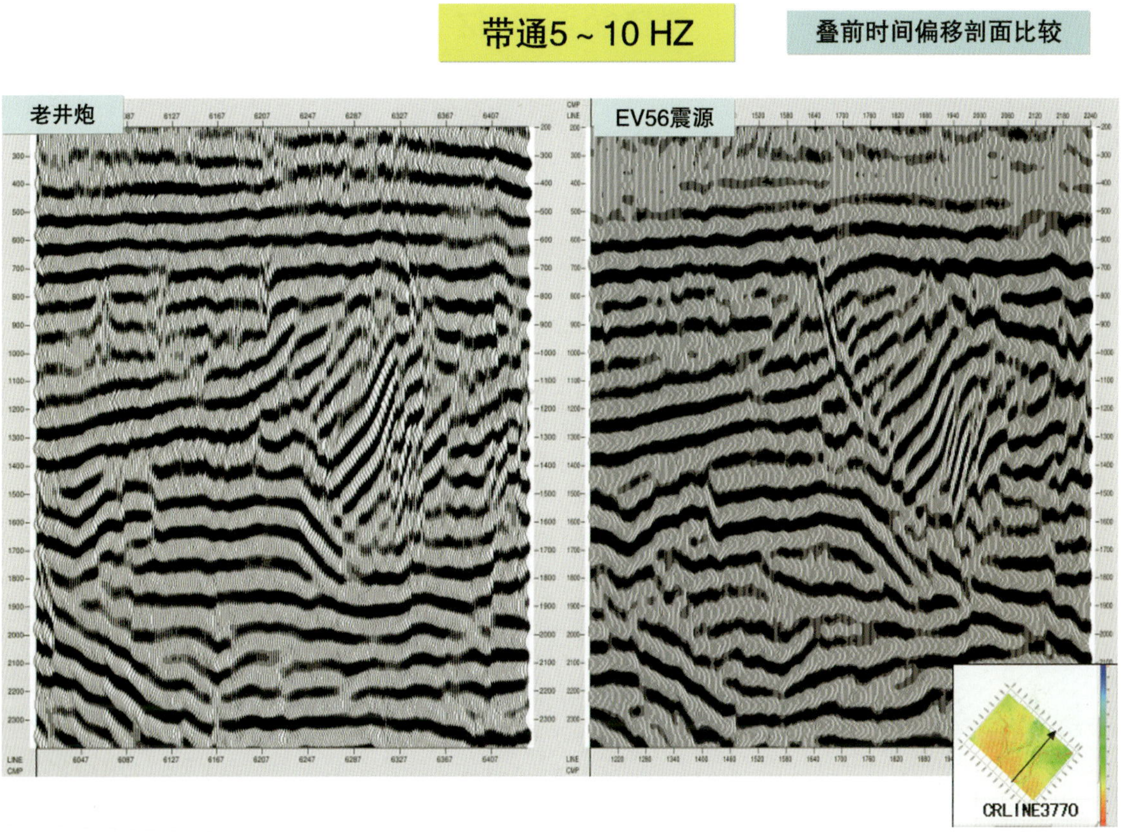
带通5～10 HZ
叠前时间偏移剖面比较
老井炮
EV56震源
CRLINE3770

(c)

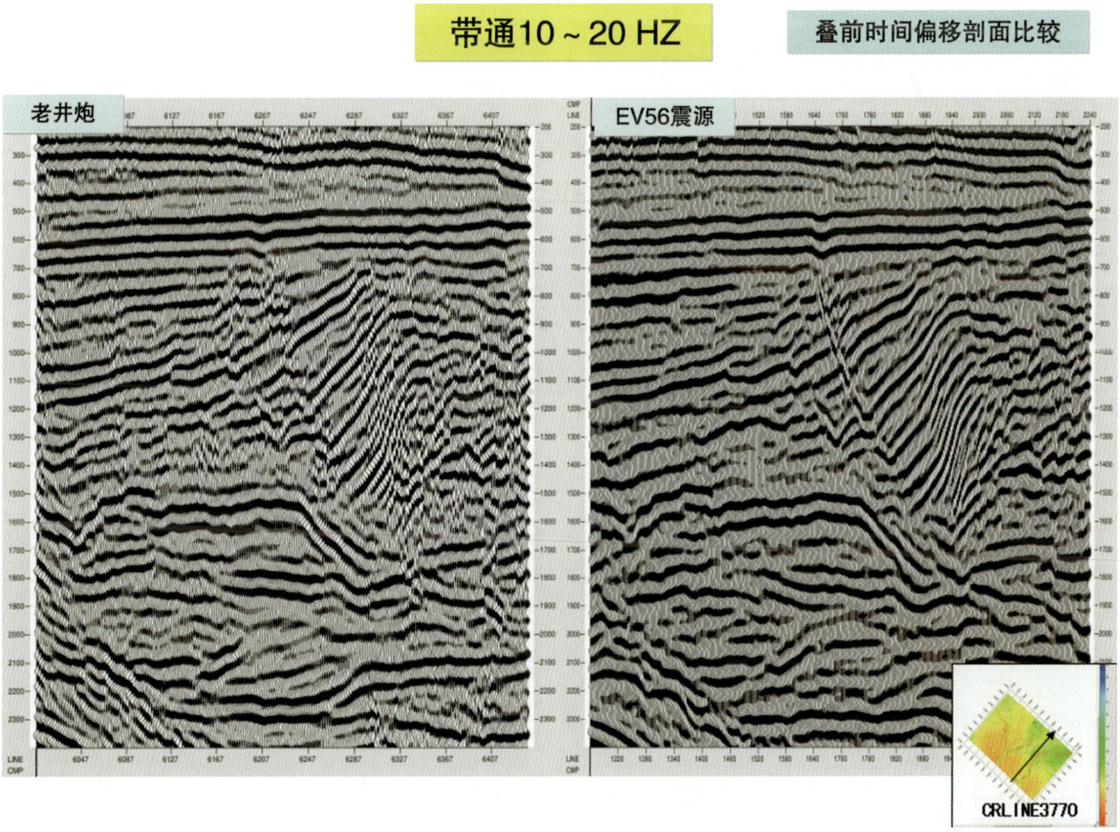
带通10～20 HZ
叠前时间偏移剖面比较
老井炮
EV56震源
CRLINE3770

(d)

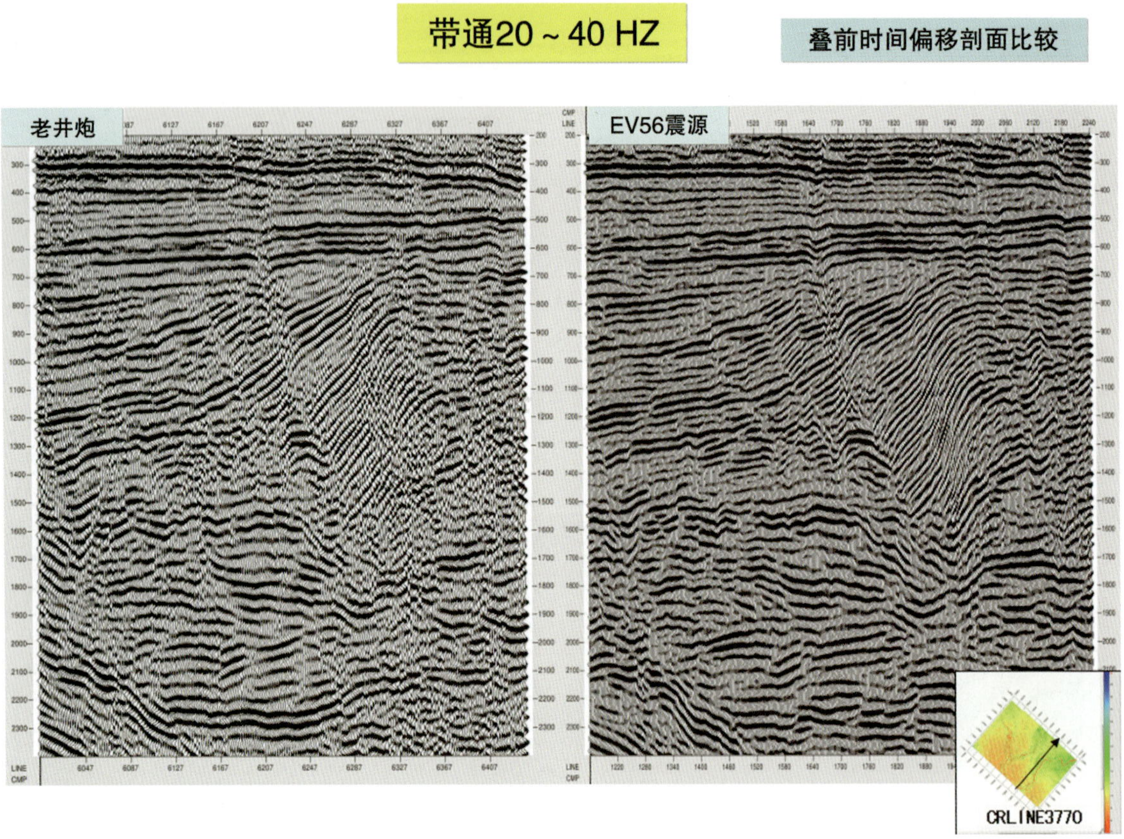
带通20～40 HZ
叠前时间偏移剖面比较
老井炮
EV56震源
CRLINE3770

(e)

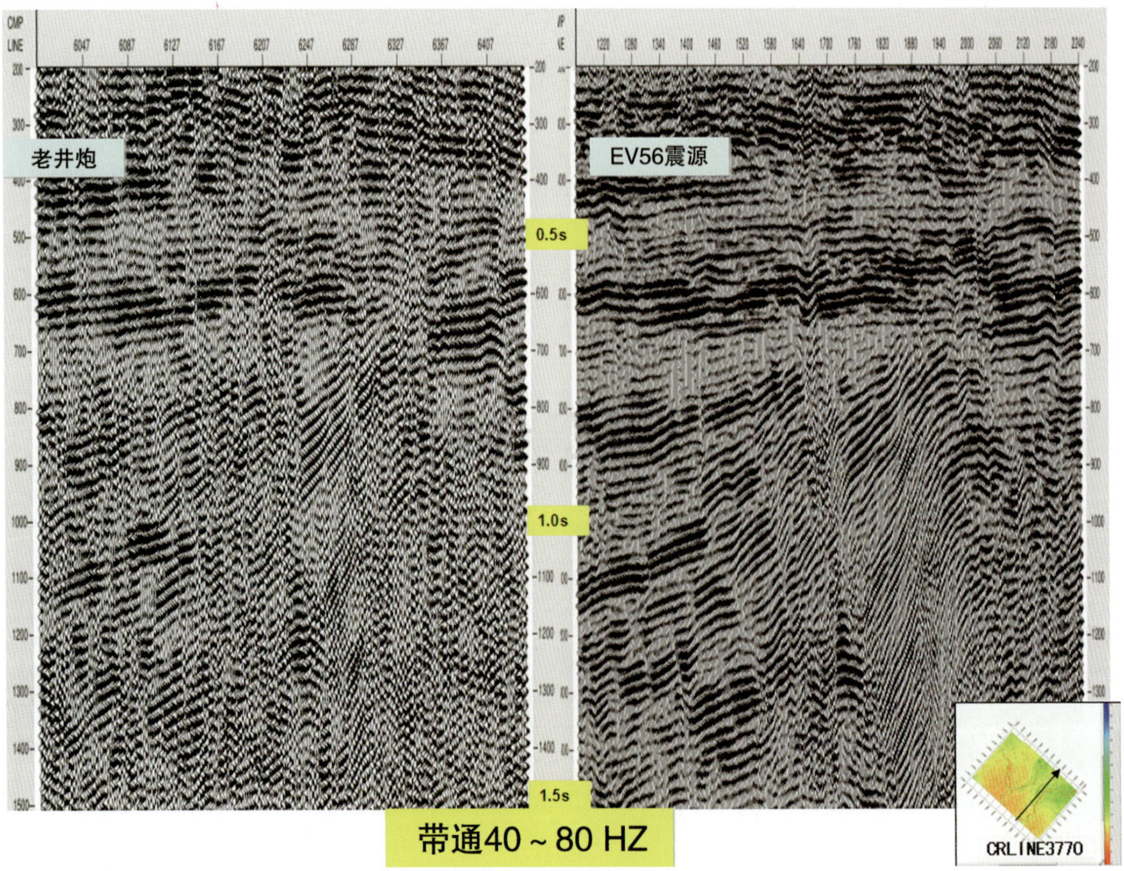
老井炮
EV56震源
0.5s
1.0s
1.5s
带通40～80 HZ
CRLINE3770

(f)

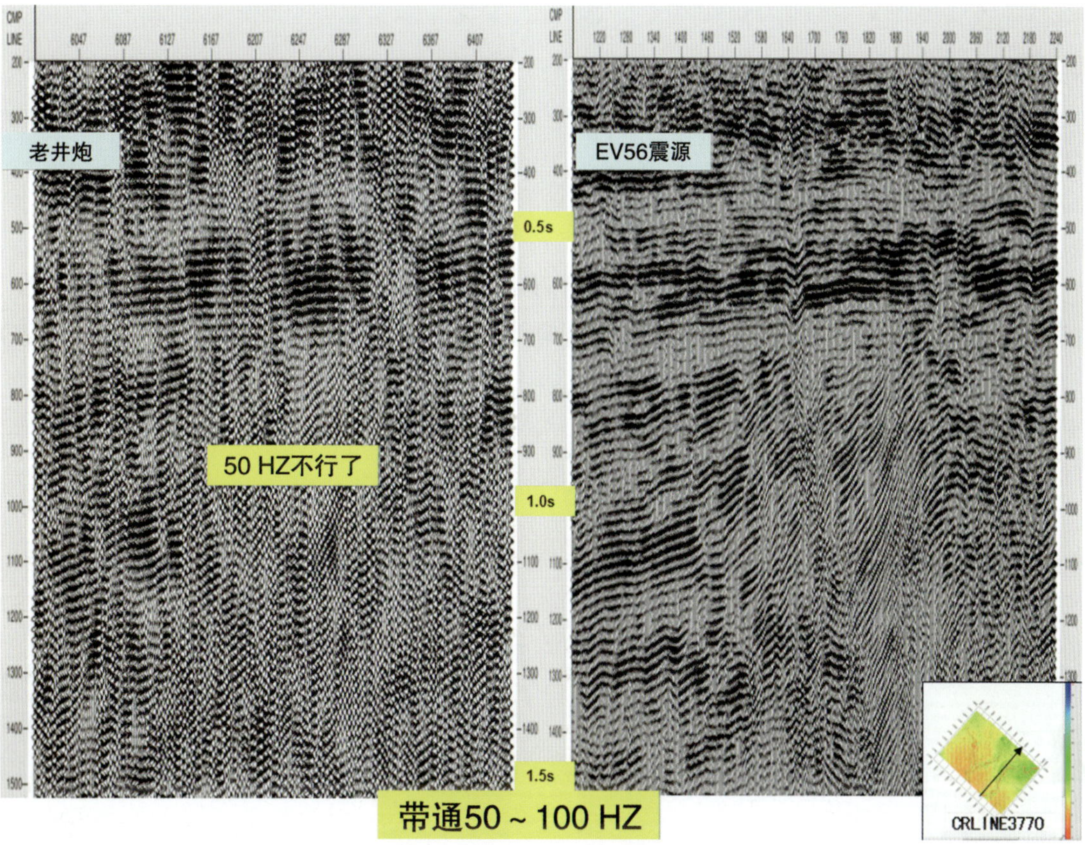


（g）

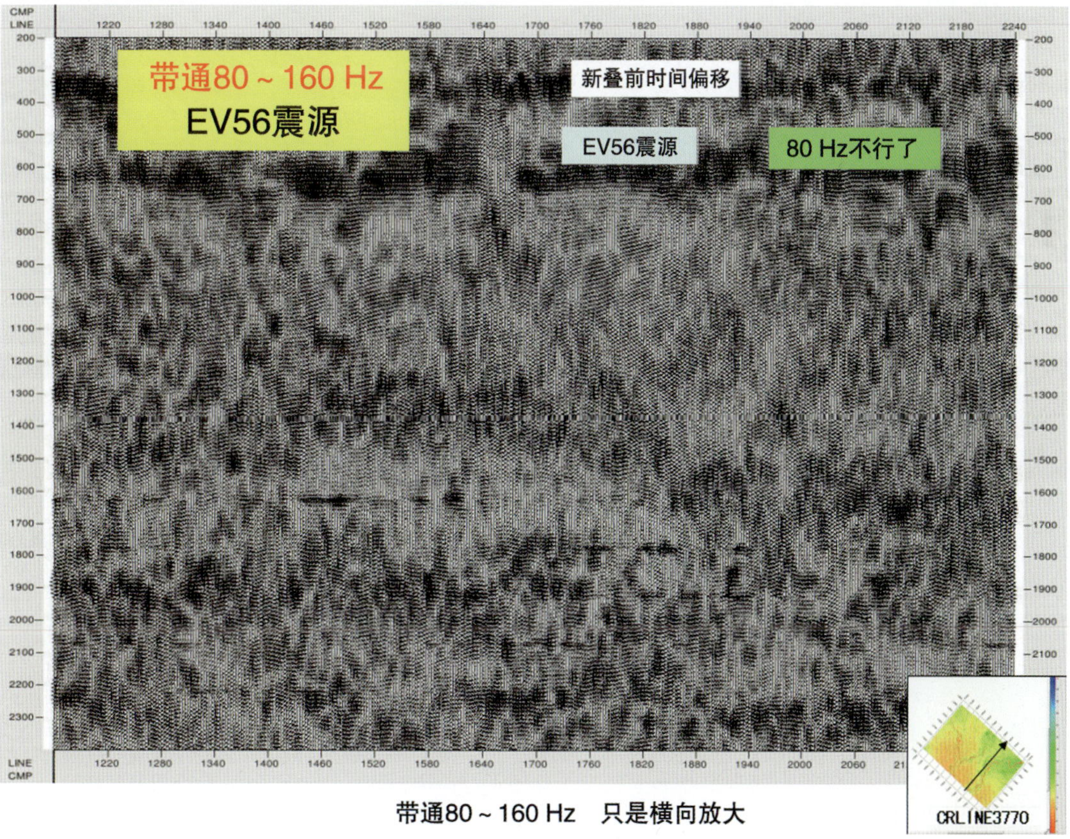


（h）

图 28　青龙台地区 2018 年攻关的叠偏剖面的分频扫描的情况

* * * * * * * * * * * * * * * * * * * * * * * * * * * * * * * * * * * *

## 实验二 低截滤波试验

本试验是为了论证本文第二节，即复杂楔形理论模型中第②个模型，对 10 Hz 以下低频信号的特点，通过实际例子来进一步认识问题。

我们通过低截滤波(高通滤波)，证明宽频带的资料，滤去其低频 2～5 Hz，叠前偏移剖面形态基本不变，肉眼看不到什么差别。

震源 EV56 是很好的宽频剖面，去掉低频，剖面的确没有太明显的差别。

这证明了我文章中的观点：低频 2～5 Hz 对叠偏剖面的作用不大，但是低频对波阻抗反演的意义很重要。

低截滤波之前的原始叠偏剖面如图 29 所示。图左边是 2013 年的井炮剖面，右边是 EV56 可控震源的剖面。

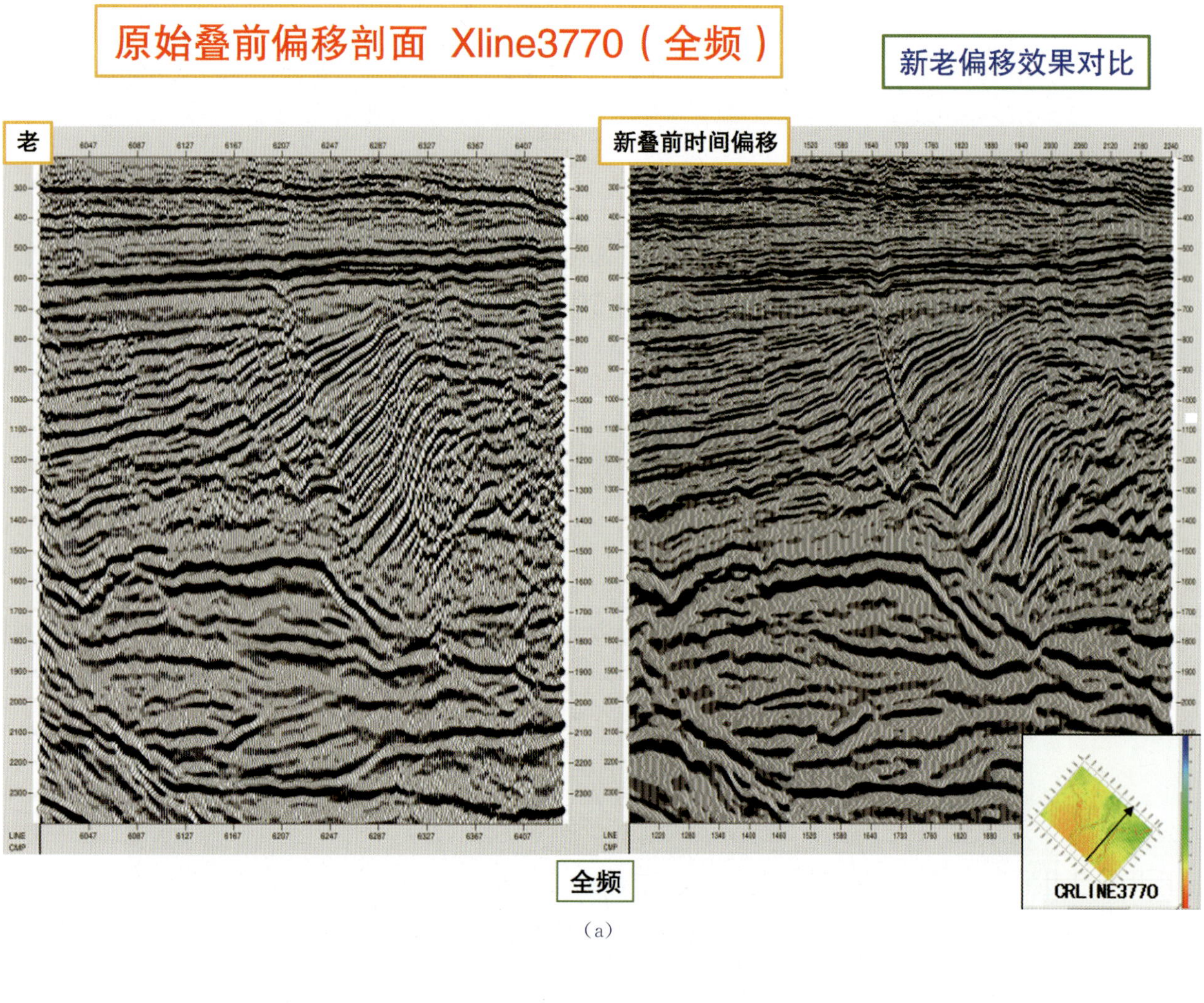


(a)

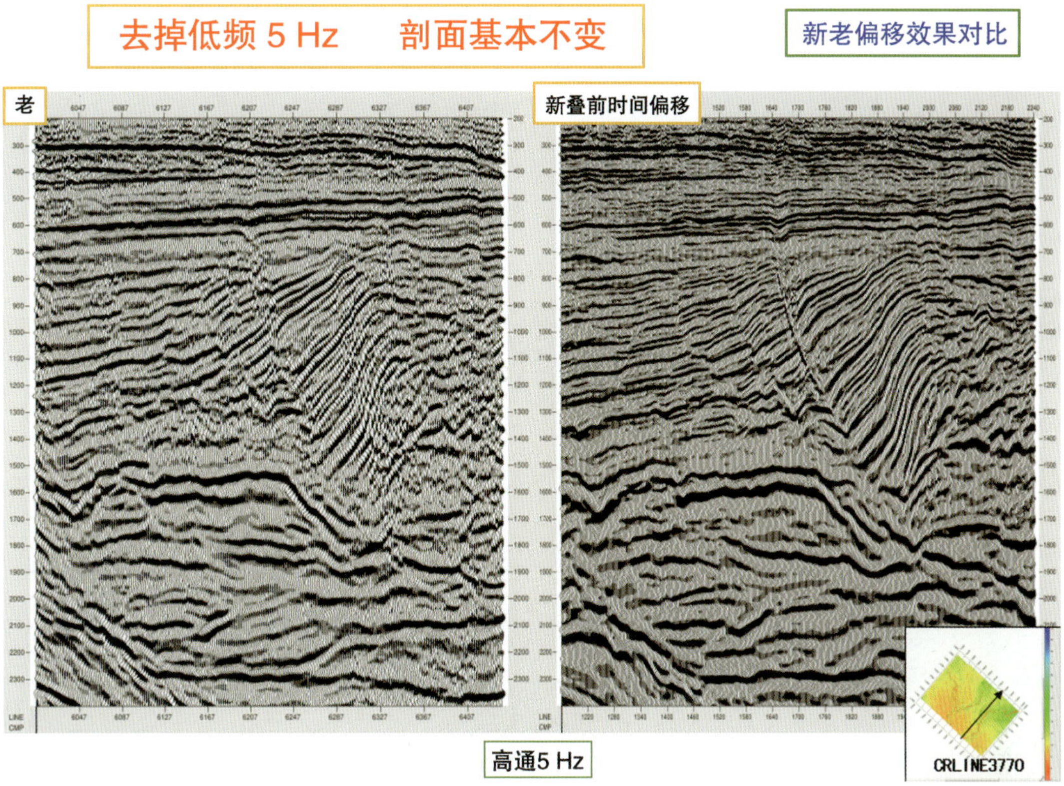


(b)

图 29 低截滤波之前的原始叠偏剖面对比

图 30 说明原来含有低频 2～5 Hz 信号的叠前偏移剖面，滤去其低频 2～5 Hz 信号，剖面形态基本不变。这证明了前面第二节的结论：把含低频的反射理论记录 VF⑥a 与 MF⑤a 直接比较，发现它们的差别不是很大。但将它们做了道积分之后，差别就非常大。

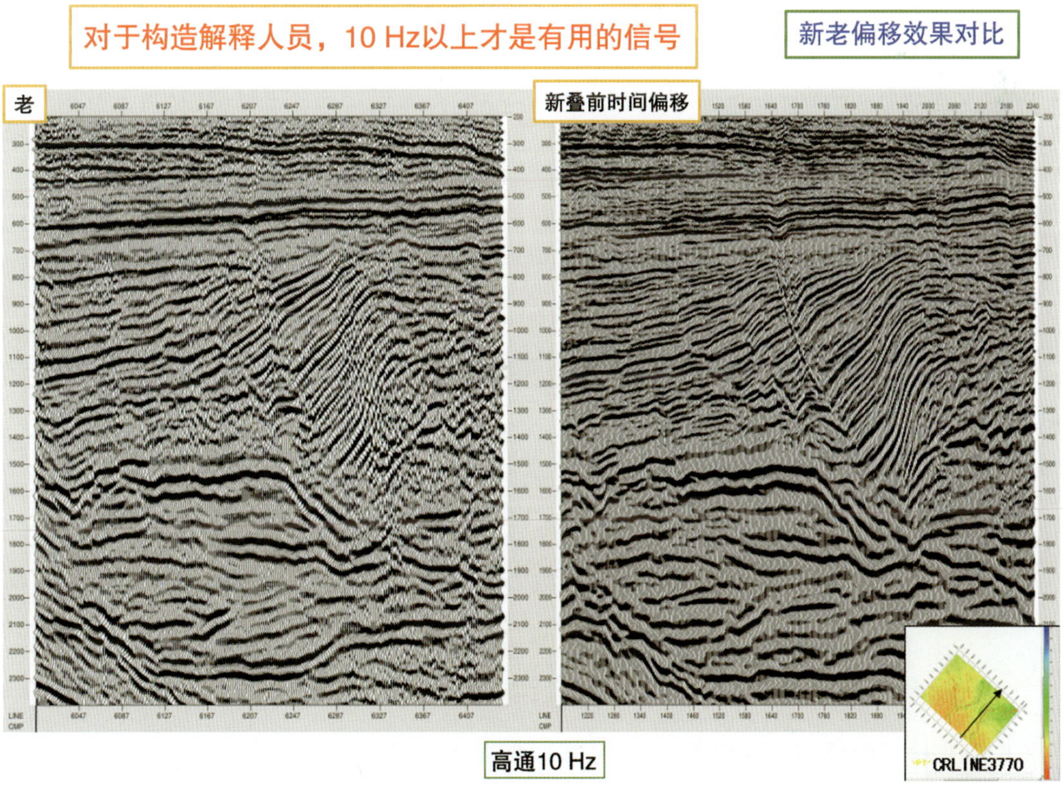


(a)

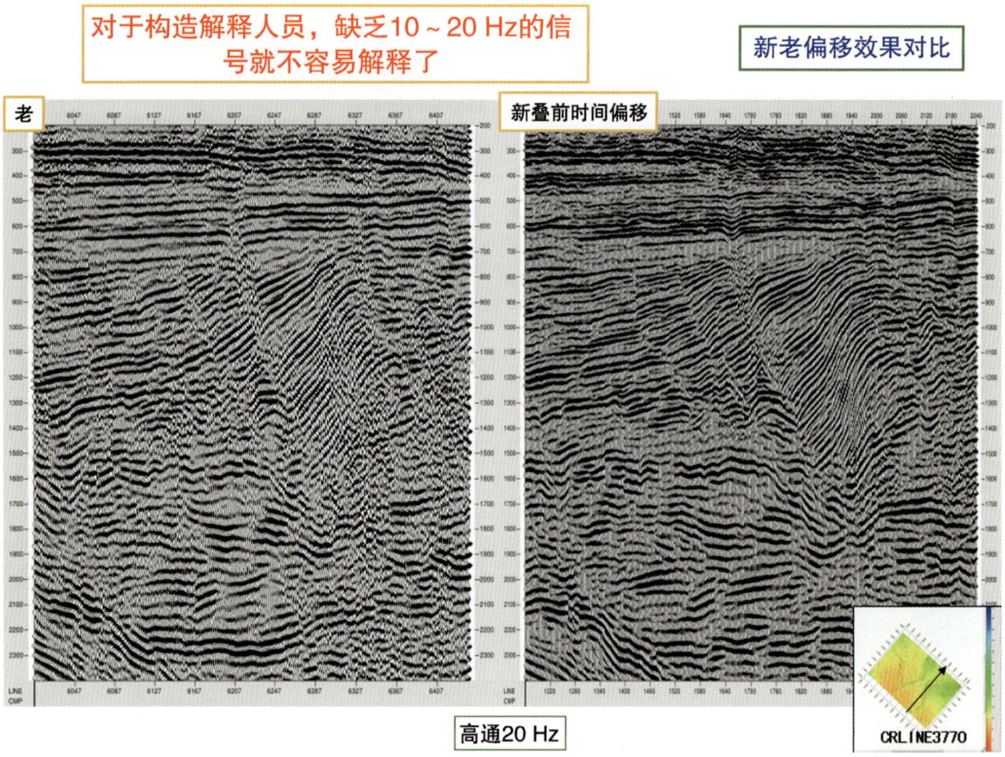

对于构造解释人员，缺乏10～20 Hz的信号就不容易解释了
新老偏移效果对比
老
新叠前时间偏移
高通20 Hz
CRLINE3770

（b）

图 30 青龙台地区攻关剖面的高通滤波试验图

* * * * * * * * * * * * * * * * * * * * * * * * * * * * * * * * * * *

## 实验三 对震源 EV56 宽频剖面展宽其有效频带

这是为做相对波阻抗积分地震道做准备的，即谱白化或偏后脉冲反褶积。

**叠前偏移是很强的低通滤波，高频受压制。积分前要把有效频带展平，这样才是高分辨率剖面的“最好表达”。**

谱白化或反褶积后，剖面变得很瘦，不要紧。积分后，会变成很好的波阻抗剖面，每个砂层都清楚得到表达，具体见图 31、图 32。

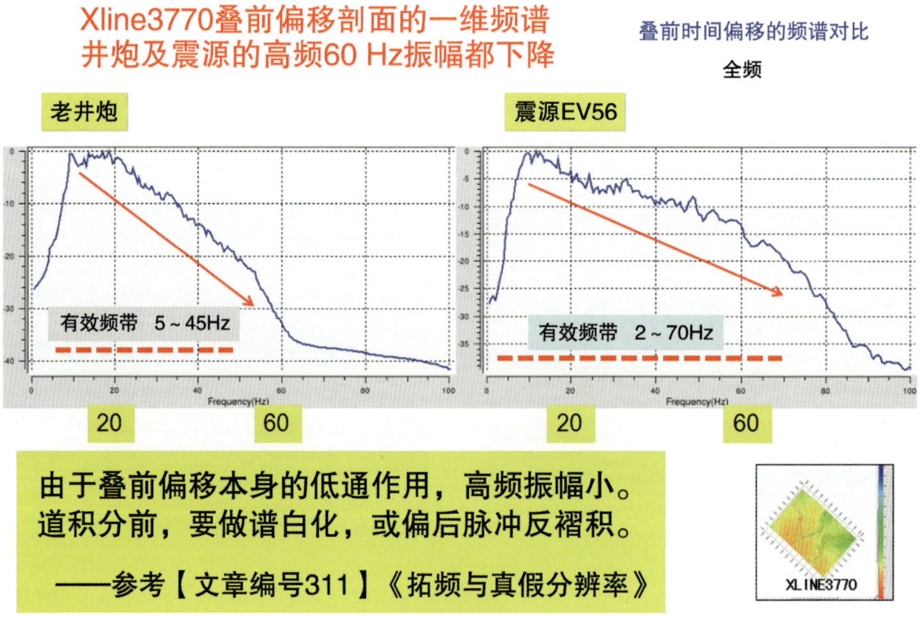

Xline3770叠前偏移剖面的一维频谱
井炮及震源的高频60 Hz振幅都下降
叠前时间偏移的频谱对比
全频
老井炮
震源EV56
有效频带 5～45Hz
有效频带 2～70Hz
Frequency(Hz)
20
60
20
60
由于叠前偏移本身的低通作用，高频振幅小。
道积分前，要做谱白化，或偏后脉冲反褶积。
——参考【文章编号311】《拓频与真假分辨率》
XLINE3770

图 31 攻关叠前偏移剖面的频谱及有效频带图

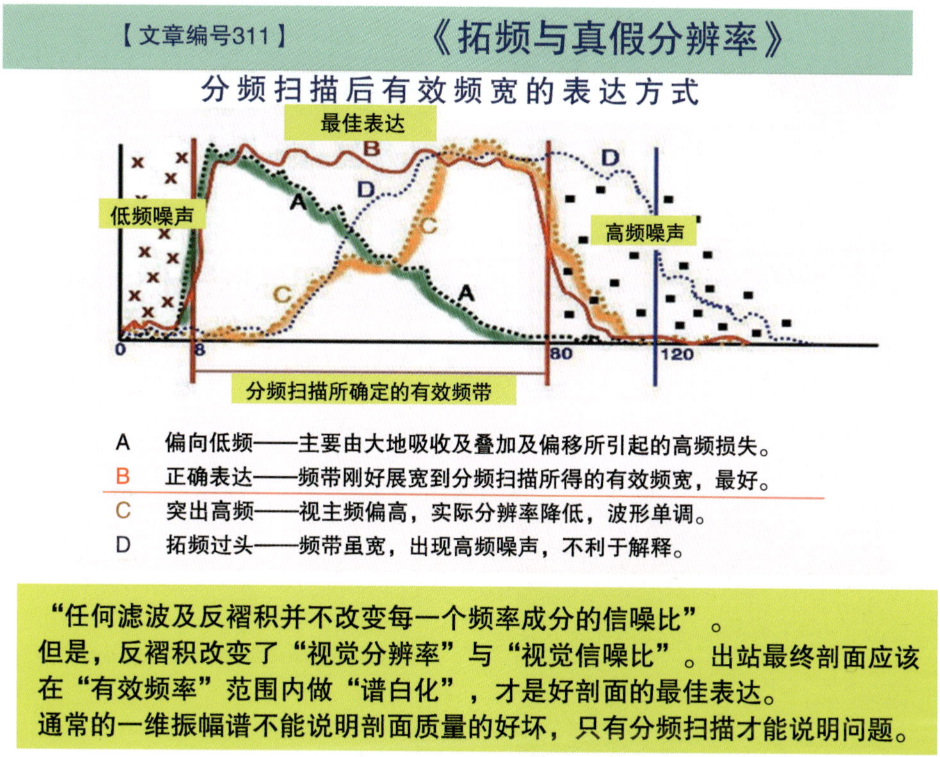
【文章编号311】
《拓频与真假分辨率》
分频扫描后有效频宽的表达方式
最佳表达
B
D
A
D
C
C
A
低频噪声
高频噪声
0
8
80
120
分频扫描所确定的有效频带
A　偏向低频——主要由大地吸收及叠加及偏移所引起的高频损失。
B　正确表达——频带刚好展宽到分频扫描所得的有效频宽，最好。
C　突出高频——视主频偏高，实际分辨率降低，波形单调。
D　拓频过头——频带虽宽，出现高频噪声，不利于解释。
“任何滤波及反褶积并不改变每一个频率成分的信噪比”。
但是，反褶积改变了“视觉分辨率”与“视觉信噪比”。出站最终剖面应该在“有效频率”范围内做“谱白化”，才是好剖面的最佳表达。
通常的一维振幅谱不能说明剖面质量的好坏，只有分频扫描才能说明问题。

图 32　分频扫描后有效频宽的正确表达方式

## 1. 试验内容

(1) 对震源 EV56 宽频剖面做谱白化，白到 2～70 Hz 都展平，使有效频带得到最佳的表达。

(2) 做“偏后脉冲反褶积”，进一步压缩子波，以提高分辨率。开 2 个时窗，白噪系数实际采用千分之三。

以上两种方法用一维频谱检查、比较一下，选择一种做道积分。

## 2. 可控震源的子波是“零相位”的吗?

小相位的子波经过脉冲反褶积，才能压缩成一个脉冲。那么零相位的可控震源的子波是否也可以呢?其实可控震源的子波不是“零相位”。因为可控震源的互相关是通过记录在振动板上的信号与来自地下的反射信号所做的互相关，而后者是经过大地的强烈吸收作用的，相关后是“混合相位”。所以，我得出的结论是：对于混合相位子波的剖面，只要通过脉冲反褶积，也能起到压缩子波、提高分辨率的作用。可参看我的《走向精确勘探的道路》一书第 93～95 页。

## 3. 谱白化及偏后反褶积的试验结果

拓频之前的原始叠偏剖面如图 33 所示，此图中我用黄色箭头指示出了不整合面的位置，即 710 ms 处。图中只显示了 EV56 可控震源的剖面试验结果，因为井炮的有效频带不够宽，就不做它了。

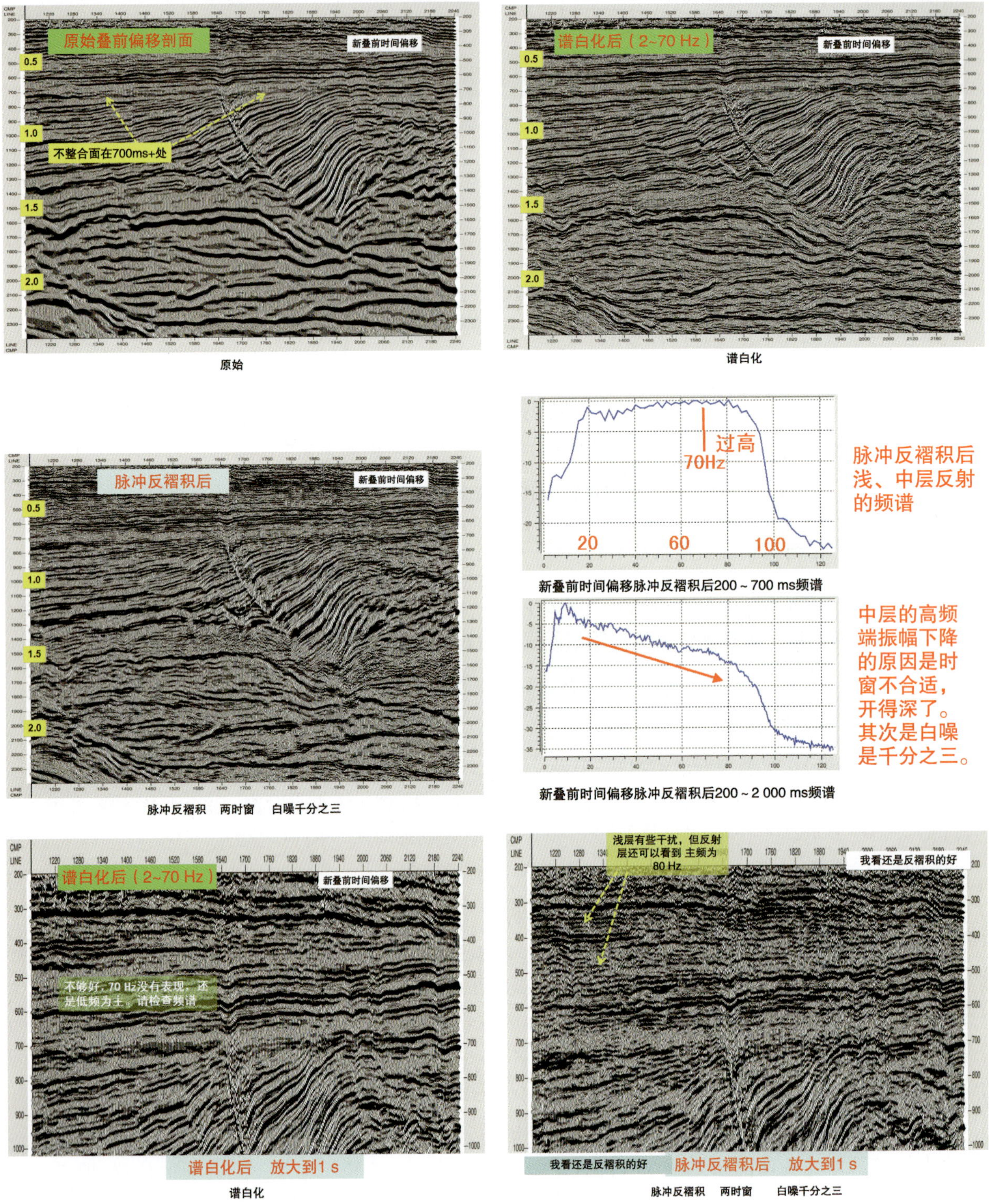


图 33　青龙台地区攻关剖面展宽频谱的“谱白化”及“脉冲反褶积”的试验结果

谱白化是一种“纯振幅”运算，相位没有改进。偏后脉冲反褶积，可以进一步压缩子波，提高有效的分辨率。但是要用一维频谱检查它们的合理性，不要把高频噪声放大了。

这次反褶积试验的时窗开得不太合适，开深了。从一维频谱看，中层反射(1.0～1.5 s)的高频没有抬起来。所以后来我们决定进一步调整时窗，把白噪系数减少到千分之一。具体内容将在后面介绍。

* * * * * * * * * * * * * * * * * * * * * * * * * * * * * * * * * * *

## 实验四 道积分的试验

### 1. 确定子波的视极性是十分重要的

地震道子波的极性正、负是一个极为重要的问题。我在《走向精确勘探的道路》一书中的第 11 章指出，“做好波阻抗反演的五大难题”中的第一个就是“极性问题”。如果搞错了极性，递推过程中，加法就变成减法，就会得到不合理的结果。

虽然 SEG 协会对正常极性很早就作出了规定：地震记录的起跳波形应该首先是“下跳”。大家都在遵守着这个规定。然而，哪里想到地震子波的极性会在资料处理过程中改变。例如，不同的反褶积处理因素（时窗、算子长度、白噪系数等）都改变了子波的相位谱，使其子波的正波峰最大时，“视极性”表现为正。相反，当子波在压缩后负波谷数值最大时，会表现为负极性。

为了搞清积分地震道的“视极性”，我提出以下几个解决办法。

（1）寻找剖面里的基底强反射，或者具有强反射的“不整合面”，那里肯定是波阻抗上弱下强。在积分时如果进入不整合面后波阻抗显著增加，就说明极性是正。如果紧贴着不整合面的下面，相对波阻抗值变低了，那么子波的“视极性”就是负的。这就需要把积分相对波阻抗数据的正、负倒个个儿，才是合理的输出。

这里要强调的是，要认准不整合面的准确位置。可以在宽频带的剖面里直接读取其 To 值。因为宽频带的叠前偏移剖面反映着“反射系数”的位置。在上面的 Xline3770 剖面里，我就用黄色的箭头，标出了馆陶组底与中生界或下第三系地层的不整合面的位置，在 710 ms 处。

（2）在海南岛福山油田，地表及浅层 300～500 m 处有三层火成岩。它们与围岩有极大的波阻抗反差，形成强反射与产生强烈的多次波。在反射剖面上我们可以通过反褶积压缩子波后，做道积分剖面。如果积分后单个强反射出现一个强波峰，就说明子波是正极性。反之，如果一根强反射变成两根（强波谷），那么就是负极性的。这对层厚较薄的孤立强反射，都是很好的判断极性的办法。

（3）当然，最可靠的办法是将测井资料的速度乘以密度，得到真实的地下的波阻抗，来检验我们道积分的正确性。不过测井资料与地震资料的分辨尺度差得很多，必须先把测井资料做“深-时转换”，再把其用低通滤波，滤到地震资料的“有效频宽”的上限（本例中为 70 Hz），才能互相比较。

* * * * * * * * * * * * * * * * * * * * * * * * * * * * * * * * * * *

### 2. 道积分的效果：分正、负两种极性的分析判断

到目前 GeoEast 还没有“道积分”的专用程序，现在只能在一个“道操作 TrcOperat”软件包里，找到道积分的选件。选件里讲得也不清楚。它分为“因果积分 Causual”与“反因果积分 aCausual”两种。所谓因果积分是自上而下的“逐点累加”，而反因果积分是自下而上的“逐点累加”。经过我们的摸索，它们实际上就是“正极性积分”与“负极性积分”的两种算法。其差别在于：除了正负极性相反外，主要是“直流分量不同”，此外还上下各差一个样点。显示时，去掉直流分量后，就基本是正、负极性的道积分（图 34）。

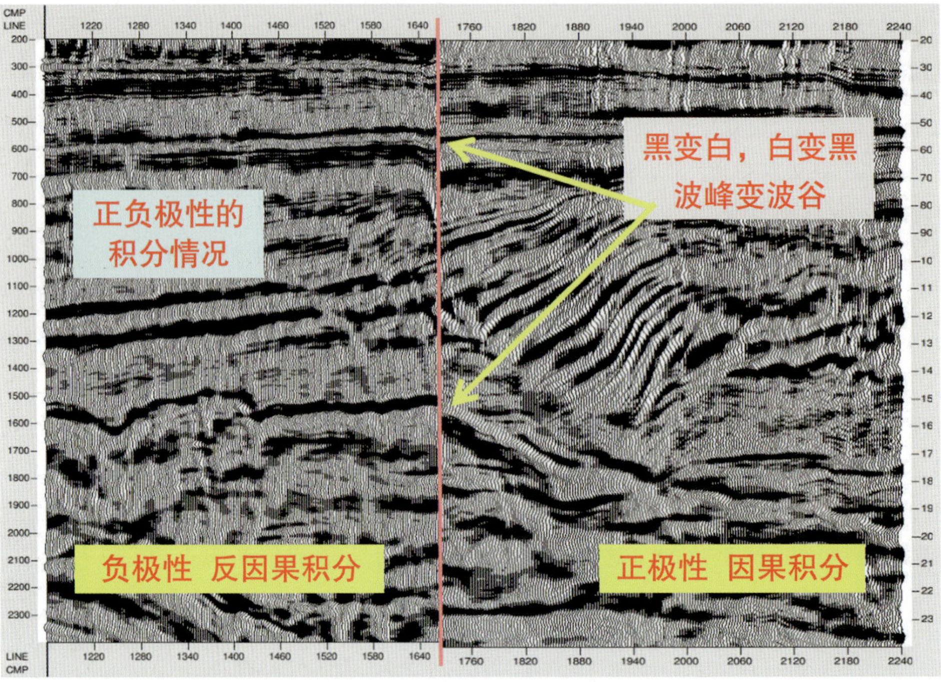


Xline3770 叠前时间偏移反褶积后道积分（正极性与负极性） 白噪系数0.003

图 34 正极性因果积分与负极性反因果积分的差别

模块里，道积分的输出可以加上低截滤波，以防止直流及低频分量的波形大偏离。我们采用的是2 Hz的低截滤波(软件里的低截滤波最低只允许用到 2 Hz)。

我们利用了 710 ms 处的不整合面判断极性，结果发现“负极性”才是合理的结果。

* * * * * * * * * * * * * * * * * * * * * * * * * * * * * * * * * * * *

### 3. 本次辽河青龙台的地震积分道试验的极性判断

通过试验，我们认为偏后反褶积再做积分，比谱白化后做积分的效果好一些，因为谱白化仅仅是“纯振幅运算”，并没有相位谱的改进。并且我们发现二者都说明：子波是负极性的。用 aCausual 选件才能使 710 ms 的不整合界面得到良好的波峰反映。所以，极性是负的才是合理的，见图 35、图 36。

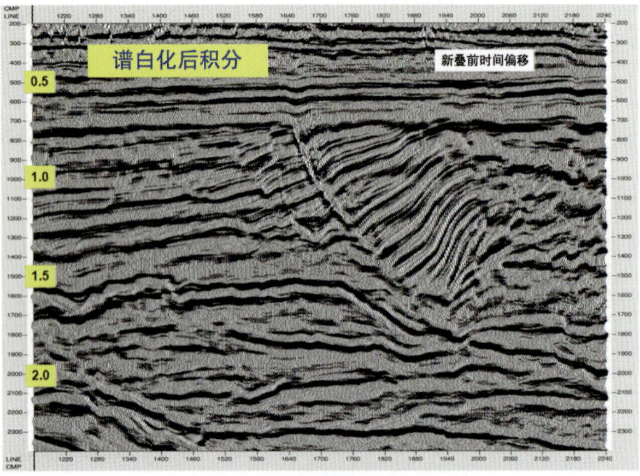


谱白化后道积分（正）

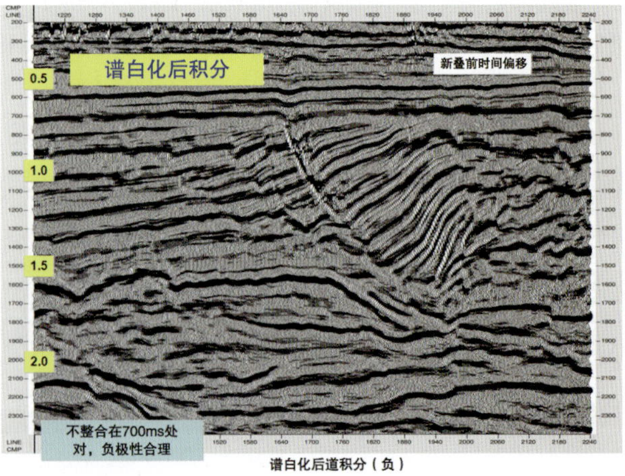


谱白化后道积分（负）

图 35 谱白化后积分道的极性判断(左边负极性是合理的)

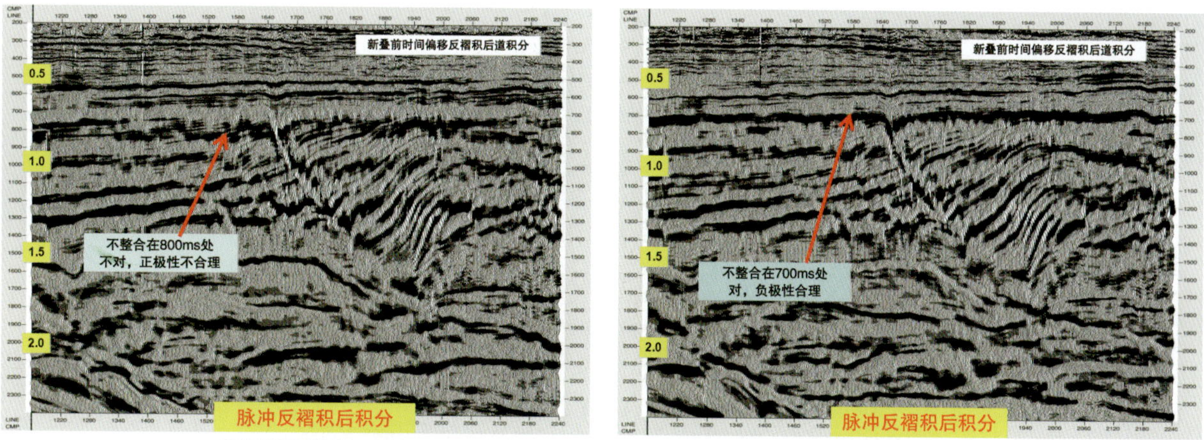


脉冲反褶积后道积分（正极性）　　脉冲反褶积后道积分（负极性）

图 36　脉冲反褶积后积分道的极性判断(左边负极性是合理的)

图 35、图 36 有力地说明:青龙台试验的结果是右边的图的极性是正确的,710 ms 处不整合面的位置正确,而且不整合面下的阻抗是增加的。

* * * * * * * * * * * * * * * * * * * * * * * * * * * * * * * * * *

## 4. 也有 Causual 正极性是合理的情况

我们 2021 年 2 月在海南福山油田做的井炮剖面,拿积分地震道来显示火成岩的分布。采用“一个强相位变成两个强相位”判断是否合理的方法(图 37)。得到的结果是:aCausual 是错的,Causual 积分(正极性)才是合理的(图 37 左)。所以极性问题的判断是十分重要的。

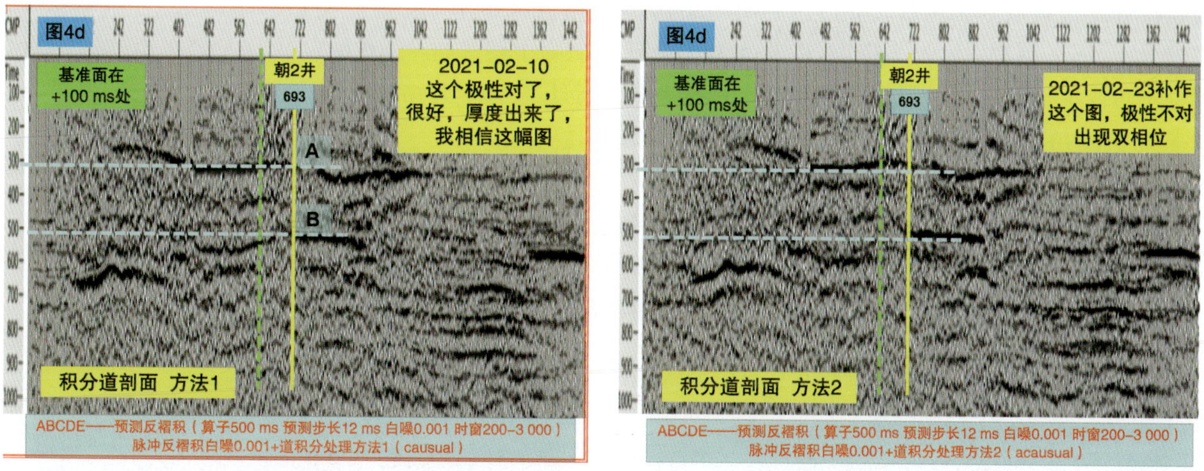


图 37　福山油田积分道的极性判断(左边正极性是合理的)

图 37 左图火成岩强波是一个强相位,到右图变成两个强相位。因此判断右边是错的,它的极性是负的,显示了两个波谷。顺便说明一下,这次积分前的火成岩已经基本消除了多次波,而且用脉冲反褶积把它压成一根很窄的轴,如图 38 所示,道积分是为了看出它的厚度分布。

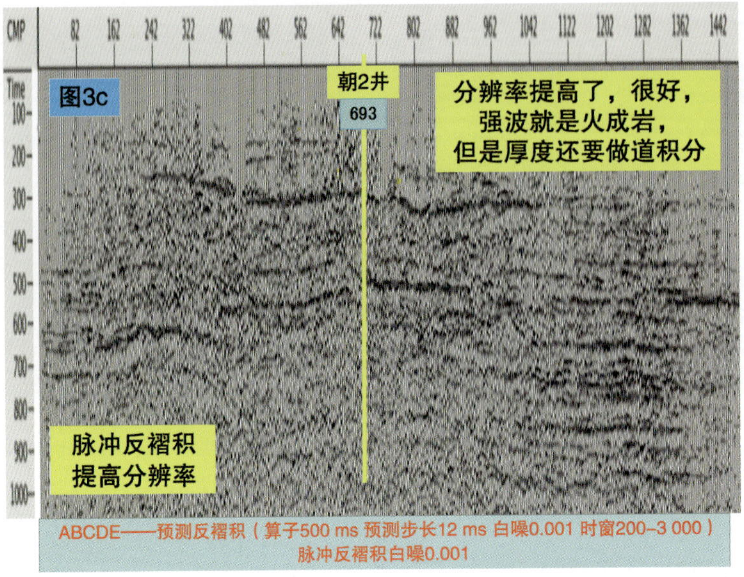


图 38　福山油田积分道前剖面脉冲反褶积把火成岩的反射压缩成一根细轴

* * * * * * * * * * * * * * * * * * * * * * * * * * * * * * * * * * *

## 5. 脉冲反褶积小白噪系数的效果

脉冲反褶积的目的是压缩地震子波，希望子波被压成一个"脉冲"，得到最高的分辨率。所以在Toeplitz矩阵里，期望输出填的是 1，0，0，0，0，0，实现方法是把每个频率的振幅 a，都乘上它的倒数 1/a，于是弱振幅就都被放大了倒数 1/a 倍。例如，0.001 的振幅放大了 1 000 倍。但是问题产生了：如果有一个振幅为零，那么倒数 1/a 是无穷大，机器就无法处理了。为了解决这个"不稳定性"，人们在矩阵的左边自相关对角线上加了一个"白噪系数"。假定白噪系数 $\delta$ 等于 0.001，其结果是使小振幅 0.001 的频率成分放大 $1/(\delta+0.001)=500$ 倍。有了 $\delta$，就不会变成无穷大。

我们主张对于好资料，白噪系数采用 0.003～0.001。如果白噪系数太大，反褶积就不起多大作用。

图 39 是 Xline3770 剖面试验脉冲反褶积的参数的试验结果，改变了时窗位置与白噪系数。

图 39 左边是反褶积前的原始剖面，右边是白噪系数为 0.003 的剖面，两个时窗开在 1200～1 500 ms 深处拼接，所以效果不太好。中层 1.2 s 附近，反射波形还显得很胖。

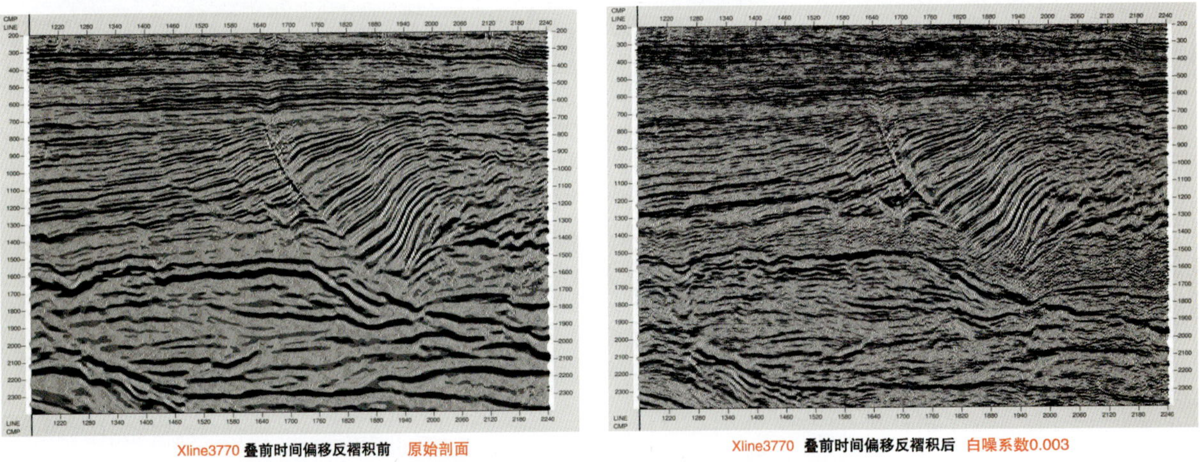


图 39　Xline3770 剖面试验脉冲反褶积的参数的试验结果

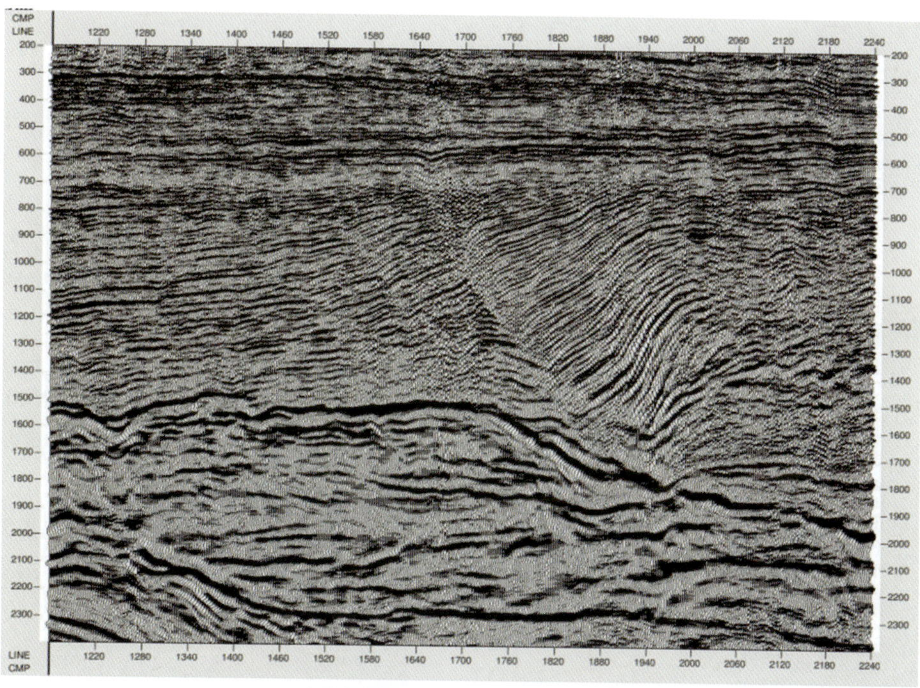

Xline3770 叠前时间偏移反褶积后 白噪系数0.001

图 40 时窗开在 0.7 s,白噪系数 0.001,获得较好的反褶积效果

图 40 是开两个时窗,在 700 ms 不整合面处上下连接,白噪系数为 0.001。

以上三幅图剖面上高频被提起很多,尤其是中层反射 1 s 附近的同相轴明显变瘦、变密。这正为我们下面要做的道积分创造了很好的条件。

这种高分辨率的剖面你可能很不习惯,因为它的子波压得很“瘦”,是分辨率很高的表现,通过积分地震道更能显示它的威力。

图 41 是把图 40 纵向放大到 1.5 s 的剖面,浅中层的高分辨率就显示得更清楚。

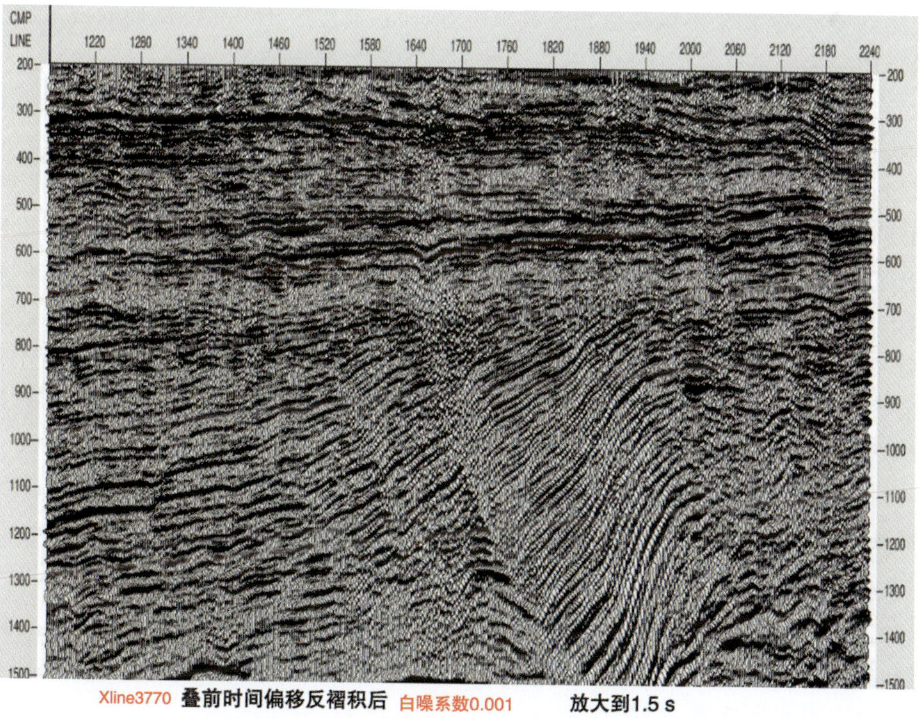

Xline3770 叠前时间偏移反褶积后 白噪系数0.001 放大到1.5 s

图 41 较好的反褶积效果剖面的放大显示(纵向放大到 1.5 s)

此剖面其视主频在 50~70 Hz 左右,可以分辨、追踪厚度在 15 m 到 20 m 的砂层。

* * * * * * * * * * * * * * * * * * * * * * * * * * * * * * * * * * *

## 6. 浅时窗、小白噪反褶积后的道积分试验结果

再看一下我们道积分的效果：上下两时窗分界在 700 ms 处，小白噪 0.001 的剖面经负极性的积分后，剖面上出现很详细的结构。710 ms 处的黑色波峰也说明了极性的正确性。这是一条相对波阻抗好的剖面(图 42)。

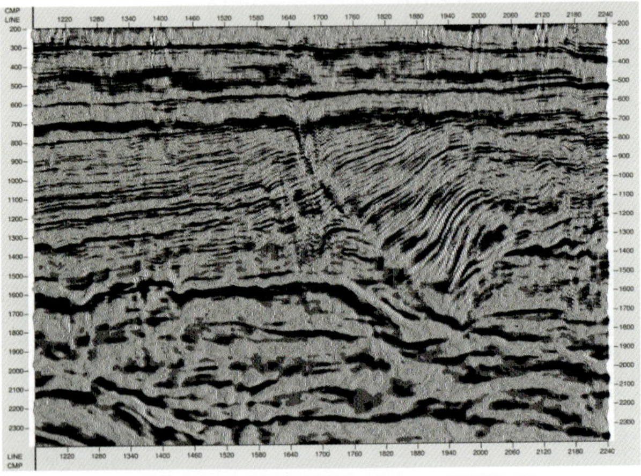


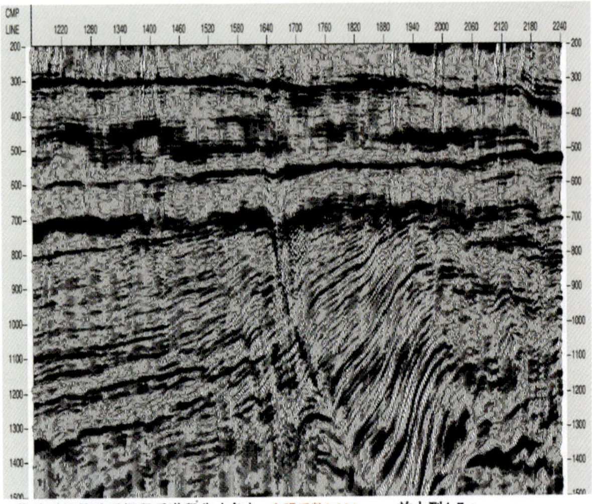


图 42 浅时窗、小白噪的反褶积剖面经道积分后的结果及其放大图

上图是显示到 2.4 s 的完整的积分剖面，下图是它纵向放大到 1.5 s 的道积分剖面。它的浅层有些噪声，但总体上，每个同相轴是可信的。

* * * * * * * * * * * * * * * * * * * * * * * * * * * * * * * * * * *

## 7. 积分剖面上，不整合面附近的解释

不整合面(710 ms)处的浓厚黑色区是反映不整合下方的阻抗有很大的升高，并不一定反映是“砂层”。由于道积分程序在显示时，如果不做高通滤波就很难看，而目前程序还不允许高通滤波采用 1 Hz 或0 Hz。所以不整合附近的一片漆黑只是说明附近有一个波阻抗的很大的增加。

对于一个“台阶状”的波阻抗增长，必须有极低频 0.5 Hz 到 5 Hz 的低频信息，才能体现出一个台阶形态。如果缺少极低频信息，一个台阶只能表现为一个胖波峰(黑色)，跟着一个胖波谷。

如果今后道积分软件在显示时，高通滤波允许采用 1 Hz 或 0 Hz，那么，我们就可以得到一条“近似的绝对波阻抗曲线”。当然，这时候曲线偏离度很大，用黑白显示道就比较困难了。但是可以用彩色色谱来表达。当然，它还是相对的波阻抗，但是直接表达了地震信号中的低频信息。可控震源的低频信息就可以发挥它的作用了。

这时候，就不用专门去从钻井资料中求低频分量了(求井中的低频分量，再内插，也是不容易搞准确的事)。而且目前 Seislog、Velog 等软件递推波阻抗的合理性也存在许多问题，可能还不如直接根据地震道的信息做积分来得可靠。

在剖面左半边的深 1.6 s 处，还有一个又黑又粗的波峰，向右加深到 2.1 s 左右。我估计这是另外一个不整合面，大概是新生界与中生界的分界线，它也代表着波阻抗的增长。

* * * * * * * * * * * * * * * * * * * * * * * * * * * * * * * * * * *

## 8. 道积分剖面的彩色显示

我们通过脉冲反褶积，用千分之一白噪，采用负极性(反因果积分)所得的彩色相对波阻抗剖面非常漂亮。每层砂层都显示得非常清晰，如图 43 所示。

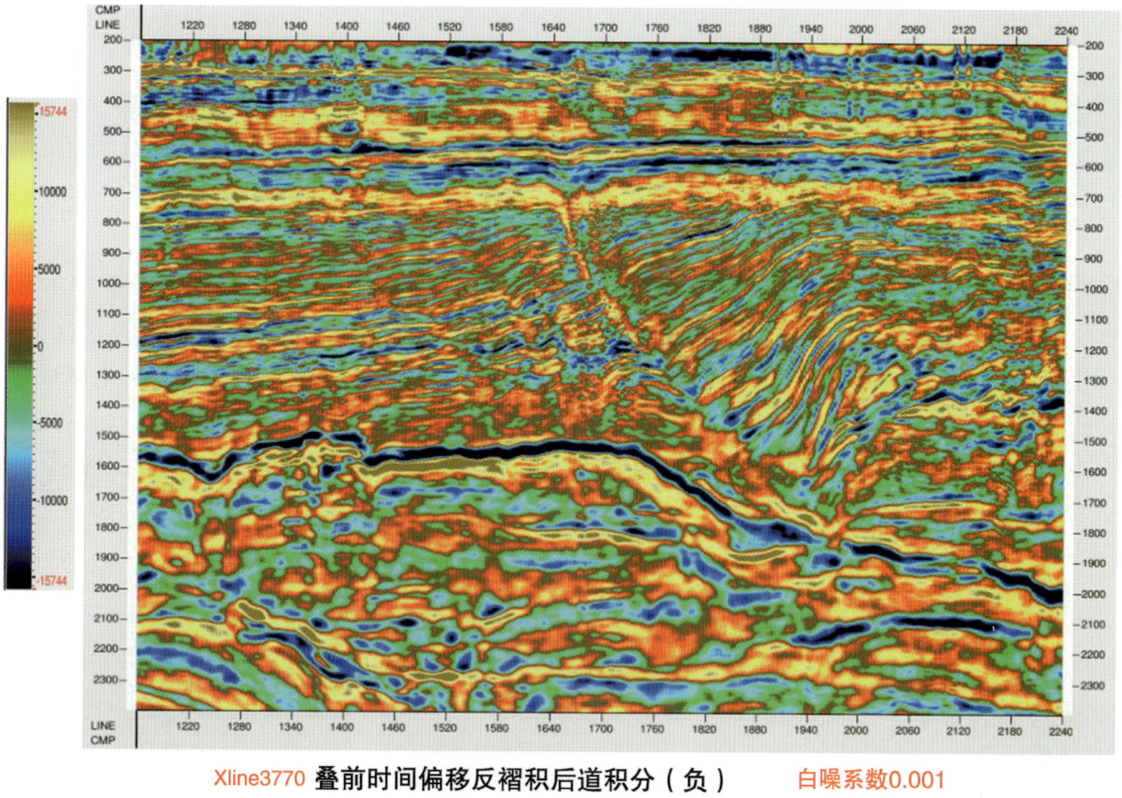


图 43 彩色相对波阻抗剖面

将图 43 的剖面纵向放大到 1.5 s 的情况，如图 44 所示。

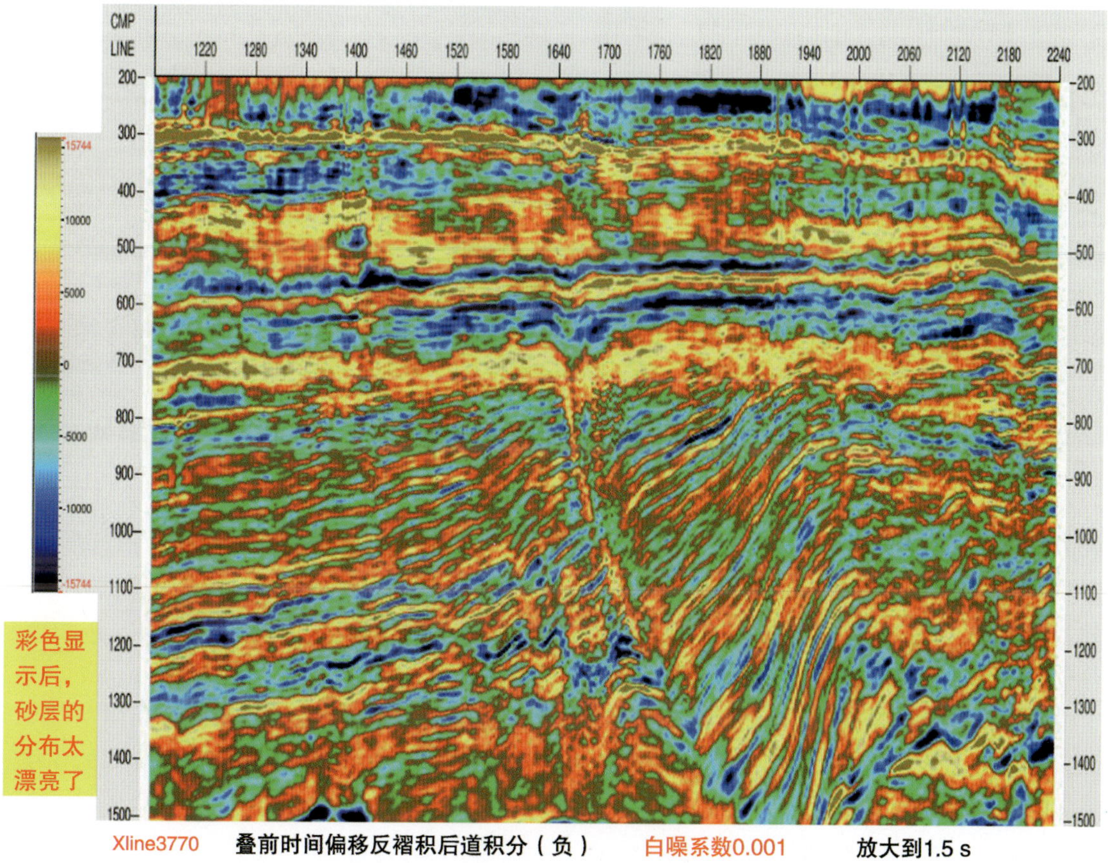


图 44 彩色剖面纵向放大到 1.5 s

有了这样漂亮的道积分彩色剖面，我们可以直接看到地下砂层的变化。追踪岩性油田就有了一种良好的手段。

需要注意的是，710 ms 处不整合面附近的黄色区代表了不整合面下的波阻抗的增长，不一定是砂岩。

每一个黑色波峰轴都很好地对应着彩色剖面上黄色的砂层，说明彩色剖面只是使黑白剖面更细致地反映了地下的砂层分布。

* * * * * * * * * * * * * * * * * * * * * * * * * * * * * * * * * * *

## 实验五 积分地震道的优越性缺乏了低频的支持是不行的

我们把青龙台反褶积后的叠偏剖面，事先用高通 5 Hz，滤去它的低频成分，再做道积分，如图 45 左边所示。滤去它 10 Hz 以下的低频成分，再做道积分，如图 45 右边所示。图 45 中间是保留其低频成分所做的积分道。

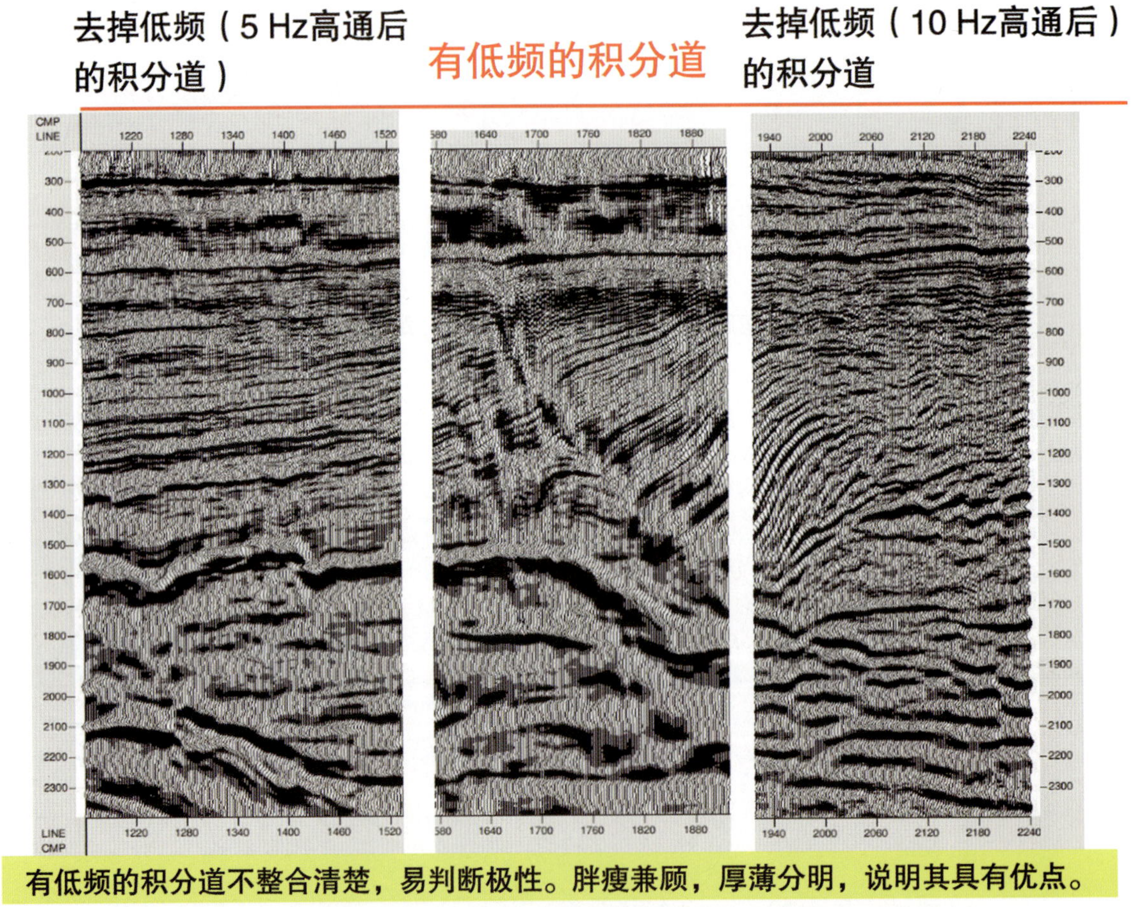


图 45 带低频信息与不带低频信息的剖面，经道积分后，效果大不一样

从图 45 的三幅图可以说明：做道积分，缺了低频是不行的。中间一幅有低频的积分道波形活跃、有胖有瘦，并且对用不整合面判断极性也很有利。左、右两边的两幅图失去低频 5 Hz（尤其是 10 Hz 高通）的道积分，砂层的厚度概念都不对了。

**这个试验说明：可控震源资料的低频成分是何等的重要。**

**这个实际资料进一步证实了我上述第三节“含低频信息与不含低频信息的差别”中所做的理论分析的正确性。想不到在叠偏剖面上肉眼看不到的低频信息，在积分地震道中，竟会起到如此重要的作用。**

* * * * * * * * * * * * * * * * * * * * * * * * * * * * * * * * * * *

## 实验六 过井剖面道积分与井上声波曲线吻合很好

研究院的苏世龙在辽河油田北凹陷里，找了 3 口井，它们分别是 Inline1830 测线上的龙 25 井、

Inline3145测线上的茨 32 井、Inline3471 测线上的茨 15 井。后面两口井完全是 EV56 震源所施工的。经过与井点上的声波速度曲线对比，发现 3 口井的地震道积分的效果相当好。

现以茨 32 井为例，它是 Inline3145 测线原始叠偏剖面，经过脉冲反褶积后，用负极性 aCausal 反因果积分取得的结果。我们显示了它的彩色道积分与声波速度曲线对比的效果(图 46)。

辽河Inline3145过井剖面经道积分后与测井声波曲线的对比良好

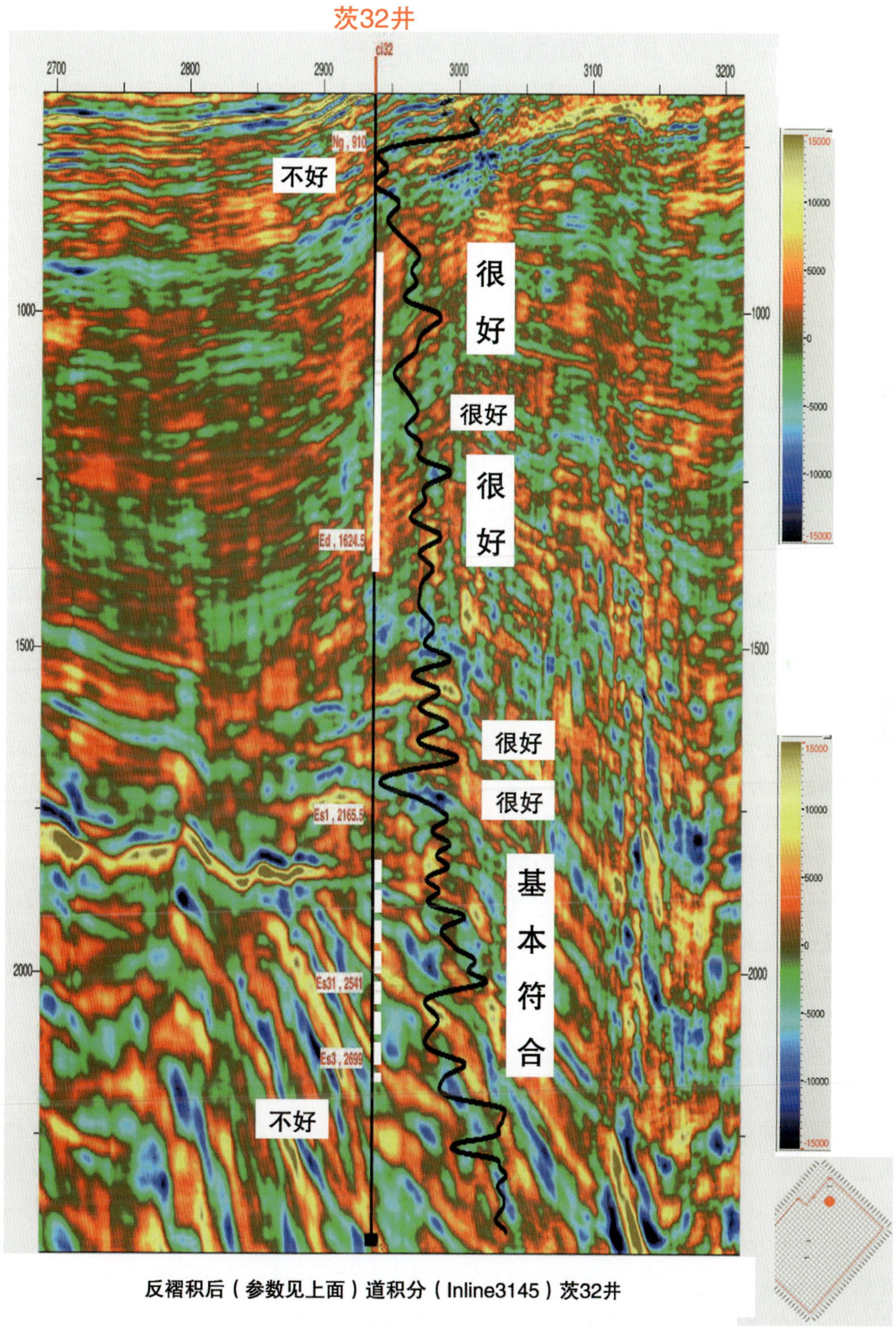


图 46 辽河茨 32 井彩色道积分与声波对比的效果

从图 46 可以看到，除了上面馆陶组之下的局部及剖面底部沙三段下的局部，还有些不太吻合外，其他部分吻合得相当好。最下面的不符合性还可能与地层较陡，没有做井斜校正有关。

需要注意的是，这是仅仅依靠地震资料，不需要从井提供初始阻抗模型，也不需要反复迭代，能直接得到正比于 Ln($\rho\times v$)的相对波阻抗剖面。

而且道积分技术是可以得到“三维的相对波阻抗数据体”，这是用 GeoSeismicInversion 所不能做到的。

质量良好的井炮施工的资料也可以实现这种积分地震道技术。

### 做绝对波阻抗的效果不如直接做道积分

当前反演波阻抗的办法无法避免反演问题的“多解性”。目前 GeoEast 的波阻抗反演的程序 GeoSeismicInversion是从井出发，建立初始波阻抗模型，利用“模拟退火”及“宽带约束反演”，用“褶积模型”做正演来检验误差。接着修改模型、反复迭代，从而推算阻抗、密度、速度甚至孔隙率。这种办法是国内外流行的做法，但是所得的结果往往取决于初始模型的正确性。而且其解也是多解、不确定的。

我在《走向精确勘探的道路》一书中，在第 11 及 12 章里做了探讨，说明这些反演方法弄不好，有时会搞出“假分辨率”来。而且当井斜造成井柱的声波曲线偏离该剖面时，用“褶积模型”迭代符合地震道的波形，就会愈迭代错误愈大。

而道积分技术是不需要初始模型的。它不需要井，而且在三维数据体中每个道都可以做。它的剖面直接代表了波阻抗的对数，简单易行。我 30 年来多次呼吁：要做道积分，它应该成为今后我们勘探岩性油田的重要手段。但至今没人认真响应、认真推广。

## 十一、对可控震源技术未来发展的展望

BGP 独创的低频可控震源为我们开拓了一条充分利用低频信息的道路。在全世界反恐形势的支配下，陆上地震勘探的井炮市场会愈来愈难于扩展。低频可控震源的出现，为今后地震勘探寻找到广阔的勘探用途。在国内主要可以用来改进潜水面较深处的地震资料品质，以及可以研究深层构造，在国外，可控震源可以大显身手。

**可控震源取得好资料的优势在于：它可以在野外方便地实现高覆盖，不用打很多的炮井。从理论上说，如果将来它通过上万次的覆盖，并减小面元尺寸，加上对每个接收检波点的精确静校正，再加上“变频扫描”等技术，就可以使低、中、高扫描频率范围内的所有频档的信噪比都大于 1，得到很宽的“有效频带”。这就可以得到我们期望满意的真正高品质的地震剖面。**

技术是在迅速发展的。计算机的发展、存储量和计算速度都符合“莫尔定律”以指数增长，即每 18～24 个月增长 1 倍，10 年就增长近 100 倍。1979 年我被派到 EXXON 石油公司休斯顿数据处理中心工作时，他们最大的计算机 Amdahl-V6 的内存只有 8 MB，计算速度只有每秒 4.5 百万指令，完全靠几十台大磁盘和磁带机做吞吐。现在我的一台陈旧笔记本电脑的性能已经超过了它们几百倍。

过去我们搞多次覆盖，习惯用几十次，最多几百次。现在可控震源的炮道密度已经达到每平方千米 600 万道。不久就会出现 1 000 万，甚至不久的将来 5 000 万道都是可能的。我们在中东的三维可控震源、3 000 平方千米采集的数据量已经超过 1 000 TB(1 TB=1 000 GB)。我们处理中心正在发愁如何应对这样大的数据量。GeoEast 正在大动干戈，要修改道头和软件，以应付几千次的送作业、机器转不了。中心领导还向我反映：资料处理的成本高涨，而目前处理的价格还是以平方千米面积计算，等等。但所有这些烦恼都是发展、成长中必然会引起的。我相信随着时间的变迁，问题总会解决的。

**但是我想强调的是，我们还是可以把事情做得更聪明一点。例如“单点接收可以提高分辨率”的思想，到目前还在作怪；对数字检波器的迷信还大有人在。其实只要保证静校正误差不超过±1 ms，就能保证可以获得 186 Hz 的信号。如果静校正误差不超过±2 ms，就能保证获得 93 Hz 的信号。**

而如果我们打破了“单点接收”的陈旧做法，在较平的地方，用12个检波器小面积组合，静校正误差就能控制在±2 ms以内，就能使数据量减少12倍，保证100 Hz信号可以记录下来。同时，采用了普通检波器，其价格也要比数字检波器便宜300倍。

**我主张用宽线＋大组合的思想来做三维。**

在三维地震的施工中，提高资料品质的最好办法是采用横向拉开组合。我在【文章编号409】中就再次呼吁：应该用宽线＋大组合的思想来做三维。现在陆上可控震源三维的接收线距最密的也只是160 m，两条线之间是没有检波器的，不能起到彻底压制干扰的作用。这是当前三维地震野外采集中的大漏洞。

我在【文章编号409】中提到的英雄岭三维的接收线距是120 m，采用了大Y字形组合，两条接收线之间存在着很大的空档，使侧面来的高速次生干扰波得以通行无阻。我提出的“横向拉开组合”还没有取得甲方的理解，具体参看图47。

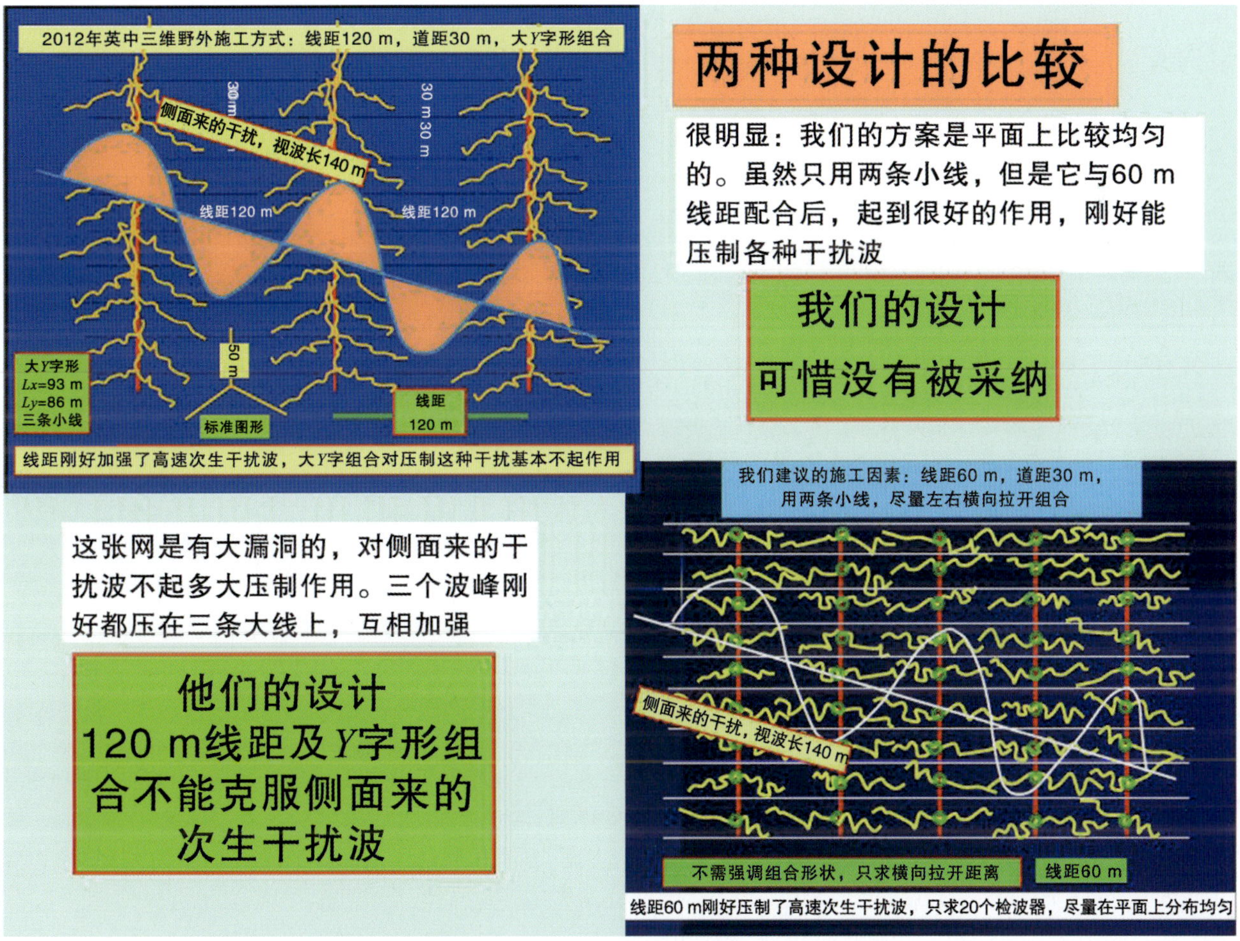


图47 用横向拉开组合来做三维，可以大大改进资料品质

搞采集的人有一种习惯的做法，就是只看野外监视记录的好坏，以及“现场粗叠加”剖面的好坏，来评价记录的好坏，缺乏野外室内“联合压噪”的思想。所以我提出的三维横向拉开组合，只布置了Y方向的组合，没有X方向的组合。如果从野外监视记录来看，可能还不如他们的大Y字形组合的好。因为他们把检波器放在X方向的很多，甚至超过了一个道距，监视记录比较好看。但是对于室内叠前偏移的效果来说，肯定是平面上分布均匀的组合是最好的，这是不容置疑的。我相信，随着时间的推移，他们最终慢慢地会接受我的建议。

如果可控震源也能按照我这个横向拉开组合的思路来做戈壁、沙漠区的三维，估计也会取得很好的反射资料品质。而且资料的数据量也可以大大地节省 20 倍以上。我的这个想法可能以后也会慢慢地被人们接受。

事物的发展往往有一个过程，我前几年看了可控震源的频率扫描资料，大多情况扫描到 40 Hz 以上，中深层资料就不见同相轴。因此，我当时很为可控震源的发展担心。

近两年 BGP 研发的新型可控震源 EV56 型拓宽了有效频带。本文所分析的辽河青龙台地区的实际资料说明了它可以把有效频带扩展到 1.5～70 Hz，剖面品质超过井炮记录，这是很可喜的现象。今后，如果继续努力，将迎来更好的成绩。希望可以带领我们今后走进波阻抗反演的一条康庄大道。

因此，我相信可控震源大有作为！

文章编号 413

# 三论宽、窄方位角的效果

**近年来我国搞地震采集的同志迷恋于宽方位采集，以为它是到处可以使用的提高采集成像质量的“新技术”。近年来，我们的确看到新采集的所谓“两宽一高”的地震剖面提高了资料品质，但我认为这不能归功于宽方位，而主要是覆盖次数大量翻倍所产生的效果。如果用同样的炮道密度，那么窄方位会得到更好的效果。许多人在我国的西部山区也提倡搞宽方位采集，吃了力，也不讨好，却还不觉悟，总觉得跟着外国人走，没错。**

**我曾经针对人们的这种盲目崇拜国外的“新技术”——宽方位采集，写了两篇评论。直到 2016 年，我的前三册文集出版后，还有不少人对我的论点抱着怀疑的态度。**

**我就此事在这篇文章中再论一论。**

分节内容

一、美国的墨西哥湾提倡宽方位是有道理的

二、我国没有造成波阻抗强烈反差的“盐丘”

三、如果不研究各向异性，没有必要采用宽方位角

四、水槽超声宽窄方位角采集的严格对比

五、研究各向异性的效果

六、在中国，想要让“宽方位”帮我们解决什么问题?

七、对五种各向异性的理解

八、对所谓的新技术要慎重考虑可行性

九、对宽方位 OVT 技术与储层预测的质疑

## 一、美国的墨西哥湾提倡宽方位是有道理的

美国的墨西哥湾，新生界地层中有许多像云彩一样的“盐丘”，到处飘荡着。它们与新生界地层的速度反差经常可以达到 2.2～2.5 倍以上。墨西哥湾盐丘的速度高达 4 500 m/s，密度为 **2.2** 左右；新生代地层的速度只有 1 800～2 000 m/s，密度为 1.9～2.0。这个反差太大了，使得地震射线在盐丘边上产生强烈的反射、折射和能量屏蔽，造成盐丘下方不能很好地成像。更造成了“盐蘑菇”的边上，能量屏蔽，射线无法透过。

而且更重要的是盐丘是一个很好的盖层，油气就躲在盐丘的下方。尤其是在“盐蘑菇”的周围往往有“倒挂式”的、很陡峭的，倾角甚至超过 90 度的含油气带。而且这种油气田孔渗条件好，常常可以高产，十分诱人。

对于这种情况，强调照明度就有其重要性了。

图 1 是墨西哥湾宽方位对成像起到好作用的例子。当时使用的是两条拖缆船，分开很大的距离，中间有两艘放炮船，提供较大的激发方位角。

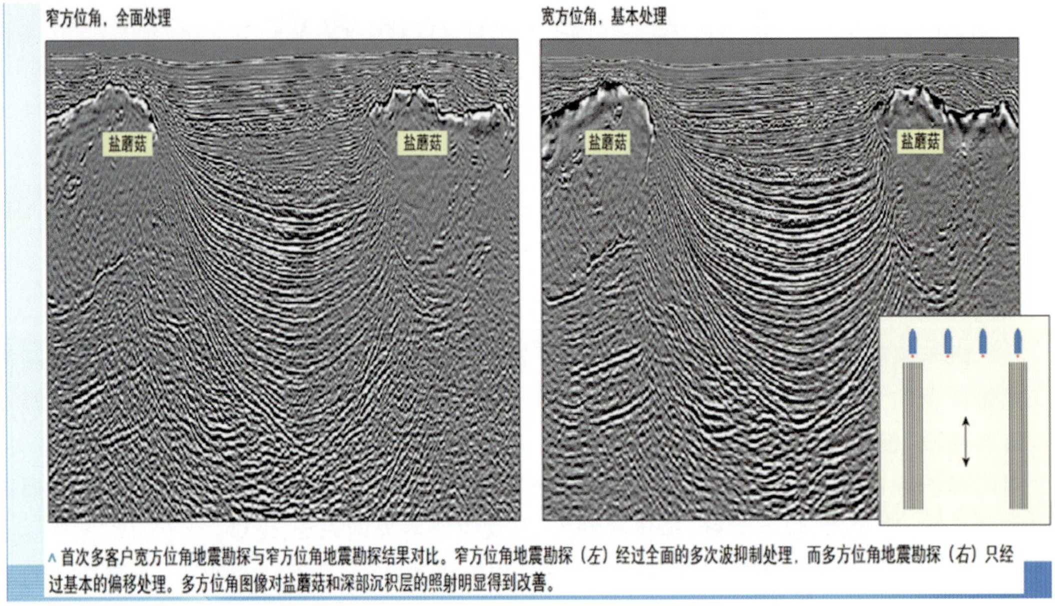


图 1 墨西哥湾在盐蘑菇边上改善陡倾角反射成像

如图 2～图 5 所示，美国的墨西哥湾和欧洲的北海里，有许多像云彩一样的“盐丘”在“捣蛋”，在那里提倡宽方位是有道理的，可以明显改进成像质量。

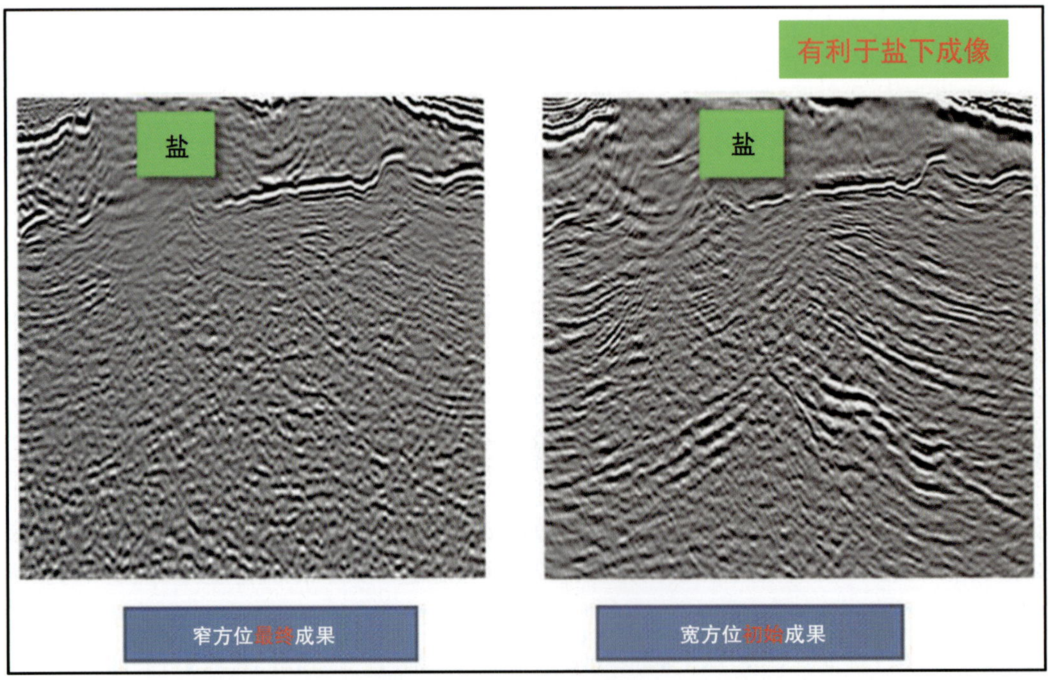


图 2 墨西哥湾 Mad Dog 油田宽方位改进盐下成像

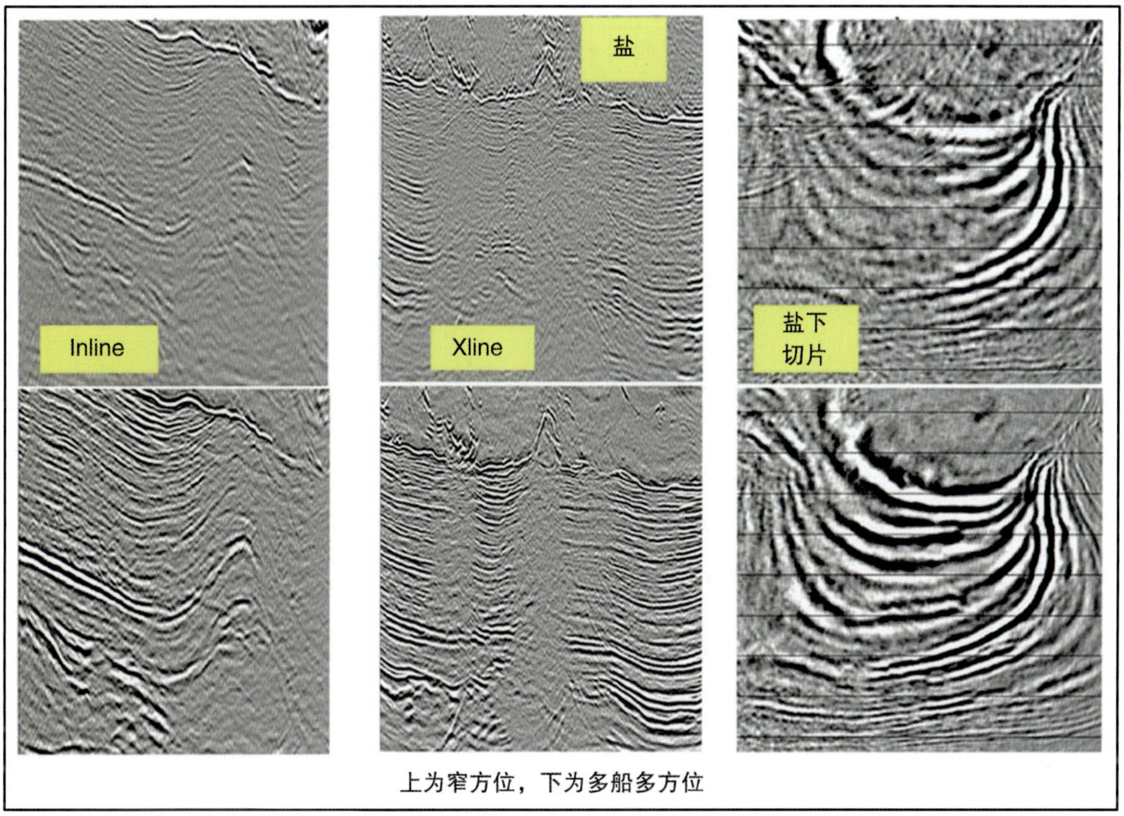


图 3 墨西哥湾 Shenzi 油田多船多方位的采集方法改进盐下成像

2008 年，墨西哥湾挪威海的 Heidrun 油田使用了"大丽花"环形地震采集。围绕一个中心点设计了 18 条交叉的环线，使用单源 10 缆的地震船进行了 4 天的环形地震采集，其中每个环形的半径近似为 5 625 m，缆长为 4 500 m，缆间距为 75 m，震源间距为 25 m，工区面积 2.625 km×2.625 km。

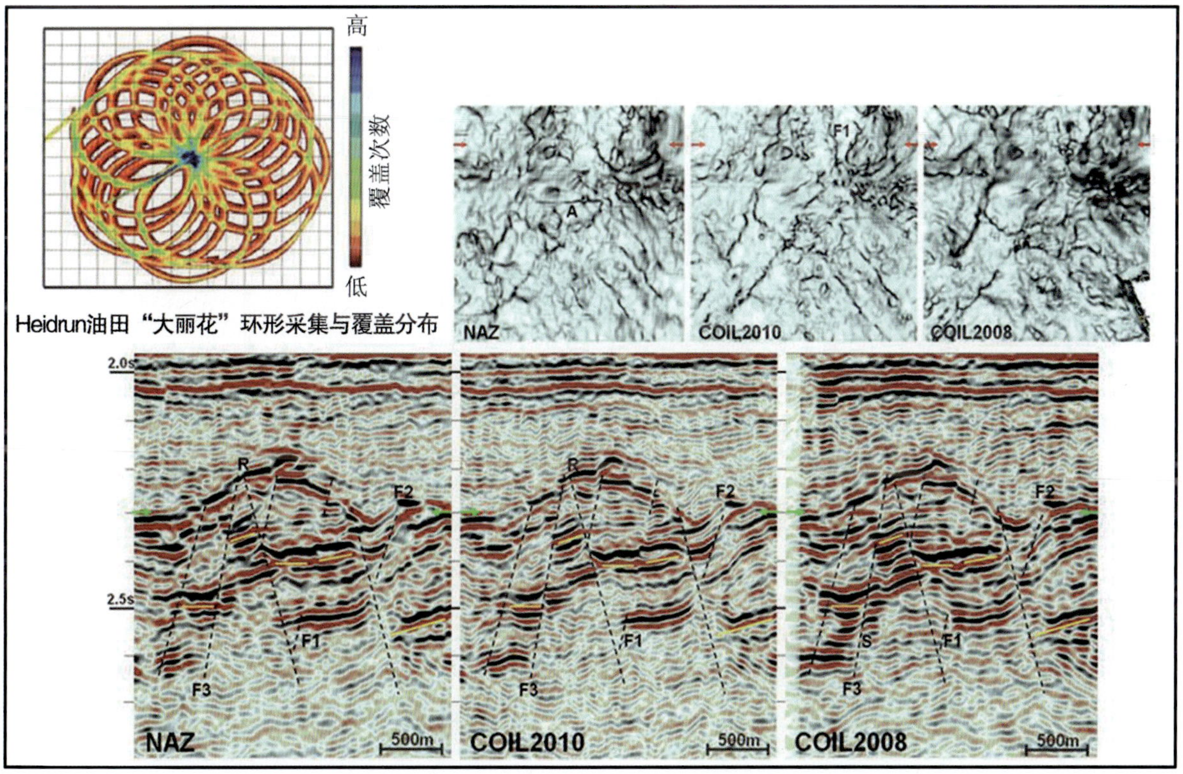


图 4 挪威海上的"大丽花"环形地震采集方法

2010 年，WesternGeco 设计了四船双环形观测系统，其中两条记录船（S1，S3）有自己的震源，另两条是单独的震源船（S2，S4），以 12.5 km 为直径沿相互连接的环形曲线航行，每条拖缆船带 10 缆，缆长 8 km，缆间距 120.0 m。

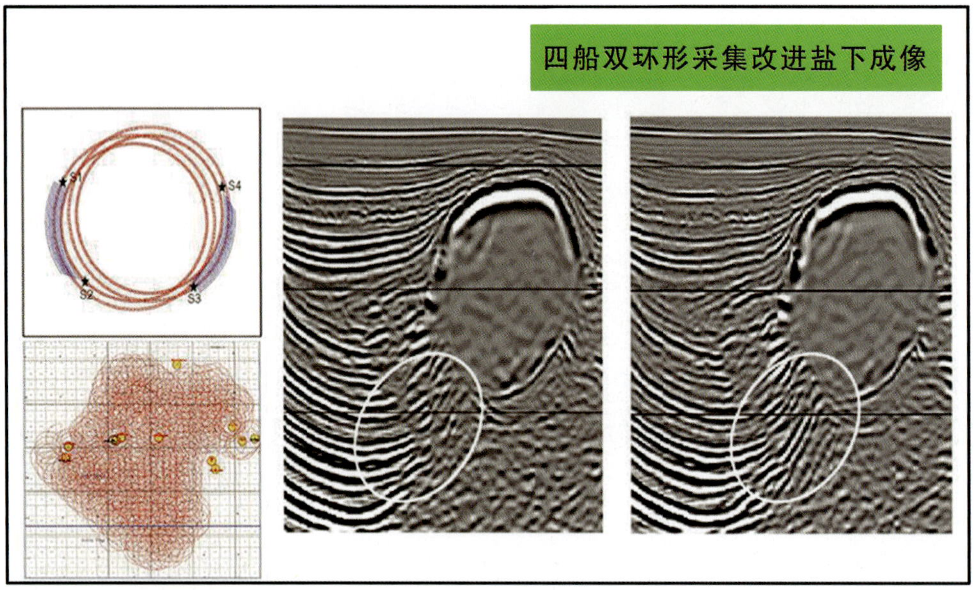


图 5　四船双环形采集观测系统及盐下成像

## 二、我国没有造成波阻抗强烈反差的“盐丘”

我国东部地区没有盐丘，海上也没有见过盐丘。而西部地区的含盐构造的波阻抗差别也不是很大。

如图 6 所示，图中淡蓝色的盐层变形流动性不错，但由于我国的盐层里盐不纯，往往含有泥质，速度只有 4 100 m/s。其实，即使盐层很纯，速度达到 4 500 m/s，与上下地层的波阻抗反差也不会很大。

影响岩盐与地层的波阻抗反差的因素有两个：① 岩盐漂在第四系疏松地层中反差最大，如墨西哥湾。漂在上第三系新地层中次之。② 埋藏深度。随着埋深的增大，地层被压实而波阻抗增大，与岩盐的相接近，就像塔里木的却勒塔克（图 6）。

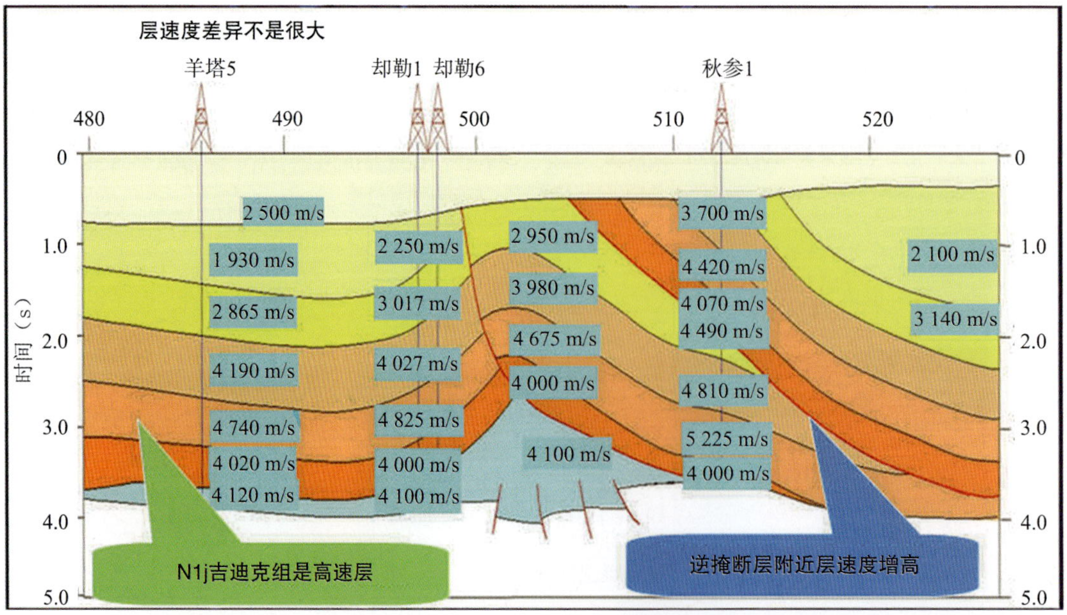


图 6　我国西部含盐构造的地质剖面

在我国，波阻抗反差还没有达到使射线照明不了地下。所以，在我国没有必要强调采用宽方位。用宽方位采集当然也不是不可以，但是必须了解宽方位也会带来不少麻烦问题。

**我最反对的是：有些人生搬硬套，把宽方位采集用到我国西部的山区来。这就好像医生把美国治疗癌症的特效药，拿来治疗中国人的拉肚子。**

中海油就没有在海上使用多方位采集，认为那样投入太多，好处不大。他们只是在番禺 4-2 老三维资料很差的地方，重新补做三维时，考虑改一个方位角采集，然后设法把新老三维成果“融合”起来（图 7）。

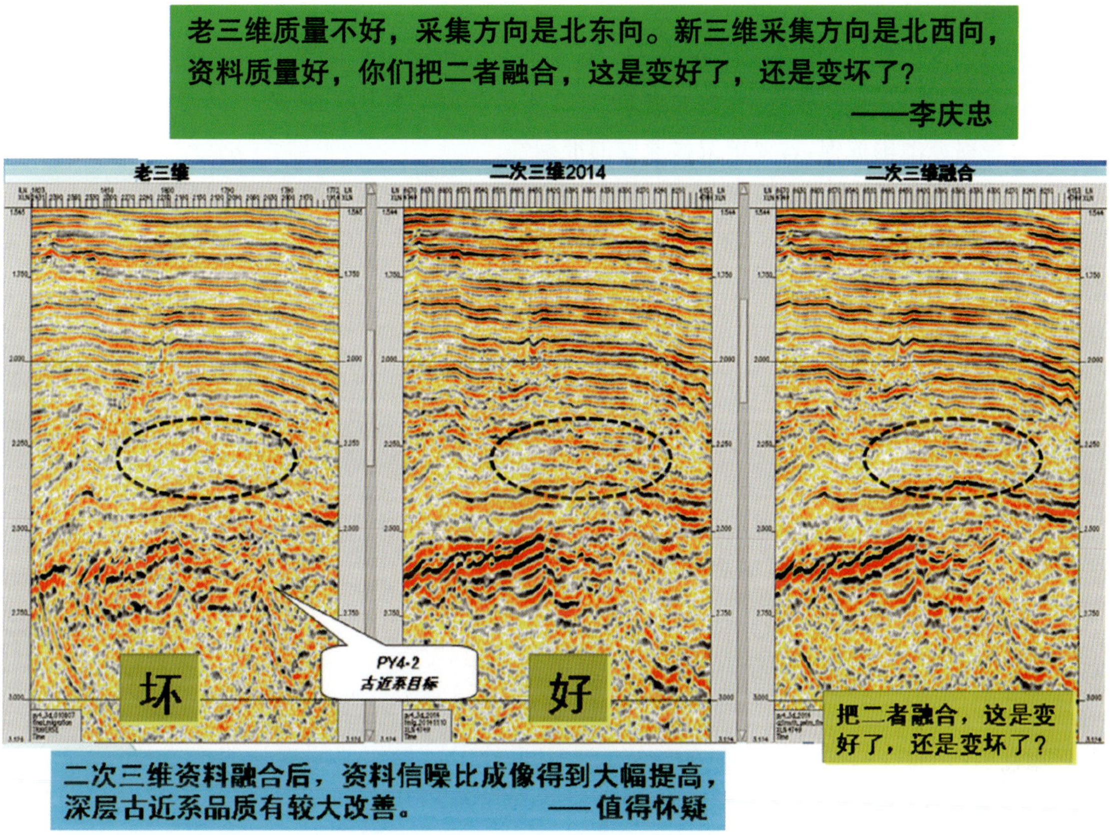


图 7　两次不同方位的资料的“融合”

图 7 中，两次不同方位的资料的“融合”没有什么好处。倒不如干脆把番禺 4-2 的新三维仍旧采用老三维的北东向，方向一致。然后把老三维质量较好的地段或单炮添加进来，那样实际效果就会更好一些。

## 三、如果不研究各向异性，没有必要采用宽方位角

我认为，如果不研究各向异性，没有必要采用宽方位角。窄方位角也能查明砂体和小断层。

地下每一个绕射信息到达地表的范围很大。只要两个菲涅耳带里的信息采集得足够充分及分布均匀，不管宽方位角采集或窄方位角采集，收敛聚焦后，都能正确成像。我用简单理论试算证明：即使很窄的方位角，经过排列片的滚动，都能三维准确成像。海上三维一直使用窄方位，成像很好。

### 我的第一篇文章

在 2001 年 2 月，我曾在《石油地球物理勘探》期刊中撰文对宽方位角的问题进行了讨论，文章的题目为：“对宽方位角三维采集不要盲从”，对到底什么叫“全三维采集”问题进行了讨论。总的意思并不是想否定宽方位，而是强调不要盲从。

当国外提出宽方位三维地震勘探方法，并给出“全三维采集”（在美国又被称为“真三维采集”）的美名后，我国都争相仿效，唯恐跟不上这“世界潮流”。结果在我国西部山区也采用了宽方位三维采集，由于分方位角后覆盖次数不够高，速度场又多变，使资料处理结果变坏。所以，我认为有必要加以讨论，澄清概念。

**我的第二篇文章**

在 2013 年 8 月，【文章编号 306-2】《再谈宽、窄方位角采集问题》中我提出：按物理地震学的观点，地下信号的单元是一个绕射源，只要每个绕射源都成像了，反射成像的问题也就解决了。而绕射源是没有方向性的，无所谓什么方位角。

地下每一个绕射信息到达地表的范围很大。只要两个菲涅耳带里采集的信息足够充分及分布均匀，不管宽方位角采集或窄方位角采集，收敛聚焦后，都能正确成像。

但是要使绕射源准确成像，就要求偏移速度的准确性。

**我国西部山区是一个干扰波太强的地区。有效反射波较弱，速度谱质量常常受到干扰波的干扰而造成速度谱能量团的左右摆动。这和外国海上资料的速度谱情况是绝对不同的。**具体参看【文章编号 206-2】《速度谱解释中需要注意的几个问题》。

偏移速度是与整个反射射线路程所经过的地层速度有关的，称为“射线速度”。偏移射线速度是随不同方位有变化的，愈是方位宽，道集里的速度各向异性影响就愈大。分 4～6 个方位求速度，覆盖次数就降低 4～6 倍。速度谱质量受到干扰波的干扰而造成速度极值点能量团的左右摆动，于是各方位的速度就不准，成像也就不同。

一般来说，在相同的野外工作量的情况下，窄方位的速度谱质量比宽方位的好。尤其是对长轴背斜，垂直背斜的窄方位施工所得的速度谱质量更好。

## 四、水槽超声宽窄方位角采集的严格对比

关于宽方位，我和有些同志始终存在分歧。他们说外国已经用照明度证明宽方位好，窄方位成像只能照亮一个扁椭圆。我认为，外国人的照明度没有考虑排列片是可以滚动的。滚动后，照样会精确成像。

2012 年，我让中国石油大学国家地球物理实验室用他们的水槽超声实验，做了宽方位与窄方位的严格对比。结果是：在没有各向异性的情况下，“宽、窄方位角”地震资料采集，经三维处理后，获得同样的成像质量和对地下砂体分布边界同样的分辨率（图 8、图 9）。——见狄帮让，顾培成发表的文章。

我在这里声明：我让石油大学作水槽超声宽窄方位角采集的严格对比，没有给他们投资一分钱。这次实验完全是他们主动做的，其结论是客观的。

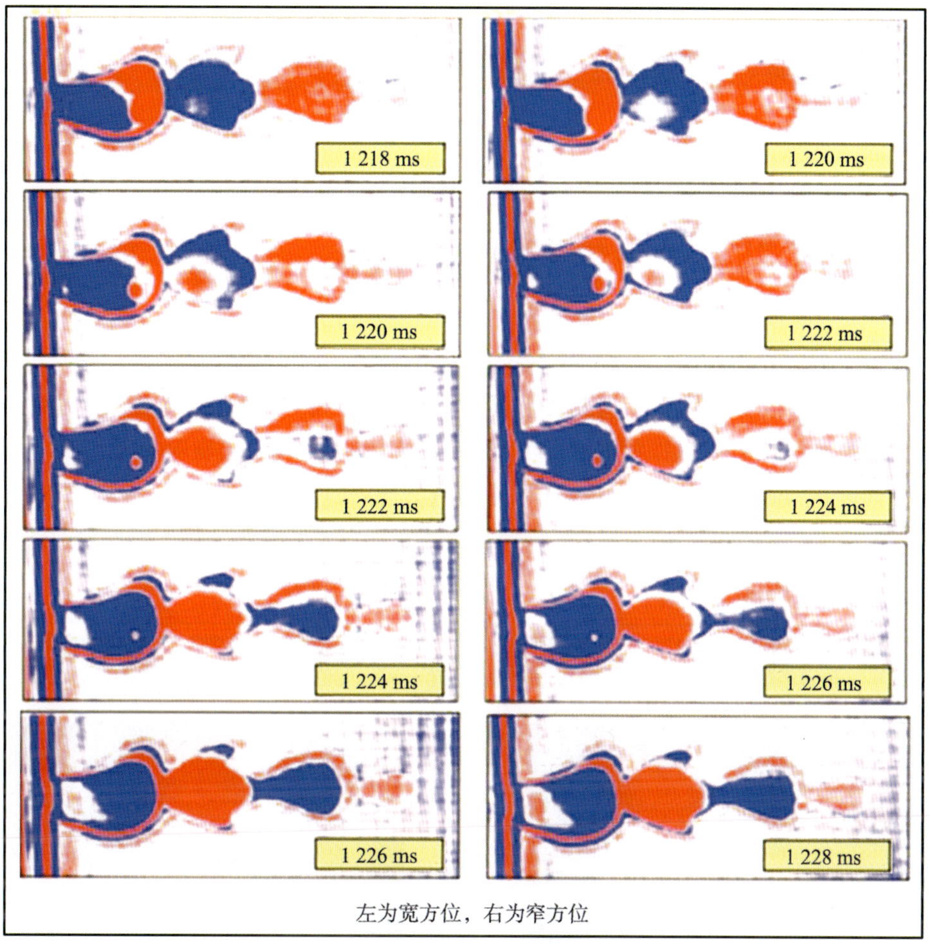


图 8　四个砂体宽窄方位角采集的切片对比

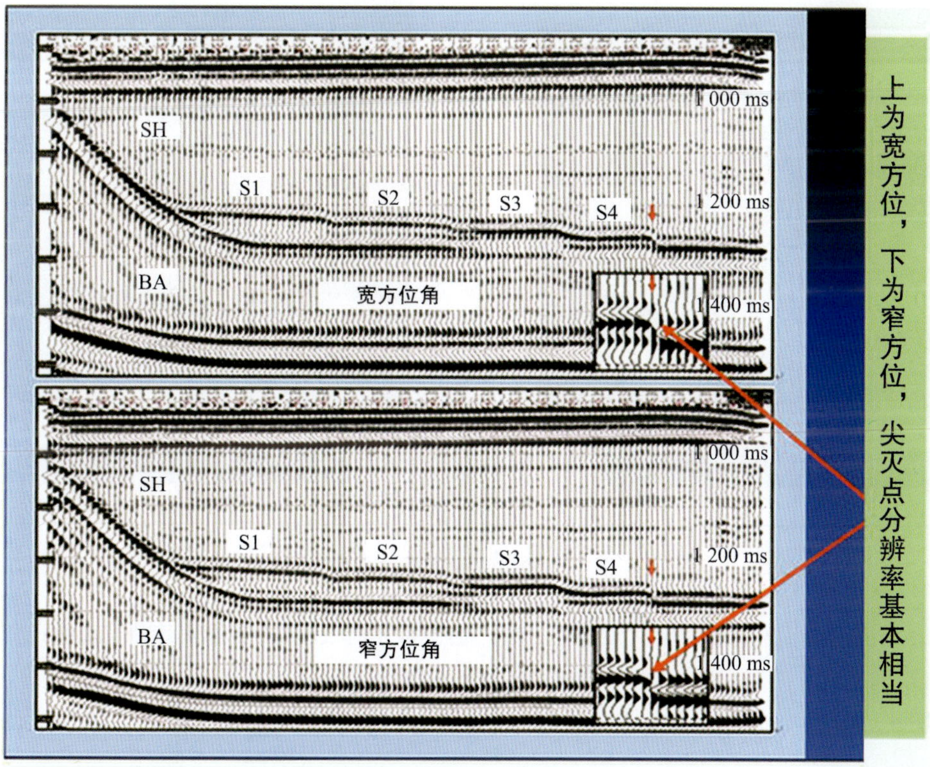


图 9　宽窄方位角采集的分辨率对比

## 五、研究各向异性的效果

我还想强调的一点是：如果不研究各向异性，是没有必要采用宽方位角采集的。

话说回来了，研究各向异性又有什么效果？迄今为止，在国内外已发表的论文里，我没有看到宽方位在各向异性方面有什么重要的成就。

例如某公司采用100%的宽方位采集。在处理方面，他们可以采用更多的手段，如OVT去噪，OVT剩余静校正，$X$、$Y$两方向都可以做三维道集检查，等等。

注：OVT是英文Offset-Vector-Tiles（炮检距-矢量-拼砖）的缩写。即把每一个野外接收道的属性按炮检距作为矢量的大小，以方位角作为矢量的指向，各自投到一个平面上的许多方块"拼砖"里。这样做后，便于分析每块"拼砖"里的内容，以便做好OVT剩余动静校正，OVT去噪等操作。

根据计算所得的快慢波，求得各向异性，从而绘出裂缝图，见图10。

但是地下的断裂、裂缝对纵波速度的所谓快慢时差影响是极小的。从图10中，我们很难相信这张"各向异性图"，和"裂缝系统图"是可信的。

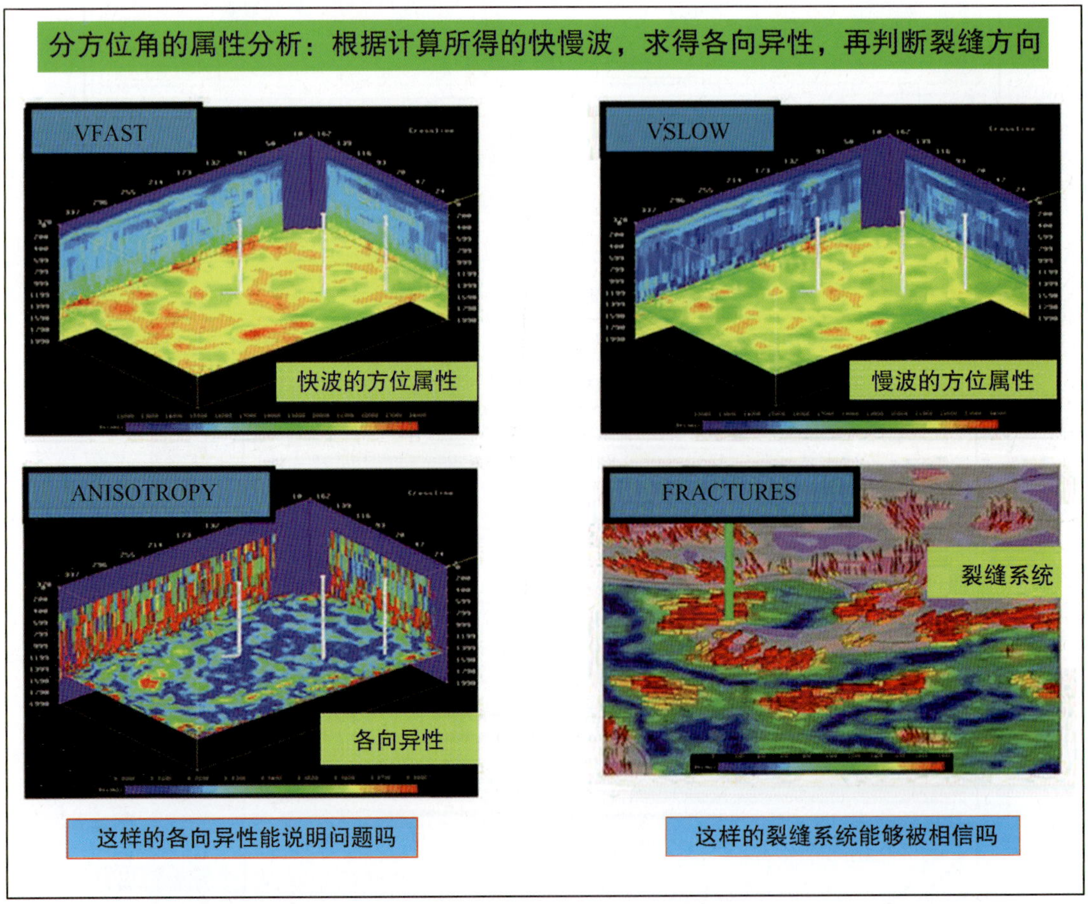


图10　分方位角的属性分析

**图10里的裂缝系统可信度差，绝对没有普通的"相干数据体图"或"沿层曲率图"反映地下的断层和裂缝系统来得直观和有效。**

如图11所示，渤中19-6深层太古界变质花岗岩顶部的**相干数据体图**反映断层和裂缝的细节是多么的清晰。

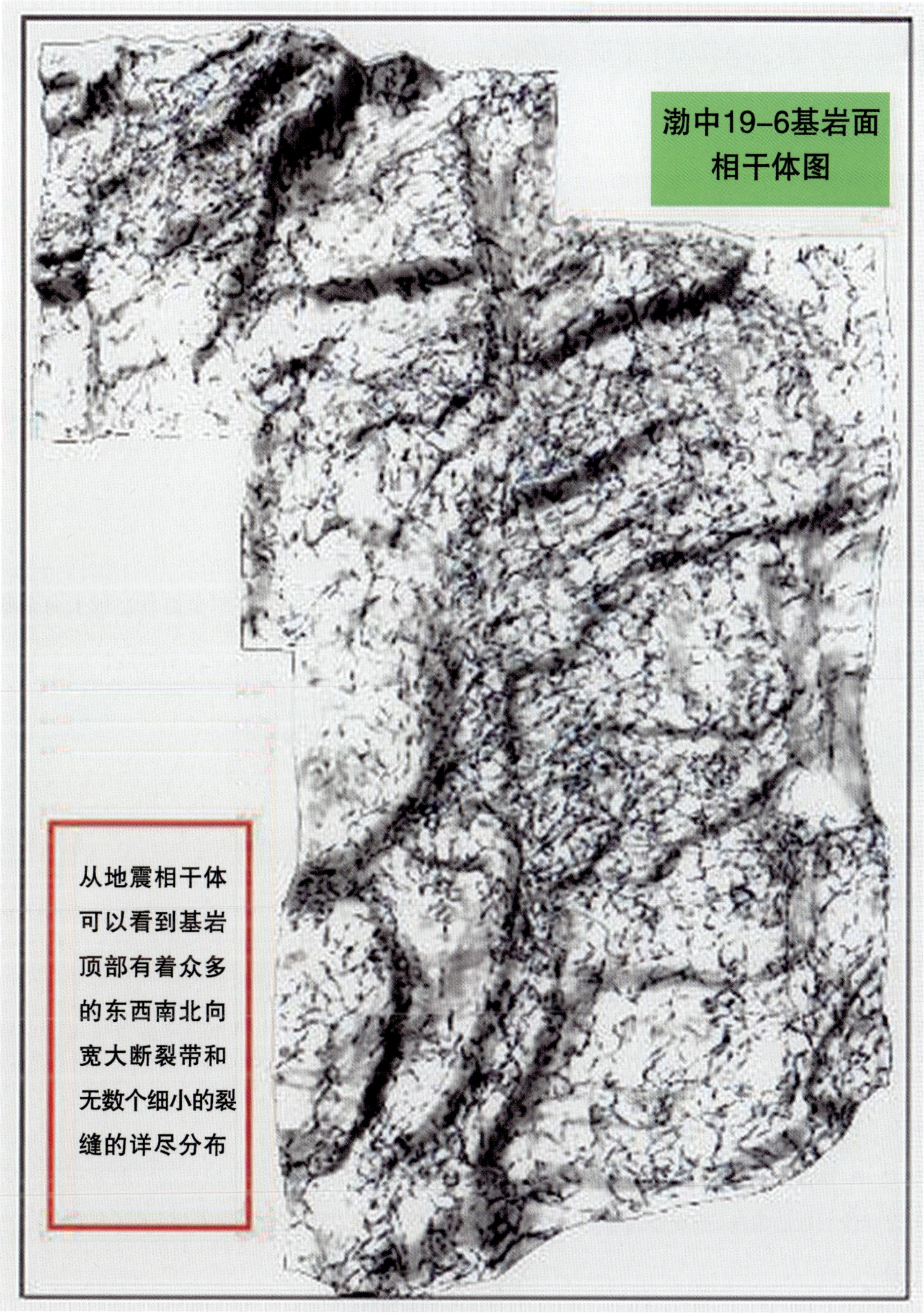
渤中19-6基岩面
相干体图
从地震相干体
可以看到基岩
顶部有着众多
的东西南北向
宽大断裂带和
无数个细小的裂
缝的详尽分布

图 11　渤中 19-6 深层太古界变质花岗岩顶部的相干数据体图

## 六、在中国，想要让“宽方位”帮我们解决什么问题？

1. 想提高成像精度？

（1）分辨率更高？——不太可能。

（2）断点清晰？——有相关文章分析，但原因值得探讨。

大多由于覆盖次数不够多，引起分方位角后，成像图形不一样。

2. 想解决什么各向异性问题？

（1）射线旅行速度的各向异性——没法避免，方位愈宽速度愈乱，速度谱质量下降，成像愈不好。

（2）地表干扰波来源的各向异性——没法避免，次生干扰来自地面固定的位置，分方位角后，覆盖次数少了，干扰波会使速度谱图形极值点产生偏离。

（3）地层里的各向异性 VTI——不可避免，宽窄都一样。

（4）横波分裂的各向异性 HTI——横波分裂问题很多，一般快慢波时差很小。

（5）反射振幅的各向异性——振幅是由射线经过的整个路程而决定的，不是简单经过了一个断层就能降低振幅。

## 七、对五种各向异性的理解

各向异性的种类有以下几种：射线旅行速度的各向异性、地表干扰波来源的各向异性、地层里的各向异性 VTI、横波分裂的各向异性 HTI、反射振幅的各向异性。

### （一）射线旅行速度的各向异性

图 12 中的地下构造是有起伏的，假定每个地层里是速度各向同性的，结果每个方位角里的射线平均速度都是不同的。在年轻的地层里行走，射线平均速度就低，而在老地层里行走的距离愈多，射线平均速度就愈高。因而射线旅行速度的各向异性是不可避免的。

图 13 中，如果我们在一个长轴背斜上施工，采用沿图中的南北向，即垂直构造轴线的方向做窄方位采集。那么就像二维的情况，速度谱的质量一定比宽方位的高。宽方位只是自找麻烦，射线速度在各个方向都是不同的。

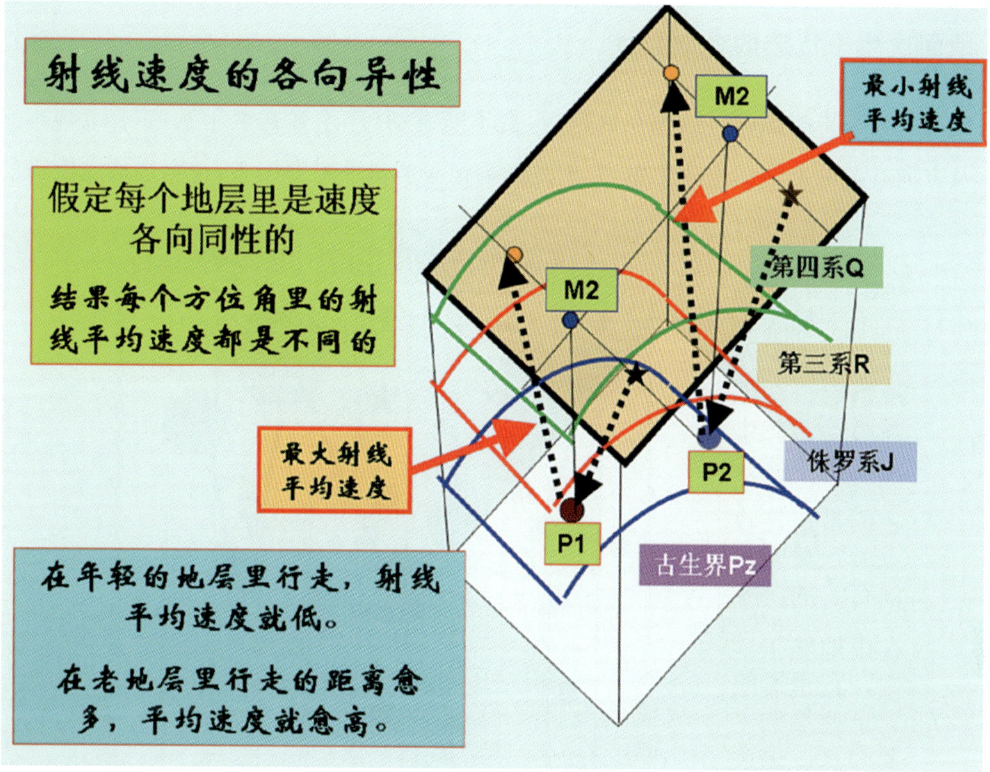
射线速度的各向异性
假定每个地层里是速度各向同性的
结果每个方位角里的射线平均速度都是不同的
最小射线平均速度
M2
M2
第四系Q
第三系R
侏罗系J
最大射线平均速度
P2
P1
古生界Pz
在年轻的地层里行走，射线平均速度就低。
在老地层里行走的距离愈多，平均速度就愈高。

图 12 射线速度的各向异性

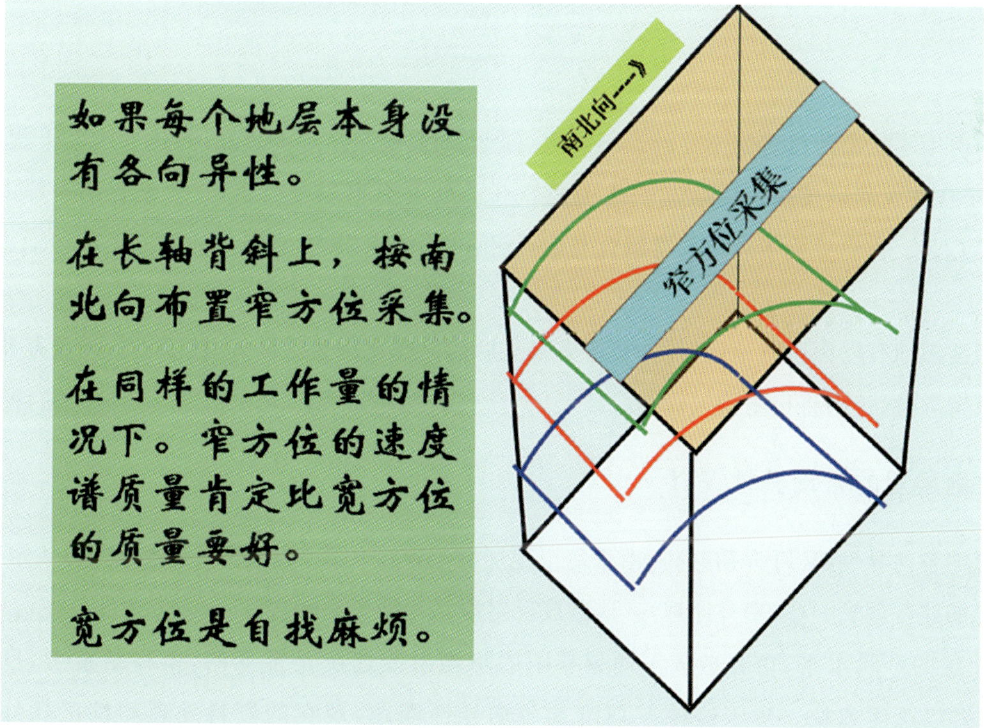
如果每个地层本身没有各向异性。
在长轴背斜上，按南北向布置窄方位采集。
在同样的工作量的情况下。窄方位的速度谱质量肯定比宽方位的质量要好。
宽方位是自找麻烦。
南北向---》
窄方位采集

图 13 窄方位采集示意

### (二) 地面次生干扰波的各向异性

地面上的次生大小干扰源(蓝色点)在放炮后,会不断震动,产生强次生干扰波(图 14)。它们是与接收点的距离及方向有关的。在山地施工中,它们是影响记录质量的主要因素,也会造成速度谱的错误。

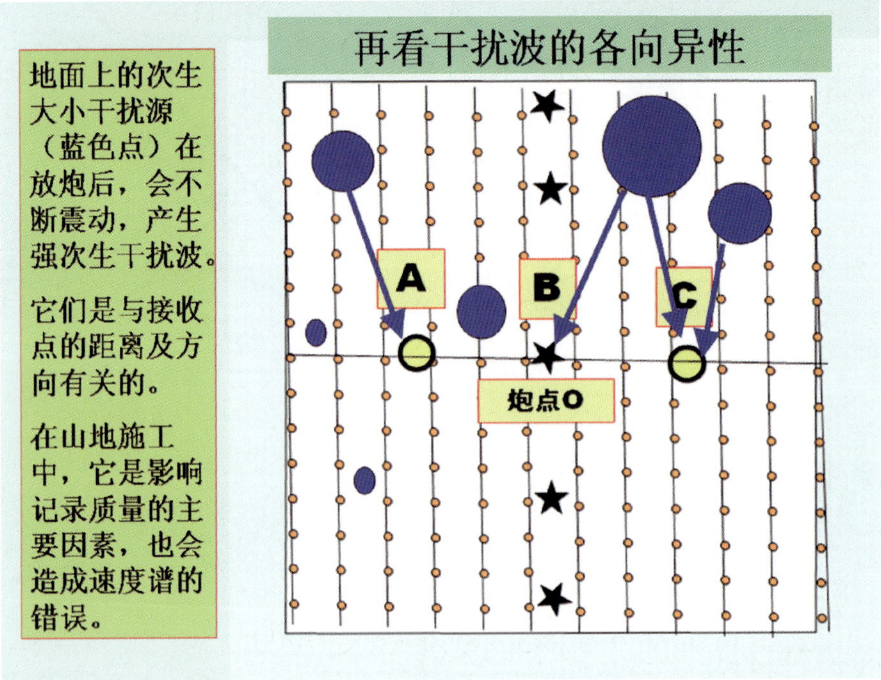

再看干扰波的各向异性
地面上的次生大小干扰源(蓝色点)在放炮后,会不断震动,产生强次生干扰波。
它们是与接收点的距离及方向有关的。
在山地施工中,它们是影响记录质量的主要因素,也会造成速度谱的错误。
A
B
C
炮点O

图 14 地面次生干扰波的各向异性

地面的次生干扰源的位置是不变的。不同炮点产生的震动先从炮点出发,到达各次生干扰源后,使它震动,并把干扰波送回到接收点。每放一炮,这些次生干扰必然要重复产生,它才是我国西部山区地震勘探的主要“敌人”。我们只能依靠检波器组合与炮点组合,才能克服它,小距离的可控震源移动也不足以克服它。

在我国西部地震勘探困难地区,首先要考虑采集后的信噪比是否足够好,速度谱的质量是否可靠。而不是去追求宽方位,否则将得不偿失。

### (三) 地层里的各向异性 VTI

地层里的各向异性(VTI 介质)——由于每个地层的层速度的高低有所不同,按照 Snell 定律,射线在高速层里走的路程就长一些(费马原理)。这造成反射波路程的复杂性。

即使地层的产状水平,也会造成不同偏移距的平均射线速度是多变的,偏移距愈大,反射达到时间愈早,即射线速度愈快。对于这种 VTI 介质各向异性问题,现在的资料处理动校正软件已经可以解决了。

当地层很陡且复杂时,再考虑 VTI 介质的影响时,问题就很复杂了。宽方位施工问题就更大,不同方位角的不同偏移距也会有不同的射线速度。当窄方位采集时,容易求准速度。

## （四）横波分裂的各向异性 HTI

横波分裂的各向异性（HTI 介质）——横波通过密集的断裂裂缝带时，产生慢横波与快横波的分离。发生这种现象的断裂裂缝带的规模到底多大，至今还没有搞清楚。

我看到的实际例子中，只有美国的奥斯汀的横波勘探出现明显的快慢波时差，因为那里的裂缝从地下 2 800 m 目的层的 Austin 白垩层直到地表面，整套地层的裂缝方向上下完全一致。

**横波分裂的理论遇到新的难题。**

据中国石油大学王尚旭教授等人报告：用物理模型试验，发现用多层布胶板及纸胶板仿制垂直断层裂缝，观测到了横波分裂。如图 15 所示，左图反映裂隙密度小，右图反映裂缝密度大。**但是把两块仿制的裂缝板上下叠置，当裂缝互相垂直时，发现只有首先遇到的那一块起作用，后来遇到的那一块裂缝不起作用，如图 16(c)所示。**他们认为，现有的确定裂隙方位理论有着某些缺陷。

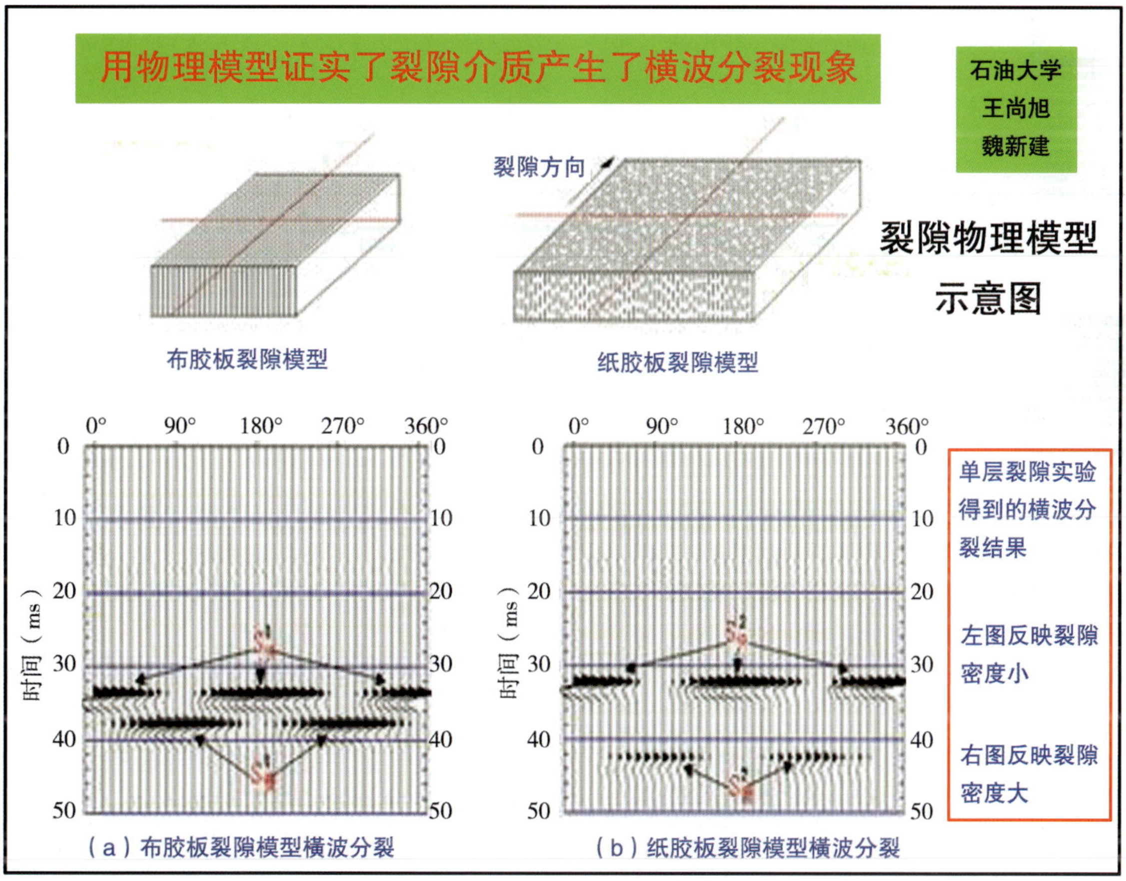


图 15 横波分裂的物理模型试验

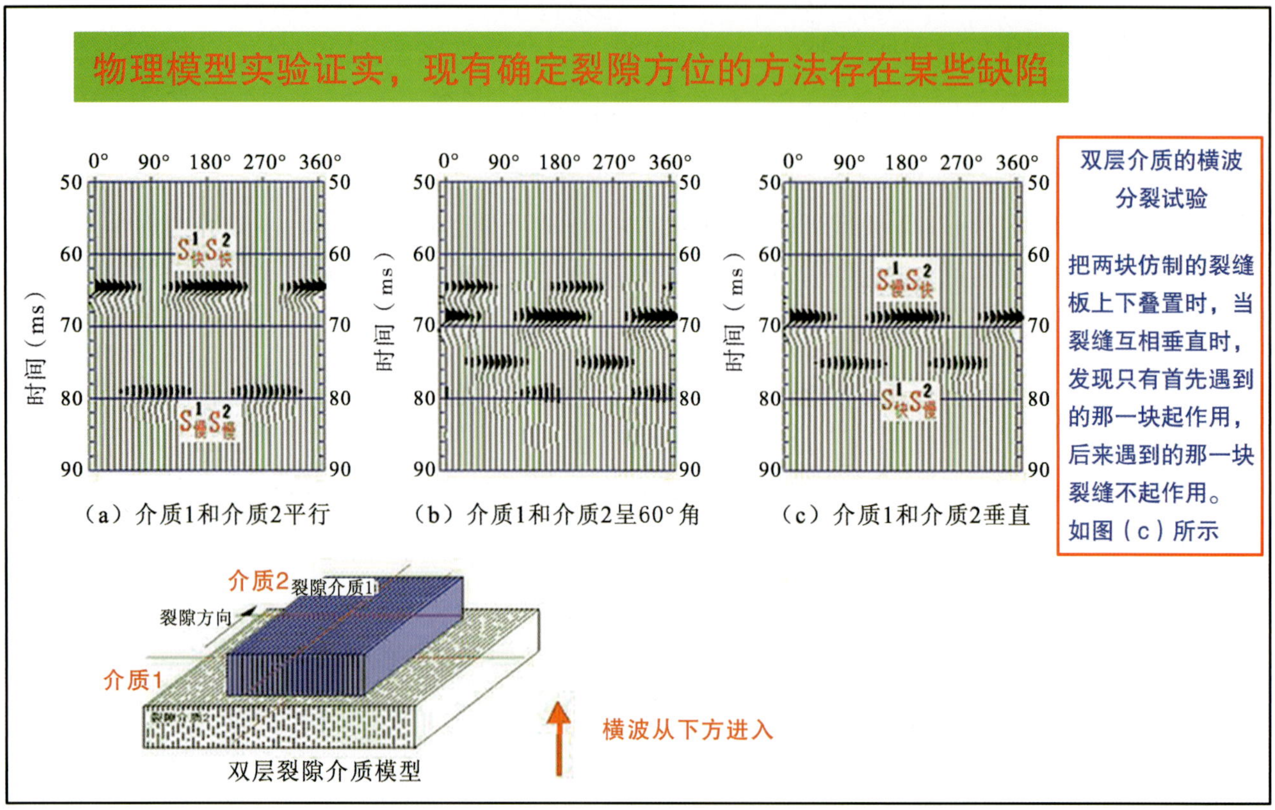


图 16　双层介质的横波分裂试验

说明：

以上横波物理模型测定是采用把横波振源(发射换能器)放在模型块下方，接收探头放在模型上方的“透射法”方法。观测时，采用将接收探头的接收方向与横波发射器置于平行的、相同的方位上，即“平行观测法”。当横波震动方向与裂缝平行时(0°及 180°)，就观测到快波。垂直时(90°)就观测到慢波，如图 15 所示。

当两块胶板互相垂直时，横波首先从下方进入模型的介质 1，偏振波再进入上面裂缝呈 90°垂直的介质 2 时，就出现图 16(c)的情况，即只有两个波至。其偏振方向就只与“下面第一层(首先进入的)介质 1 有关，而与上面第二层(后来进入的)裂隙方向无关”。

对出现此现象的初步解释是：

(1) 首先进入的第一层的快横波 s1k 偏振方向平行于第一层介质中的裂缝，正好垂直于下层裂隙，只能在第二层中产生慢横波 s1k2m，而不会在第二层介质中产生快横波；

(2) 而第一层中慢横波 s1m 偏振方向垂直于第一层介质中的裂缝，正好平行于下层裂隙，只能在第二层中产生快横波 s1m2k，而不会在第二层介质中产生慢横波；

(3) 在互相垂直的两组裂缝带里，是不会允许**发生快-快**波的，也不会产生慢-慢波。因此交角 60°的图 16(b)中的四个波，其最上面的第一个波和下面的第四个波就不见了。到图 16(c)里，我们只能在记录中看到快慢交替的两组横波，而不是四组横波。

**当我们做横波勘探时，震源在地面上，此时横波向下传播，碰到浅层第一个各向异性介质时，产生了横波分裂现象后，快慢波的偏振方向就定了下来。如果深层还遇到有不同的裂缝方位，就将出现像图 16 那样的复杂问题。此时无论出现“2 变 4”还是“4 变 2”的现象，都将很难搞清楚地下裂缝的方向。所以说“理论有着某些缺陷”。**

## （五）叠前反射振幅的各向异性

叠前反射振幅的各向异性是由整个反射射线路程上的振幅变化所决定的，不是单由反射界面所产生的。这点往往被大家所忽略。

例如 2 s 达到的反射，一来一回，它的射线总长度一般达到 5 000 m，大炮检距时更可达到 8 000 m。由地下目的层裂缝带产生的振幅吸收带的规模可能只有几百米。因此，不能一厢情愿地认为来自三叠系的反射振幅随方位角的变化就反映了地下三叠系的裂缝的吸收方向。可是用宽方位的裂缝预测，它采用的是叠前原始地震道数据，振幅变化的原因就很多了。

**只有偏移成像以后的结果，才能说振幅主要与地下的因素有关。如塔里木盆地古生界地层里的“串珠状异常”能够反映潜山岩溶发育带的位置。这已经被钻探资料所证实。但这种振幅异常已经没有方位角差别的意义了。**

**叠前原始地震道数据的反射振幅随方位角的变化有多种原因**：它与整个射线路程有关。首先，是不同方位角的低降速带的吸收作用差别对振幅的影响最大。其次，不同方位的干扰波强度不一样，也会影响到叠前数据的振幅差异。而反射系数主要由反射界面上下波阻抗差别所决定，方位的因素所起的作用不大。地下裂缝带对横波的影响较大，对纵波反射的振幅吸收作用不是很大。

在干扰波很强的情况下，强干扰波会造成地震道的振幅和叠加振幅的变化。这点对在低降速带地表激发的可控震源资料来说，是特别需要注意的。

从施工效率的角度考虑，宽方位施工对提高炮道密度肯定是有利的。采集的排列片面积扩大 1 倍，生产效率就提高 1 倍。但是也要记得仪器道数增加 1 倍，仪器的代价也增加 1 倍。那么就要算一算是否划得来。

下面列出 2003 年及 2018 年地震仪器的参考表（表 1）。租金不菲，奉劝坚持宽方位的朋友们慎重考虑一下。

表 1　地震仪器的价目参考表

| 生产商 | 仪器型号 | 参考价 | 备注 |
|---|---|---|---|
| Sercel | SN508 | $500/CH | 陆地有线仪器，4 万道，完整仪器设备 |
|  | SN428 | $700/CH | 陆地有线仪器，4 万道，整套设备 |
|  | UMT | $1000/CH | 无线节点仪器 |
| Inova | G3i | $700/CH | 陆地有线仪器，1 万道，整套设备 |
|  | Hawk | $1000/CH | 节点仪，单分量，外接检波器、电池，整套设备 |
|  |  | $500/CH | 节点仪，三道采集站，整套设备 |
| Geospace | GSR | $800/CH | 节点仪，外接检波器、电池，整套设备 |
|  | GCL | $500/CH | 节点仪，一体化单分量，整套设备 |
| Fairfield | Z-Land | $900/CH | 节点仪，一体化三分量，5 万道，整套设备 |
|  |  | $700/CH | 节点仪，一体化单分量，5 万道，整套设备 |
| DTCC | Smartsolo | $280/CH | 节点仪，一体化单分量，10 万道内，整套设备 |

## 八、对所谓的新技术要慎重考虑可行性

20 世纪刚刚推广横波(多波)勘探时,指出横波具有很多优越性。例如横波速度慢,波长短,可以提高分辨率。根据纵横波,可以计算柏松比……

在 2000 年夏季 SEG/EAGE 召开的关于横波勘探的讨论会上,与会地球物理专家对于多波勘探技术的应用前景进行了投票,结果专家一致认为在存在气云的情况下,多波勘探的效果是良好的。但是如碎屑岩岩性描述、提高浅层分辨率、裂缝特性描述及流体鉴别等方面,效果都不确定。

我与我的学生王建花经过客观的分析,写了《多波地震的难点与展望》一书。书中分析了多波有五个很难解决的问题。

至今看来,我们的分析判断没有错。陕北苏里格地区做了多波三维,结果寻找含气砂体的方向更糊涂了。

多年来我们的地震仪器数字化了,资料处理更加数字化了,就是检波器还是模拟的。因此,当外国的 MEMS 数字检波器刚一推出,人们以为这是地震勘探的一次彻底数字化的革命。

我当时就意识到事实并非如此。MEMS 检波器虽然很好,但是大地是一个最坏的弹性介质。所以我提出 MEMS 检波器是“一朵鲜花插在牛粪上”。

后来经过人们的实践,证实了 1 000 美元一个的 MEMS 数字检波器所获得的地震纪录,其质量和 60 元人民币一个的国产检波器所得到的记录品质完全一样。

由于数字检波器非常昂贵,不能搞组合,于是仪器制造商又提出了一个新概念:“单点接收可以提高分辨率”。有些同志又相信了它,结果造成了北疆地震资料的品质下降。

所以我们对外国的“新技术”不能盲目地崇拜,要根据实际效果来判定它是否有用。

## 九、对宽方位 OVT 技术与储层预测的质疑

有一篇报告题目为“高密度宽方位地震解释技术在玛湖地区的应用及效果”的文章,我看过以后,感到他们做了极大的努力。收集了从测井、取芯各方面的资料;使用了地震勘探的最新技术;针对地下三叠系百口泉组的岩性油田,分析、找到了 6 条河道,其含油气的储量规模达 2.8 亿吨。最近又利用高密度、宽方位的叠前数据做 OVT 技术的储层预测。他们的努力让人十分钦佩。

对于地下埋深 1 km 以上的地层,地震勘探技术当前只能查明落差大于 3～5 m 的断层,而对地下的“裂缝系统”是很难搞清楚的。三维地震的“相干体技术”及“曲率分析”等切片显示帮了我们的忙,使我们对较小的断裂有了较好的了解。

但是这些技术都是建立在叠后数据上的。对于叠前数据宽方位的解释和利用,尤其是像该“玛湖报告”里所提出的建立在“OVT 技术”上的裂缝预测方法,可以说是一种有益的尝试。但是我感觉有点玄。

冷静地思考后,我增加了下面一段评论。

最近我们研究院在“两宽一高”的思路下,对储层预测方面做了不少工作。在宽方位处理方面,能够把不同方位的数据用“螺旋道集规格化”的方法,转换成严格单方位的 OVG 道集,见图 17。

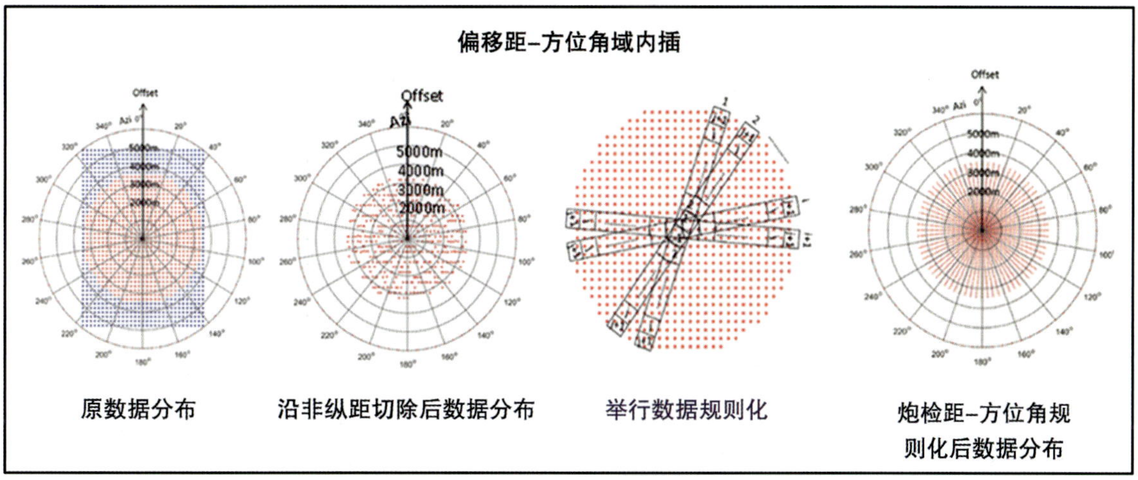


图 17　用“螺旋道集规格化”的方法，转换成严格单方位的 OVG 道集

如图 18、图 19 所示，玛湖地区高密度可控震源的原始 OVT 道集的信噪比是相当差的，在低信噪比的基础上，去做共方位角道集的规则化拟合是具有很大风险的。强干扰波会参与规则化过程，造成振幅及相位的畸变。

用自主专利软件 EasyTrack 能够自动寻找“敏感参数”，并自适应提取符合“椭圆”规律的结果。

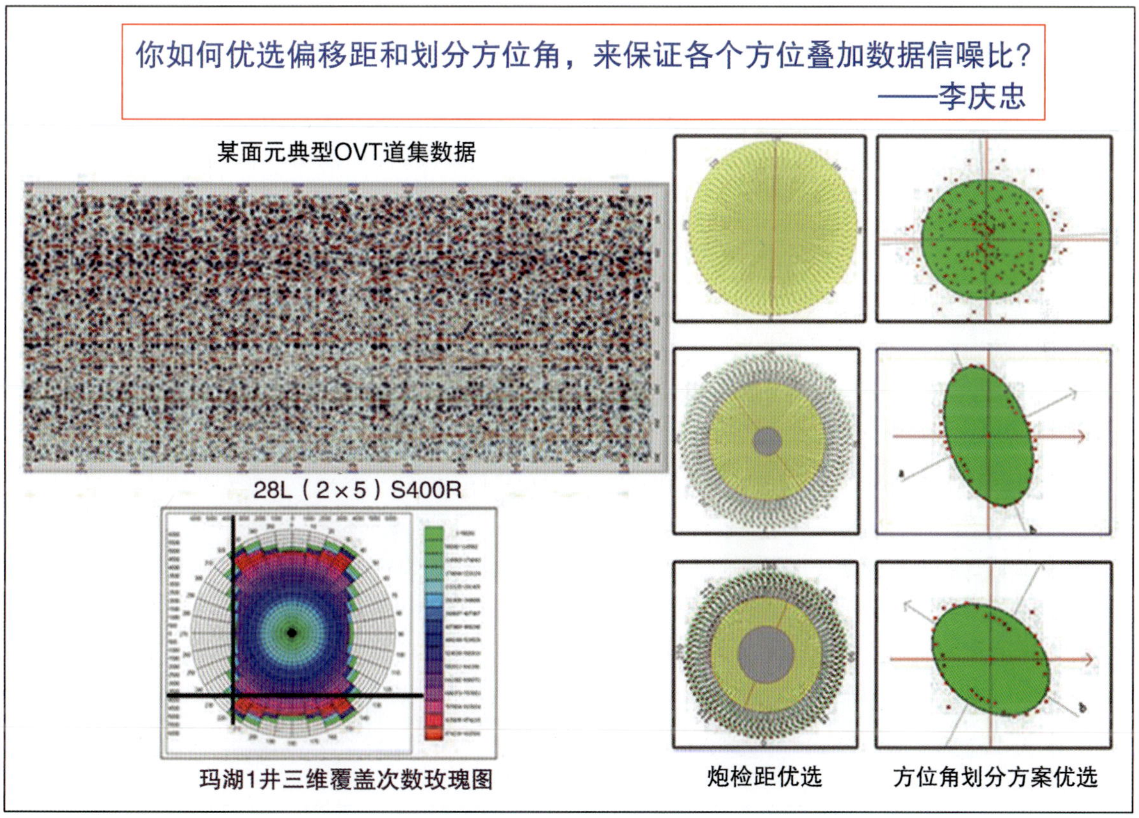


图 18　玛湖地区可控震源高密度宽方位资料的某面元典型 OVT 道集

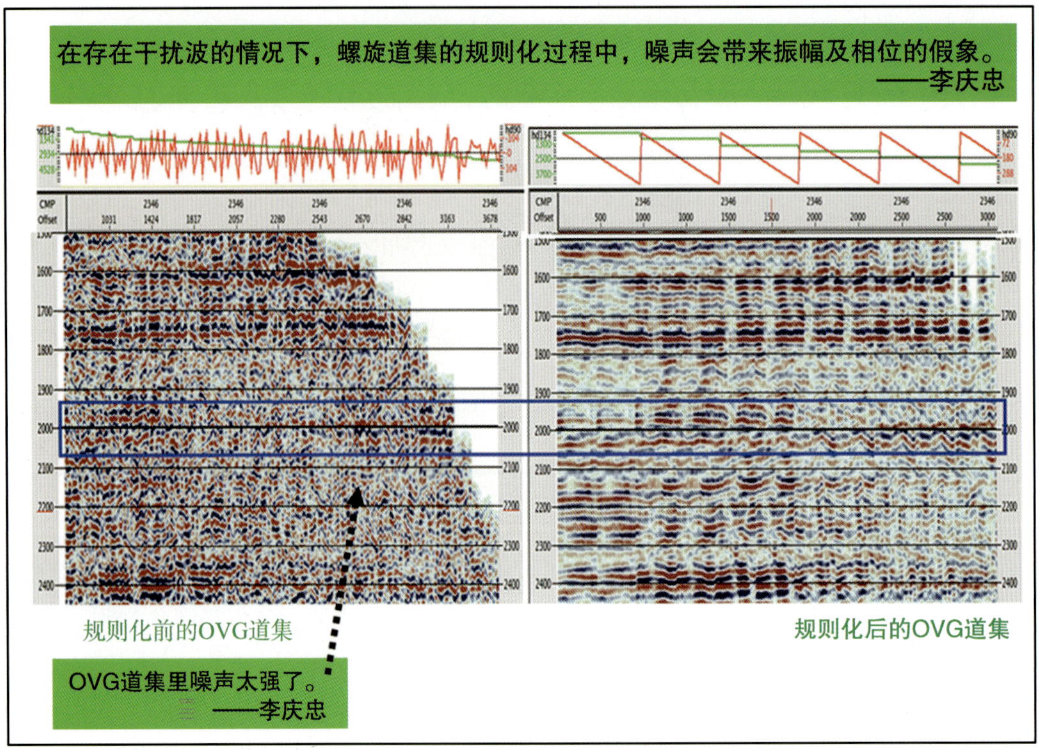
在存在干扰波的情况下，螺旋道集的规则化过程中，噪声会带来振幅及相位的假象。
——李庆忠
规则化前的OVG道集
规则化后的OVG道集
OVG道集里噪声太强了。
——李庆忠

图 19 数据规则化前后 OVG 道集的对比(蓝色方框是三叠系百口泉组目的层)

我感到这样刻意地寻找符合“椭圆”规律的结果真是令人担忧。

玛湖地区高密度可控震源宽方位三维资料的面元覆盖次数是 1 120 次。图 20 中，从面元中 1 000 多道数据点中挑出 36 道(见红色框)就认为是符合“椭圆”规律的结果，这样的“自适应”有点太不合理了。

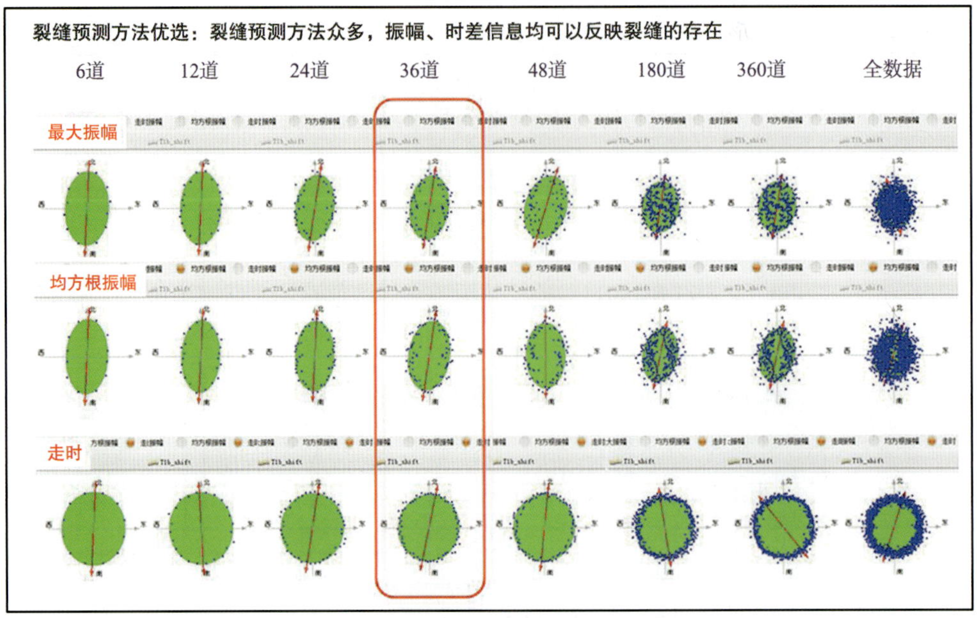
裂缝预测方法优选：裂缝预测方法众多，振幅、时差信息均可以反映裂缝的存在
6道
12道
24道
36道
48道
180道
360道
全数据
最大振幅
均方根振幅
走时

图 20 利用振幅信息和时差信息寻找符合“椭圆”规律的结果

**我认为主观地寻找地下裂缝的“椭圆”规律本身值得怀疑。**因为只有横波在地下遇到大量的断层、裂缝时，才有所谓的“横波分裂现象”发生。**而纵波在地下的裂缝系统中虽有吸收系数的改变，但不至于产生纵波不同方位层速度的明显差异，时差也是微乎其微的。**我怀疑图 20 中的“椭圆”时差，纯粹是由低信噪比的干扰波混进来、造成的同相轴扭曲时差。而采用“自适应”功能人为地去寻找符合“椭圆”规律的少量

数据，恐怕会得到错误的结论。

为了寻找主观需要的“椭圆”结果，研究院采用“以结果驱动的自适应优选方法”，**也有人称为“以数据驱动的优选方法”。虽然听起来很客观，不用人干预、自适应驱动，但是只要假设前提不合理，有时结果是不可靠的。**

研究院用来预测地下裂缝的自适应计算方法，如图 21 所示。

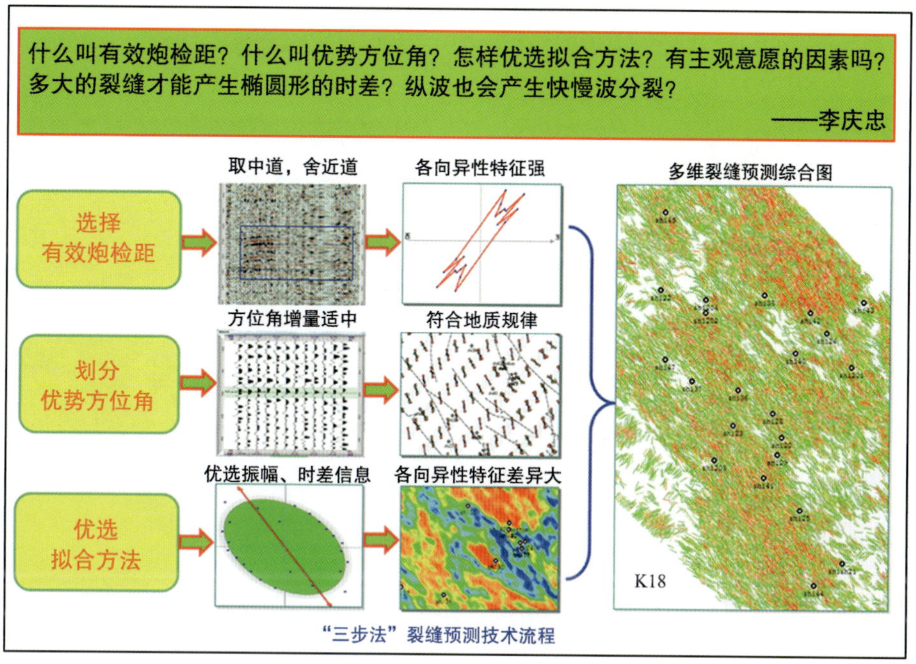


图 21 裂缝预测采用的三种优选方法

但是，我有如下疑问：

什么叫优势方位角？怎样优选拟合方法？有主观意愿的因素吗？

多大的裂缝才能产生椭圆形的效果？**纵波层速度会因为裂缝的存在而有显著的方位变化吗？**

振幅差异的“扁度”很大的椭圆是裂缝所产生的吗？有实验数据的证明吗？

分方位叠加的选择也存在主观因素。图 22 这四个方位角的叠加剖面，是凭什么判断哪一个是正确的呢？乌鲁木齐研究分院在玛湖地区，对三叠系百口泉组的裂缝系统做出了预测，得到极漂亮的结果，见图 23。

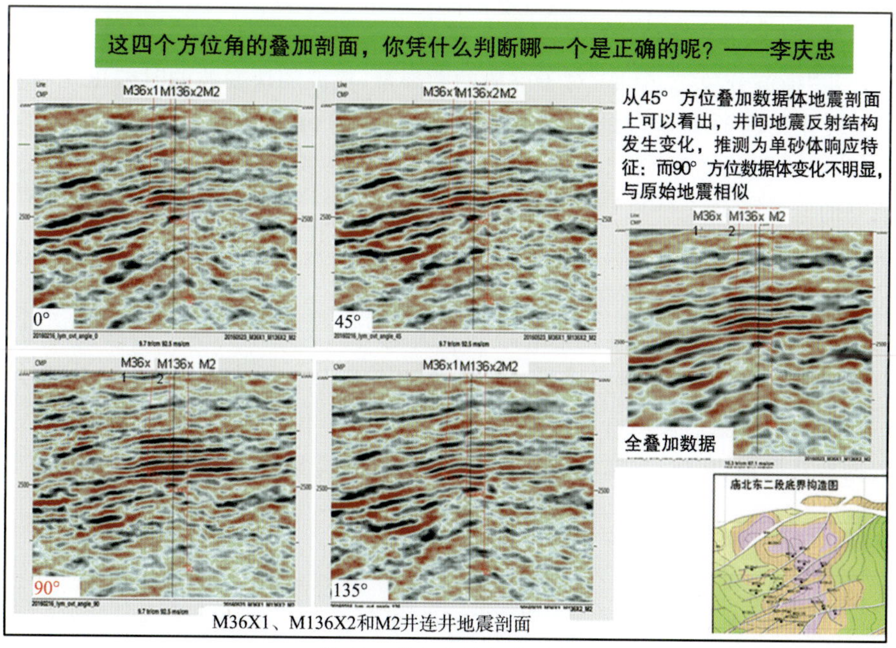


图 22 分方位叠加的选择

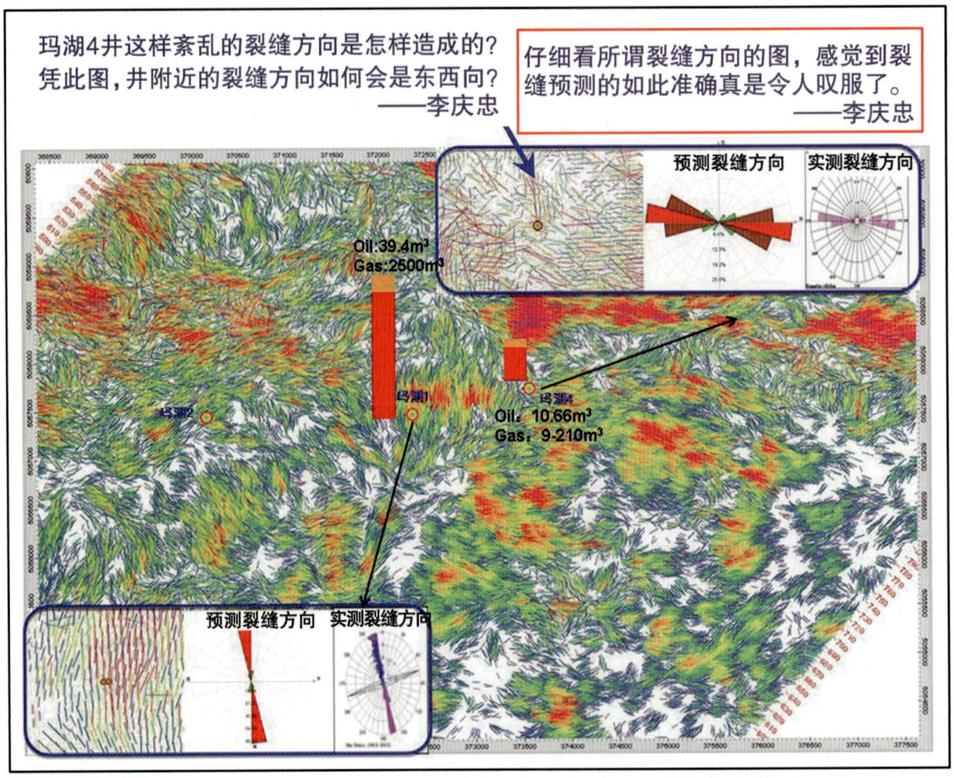


图 23 玛湖 1 井及玛湖 4 井的裂缝预测

我查看了玛湖 1 井及玛湖 4 井的裂缝预测图,感到他们能获得如此精确的预测结果,真是令人叹服。

我愿意看到我们地震勘探的本事能够到达如此高的水平。但是我很担心这件事情里还有不少问题。比如:

(1) 在信噪比很低的情况下,强干扰波在螺旋道集的规则化过程中,噪声会带来有效反射波振幅及相位(时差)的假象。

(2) 在自适应求取"敏感方位"过程中,会把干扰引起的时差及振幅变化,误判为椭圆形特性的"裂缝方向"。

(3) 反射纵波层速度不会在断裂带中发生明显变化。因为深层即使在裂缝发育带里,孔隙度也最多是 5%～8%,不会发生不同方位角的速度明显的差别。

只有横波会产生"横波分裂"。但是,对于一般的断裂带,横波的快慢波的时差也是不易察觉的。我看到的实际例子中,只有美国的奥斯汀的横波勘探出现明显的快慢波时差,因为那里的地层自上而下 2 800 m整套地层的裂缝方向完全一致。——请参看我写的书《多波勘探的难点与展望》。可在本书附带的光盘里找到该书的电子版。

来自三叠系目的层的反射波的射线总路径很长,为 5 000～8 000 m。如果在百口泉组目的层中射线长度只有 100 m,那么裂缝的吸收到底能起多大的作用?

(4) 穿过地下一条断层引起的纵波振幅衰减基本上是可以忽略不计的。裂缝发育带里,吸收有些加强,但也不会产生扁平的椭圆。要注意振幅加强是否是随机干扰波经数据规则化的平滑效应所引起。

最后,我认为,**除了对付强烈波阻抗反差的盐丘外,在我国**,不要再对宽方位迷信了。叠前数据(尤其是低信噪比的数据),其振幅、相位、频率、速度等参数是反射射线**全部路径上**的反应,**不等于是反射界面附近裂缝的反应**。

文章编号 414

# 来自地壳深部的油气

## ——四论油气生成理论

**生油理论在油气勘探实践中有着重要的作用，近年来有机生油理论虽然还是主导的理论，但是它越来越显露出缺陷。我在《寻找油气的物探理论与方法》(争鸣篇)里提出了不少质疑，并且指出只要认识到油气可能来自地壳深部，那么在浅层见到油气的地方，其深处还可以找到油气田。随着勘探的深入，近年来在四川盆地寒武系及震旦系深部地层里发现了三级储量达 1 万亿方的大气田，我们在那里发现了气烟囱。这些气烟囱说明：由于天然气从基底的花岗岩里往上冒气，造成地层充气后速度下降，形成“反射层强烈下陷”的现象，这是天然气是从基底的花岗岩里上来的直接证据。**

**在渤海湾盆地，渤中 19-6 深层太古界变质岩里又发现大气田。从三维地震资料也可以看到花岗岩基底里有许多大裂隙和裂缝，说明油气来自花岗岩深处。我推测，在渤海湾盆地蓬莱 19-3 现有的浅层大油田的深部、巨大的气烟囱里还有一个大气田；广东三水盆地深层还有高产油田；青海柴达木盆地油南的花岗岩潜山里还有一个大油气田；英雄岭西侧的阿尔金山逆掩断层和昆仑山的推覆体下，深部地层中还可以找到大量的油气。我坚信，如果采取生油“二元论”来指导找油找气，我国还有广阔的油气勘探前景。**

分节内容



## 一、对有机生油理论的质疑

2003 年，我的第一篇有关“生油”的文章在《新疆油气》杂志上发表，题目是“打破思想禁锢，重新审视生油理论”，文章中我指出了22个方面的问题：Tisso理论的缺陷、Connan公式的不合理性、大庆油田的地温太低、有机说无法解释的鄂尔多斯天然气的形成，等等。我用国内外许多例子对现有的有机生油理论提出了质疑。

当今实验室中一般在200 ℃以上才开始出现$C_{10}$以上的烃类物质。一般来说低温下很难生成石油，这一现象不得不使人产生怀疑。

当人们找到油气时，必然会发现它的盖层指标比较好，并且有机碳、氯仿沥青A等指标比较高。因此，就会错误地认为油就是从低温的暗色泥岩中生成的。

然而，油气是极容易流动的。事实上所有的油气田目前都处于不断散失、调整、补充的动态平衡之中。当前许多找油人主张“源控论”，“源控论”就是有所谓生油母岩的地方就是有油的地方，认为油没有动，始终在生油岩边上，这是与油气极容易流动的这个现实格格不入的。“源控论”之所以被“有机生油论”者普遍接受的原因，只是“油气田离不开一个好盖层”而已。

2006年我发表第二篇有关生油理论文章时，又提出了16个方面的问题。此文还提出近年来我们在大庆的深层又发现扶杨油层大面积含油，胜利油田的埕岛地区馆陶组覆盖下的花岗岩里采出很多油。一系列事实说明在当前的油田之下，深层还有油气存在。如果打破了有机生油理论的束缚，我们就可能发现油气是来自地壳深处。

第三篇有关生油理论的文章发表在《寻找油气的物探理论与方法》第三分册“争鸣篇”里，从【文章编号303-4】第1节及第2节的内容中，我们可以判断油气最可能来自深部。从文章第3节中，我们认识到，“每个油气藏都处于不断漏失，并且不断补充的动平衡过程中”。

Miller(1992)研究认为，全球石油储量的最小渗漏速率约为$11.4\times10^4$ t/a。若以全球地下石油储量为约$4.7\times10^{12}$ t计算，它们将在约41 Ma内渗漏殆尽，那么41 Ma则可理解为油藏的平均生存年龄。

Macgregor(1996)根据全球350个大油田的地质储量和时代分布认为，占世界80%以上的石油地质储量在距今75 Ma时就已成藏，其中值年龄为35 Ma(与Miller所提41 Ma大体相当)。其他学者如Smith(1971)、Leythaeuser(1982)、Krooss(1992)和Nelson(1992)、Montel(1993)与中国的李明诚(2010)也都得到类似的分析结论。

文章第3节中指出当今世界大油田的年龄都不超过75 Ma(图1)。

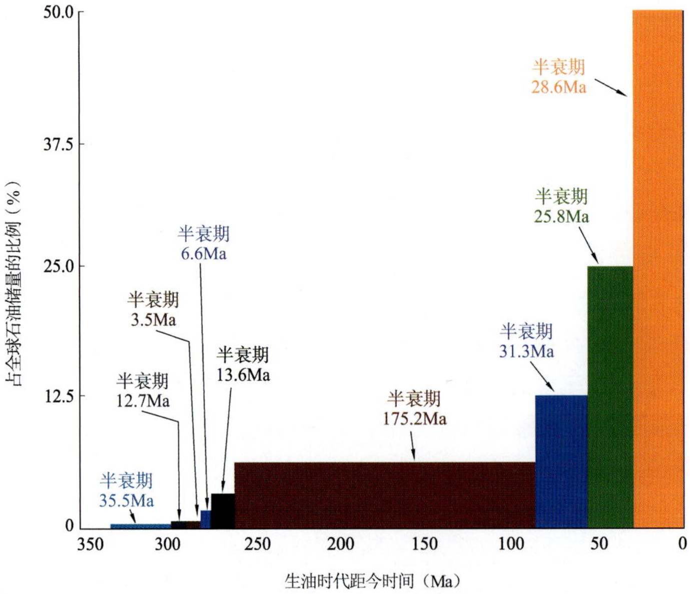


图1 全球石油储量的9个半衰期(据Miller,1992)

从文章第4节中，我们可以得到“油田调整平衡的速度相当快”的概念，只需几个百万年就可以达到平衡状态。

从文章第5节（参考龚再升的文章），我们认识到：“新构造运动对这个动态平衡起着最关键的作用”，如今的构造基本决定了绝大多数油田的状态，当今世界上的绝大多数油田在圈闭中的充注程度都已经达到如今构造的“溢出点”。

所以地震勘探就在找油领域起到关键的作用，它能找到构造找到油气。否则的话，油气如果流动的慢，地震勘探所得到的构造图高点位置就不一定有油，要研究古构造发育历史，才能判断含油的位置。

我再强调以下几个观点：

（1）时至今日，在实验室中没有人在50 ℃～100 ℃的温度范围里证明过$C_{10}$以上的石油成分能够生成。大庆油田的地温只有60 ℃，俄罗斯的乌拉尔油田的地温只有40 ℃。因此，有机生油理论只能称作一种“学说”，它并没有被理论证实。相反，人工合成石油的费-托反应已经是工业界使用的技术。地幔的软流层是合成石油的天然实验室，那里的温度压力及流体成分几个条件是足以产生石油的，这便是石油无机生油的理论依据。

（2）当然，我们还不能说目前的有机生油理论完全没有用处。我承认：所谓有机生油论的各种指标虽然在客观上的确能够指导找油的实践，但它（不管是陆相生油还是海相生油理论）本身可能是错的。其实质是：有机碳C与氯仿沥青A的丰度实际上只是起到了与油气苗相类似的找油的直接指示作用；而暗色泥岩厚度及还原指标实际上是一种盖层指标。“源控论”之所以被“有机生油”理论者普遍接受的原因只是“油气田离不开好盖层和一个还原环境”而已。

## 二、至少应该用“二元论”来指导寻找油气

关于石油生成的理论的争论由来已久，至今还没有形成共识。因此，今后我们至少应该用“二元论”来指导寻找油气。

在图2的中上部蓝色椭圆里，根据有机生油论，就是在油源层上方的这些地方都能找到油气，有断块的、有背斜的、有不整合圈闭的、有岩性圈闭的等。

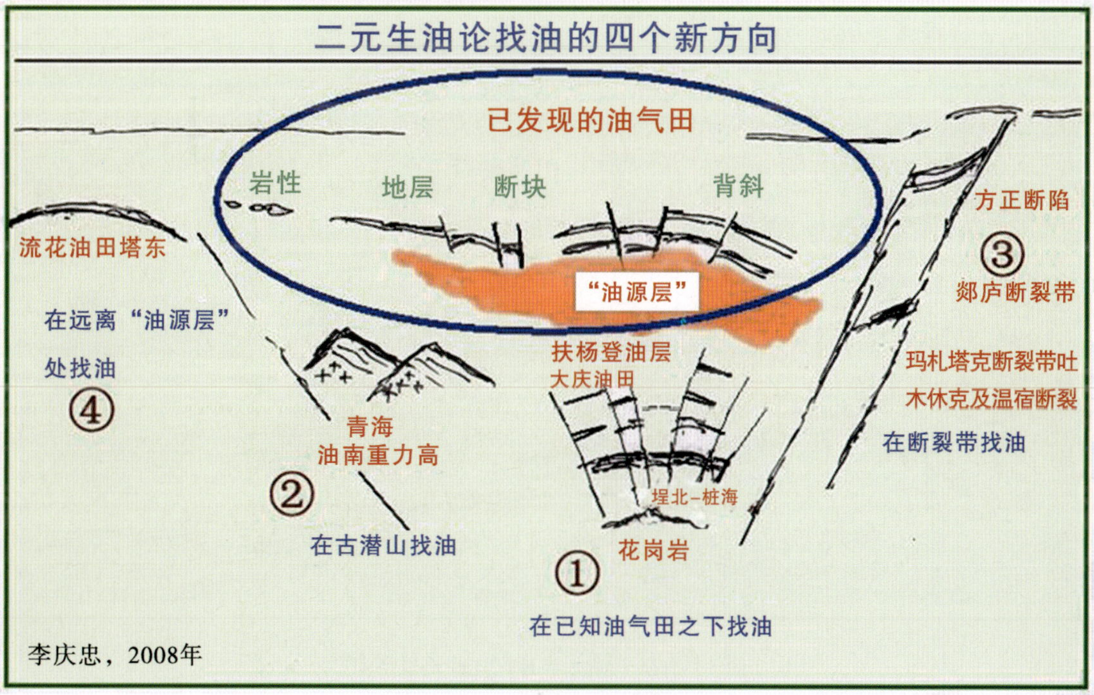


图2 用“二元论”来指导寻找油气

但是，如果仅仅根据有机生油论考虑问题，那是片面的，而且有时是有害的。他们想不到油气还可能从下面来，于是他们就漏掉了图中另外四个找油的方向，即图中的①、②、③、④。

## （一）第一个方向：在已知油气田之下找油

现在浅层找到油气的地方，深层也一定能找到油气，关键在于深层有没有空隙，因为油气是从深层上来的。例如近年来大庆油田深层的扶余、杨大城子、登娄库油层都已经见到油，在大庆长垣南部葡萄花地区还是大片含油的，几个产层都属于前白垩系和白垩系早期的含油地层。

还有埕北-桩海地区花岗岩里也是含油，而且是高产的。最近发现的四川盆地川中深层大气田，也是一直到寒武-震旦系都是含气的。此外，渤海湾盆地的渤中 19-6 的深部太古界变质花岗岩里也发现了大气田。

## （二）第二个方向，继续在古潜山找油

过去勘探古潜山很热门，那里的油气产量和经济价值很高。但是有些古潜山地震资料多年没有过关，例如青海柴达木盆地的油南重力高。

1999 年青海油田结合重磁电资料打了油南 1 井，1999 年 12 月开钻，2000 年 2 月 20 日完钻，井深 4 998米。钻井过程中，录井油气显示较为频繁，可惜没有发现好的储集层。油气显示较好的 3 418.8～3 429.8 m。井段进行中途测试，喷出天然气，且夹有零星状油花。油南 1 井的钻探结果与预期效果有一定差距。此后十多年再也没有在那里打井。

最近对英雄岭地区用上了三维地震，改进了的地震剖面上已经可以见到 6 500 m 之下有一个巨大的花岗岩隆起，见图 3。图中 4 口浅井已见到气层，其中峁 2 井在浅层已经见到日产万方的气层。我认为，下面花岗岩风化壳里应该有一个大气田。

根据校正后的重力异常图来判断，英雄岭范围的 3～4 个巨大的基底隆起都应该是很有希望的，见图 4。

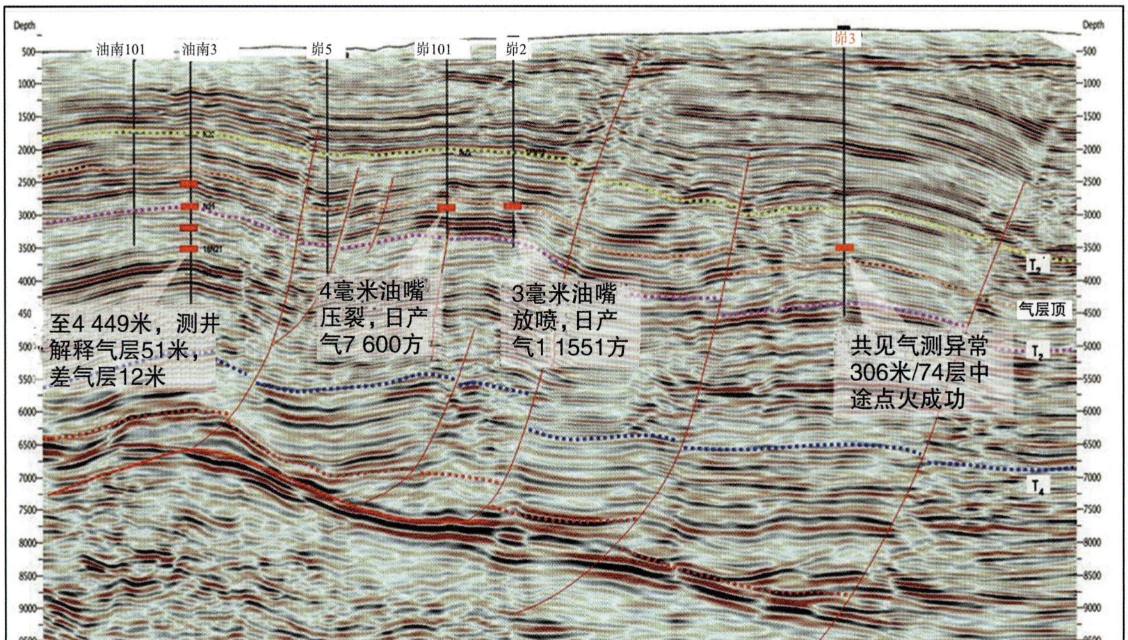


图 3　油泉子-黄瓜峁地区连井地震剖面

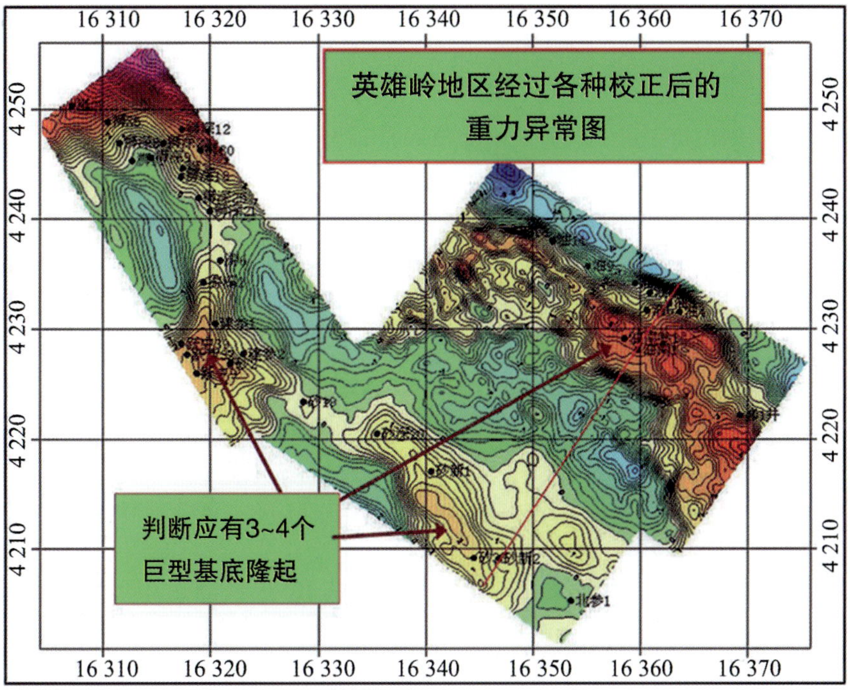


图 4 英雄岭地区经过各种校正后的重力异常图

### （三）第三个方向，到断裂带附近去找油

郯庐大断裂中的新生界凹陷都可以找到油田，方正凹陷已经得到证实。塔里木盆地的马扎塔克大断裂长 300 km，在其东段和田河附近找到了和田河气田，产气层是石炭及奥陶系灰岩。这个大断裂带的中部还没有打探井，它的西部，在色力布亚到麦盖提一带是一个含油地带，所打的探井都见油，就是产量小，不被人们重视。我认为这里是今后寻找黑油的良好场所，整个马扎塔克大断裂应该有一个大场面。此外，塔里木盆地西北的吐木休克断裂及温宿大断裂带也是有勘探价值的。

在青海柴达木盆地英雄岭西面的阿尔金山逆掩断层下方，应该还有一大片被逆掩断层压在下面的油气田，在花土沟、干柴沟的深井中都已见到油气。同样，在此区南面的昆仑山下也压着一片含油气田。昆仑山前的铁干利克油田就是其中抬高的一块，目前由于地震资料没有过关，推覆体构造轮廓还不明朗，但将来一定大有可为。

英雄岭英中地区已经在断层面下的深层，发现了 8 口千吨级高产油井。我推断：这个英雄岭到两个大山之下，是我国今后发现大油气田的一个现实重要方向。

### （四）第四个方向，在远离“油源层”的地方找油

只要有盖层、有圈闭，就可以列为勘探对象，流花油田就是一个极好的例子。塔里木盆地的塔东地区，虽然目前没有找到所谓的“生油层”，但那里的侏罗系地层中已经见到油气，因此，也值得继续勘探。

我希望今后随着资料的积累，问题能够慢慢得到澄清。在我们还没有得到共识的今天，采用“二元论”来指导寻找油气是正确的态度。若干年后，人们可能会发现：大多数油气是来自地壳深处，那里有生成石油的良好条件。

我的有关生油理论的第三篇文章发表后，引起了不少地质家的兴趣。中国地质调查局为此召开了一个关于无机生油理论的研讨会，邀请我参会并做报告。我因故未能参加，就委托他们代我在会上宣读我的文章。舒思齐同志会后给我发了他写的“基于无机成因的油气勘查概念模型（BRCF）”文章，可见无机生油理论已经愈来愈引起人们的兴趣。

但是还有不少同志囿于有机生油理论的成见与束缚，还是不肯相信油气是从地下深部上来的，我在这里再举一些事例来说明我的生油理论对勘探油气的重要性。

## 三、最近四川发现深部大气田

2015 年在四川盆地中部安岳-龙王庙地区的深部震旦系及寒武系里找到三级储量达 1 万亿方的大气田。其实这就是当初 1958 年在蓬莱镇-南充-龙女寺地区用三口井在侏罗系地层中同时发现油流，登上了《人民日报》的地区。原石油工业部组织了“川中大会战”，结果无功而返，现在在其深部找到了大气田。

打破生油理论的老思想的束缚，想到油气是从深部里上来，那么，我们还能找到一批大油气田。

四川已发现的 27 个工业油气层系中，常规、致密油气产层 25 个。主要产气层位 7 个，自上而下分别为：上三叠统须家河组、下三叠统飞仙关组、上二叠统长兴组、下二叠统栖霞和茅口组、石炭系黄龙组、下寒武统龙王庙组、震旦系灯影组。它们是海相地层，储集层主要为白云岩。

一个主要产油层位是侏罗系大安寨段，陆相沉积，裂缝性油藏，产量不大。两个主要页岩气层位为：志留系龙马溪组、寒武系筇竹寺组。

四川页岩埋深大，而且致密。虽已采用国外先进技术，可以获得一定产量，但目前还很难回收成本，获得经济价值。

如图 5 所示，四川盆地自上而下大部分地层的镜煤反射率 Ro 已经高达 2.0％以上。志留系以下直到寒武、震旦系的 Ro 为 3.0％～5.0％，属于超成熟的阶段，按道理说，不能再生成天然气。即使它们能够生气，所生成的气也不可能保留到今天。

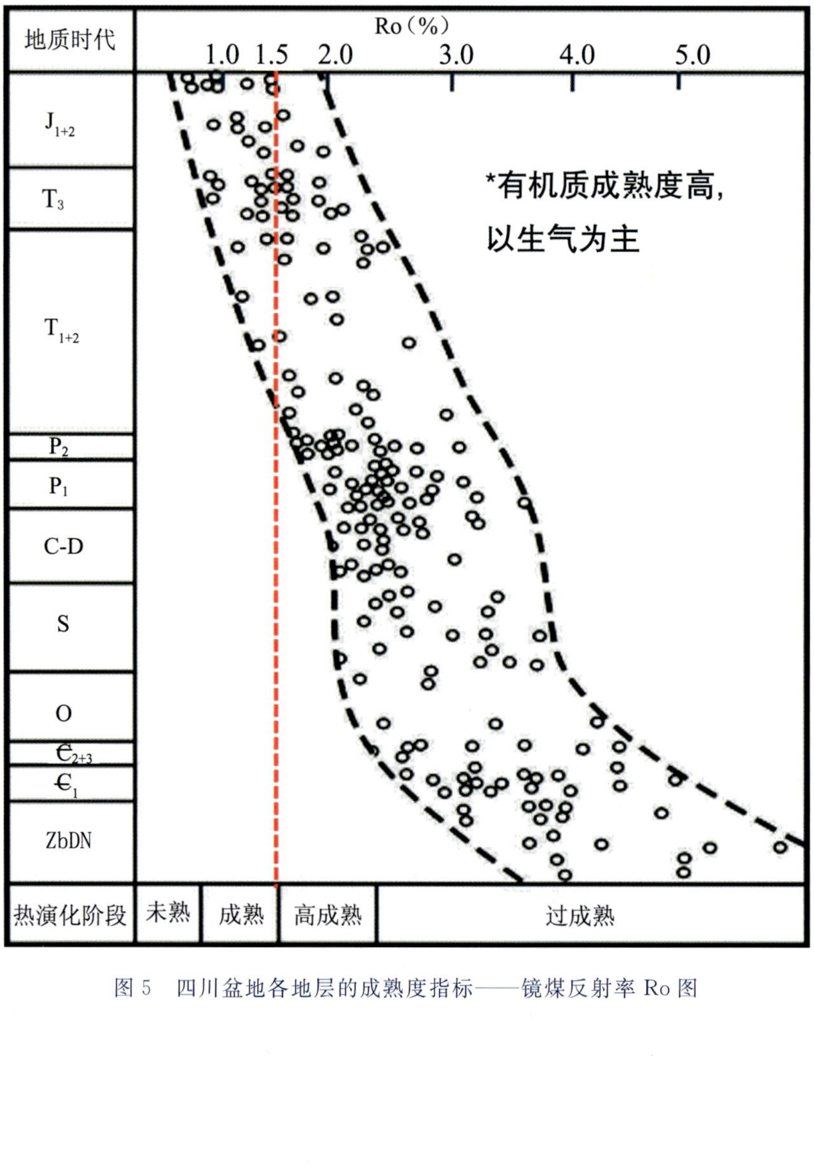


图 5　四川盆地各地层的成熟度指标——镜煤反射率 Ro 图

2013—2017 年发现的川中震旦系及寒武系大气田，三级储量超过万亿方。它们主要为孔隙性藻白云岩储层，这是近年来我国发现的最大气田(图 6、图 7)。

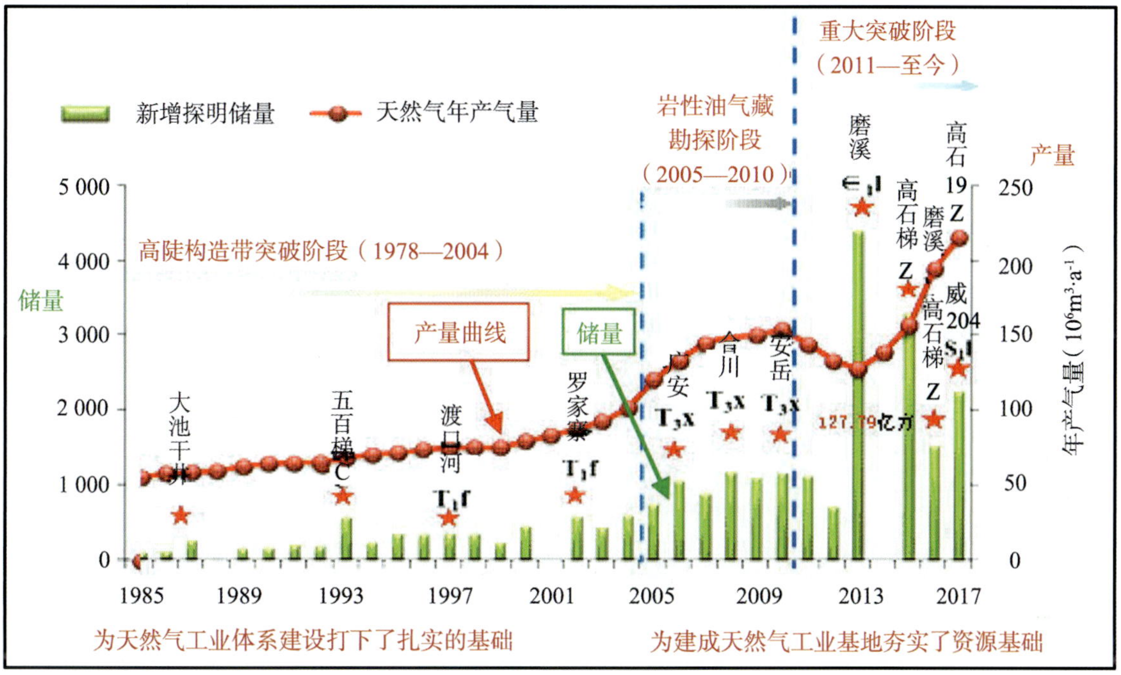


图 6　近年来四川油气勘探发展历程

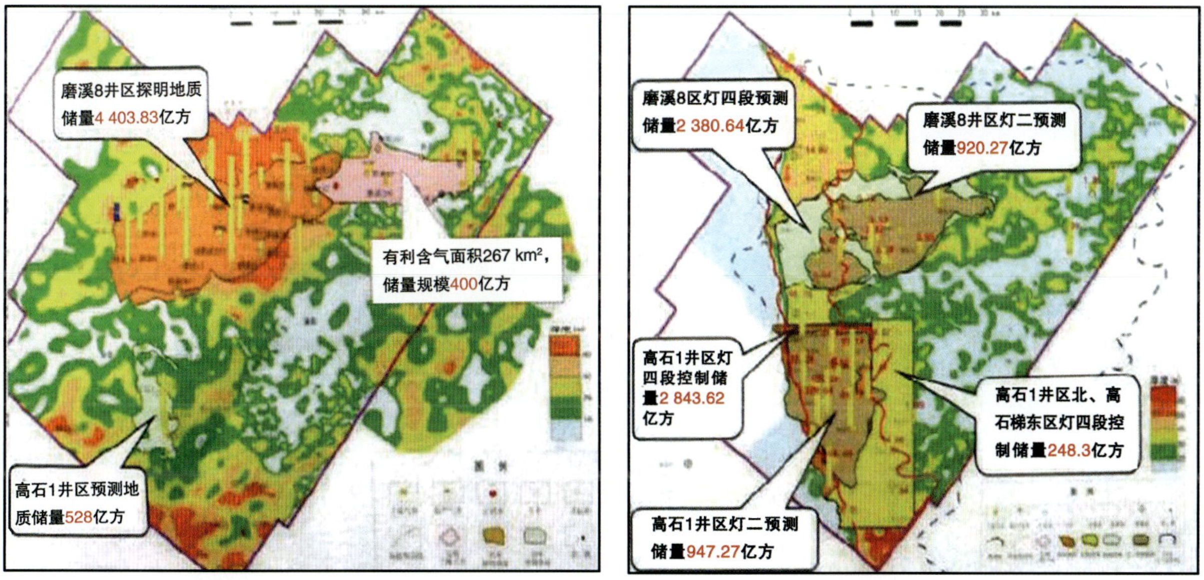


（a）寒武系龙王庙组勘探成果图　　（b）震旦系灯影组勘探成果图

图 7　四川中部安岳-龙王庙地区在深部震旦系及寒武系的勘探成果

**三维地震勘探的发现——气烟囱**

有趣的是，四川的天然气是从基底深部上来的直接证据是有明显的“气烟囱”存在，直通基底花岗岩。

这些气烟囱的普遍特点是：在地震反射剖面里，出现宽 1～2 km、垂直的一系列同相轴向下拉伸弯曲的现象，一直到达花岗岩基底，如图 8 中红色椭圆所示。

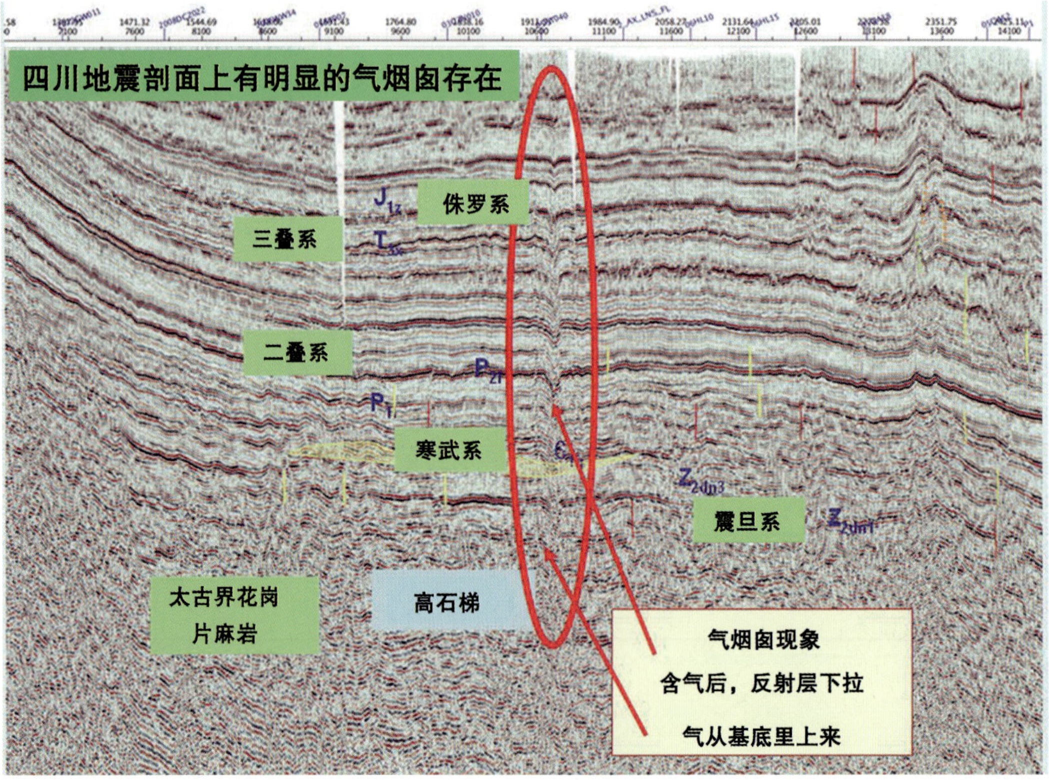


图 8 四川盆地近南北向地震剖面

图 9 是磨溪-高石梯东-龙女寺地区三维地震的寒武系底反射振幅的相干体平面图，图 10 是图 9 下方蓝色方框磨溪地区的放大图。在磨溪地区，图上有 20 来个圆点和空心圆点，可以看到存在一系列圆点状的气烟囱（图 11）。**它们都是从花岗岩基底里往上冒着天然气。地层充气后，速度降低，形成反射层“下拉”的气烟囱（图 11）。这是直到今天还在冒气的直接证据。**

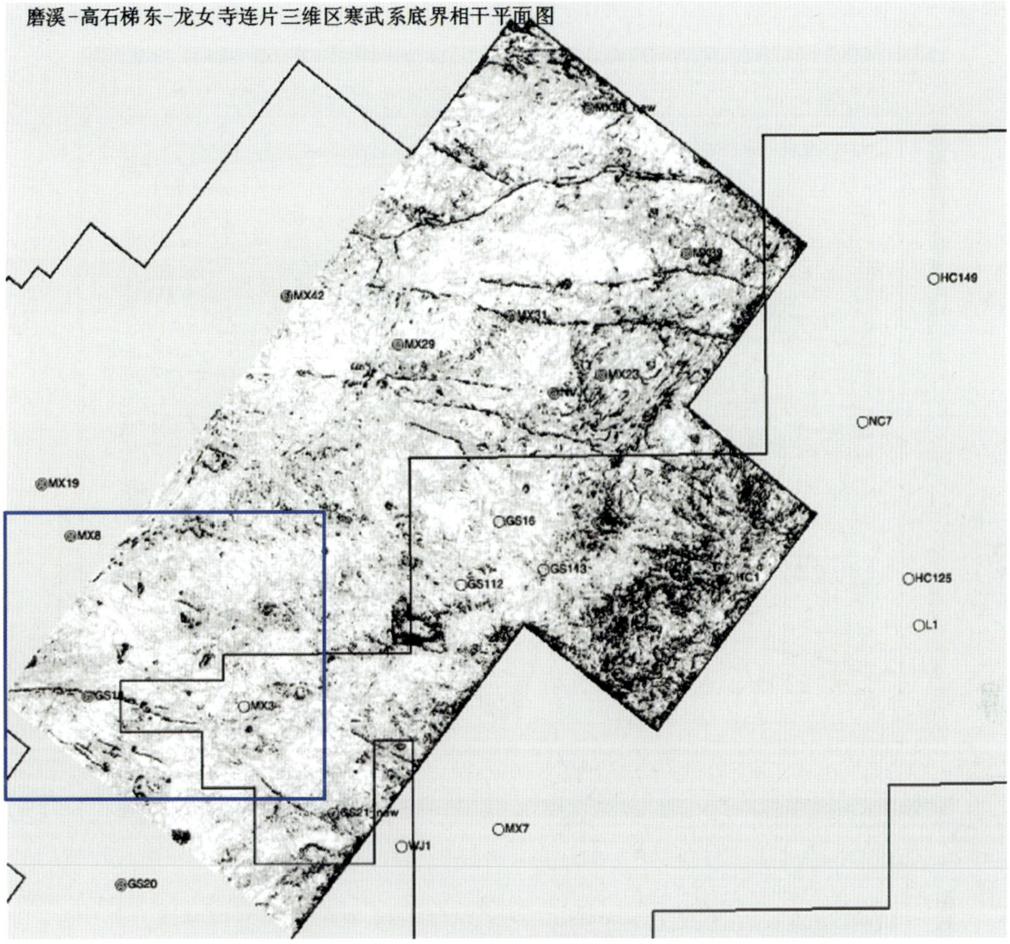


图 9　磨溪-高石梯东-龙女寺地区三维地震的寒武系底反射振幅的相干体平面图

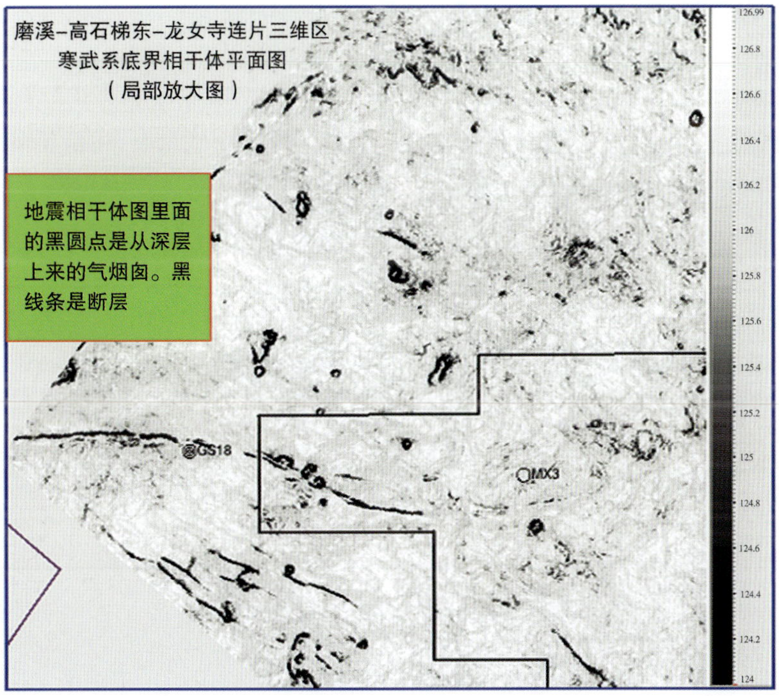


图 10　磨溪地区寒武系底反射振幅的相干体图(显示有 20 多个气烟囱)

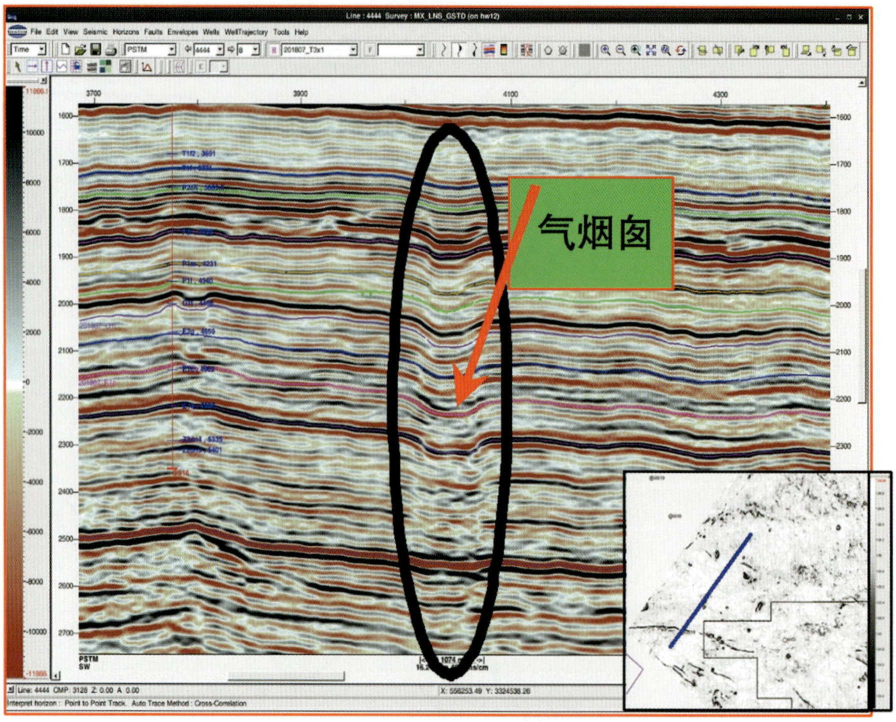


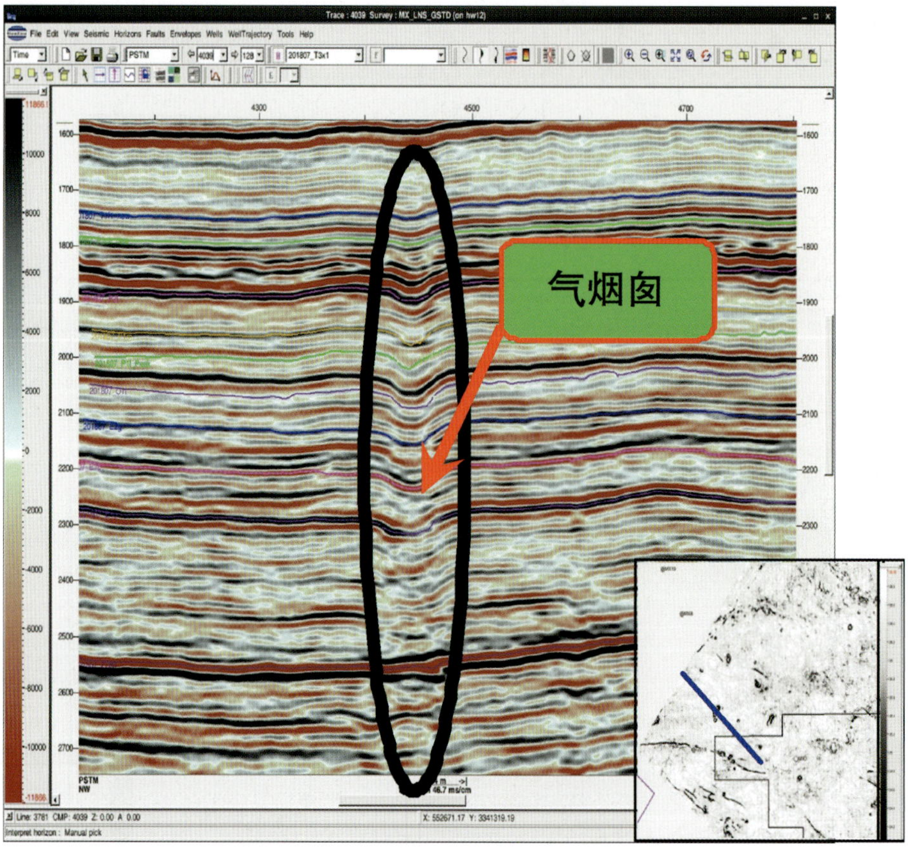


图 11 磨溪地区地震剖面上的气烟囱

## 四、南海流花 11-1 油田也有气烟囱

流花 11-1 油田是珠江口坳陷里最大的油田，它离开所谓的生油洼陷的距离为 45 km。因此打探井时，遭遇有机生油论拥护者的强烈反对，他们说："Amoco 公司是不是没有地质家了？如果这里找到石油，我倒着走。"Amoco 公司也犹豫不决，最后打了这口井，结果幸运地发现了它。

它是一个中新世礁灰岩的隆起构造，闭合幅度约 75 m。生产层为礁灰岩，平均孔隙度在 20%～30%，埋深 1 170 m，石油可采储量约为 12 亿桶(1.7 亿吨)。但含油高度仅 75 m，为了防止底水上窜，打了 25 口放射状的水平井进行生产。

图 12 是穿过该油田的南北向地震剖面，一个平缓的隆起构造，两侧有两条断层所夹持，如图中红色线条所示，附近有两条垂直的白色区，是气烟囱。图中 1.25 s 处的红色层就是本区产油层中新世礁灰岩。在海上建了一个平台，打 25 口水平井采油，如图中蓝色线条所示。

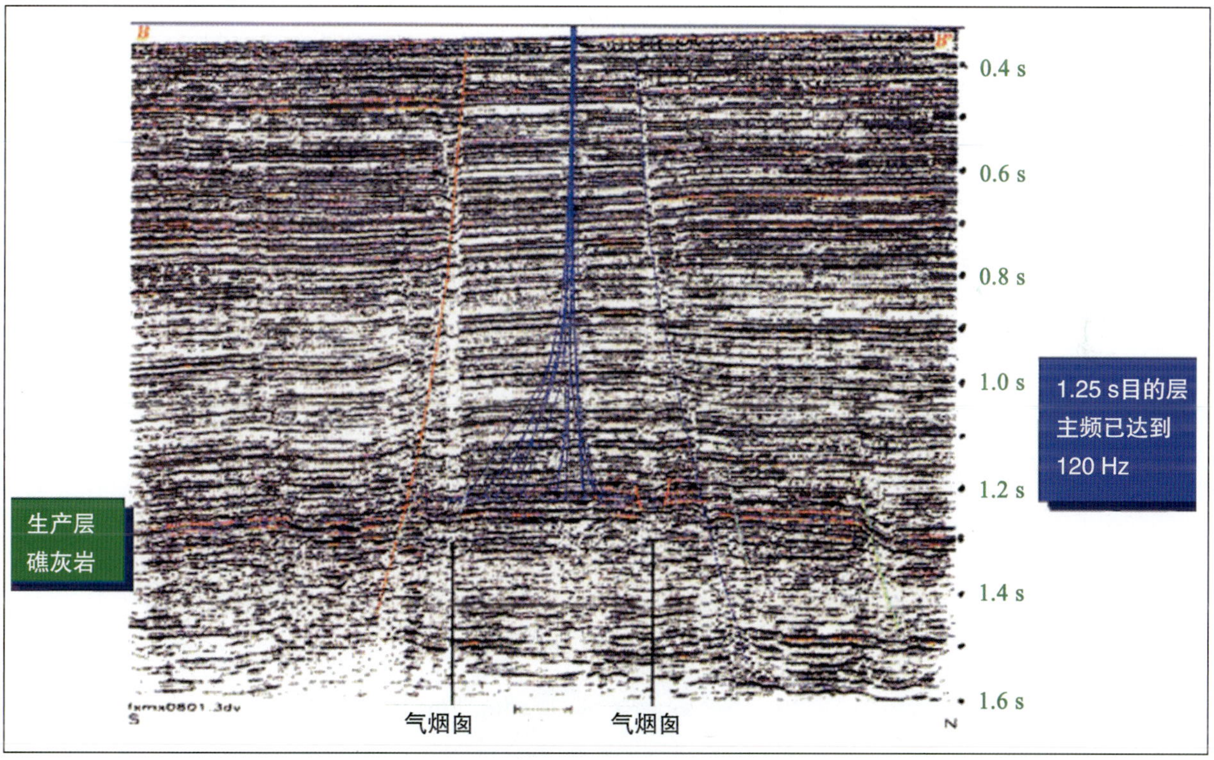


图 12　流花 11-1 油田高分辨率南北向地震剖面

图 13 中可以见到更明显的气烟囱，剖面里上部有同相轴下拉的含气标志，下方更是出现反射空白区，白色空白区一直延伸到基底，说明气体及地下水从基底面向上不断流动。

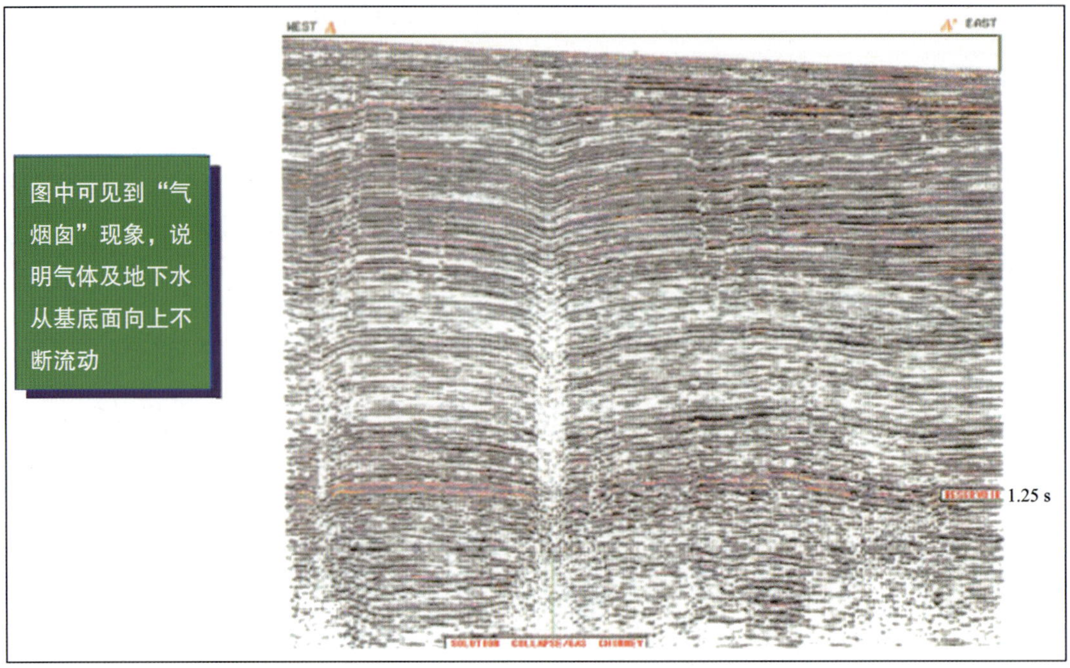


图 13　流花 11-1 油田东西向高分辨率地震剖面

如图 14 所示，上方是该油田油层顶面相干数据平面显示。A-A 剖面就是东西向剖面经过的地方，从黑色粗线可以看到南北各有一条断层，断层附近也有几个黑色圆洞，就是气烟囱。图下方是这个相干体图的局部放大，将上面三个“黑洞”放大后就清晰地显示出古喀斯特溶洞的结构，有大量的地下水及气体从基底里往上方涌出。

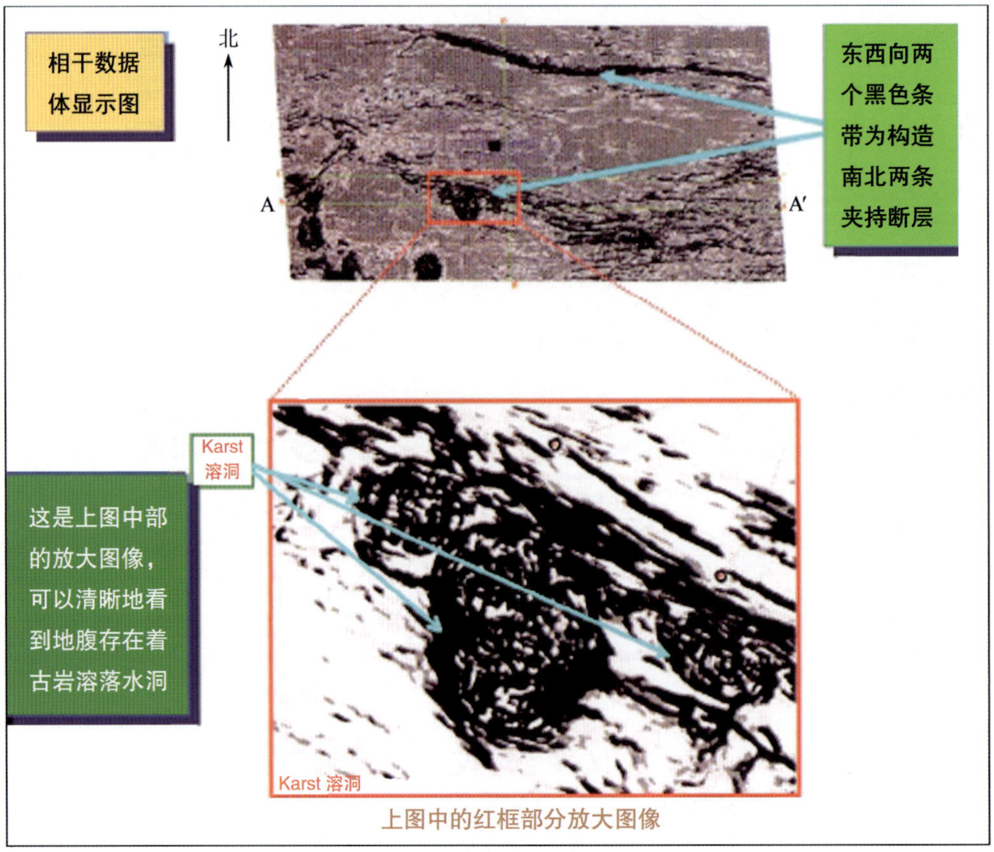


图 14　流花 11-1 油田油层顶面相干数据平面

## 五、广东三水盆地也可能埋藏着丰富的基岩里的油气

当人们打破了目前有机生油理论的思想束缚后，如果看到广东三水盆地的地震剖面时，就会联想到目前浅油层下面虽然是中生界红色地层，其下方的下古生界及太古界花岗岩基岩里，也可能埋藏着丰富的油气。

参考图15和图16中的两条地震剖面，我看很有希望。

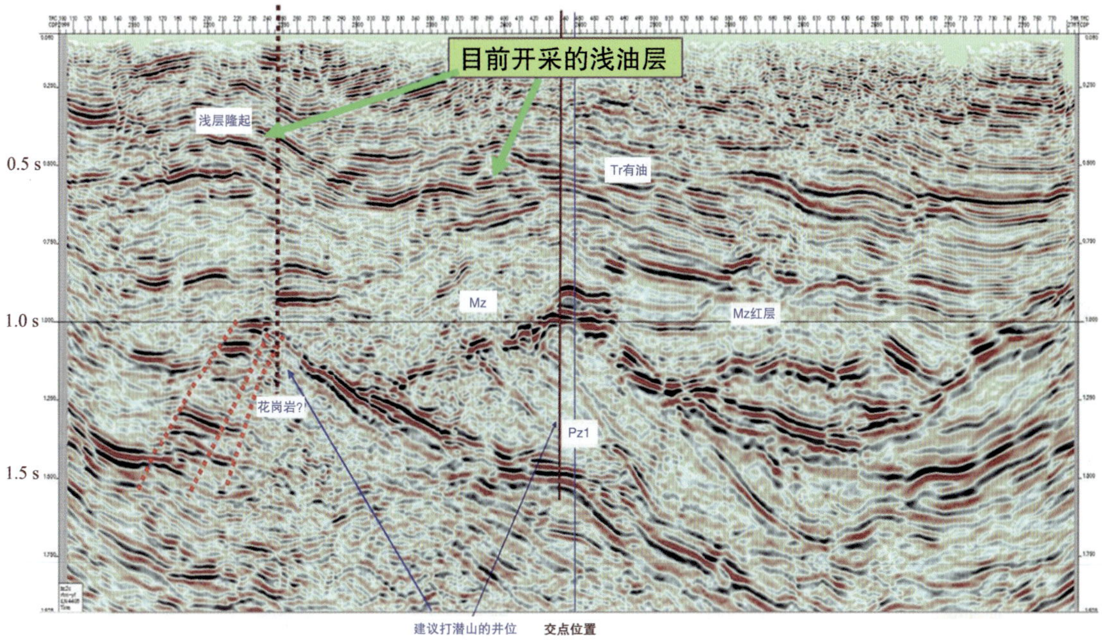


图15 广东三水盆地地震Inline4408-C测线(南方公司)

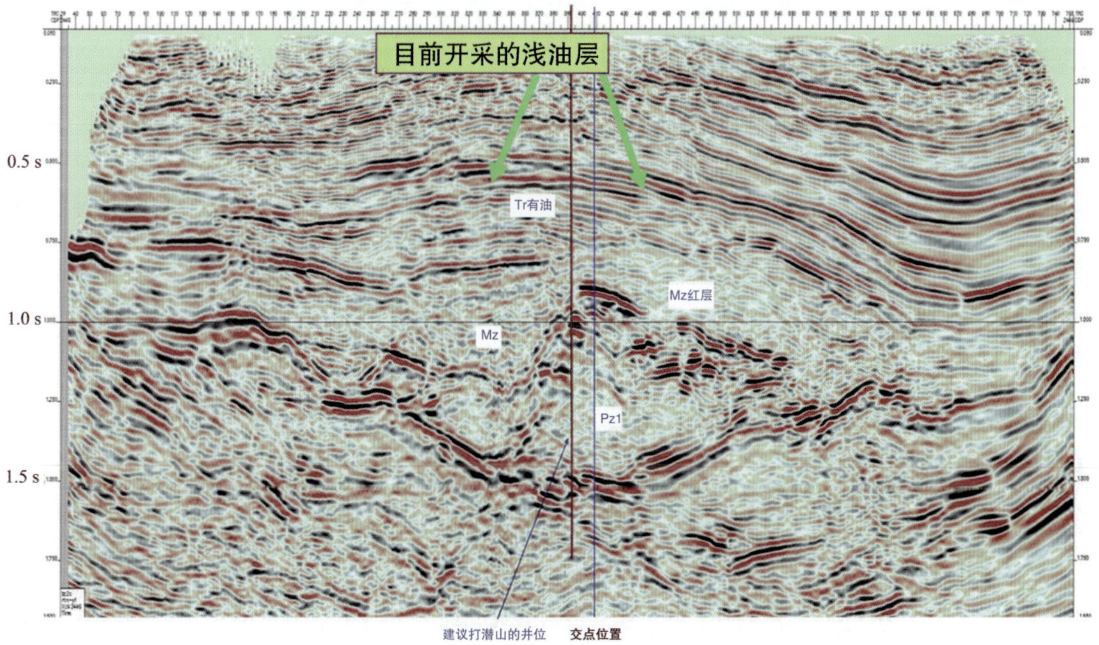


图16 广东三水盆地地震Xline2446-C测线(南方公司)

以上是广东三水盆地采集的地震资料，这个油田目前采油是从新生代浅层500～600 m处的第三系地层中来的，都是低产，起初每天产油1～2 t，现在日产只有几十千克了。

从剖面上看，浅油层之下是中生界红层。大家看到这个红层不是生油的层位，都觉得不感兴趣，就没

想再往下打井找油。

2016 年我到福山油田讲课，偶然看了几条三水盆地的地震剖面。我看到这个红层之下，还有两个潜山，一个潜山还有内幕反射，根据我的判断可能是下古生界。另一个潜山是无反射区，这可能是花岗岩潜山。所以我建议油田在这附近做一个准确的 Tg 图，但目前该位置的基底构造图还没有，因为没人想到中生界红层下面还有油。

**我相信这里深层潜山风化壳里可能还有 1～2 个高产的气田。**

下面再举渤海湾(渤海湾渤中 19-6 及蓬莱 19-3)的两个例子。

## 六、渤海湾渤中 19-6 油田发现深层大气田

《中国海上油气》杂志 2018 年 6 月刊登了渤海湾渤中 19-6 油田在深层发现太古界大气田的文章，作者为薛永安、李慧勇。他们介绍了渤海湾渤中 19-6 的情况，见图 17。图中红色方框是渤中 19-6 的位置，红色是气田，绿色为油田，渤海湾最好的油田蓬莱 19-3 就在图东面绿色区域里。

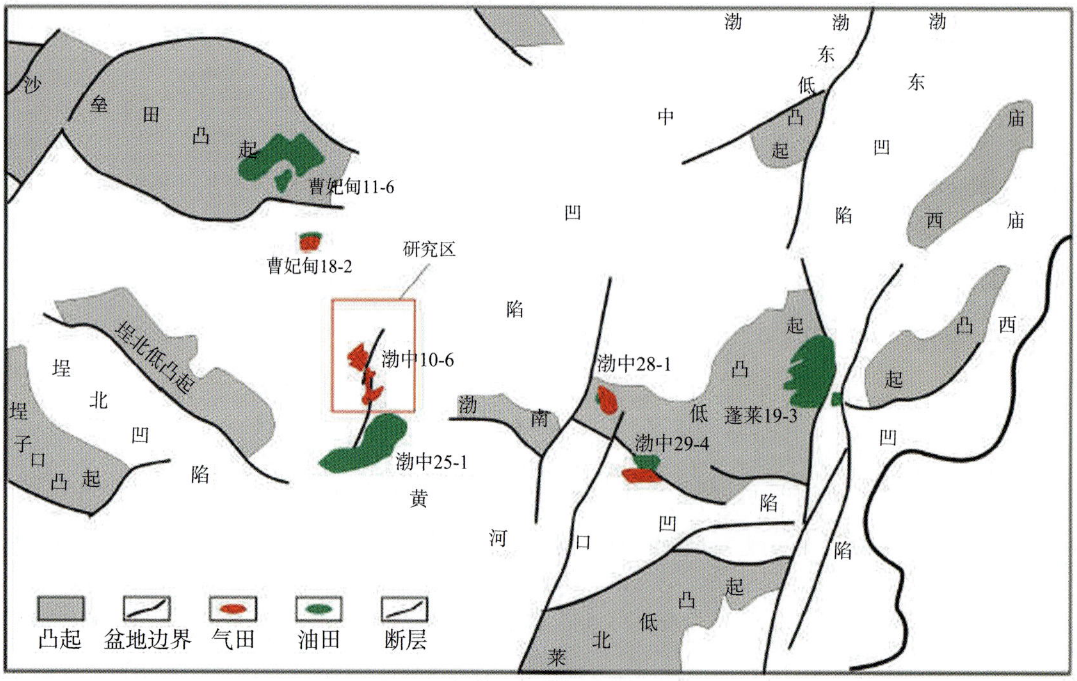


图 17　渤海湾里的油气田分布

渤中 19-6 在 20 世纪 90 年代是一个浅层的油田，2016 年，在它深部又发现了一个大气田，如图 18 所示。

渤海湾盆地探明原油储量远远大于已探明天然气储量。经过 40 多年的勘探攻关研究，已发现超过 3.5万吨的石油探明储量，而天然气探明储量仅仅伴随着原油勘探偶有发现。

近期在渤中凹陷西南部深层太古界变质岩潜山，天然气勘探获得重大突破。渤中 19-6 构造深层大型太古界潜山圈闭群可划分为南、北两块，总圈闭面积可达 100 $km^2$ 以上，潜山埋深在 4 200 m 左右。2016 年以来分别在渤中 19-6 构造南块和北块钻探多口井均获得了较好的产能，其中南块测试获日产油 168 $m^3$、日产气 18.4 万方，北块测试获日产油 305 $m^3$、日产气 31.2 万方。

目前渤中 19-6 构造深层潜山整体资源规模是：烃类气，1 133.36 亿方，凝析油，11 427.4 万方。这是这两年渤中发现的一个比较重要的凝析气田。

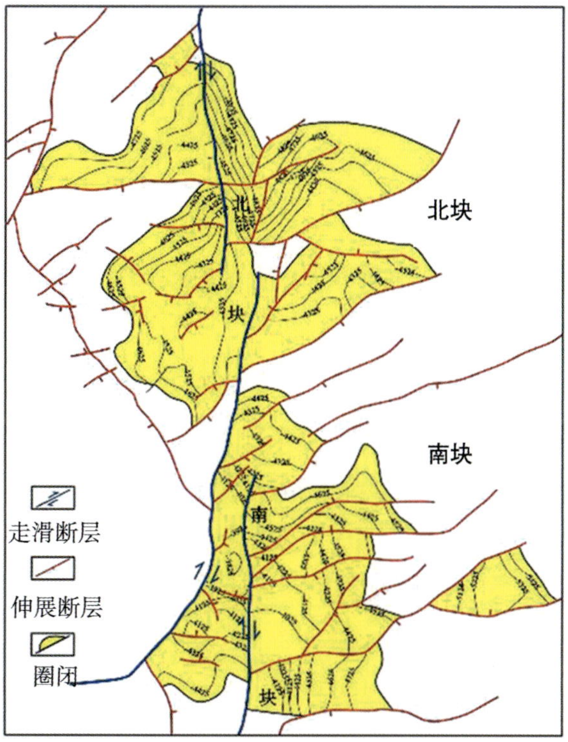


图 18　渤中 19-6 太古界顶面构造

渤中 19-6 构造深层大型太古界潜山圈闭群的总圈闭面积达 100 $km^2$ 以上。从图 19 可以看到，潜山内幕相干数据体图里有众多很宽的大断层与无数的小裂缝，这是深层具备高产的良好条件。

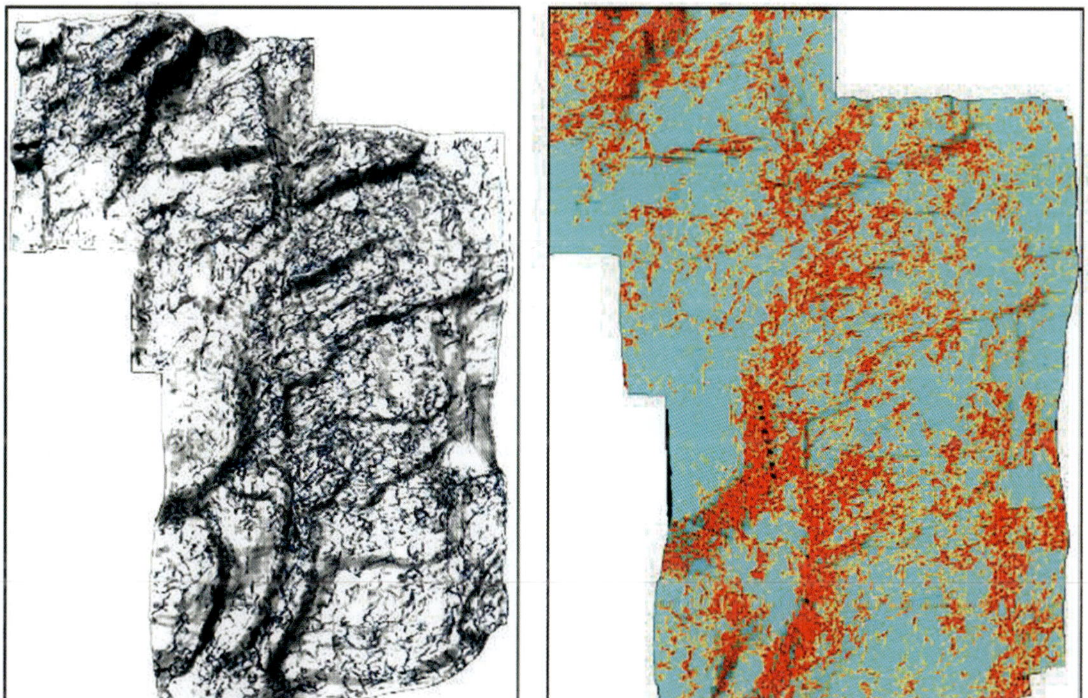

(a) 最大似然体切片　　(b) 多属性融合切片

图 19　渤中 19-6 地区深层潜山内幕的相干数据体及多属性图

**此深层大气田的岩性为太古界变质花岗岩，此外，还有不少风化堆积在花岗岩上的砂砾岩，这是造成天然气及凝析油高产的好条件。**

例如，BZ19-6 的三口井在 4 000 m 深度上下，都发现两三百米厚的砂砾岩，盖在花岗岩上。花岗岩的含油井段也有 100～200 m，并且花岗岩的含油气底界还没有探到。

我估计这个大气田将与胜利油田的埕北-桩海花岗岩大油田一样，是一个高丰度的，目前含油气还不见底的花岗岩大气田。

我深信在渤海中央的其他构造上，还会有深部大油气田存在的可能。例如它南面的渤中 25-1，和它东面的渤中 29-4，直到蓬莱 19-3 等。

因为这里是著名的从黑龙江省到山东省延展近千千米的郯城-庐江深大断裂南北两支的交汇点，渤海中东部又是东营组到第四系的沉积中心，是地壳运动非常活跃的地带，见图 20。我对渤海湾深层的油气远景持乐观态度。

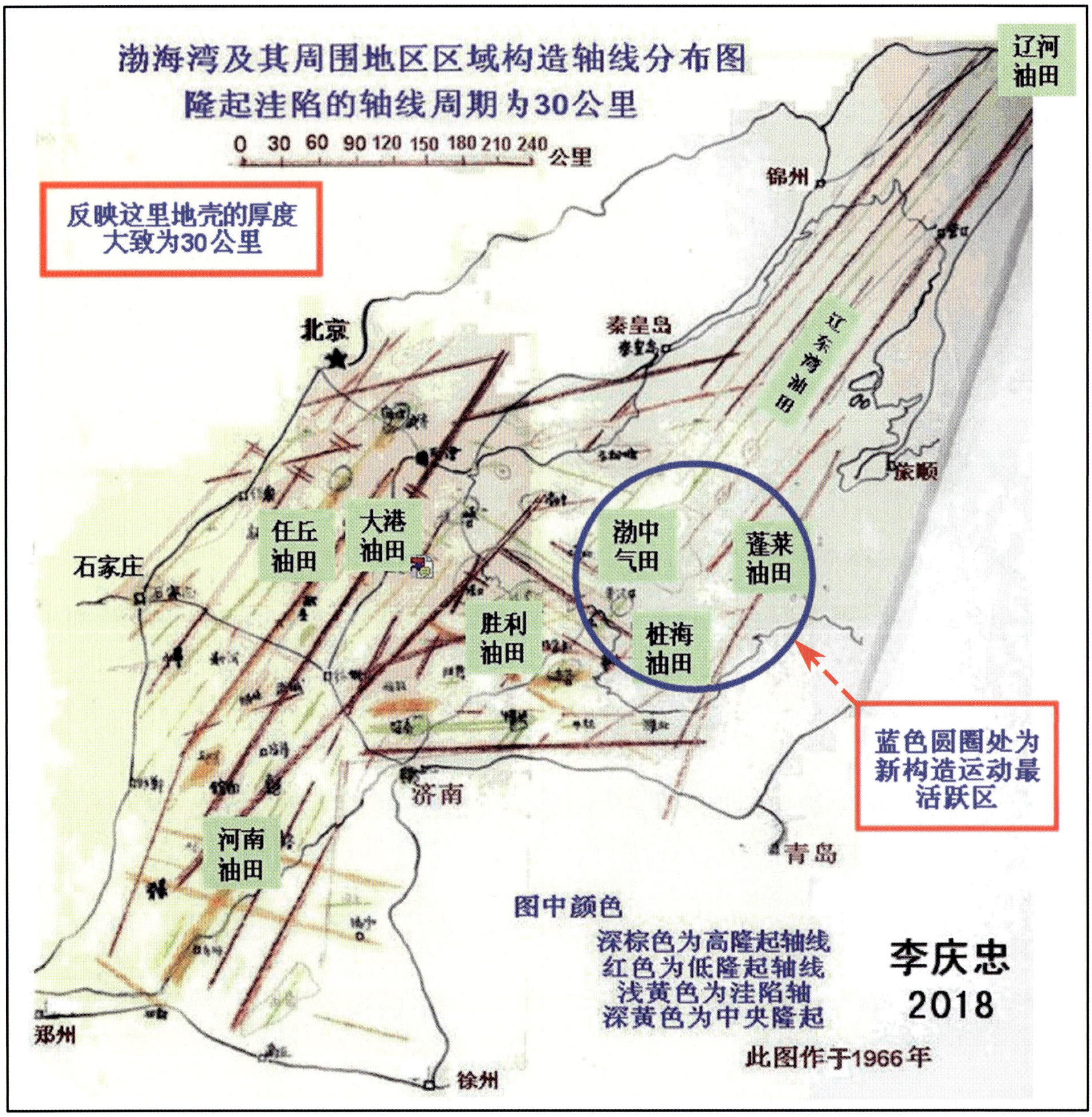


图 20　渤海湾及其周围地区区域构造轴线分布

渤中19-6深层构造目前正在进一步扩展评价中(图21、图22),从已发现油气层垂向、横向展布及构造规模判断,该构造将是渤海湾盆地目前已发现的最大天然气田,达大型气田级别,它对于推动渤海湾盆地深层勘探具有重要意义。

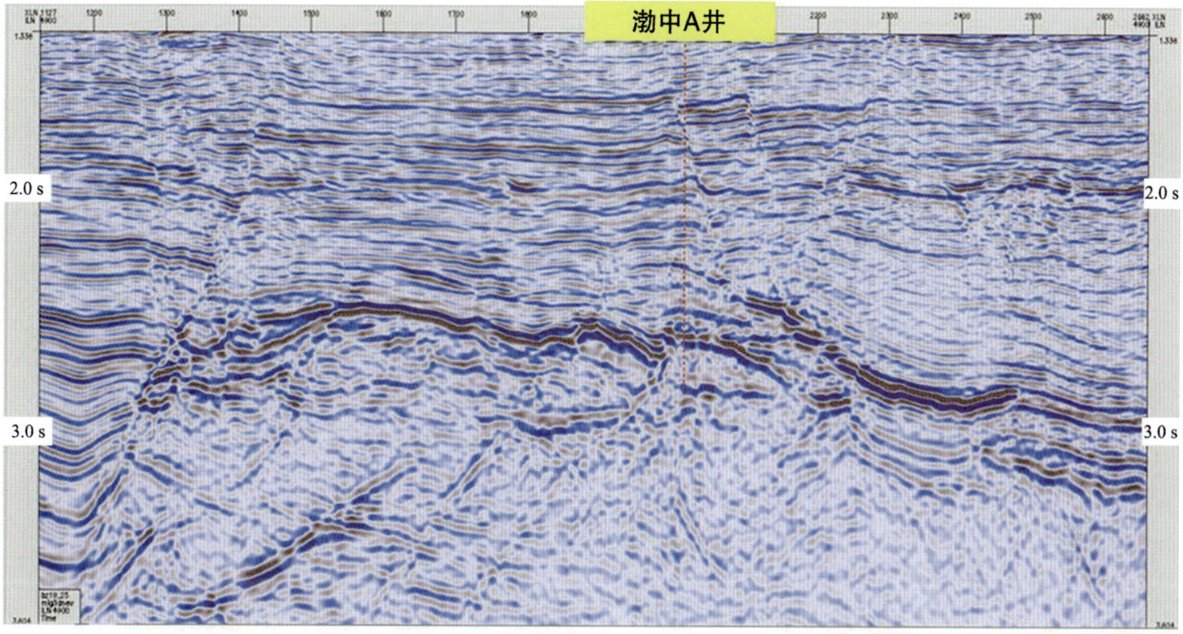


(a)

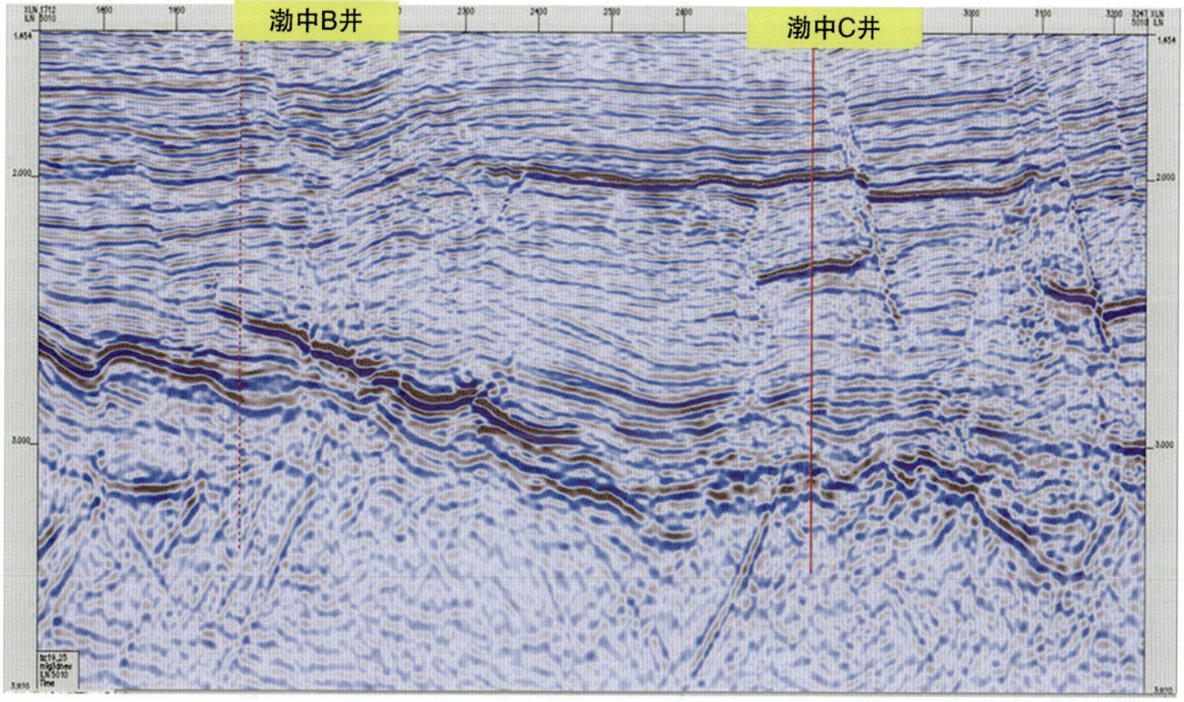


(b)

图21 渤中19-6构造典型地震剖面

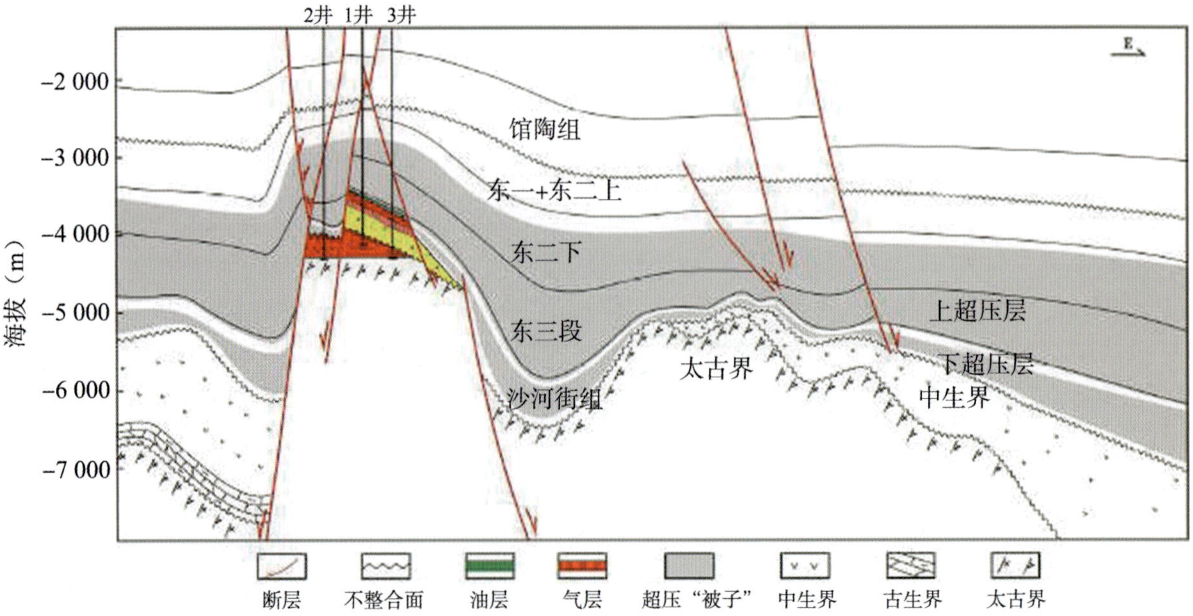


图 22　渤中 19-6 构造太古界潜山结构示意

渤海油田的地质家还认为，太古界的大气田是有机成因，是东 2～3 段及沙河街组的泥岩里生的油气，“上生下储”，储集到花岗岩里去的。

其实，东 2～3 段厚泥岩只是一条“大被子”，是好盖层而已。

## 七、蓬莱 19-3 也从基底往上冒着天然气

蓬莱 19-3 是目前为止渤海湾最好的油田，储量也最丰富，当年没有打井，是因为当时认为构造不清楚，不好定井位。这里天然气大规模从地壳里上窜，形成宽达 5～8 km 的巨大的气烟囱，当地震多次覆盖的排列滚动时，地震波射线无法躲开气云的干扰与能量吸收，造成极低的纵波反射信噪比。为克服纵波的这种缺陷，事后中海油在此做了多波四分量勘探，结果也很不理想。

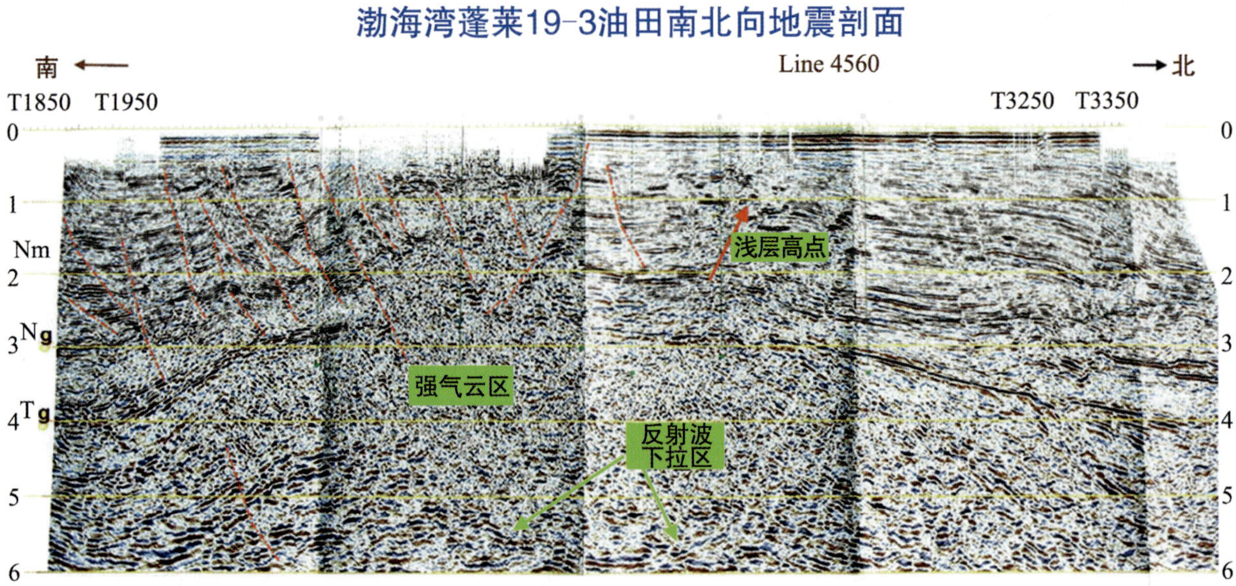


图 23　渤海湾蓬莱 19-3 油田南北向地震剖面

图23、图24两条剖面中红色的虚线是我画的断层，这个构造还有个特点是，许多断层都通到第四系海底，所以气烟囱的气可以一直往上冒，是新构造活动的强烈地区。

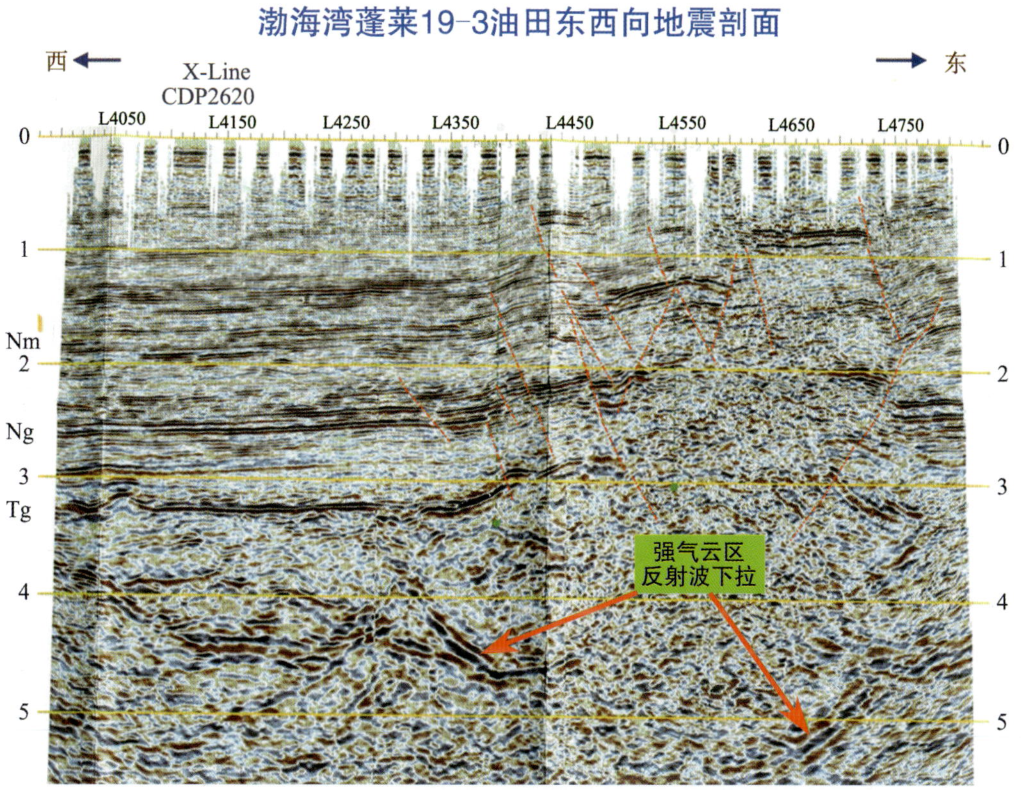


图24　渤海湾蓬莱19-3油田东西向地震剖面

蓬莱19-3油田目前探明原油三级地质储量8亿方；溶解气131.33亿方，气层气1.27亿方。

蓬莱19-3油田整体上随埋深增加，原油密度和黏度减小，明化镇组原油平均密度为0.955 g/cm$^3$，馆陶组原油平均密度为0.943 g/cm$^3$。馆陶组原油黏度、密度低于明化镇组，气体组分方面没有发现明显差异。

蓬莱19-3油田基底（潜山）埋深1 900～2 500 m，气烟囱范围内还没有探井钻至基底。

图25中，左边纵波反射剖面里，中央部分气云里完全没有反射，这还是最好的一条三维剖面。从图中可以明显看到天然气是从基底大烟筒里窜上来的。

图25右边是用四分量勘探完成的一个转换波剖面，看着像背斜，但是成像很差。多波勘探在这里没有取得明显效果，大概是气烟囱范围太大，所以没有成功。

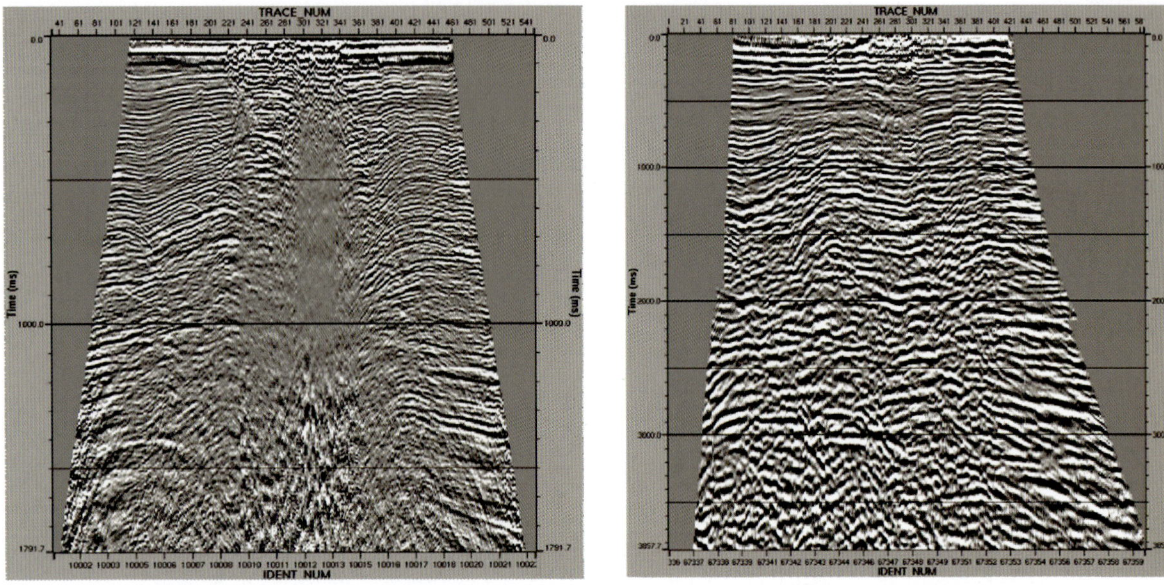


（a）原三维地震资料（过 PL19－3－2 井，RL67）　　（b）现场处理的转换波资料（过 PL19－3－2 井，RL67）

图 25　蓬莱 19-3 油田三维纵波及四分量转换波地震剖面的对比

**蓬莱 19-3 构造的腹部有一个明显反射波下拉的“大肚子”，浅层反射层向上拱，而深处 4～5 s 处，反射波向下凹，达 1 s 多，这是中央充满天然气的表现。我认为这里除了浅层有大油田外，深处还会有一个大气田存在，大有希望。大气田的高点位置大概在南面，直接往气云的中心打井，就差不多。**

## 八、寻找深层高产油气田的策略

### （一）塔里木盆地寻找深部油气田的经验

近年来塔里木盆地勘探井平均单井井深已经为 6 500 m，单井钻井成本高达 2 亿～3 亿元。要想在这样的代价下取得成功，是十分不容易的，这完全要依靠地震勘探的水平的提高。

（1）塔里木油田在库车山区推广了“宽线＋大组合”地震勘探及山地三维地震，2007 年发现了克拉 2 大气田，成为“西气东输”的主力气田。近年来又通过高质量的地震剖面，新发现深层含气构造 17 个，圈闭钻探成功率 76％，远大于国内平均水平。还发现了比克拉 2 大三倍的克深大气田：其三级天然气地质储量 9 955 亿方（探明 7 627 亿方），类比可采储量 4 720.8 亿方，占全球超深层油气储量的 24％；已经建成产能 90 亿方/年，2016 年产气 70 亿方，到 2016 年累计产气 260 亿方，利润总额 161 亿元。

（2）塔河油田、轮南油田、英买力等油田都是储量大、产量高的好油田。但是碳酸盐储层的勘探开发难度是世界级难题，发现一口高产井后，在它边上打井，可能就是一口空井。因为这种储集层主要是受碳酸盐中的缝洞所控制，要在 5 000～6 000 m 的深度搞清地下的缝洞结构，显然是极为困难的。世界上碰到这样的油气田，一般是探井成功率极低的。俄罗斯的东西伯利亚地区的寒武系碳酸盐地层也是这种情况，到目前打探井还是靠运气，开发更难。

塔里木的地震勘探技术的提高，用振幅的“串珠状”异常的信息，解决了这个难题。

在轮南油田的勘探初期，1990 年用三维地震资料打井，碳酸盐潜山出油的成功率只有 30％。1999 年使用了相干数据体，能够初步看到古侵蚀面的沟壑分布后，探井的成功率提高到 60％。至 2002 年地震资料的进一步改进，地震振幅特性——“串珠状强振幅”异常带的发现，加上对不规则溶岩体的地质综合研究，使探井成功率提高到 80％～90％（图 26）。

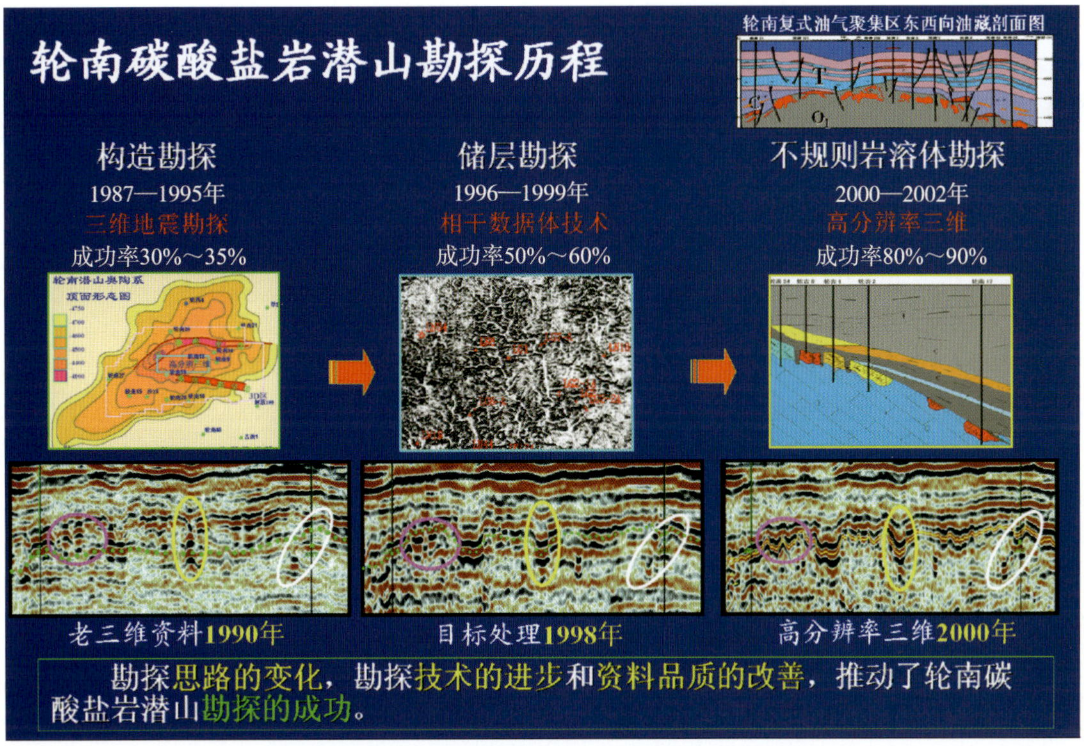


图 26　塔里木轮南碳酸盐岩潜山勘探的技术进步历程

**(3) 在 7 000 m 深度上还能找到大油田。** 利用地震“串珠状强振幅”异常的特点，按缝洞带控油的思路，在斜坡低部位，发现哈拉哈塘大油田：2008 年哈 7 井 6 622～6 645 m，获得日产 301 $m^3$ 的高产油流，成为哈拉哈塘超深大油田的发现井；富源 1 井 7 711 m 日产轻质油 185 $m^3$，突破了油藏存在的下限。

## (二) 寻找空隙储集空间是寻找深部油气藏的关键

我曾经说过：在浅层见到油气的情况下，深部一般还能找到油气田，因为油气主要是从下面上来的，但关键是能不能找到深部的储集空间。

**在 5 000 m 之下找油的根本问题是要在深层寻找空隙储集空间。**

随着深度的增加，一般沉积岩被压实，空隙减少。例如深度到达 5 000 m，空隙性孔隙率就下降到 4%左右，即使含油气，也很难达到高产。

**我认为只有下列七种情况才能获得高产：**

**(1) 古生界碳酸盐岩及花岗岩潜山的风化壳，具有良好的裂缝和缝洞。如塔河油田、任丘油田、桩海油田及渤中 19-6 气田。**

**(2) 碳酸盐岩的钙离子在地下被镁离子交代，生成重结晶的白云岩，会产生 4%～5%的额外空隙，一般具有较好的高产产能。**

**(3) 海相地层中的生物礁，包括堡礁及浅海礁滩。它们有结晶的支撑，不易压实。如四川深层寒武-震旦系大气田、塔中的奥陶系大型生物礁及礁滩储层。**

**(4) 塔里木盆地含盐地层之下，白垩系巴什基奇克“城墙砂岩”是很好的砂岩，石英很纯，杂质少，结晶不容易被压实。**

**盐下冲断叠瓦构造带存在好的砂岩储层。7 000 m 深度上孔隙率维持在 5%左右。**

**克深 902 井深 8 038 m，孔隙度仍然达到 4%～8%，在 7 813～7 870 m 测试，日产天然气 45.6 万方。**

**克深 8 气藏埋深 6 700 m，含气面积 67.75 $km^2$，探明天然气储量 1 584.55×$10^8$ $m^3$，完钻 13 口井，每口井日产气百万方。**

**(5) 地层中含有火成岩，以喷出相为较好，它的空隙也不容易被压实。如准噶尔东部的石炭系气田和**

**大庆三召气田。**

**(6) 大断裂带附近的空隙即使到很深的深度上,也能高产。我国东部兰-聊深大断裂带长度达 1 000 km。靠近蓬莱 19-3 油田附近,是新构造运动最活跃的地区,前景看好。**

**(7) 含天然气的深部气由于地层压力高,就可以弥补储层孔隙率的缺点,得到高产。**

### (三) 地震信息是寻找深部油气藏的"钥匙"

在现有油气田之下寻找深部油气藏时不要无目的地去打深井,也不要盲目地到花岗岩基底里去打深井,要充分地利用地震勘探的各种信息。除了构造信息之外,至少可以考虑以下五种信息。

**(1) 强反射:一个良好可追踪的反射波代表着存在一个储盖组合。**发现强反射,这是寻找深层油气的最有效的方法,只要地下有储盖组合,就有波阻抗的差别,就会有强反射。好油层都是一个可以良好追踪的反射标准层。在胜利油田的牛庄凹陷里甚至沙 3 段的岩性油藏都是一个含油砂组对应着一个强反射。如果采用积分地震道剖面,那将更为有效。

此外,所有的潜山油田也被强反射所覆盖。亮点一般出现在浅层第三系地层中,胜利油田在明化镇组里根据亮点找到了很多气藏。但是,随着埋深增加及地层年代变老的情况,AVO 性质改变,就不是亮点了。所以,深层找油气田还不能用亮点方法。

**(2) 高质量的反射"振幅异常"可以刻画地下缝洞发育带的位置。**

塔里木的塔中油田"串珠状强振幅"就是最好的例子。打高产井非常有效。

**(3) "相干数据体"切片非常有用。**它除了可以识别断层、裂缝带之外,还可以指示哪里可以有好的储集空间。

**(4) "气烟囱"是寻找天然气的直接证据。**柴达木盆地三湖地区涩北气田的第四系大量天然气藏都有"气烟囱"。南海的流花 1-1 有两排"气烟囱"。川中寒武系-震旦系安岳大气田就有 20 来个"气烟囱"。

**(5) "初至波"的视速度可以帮助我们了解大套地层的大致孔隙率。**西藏羌塘盆地中,除了第三系小盆地外,大量分布的是海相三叠系。那里地震记录的初至波滑行速度高达 5 000 m/s,尽管有人称它是海相的"古特提斯海"里的产物,但如今已经强烈褶皱变质,孔隙率已经太小了。除非寻找生物礁滩,恐怕难成气候。

## 九、Guaymas 盆地的热液石油不断流出

引自方乐华《油气是可以再生的》:

美国东部太平洋海中有一个瓜亚玛斯盆地。它在水下 2020 m 处,从一个热液喷口处取了一个热液烟囱,其中发现有可流动的石油,轻烃分析检测出从甲烷(含量为 15.5%)到十六烷(含量为 0.7%)的链烷烃,其挥发烃总体分布形式与原油相似。……$^{14}C$ 同位素测定表明,石油生成年龄为距今五千年左右……热液喷口处的温度为 315 ℃,其深处的温度应该更高,几乎达到临界温度。……Guaymas 盆地石油生成的可能模型是:高温热液流体对沉积有机质的作用加速了石油的生成,深部地幔流体上升到中地壳,通过费托反应合成石油。……但是通过 Calvin 号潜水器看到,石油不断从深部流出是不争的事实。

## 十、自然界中碳氢化合物是普遍而大量地存在的

**地幔里所生成的非生物天然气也是十分普遍的。**

到 1993 年底全球统计已探明的天然气储量为 $142\times10^{12}$ $m^3$。然而,据 F. G. Dadashev 的资料,阿塞拜疆东部的 220 个泥火山于第四纪排出的气体总量(包括爆发期和平静活动期)为 $52\times10^{12}\sim370\times10^{12}$ $m^3$(成分为非生物成因的天然气),几乎超过了目前全球已发现的天然气的总储量。该泥火山带从库拉盆地

延长到南里海盆地，全长 900 km，泥火山的空间分布与深断裂有关（A. A. Lizade，1984）。

据 A. H. 克拉夫佐夫（1979）的研究，在千岛至勘察加火山地带，裂口喷气带长约 600 km，含甲烷 22%～56%，其次为 $CO_2$、CO 及水。估计自 $8.3\times10^6$ a 以来，共计喷出甲烷气 $5000\times10^8$ $m^3$。

另据 Brooks（1979）的研究，在加勒比海牙买加水下山脉和凯曼海槽的加勒比海深大断裂附近，发现大量甲烷夹着许多的（0.5%）乙烷、丙烷一起排出。估算每 10 天排出气体为 $1\times10^6 m^3$，即 $1\times10^6$ 年为 $36\times10^{12} m^3$，此深大断裂长达 2300 km，是一条转换断裂带。

Gas Hydrates 可燃冰，1 个体积单位的可燃冰可以分解为 164 个单位的天然气及 0.8 个单位的水，也就是说 1 $m^3$ 的可燃冰释放出来的能量，相当于 164 $m^3$ 的天然气。据说全球的可燃冰总能量，是地球上所有煤、石油和天然气总和的 2～3 倍（我认为这是一种冒估的数据）。不管怎么说，水合物的总体储量是很可观的，这点无法否认。目前还能观察到天然气水合物在不断逸散，可见其总量是十分巨大的。这更难用现有的生油理论加以解释。

详见我的文集中【文章编号 416】《关于天然气水合物的再思考——二论可燃冰》。

**太空里碳氢化合物也是常见的东西。**

图 27 为大众科学报 2008 年 2 月 19 日的报道。

**在有太阳光照射的时间里，若驻足土卫六举目四望，就像戴上滤光镜一般，外界皆为粉红色，这是土卫六大气中富含甲烷的缘故。**

# 怎样看待土卫六“粉红色”诱惑

本报记者 朱广菁　大众科学报 2008.2.19

**在人类移居其他星球重建家园的梦想尚十分遥远的今天，怎样看待土卫六可望不可及的“大油田”和“煤沙丘”的巨大诱惑？我国天文学家李竞的见解和理念或许能给人以启迪。**

充满粉红色诱惑的土卫六　李竞供图

天上下“甲烷雨”，地上有“大油田”和“煤沙丘”，土星最大卫星土卫六简直就是一个石化能源天体——美国航空航天局2月13日发布卡西尼号飞船最新观测成果：土卫六表面湖海中液态碳氢化合物，其总量是地球已探明石油和天然气储量的数百倍；除此，科学家们猜测，土卫六上沿赤道分布的黑色“沙丘”，其有机物总量亦是地球已探明煤炭总储量的数百倍。这让面临严重能源危机的地球人“垂涎三尺”又“望洋兴叹”。

2月16日上午，本报记者特邀我国天文学家李竞，点评支撑卡西尼观测的微波雷达技术在人类探测宇宙天体中的作用，并就土卫六的“粉红色”诱惑发表见解。

**卡西尼号飞船所携微波雷达探测技术，曾在20世纪60年代“引领”天文学家走出尴尬境地，将人类对天体的认识推向一个新阶段**

1895年，人类发明了光谱技术，很快这项技术便被用于天文观测——天文学家通过观察发光星体的光谱，即可得知其表面结构亦即地形、地貌，还可知其质量有多大、化学元素如何，以及怎样运动、距地球有多远等。然而，光谱技术无奈于那些不发光的星体。至20世纪60年代，“二战”时发展起来的雷达技术，其微波段可非常有效地应用于不发光的星体观测，而且，波谱学与光谱学的原理相同、技术手段一样，由此微波雷达“引领”天文学家走出尴尬境地，将人类对天体的认识推向一个新阶段。李竞指出，半个世纪以来，人类对天体的认知已超过既往四五千年观测的总和。

1997年10月，美国与欧洲联合发射卡西尼号飞船；北京时间2004年12月24日，卡西尼号飞船所携惠更斯探测器脱离飞船飞向土卫六，并于2005年1月14日到达并降落在土卫六上。按计划，卡西尼号飞船于2004年～2008年间环土星巡航4年、飞行76圈，其中52次飞掠土卫六，并发回50万幅土星、土环和土卫图像。

李竞强调，卡西尼号所携微波雷达探测技术虽是一项经典的成熟技术，然而它匹配了高新技术，故观测天体精确度与分辨率更高。他说，目前，卡西尼号飞船飞掠土卫六估计已不少于45次，其所获信息总量足以推算出这样的结论，即土卫六的液态碳氢化合物总量，是地球已探明油气总量的数百倍。

**比呼啸的子弹速度还快的卡西尼号飞船飞抵土星轨道，尚且花费7年时间，故地球人探寻新能源只能创新理念、创新思路**

李竞认为，尽管土卫六的天上下“甲烷雨”，地上有“大油田”和“煤沙丘”，然而比呼啸的子弹速度还快的卡西尼号飞船飞抵土星轨道，尚且花费7年时间，故地球人探寻新能源只能创新理念、创新思路。他说，卡西尼号飞船最新观测成果促使人类更加珍惜地球资源，亦更加急迫地寻找替代能源；或许，自然界原本有着各种各样的能源，只不过人类还不曾想到和不会开发。

图 27　大众科学报关于土卫六的报道

天上下“甲烷雨”，地上有“大油田”和“煤沙丘”，土星最大卫星土卫六简直就是一个石化能源天体——美国航空航天局 2 月 13 日发布卡西尼号飞船最新观测成果：**土星的卫星 Titan 土卫六的表面湖海中充满液态碳氢化合物，其总量是地球已探明石油和天然气储量的数百倍；除此以外，科学家们猜测，土卫六上沿**

**赤道分布的黑色“沙丘”，其有机物总量亦是地球已探明煤炭总储量的数百倍。这让面临严重能源危机的我们“垂涎三尺”又“望洋兴叹”……**

卡西尼号所携微波雷达探测技术虽是一项经典的成熟技术，但它匹配了高新技术，故观测天体精确度与分辨率更高。目前，卡西尼号飞船飞掠土卫六估计已不少于45次，其所获信息总量推算出土卫六的液态碳氢化合物总量，是地球已探明油气总量的数百倍。

尽管土卫六的天上下“甲烷雨”，地上有“大油田”和“煤沙丘”，然而比呼啸的子弹速度还快的卡西尼号飞船飞抵土星轨道，尚且花费7年时间，故我们探寻新能源只能创新理念、创新思路。卡西尼号飞船最新观测成果促使人类更加珍惜地球资源，亦更加急迫地寻找替代能源。

图28是ESA欧洲航天局惠更斯探测项目所拍摄到的土卫六Titan上的海洋和冰山，这个海洋里面全是甲烷，因为空气温度非常低，所以变成液体。

图28　土卫六Titan上的海洋和冰山

土卫六自然资源非常丰富，煤山油海，说明自然界的碳氢化合物还是很多的。

以上内容已经充分说明大部分的油气是从深部来的，现在地震发现的气烟囱就是有力的证明，但是目前还不被地质家采纳。四川的深部大气田，相关研究人员还坚持说是寒武系生的气，属于“上生下储”类型。渤海里发现的深层太古界变质岩潜山天然气大气田，也坚持是东营组暗色泥岩“烃源岩”所生的气。他们很难改变有机生油的立场。其实四川深部气的储量已经远远超过了“超成熟度的烃源岩”所生气的能力，并且“烃源岩”所生的气也还不够历史上的漏失量。

在科学发展的历史上，经常有人以为是千真万确的知识，后来被认为是错误的。例如“天圆地方”“太阳绕着地球转”，是人们直觉的“真理”，统治了上千年的人类的认知过程。关于热与火的本质，中国在很久以前都以为火是一种元素，与金木水土组成了万千世界，在希腊古老文化中也是如此。后来提出“燃烧素”的概念，用它解释为什么东西会燃烧，会发热，这种思想又统治了几个世纪，直到后来法国的拉瓦锡证实了燃烧是一种氧化作用。又直到分子动力学的兴起，才搞清楚温度和热是分子运动的速度快慢所造成，并没有“火”这种元素。

生命的起源直到今天我们尚且还在探索中，关于油气的生成理论存在不同的学说也是在所难免，因此我们不能认为有机生油理论已经不容争辩了。

这篇文章又列举了10个方面的事实，让大家再深思一下。

看来对生油理论的争论还要继续下去，我深信将来会证明大部分油气是从地壳深部上来的。

李庆忠

2019年12月

* * * * * * * * * * * * * * * * * * * * * * * * * * * * * * * * * * *

2021 年增加的内容

**最近几年我国深层油气勘探的重大发现**

2020 年 2 月，中海油在渤海湾盆地里，又在渤中 19-6 的北面，发现渤中 13-2 油田，它也是花岗岩里的亿吨级的油气田。13-2-2 完钻井深 5 223 m。钻遇花岗岩油层 346 m。平均日产原油 300 吨，气 15 万立方米。

到 2020 年底，中海油在渤中 19-6 的深层花岗岩的大凝析气田探明储量已经由过去的 2 亿吨，增加到 4 亿吨。

最近在渤海东南海域，莱北低凸起上，又发现垦利 6-1 亿吨级油田。它是浅层油田，深 1 600 m 左右，由很多“小土豆”组成。KL6-1-3 井井底 1 596 m，钻遇油层 20 m，经测试，该井日产原油 1 178 桶。我推断那里的深层还会有一个大场面。

**中海油根据这些信息，认为今后渤海油田海域的油气产量，将有一个很大的提高。**

**上面提到的油气田都在我本文的图 20 的蓝色大圆圈里(它是新构造最活动的地区，油气从地壳深处不断渗上来)有所体现。我判断：图中的蓝色大圆圈，里面包括蓬莱 19-3 深部大气田及陆地上的桩海花岗岩油田，将是一个富含油气的渤海湾大油区，将与大庆油田的规模相匹配。**

**我判断：渤中 19-6 的南面的渤中 25-1，和它东面的渤中 29-4，直到蓬莱 19-3 的深层等，都会有新的发现。**

同时，中海油在南海珠江口坳陷里，惠州 26-6 在古近系里发现了油层，最近也在古潜山花岗岩基岩里发现了油田。26-6-1 井钻遇 422 m 油气层。目前探明油气当量 5 000 万吨。

2021 年 3 月，中石化西南石油局宣布他们在塔里木盆地的顺北 42x 井，于 7 996 m 深度，发现千吨高产油气流。油加气的日产当量为 1 200 吨/日。这也是相当鼓舞人心的消息。

**这些现象进一步说明本文所阐明的生油理论具有十分重要的现实意义。油气主要是从地壳里生成，继而上升到构造圈闭里来的。有机生油理论会妨碍人们去发现油气田。**

**我对今后生油理论研究的建议**

长期以来我国研究生油理论的队伍主要是地球化学专家，他们很努力，而且掌握着诸如光谱仪、质谱仪等化学分析的先进设备，可以研究到“分子级”的水平，为我国的“陆相生油理论”做出了一定的贡献。

但是地球化学也仅仅是生油研究的一种手段，不是唯一的手段。然而我国讨论生油理论的场合往往只有地质家与地球化学的专家。其实许多现有的可以提供与生油理论有关的手段都是很有价值的：尤其是地震勘探的深部成像资料、成像测井的观察深部裂缝技术、采油过程的油气性质的变化，甚至简单的油层流体压力的测定都是很有用的。以上诸多方面都可以拿出有关油气来自何方的依据。其他诸如油田地质研究、基岩钻井取芯、深探井的油气测试结果、古构造研究及油气运移研究都值得借鉴。

**因此，今后关于生油理论的研究，应该是“多学科”的，而且是“开放性”的。因为研究的问题本身非常复杂。**

**例如你用先进的设备发现了石油具有旋光性，它含有叶绿素族及血红素族，你就认定石油是有机生成的，认为其是有力的根据。可是，早在 70 多年前，俄国的库德梁采夫就指出：石油是一种极好的溶剂，在几千几万年流经年轻地层的运移过程中，完全可以溶解、吸附其沿途的各种有机物质。这应该是不足为奇的现象。所以，所谓的“油源分析”应该是要打上问号的。**

我曾经建议大庆研究院的同志，做“原油互融”的试验。把大庆油田的“生油母岩”青山口组的泥岩磨细了，泡在胜利油田开采的原油里，并且经常更换新的泥岩粉末。一年后，再测定胜利油田的原油的各种指标，看是否会得出原油是生成于白垩纪地层里的结论。同样，把胜利油田的沙河街组三段的“生油岩”的泥岩泡在大庆开采的原油里，一年后是否也会得出大庆的原油来自第三纪“生油烃源岩”的结论。

凡是发生“新生古储”的地方，都应该在那里做深部流体压力剖面的测定。看看浅层的油气能不能从上面压到下面去。到底新生界的“母岩”里压力大，还是深处储集层里压力大。不能只凭主观臆断。况且测压又不是很困难的事。

此外，“有机生油论”者往往忽略了油气田的“渗漏”规模。他们从未考虑过油气田的“生命周期”有多长；现今他们计算的油气储量往往还不够漏失的量。**今后应该采用当今的高科技手段深入研究油气的“漏失”速度及规模。将泥岩样品放在密封罐里长期加温加压，下方采用含有放射性示踪原子的溶液，向上慢慢压进泥岩样品，长期地用电子显微镜观察油、气在地层里的“分子级”的缓慢迁移运动，从而研究不同泥岩盖层的渗透率。再按达西定律计算各种油田的自然生命周期，从而指导生油理论走上科学的轨道。**

**总之，随着我们深层油气田的不断发现，我相信，最后人们会接受“油气主要是从地壳深处上来”的事实。目前至少我们要用“二元论”找油。这样，才能使我们在寻找油气方面打开新的局面。**

## 参考文献


(1) 李庆忠. 打破思想禁锢，重新审视生油理论——关于生油理论的争鸣[J]. 新疆石油地质，2003，24(1)：75-83.

(2) 李庆忠. 生油理论值得重新审视——答黄第藩、梁狄刚《关于油气勘探中石油生成的理论基础问题》一文[J]. 石油勘探与开发，2005，32(6)：13-16.

(3) 李庆忠. 寻找油气的物探理论与方法(争鸣篇)[M]. 青岛：中国海洋大学出版社，2015.

(4) 薛永安. 渤海海域深层天然气勘探的突破与启示[J]. 天然气工业，2019，39(1)：11-20.

(5) 舒思齐，张洪涛，肖序常. 基于无机成因的油气勘查概念模型(BRCF)[J]. 地质通报，2018，37(5)：920-929.

文章编号 415

# 大陆漂移与古气候变化

**我长期对大陆漂移学说感兴趣，因为它是地质学中相当于哥伦布发现新大陆同样重要的一次认识上的革命。最近两年，我看了很多 BBC 录制的科技纪录片，给我很多的启发，我把学习心得写出来。其中关于大陆漂移与月亮生成的关系，关于古气候，尤其是更新世大冰河期与水合物的关系，值得大家一起来切磋和讨论。**

分节内容

一、大陆漂移从学说到理论证实
二、三大洋的洋中脊扩张及地幔柱学说
三、古地磁与大陆漂移
四、沧海桑田——大陆漂移图解
五、我对大陆漂移的体会
六、今日五大洲在过去地质历史上的古气候大趋势
七、近代更新世 40 万年的古气候
八、对米兰科维奇假说的怀疑
九、对晚更新世冰河期的认识
结束语

## 一、大陆漂移从学说到理论证实

1912 年魏格纳首先提出大陆漂移学说，1915 年又写了本书，但该观点不被人们采纳，直到 20 世纪 60 年代才由海底地磁条带及大洋钻探计划(ODP)所证实。大陆漂移决定了古海洋和古陆的位置，大陆漂移的原动力是地壳的重力分异与地热温度对流(图 1)。

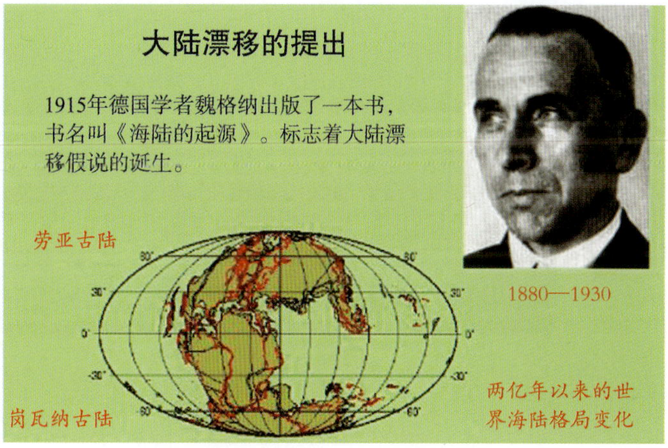

大陆漂移的提出
1915年德国学者魏格纳出版了一本书，书名叫《海陆的起源》。标志着大陆漂移假说的诞生。
劳亚古陆
1880—1930
冈瓦纳古陆
两亿年以来的世界海陆格局变化


图 1　魏格纳提出大陆漂移说

1915 年魏格纳的论文发表以后，30 多年来，他受到各种攻击。因为他不是地质学家，而只是一位德国气象学家。因此，他被拒绝参加地质学会议。学会嘲笑说魏格纳的理论仅仅是“一个拼图游戏”“一个漂亮的梦”。耶鲁大学古生物学名誉教授查理·舒克特断定：“一个门外

汉把他掌握的事实从一个学科移植到另一个学科，显然不会获得正确的结果。”

魏格纳当时提出大陆漂移学说时，除了认识到非洲与南美洲的海岸线具有可拼接的极大的相似性之外，还发现了大西洋两岸具有相同的爬虫类种属；相同的园庭蜗牛和舌羊齿蕨类植物更能说明问题。还有北美洲纽芬兰一带的古生代加里东褶皱山系与欧洲北部的斯堪的纳维亚半岛的褶皱山系遥相呼应，非洲西部的古老岩石分布区（老于 20 亿年）可以与巴西的古老岩石区相衔接。

当时只是由于大西洋洋中脊还没有被发现，因此大陆漂移的原动力还无法解释。

魏格纳顽强地为他的学说花尽了毕生的努力，1930 年他在寻找大陆漂移的证据时，死于格林兰的暴风雪中。

在他死后 30 年，他的学说历经磨难，终于修成正果。“大陆漂移说”“海底扩张说”“板块构造说”三个学说开始被人们接受，并且被公认是地质学的一次革命。

## 二、三大洋的洋中脊扩张及地慢柱学说

让我们先看三大洋（大西洋、太平洋和印度洋）的海底地形地貌图。图 2 是大西洋的海底地形地貌图，图中像鳄鱼背的洋中脊在扩张。

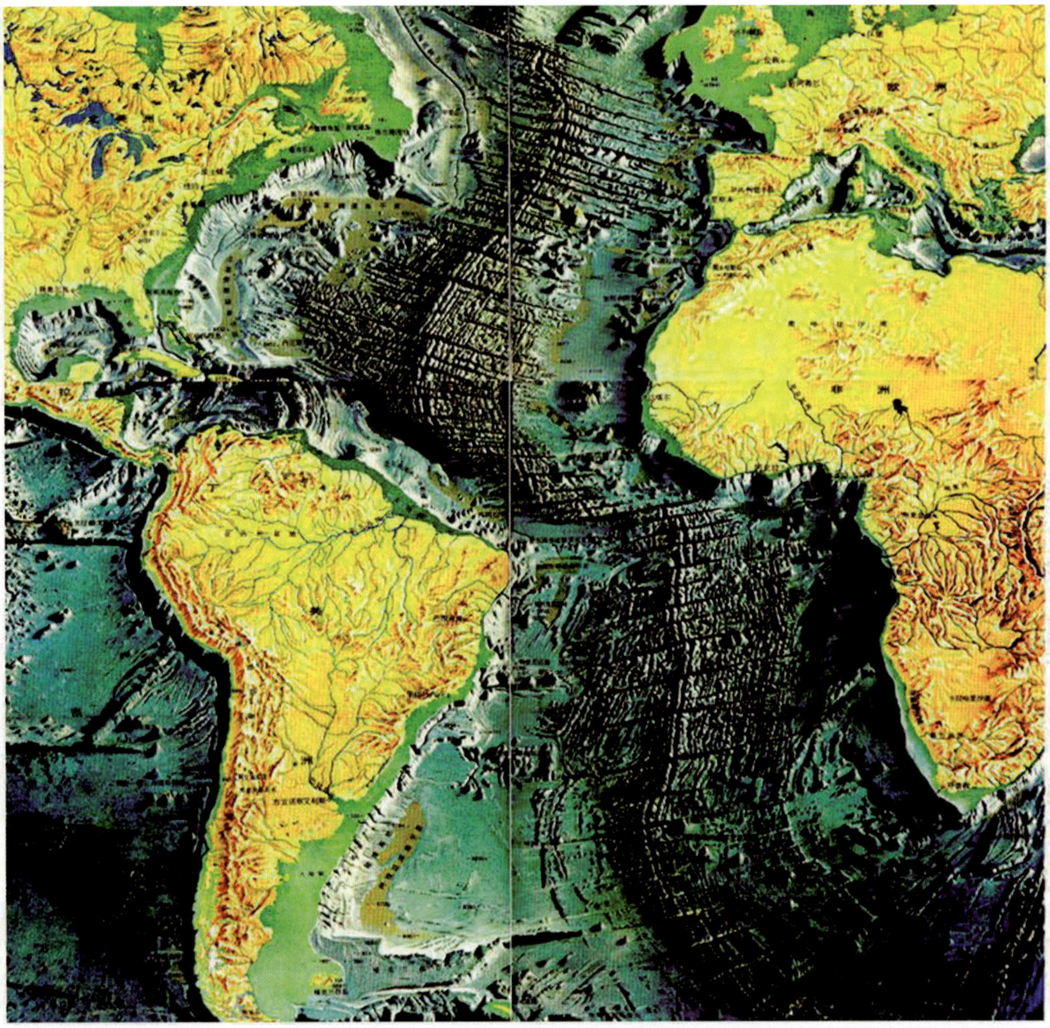

图 2　大西洋海底的鳄鱼背是最典型的新洋壳的扩张

新洋壳的扩张的理论已经比较成熟，有模型如图3～图5所示。大西洋海底的鳄鱼背是最典型的新洋壳的扩张。

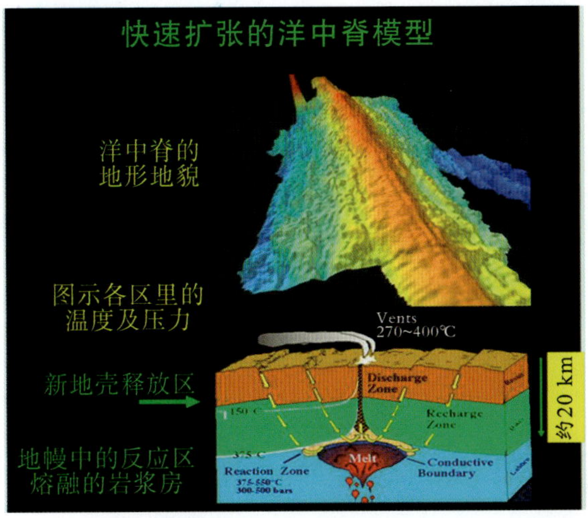


图3　洋中脊的模型(据林间，2003)

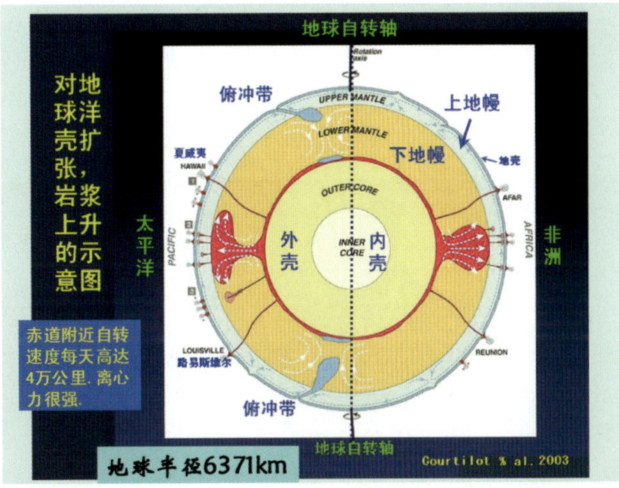


图4　洋壳扩张，岩浆上升的模型(据古尔梯罗，2003)

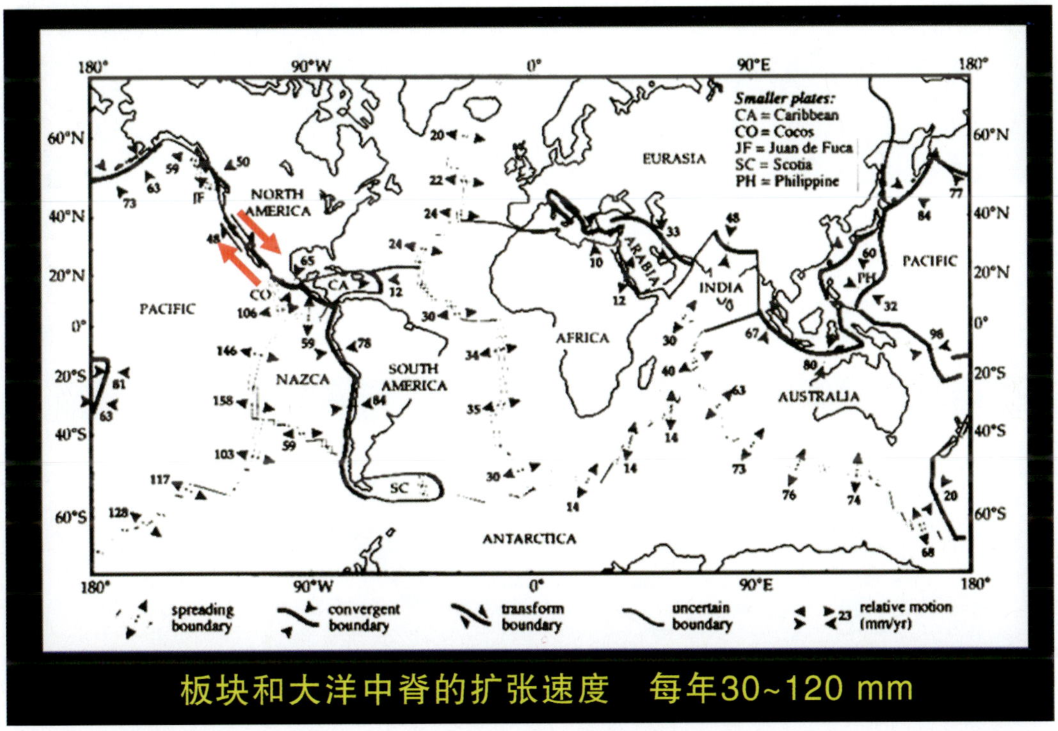


图5　世界各板块移动和洋中脊的扩张速度

太平洋海底的鳄鱼背偏向西边(图6)，中部有不少火山移动的热点，有地幔柱学说解释这种现象。

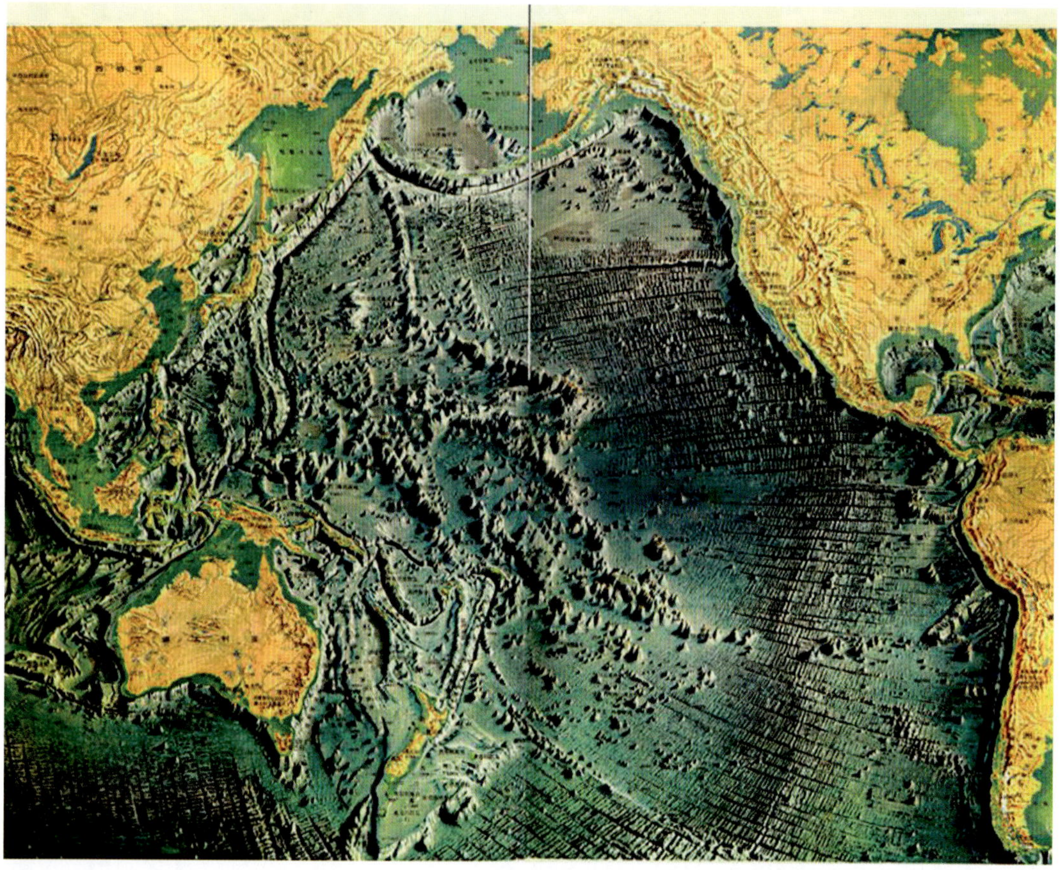

图 6　太平洋海底地貌

地幔柱(Plume)是从 2800km 地幔上升的岩浆柱，在太平洋中西部普遍存在(图 7)。而且这些“地壳热点”(Hot Spot)还会慢慢移动，移动不到经度 4 度(图 8)。图 9 是全球深海及陆上热点的分布图。

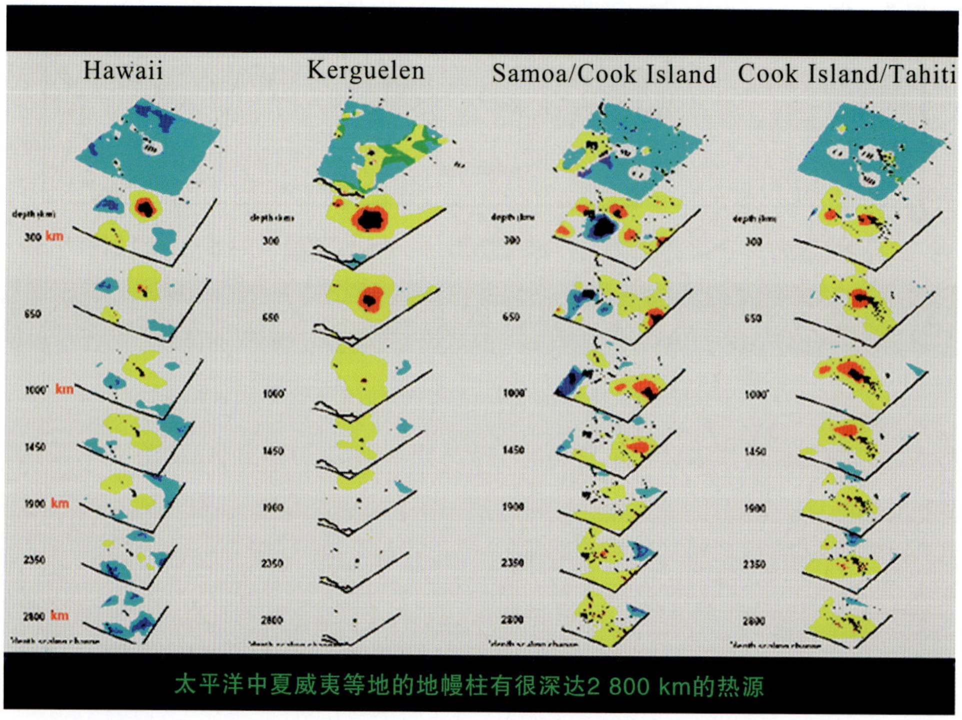


图 7　太平洋火山岛链的地幔柱学说的热源根据(据 Montelli et al.，2003)

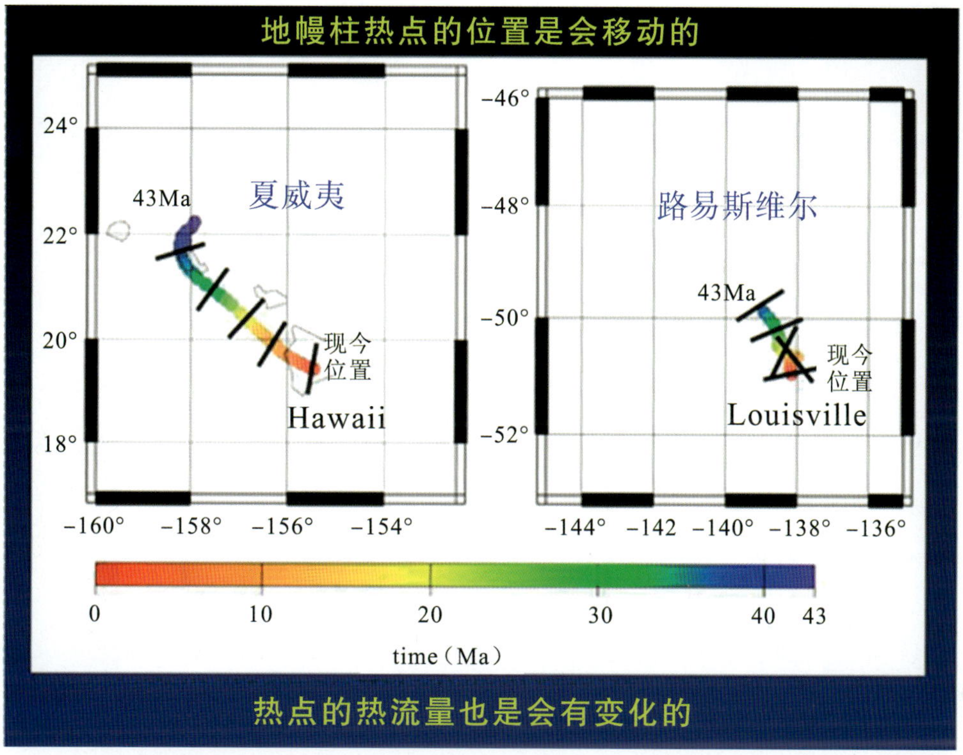


图 8(a) 火山岛链的地幔柱热源也会少量移动(据 Steinberger，2003)

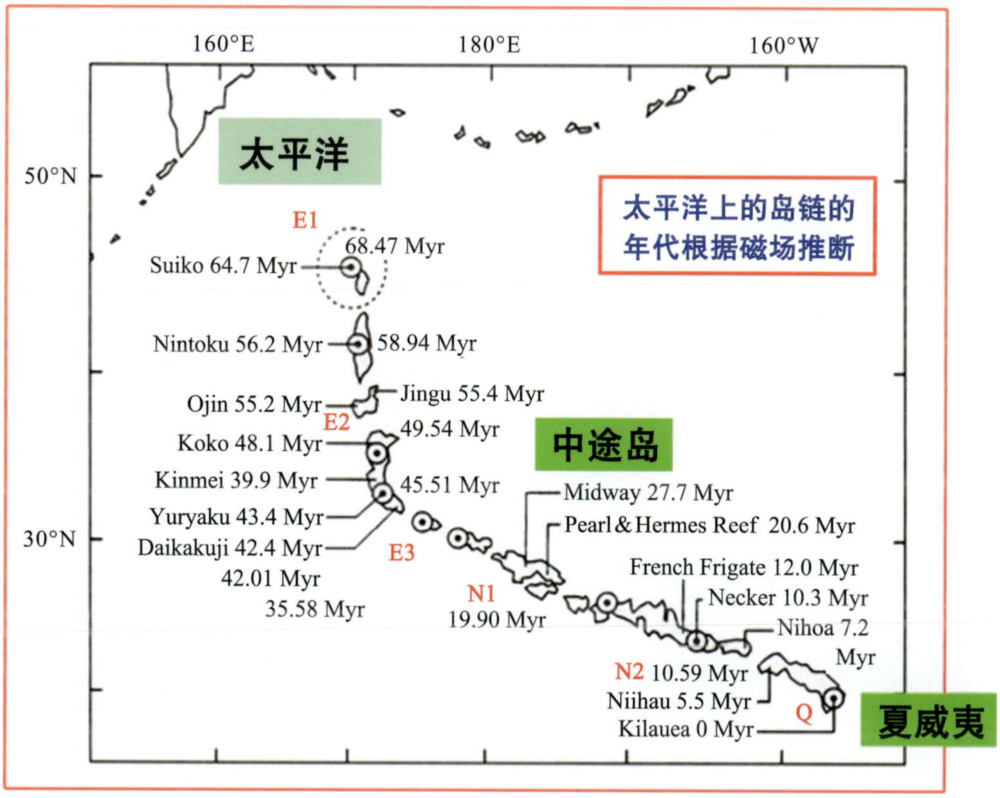


图 8(b) 太平洋火山岛链的年代及移动轨迹(据 Molnar&Stock，1987)

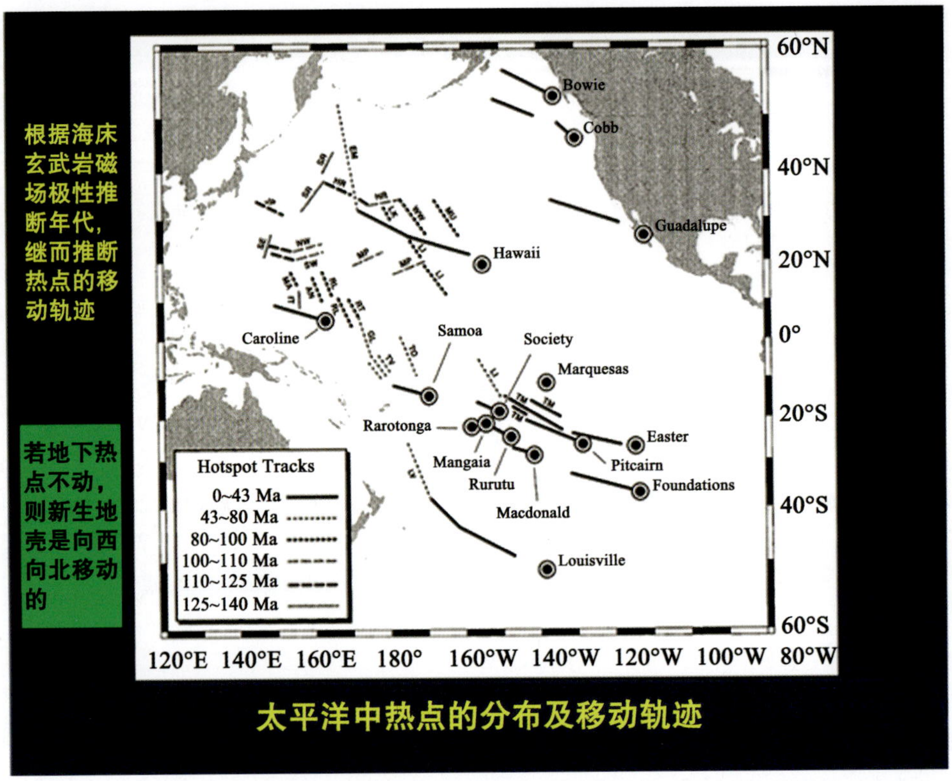


图 8(c) 太平洋中热点的分布及移动轨迹(据 Koppers et al.，2003))

图 9 全球深海及陆上热点的分布(据 Lin,1998)

印度洋海底的鳄鱼背很奇怪(图 10),缺乏横向的转换断层,是否是印度板块在新生代快速向北冲向亚欧板块的结果?

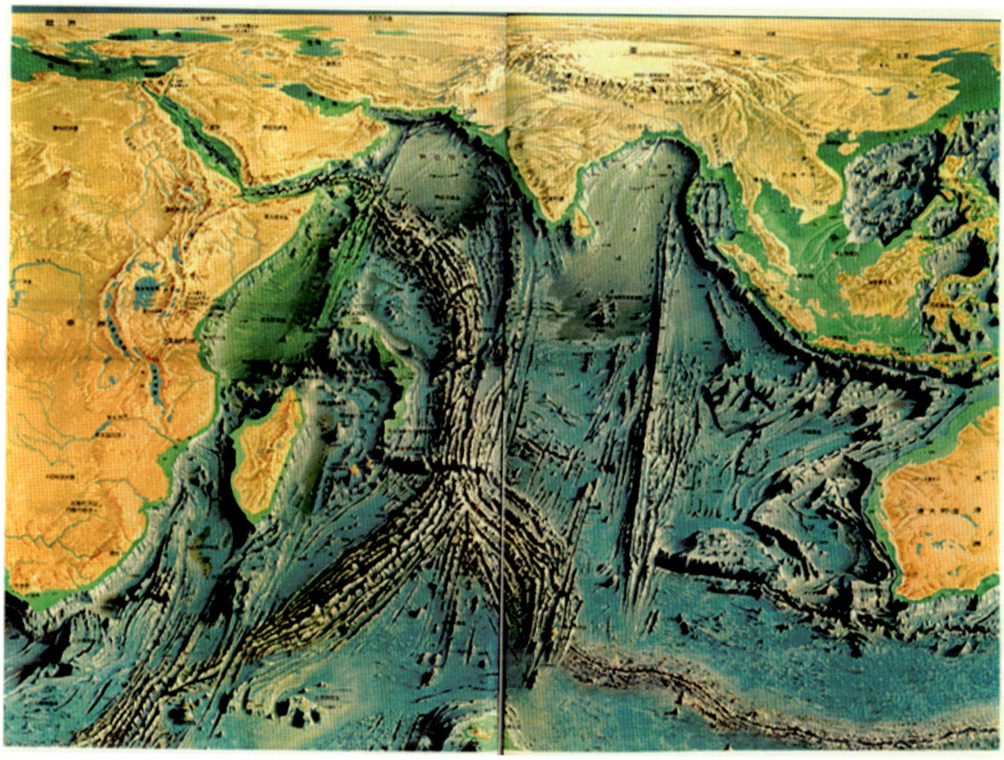

图 10 印度洋海底地貌

## 三、古地磁与大陆漂移

火成岩开始冷却时,降到“居里温度”,即 500℃左右,结晶成定向排列,就获得磁性。此磁性与当时当地的古磁场相符合,称为“剩余磁性”。

根据对大陆上火成岩岩石的古地磁测定可以判断各陆块过去在地史上的大致经纬度,从而推演大陆漂移的全过程。

## 四、沧海桑田——大陆漂移图解

Christopher Robert Scotese 教授在他的书中 *Atlas of Earth History* 给出了地球的起源。

### 大陆漂移——前寒武纪时的情况

如图 11 所示,由于缺少具有硬壳的化石以及可信的古地磁资料,使得我们要重建前寒武纪时期的古地理图非常困难。大约在 11 亿年前,在前寒武纪元古代晚期是一个特别有趣的年代,因为所有的大陆互相碰撞,形成了超大陆“罗迪尼亚”(Rodinia),同时地球的气候是属于一个大冰期的年代。对于前寒武纪“冰室世界”的神秘,我们今天已经能够加以解释,那是因为当时大陆的碰撞与超大陆的形成,许多大陆不是紧邻北极就是南极,导致全世界进入一个全球的“冰室”(就像今天的世界)。不过当时位于赤道附近的澳洲却出现冰的遗迹,则是个很有趣的例外。

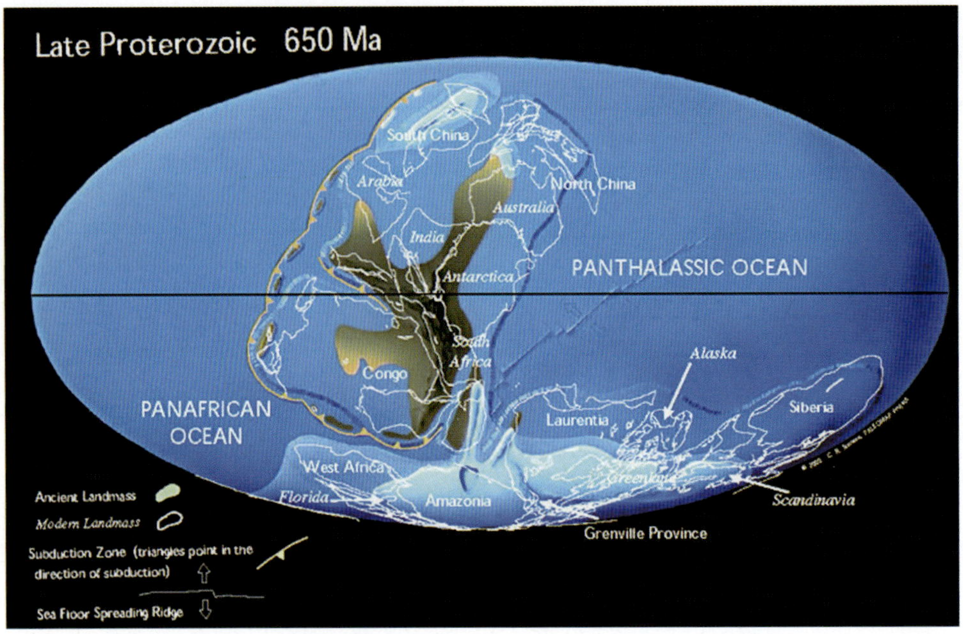


图 11 前寒武纪、晚元古代(距今 6 亿 5 千万年)的古大陆

寒武纪晚期的生命大爆发是一个对地球生命繁殖非常关键的时期,是全球洪水泛滥的年代。

在寒武纪时,过去几亿年的单细胞生物开始变异为多细胞的复杂生物。具有硬壳的动物第一次大量地出现,许多大陆都被温暖的浅海所泛滥。

如图 12 所示,超大陆冈瓦那(Gondwana)则在泛非褶皱带上组合而成当时最大的大陆,范围从赤道延伸到南极,主要在南极。半球完全被最大的古太平洋(Panthalassic Ocean)所占据。

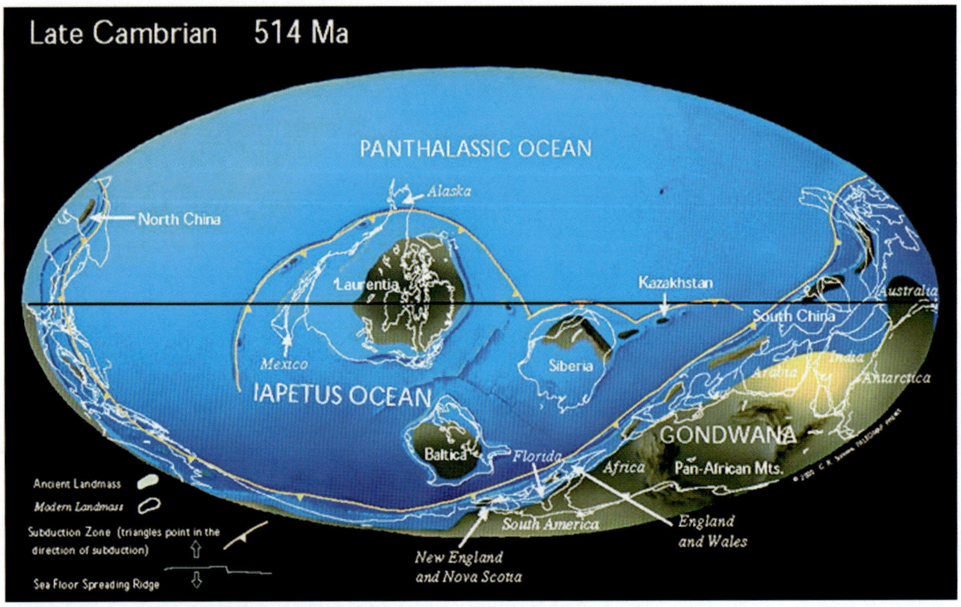


图 12 晚寒武纪(距今 5 亿 1 千万年)的古大陆

如图 13 所示,在奥陶纪时,许多张裂的海盆使得古大陆分裂开来。劳伦西亚、波罗地、西伯利亚和冈瓦那大陆分离开,西面有巨神海(Iapetus Ocean)隔开了波罗地和西伯利亚大陆,后来巨神海闭合时,形成了加里东山脉(Caledonide Mts.)以及北阿帕拉契山脉(Appalachian Mts.)。

东面有古地中海(古特蒂斯海 Paleo－Tethys Ocean)把冈瓦那大陆从波罗地和西伯利亚大陆分隔了开来,而最大的古太平洋(Panthalassic Ocean)覆盖了当时大部分的北半球。

到了奥陶纪结束时，气候进入了地球上最寒冷的时期之一，冰雪覆盖了整个冈瓦那大陆的南半部。冰原的厚度可以达到 3 km，覆盖了大半非洲（Africa）的北部与中部以及部分的南美洲（Amazonia，亚马逊盆地）。从冰帽中流出冰冷的融冰水，冻结了世界各大洋，导致生活在赤道附近暖水种的生物大量灭绝。

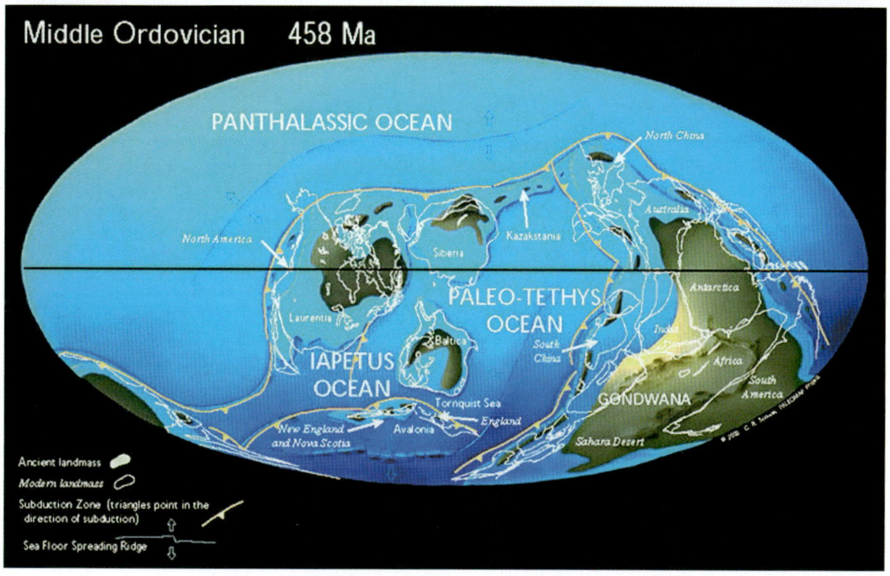


图 13　中奥陶纪（距今 4 亿 6 千万年）的古大陆

如图 14 所示，中志留纪是由珊瑚礁统治的时期。

劳伦西亚（Laurentia）与波罗地大陆（Baltica）的碰撞，使得巨神海（Iapetus Ocean）的北面分支被关闭，并形成了“老红砂岩”（Old Red Sandstone）大陆。珊瑚礁四处扩张，陆生植物则开始往荒芜的大陆“移民”。

在古生代的中叶（大约四亿年前），巨神海的闭合使得劳伦西亚与波罗地大陆碰撞在一起。这次的大陆碰撞中，许多地方都出现了大陆边缘岛弧的上覆运动，导致了斯堪的那维亚半岛（Scandinavia）上的加里东山脉（Caledonide Mts.）形成以及大不列颠（Great Britain）北部、格陵兰（Greenland）和北美（North America）东部海岸的北阿帕拉契山脉（Appalachian Mts.）都在同时形成。

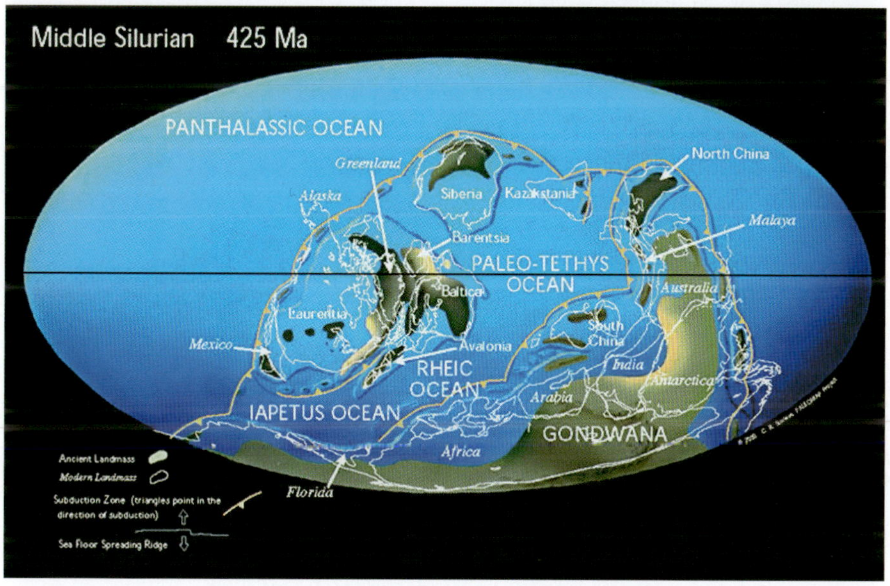


图 14　中志留纪（距今 4 亿 2 千万年）的古大陆

如图 15 所示，古生代早期的海洋在泥盆世时期闭合，形成“盘古”（Pangean）大陆的前身。淡水鱼类开始自南半球的陆地迁徙到北美（North America）和欧洲（Europe），森林则是首次出现在赤道地区的古加拿大（Canada，今天的北极附近）。

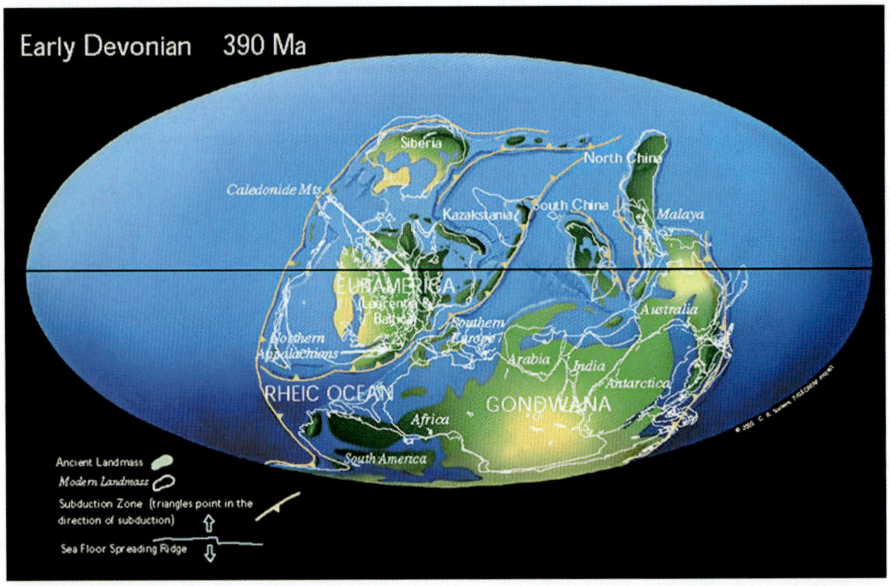


图 15 泥盆纪早期(距今 3 亿 9 千万年)的古大陆

泥盆世时期是属于“鱼类的世界”,在早泥盆世演化出的有颔鱼类到了晚泥盆世成为最顶尖的掠食者。植物此时也开始大量出现在陆地上,同时最早形成于热带沼泽地区的“煤”,则是覆盖了大半今天加拿大极区附近的岛屿、北格陵兰(Greenland)以及斯堪的那维亚(Scandinavia)等地。

如图 16 所示,在石炭纪早期,位于欧美大陆(Euramerica)及冈瓦那大陆(Gondwana)之间的古生代海洋开始闭合,形成了阿帕拉契山脉(Appalachian Mts.)和维利斯堪山脉(Variscan Mts.)。完整的古泛大陆“盘古大陆”(Pangean)生成。

同时南极(Antarctica)开始形成冰帽,四足的爬虫类开始演化,赤道地区开始形成煤的沼泽。

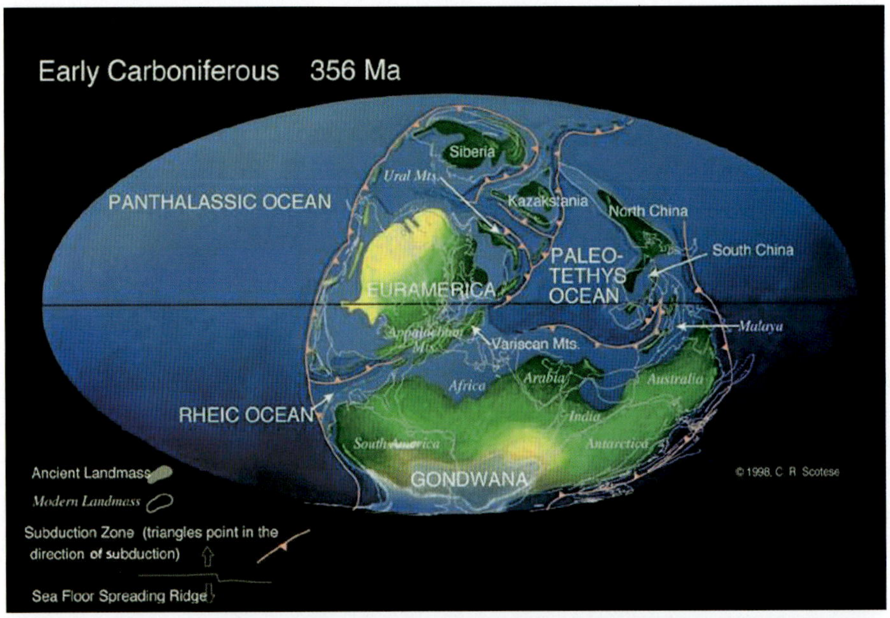


图 16 早石炭纪(距今 3 亿 5 千万年)的古大陆

“盘古”(Pangean)这个字的意思是“所有的大陆”。这块大陆似乎是晚石炭到早二叠的期间,从冈瓦那大陆(Gondwana)“印度—澳洲”(India—Australia)的边缘分离开来。结合了中国陆块,辛梅利亚大陆朝着欧亚大陆往北移动,最终在晚三叠世时,撞上了西伯利亚(Siberia)的南缘。于是就在亚洲这些破碎陆块互相撞击之后,世界上所有的陆地全部加入了超大陆,形成名符其实的盘古大陆。

完整的大陆一直延续到侏罗纪。

如图 17 所示，在晚石炭纪时，由北美及北欧所组成的大陆与南方的冈瓦那大陆(Gondwana)发生碰撞，形成了盘古大陆(Pangean)的西半部。冰雪此时覆盖了南半球，而巨大的沼泽区煤田则形成于赤道附近。同时在石炭世晚期，位于盘古大陆中部宽广的山脉则形成了赤道高地。

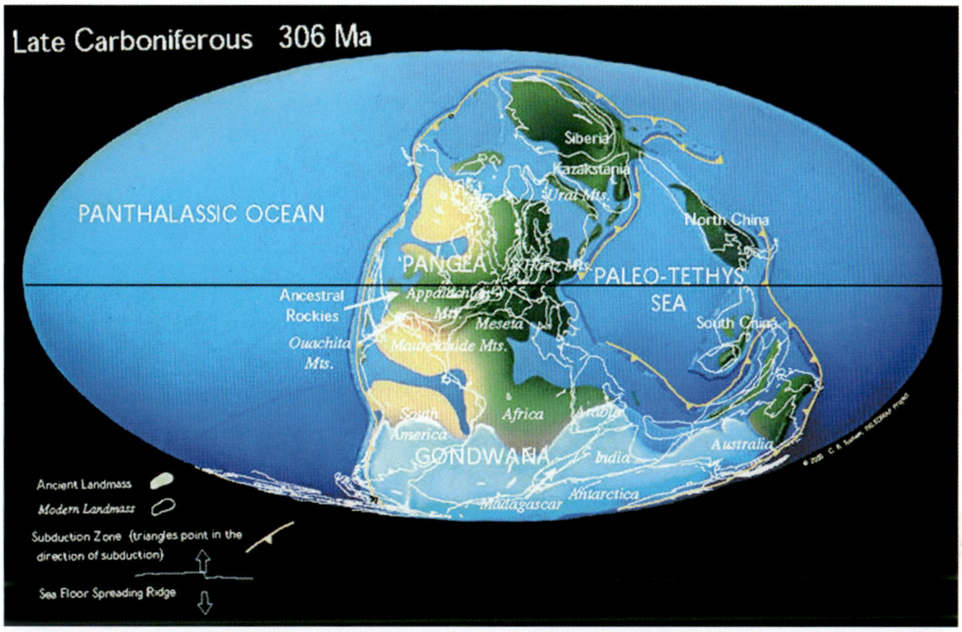


图 17 晚石炭纪(距今 3 亿万年)的古大陆

如图 18 所示，在二叠纪中叶，盘古中央山脉往北移动到北美及北欧内部的干燥气候区，变成类似沙漠的天气，持续抬升的山脉则阻挡了赤道风带吹送而来的水汽。

有史以来最大的灭绝事件就发生在二叠纪结束之时。在二叠纪时期，巨大的沙漠覆盖了盘古大陆(Pangean)的西半部，同时爬虫类分布整个超大陆的表面。但是在古生代结束的时候，地球上 99%的生命都遭受到了灭绝事件的劫难。

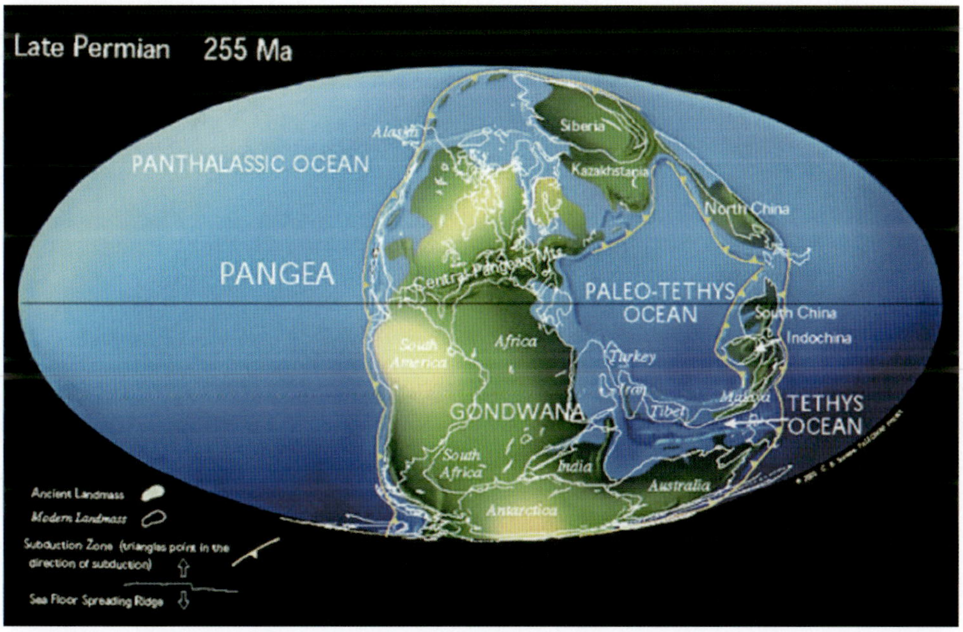


图 18 晚二叠纪(距今 2 亿 5 千万年)的古大陆

如图 19 所示，三叠纪是一个大陆张裂、海洋形成的年代。

大约在三叠纪时期组合而成的盘古大陆(Pangean)，使得陆地上的动物得以从南极迁徙到北极。生命在经过二叠—三叠的大灭绝之后，重新开始多样、丰富起来。同时暖水种生物的分布则横跨了整个古地中海。东边的古特蒂斯海(Tethys Ocean)变得很大。

在中生代的时期，北美和欧亚大陆是同一块大陆，我们有时称为劳伦西亚(Laurentia)。

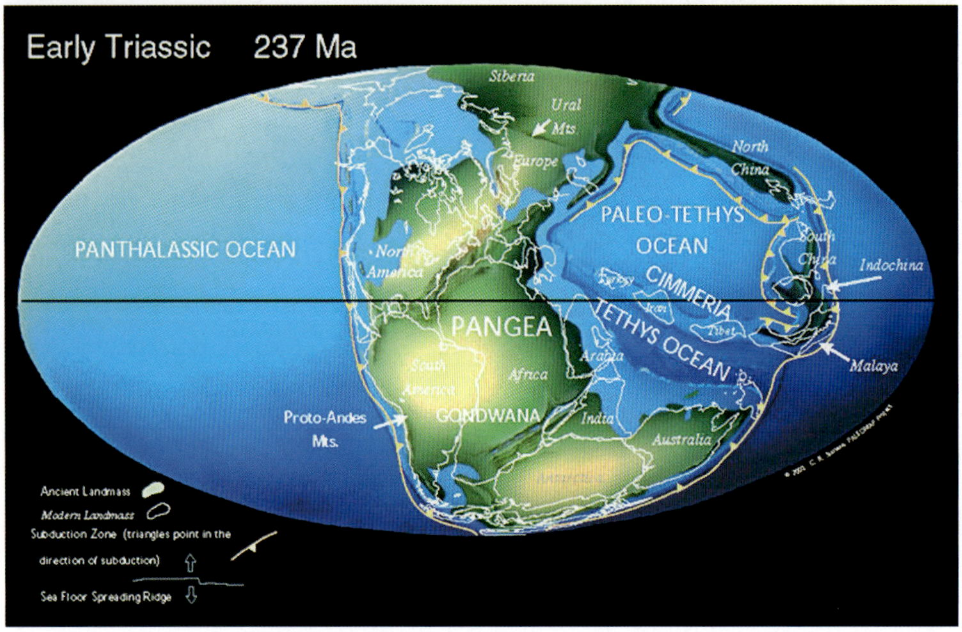


图 19 三叠纪早期(距今 2 亿 4 千万年)的古大陆

恐龙在侏罗世时期，遍布整个盘古大陆。

如图 20 所示，在早侏罗纪，东南亚(Southeast Asia)聚合而成，一片宽广的古地中海将北方的大陆与冈瓦那大陆(Gondwana)分隔两处。侏罗纪古泛大陆，欧洲位于赤道附近，大型树木繁盛，形成厚煤层的矿藏。

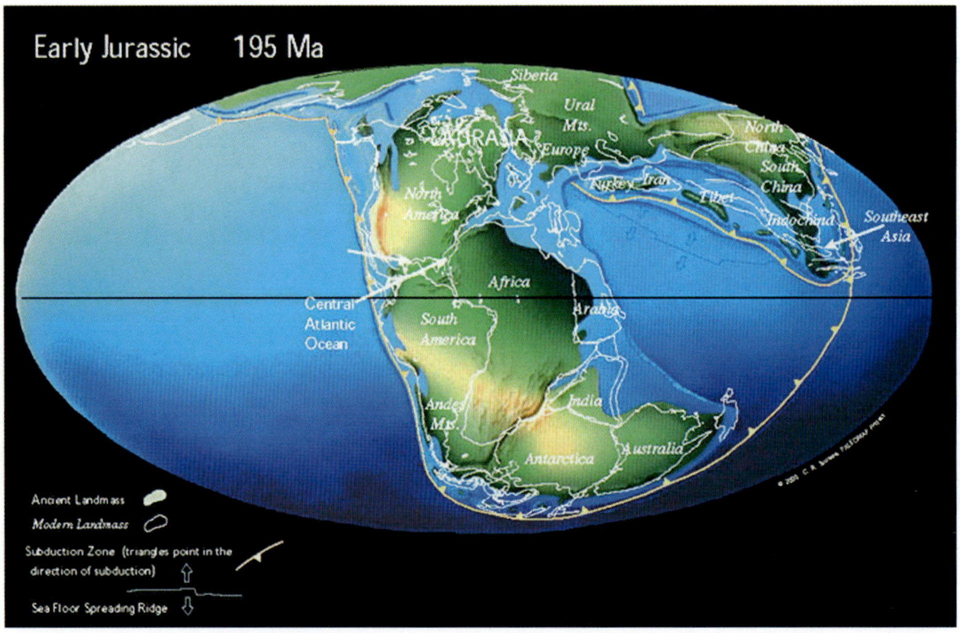


图 20 早侏罗纪(距今 1 亿 9 千万年)的古大陆

如图 21 所示，盘古大陆(Pangean)在侏罗纪中期开始分裂，到了晚侏罗纪，中央大西洋(Central Atlantic Ocean)已经张裂成一狭窄的海洋，把北美与北美东部分隔开来。东冈瓦那(Gondwana)同时与西冈瓦那开始分裂。

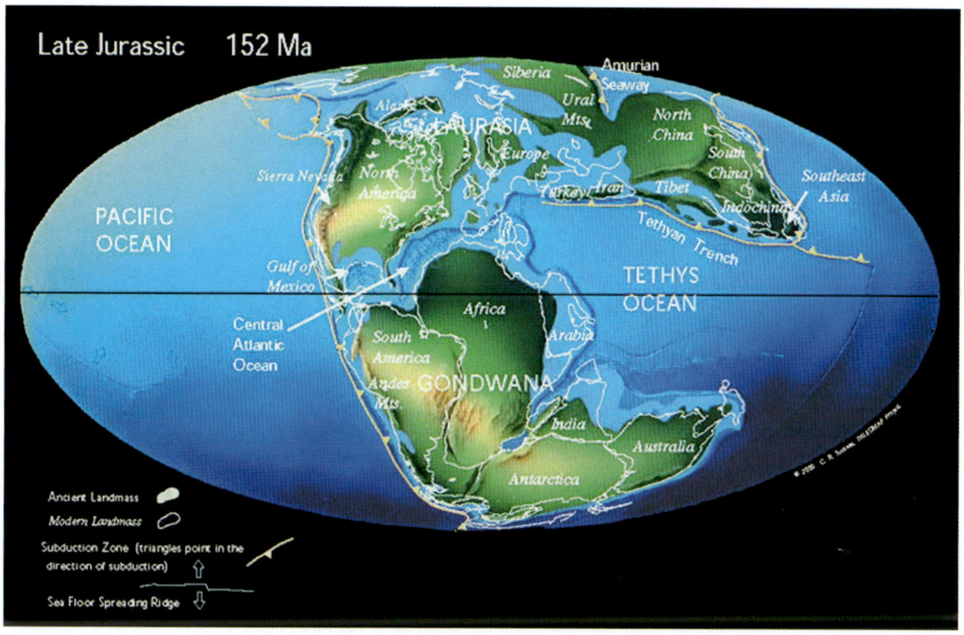


图 21 晚侏罗纪(距今 1 亿 5 千万年)的古大陆

如图 22 所示，新的海洋开始形成。盘古大陆(Pangean)分裂的第二个阶段开始于白垩纪的早期，大约 1 亿 4 千万年前，冈瓦那大陆(Gondwana)不断地变得破碎，包括南大西洋的张裂，隔开了南美和非洲。

白垩纪时期全球的气候与侏罗纪、三叠纪时期类似，但多属于干旱炎热天气。造成欧洲的海相巨厚的白垩沉积，和亚洲广泛的红色地层。

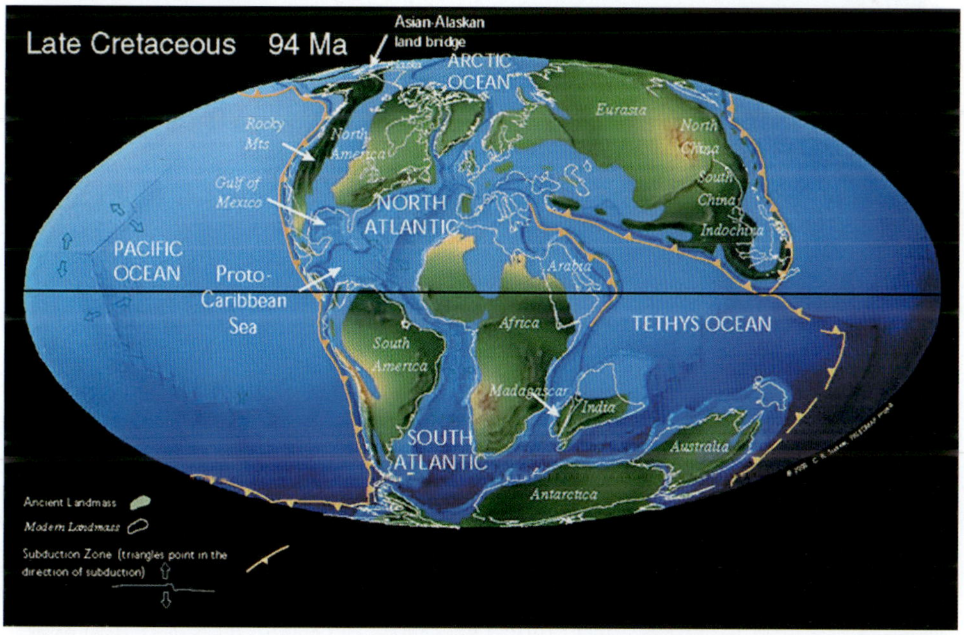


图 22 晚白垩纪(距今 9 千万年)的古大陆

如图 23 所示，在墨西哥湾处，箭头所指黄色标志的位置是恰克斯拉伯彗星(Chixulub)撞击的地点，这个直径 16 km 大小的彗星的撞击，导致全球气候的变迁，杀死了恐龙以及其他许多形式的生命。

在白垩纪时期，南大西洋(South Atlantic Ocean)张开。印度(India)从马达加斯加(Madagascar)分离开来，并加速向北移动。南方海洋在白垩纪晚期变得更为宽阔，而印度(India)也越来越接近亚洲(Asia)的南缘。

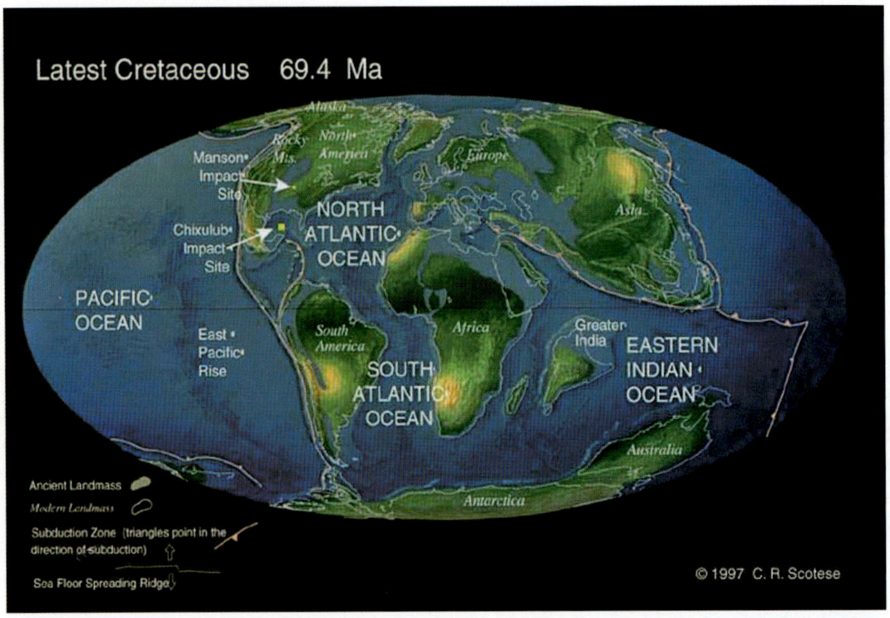


图 23　白垩纪末期(距今 7 千万年)的古大陆

如图 24 所示，第三纪初期，非洲撞击欧洲，阿尔卑斯山隆升。

地中海作为内陆海，扩张。继而在 6 千万年，由于直布罗陀海峡被封闭，几次使地中海干枯。

恐龙灭绝后，哺乳动物广泛出现，占领陆地。

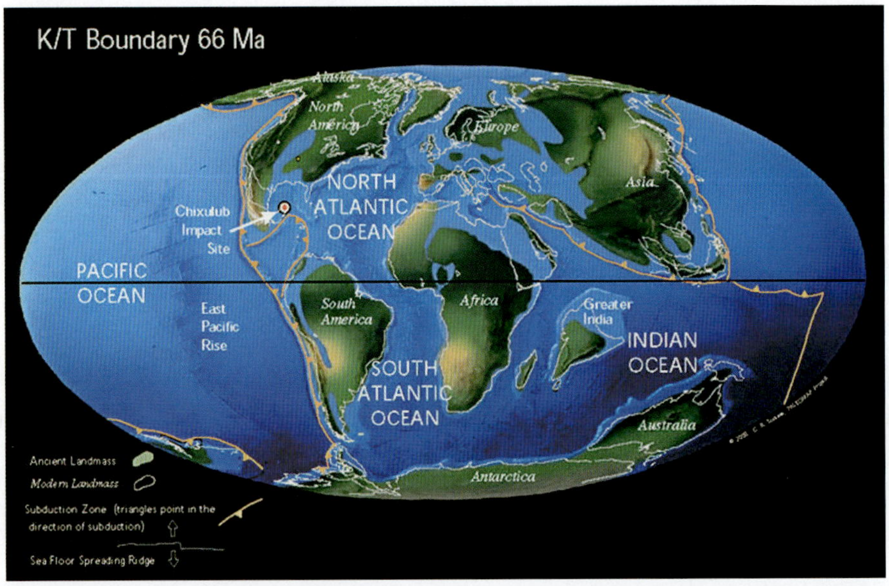


图 24　第三纪初古新世(距今 6 千 6 百万年)的古大陆

如图 25 所示，从白垩纪晚期的时候，印度(India)是以每年 15～20cm 的速度在接近欧亚大陆，这可以说是板块运动速度的最快的世界记录了。

在 5 千万到 5 千 5 百万年前，印度开始撞上亚洲大陆(Asia)，形成了西藏高原(Tibetan)和喜马拉雅山(Himalayas)。

原本与南极大陆(Antarctica)相连的澳洲陆地(Australia),也在此时开始迅速向北漂移。

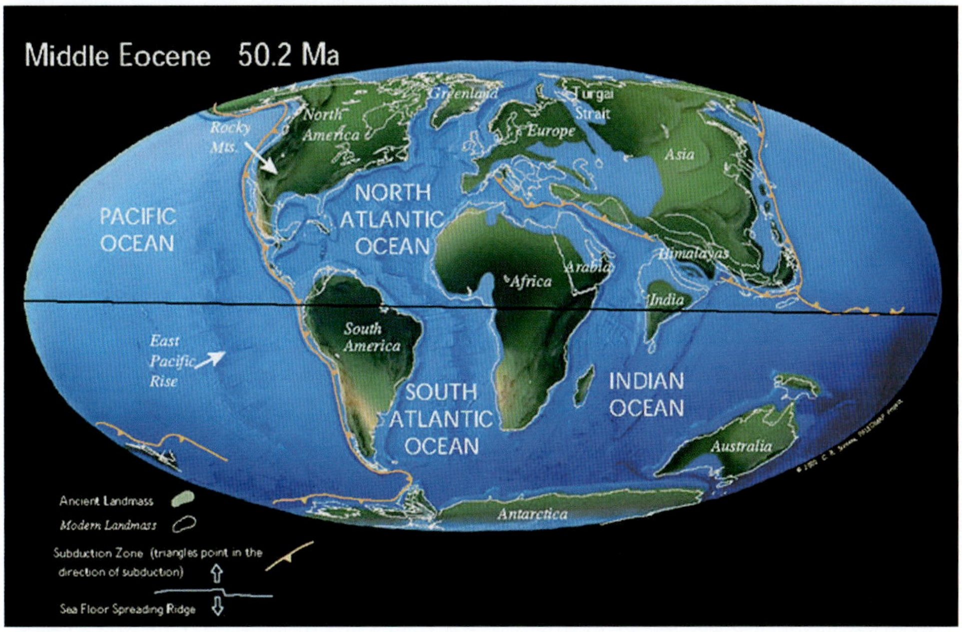


图 25 新生代第三系渐新世(距今 5 千万年)的古大陆

如图 26 所示,在新生代的后半段,地球开始变冷,冰原首次在南极洲形成,然后分布到北半球,地球进入了一个大冰期的年代。在低海水面大陆碰撞聚合的年代里,陆生植物在大陆间的迁徙路线也被开启。

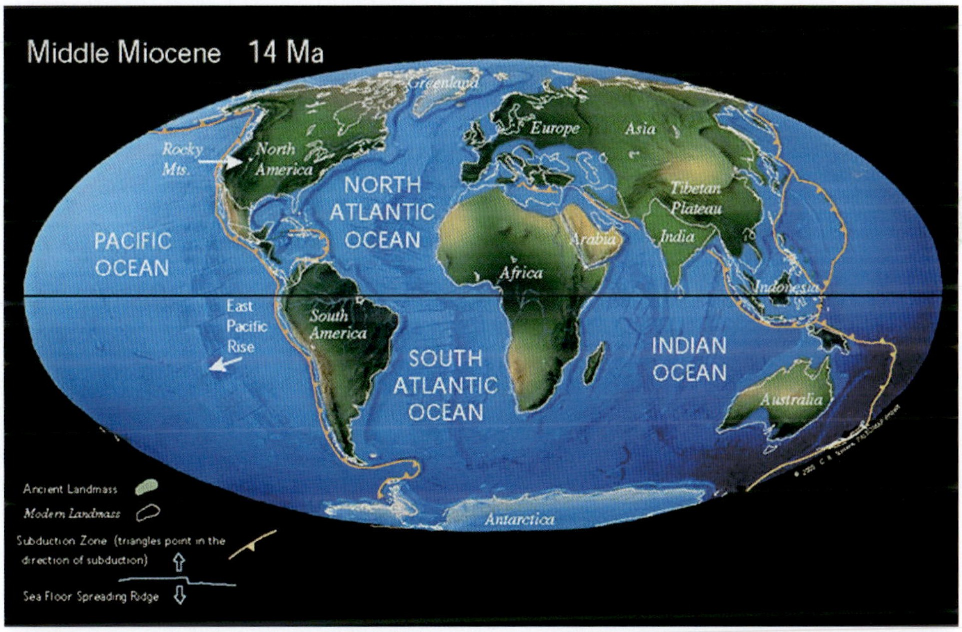


图 26 新生代第三系中新世(距今 1 千 4 百万年)的古大陆

上新世没有专门的大陆漂移图。

上新世时气候开始变冷变干,四季比此前的中新世分明。上新世开始前后南极洲开始被冰雪覆盖,中纬度的冰川在上新世末期前也已发展,上新世末南极洲已经终年被冰雪覆盖。

18 000 年前进入更新世的冰河期,如图 27 所示。当地球处在它的"冰室"(Ice House)气候模式时,极区冰原扩张到最盛时期。极区的冰原扩张则是用地球轨道的变化(Milankovitch cycles,米兰科维奇循环)来解释。

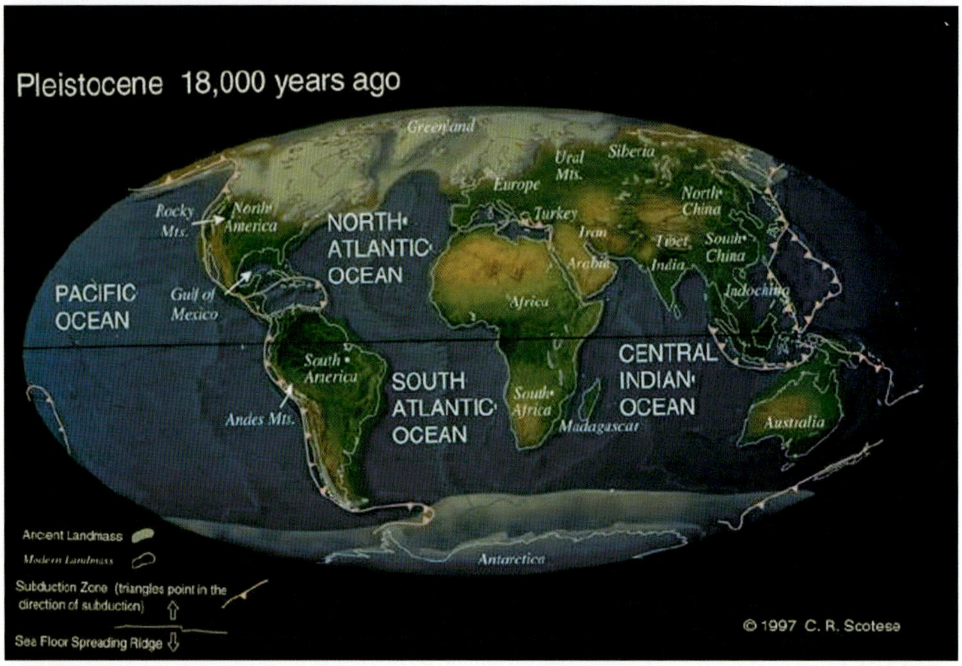


图 27 18 000 年前更新世的冰河期

大冰河期解冻，带来人类文明。

如图 28 所示，经过 1 万年的寒冷冰河期，北方的冰盖融化，江河横流，陆地恢复吸收阳光，树木繁殖，大量吸收 $CO_2$，北方气温又上升。万物复苏，由猛犸象横行的局面，转为古人类开始活动的时代。

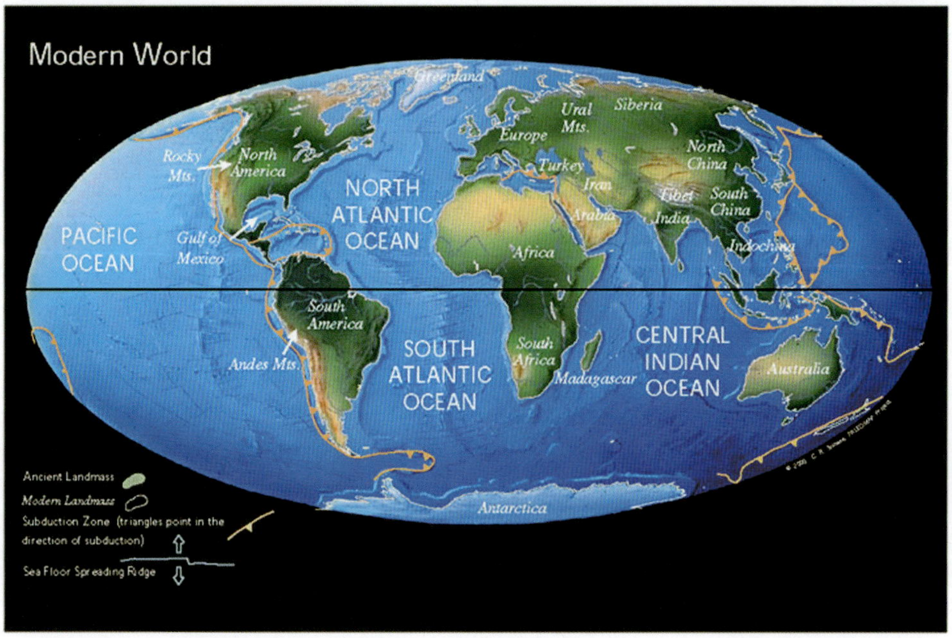


图 28 现在的世界

如图 29 所示，原作者推断 5 千万年以后：

(1) 如果我们今天的板块运动继续进行，大西洋(Atlantic Ocean)会变得更宽，非洲(Africa)会碰撞上欧洲(Europe)，并将地中海(Mediterranean)关闭，澳洲(Australia)将会撞上亚洲(Asia)的东南部，加州(California)将会往北滑到阿拉斯加(Alaska)的海岸。

(2) 虽然我们并没有办法知道地球未来的地理分布会是怎样的，但是我们可以把目前的板块运动投射到未来，并做合理的推论。一般来说，大西洋和印度洋(Indian Ocean)会持续扩张，直到新的隐没带把各大陆往后拉到一起，形成一个未来的盘古大陆。

(3) 5 千万年后的世界看起来有一点点歪，北美(North America)稍微地逆时针旋转，欧亚大陆(Eurasia)顺时针旋转，把英格兰(England)带到了北极(North Pole)附近，西伯利亚(Siberia)则往南移动到温暖，副热带的纬度。

(4) 非洲会碰上欧洲和阿拉伯半岛(Arabia)，将地中海和红海(Red Sea)都关闭起来。一个如同喜马拉雅山脉规模的山脉会从西班牙(Spain)延伸，穿越南欧(South Europe)，经过中东(Mideast)后进入亚洲。类似的情况是欧洲会成为亚洲东南边缘的海滩，新形成的隐没带会包围澳洲，并且向西延伸穿越中印度洋。很有趣的是注意到今天板块运动的轨迹可以发现，东非的张裂在未来并不会成长为一个大洋。

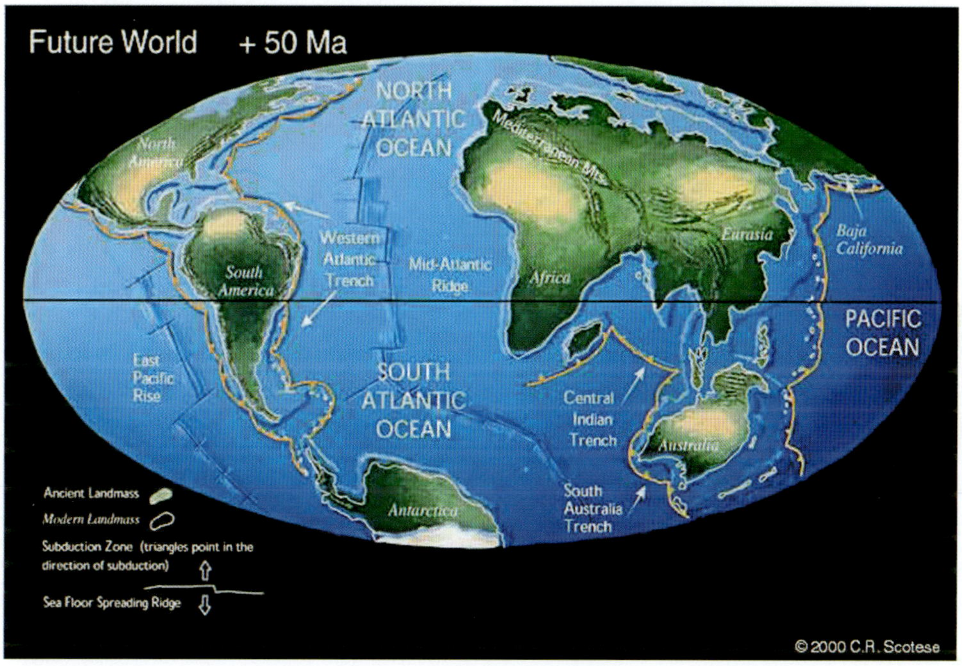


图 29　大陆漂移的未来走向

## 五、我对大陆漂移的体会

我部分同意上面对未来 5 千万年大陆漂移趋势(1)和(4)的推断。

不过为了说明大陆漂移为什么总体是向北漂移，我有如下看法：

我看了 BBC 录制的纪录片 *ORBIT* 第三集：西娅撞地球——月球的生成。

39 亿年前一个名叫西娅的小行星撞进了地球，飞溅的岩浆离开地球，变为月亮(图 30)。

这造成北半球质量的缺失，大陆向北漂移是为了补偿这个缺失。

**西娅撞地球的情景一定非常惨烈。**

地球的年龄约 45 亿多年。在开始的 2 亿年里，地球内部的放射性能量非常强，很快把地球融化为一个火球，此后慢慢冷却。在 40 亿年时，地球已经基本完成重力分异，内部是重的铁质核心，初期的地幔也开始变成热塑体。

39 亿年前，一个名叫西娅的小行星撞进了地球，飞溅的岩浆离开地球，变为月亮。(最近 20 多年从月球上取回的月壤分析，发现月壤缺少铁质重矿物，证实了月球是从地球的上部地壳分离出去的)。

被地球吞吃的西娅撞到地球内部，引起了强烈的"消化"混乱。此时，由于温度不够高，重力分异作用进行得很缓慢。

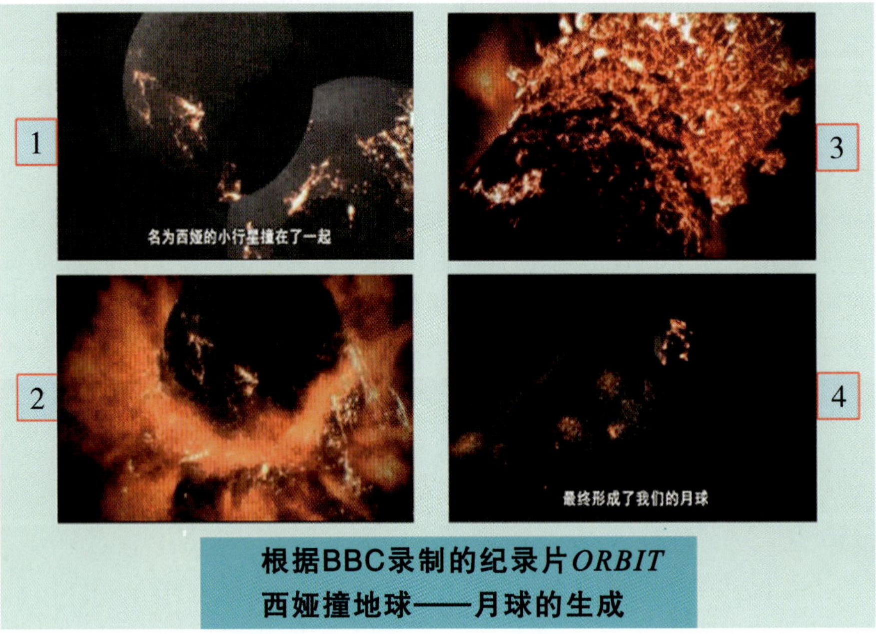


图 30　西娅撞地球——月球的生成

这也是地球在后来的 30 亿年里进化那么慢的一个原因。

内部地核重新沉淀成液态，地幔也开始分为上下两层。最轻的地壳也分为较重的基性矽镁层（玄武岩层）和较轻的酸性矽铝层（大陆）。

只有依靠地球上地幔的塑性软流层的热对流，才造成了大陆漂移的可能性。

月球飞出去后，北半球质量缺失。大陆漂移是为了补偿这个缺失。所以，5 亿 1 千万年大陆漂移的总趋势是矽铝层大陆由南漂向北去。

我相信：下一步将是非洲裂谷张开，并且向北冲去，甚至澳洲和南美洲也会参加北方的大陆总聚会，北美与北亚的西伯利亚也可能在北极相连（图 31～图 33）。

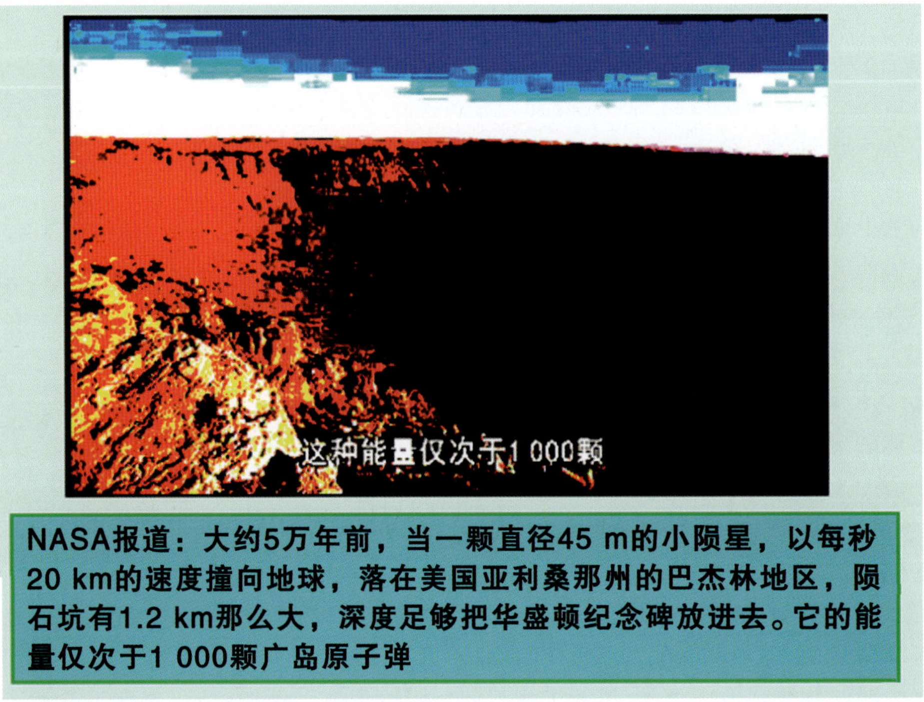
这种能量仅次于1 000颗
NASA报道：大约5万年前，当一颗直径45 m的小陨星，以每秒20 km的速度撞向地球，落在美国亚利桑那州的巴杰林地区，陨石坑有1.2 km那么大，深度足够把华盛顿纪念碑放进去。它的能量仅次于1 000颗广岛原子弹

图 31　美国巴杰林地区受陨石撞击

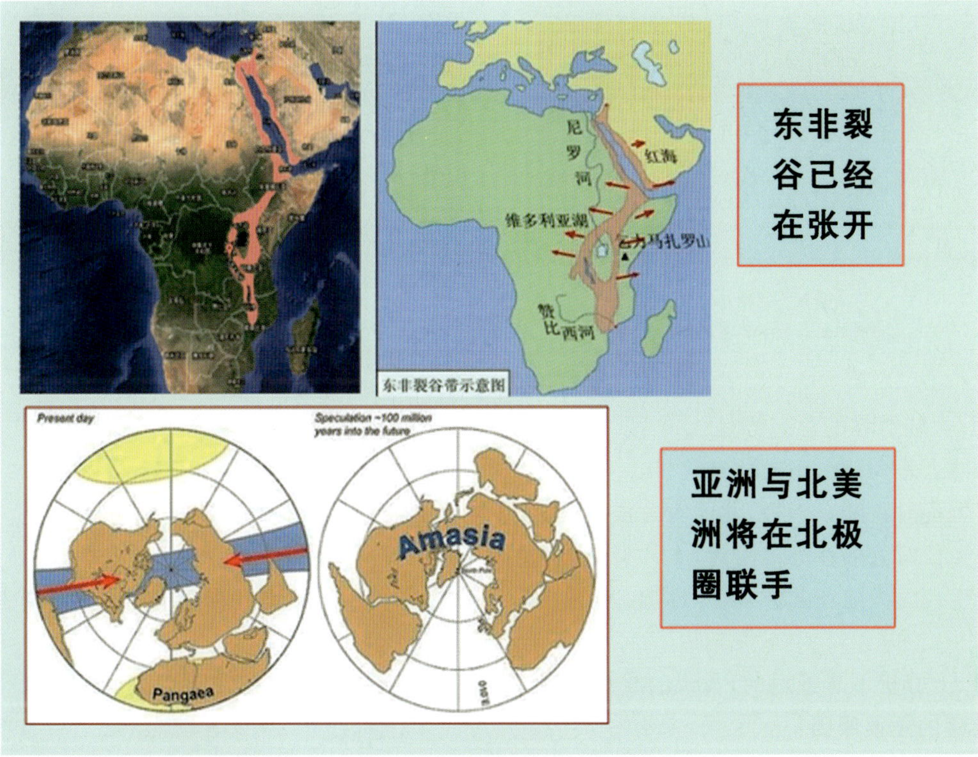


图 32 东非裂谷已经在张开

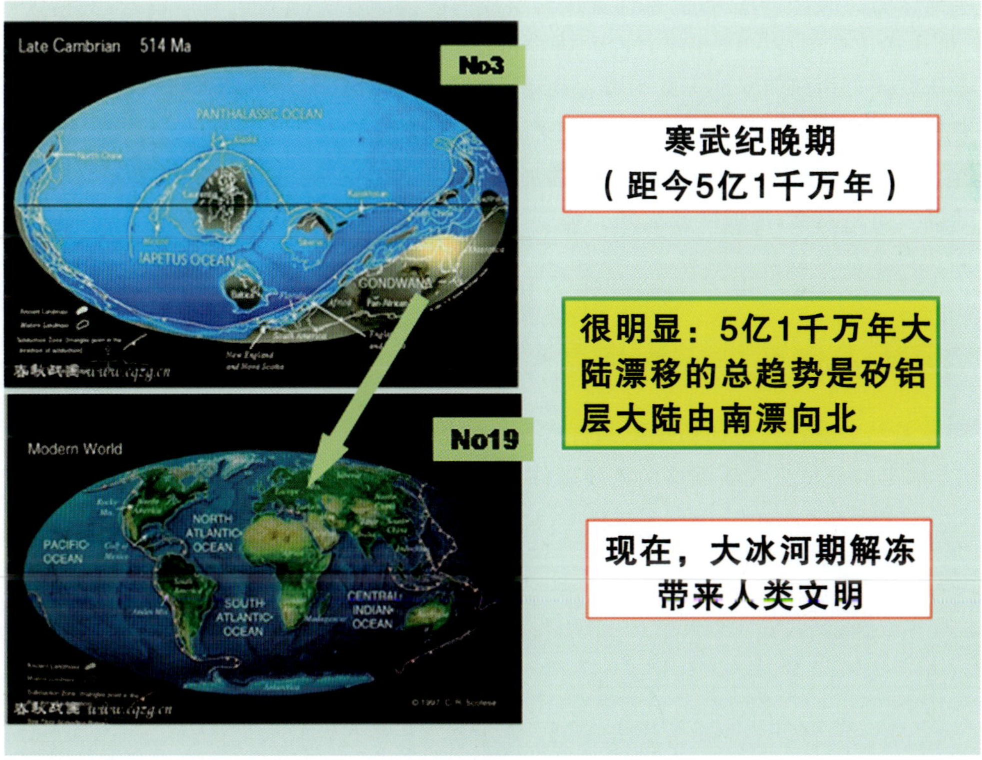


图 33 大陆漂移的总趋势向北

下面有两幅大陆漂移的动画截图(图 34)。这两幅图的 gif 格式动画文件在本书所附的光盘里。

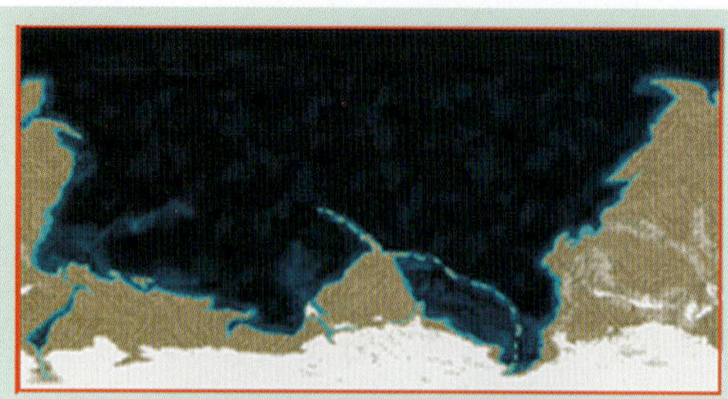

从前寒武纪到现今
很明显是大陆由南向北移动

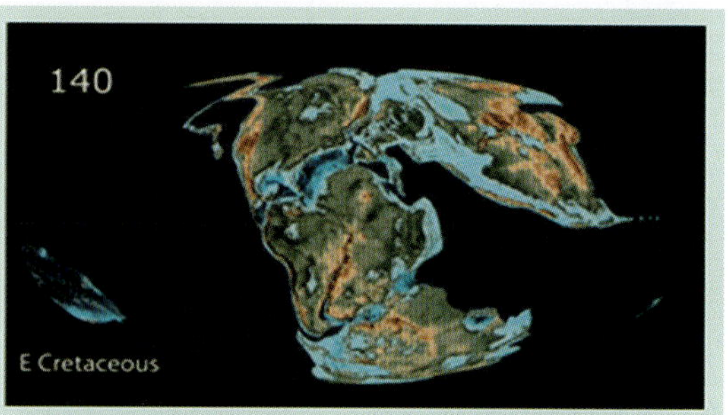


从早白垩纪盘古统一大陆分裂开始
也很明显是大陆由南向北移动，印度板块跑得最快

图 34　大陆漂移的动画

我认为,大陆漂移的总态势是:

(1) 总体上是大陆从南向北迁移;

(2) 古生代时大陆在南极,北面大片浅海,海洋生物大爆发;

(3) 中生代时大陆在赤道附近,大片炎热,恐龙横行;

(4) 新生代时大陆在北方,大片冰凉,局部温暖。新生代大西洋的南北向生长,改变了过去泛大陆的完整性。

当然,以上分析不是绝对的,我说的时总态势。

**大陆漂移的重要原因:**

(1) 月亮分离出去后,由于北极缺了一块,成了海洋,地壳分异作用要求质量重新分配。于是寒冷的南方古大陆,逐步向北漂移。

(2) 由于地球的高速自转,较重的基性火成岩组成的矽镁层在赤道附近有停留的趋势,大陆是较轻的酸性火成岩,即由矽铝层组成。因此南方古大陆向北漂移的路程十分艰难和曲折。

(3) 古生代寒武纪初期冈瓦那大陆主要在南极,北面大片浅海,海洋生物大爆发。

(4) 侏罗纪时,古欧洲与古亚洲的大陆漂到赤道附近,形成了大片森林与恐龙横行,造成煤炭的富集埋藏。白垩纪末期,小行星又一次撞击地球,天昏地暗,恐龙灭绝……

(5) 大陆继续向北漂移,形成欧亚大陆。终于产生新生代更新世冰河期周期性发生……

这是我对大陆漂移总趋势的解释。

## 六、今日五大洲在过去地质历史上的古气候大趋势

让我来简单总结一下过去地质历史上的古气候大趋势。

图 35 下方标出的是过去大陆漂移的重要事件。

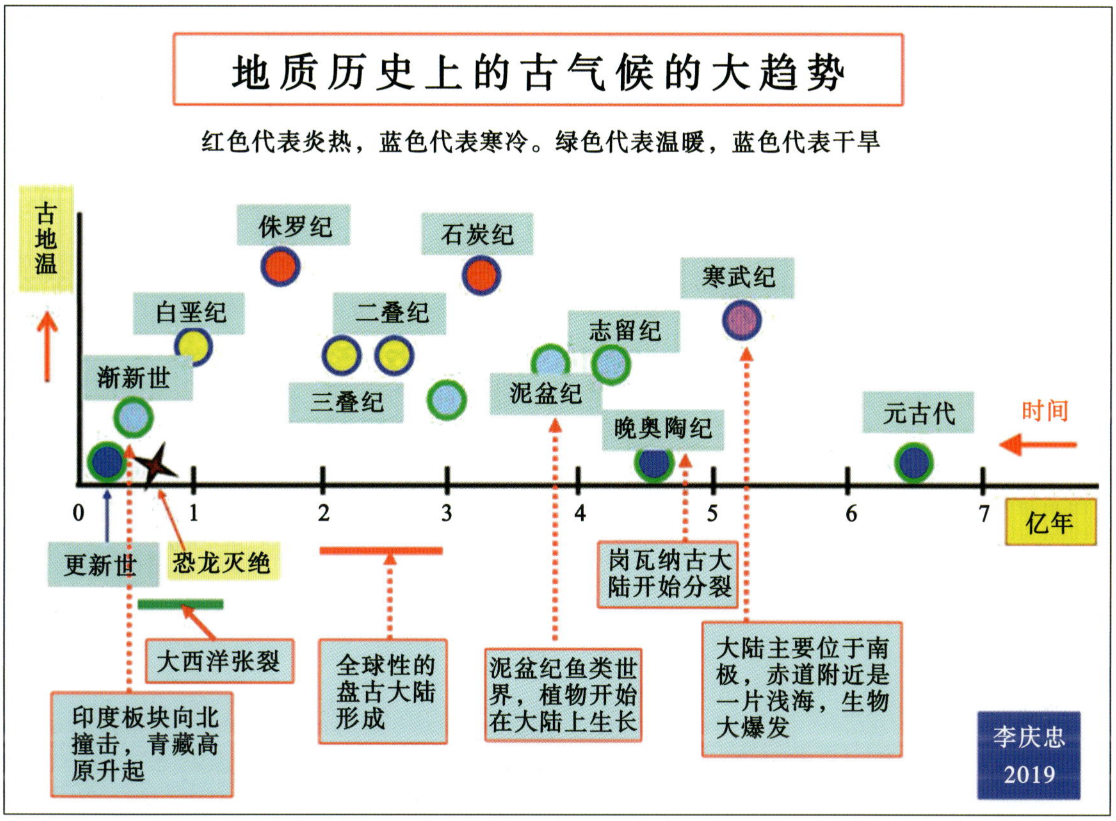


图 35　地质历史上的古气候大趋势

古气候变化大趋势的影响因素如图 36 所示。

**地质历史上的古气候的大趋势**

**全球的古气候随年代及地域的变化很复杂，很难讲清楚。但是有些共同性。例如更新气候都很冷。石炭纪、侏罗纪，普遍含煤，反映全球气候炎热，森林密布。又例如古生代大多是海相石灰质沉积，三叶虫、珊瑚、各种鱼类都生活在温暖的浅海中。**

**影响古气候的主要因素有：① 大陆漂移的古地理纬度，赤道附近最热。② 古海洋的位置决定洋流的状况。③ $CO_2$与$CH_4$气体的温室效应也很重要。④ 地球是在冷却，地壳增厚，地核内部的岩浆需要能量释放。大洋扩张，火山爆发。**

图 36　古气候变化大趋势影响因素

**我对古气候的认识：**

(1) 地球的年龄约为 45 亿年。从寒武纪(6 亿年前)来，太阳的能量是基本上变化不大的。

(2) 大陆漂移(及自转轴的移动)决定了古海洋和古大陆的纬度位置。大陆漂移的原动力是地壳的重力分异与温度对流。古大陆面积较小,矽铝层较薄,水体较浅。

(3) 寒武纪:陆地在南极,古海洋位于广阔的热带,且海水又浅,于是生物大爆发。

(4) 侏罗纪:古泛大陆欧洲位于赤道附近,大型树木繁盛,到处是恐龙,形成厚煤层的矿藏。

(5) 海洋的形态及纬度情况,洋流与大陆的相关位置以及水合物造成的 $CO_2$ 温室效应决定了古气候的冷暖变化。

(6) 直布罗陀海峡、白令海峡和中美洲的巴拿马海峡的开启与封闭,在地史上起着十分重要的作用。

(7) 近代更新世末期,北半球被陆地占据,白令海峡变成亚美陆桥,南半球海洋主要以单独洋流循环为主,会造成北半球寒冷,进入冰河期。

(8) 地球自转轴的偏移一般不会令欧洲与美洲同时进入冰河期。

## 七、近代更新世 40 万年的古气候

晚更新世(Late Pleistocene)是冰河期的时代。根据南极洲 Vostok 冰柱(图 37)分析测定的近 40 万年北极温度与空气中二氧化碳、甲烷含量变化记录,如图 38 所示。

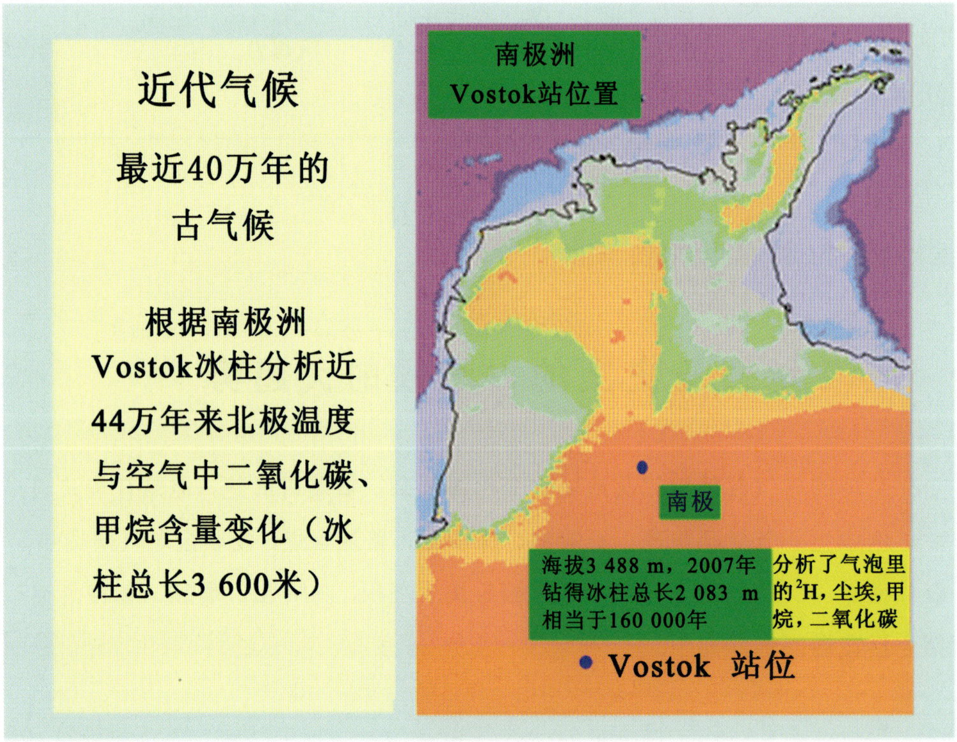
近代气候
最近40万年的
古气候
根据南极洲
Vostok冰柱分析近
44万年来北极温度
与空气中二氧化碳、
甲烷含量变化(冰
柱总长3 600米)
南极洲
Vostok站位置
南极
海拔3 488 m, 2007年
钻得冰柱总长2 083 m
相当于160 000年
分析了气泡里
的²H,尘埃,甲
烷,二氧化碳
Vostok 站位

图 37 Vostok 站位置

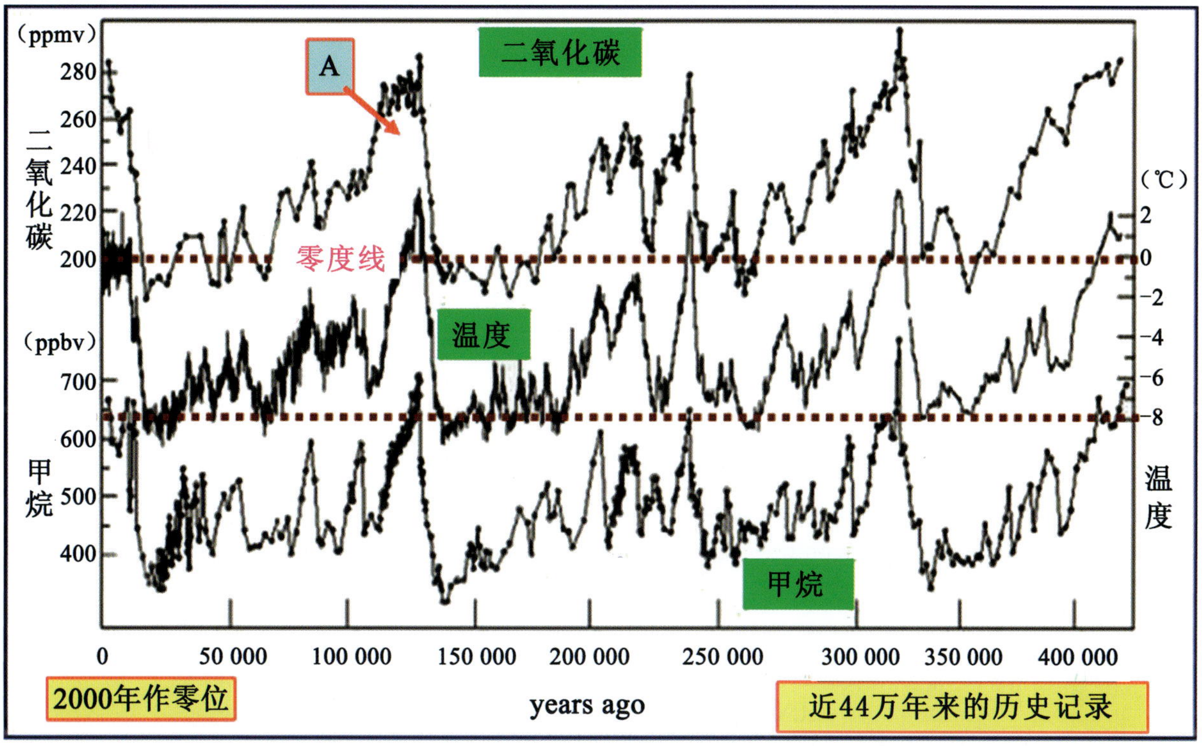


图 38 根据南极洲 Vostok 冰柱分析测定的近 40 万年北极温度与空气中二氧化碳、甲烷含量变化记录(时间零点是 2000 年)

## (一) 冰柱的年代、气温、降水、$CO_2$、$CH_4$ 的测定方法

所谓氧的同位素,即同属氧元素(O)但具有不同质量数的氧原子,如$^{16}O$,$^{17}O$ 和$^{18}O$ 就是氧的三种同位素。氧元素符号左上角的数就是它的质量数,显然,$^{18}O$ 的质量大于$^{16}O$。$^{18}O$ 不易蒸发,$^{16}O$ 易蒸发。因而,在夏天高温时,水中所含$^{16}O$ 减少,故$^{18}O/^{16}O$ 的比值增加;冬天低温时,$^{18}O/^{16}O$ 的比值减小。据此,测定冰岩芯中各冰层的$^{18}O/^{16}O$ 值的变化,即可确定冰层的年龄:其比值的每一起伏为一年。

有了冰层的冰龄资料,再进一步确定各冰龄的气温和降水,便有了历史气候的最基本资料。

先实际测定一组现代南极冰盖上某点的气温以及相应时间降雪中$^{18}O/^{16}O$ 的比值,得到南极地区气温与$^{18}O/^{16}O$ 比值关系的曲线;之后,把过去某一年冰层中$^{18}O/^{16}O$ 比值与上述曲线比较,即可知道当年的气温。

分析冰芯中滞留氧泡的大气化学成分,即可测得其二氧化碳及甲烷的含量。有了上述测定冰龄的前提,二氧化碳及甲烷的历史演变资料即可得到。

## (二) 碳同位素测定方法

在自然界中,所有含碳物质均在与大气不断地交换,而产生新的$^{14}C$ 补充于该含碳物质中;同时,按照放射性衰减的规律,$^{14}C$ 又在不断地减少,如此补充和衰减的综合结果,使所有含碳物质中的$^{14}C$ 含量保持动态平衡。然而,一旦含碳物质停止与大气交换(如生物死亡,碳酸盐沉淀埋藏于地下等),$^{14}C$ 得不到补充,原来含有的$^{14}C$ 将按其衰减规律减少,即每隔 5 730 年左右,$^{14}C$ 含量将减少一半。

了解了$^{14}C$ 的性质,$^{14}C$ 测年法也就不难明白了。从埋藏在地下的生物残体或含碳样品中,测定含碳样品中$^{14}C$ 的原子数,再与现代自然界里相同含碳物质中$^{14}C$ 的原子数相比较,就能知道样品的$^{14}C$ 原子数减少了多少,根据其半衰减周期为(5 730±40)年的规律,该样品的历史年代就可以确定了。

图 39 是根据冰柱分析所得到的近 500 年极地气温的变化情况,其中近 130 年的数据密集可靠,可以

看到随着工业化的进展，气温是上升的。

图 39 的下方是我加上去的人类历史的变迁相应的数据。

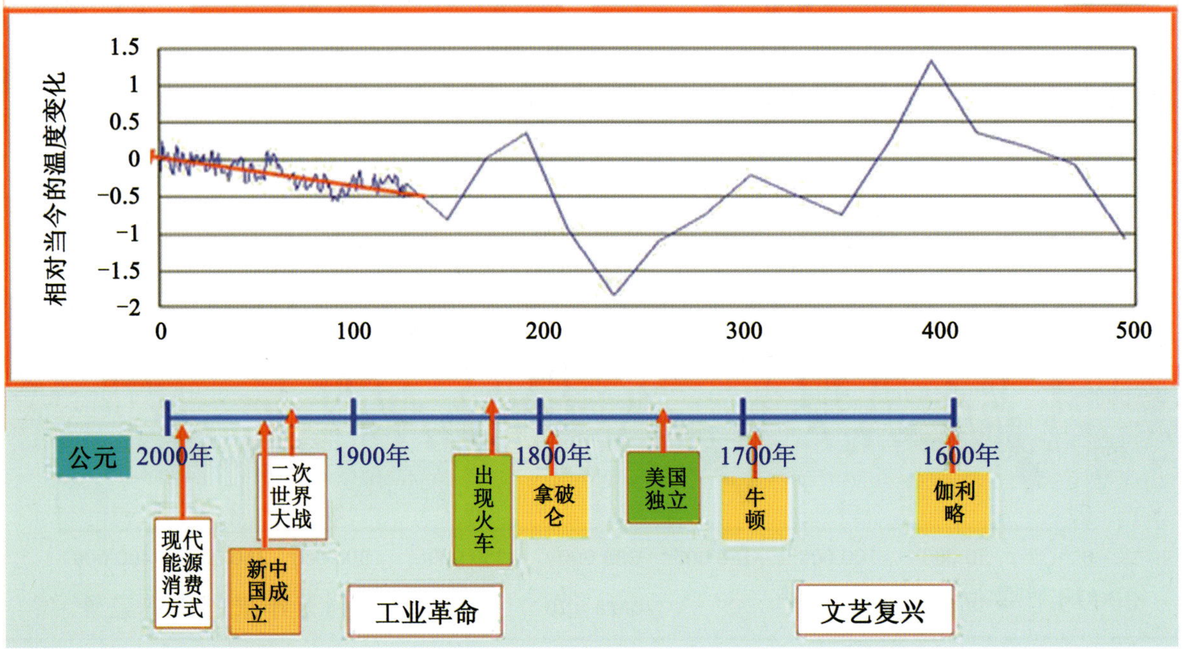


图 39　500 年来极地气候温度变化

南极冰柱分析的启示：

(1) 近 42 万年里，气候变化的 4 个大周期，每个周期为 11 万年左右，南极的气温从＋2 度减少到－6 度；

(2) 现在正是图 39 中气候上升的时期！不过这次高温持续的时间长了，持续了 1 万年多；

(3) 这与人类 $CO_2$ 的排放是否直接有关？

最近 130 年里的图里面这回答是肯定的。但是极地温度只是增加了 0.5℃；

(4) 按照 440 百万年的 4 个长周期来看，可能今后地球可燃冰的封锁还会引起另一个寒冷的 110 万年周期；

(5) 关于南极冰柱的测定，可上网查询 Ice－core data from Vostok，Antarctica；

(6) 关于北美的大冰河期，可看纪录片“地球的起源(第 2 季)——北美洲的冰河”。

## 八、对米兰科维奇假说的怀疑

塞尔维亚的米兰科维奇(Millankovitch)有一个假说，据说能够解释冰河期的产生，不过对于有些地方我还是想不通。

他有三个论点：**地球椭圆轨道的扁率、转轴倾角的变化、轨道的进动。**

(1) 地球公转椭圆轨道的扁率不大。近日点与远日点的温度差别好像也不可能引起大冰河期的发生。公转是每年一次，一年中近日点的炎热与远日点的结冰刚好互相抵消。怎么会产生冰川呢？

(2) 地球的自转轴和轨道平面之间的倾角以 41 000 年的周期在 22.1 度到 24.5 度之间摇摆，目前角度是 23.44 度。这个摆动不大。

(3) 关于地球自转轨道变化的解释好像也是不成立的。地球在高速自转，地球上的我们每天“坐地日行八万里”。其转动惯量是十分巨大的，就像“陀螺定向”的作用一样，小流星的撞击是不会改变地球的轨道方向的。除非大行星来碰撞，才能改变地球的运转。但自从白垩纪末的行星碰撞以来，这还没有发生过。

(4) 即使地球的自转轴和轨道发生了变化，18 000 年前，也不可能使欧洲与北美洲两个离开这么远的地方同时发生盛冰期。

## 九、对晚更新世冰河期的认识

为什么过去 44 万年里，有规律地发生了 4 次冰河大周期？

$CH_4$ 曲线为什么与大气温度有如此好的相关度？$CH_4$ 是从哪里来的？在一片漆黑的深海里，$CH_4$ 不可能是有机生气的机理造成，太阳辐射也不可能影响深海里的活动。

我对 44 万年气候变化 4 个冰河大周期的解释如下。

**近代大冰河期的演变历史——两个正反馈**

2.0 万年到 1.5 万年前，冰雪铺天盖地，盛冰期，整个北方都被厚厚的冰所覆盖。欧洲前缘到达 London，美洲到达 Ellinois，冰层厚达 2～3 km。海平面下降 130 m，温室现象衰退。而赤道附近仍然是炎热的，水汽蒸发，到北方再度下雪，再结冰，冰面又反射阳光，天气更冷，可达到零下 50 ℃。

而地壳在当前几千万年里存在规模很大的排气过程，温室气体(包括 $CO_2$ 及 $CH_4$)在起作用。上述 44 万年的冰柱数据说明：在长达 10 万年的过程里，$CO_2$ 由 280 降到 190 ppmv，$CH_4$ 由 680 降到 350 ppbv。温室气体稀少一倍，温室效应降低，就像冬天没有厚被子盖一样，当然寒冷。(当空气中甲烷含量过大时，一次雷电就会燃烧，产生 $CO_2$ 及水。因此 $CH_4$ 大致保持为 $CO_2$ 的千分之二的比例)。

天愈冷，雪愈厚，冰愈厚，冰雪反射阳光，于是不断地使天气冷了更冷。

天愈冷，北半球的冻土带面积就愈大，它把来自地下的 $CH_4$ 大量地变成水合物，封锁在冻土层里。冰层愈厚，北冰洋及冻土里的压力愈大。水合物的相变条件愈好，封锁 $CH_4$ 的能力愈大。于是大气层里的温室气体就愈少。天气就愈加变冷。——**这是一个正反馈。**

我认为，这就是造成了 10 万年的冰河盛冰期的主要原因。

**10 万年后水合物的喷发与崩溃挽救了气候的严冷**

物极必反。

**在 10 万年的盛冰期里，北半球的水合物大量增加，赤道附近的海平面下降，水合物大量减少，这是一个互相平衡、制约的过程，总趋势是温度逐步下降。但是地球的排气量是基本不变的。到了北半球的 $CH_4$ 把“稳相条件”的空间都装满水合物后，再要上升的 $CH_4$ 就只能以游离态的游离天然气而存在了。而游离天然气的活跃能力是很强的，它们会通过可燃冰凝结时，体积膨胀 20%所造成的众多裂缝，向上钻出地面。于是，北半球的水合物不再增加，赤道附近的水合物大量释放。这就形成了 1 万年的大地复苏、冰雪消融期。——这就是我对 11 万年周期的解释。**

海平面下降 130 m，压力下降 13 个大气压，会引起厚度 130 m 的水合物大量分解。

气泡上升，海水的体积密度降低。在 1 000 m 深的海水中，如果气泡含量 30%，水柱密度由 1 $g/cm^3$ 下降为 0.7 $g/cm^3$，压力就会下降 30 个大气压，这就是当前所谓的压降法开采水合物。这又加速了水合物的分解。——**这又是一个正反馈。**

当海平面开始下降时，海山压力下降而温度不变，于是相变曲线上移，这造成天然气水合物缓慢分解。当海平面降到天然气水合物聚集厚度时，天然气水合物下方的游离气一下子完全释放，造成海里密集的气泡上升。在游离气释放之后，从地下来的 $CH_4$ 就可以通行无阻地直接到达海水之中。海里密集的气泡上升，海水密度下降，就能够发生像百慕大魔鬼三角那样的现象，如果有大船，就会莫名其妙地下沉到海底。

最终海山喷发 $CH_4$，天然气水合物分解后，体积又缩小 20%，海底出现滑坡，垮塌……海山相继喷发 $CH_4$。当然这不是一天完成的，而是经历了 1 万年。就像电影中的慢动作，使空气中充满了 $CH_4$。$CH_4$ 与

$CO_2$ 都是温室气体。终于有一天，一个闪电，点火，造成大爆炸。一片火海，生成大量 $CO_2$，更造成温室条件，天气又开始变暖。

历史上记载：1927 年，黑海大火，火焰高 250 m，就是可燃冰大规模释放的例子。

这样的过程持续了几万年，终于彻底改变了世界的面貌……

北方的冰盖融化，江河横流，易北河改道，陆地恢复吸收阳光，树木又繁殖滋生，大量吸收 $CO_2$，北方气温又上升。万物复苏，由猛犸象横行的局面，转为古人类开始活动的时代。

地球排气主要的成分是 $CO_2$ 及 $CH_4$，它们都是温室气体。$CH_4$ 太多了就会爆炸，燃烧。燃烧后变为 $CO_2$ 与水。而 $CO_2$ 只能由森林来吸收。图 38 中我标出一个 A 字及红色箭头的附近就是 $CO_2$ 多余的现象。

盛冰期时，欧洲、亚洲和北美洲普遍被 2～3 km 的巨大冰层所覆盖。赤道附近大量的汽变成云，不断扩散到了北方就下雪。这造成海洋的水的严重缺失，于是海平面下降到 130 m。

继而造成欧亚大陆与美洲大陆以陆地相连接，Alaska 与西伯利亚连成陆地，盛冰期时大陆互相以陆地连通的盛况。非洲与欧洲可能也是以陆地相连通的。中国与朝鲜、东南亚也用陆地连成一片，见图 40。

海平面下降造成海水中天然气水合物的分解，甲烷释放。下降到 130 m，会造成几万年积蓄的甲烷全部释放出来。

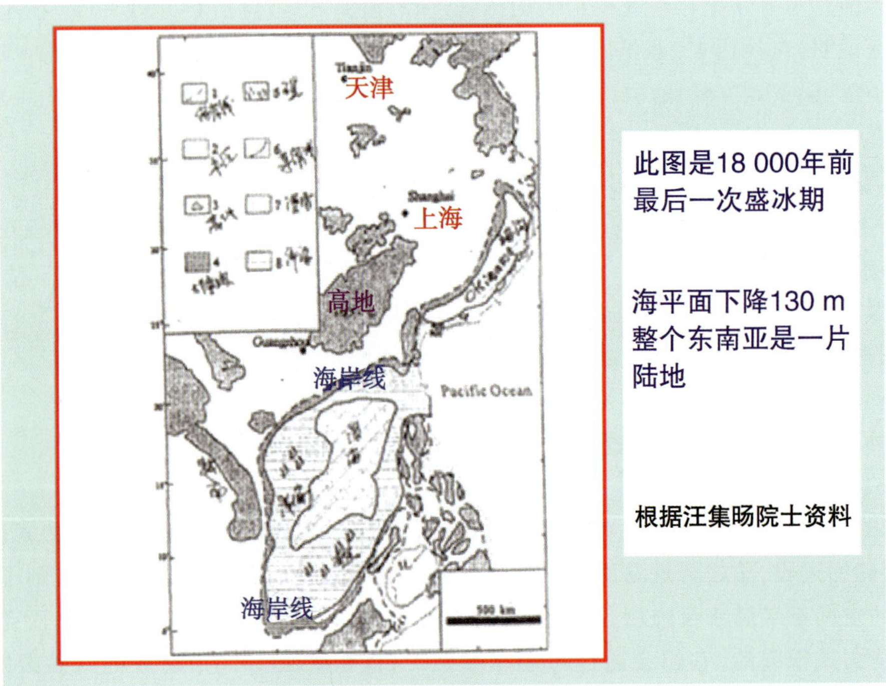


图 40　18 000 年前最后一次盛冰期

**海洋洋流的作用**

海洋洋流对气候的影响也十分重要(图 41、图 42)。例如，图 41 的墨西哥湾暖流对欧洲的气候至今影响巨大。冬天欧洲的平均气温是北半球最暖和的，这对欧洲文明史的发展也提供了良好的条件。

所以大陆漂移过程中，海洋的形态、当时的纬度及其与大陆的相对位置对古气候的影响也是深远的。

例如，从石炭纪到侏罗纪的完整古大陆——“盘古大陆”。因为内部缺乏深海海流，又位于赤道附近，所以，气候总体上是炎热的，植物茂盛，多处含煤。

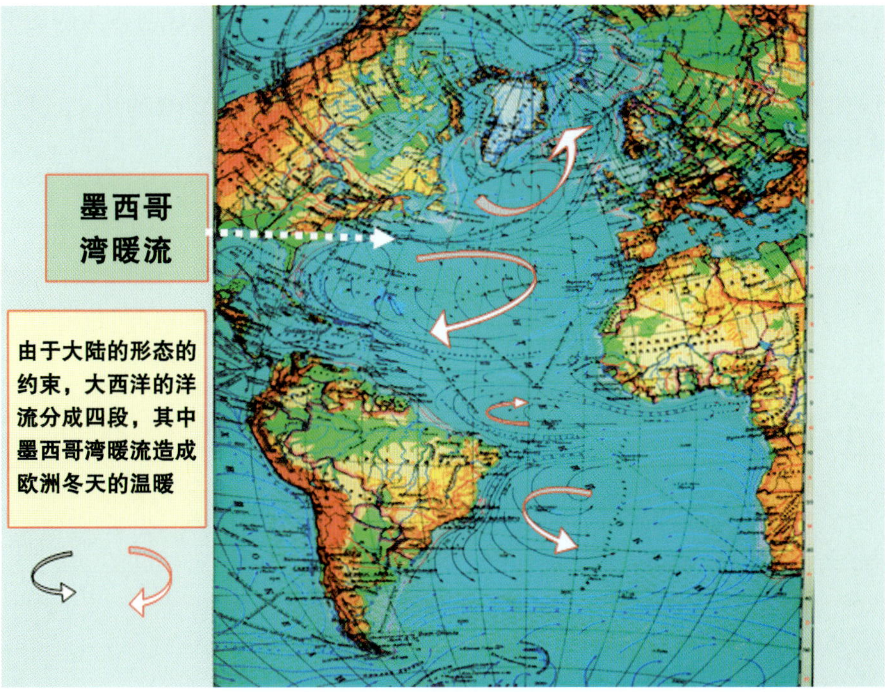


图41 墨西哥湾暖流

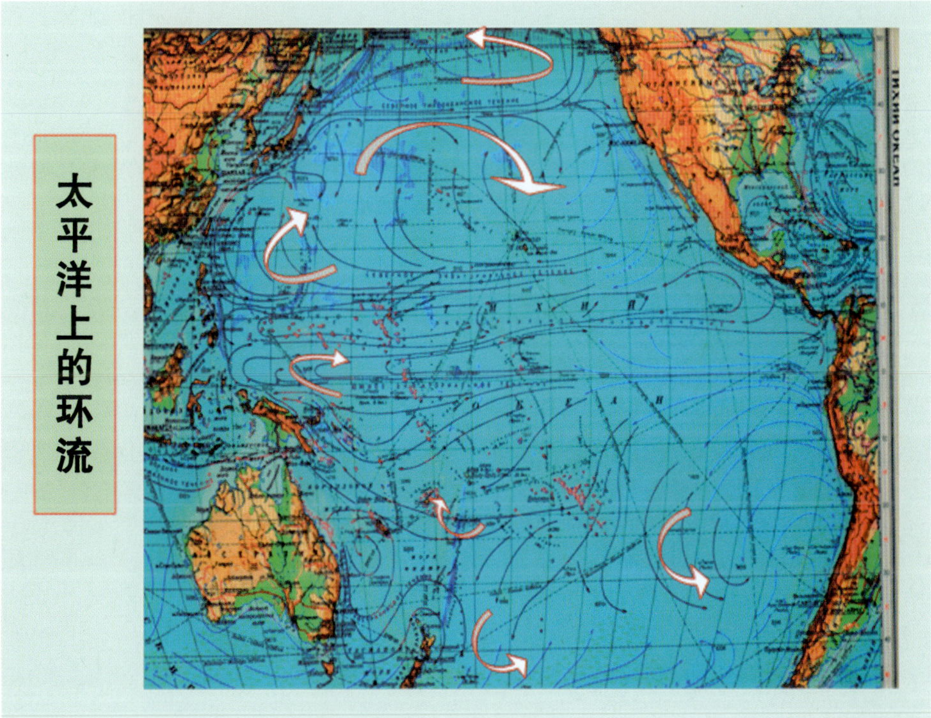


图42 太平洋暖流

## 结束语

（1）从寒武纪到今天，大陆漂移的总趋势是从南向北漂移。我们应当把大陆漂移与西娅撞地球——月亮的生成、造成北极有着质量的巨大亏损联系起来想。

（2）米兰科维奇假说不能够解释大冰河期的产生原因，“两个正反馈”才是真正的原因。应当把冰河期解冻与水合物的释放联系起来想。

(3) 石炭纪与侏罗纪地层的普遍含煤是大陆漂移的产物。应该把古海洋与古大陆的形态与古气候联系起来想。

(4) 寒武纪的生物大爆发、白垩纪的恐龙灭绝等事件，都可以从大陆漂移的历史过程中找到原因，我们应该把古气候与地层岩相、生物属性联系起来想。

本文肯定存在不少问题。仅供读者参考。

李庆忠

2019 年 2 月

文章编号 416

# 关于天然气水合物的再思考

## ——二论可燃冰

**天然气水合物，亦称可燃冰。自从 2000 年来，被人们普遍关注，认为是未来能源的可能接替物，于是兴起了一阵天然气水合物调查的热潮。2002 年开始，国家重视水合物的调查，设立了海域天然气水合物资源的调查专项，本人有幸于 2004 年和 2005 年参与了该项目并做了一些研究工作。**

**2004 年 12 月在成都召开的专题讨论会上，我根据当时的初步认识，做了一个发言。发言内容后来被收集在我的文集第三分册(争鸣篇)《可燃冰的认识、思路及规划建议》一文中。该文分析了可燃冰的低饱和度是关键，认为一般是“极贫矿”，分散而不易开采，弄不好将是“画饼充饥”，而且会带来地质灾害。因此奉劝大家多做调查，不要轻易去开采。2017 年，中国地质调查局在南海神狐海域实施了天然气水合物开采。报道说：我国已经创造了天然气水合物开采的世界领先水平。我对此报道持有异议，就撰写了此文。在结束语中，我说：天然气水合物不要在现在去开采，要留在下一次冰河期，用更科学的方法，点燃它，造成温室效应，来保护人类不要冻死。**

分节内容



## 一、天然气水合物的总能量是所有化石能源的 2 倍，这个说法很值得怀疑

**不同的专家对天然气水合物储量的估计相差 4 个数量级，从 $1.8\times10^{14}$ m$^3$ 到 $7.6\times10^{18}$ m$^3$。**

(1) 化石能源总量 2 倍的说法仅仅是一种粗略的估计。是按照符合温度压力相变条件的海床体积估算的。这体积里不一定有天然气水合物，更成问题的是天然气水合物的饱和度大多数人是不清楚的。

(2) 实际上凡是符合温压条件的地方，如果没有下方 $CH_4$ 的输入，那么也是空的，也不会有任何天然气水合物的储量。

(3) 所有海山的组成，如果不是第四系疏松地层，孔隙率就达不到 40%。据我所知：就像珠江口坳陷

里，就有不少基岩老地层的海山，那里就没有什么孔隙。而且，即使在第四系地层里，也有砂有泥，只有砂层里才有可采的天然气水合物，泥层里孔隙率虽然大，但是不会保存太多可采的天然气水合物。

(4) 有天然气输入，但第四系岩性为粗砂砾岩，没有泥岩的情况，天然气漏失速度大于输入速度，那么天然气水合物只是"过路财神"，储量很小。

(5) 一般海洋里的天然气水合物聚集在海水大于 500 m 水深的大型隆起里，向斜里很少见，这是由于地下来的 $CH_4$ 往往从隆起的下面扩散上来。少数悬挂状的倾斜天然气水合物聚集体也只是依靠第四系底部有断层阻挡，才得以存在。

**(6) 天然气水合物分解时 1 个体积单位的可燃冰可以分解为 164 个单位的天然气及 0.8 个单位的水，这是体检缩小 20%的过程。反过来，地下来的 $CH_4$ 进到"相变带"中，与水结合成天然气水合物时，体积就会膨胀 20%。就像结冰时，冰会把水缸涨裂一样。所以这种膨胀机制必然使第四系地层中产生许多裂缝和断层，也使海山进一步隆起。**

**所以人们在大型隆起的顶部，实地取岩芯，得到天然气水合物样品，其饱和度很高，可达 30%～50%，甚至在裂缝里，可以取得 100%的白色可燃冰块。但不要以为它能代表整个隆起区的天然气水合物的丰富度，因为那里是天然气水合物体的输出口。稍微离开隆起顶部，饱和度可能就很低。**

(7) 天然气水合物并不像人们以为的是铁板一块，是像冰那样的固体。从几百年的过程来看，天然气水合物就像冰河一样，是流动的。其实每个天然气水合物聚集体本身是一个不断充注(输入)$CH_4$，又不断漏失(输出)的动态平衡体。海底水流会带走 $CH_4$，每天的潮起潮落也会慢慢地使天然气水合物里的 $CH_4$ 分解，慢慢地漏失。就像饱和的结晶盐遇到流动的非饱和水就会溶解一样。所以，一般天然气水合物聚集体的饱和度下面高，上面低。从输入端到漏出口的运移路线上饱和度高，离开路线的地方饱和度就很低。

美国东部海上的布莱克海台(Blake Ridge)的天然气水合物饱和度就很低，平均为 8%，不值得开采。具体可参看下面两张图(图 1、图 2)。

详见我的文集第三分册(争鸣篇)《可燃冰的认识、思路及规划建议》一文。

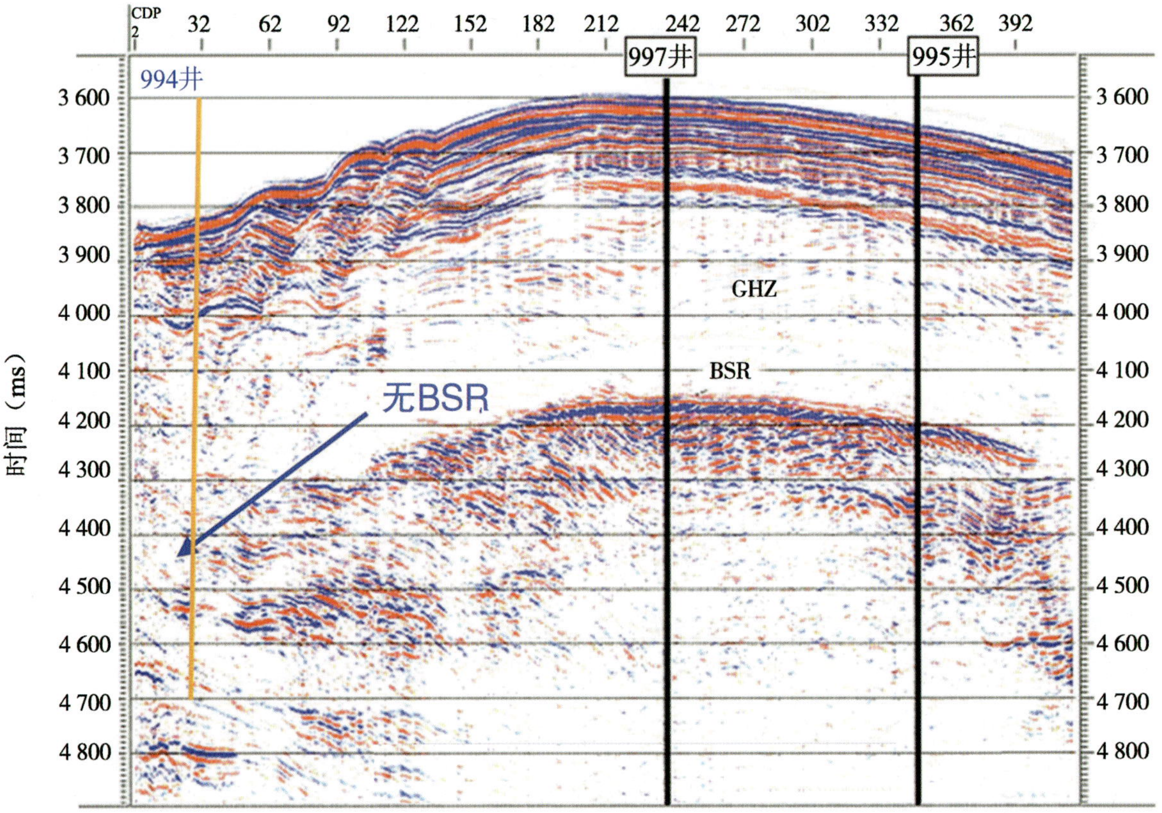


图 1　布莱克海台地震叠加剖面

图 2 中红色 A 点到 F 点处，是游离态的天然气从右边充注输入，它与 BSR 反射亮点相吻合。继而向左，向上，进入黄色绿色区，运移到 D(棕色箭头是我加上去的)。很明显，这是漏失的路线，沿着这条路线天然气水合物浓度就大，为 4%～9%。路线以外的地方饱和度只有 3%～7%，天蓝色区是基本不含天然气水合物的地方，所以它是个“极贫矿”。

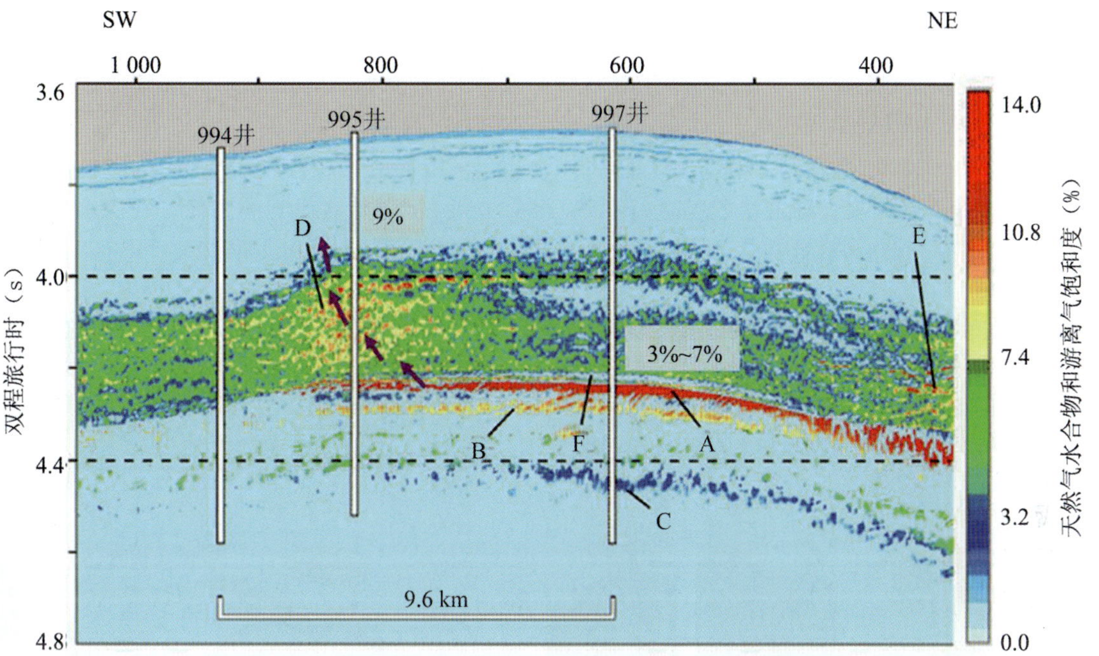


图 2　布莱克海台地区天然气水合物及游离气饱和度

## 二、天然气水合物与 BSR(似海底反射)的关系

(1) 有人不理解为什么有的天然气水合物聚集体下面有 BSR，而有的见到天然气水合物地震剖面却没有见到 BSR。我们是搞油气地球物理勘探的，我们知道有所谓的“反射振幅调谐曲线”，就是薄层(小于 8 m)反射的振幅是与反射层的厚度成正比的，层厚愈大，反射愈强。当层厚达到 1/4 视波长(10 m 左右)时，振幅最强。再厚(大于 10 m)振幅就趋于稳定。

不过对天然气水合物来说，BSR 是由天然气水合物底部的游离天然气的强反射界面所引起，游离气一般不会很厚，因此，振幅与厚度成正比的论断是成立的。

有人认为 BSR 的亮度是与游离气中天然气水合物浓度成正比的，可能也有一定的道理。但是我认为厚度对振幅的调谐作用起着主要作用。

我的文集第三分册(争鸣篇)《可燃冰的认识、思路及规划建议》一文中有幅画着两只“漏斗”的图，可以说明问题。

(2) 我看到海上地震剖面有强 BSR 的不是很多，大致都在海底地形隆起处。**甲烷形成水合物的过程，可燃冰的体积要膨胀 20%**。这个因素使大型隆起上第四系疏松地层很容易在顶部产生大裂缝，造成天然气水合物向上运移漏失的通道。漏得快时，BSR 就不会很亮。

**(3) 从输出输入是否平衡的观点来讨论天然气水合物丰度。**

① 天然气水合物聚集体的输出**大于**输入的情况，**漏失量大于供给量**，游离气不可能富裕，就**没有 BSR**。但是不代表上方没有天然气水合物，**只是贫矿**而已。

② 当输出**等于**输入时，达到平衡，此时游离气有多有少，**BSR 可强可弱**。天然气水合物聚集体的多少可以用合成孔径声呐在海里观察天然气水合物聚集体上方的气体漏失柱的规模，从而来判断天然气水合

物聚集体的大致储量规模。

③ 当输出**小于**输入时，输入的 $CH_4$ 就扩散开来，增加天然气水合物浓度，增加其储量。如果再达不到平衡，就会寻找出路，一般会突破第四系小裂缝，造成大裂缝，排放出多余的 $CH_4$。饱含天然气水合物后，体积会膨胀 20%，加速裂缝的扩大……这种情况一般是**有 BSR** 的。

**没有 BSR 的地方肯定储量很小，甚至没有。有 BSR 的地方一般有较大的天然气水合物储量。**

但判断天然气水合物聚集体的储量多少，最好是通过长期的海底调查。

可以用合成孔径声呐在海里观察天然气水合物聚集体上方，观察气体漏失柱的规模，从而来判断天然气水合物聚集体的大致储量规模。

图 3 是 1999—2000 年，海洋钻探计划 ODP 204 航次，采用合成孔径声呐(Synthetic Aperture Sonar, SAS)对几个储藏天然气水合物的隆起区进行调查，用 12 000 Hz 超声波得到的图像。在深水里，可以看到甲烷气体由海底往上释放，气柱高达 150～350 m。

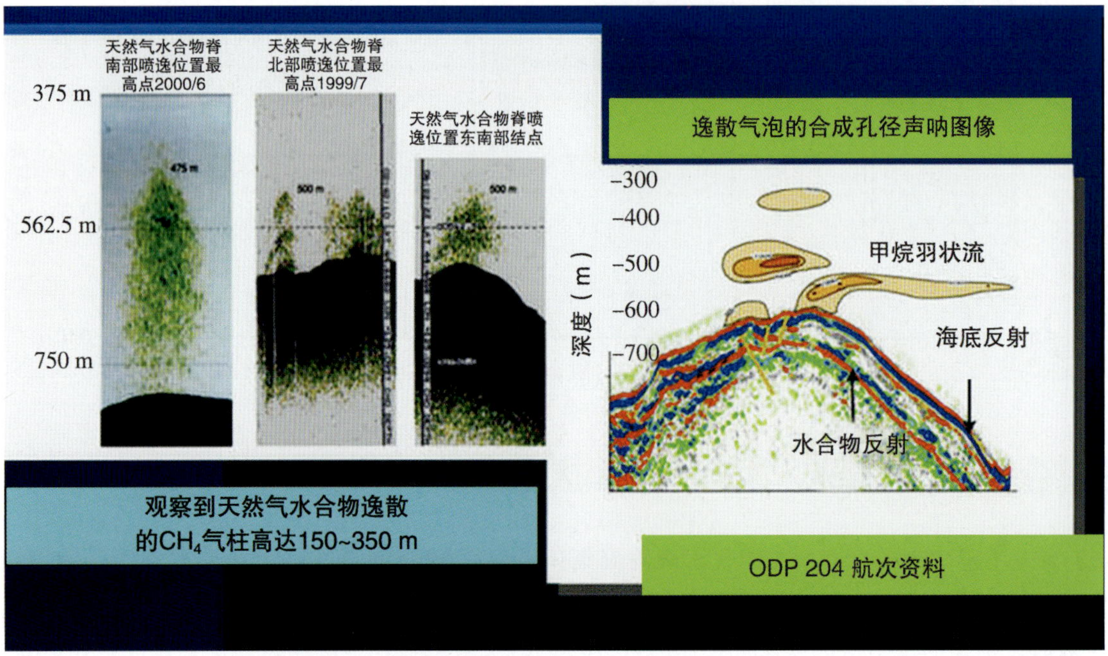


图 3 海洋钻探计划 ODP 204 航次合成孔径声呐图

**当然，更好的方法是采用高分辨地震勘探，利用反射波的波阻抗反演，推测天然气水合物的立体浓度分布，从而算出天然气水合物的储量。**

图 4 是海底深度 370 m 处所得到的地震剖面。分辨率很高，可分辨 0.7 m 的砂层。这家公司采用的是 20 世纪 80 年代很常规的地震采集方法，只是采样率达到 1/4 ms。1992 年重新由另一家公司处理，得到最右边的剖面，主频达 1 000 Hz 左右，可以看到明显的砂层“前积”现象。我看了他们的处理流程表，没有什么特别的绝招，主要是采样率高，海水又不深。

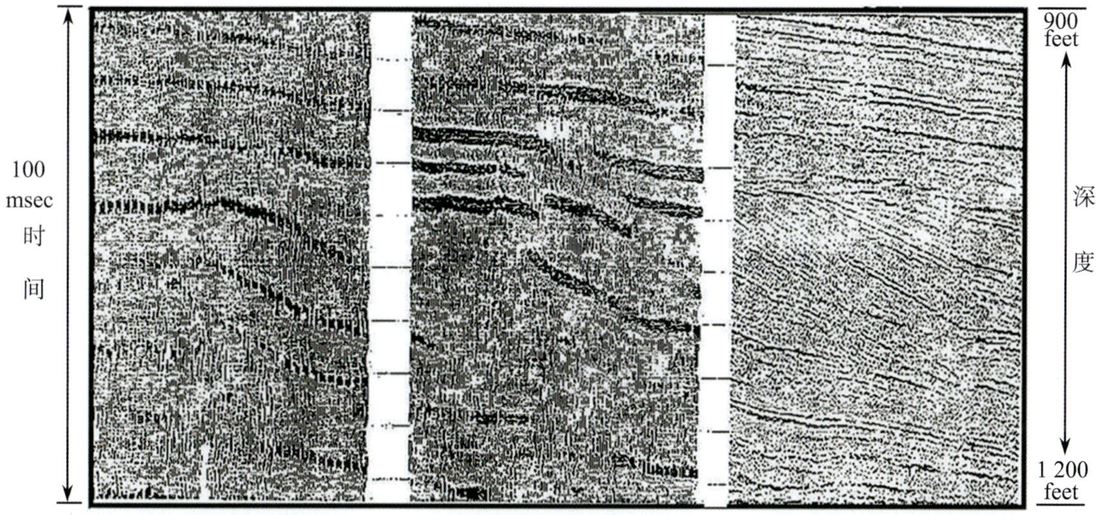


图 4　美国海上地震高分辨率处理效果对比图

因为海水对地震波不吸收，只有球面发散的衰减。因此，**海面以下 500 m 的反射波主频达到 500 Hz 不是难事，但采样率必须提高到 1/2 ms 或 1/4 ms。**如果能有固体电缆的接收装备就更好。

## 三、天然气水合物浓度决定天然气水合物聚集体的富集程度

在地下有充足的天然气 $CH_4$ 的来源的情况下，决定浓度的因素如下：

(1) 第四系的岩性孔隙形状决定天然气水合物的浓度；

(2) 沿着天然气水合物的迁徙路径浓度增大，离开路线处浓度急剧减小；

(3) 在海底泥滩上取不到可燃冰的好样品，广州海洋地质调查局历时三年没取到可燃冰的好样品。同样，在隆起构造顶部钻井所得到的天然气水合物饱和度也往往偏高，不具有代表性。最好的办法是根据地震反射波的波阻抗反演，得到比较可靠的天然气水合物浓度分布。

**关于天然气水合物的来源**

有人说：天然气水合物来源于第四系沉积物中的微生物，是的，那里可以产生沼气。但是试想在海底 500 m 以下，一片漆黑，哪里来的生物，即使有，也早就散失掉了。

**但我认为，能够在几百年不断有甲烷往上补充的最大可能是地壳深处的分异排气作用。**

从图 5 中可以看到，大部分天然气水合物都围绕各大陆的边缘分布。红色圆点是海下取芯证实的，黄色圆点是海上地震剖面上见到 BSR 的地点。天然气水合物的分布除了在陆上冻土带(红色方块)成功开采以外，其他都在低水平条件下开采。

图 5　全球发现的天然气水合物分布

## 四、神狐海台天然气水合物的开采

2017，中国地质调查局在南海神狐海域进行天然气水合物开采。

神狐海域位于珠海市南面 320 km，动用蓝鲸 1 号半潜式钻井平台，打 4 口试采井，1 口检测井。水深 1 266 m，天然气水合物产层在海底以下 203～277 m，厚度 74 m。天然气水合物顶部深度 1 459 m，底部深度 1 543 m。渗透率 0.4～60 md，平均天然气水合物饱和度 34%。三开 $12^{1/4}$ 寸套管完钻井深 1 717.78 m，下 $9^{5/8}$ 寸套管至 1 713.9 m(不固井)，进行水力割缝储层改造，并下预充填筛管对产层防砂。然后下入举升管柱，下电潜离心泵坐挂深度 1 350 m。开采使用压降法，在井筒天然气水合物及其下方有自由气的井段进行抽吸。

3 月 8 日开钻，5 月 10 日点火。连续试采 60 天，累计产气 30.9 万立方米，开始时采量为 35 000 $m^3$，两个月后降为 2 000 $m^3$，递减明显。

**结束开采时，发现井筒基本没有变化。**

因此，我判断这次开采的天然气主要是可燃冰下的游离气被释放出来了，天然气水合物还没有开始分解。

整个工程花费达 12 亿元。**60 天生产 30.9 万方，这样的产量是无法收回成本的。据中海油的数据，在这样的海域开采天然气，必须每天平均生产天然气 10 万方，而且可采储量大于 100 亿方，才能收回成本。**

**这次神狐海域的产量太低了。60 天生产 30.9 万方，按市场价格计算，只值 90 万元，但是花了国家 12 亿元。这个“买卖”太赔本了。**

**总之，我判断这次采出的天然气主要是可燃冰下面的游离天然气而已，井中的天然气水合物还没有分解起作用。所以，天然气水合物开采技术还有很多的问题需要解决。2017 年的报道说：中国的天然气水**

合物开采技术已经走在世界的前列……我对此持有怀疑的态度。

图6 能够燃烧的冰——可燃冰

如图6所示，天然气水合物饱和度相当高的白色冰块可拿在手中燃烧。

天然气水合物从海里取上来，压力从60到120个大气压，突然降为空气的1个大气压，天然气水合物并没有马上汽化，而是慢悠悠地燃烧。这就说明：地下采用压降法时，天然气水合物的分解应该十分缓慢。如果压力只是下降1～2个大气压，则根本不可能高产。

青岛海洋地质研究所能够在实验室里人工合成天然气水合物。我建议在该实验室里，认真地重新做混合不同比例泥沙的水合物生成与分解模拟实验，测定在不同压降情况下的单位时间面积上，天然气水合物分解速度的实际数据。一块天然气水合物样本放在桌子上，要多少时间才能化成水？

如果天然气水合物分解速度真的很慢，那么海上开采也不会高产。这将注定是赔本的"买卖"。游离气的储量不会很大，且递减很快。

海上天然气水合物开采需要深入研究，寻求开采创新之路。

目前看来，只有在北极（加拿大及俄罗斯）的冻土带的现有油田上，将该处的天然气水合物缓慢地开采，才有经济价值。

## 五、天然气水合物喷发解救了冰河期的严寒，挽救了人类，还给我们一个美丽的家园

### （一）甲烷大量来自地壳，地球的脱气规模很宏大

为什么莫氏界面之下还有较高含量的甲烷？中国科学院出版的《科学中国人》1995年第2期由许志琴副院长撰写的文章《伸入地球内部的望远镜》指出了许多新情况：乌克兰的第聂伯-顿涅茨盆地中，在3 100～4 000 m深的前寒武系变质基底中，意外地发现了5个生储盖组合，有储量$2.19\times10^{8}$ t的工业油田。根据其镍矾比（Ni/V）很高及生物标志物分子的质量分数小于$10^{-6}$级，使无机生油论再次崛起。俄罗斯在科拉半岛的超深井（12 262 m）以及德国在波西米亚地块的超深井（9 100 m）也各有新的发现，除了发

现反射地震法所推断的“康拉德面”不复存在以及在莫氏界面之下发现还有地球强磁场以外，还发现随着深度的增加，氢、氦及甲烷含量也逐渐增加，并发现还存在一个极端环境（高温高压下）的生物圈，存活着的微生物具有耐温（300 ℃）发酵的特点，它们在地壳深部仍旧对成岩、成矿及生油起着作用。

此外，地幔里所生成的非生物天然气也是十分普遍的。到 1993 年底全球统计已探明的天然气储量为 $142\times10^{12}$ $m^3$。然而，据 F. G. Dadashev 的资料，阿塞拜疆东部的 220 个泥火山于第四纪排出的气体总量（包括爆发期和平静活动期）为 $52\times10^{12}\sim370\times10^{12}$ $m^3$（成分为非生物成因的天然气），几乎超过了目前全球已发现的天然气的总储量。该泥火山带从库拉盆地延长到南里海盆地，全长 900 km，泥火山的空间分布与深断裂有关（A. A. Lizade，1984）。据 A. H. 克拉夫佐夫（1979）研究，在千岛至勘察加火山地带，裂口喷气带长约 600 km，含甲烷 22%～56%，其次为 $CO_2$、CO 及水。估计自 8.3 Ma 以来，共计喷出甲烷气 $5\,000\times10^8$ $m^3$。

另据 Brooks（1979）研究，在加勒比海牙买加水下山脉和凯曼海槽的加勒比海深大断裂附近，发现大量甲烷夹着许多的乙烷、丙烷一起排出。估算每 10 天排出气体为 $1\times10^6$ $m^3$，即 1 Ma 为 $36\times10^{12}$ $m^3$，此深大断裂长达 2 300 km，是一条转换断裂带。

### （二）地球大冰河期的形成——南极冰柱分析的古气候曲线

南极洲 Vostok 冰柱分析测定了近 42 Ma 来北极温度与空气中二氧化碳、甲烷含量变化的历史记录。冰柱总长 3 600 米，科学家将不同深度的冰柱里的气泡收集起来，分析化验其中所含的 $CO_2$、$CH_4$ 及氢的同位素 $^2$H，得出如下的结果。

（1）近 42 万年里，气候变化的 4 个冰河大周期，每个周期约为 11 万年，南极的气温从＋2℃减少到－6℃。

（2）需要注意的是，现在正是气候上升的时期。不过这次高温持续的时间长了，持续了 1 万多年。

（3）这与人类 $CO_2$ 的排放是否直接相关？最近 130 年里回答是肯定的，但是极地温度只是增加了 0.5℃。

（4）按照 440 百万年的 4 个长周期来看，地球今后可燃冰的封锁可能还会引起另一个寒冷的 110 万年周期。

为什么过去 44 万年里，有规律地发生了 4 次冰河大周期？甲烷曲线为什么与大气温度有如此好的相关度？甲烷是从哪里来的？在一片漆黑的深海里，不可能是有机生气的机理造成 $CH_4$，太阳辐射也不可能影响深海里的活动。

我对晚更新世冰河期发生原因的解释，请参看另一篇文章【文章编号 415】《大陆漂移与古气候变化》。

## 六、200 年前工业革命引起的温室气体上升

根据图 7，200 年前工业革命引起了的 $CO_2$ 上升是肯定的。最近 130 年的数据密集而可靠。

当我们正在发愁全球气温逐步上升的今天，我们为什么到现在还去做赔本买卖，不惜工本地去开采海上的可燃冰呢？

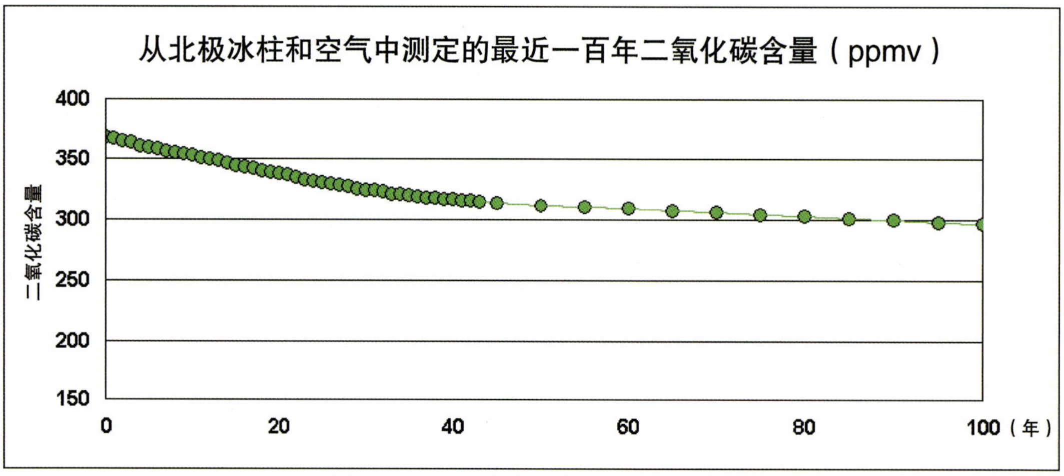


图 7　过去 100 年空气中含量 $CO_2$ 变化

**严重的碳排放**

(1) 全世界已经关注到气候变暖对人类的危害，并据此制定了“巴黎协定”。

近年来我国的工业污染十分严重，我国正在着手治理。

(2) 除了植树造林以外，防止森林大火也很重要。近两年森林火灾频发，我国的大兴安岭、印度、西班牙等地相继燃起大火。2017年，加拿大西部哥伦比亚省的森林大火，燃烧过火面积12 160 $km^2$。2018年4—9月，该省又发生森林火灾2 015次，燃烧5个月，过火面积12 980 $km^2$，成为加拿大有史以来最大的森林火灾。

(3) 2018年在美国有超过830万英亩的土地被大火烧毁，面积比马里兰州还要大。美国加州北部的山火从夏天一直烧到冬天，11月初，有2.6万名居民的天堂镇(Paradise)烧毁房屋建筑12 000座，过火面积364 $km^2$，当局调派逾8千名消防人员前去救灾。

(4) 山火造成了空气中$CO_2$的增加，人类应该找出解决的办法。

(5) 我国小汽车的废气排放，冬天的用煤取暖造成了严重的PM2.5的污染，虽然已经引起了重视，但是想要根治，还任重道远。

## 结束语

**天然气水合物不要现在去开采。要留在下一次冰河期，用更科学的方法，点燃它，造成温室效应，来保护人类不被冻死。**

文章编号 417

# “钱学森之问”和“李约瑟之谜”

**在担任中国海洋大学地球科学学院的名誉院长十多年时间里，在海大教育战线上，我耳濡目染，懂得了些教育方面的知识，也增加了我对人才培养的责任感。**

**2012 年，我看了“钱学森之问”和“李约瑟之谜”的相关文章后，思考了不少问题。于是在中国海洋大学 2012 年崂山会议上做了有关发言。最近又看了些材料，写下了有关欧洲文艺复兴、工业革命及近代科技发展和人才辈出的几个重要启示。其本意是为了激励我自己的。**

**我不是教育方面的专家，这篇文章仅供大家参考。不恰当之处，希望大家指正。**

**分节内容**

一、“钱学森之问”——为什么中国没有培养出拔尖人才？
二、“李约瑟之谜”——为什么工业革命没有在中国率先发生？
三、我对“李约瑟之问”的想法
四、教育改革任重而道远
五、如何搞创新，让我们的科技领先他人呢？
六、企业家的培养
七、拔尖人才的成长与高校培养的关系
八、改进教学、夺取科技发展前沿高地
九、观点总结
十、文艺复兴与工业革命的关系——科学思维方法与社会精神因素的重要性

2012 年，一个偶然的机会，我看到了关于人才培养和科技发展两个方面的重要命题。著名的“钱学森之问”和“李约瑟之谜”，使我感触很深，在我脑海中久久挥之不去。

## 一、“钱学森之问”——为什么中国没有培养出拔尖人才？

查看钱学森生前事迹，我们看到这是他老人家在生命的最后阶段，对前来探望自己的温家宝总理提到过的一个问题，他说：“现在中国没有完全发展起来，一个重要原因是没有一所大学能够按照培养科学技术发明人才的模式去办学，没有自己独特的创新的东西，老是冒不出杰出人才，这是很大的问题。”

## 二、“李约瑟之迷”——为什么工业革命没有在中国率先发生？

李约瑟，英国人，是研究中国古代历史的学者，对宣传中国古代科技发展做过贡献。前几天，我看到一篇文章《再探“李约瑟之迷”》，作者是北京大学光华管理学院经济学的教授张维迎。

文章中提道：

所谓“李约瑟之问”（有时译为“李约瑟之谜”）是指：中国的科学和技术在古代一直处于领先地位，但为什么工业革命没有在中国率先发生？为什么近代以来中国在科技方面落后了？

李约瑟本人的答案是：“简单地说，在我看来，工业革命之所以没有发生在中国，是因为中国的专制体制和文化，压制了企业家精神。”

李约瑟研究所所长古克礼教授又提出一个“新的李约瑟问题”，更值得我们思考。他说：“现在中国正在变得富有和强盛，但中国的社会组织是否有利于迅猛的科学和技术创新呢？”他认为这个问题对中国的未来至关重要。

## 三、我对“李约瑟之问”的想法

一个社会的科技发展必定与人们的思想解放密切关联。

（1）前500年，欧洲发生了文艺复兴，人们在思想上摆脱了中世纪的宗教思想束缚，出现了达芬奇、米开朗基罗、拉斐尔、伽利略、牛顿……

（2）欧洲的工业革命里，蒸汽机、火车及纺织机改变了传统农耕社会的生产方式，促进了科技的高速发展。

（3）而中国近500年来一直“闭关自守，夜郎自大”，以封建的制度为准绳，没有任何作为，落后只能挨打。

我从网上看到了“世界发明史年表”，从1500年到2000年这500年间，世界可以说是飞速发展。但是这500年间，长长的170行世界发明史列表中，在中华人民共和国成立前，中国的发明只有1行，即1596年中国明代李时珍《本草纲目》出版。中华人民共和国成立后2000年前，中国的发明只有4行，即原子弹、氢弹、人造卫星和北京大型正负电子对撞机。

这是为什么？

旧中国的社会思想状况是：

（1）数千年来，中国封建社会的“万般皆下品，唯有读书高”，让知识分子都去读四书五经，考状元做官，“学而优则仕”。此外，社会上始终看不起工匠和艺人的传统思想，长期束缚了中国科学技术的发展。

这是根深蒂固的顽症，迄今为止，被历代封建统治阶级推崇的儒家思想体系“三纲五常”及朱熹的旧礼教的束缚还在不同程度上统治、影响着我们的社会思想和行为。

（2）中华人民共和国成立后，中国的长期“官本位”薪酬待遇制度，鼓励了人们争当“科长、处长、院长”，使许多技术人员宁可当个副科长，也不愿当个工程师，选择离开了技术岗位。

（3）我国长期形成的“大锅饭”和“铁饭碗”对发挥人们的创造性起着很大的消磨作用。只要不犯严重的错误，就不会砸掉“饭碗”。这养成了“无所作为”的“懒人”风气。一张报纸一杯茶，不作为没有罪。

（4）“文革”以后，人们的“奉献精神及革命理想”趋于淡薄，尽管不断宣传“两弹一星”精神，但搞科技人的“急功近利思想与浮躁风气”占据了上风。社会上流传着搞原子弹不如卖茶叶蛋的讽刺说法。

（5）旧中国对教育方面长期没有重视，国民素质普遍低下，这样的情况如何能营造出整个社会的科学技术的发展环境？

最近几年我国的情况有了很大的改观，受高等教育的人数有了很大的发展，科技队伍得到了发展壮大，但是我国的科技发展仍旧处于“跟随”阶段，人家有的我们跟着搞，核心技术还是受制于人。

## 四、教育改革任重而道远

我再摘录一篇文章《欧美学生作文与国内作文差异何在？》(作者是刘植荣，发表在《羊城晚报》2012 年 7 月 7 日 B7 版)中的一段话：

中国历次教育改革，口号喊得都很响亮，但大都没有落实。什么“教育要面向现代化，面向世界，面向未来”，什么“素质教育”。回头看看，应试教育一直贯穿始终。不过，提出“教育产业化”后，学校越来越像市场，除了名目繁多的收费外，不少教授在企业兼职，与企业老板一起吃吃喝喝，根本静不下心来研究学问，教书育人。

该文又说：教育不应该是禁锢思想，而是解放思想。教育不应该是统一思想，而是开放思想。教育不应该是沿袭老思想，而是创造新思想。

我不完全同意这篇文章的观点，但是值得我们参考，并加以思考。“教育产业化”是否是我们的办学方向？

## 五、如何搞创新，让我们的科技领先他人呢？

### (一) 基础理论创新

基础理论创新是高等学校的重要任务，但想要在基础理论方面做出重大突破很难。我们先看一些爱因斯坦、牛顿等伟人的事迹，从中我们可能会受到启发。

在牛顿时代，力学经过开普勒和伽利略的发展，已经面临着新的突破；化学经过波义耳以后走上了康庄大道；医学、生物、生理学经过哈维、列文虎克和胡克已逐步形成体系；数学经笛卡尔之后，符号演绎体系已经初步形成；天文与地质学也有了新的进展……

以下材料引自 1998 年出版的刘以林、丁晓禾编著的《世界科学演义》：

伊萨克·牛顿，生于英国北部林肯郡一个偏僻的伍尔索普村一个农民家里，是一个农民的遗腹独子……由于没有在温暖的家庭里长大，牛顿小时候并不聪明，性格内向，胆子较小。在小学读书时，除了数学外，各门功课都不好，没有什么进步。因此，老师是不喜欢他的……1656 年，牛顿辍学，帮助母亲耕种地……一有空闲就躲起来看书……舅舅看到他正在读数学书，非常感动，认为牛顿必有出息，便建议让牛顿继续读书……1661 年，牛顿考入剑桥大学三一学院……仍然成绩平平。牛顿毫不气馁，学习更勤奋，更刻苦，别人休息了，他还在努力，就是这样最终才得以成绩名列前茅……数学成为牛顿最拿手的一门功课……1664 年，牛顿被选为三一学院的研究生……就在这年 6 月，伦敦流行鼠疫……剑桥大学决定暂时停课，牛顿只好回到了家乡伍尔索普。回到故乡，牛顿并没有停止科学研究……在乡村，同样可以攻读名家经典著作，更重要的是，经过全面思考，把学到的知识归纳整理……牛顿博览群书，受益匪浅。

1669 年，牛顿被聘担任路卡斯的数学讲师。这时牛顿已经 26 岁，还没有发表过什么东西，也没有引起更多人的注意。

牛顿研究科学的方法有自己的特点，不是以假设来解释现象，而是以理论和实验来加以证明。牛顿非常重视实验，在他的科学活动中，绝大部分时间都是在实验中度过的。

牛顿在物理学上的贡献主要表现在发现力学运动三定律和万有引力定律……牛顿把哥白尼的观点、开普勒的定律、伽利略和他自己关于运动学和动力学的研究成果融汇一起，总结出万有引力定律，创立了把天体运动和地面物体运动统一起来的力学理论，构成了经典力学体系，取得了辉煌的成果。牛顿在谈到自己在科学上成功的原因时，他谦逊地说：“因为我是站在巨人肩上的缘故。”

再看一下爱因斯坦的事迹：

小时候的爱因斯坦一点也看不出来有什么天分，到3岁的时候，还不会说话，6岁上学，在学校里成绩非常差，一上课就是被批评的对象，老师还说他永远也不会有什么大出息……15岁那一年，由于历史、地理和语言等都没有考及格，也因为他的无理态度破坏了秩序和纪律，他被学校开除。由于没有拿到毕业证书，他进不了大学，接着是失业。

17岁那年考进苏里世工业专门学校，爱上了物理实验，研究理论物理和哲学问题，养成了自己独立思考的习惯。

23岁那年到伯尔尼瑞士专利局当了一名专利审查员。有了空闲时间，他在物理学杂志上发表了论文：光的产生和转化（光电效应）。26岁（1905年）发表了“狭义相对论”，一鸣惊人，接着接受了普鲁士科学院的一个职位。第一次世界大战爆发，他厌恶战争，同时把自己关在小阁楼里继续研究。37岁（1916年）在物理学杂志上终于发表了“广义相对论的基础”，这时他的身体患有肝炎和胃病。1919年，人们从日蚀时光线在太阳附近的弯曲度中，证实了广义相对论的准确性；1978年人们又从脉冲双星系的运动分析中证实了引力波的存在。他是科技界的大伟人，他的论文中所提出来的观点永远改变了人类的宇宙观。

从以上爱因斯坦和牛顿的事迹中，我们可以看出，这种基础领域的创新者的共同点是广读书籍，爱好数学和物理。有潜心研究、不达目的不罢休的精神。他们生性内向，在学校里不一定拔尖，但具有优良的执着的品质。

当然他们得益于学校环境的熏陶是不可否认的，能取得这样成就的人毕竟是少数。但是只要我们把“教书育人”做好了，在几万个学生里，就可能出现一个这样的拔尖人才。

### （二）应用理论的创新

应用理论创新应该是科研机构（包括高校）培养人才的主要任务，这部分是大量的，而且是能产生实际经济价值的，是重要的抓手。我国的航天事业的人才就是这种类型。学校应该大量培养这种人才，对祖国强大至关重要。

### （三）引进吸收再创新

引进吸收再创新的这种人才需要更大的数量，他们主要在工作单位进行再创新。

这是我们搞“技术引进”以后，必须要抓好的工作。先学人家的东西，学会后，就要不断加以改进，例如人类发明蒸汽火车的时候，那时候的火车走得还不如人快，但经过不断改进后，速度达到了160 km/h。

## 六、企业家的培养

**比尔·盖茨、史蒂夫·乔布斯**是我们熟知的名人，但分析他们的成长历程，就会发现，他们是企业家，而不是创新的专家。

比尔·盖茨是一名出色的学生，在他13岁时就开始了BASIC电脑程式设计，而且以极端个人主义闻名；比尔·盖茨并没有读完它在哈佛的学业，而是中途离开了学校。1980年，在一个偶然的机会里他知道了当时的IBM公司正在寻找一款新的操作系统，来更新当时的操作系统。同时盖茨知道他的一个朋友刚刚编写完一个新的操作系统，就花了5万美元从他的朋友手里买下了操作系统并卖给了IBM公司。但是条件之一就是IBM并不能独享这个系统。这个系统就是著名的DOS操作系统，也是盖茨事业巅峰的开始。

1983年，他的Microsoft公司推出Windows操作系统。该产品是MS-DOS操作系统的演进版，并提供了图形用户界面。后来他成为世界首富。

史蒂夫·乔布斯(Steve Jobs)1972 年高中毕业后，在俄勒冈州波特兰市的里德学院只上了一学期的学；1974 年在一家公司找到设计电脑游戏的工作。两年后，时年 21 岁的乔布斯和 26 岁的沃兹尼·艾克在乔布斯家的车库里成立了苹果电脑公司；1985 年获得了由里根总统授予的国家级技术勋章；1996 年，苹果公司重新雇用乔布斯作为其兼职顾问；1997 年 9 月，乔布斯重返该公司任首席执行官。1997 年成为《时代周刊》的封面人物；2009 年被财富杂志评选为这十年美国最佳 CEO。

当然比尔·盖茨与史蒂夫·乔布斯还是受人尊敬的企业家，他们为社会创造了巨大的财富。

## 七、拔尖人才的成长与高校培养的关系

要探讨以上所列举的 4 位伟人的成长过程到底与高校的培养有什么关系是很困难的，所以我并不认为“钱学森之问”可以简单地得到回答。

但我还是认为，如果高校做好“教书育人”，培养了千万个人才(不一定个个拔尖)，其中就会有少数的“拔尖人才”出现。

当然，好的老师是十分关键的。钱学森就表达了他对老师冯·卡门教授的崇敬。

冯·卡门教授是匈牙利的犹太人，是一位科学奇才。1971 年诺贝尔物理学得主伽玻，1994 年诺贝尔经济学得主海萨尼，化学家波拉尼，“核和平之父”希拉德，“计算机之父”冯·诺依曼，“美国氢弹之父”特勒，“当代罕见的数学奇才”保罗·爱多士等，都是匈牙利犹太人。而且上述科学巨匠中，有 4 位毕业于布达佩斯同一所中学，这所中学叫“明德中学”，是冯·卡门的父亲创建的。难怪钱学森先生那么了不起，对冯·卡门教授那么感念，这可能和亲自接受了犹太人的教育有很大的关系。因此，中国要想培养真正的人才，可以从犹太人创造教育的奇迹中吸取经验。

## 八、改进教学、夺取科技发展前沿高地

我向中国海洋大学的教育提出如下几点建议：

(1) 为提高教学质量，学校应每年召开教学经验交流会，让每个学院推选出 1～2 名优秀教师上台介绍教学经验。2004 年，中国海洋大学生命学院的两位教师在逸夫馆介绍他们培育年轻人的报告对我触动很大。

(2) 在科技发展前沿的重要领域要优先培养学术课题组，争取早日占领科技高地。例如中国海洋大学生命学院不光是要研究新的药物和保健品，更要研究 DNA 解读、大脑思维活动、遗传因子的改进等课题。地学院应抢先开展南北极地的地质研究，洋壳科考的专题研究。

在中国海洋大学生命学院 80 周年院庆时，冯士筰院士和我都对生命的研究看得十分崇高。我也题了一首打油诗，从达尔文讲到基因测序。

当然从生命学院学生走向社会就业方面考虑，大多数学生不可能都去做尖端的科研工作。但是学院应该安排一定的精干力量，研究生命的重要课题。我坚信基因改造和克服癌症，将是未来 10～20 年世界进步的重要突破。

材料学科的发展也对人类的进步起着重大的作用，半导体和塑料产生了当今世界的各种物质文明。

回忆我们的父辈和祖父辈的生活，他们没有看到塑料用品，没有看到电视机和计算机。所以我们是幸运的，我希望我们中国海洋大学的老师也能发明出新的光电、超导、绝热、超强度等新材料，造福人类。

可能我所提到的研究项目看起来不能在近期获得收益，但是我相信，只要目光放得远一些，有一批人投身在其中(人数不一定多)，矢志埋头研究，到头来总会开花结果。

## 九、观点总结

(1) 对我国的科研机构(当然包括高校的科研),过去主要存在的问题是“科技经济两张皮”,这是亟待改进的。产生这个问题的原因有“组织”的问题,有“机制”的问题,有“浮躁”的问题,也有“风气”的问题,“立项”和“评奖”中问题也很多。

(2) 高校的基本任务还是“教书育人”,“教育产业化”不是主要的方向。对于社会,当然希望高校给它创造财富。对于学校,不要急功近利,应该量力而行。

我对教育事业还是缺乏认识,以上意见不一定准确,仅供参考。

## 十、文艺复兴与工业革命的关系——科学思维方法与社会精神因素的重要性

我对“李约瑟之问”的答案还有如下想法。

### (一)“文艺复兴”产生的精神解放引发了工业革命与科技大发现

我认为,中世纪欧洲的“文艺复兴”,这个名词翻译得很不合理。

文艺复兴发端于14世纪的意大利(文艺复兴一词就源于意大利语 Rinascimento,意为再生或复兴)。当时仅仅是一种复古流派,并没有多大的作为。直到16世纪初,文艺复兴先驱意大利的但丁发表《神曲》,或称《神圣的喜剧》,讽刺了宗教统治的愚昧。这标志了文艺复兴的开始。之后扩展到西欧各国,16～18世纪达到鼎盛。

**1855年,法国历史学家 Michelet 首次提出 Renaissance 这个词,用以概括16世纪时欧洲人“对世界与人类的探索”。在法语中 Conaissance 是“认识、知道”的意思。Renaissance 一词的本意是“重新认知”,它造就了欧洲普遍的思想活跃,绝对不仅仅是文艺方面 Michelangelo 的壁画和 Mona Lisa 的油画所能概括的,其实“重新认知”就是对科学的探索。**

首先是天文学的“日心说”发现,披露了《圣经》的荒谬,因此遭到教会的压制,布鲁诺被烧死在罗马广场,伽利略被审判并认罪。但随后地质学的兴起打破了上帝7天创造了世界。生物多样化和达尔文的进化论以及解剖学的兴起,都与《圣经》上说得不一样。这一系列人类认知的“科学思维”终于占据了上风。人们从宗教思想的束缚下解放出来,“自由、平等和博爱”的思想广为传播。以蒸汽机为代表的“工业革命”促进了生产力的迅猛发展,科学思维开始引领整个200年的科学大发现,现代物理、化学、数学、地质学、生物学、医学的重要发现几乎都在这200多年中奇迹般的发生了。

欧洲过去的思想束缚主要是1 000多年的宗教统治。教皇有至高无上的权力,欧洲各国的君主都要经过罗马教皇的加冕,才能被老百姓认可,300年的十字军东征也是由罗马的教皇点兵点将远征打的仗。所以,欧洲各国的诸侯早就想摆脱教皇的统治。BBC录制的“科学的历史”也这样说:远离罗马统治的匈牙利的开明君主,就用高薪雇用了开普勒进行了长期的天文观察与精确计算。德国天文学家开普勒通过对其老师丹麦天文学家第谷的观测数据的研究,在1609年的《新天文学》和1619年的《世界的谐和》中提出了行星运动的三大定律,判定行星绕太阳运转是沿着椭圆形轨道进行的,而且这样的运动是不等速的。这才有了哥白尼“日心说”的理论,有力地反对了《圣经》上的错误。

其他欧洲国家的君主(例如英国、德国和法国)也出资成立皇家级的研究院和大型博物馆,直接支持了达尔文的进化论、牛顿的万有引力定律和解析几何及微积分的发明创造。

中国的情形却大不一样,没有皇家科技研究院,有的只是皇家的“四书五经”研究院。中国的御用文人,如刘墉之辈,他的任务和开普勒不同,刘墉的任务是重编“四书五经”、修改历史,以便巩固封建当朝的统治。

**我认为，中国不会出现“工业革命”的直接原因是中国人的封建思想束缚没有得到解放。中国的思想束缚并不是来自宗教，而是几千年来的封建思想统治，表现在“科举制度”和“四书五经”。这是皇帝所竭力维护的。皇帝为了子子孙孙永远统治中国，不需要科技的发展，也不要工业革命，只要知识分子都服帖地“臣臣”就够了。**

### （二）国民素质普遍提高和科学思维方法转变需要几代人的努力

此外，还应该认识到：让人们摆脱贫困，生活进入小康，是可以在近期实现的。但是，要使国民素质普遍提高和科学思维方法转变却是很不容易的。

当今我国的科技和教育战线已经发生了重大的变化，有了受“两弹一星”精神鼓舞的一批科技人才。许多领域，如航天、建筑、信息、高铁、桥梁、隧道等大工程的成就，都已经举世瞩目，高等教育的普及也提高了国民素质。但是，目前我们在科技发展方面基本上还是“跟随”型的，人家先有的我们跟着做，缺少根本性、基础性的理论突破，像芯片等关键核心技术还是受制于人。

近年来我国的科技发展正在努力改变这种态势，北斗导航系统、嫦娥号月球背面的着陆、高铁技术和隧道工程的飞速发展以及最近的5G通信的高端成就，为世界所瞩目。但也迎来了某些霸权主义国家的不安，他们不希望看到中国的强大和复兴，设置了各种障碍打压我们。所以，我们科技发展的前进道路还有很长的一段路要走。

### （三）我国在精神因素方面还有很多问题亟待解决

几千年来读“四书五经”的中国人大多擅长形象思维，缺少逻辑思维。例如中国人善于作诗词，中国画主要用来表达意念，不注重写实。画在图的上方的山就是远山，不管像不像。欧美画则注重光线的方向和透视感的合理性，符合“画法几何”原理。

再譬如中医讲究辩证施治，从经验出发，靠把脉，看气色，上千年也不设计个听诊器和血压计。欧美的西医则注重解剖学，用仪器分析哪里有病，对症施药，用手术刀治病，这就是逻辑思维。随着科技的发展，以后会从DNA分析找到致病的根源。当然，既有逻辑思维，又有辩证施治的中西医结合疗法也是比较合理的。

中国人的思维方法也需要根本的转变。几千年来，中国人在旧礼教的束缚下，思想、行为都十分守旧，讲究和为贵，逆来顺受。缺少美国人的冒险精神和进取精神，缺乏欧洲人的严谨作风。

**所以，我们应该清醒看到我们在精神方面缺些什么。这不是通过短期就能改变的。**

社会上还流行拉关系，请客送礼，不正之风屡禁不止。各种网络欺诈案层出不穷。学术方面基本没有争论，你好我好大家好，外国的更好。走后门升官发财还时有发生……总之，社会风气还缺乏一个晴朗的环境。

再说，这几年电视上不断宣传出国的人要注意：不要随地吐痰，不要大声喧哗……给你提个醒。

你说，这没有两三代人的过程，能马上改掉吗？

当然，我对中国的未来是充满信心的，未来的世纪将是强大的中国人的世纪。但是前进道路上的困难将主要是国民素质的普遍提高，思维方法和思想意识的转变。

**附录：**

### 世界发明史年表（摘录）

#### 看看从1500—2000年这500年间世界发生了什么

16世纪初　文艺复兴先驱意大利的但丁发表《神曲》，讽刺宗教统治的愚昧，标志了文艺复兴的开始。

1492—1502年　意大利人哥伦布发现美洲。

1500年　**达芬奇**设计了风力计、湿度计、降落伞、纺纱机、踏动车床等草图。

1519—1522 年　葡萄牙人麦哲伦完成第一次环球航行，证实地球是球形。
1543 年　波兰的**哥白尼**的《天体运行论》出版，从此自然科学便开始从神学中解放出来。
1590 年　荷兰的詹森发明复式显微镜。
**1596 年　中国明代李时珍《本草纲目》出版，书中记有药物 1892 种，是重要的科学典籍。**

17 世纪

1600 年　意大利的布鲁诺因拥护哥白尼地动说并宣传宇宙无限，在罗马被教会烧死。
1605 年　英国的培根著《学术的进展》，提倡以实验为基础的归纳法。
1609—1619 年　德国的**开普勒**提出行星运动三定律。
1609 年　意大利的**伽利略**制成第一架天文望远镜，用其发现了木星的四颗卫星。
1620 年　荷兰的**斯涅尔发现折射定律**。
1628 年　英国的**哈维发现血液循环**。
1638 年　法国的笛卡尔提出“以太”。
**1644 年中国清朝建立。**
1654 年　德国的盖里克发明真空泵，表演马德堡半球实验。
1660 年　英国的**胡克**发现弹性定律。
1666 年　英国的**牛顿提出万有引力定律**。
1676 年　丹麦的罗默利用木卫食测光速。
1677 年　德国的**莱布尼兹**发明微积分。
1687 年　英国的**牛顿**提出力学三定律和绝对时间、绝对空间的概念。

18 世纪

1701 年　英国的贝努利创建变分法。
1728 年　英国的布拉德雷利用光行差测光速。
1745 年　德国的克莱斯特发明莱顿瓶。
1750 年　美国的富兰克林发明避雷针。
1775 年　意大利的**伏打**发明起电盘。
1776 年　美国宣布独立。
1780 年　意大利伽伐尼发现蛙腿肌肉收缩现象，认为是动物电所致。
1781 年　英国的**瓦特改良蒸汽机**。
1785 年　法国的**库仑**用实验证明静电力的平方反比定律。
1789 年　法国大革命。
1798 年　英国的**卡文迪许**用扭秤测定万有引力常数。

19 世纪

1800 年　意大利的伏打发明**伏打**电堆。
1801 年　英国的赫谢尔从太阳光谱的辐射热效应发现红外线。
1801 年　英国的**杨**用干涉法测出光波波长。
1802 年　英国的**特里维西克**造出了蒸汽机车。
1808 年　法国的马吕斯发现光的偏振现象。
1808 年　英国的**道尔顿**发表提出化学原子论。
1820 年　丹麦的**奥斯特**发现电流的磁效应。
1820 年　法国的**安培**发现电流之间的相互作用力。

1821 年　爱沙尼亚的塞贝克发现温差电效应。

1826 年　德国的**欧姆**确立欧姆定律。

1830 年　意大利的诺比利发明温差电堆。

1831 年　英国的**法拉第**发现电磁感应现象。

1834 年　法国的珀耳帖发现电流可以致冷的珀耳帖效应。

**1840 年　鸦片战争。**

1845 年　英国的**法拉第**发现磁场使光的偏振面旋转。

1849 年　法国的斐索用转动齿轮法测光速。

1849 年　英国的**开尔文**提出热力学第一和第二定律。

1850 年　英国的**赫姆霍芝**提出了能量守恒定律。

**1850 年　中国太平军起义。**

1851 年　法国的**富科**证明地球自转。

1852 年　英国的**焦耳**和汤姆生发现气体膨胀致冷效应。

1858 年　德国的**普吕克尔**在放电管中发现阴极射线。

1859 年　德国的**基尔霍夫**开创光谱分析法。

1859 年　英国的**达尔文**发表《物种起源》，开创了生物进化论。

1861 年　美国南北战争。

1869 年　俄国的**门捷列耶夫**发表元素周期表。

1875 年　英国的**克尔**发现电光效应。

1876 年　美国的**贝尔**发明电话。

1879 年　英国的**麦克斯韦**出版《电磁通论》，集电磁理论之大成。

1879 年　美国的**霍尔**发现电流通过金属，在磁场作用下产生横向电动势。

1879 年　美国的**爱迪生**发明电灯。

1880 年　法国的**居里**兄弟发现晶体的压电效应。

1881 年　美国的**迈克尔逊**发明灵敏度极高的干涉仪。

1883 年　奥地利的马赫的《力学科学》出版，批判了牛顿力学中的绝对时空的概念以及力和质量的概念。

1885 年　德国的**本茨**发明了汽油内燃汽车。

1887 年　德国的**赫兹**发现电磁波，发现光电效应。

1887 年　美国的迈克尔逊和莫雷试图由地球在“以太”中运动而引起的光的干涉效应，证实“以太漂移”的存在，但得到否定结果。

1889 年　法国的**拉瓦锡**发表《化学纲要》，开创了化学新纪元。

1890 年　匈牙利的**厄缶**做实验证明惯性质量和引力质量相等。

1892 年　荷兰的洛伦兹独立提出收缩假说。

**1894 年　中日甲午战争。北洋水师全军覆灭。**

1895 年　德国的**伦琴**发现 X 射线。

1896 年　法国的**贝克勒尔**发现放射性。

1896 年　荷兰的**塞曼**发现磁场使光谱线分裂。

1897 年　英国的**汤姆生**从阴极射线证实电子的存在。

1899 年　俄国的**列别捷夫**用实验证实光压的存在。

1899 年　德国的卢梅尔和鲁本斯做空腔辐射实验，精确测得辐射能量分布曲线，为普朗克的量子假说提供了重要实验依据。

20 世纪

**1900 年 八国联军侵华。**

1901 年 德国的考夫曼从镭辐射测 β 射线在电场和磁场中的偏转，从而发现电子质量随速度变化。

1903 年 美国的**莱特兄弟**发明飞机。

1903 年 俄国的**齐奥尔科夫斯基**提出采用多级火箭实现航天飞行的理论。

1904 年 荷兰的**洛伦兹**提出时空坐标变换方程组。

法国的**彭加勒**提出电动力学相对性原理，并认为光是一切物体运动的极限速度。

1905 年 瑞士的**爱因斯坦**创立狭义相对论。

1906 年 法国的彭加勒阐明了电磁场方程对洛伦兹变换的不变性，并提出了四维时空理论。

1907 年 德国的**明可夫斯基**提出狭义相对论的空间-时间四维表示形式。

1908 年 德国的**普朗克**提出动量统一定义，肯定了质能关系的普遍成立。

1908 年 法国的佩兰用实验证实布朗运动方程，求得阿佛加德罗常数。

**1911 年 辛亥革命。**

1911 年 荷兰的翁纳斯发现低温下金属的超导现象。首次将氦液化。

1911 年 英国的**威尔逊**发明云室。

1911 年 奥地利的**海斯**发现宇宙射线。

1913 年 丹麦的**玻尔**提出定态跃迁原子模型。

1913 年 德国的斯塔克发现原子光谱在电场作用下的分裂。

1913 年 英国的布拉格父子用晶体的 X 光衍射测定晶格常数 d。

**1914 年 第一次世界大战爆发。**

1915 年 **爱因斯坦**完成广义相对论。

1917 年 **爱因斯坦**提出有限无界的宇宙模型。

**1917 年 俄国十月革命。**

1919 年 英国的爱丁顿等人在巴西和几内亚湾观测日全食，证实引力使光线弯曲的预言。

**1921 年 中国共产党成立。**

1922 年 苏联的**弗里德曼**得到引力场方程的非定态解，据此提出宇宙膨胀假说。

1925 年 美国的亚当斯发现天狼星光谱线的引力红移，再次验证了广义相对论。

1929 年 美国的**哈勃**发现星系的红移与离地球的距离成正比——宇宙膨胀。

1931 年 美国的**劳伦斯**建成第一台回旋加速器。

1932 年 英国的**考克拉夫特**和爱尔兰的瓦尔顿发明高电压倍增器，用以加速质子。

1932 年 美国的**安德森**在宇宙射线中发现正电子。

1932 年 英国的**查德威克**发现中子。

1934 年 俄国的契仑柯夫发现液体在 β 射线照射下发光。

**1937 年 中国抗日战争爆发。**

1938 年 德国的**哈恩、施特拉斯曼**用中子轰击铀而发现了铀的裂变。

1939 年 奥地利的迈特纳、弗立施提出铀裂变的解释，并预言每次核裂变会释放大量的能量。

1939 年 美国的**奥本海默**和斯奈德预言黑洞。

**1939 年 第二次世界大战爆发。**

1939 年 第一次实现电视直播。

1941 年　美籍意大利人罗西和美国的霍耳由介子蜕变实验证实时间的相对论效应。

1942 年　美国的阿伦间接证明中微子的存在。

1942 年　美国在费米等人领导下，根据铀核裂变释放中子及能量的性质，在芝加哥大学建成了第一个热中子链式反应堆。

1945 年　美国向日本广岛、长崎投掷原子弹。

**1945 年　抗日战争胜利。**

1946 年　第一台计算机 ENIAC 在美国问世。

1946 年　美国的伽莫夫提出大爆炸宇宙模型。

1948 年　美国的肖克利、巴丁与布拉顿发明晶体三极管。

**1949 年　中华人民共和国成立。**

1952 年　美国的格拉塞发明气泡室。

1957 年　苏联发射第一颗人造地球卫星。

1958 年　德国的穆斯堡尔实现了 $\gamma$ 射线的无反冲共振吸收。

1960 年　美国的梅曼制成红宝石激光器。

1961 年　美国的格拉肖、温伯格和巴基斯坦的萨拉姆提出电弱统一理论。

1963 年　发现类星体(Quasar)，体积不大，能量极大，亮度剧变。宇宙中大约有 106 个。

1964 年　美国的彭齐亚斯和威尔逊在检测接收卫星信号的天线时，发现在波长 7.35 cm 处有 3.5 K 的宇宙微波背景辐射。

**1964 年　中国制造出第一颗原子弹。**

**1967 年　中国爆炸了第一颗氢弹。**

1968 年　英国的休伊什发现脉冲星。

1969 年　美国阿波罗 11 号宇宙飞船成功登月。

**1970 年　中国发射“东方红 1 号”人造地球卫星。**

1971 年　美国 Intel 公司制成微处理器，开始计算机的第二次革命。

1971 年　美国的凯汀和海弗尔携带原子钟环绕地球飞行 80 h，证明了时间的相对性。

1973 年　英国的霍金发现量子效应会使黑洞辐射粒子，并使黑洞蒸发。

1978 年　中国召开全国科学大会。

1978 年　美国的泰勒观测短周期双星证实引力波，这是广义相对论的一个验证。

1981 年　美国的航天飞机第一次升空。

1990 年　美国的哈勃望远镜(口径 2.4 m，重 12.5 t)被送上太空。

**1990 年　中国北京大型正负电子对撞机建成。**

**1991 年　苏联解体**

1993 年　欧洲联盟建立

**这长长的 500 年列表真是发人深省。**

**中华人民共和国成立前，我国的科技发明只有 1 行，即 1596 年中国明代李时珍《本草纲目》的出版。**

**中华人民共和国成立后，只有 4 行。**

**摘录以上表格，是为了激励我们新中国的科技人员。让我们发愤图强，砥砺前进，洗刷几百年来的国耻，实现中华民族伟大复兴的中国梦。**

**今天，中国人民已经充满自信地屹立于世界东方。在摆脱了贫穷、落后的旧中国面貌后，新中国已经从苦难中崛起，掌握了自己的命运。在位居世界第二经济体的今天，我国科技必然会加速发展。北斗导航系统完成组网、嫦娥号在月球背面顺利着陆、高铁技术和隧道工程飞速发展，以及最近5G通讯取得高端成就，都为世界所瞩目。当前世界已经没有任何力量能够阻挡我们前进的步伐。未来的世纪必然是中国的世纪！**

李庆忠

2019年12月

文章编号 418

# 我的人生感悟

**以下是我在清华大学物理系 52 级毕业 60 周年的“甲子”聚会上写的书面发言：**

各位老同学：

向大家问个好！今天能在这里见到的同学都是有福之人，活到 80 多岁很不容易，见到你们都还健在，实在是高兴。在这毕业 60 年再度相聚的日子里，感到每人的遭遇不同，想说的话也不同，我说说我的人生感悟吧。

**我的人生感悟：**

**人是渺小的，个人的命运只能随大气候而变化；**

**人类是伟大的，它正在走向“自觉”的进程；**

**科学技术是社会进步的原动力，世界进步的步伐正在加快。**

(1) 我爱看央视第 9 频道的“动物世界”“地球脉动”“海洋里的生命”这些节目，还有最近热播的“走向宇宙的边缘”。

海洋生物中磷虾的数量最多，陆地上的生命蚂蚁最多。它们不停地忙碌着，为了什么？

弱肉强食——组成一条“食物链”。说得更直白一点：全世界只是一个“生物界的碳循环”过程。

从宏观上看，我们人的个体也只是“碳循环”中的一个分子。人是渺小的，生命是脆弱的。

(2) 从人类的发展历史来看，人类的发展历史是多么的曲折。

自从有了人类，始终互相争斗不断。远古时代，部落征伐，战争不断，都是为了掠夺。

在那个时代没有什么“公道”。“成者为王”，整个人类历史就是这样写成的。

随着社会生产力的发展，奴隶时代发展到封建社会，人与人之间的争夺与抗争也改变了形式，但是还是改变不了“弱肉强食”的血淋淋的事实。

我常常看抗日战争的电影，也时常想到我们今天的社会来之不易。

(3) 中国人发明的“火药”和“指南针”，帮助了欧洲君主用“海盗炮舰政策”打遍了世界，建立了更加便于长期奴役掠夺别人的“殖民地”。

16～18 世纪欧洲迎来了“文艺复兴”，造就了普遍思想活跃。它是对科学探索的“重新认知”。人们从宗教思想的束缚下解放出来，开始了对自然规律的探索。现在我们物理学的大多数精髓理论就产生于这短短的 200 年中。

科学思维开始引领了科学大发现。人类对自然界客观规律的掌握，产生了一系列飞跃。蒸汽机的发明，煤矿工业、炼铁工业和织造工业的兴起，直接催生了社会的飞速发展。

**归根结底，推动历史发展的动力是“生产力的发展”。**

而中国人在这个时期还停留在封建统治下的自我欣赏，无动于衷，结果是落后挨打。中国经历了灾难深重、屈辱的400年。

（4）**我国开始走向小康的进程。**

中华人民共和国的成立标志着中国人民站起来了。尤其是最近60年，也就是我们所亲身感受的60年里，世界发生了不可逆转的变革。不但科学技术的发展以从未有过的速度加快，而且我们的国家也发生了前所未有的进步。国家强大了，国力增加了，人民生活大大改进，这是基本面。

1949年，我们一起兴高采烈地参加了开国大典。我们从母校一毕业，就投身于第一个“五年计划”。

我们见证了“改革开放”，我们看到了中国国际地位的日益增强，我们见到了电视机、计算机……

可以说，很少有人用一个“甲子”的时间能看到这样的巨变。我们的父辈和祖父辈的生活其实和2000年前唐朝那时没有什么大差别，所以说：我们是幸运的。

当然，我承认我们在前进的道路上还有不少问题。推进民主、根治腐败，是我们不可回避的问题，要解决这两个问题还需时日。但是下一个世纪是“中华复兴”的世纪，是不争的前景。

我们的前半生，都或多或少遭遇了一些不幸，这些不幸比起我们祖国百年来的屈辱，是算不了什么的。

因此，我还是归结到我上面所说的一点，“人是十分渺小的，生命是脆弱的。但是人类是伟大的，世界是进步的”。

（5）今后的200年会是什么样的？（我们是看不到了）但是我坚信世界的进步步伐会更加加速。

**“科学技术是第一生产力”的提法还不足以概括科技发展的作用，因为“生产力”这个概念太局限了，它只是人类活动的一部分。应该这样说：“科学技术是推动社会发展的原动力。”**

我估计再过100年，一般的日用品和农产品的生产都将由机器人完成，机器人将进入家庭服务业。再用100年，能源问题也将直接由太阳能得到彻底解决。

到那时候，人类的互相争夺食品和能源的情形会得到根本的改善。世界就比较和谐了，人类才会真正走向合理的社会。

现在美国农业生产工人不到10%，解决了90%人的吃饭问题。到21世纪末，世界上主要国家的工人和农民占其国民总数的比重有可能只有1/3。那么剩下的2/3的人干什么呢？机器人搞生产，我推测其他人最可能是医院、养老院等需要人工作业的工作人员，还有是自然科学和人文科学的研究人员。全世界的精英将会集中关注人类的进步，这将是什么样的一个情景啊！

**人类无疑将进入一个“自觉自为”的进程。**

当然，目前看，这个日子还不一定很快到来，但是大趋势是不会错的。

当今世界上还是战争不断，争斗不休，可能还要打上100年。历史上人类经历过两次世界大战，人们已经痛定思痛，想尽量避免大战的再次发生。虽然目前联合国还只是一个讲台，但国与国之间的磋商已经形成惯例，类似那样的大规模战争是不大可能了。局部战争还方兴未艾，非洲和中东目前还和中国民国初期的军阀混战差不多。

但是时代不同了，在互联网信息广为流通的今天，广大人民的觉悟会慢慢提高，国际调停也会起到一定作用。

我相信随着信息社会的快速发展，封建专制的小朝廷是站不住脚的，那种把领导人看作“神”的神话不久就会破灭。

搅得全世界不得安宁的国际金融风暴和欧债危机，对全世界造成了极大的灾难，也引起人们极大的思考。随着国际磋商的日益频繁，公开信息的广为传播，我认为迟早也会找到防止大危机出现的办法。

我深信人类走向“自觉”的进程是不可阻挡的，世界进步的步伐正在加快。

最后，让我祝愿各位身体健康！处世达观！寿比南山！

你们的老同学　李庆忠

2012年4月29日

# 后　记

自从 2016 年出版了“李庆忠文集”的“基础篇、方法篇和争鸣篇”三部书以后，我感到松了一口气。因为，我想把我一生从事的石油物探事业的经验写下来，留给后人。

可是随着我国对深层油气田的勘探取得良好的进展；随着英雄岭三维地震遇到的新的难题；随着我们低频可控震源的出现和“两宽一高”呼声的兴起，我心潮起伏，又止不住由衷地想写些东西，表达我的感想。于是通过四年的努力，反复修改，终于完成了我的第四分册“奋进篇”。

在这第四部书里，我对生油理论做了“四评”，对宽窄方位角做了“三评”，对可控震源的低频信号的特性也做了初评，对英雄岭三维写了长篇的“极低信噪比地区三维地震勘探的理论探讨”。在这些文章里，我感到有些话近乎是在发牢骚，希望大家能够体谅。

我很焦急，我们的低频可控震源在取得好成绩的同时，忘了多做些分频扫描，40 Hz 以上中深层就基本见不到同相轴。我提出要做积分地震道剖面，到今天还没有得到采纳，照旧是“农夫辛辛苦苦种了庄稼而不去收获”，还拿着叠前偏移的同相轴去追踪砂层。我提出“横向拉开组合”的重要性，认为应该采用宽线＋大组合的方法来做三维地震的思路，至今也没人响应。我提出的对有机生油理论的质疑，到今天四川项目的地质家还对 8 套含油气组合，硬是找到并罗列了 8 套“烃源岩层”。对于渤海湾里发现的渤中 19-6 深层大气田和胜利油田的桩海花岗岩高产油田，地质家还非说是第三系生了油压到下面花岗岩里去的。

我知道：我是在与油气勘探的因循守旧传统思想抗争；在向迷信外国和照搬外国“物探新技术”的习惯势力争辩。不可否认，多年来我国的地震技术发展得益于外国新技术的引进，这是有益的一面；但是长期的“跟随”，就使得人们思想上产生盲目的推崇，忘记了是否适合我国的实情。加上外国商家对“全数字时代”MEMS 数字检波器及单点接收的“忽悠”；夸张宣传多波勘探的效能，说“宽方位采集”是“真三维采集”。使我们 BGP 产生了“两宽一高”的片面口号。大家争取多放炮多挣钱，搞好组合没有钱。因此，我还是认为 20 世纪 90 年代总公司把物探推向市场的“油公司模式改革”，物探的商业运作对中国的物探事业没起到好作用。就像我国“把医疗卫生事业推向市场”一样，至今还遗留着各种问题。

我是中华人民共和国成立后第一批石油物探队员，60 多年来，始终从事物探方法的研究工作和油气勘探工作。我深知一个科技人员必须实事求是，坚持正确主张，敢于说真话，所以大胆地说出了我的想法。

我国石油物探事业由于“体制的问题”，当上了乙方，只能听从甲方的调遣。采用什么样的采集技术，都由甲方决定。我的呼吁更不会有人来倾听，我只能用文字写下来。我坚信将来总会证明：我的主张是正确的。

凭着这种自信，我努力写好每一篇文章。就在今年一年里，为了证实我的论据，我还编写了 SCATTERS、ANY-ARAY、2DOPERAT、FKSPECTR、ARAY-CUV，TTPLOT 等应用程序。我是认真负责的。

所以，这部书出版的时候，我一定会感到十分欣慰，因为我已经把压在心里的话说出来了。

最近我们BGP在塔里木盆地最困难的西秋里塔克山区做的三维地震打了一个漂亮仗。新华社也发了专题报道。我们为祖国找到新的油气田感到十分欣慰。

我坚信我对生油理论的四篇论文，在不久的将来终将被事实证明是正确的。油气主要是来自地壳的深处，浅层见油气的地方，深层还能找到油气田。这是我们继续寻找深层油气田的重要方向。

当前BGP已经在陆地平原区、沙漠沼泽区的地震勘探技术方面走在世界的前列。我衷心祝愿我们地球物理勘探事业今后在山区地震方面能够发扬光大。今后我国青海英雄岭、四川大山下、陕甘马家滩的推覆体下，甚至世界范围，从洛基山前到安第斯山前，扎尕罗斯山，等等，还有一大批山前坳陷（新名字叫前陆盆地）会被发现有大油气田的存在。我祝BGP练好本事，在找油找气方面取得更大的成功。

李庆忠

2021年6月

说明：为了方便读者阅读与查询我的文章，征得中国海洋大学出版社的同意，在本书的封底里，我将前三分册文集内容的PDF及Word文件，刻在一张光盘里。其中还有一些PPT文件，可以看到一些动画。此外，我过去编写的一些程序也附在里面，仅供参考。第四分册“奋进篇”中的文章也将在本书出版一年以后，在网上无偿予以公布。